无纸化考试专用

全国计算机等级考试教程

二级 MS Office 高级应用

策未来◎编著

NATIONAL COMPUTER RANK EXAMINATION

人民邮电出版社

北京

图书在版编目（CIP）数据

全国计算机等级考试教程. 二级MS Office高级应用 / 策未来编著. -- 北京 : 人民邮电出版社, 2021.3(2024.2重印)
ISBN 978-7-115-55866-4

Ⅰ. ①全… Ⅱ. ①策… Ⅲ. ①电子计算机－水平考试－教材②办公自动化－应用软件－水平考试－教材 Ⅳ. ①TP3

中国版本图书馆CIP数据核字(2021)第001622号

内 容 提 要

本教程严格依据新版《全国计算机等级考试二级 MS Office 高级应用考试大纲》进行编写，旨在帮助考生（尤其是非计算机专业的初学者）学习相关内容，顺利通过考试。

本教程共 4 章，主要内容包括 Office 操作基础、使用 Word 2016 高效创建电子文档、使用 Excel 2016 创建并处理电子表格以及使用 PowerPoint 2016 制作演示文稿。所提供的例题、习题均源自新版无纸化考试题库。此外，对于教程中的重难点，考生还可以通过扫描二维码的方式进入“微课堂”，观看老师讲解该知识点的微视频，使学习、练习、听课有机结合，学习方式更灵活，学习效率更高。

本教程可作为全国计算机等级考试的培训教材和自学用书，也可作为学习 MS Office 的参考书。

◆ 编　　著　策未来
　责任编辑　牟桂玲
　责任印制　彭志环
◆ 人民邮电出版社出版发行　　北京市丰台区成寿寺路 11 号
　邮编　100164　　电子邮件　315@ptpress.com.cn
　网址　https://www.ptpress.com.cn
　三河市君旺印务有限公司印刷
◆ 开本：787×1092　1/16
　印张：16.5　　　　2021 年 3 月第 1 版
　字数：402 千字　　2024 年 2 月河北第 8 次印刷

定价：49.80 元

读者服务热线：(010) 81055410　印装质量热线：(010) 81055316
反盗版热线：(010) 81055315
广告经营许可证：京东市监广登字 20170147 号

本书编委会

主　编:朱爱彬

副主编:龚　敏

编委组(排名不分先后):

刘志强　尚金妮　段中存　张明涛

朱爱彬　范二朋　胡结华　程　艳

蔡广玉　龚　敏　荣学全　赵宁宁

曹秀义　刘　兵　王　勇　詹可军

韩雪冰　章　妹　王晓丽　何海平

刘伟伟　王　超　裴　建　史精彩

前　言

全国计算机等级考试由教育部教育考试院主办，是国内影响较大、参加考试人数较多的计算机水平考试。它的根本目的是以考促学，相对于其他考试，其报考门槛较低，考生不受年龄、职业、学历等背景的限制，任何人均可根据自己学习和使用计算机的实际情况，选考不同级别的考试。本教程面向选考二级 MS Office 高级应用科目的考生。

一、为什么编写本教程

对于全国计算机等级考试，考生一般从报名到参加考试的时间不足 4 个月，留给考生的复习时间有限，并且大多数考生是非计算机专业的学生或社会人员，基础比较薄弱，学习起来比较吃力。通过对该考试的研究和对大量考生的调查分析，我们逐渐摸索出一些帮助考生（尤其是初学者）提高学习效率和学习效果的方法。因此，我们策划、编写了本教程，并将我们多年研究、总结的教学和学习方法贯穿全书，帮助考生巩固所学知识，顺利通过考试。

二、本教程的优势

1. 全新“微课堂”教程

为了帮助考生快速掌握应试方法，提高应试成绩，顺利通过考试，我们组织专家、名师经过多次研讨，在将书本知识与互联网技术相结合的前提下编写了本教程。本教程最大的亮点是将教程重点内容与多媒体视频讲解相结合，使学习、听课、练习相辅相成。在重难点后附有二维码，考生只需用手机或平板电脑扫描二维码，即可进入“微课堂”观看老师讲解该知识点的视频。每个视频时长为 3 ~20 分钟，考生可以利用碎片化时间学习，有效解决时间不足和效率不高等现实问题。

2. 一学就会的教程

本教程的知识体系经过精心设计，力求将复杂问题简单化，将理论难点通俗化，让读者一看就懂，一学就会。

○针对初学者的学习特点和认知规律，精选内容，分散难点，降低学习难度。

○例题丰富，深入浅出地讲解和分析复杂的概念和理论，力求做到通俗易懂。例如：

1 添加批注

在 Word 中，用户若要对文档（如文本、图片等）进行特殊说明，可通过添加批注对象来实现。批注与修订的不同之处是，它在文档页面的空白处添加相关的注释信息，并用带颜色的方框（一般称为批注框）框起来。添加批注的具体操作步骤如下。

步骤1 将光标定位至需要插入批注的位置，或选中需要批注的内容。

步骤2 在【审阅】选项卡的【批注】组中单击【新建批注】按钮后，相应的文字上会出现底纹，并在页面空白处显示批注框，在批注框中输入用户要说明的文字即可。添加批注后的效果如图 2-296 所示。

5 设置首字下沉

首字下沉就是将段落中的第一个字做下沉处理，这样设置可以突出显示一个段落，起到强调的作用。设置首字下沉的具体操作步骤如下。

步骤1 在 Word 文档中选中要设置首字下沉的段落或将光标置入该段落中。

步骤2 在功能区【插入】选项卡的【文本】组中单击【首字下沉】按钮，在弹出的下拉列表中选择要设置下沉的类型，如【无】【下沉】或【悬挂】，如图 2-90所示。

○采用大量插图，并通过简洁明了的图注，将复杂的理论知识讲解得生动、易懂。例如：

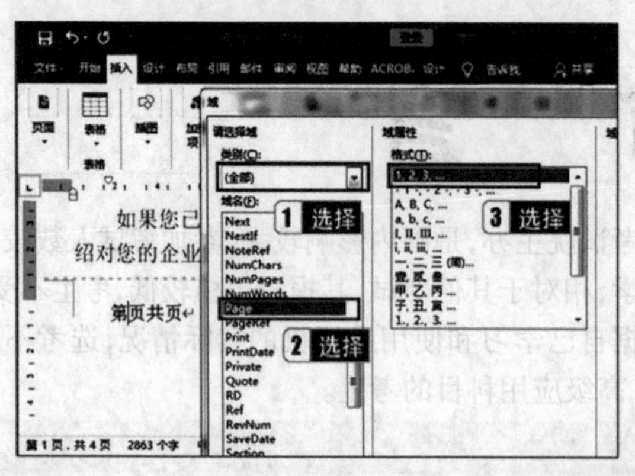

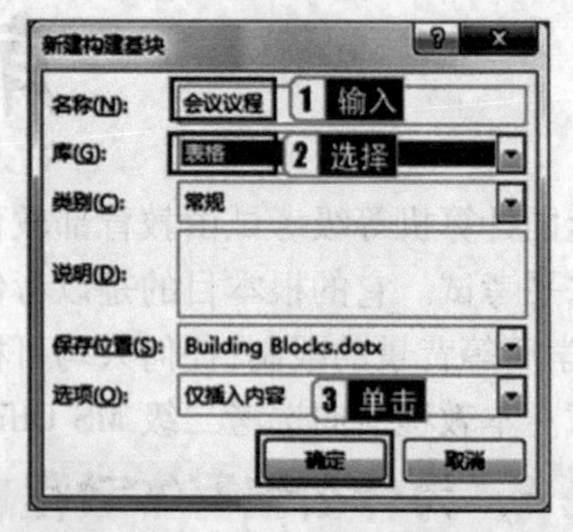

○为考生精心设计学习方案，设置各种栏目引导和帮助考生学习。

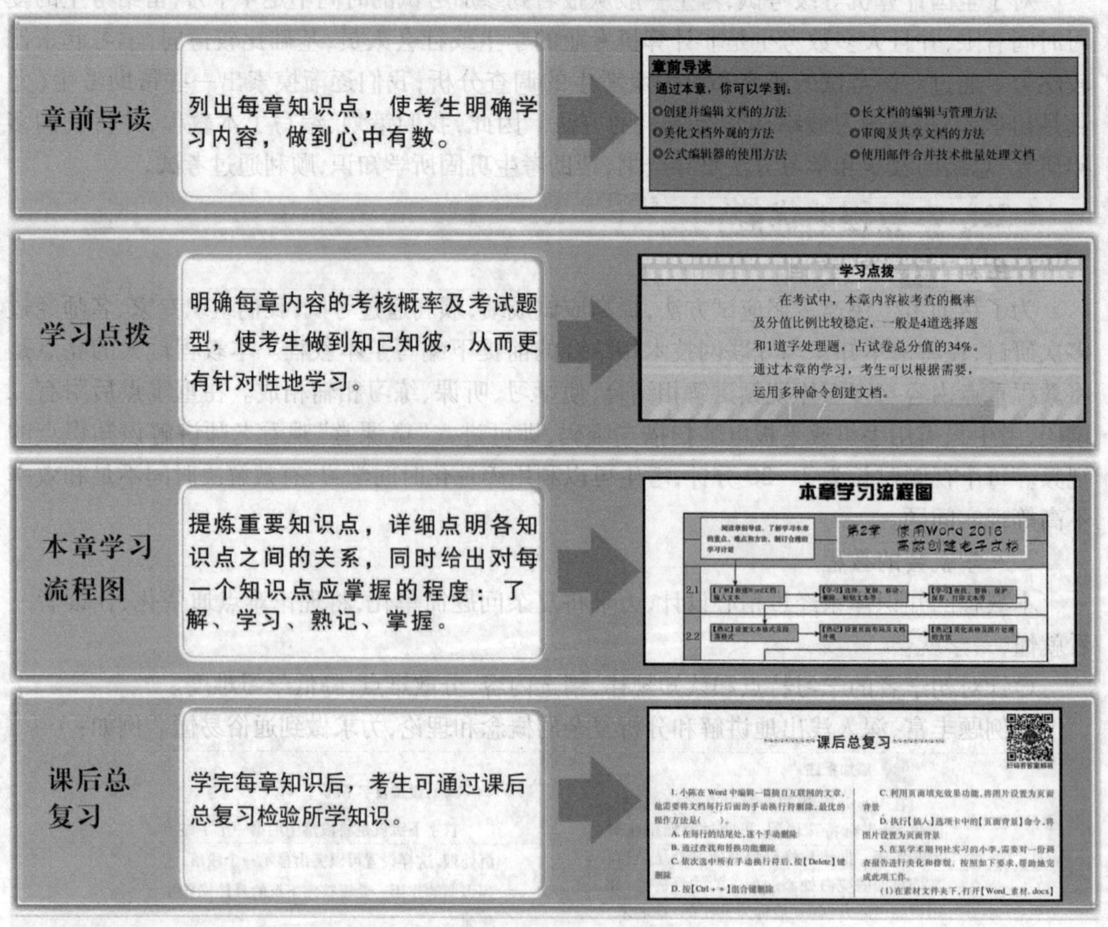

3. 衔接考试的教程

在深入分析和研究历年考试真题的基础上，我们结合历年考试的命题规律选择内容，安排章节，坚持“多考多讲、少考少讲”的原则。在讲解各章节的内容之前，详细介绍考试的重点和难点，从而帮助考生合理安排学习计划，做到有的放矢。

本章评估

通过分析历年考试的真题，总结出每章内容在考试中的重要程度、考核类型、所占分值以及建议学习时间等重要参数，使考生可以更加合理地制订学习计划。

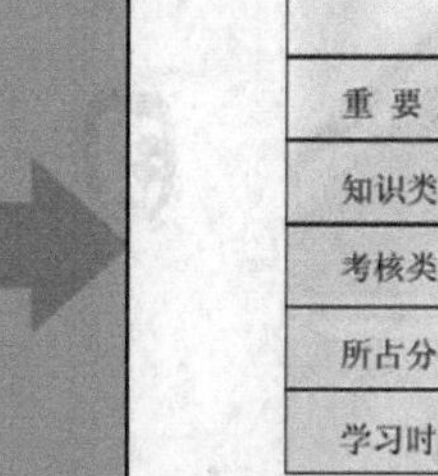

本章评估	
重 要 度	★★★★★
知识类型	实际应用
考核类型	选择题、操作题
所占分值	32分
学习时间	48课时

知识点详解

根据考试的需要合理取舍，精选内容，结合巧妙设计的知识板块，使考生迅速把握重难点，顺利通过考试。

2.1.11 Word 2016 的视图模式 名师讲解

Word 2016 提供了多种视图模式，包括阅读视图、页面视图、Web 版式视图、大纲视图和草稿视图。用户可以根据自己的不同需要来选择不同的视图对文档进行查看，具体的操作步骤如下。

三、如何使用教程中的栏目

本教程特别设计了 2 个小栏目，分别为“提示”和“请注意”。

1.“提示”栏目

该栏目是对正文知识点内容的补充和说明，读者可以通过它更快、更全面地掌握和运用各种操作技巧。

提示

按【Shift】键可以在输入法的中文状态和英文状态之间进行切换；按【Ctrl + Shift】组合键可在各种输入法中互相切换；按【Caps Lock】键（大写锁定键）可以切换英文字母的大小写。

2.“请注意”栏目

该栏目主要提示读者在学习过程中容易忽视的问题，以引起重视。

请注意

要确保所安装的 Office 2016 程序中包含文本转换程序，否则不能转换。这种方式不能共享图表、图像，只能发送文本，而且当 Word 文档比较长时，生成演示文稿的时间也会相应增加。

本教程章末课后总复习的参考答案及解析在配套资源中提供。关注“职场研究社”微信公众号，回复 55866 获取本书配套资源。

由于编者水平有限，书中难免存在疏漏之处，恳请广大读者批评指正。编者的联系邮箱为muguiling@ptpress.com.cn。

编　者

目录

第1章

Office 操作基础

章前导读

通过本章，你可以学到：

◎ 以任务为导向的应用界面

◎ Word、Excel、PowerPoint之间的数据共享

本章评估		学习点拨
重要度	★★★★	Office系列软件在界面特征上具有一定的相似性，并且可以进行软件之间的数据传递和共享。通过本章的学习，考生要了解Office界面及数据共享的方法。
知识类型	理论+应用	
考核类型	选择题、操作题	
学习时间	3课时	

本章学习流程图

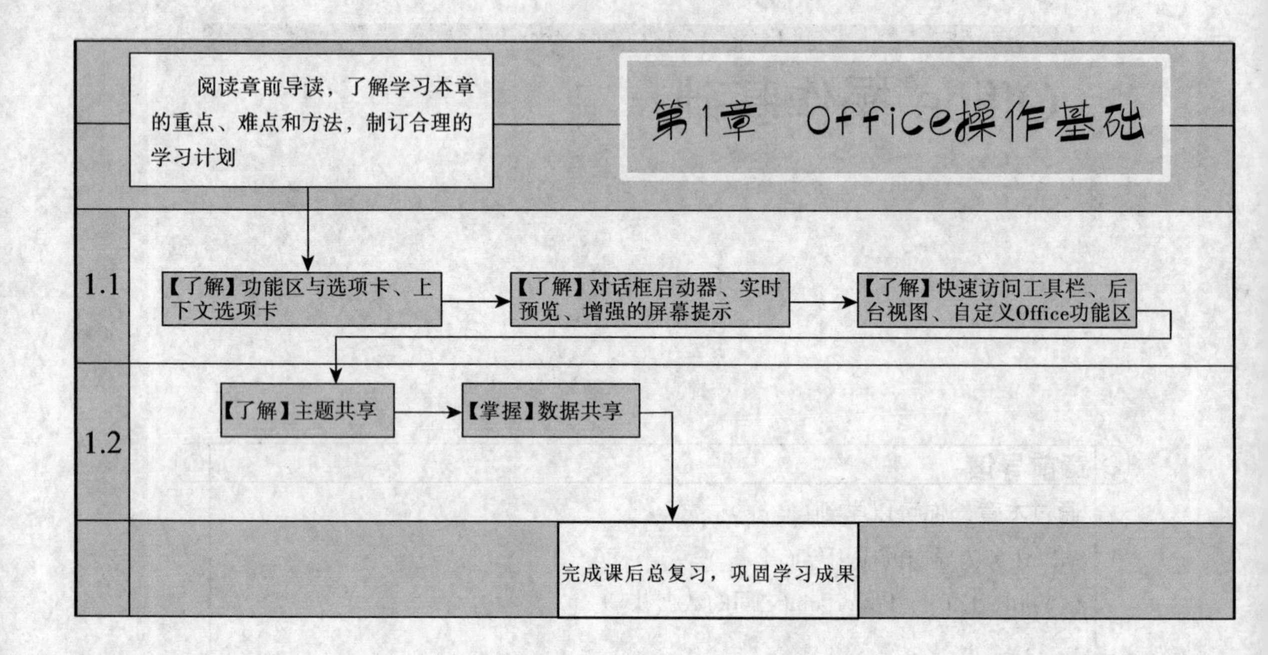

第1章 Office操作基础
阅读章前导读，了解学习本章的重点、难点和方法，制订合理的学习计划
1.1
【了解】功能区与选项卡、上下文选项卡
【了解】对话框启动器、实时预览、增强的屏幕提示
【了解】快速访问工具栏、后台视图、自定义Office功能区
1.2
【了解】主题共享
【掌握】数据共享
完成课后总复习，巩固学习成果

Office 2016 是一组软件的集合，它包括文字处理软件 Word 2016、电子表格处理软件 Excel 2016 及幻灯片制作软件 PowerPoint 2016 等多个办公组件。

1.1 以任务为导向的应用界面

Office 2016 采用了以任务为导向的全新用户界面，以此来帮助用户创建、共享具有专业水准的电子文档。相比 Office 2010，Office 2016 只是在界面外观上进行了更新，功能上并无较大差别。

1.1.1 功能区与选项卡

在 Office 2016 的功能区中，用户可以进行自定义功能区、创建功能区及创建组等操作。

例如，在 Word 2016 的功能区中提供了【文件】【开始】【插入】【设计】【布局】【引用】【邮件】【审阅】【视图】等编辑文档的多个选项卡，如图 1-1 所示。单击功能区中的这些选项卡标签后，即可切换到相应的选项卡，直接显示相应的命令，这种选项卡的组合方式使操作更为直观、方便。

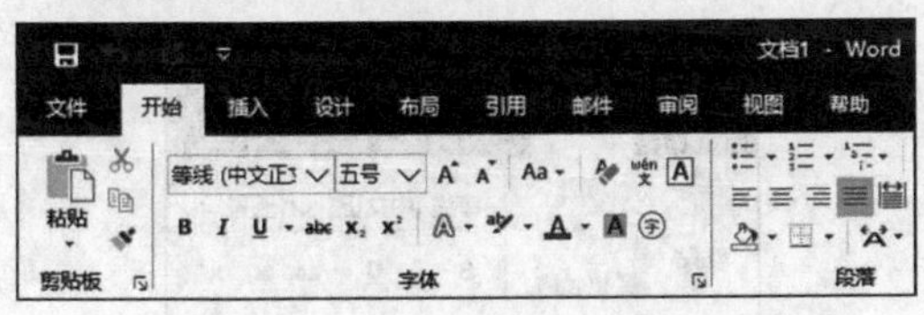

图 1-1 Word 2016 中的功能区

功能区所显示的内容会根据程序中的窗口宽度自动进行调整。当功能区较窄时，一些图标会相对缩小，以节省空间。如果功能区进一步变窄，某些命令分组就会只显示图标。

由于 Office 系列软件在界面特征上具有一定的相似性，一旦学会如何在 Word 中使用功能区，就会发现 Excel、PowerPoint 中的功能区同样易于使用。

1.1.2 操作说明搜索

Office 2016 功能区的右上方有一个【告诉我您想要做什么】搜索框，在其中输入某些命令后，会立即执行该命令。该功能对那些在功能区中不好找但又需要偶尔执行的命令，执行起来非常方便。例如，在 Excel 2016 中要进行高级筛选，选择单元格后直接在【告诉我您想要做什么】搜索框中输入【高级筛选】后按【Enter】键即可进行筛选操作，如图 1-2 所示。

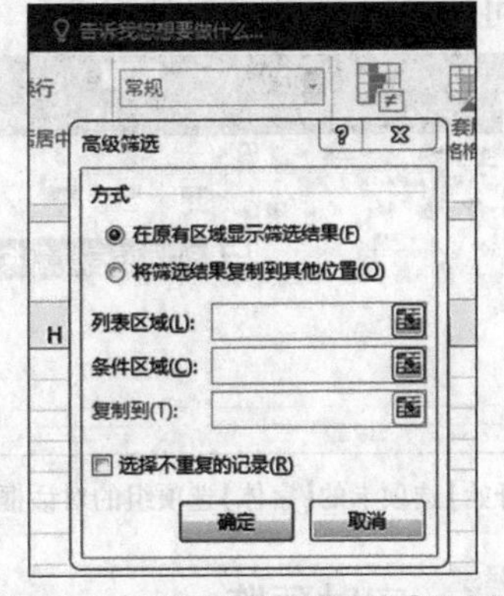

图 1-2 【告诉我您想要做什么】搜索框

1.1.3 上下文选项卡

上下文选项卡仅在需要时显示，从而使用户能够更加轻松地根据正在进行的操作来获得和使用所需的命令。例如，在 Word 中编辑表格时，选中表格后，【设计】选项卡才会显示出来，如图 1-3 所示。

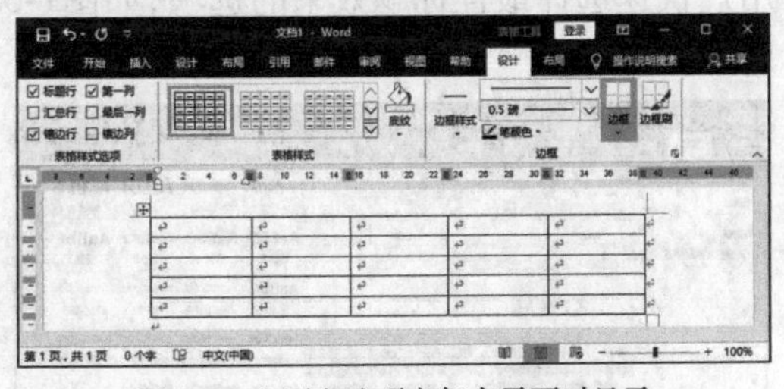

图 1-3 上下文选项卡仅在需要时显示

1.1.4 对话框启动器

在 Office 2016 功能区中，单击某些命令按钮可以启动对话框。例如，在Word 2016功能区的【插入】选项卡的【插图】选项组中，单击【图表】按钮就可以打开【插入图表】对话框。但是最常用的【字体】对话框、【段落】对话框却找不到对应的启动命令。

仔细观察功能区，会发现在某些选项组的右下角有一个小箭头按钮，如图1-4所示，它就是对话框启动器按钮，单击此按钮就会打开一个带有更多命令的对话框或任务窗格。例如，在Word 2016功能区的【开始】选项卡的【字体】选项组中，单击对话框启动器按钮就可以打开【字体】对话框。

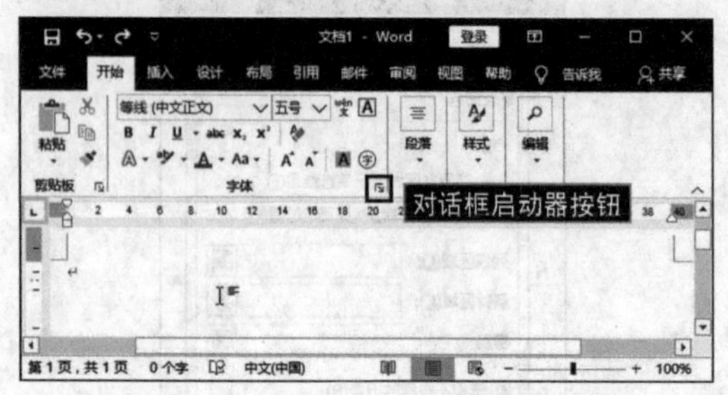

图1-4 【开始】选项卡的【字体】选项组的对话框启动器按钮

1.1.5 实时预览

在处理文件过程中，当鼠标指针移动到相关的选项上时，当前编辑的文档中就显示该功能的预览效果。

例如，当设置标题效果时，只需将鼠标指针在各个标题选项上滑过，Word 2016文档就会显示实时预览效果，这样的功能有利于用户快速选择最佳标题效果的选项，如图1-5所示。

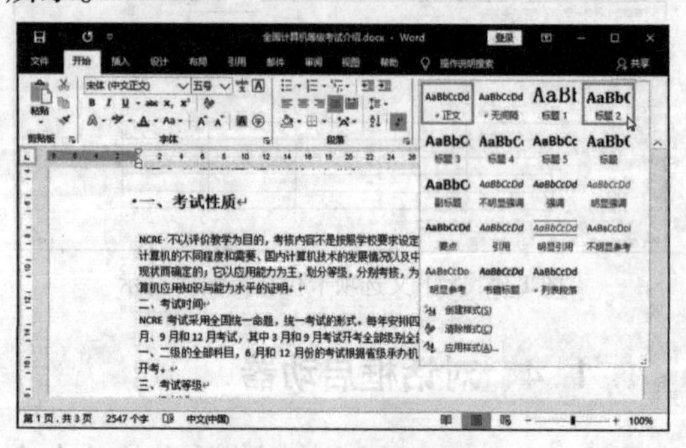

图1-5 实时预览功能

1.1.6 增强的屏幕提示

增强的屏幕提示是更大的窗口，它可以显示比屏幕提示更多的信息，并可以直接从某一命令中的显示位置指向帮助主题的链接。

将鼠标指针指向某一命令或功能时，会出现相应的屏幕提示，促使用户迅速了解所提供的信息。如果用户想获得更加详细的信息，也不必在帮助窗口中进行搜索，可直接利用该功能提供的“了解详细信息”的链接，直接从当前位置访问。

说明

按【Ctrl＋F10】组合键可以将文档窗口最大化。

1.1.7 快速访问工具栏

快速访问工具栏是一个根据用户的需要而定义的工具栏，包含一组独立于当前显示的功能区中的命令，可以帮助读者快速访问使用频繁的工具。在默认情况下，快速访问工具栏位于标题栏的左侧，包括保存、撤销和恢复3个命令，如图1-6所示。用户也可以根据自己的需要添加一些常用命令，以方便使用。

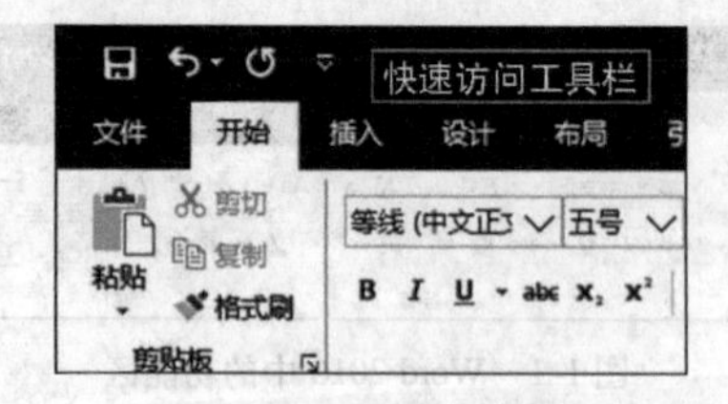

图1-6 快速访问工具栏

例如，若经常使用插入批注命令，可在Word 2016快速访问栏工具中添加所需要的命令，具体的操作步骤如下。

步骤1 在Word 2016中，用鼠标单击快速访问工具栏右侧的下拉按钮，在弹出的下拉列表中选择【其他命令】选项，如图1-7所示。

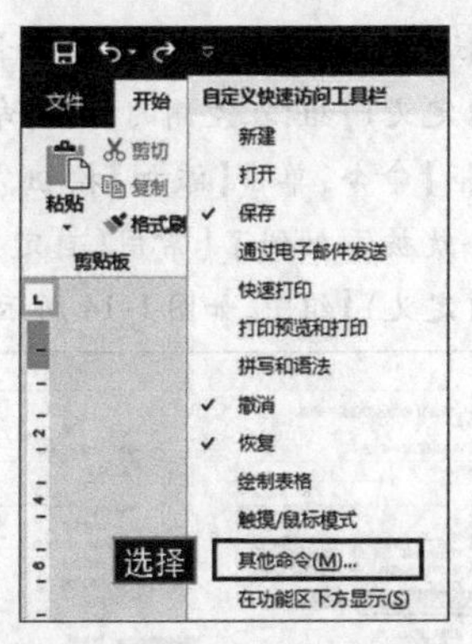

图 1-7 选择【其他命令】选项

步骤2 弹出【Word 选项】对话框，选择【快速访问工具栏】选项卡，然后单击【从下列位置选择命令】下拉按钮，在弹出的下拉列表中选择【常用命令】选项，在命令列表框中选择所需要的命令，如【插入批注】命令，然后单击【添加】按钮，如图 1-8 所示。设置完成后单击【确定】按钮，即可将选择的命令添加到快速工具栏中。

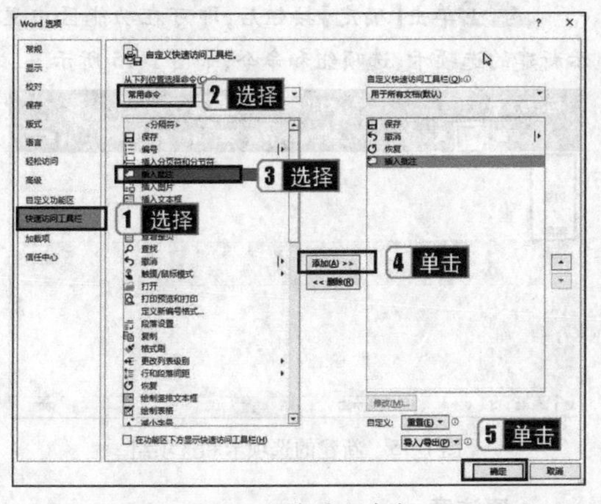

图 1-8 添加常用命令

1.1.8 后台视图

在 Office 2016 功能区中选择【文件】选项卡，即可查看后台视图。在后台视图中，可以新建、保存并共享文档，可以查看文档的安全控制选项，可以检查文档中是否包含隐藏的数据或个人信息，可以应用自定义程序等进行相应的管理，还可以对文档或应用程序进行操作，如图 1-9 所示。

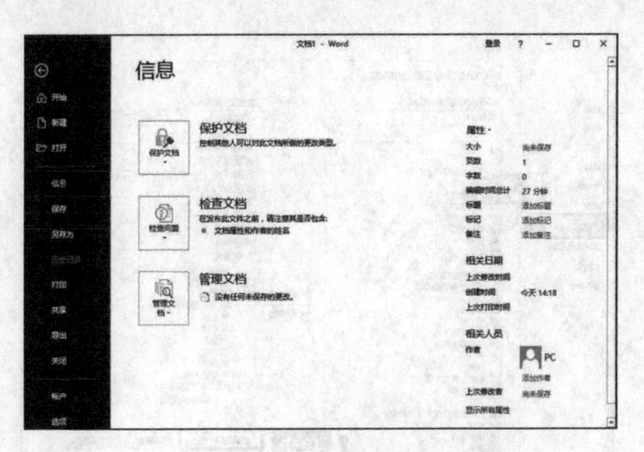

图 1-9 后台视图

1.1.9 自定义 Office 功能区

除 Office 2016 默认提供的功能区外，用户还可以根据自己的使用习惯自定义应用程序的功能区。例如，将常用的命令添加到【常用】选项卡的【常用】组中，这样可以使操作更加方便、快捷。

步骤1 选择【文件】选项卡中的【选项】命令，弹出【Word 选项】对话框，如图 1-10 所示。

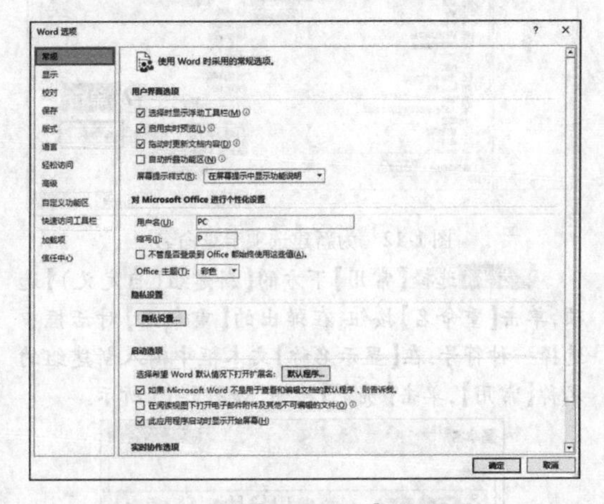

图 1-10 【Word 选项】对话框

步骤2 在【Word 选项】对话框中选择【自定义功能区】选项卡，在对话框右侧的列表框中单击【新建选项卡】按钮，如图 1-11 所示，即可创建一个新的选项卡——新建选项卡(自定义)。

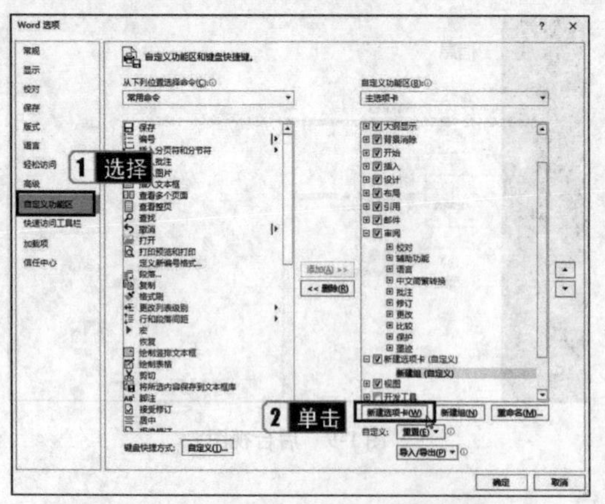

图 1-11 单击【新建选项卡】按钮

步骤3 在【主选项卡】列表框中选择【新建选项卡(自定义)】选项,单击【重命名】按钮,如图 1-12 所示,在弹出的【重命名】对话框的【显示名称】文本框中输入名称【常用】,单击【确定】按钮。

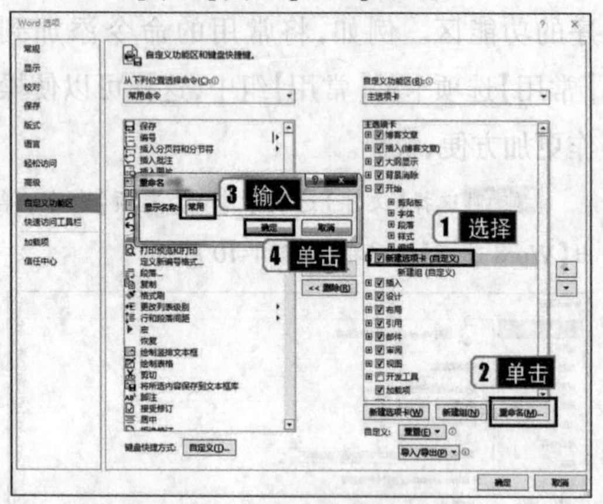

图 1-12 为新建选项卡重命名

步骤4 选择【常用】下方的【新建组(自定义)】选项,单击【重命名】按钮,在弹出的【重命名】对话框中选择一种符号,在【显示名称】文本框中输入新建组的名称【常用】,单击【确定】按钮,如图 1-13 所示。

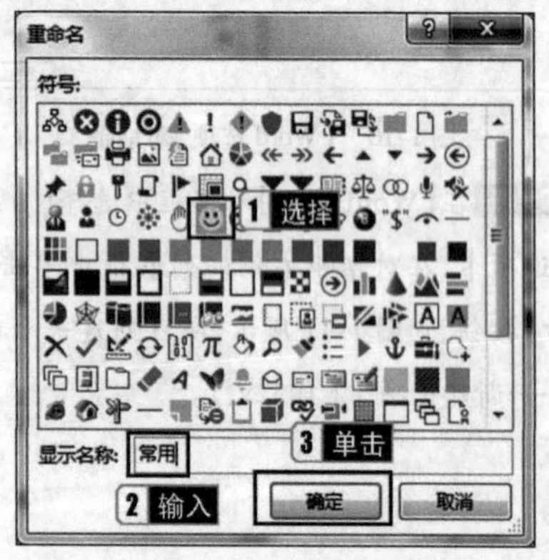

图 1-13 为新建组重命名

步骤5 返回【自定义功能区】选项卡,选中右侧的【常用(自定义)】组,在左侧的【所有命令】列表框中选择【边框】命令,单击【添加】按钮,此时选中的【边框】命令就被添加到了【常用(自定义)】选项卡的【常用(自定义)】组中,如图 1-14 所示。

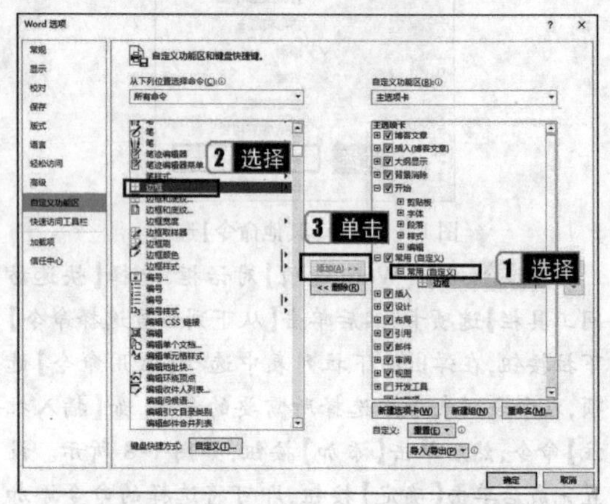

图 1-14 添加到自定义组中的命令

步骤6 单击【确定】按钮后,即可在功能区中显示新建的选项卡、选项组和命令,如图 1-15 所示。

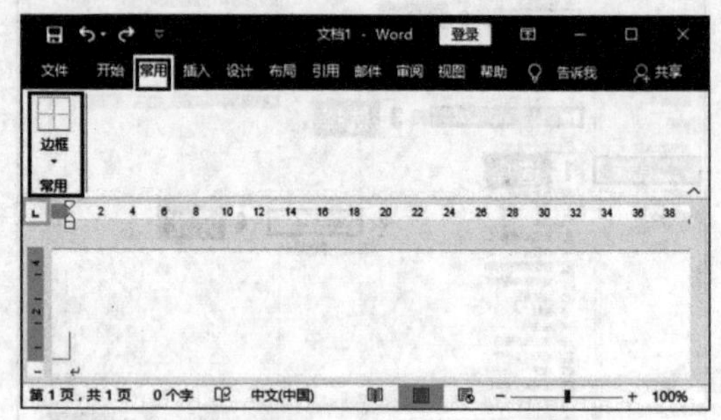

图 1-15 新建的选项卡和选项组

请注意

在日常工作中,若要删除自定义的选项卡和选项组,可以在【自定义功能区】选项卡中进行删除操作。

1.1.10 账户登录及共享

“账户”是 Office 2016 较 Office 2010 新增加的一项功能,用户通过 Microsoft 账户登录之后,可以将文档另存为云端的 OneDrive,也可以在其他任意网络位置打开云端保存的文档,方便用户从任何位置访问文档并与任何人共享。此外,还可以从任意位置访问主题和设置。

若之前没有 Microsoft 账户，可以单击【创建一个】超链接，如图 1-16 所示，根据提示完成注册流程，即可创建一个新的 Microsoft 账户。

图 1-16 账户登录界面

1.2 Word、Excel、PowerPoint之间的数据共享

前面我们学习了 Office 2016 中 Word、Excel 和 PowerPoint 3 个组件的界面及使用方式，作为一组套装软件，Office 各个组件之间还可以进行数据传输与共享。

1.2.1 主题共享

名师讲解

文档主题是一套具有统一设计风格的格式选项，包括一组主题颜色，如各种配色方案；一组主题字体，如标题字体和正文字体；一组主题效果，如线条和填充效果。

通过应用文档主题，可以轻松地在 Word、Excel 和 PowerPoint 文档中协调颜色、字体和图形格式效果，让文档具有一致的外观样式与合适的个人风格。

Office 2016 提供了多种默认的主题可以直接应用，用户也可以根据需要自定义主题，或者单独创建自己的主题颜色、更改主题字体以及主题效果，并且可以将它们另存为自定义主题，以便重复应用到其他程序组件中。

在 Word 2016 中，可以在【设计】选项卡的【文档格式】组中应用或者自定义主题，如图1-17 所示。在 Excel 2016 中，可以在【页面布局】选项卡的【主题】组中应用主题，如图 1-18 所示。在 PowerPoint 2016 中，则可以在【设计】选项卡的【主题】组中应用主题，如图 1-19 所示。

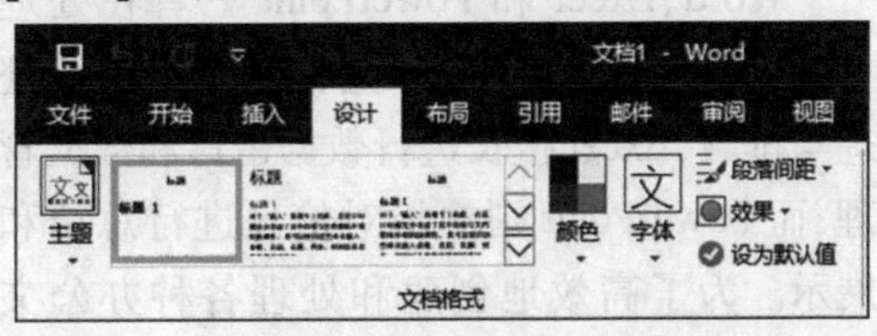

图 1-17 Word 2016 中的主题

图 1-18 Excel 2016 中的主题

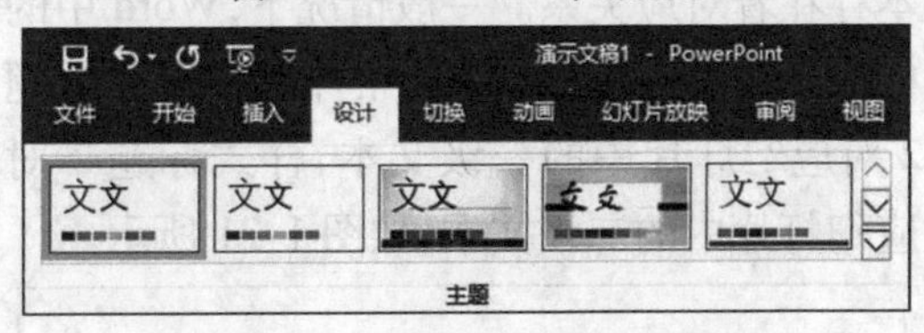

图 1-19 PowerPoint 2016 中的主题

请注意

若要修改 Word 中超链接的格式，改变其访问前和访问后的颜色，可以在【设计】选项卡的【文档格式】组中单击【颜色】按钮，在弹出的下拉列表中选择【自定义颜色】，弹出【新建主题颜色】对话框，修改【超链接】和【已访问的超链接】对应的颜色，单击【保存】按钮，如图 1-20 所示。

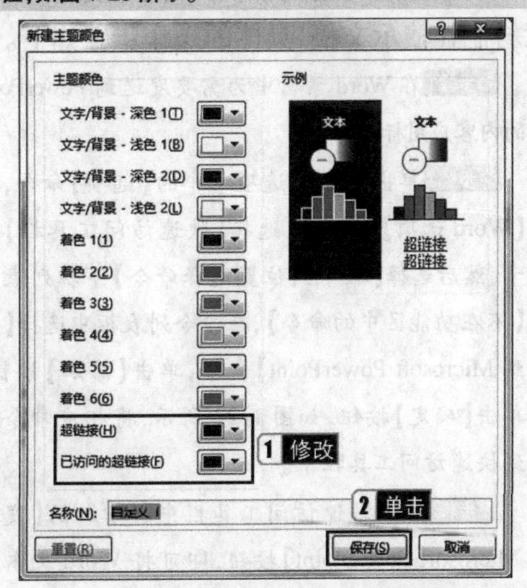

图 1-20 修改 Word 中的超链接颜色

1.2.2 数据共享

名师讲解

Word、Excel 和 PowerPoint 三者在处理文档时各有优势。Word 擅长对文字进行处理与排版，Excel 擅长进行数据运算和数据管理，而 PowerPoint 则擅长对信息进行总结和展示。为了高效地创建和处理各种办公文档，Office 提供了多种操作方法，以方便在各个组件之间传递和共享数据。

1 Word 与 PowerPoint 之间的共享

(1)将 Word 文档发送到 PowerPoint 中

Word 的内置样式与 PowerPoint 中的文本存在着对应关系。一般情况下，Word 中的样式标题 1 对应幻灯片中的标题，样式标题 2 对应幻灯片中的一级文本，样式标题 3 对应幻灯片中的二级文本，如图 1-21 所示。

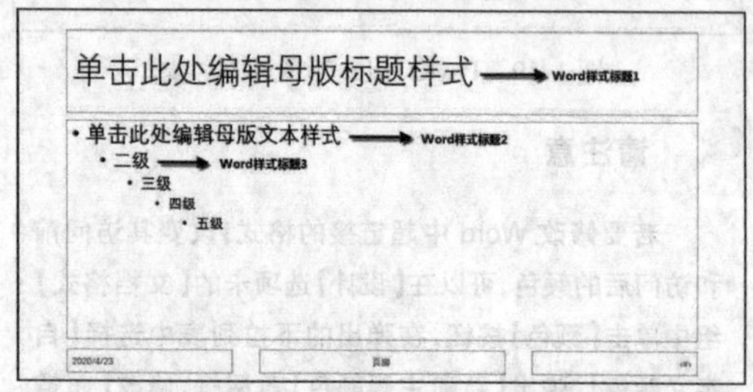

图 1-21 Word 内置样式与 PowerPoint 中的文本对应关系

利用上述对应关系，可以快速利用 Word 素材制作演示文稿，具体的操作步骤如下。

步骤1 在 Word 素材中为需要发送到 PowerPoint 中的内容应用标题样式。

步骤2 单击【文件】选项卡中的【选项】命令，弹出【Word 选项】对话框，选择【快速访问工具栏】选项卡，然后选择【从下列位置选择命令】下拉列表中的【不在功能区中的命令】，在命令列表框中选择【发送到 Microsoft PowerPoint】命令，单击【添加】按钮，再单击【确定】按钮，如图 1-22 所示，将相应命令添加到快速访问工具栏中。

步骤3 单击快速访问工具栏中新增加的【发送到 Microsoft PowerPoint】按钮，即可将 Word 文本自动发送到新建的演示文稿中。

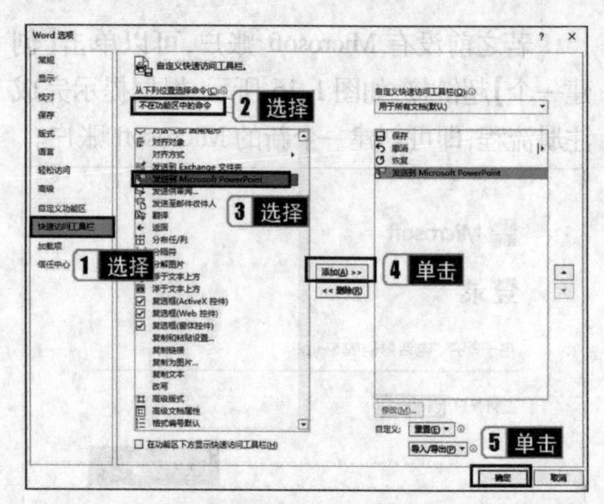

图 1-22 添加【发送到 Microsoft PowerPoint】命令

请注意

要确保所安装的 Office 2016 程序中包含文本转换程序，否则不能转换。这种共享方式不能共享图表、图像，只能发送文本，而且当 Word 文档比较长时，生成演示文稿的时间也会相应增加。

(2)在 PowerPoint 中导入 Word 文档

当 Word 的内置样式与 PowerPoint 中的标题级别对应时，可以直接在 PowerPoint 中导入 Word 文档，具体的操作步骤如下。

步骤1 在 Word 中为需要导入到 PowerPoint 中的内容设置标题样式，然后保存并关闭 Word 文档。

步骤2 打开 PowerPoint 文档，在【开始】选项卡的【幻灯片】组中单击【新建幻灯片】下拉按钮，在弹出的下拉列表中选择【幻灯片(从大纲)】命令，如图 1-23 所示。

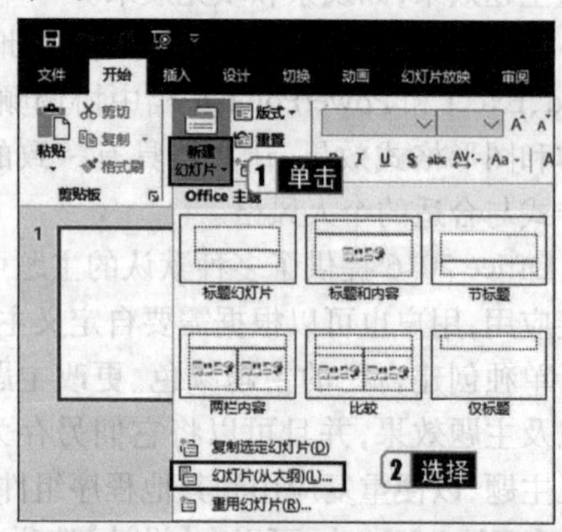

图 1-23 选择【幻灯片(从大纲)】命令

步骤3 弹出【插入大纲】对话框，找到 Word 文件，单击【插入】按钮。

(3)使用 Word 为幻灯片创建讲义

在 PowerPoint 中制作完成的幻灯片可以在 Word 中生成讲义并打印,具体的操作步骤如下。

步骤1 在 PowerPoint 中制作需要发送到 Word 中的幻灯片。

步骤2 单击【文件】选项卡中的【选项】命令,弹出【PowerPoint 选项】对话框,选择【快速访问工具栏】选项卡,然后选择【从下列位置选择命令】下拉列表中的【不在功能区中的命令】,在命令列表框中选择【在 Microsoft Word 中创建讲义】命令,单击【添加】按钮,再单击【确定】按钮,将【在 Microsoft Word 中创建讲义】命令添加到快速访问工具栏中。

步骤3 单击快速访问工具栏中新增加的【在 Microsoft Word 中创建讲义】按钮,打开【发送到 Microsoft Word】对话框,选择讲义版式,如选择【备注在幻灯片旁】,如图 1-24 所示,单击【确定】按钮,幻灯片将从 PowerPoint 中发送至 Word 文档中。

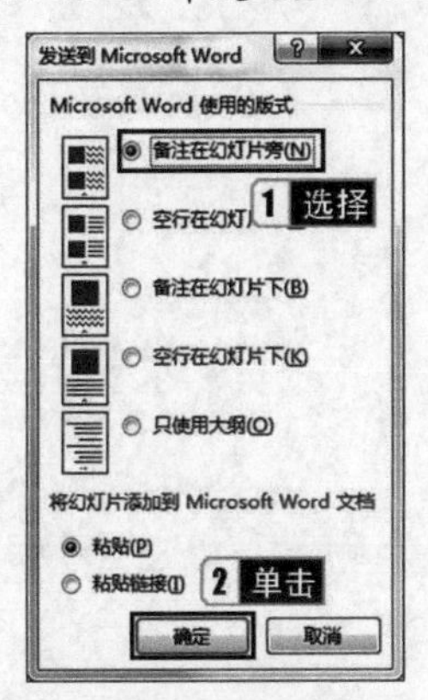

图 1-24 【发送到 Microsoft Word】对话框

2 在 Word、PowerPoint 中调用 Excel 表格

通过剪贴板和插入对象可以快速在 Word、Excel 和 PowerPoint 三者之间共享数据,下面以在 Word、PowerPoint 中调用 Excel 表格为例来介绍这两种共享方法。

(1)通过剪贴板共享数据

通过剪贴板可以在 Word、PowerPoint 中调用 Excel 表格,具体的操作步骤如下。

步骤1 在 Excel 表格中选择要复制的数据区域,在【开始】选项卡的【剪贴板】组中单击【复制】按钮,或者按【Ctrl + C】组合键。

步骤2 切换到 Word 文档或 PowerPoint 演示文稿中,在【开始】选项卡的【剪贴板】组中单击【粘贴】下拉按钮,在弹出的下拉列表中选择【选择性粘贴】命令,弹出【选择性粘贴】对话框,选中【粘贴链接】单选按钮,在【形式】列表框中选择【Microsoft Excel 工作表 对象】选项,单击【确定】按钮,如图 1-25 所示,即可插入 Excel 表格内容,并且插入内容会与源数据同步更新。

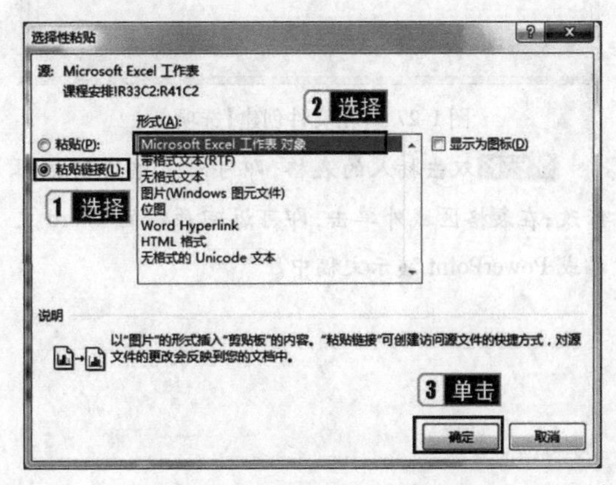

图 1-25 【选择性粘贴】对话框

(2)通过插入对象共享数据

通过插入对象可以在 Word、PowerPoint 中调用 Excel 表格,具体的操作步骤如下。

步骤1 打开 Word 文档或 PowerPoint 演示文稿,在【插入】选项卡的【文本】组中单击【对象】按钮,弹出【对象】对话框,如图 1-26 所示。

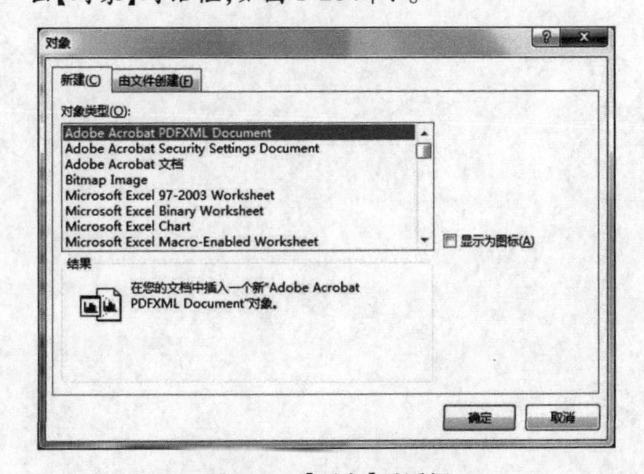

图 1-26 【对象】对话框

步骤2 在【新建】选项卡的【对象类型】列表框

中选择一种 Microsoft Excel 工作表类型，即可插入一个空白工作表。在【由文件创建】选项卡中选择一个文件，如图 1-27 所示，即可插入一个现有文档。

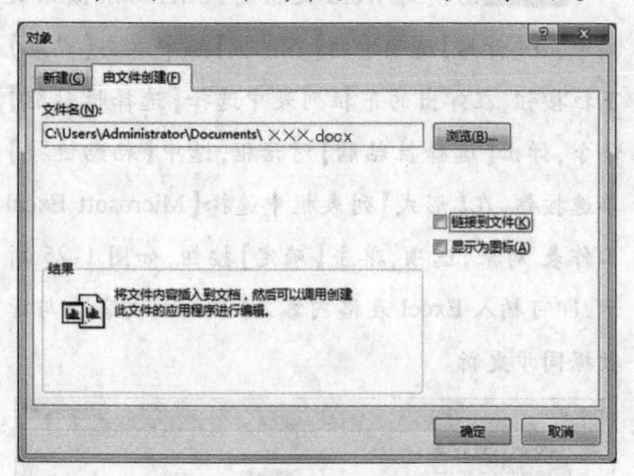

图 1-27 【由文件创建】选项卡

步骤3 双击插入的表格，即可对表格进行编辑修改；在表格区域外单击，即可返回原有的 Word 文档或 PowerPoint 演示文稿中。

请注意

若要以图标形式将“XXX.docx”文件插入到当前文档中，则可在【对象】对话框中切换到【由文件创建】选项卡，单击【浏览】按钮，找到【XXX.docx】文件，单击【插入】按钮，并且勾选【对象】对话框中的【链接到文件】和【显示为图标】两个复选框，单击【确定】按钮，如图 1-28 所示，即可以图标形式显示。

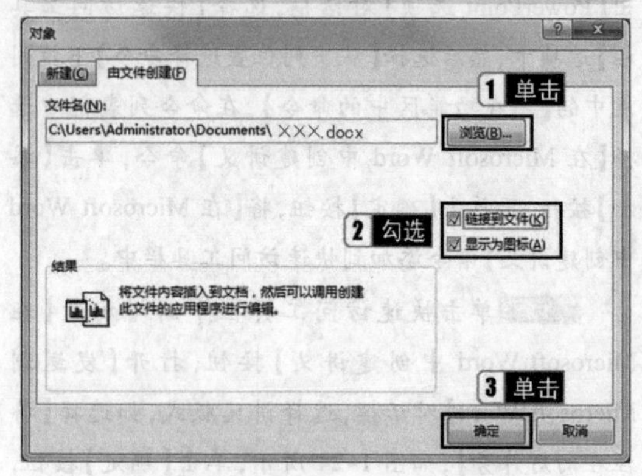

图 1-28 设置以图标形式显示文档

课后总复习

1. 在 Word 2016 功能区中，包含的选项卡分别是(　　)。

A. 开始、插入、布局、引用、邮件、审阅等

B. 开始、插入、编辑、布局、引用、邮件等

C. 开始、插入、编辑、布局、选项、邮件等

D. 开始、插入、编辑、布局、选项、帮助等

2. 若希望 Word 中所有超链接的文本颜色在被访问后变为绿色，最优的操作方法是(　　)。

A. 通过新建主题颜色，修改已访问的超链接的字体颜色

B. 通过修改【超链接】样式的格式，改变字体颜色

C. 通过查找和替换功能，将已访问的超链接的字体颜色进行替换

D. 通过修改主题字体，改变已访问的超链接的字体颜色

3. 在Excel 中，设定与使用【主题】的功能是指(　　)。

A. 标题　　B. 一段标题文字

C. 一个表格　　D. 一组格式集合

4. 江老师使用 Word 编写完成了课程教案，需根据该教案创建 PowerPoint 课件，最优的操作方法是(　　)。

A. 参考 Word 教案，直接在 PowerPoint 中输入相关内容

B. 在 Word 中直接将教案大纲发送到 PowerPoint

C. 从 Word 文档中复制相关内容到幻灯片中

D. 通过插入对象方式将 Word 文档内容插入到幻灯片中

5. 小梅需将 PowerPoint 演示文稿内容制作成一份 Word 版本讲义，以便后续可以灵活编辑及打印，最优的操作方法是(　　)。

A. 将演示文稿另存为【大纲/RTF 文件】格式，然后在 Word 中打开

B. 在 PowerPoint 中利用【创建讲义】功能，直接创建 Word 讲义

C. 将演示文稿中的幻灯片以粘贴对象的方式一张张复制到 Word 文档中

D. 切换到演示文稿的大纲视图，将大纲内容直接复制到 Word 文档中

第2章

使用Word 2016高效创建电子文档

章前导读

通过本章，你可以学到：

◎创建并编辑文档的方法
◎美化文档外观的方法
◎公式编辑器的使用方法
◎长文档的编辑与管理方法
◎审阅及共享文档的方法
◎使用邮件合并技术批量处理文档

本章评估		学习点拨
重要度	★★★★★	在考试中，本章内容被考查的概率及分值比例比较稳定，一般是4道选择题和1道字处理题，占试卷总分值的34%。通过本章的学习，考生可以根据需要，运用多种命令创建文档。
知识类型	实际应用	
考核类型	选择题、操作题	
所占分值	34分	
学习时间	48课时	

本章学习流程图

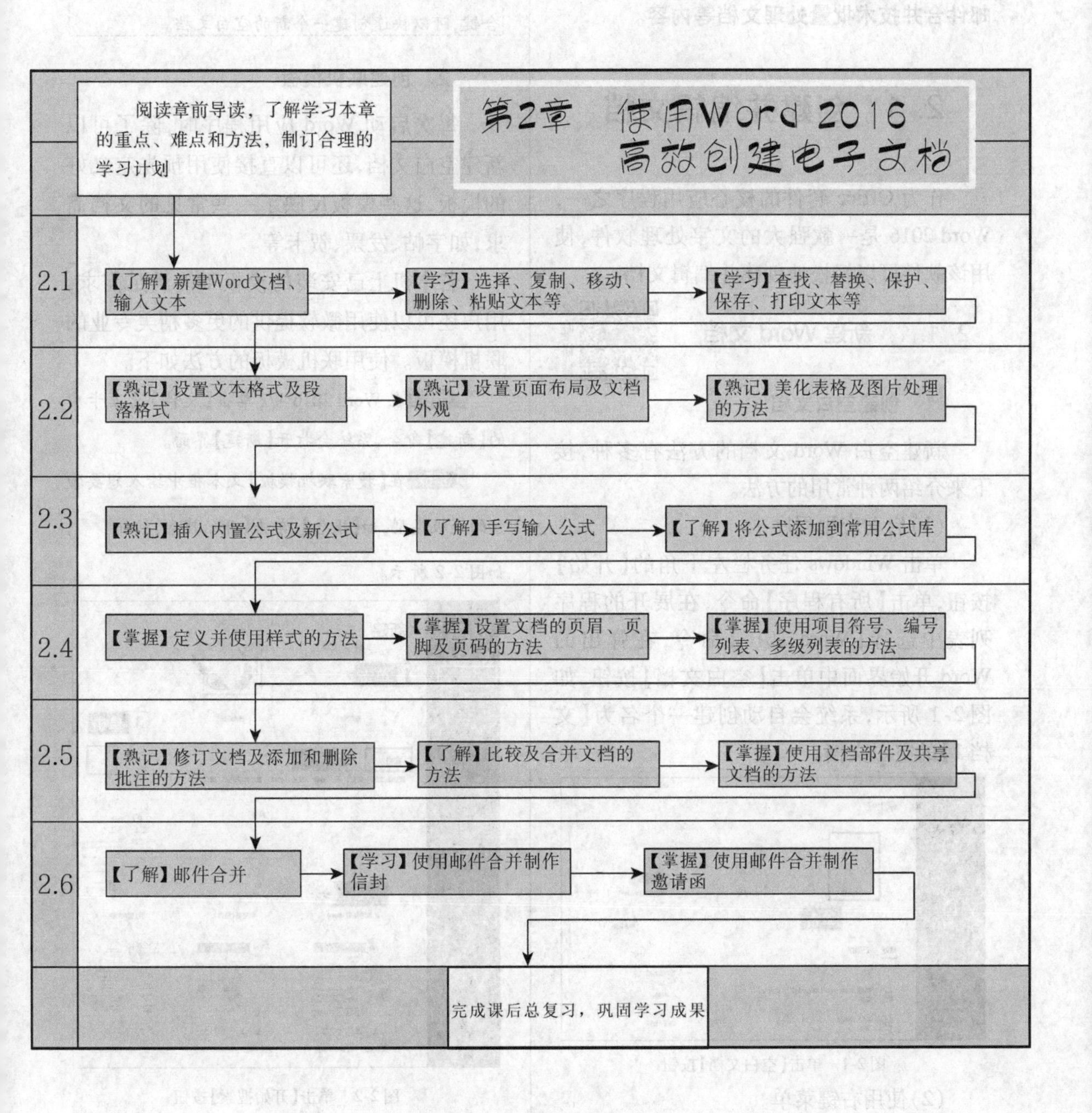

第2章 使用Word 2016 高效创建电子文档
阅读章前导读，了解学习本章的重点、难点和方法，制订合理的学习计划
2.1
【了解】新建Word文档、输入文本
【学习】选择、复制、移动、删除、粘贴文本等
【学习】查找、替换、保护、保存、打印文本等
2.2
【熟记】设置文本格式及段落格式
【熟记】设置页面布局及文档外观
【熟记】美化表格及图片处理的方法
2.3
【熟记】插入内置公式及新公式
【了解】手写输入公式
【了解】将公式添加到常用公式库
2.4
【掌握】定义并使用样式的方法
【掌握】设置文档的页眉、页脚及页码的方法
【掌握】使用项目符号、编号列表、多级列表的方法
2.5
【熟记】修订文档及添加和删除批注的方法
【了解】比较及合并文档的方法
【掌握】使用文档部件及共享文档的方法
2.6
【了解】邮件合并
【学习】使用邮件合并制作信封
【掌握】使用邮件合并制作邀请函
完成课后总复习，巩固学习成果

Word 2016 主要用于制作各类文档。本章将介绍利用 Word 2016 高效创建并编辑文档、美化文档外观、编辑与管理长文档、使用邮件合并技术批量处理文档等内容。

2.1 创建并编辑文档

作为 Office 套件的核心应用程序之一，Word 2016 是一款强大的文字处理软件，使用该软件可以轻松地创建并编辑文档。

2.1.1 新建 Word 文档

名师讲解

1 创建空白文档

新建空白 Word 文档的方法有多种，接下来介绍两种常用的方法。

(1)启动应用程序

单击 Windows 任务栏左下角的【开始】按钮，单击【所有程序】命令，在展开的程序列表中选择【Word 2016】命令，在弹出的 Word 开始界面中单击【空白文档】按钮，如图 2-1 所示，系统会自动创建一个名为【文档 1】的空白文档。

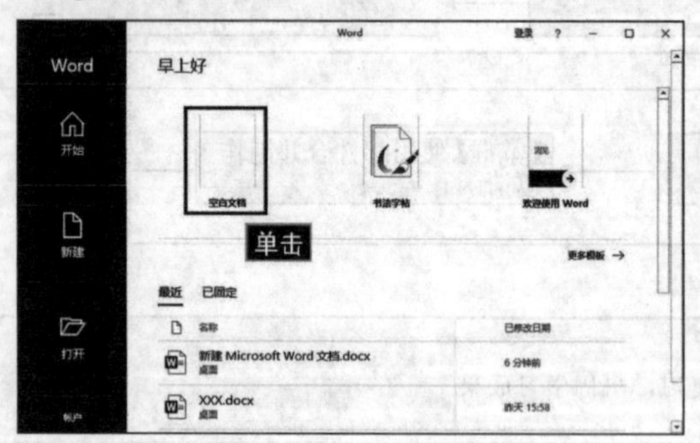

图 2-1 单击【空白文档】按钮

(2)使用右键菜单

在 Windows 窗口中，在空白处单击鼠标右键，在弹出的快捷菜单中选择【新建】|【Microsoft Word 文档】命令，系统将会创建一个名为【新建 Microsoft Word 文档】的空白文档。

> **提示**
>
> 在 Word 2016 启动的情况下，按【Ctrl + N】组合键，可以快速创建一个新的空白文档。

2 创建联机模板

每次启动 Word 应用程序时，除了可以新建空白文档，还可以直接使用预先定义好的模板，这些模板反映了一些常见的文档需求，如字帖、发票、贺卡等。

若本机上已安装的模板不能满足需求，用户还可以使用微软提供的更多精美专业的联机模板。使用联机模板的方法如下。

步骤1 在 Word 2016 中，单击【文件】选项卡中的【新建】命令，系统会打开【新建】界面。

步骤2 在【搜索联机模板】文本框中输入想要搜索的模板类型，如【报告】，单击【开始搜索】按钮 🔍，如图 2-2 所示。

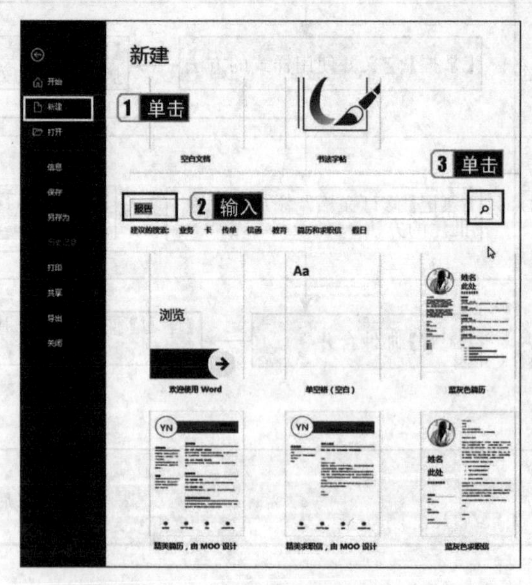

图 2-2 单击【开始搜索】按钮

步骤3 在搜索结果中单击选择一种合适的样式，如【报告】，在弹出的【报告】预览界面中单击【创建】按钮，如图2-3所示。

图2-3 单击【创建】按钮

步骤4 进入下载界面，系统会显示【正在下载您的模板】字样，如图2-4所示。

图2-4 下载模板

步骤5 下载完毕的模板效果如图2-5所示，用户可以在模板中进一步编辑加工。

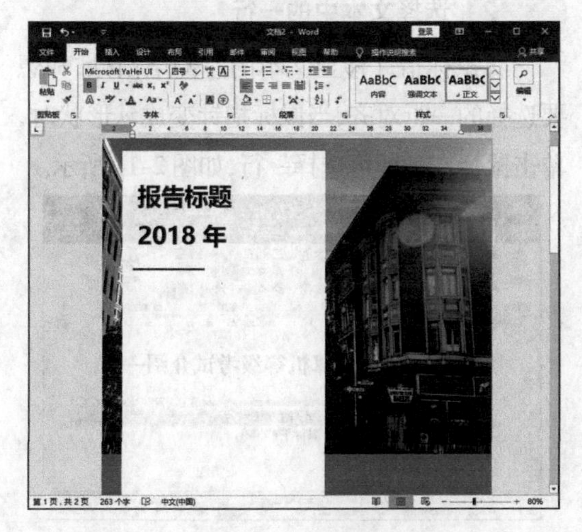

图2-5 模板效果

提示

联机模板大大提高了工作效率，用户可以直接在Word文件内搜索工作或学习需要的模板，而不必去浏览器中搜索下载。但联机模板的下载需要连接网络，否则无法显示信息和下载。

2.1.2 输入文本

名师讲解

1 输入普通文本

创建新文档后，在文本的编辑区域中会出现闪烁的光标，它表明了当前文档的输入位置，可在此输入文本内容。安装了Word 2016程序后，微软拼音输入法将会被自动安装，用户可以使用微软拼音输入法完成文档的输入，也可以使用其他的输入法，如搜狗输入法等。输入文本的操作步骤如下。

步骤1 单击Windows任务栏中的【输入法指示器】，在弹出的菜单中选择一种输入法。

步骤2 在输入文本之前，先将鼠标指针移至文本插入点并单击鼠标左键，光标会在插入点闪烁，此时即可开始输入。

步骤3 当输入的文本达到编辑区边界但还没有输入完时，Word 2016会自动换行。如果想另起一段，按【Enter】键即可创建新的段落，如图2-6所示。

图2-6 输入文本的效果

提示

按【Shift】键可以在输入法的中文状态和英文状态之间进行切换；按【Ctrl+Shift】组合键可以在各种输入法中互相切换。按【Caps Lock】键（大写锁定键）可以切换英文字母的大小写。

2 输入特殊符号

在制作文档内容时，除了输入正常文本

外，还经常需要输入一些特殊符号，如带圆圈的数字、数学运算符、货币符号等。普通的标点符号可以通过键盘直接输入，但对于一些特殊的符号，则可以利用 Word 的插入特殊符号功能来输入。具体的操作步骤如下。

步骤1 将光标定位在需要插入符号的位置，在【插入】选项卡的【符号】组中单击【符号】按钮，在弹出的下拉列表中选择【其他符号】命令，如图 2-7 所示。

图 2-7　选择【其他符号】命令

步骤2 在弹出的【符号】对话框中，选择所需的符号，单击【插入】按钮，如图 2-8 所示。

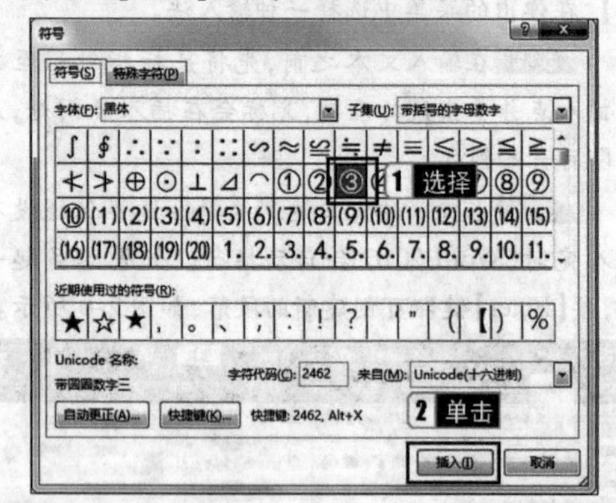

图 2-8　【符号】对话框

2.1.3　选择并编辑文本

在对文本内容进行格式设置和更多的操作之前，需要先选择文本。“先选定对象，再实施操作”是 Office 系列软件中首先要明确的一个概念。选择文本既可以使用鼠标，也可以使用键盘。

1　拖曳鼠标选择文本

拖曳鼠标选择文本是最基本、最灵活和最常用的方法。只需将鼠标指针放在要选择的文本的开始处，然后按住鼠标左键拖曳，拖到要选择的文本内容的结尾处，释放鼠标左键即可选择文本，如图 2-9 所示。

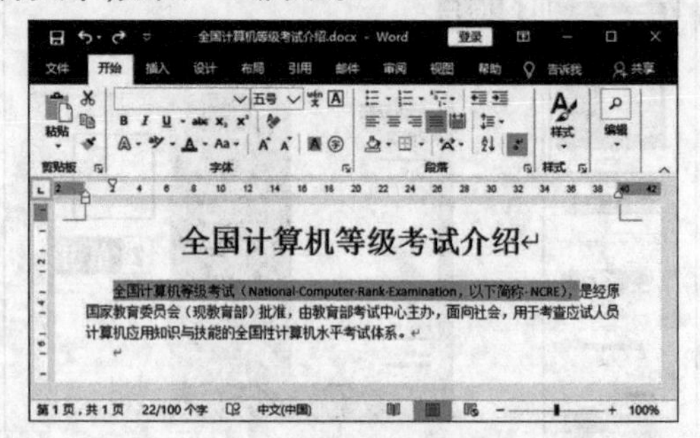

图 2-9　拖曳鼠标选择文本

提示

选择文本时，可隐藏或显示一个微型的半透明的工具栏，该工具栏称为浮动工具栏。将鼠标指针悬停在浮动工具栏上，该工具栏就会变得清晰。借助该工具栏，用户可以很方便地使用字体、字号、文本颜色、对齐方式、缩进级别和项目符号等功能，如图 2-10 所示。

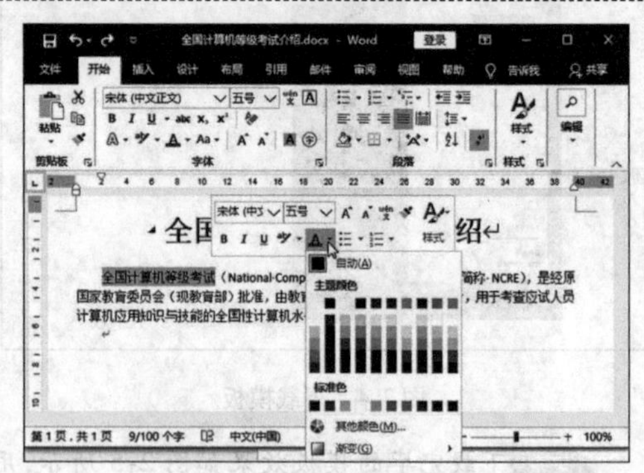

图 2-10　浮动工具栏

2　选择文本中的一行

将鼠标指针移至文本的左侧空白处，和想要选择的一行对齐，当鼠标指针变成↗形状时，单击鼠标左键即可选择一行，如图 2-11 所示。

图 2-11　选择文本中的一行

3 选择一个段落

将鼠标指针移至文本的左侧空白处，当鼠标指针变成⇗形状时，双击鼠标左键即可选择鼠标指针所在的段落，如图 2-12 所示。另外，还可以将鼠标指针放在段落的任意位置，然后连击鼠标左键 3 次，也可以选择鼠标指针所在的段落。

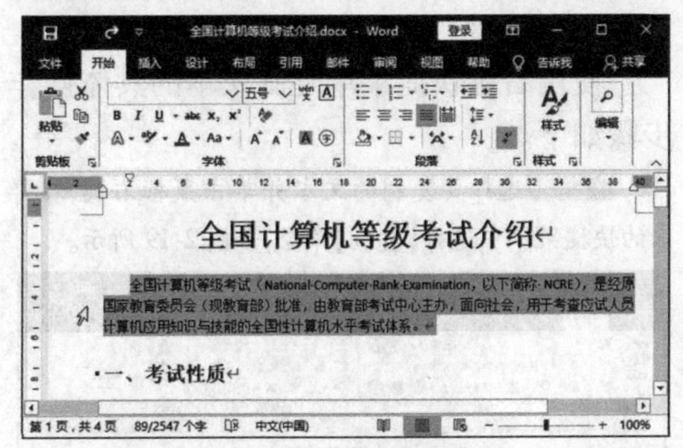

图 2-12 选择一个段落

4 选择不相邻的多段文本

按住【Ctrl】键不放，同时按住鼠标左键并拖曳鼠标指针，选择要选取的部分文字，然后释放【Ctrl】键，即可将不相邻的多段文本选中，如图 2-13 所示。

图 2-13 选择不相邻的多段文本

提示

若要选择连续文本块，将光标定位到要选择内容的开始位置，然后拖动滚动条到要选择内容的结尾处，按住键盘上的【Shift】键，同时单击要选择内容的结尾处，这样从开始到结束处的这段内容就会被全部选中。

5 选择垂直文本

将鼠标指针移至要选择的文本左侧的空白处，按住【Alt】键不放，同时按下鼠标左键并拖曳鼠标指针选择需要的文本，释放【Alt】键即可选择垂直文本，如图 2-14 所示。

图 2-14 选择垂直文本

6 选择整篇文档

将鼠标指针移至文档左侧的空白处，当鼠标指针变成⇗形状时，连续单击鼠标左键 3 次（或者按组合键【Ctrl + A】）即可选择整篇文档，如图 2-15 所示。

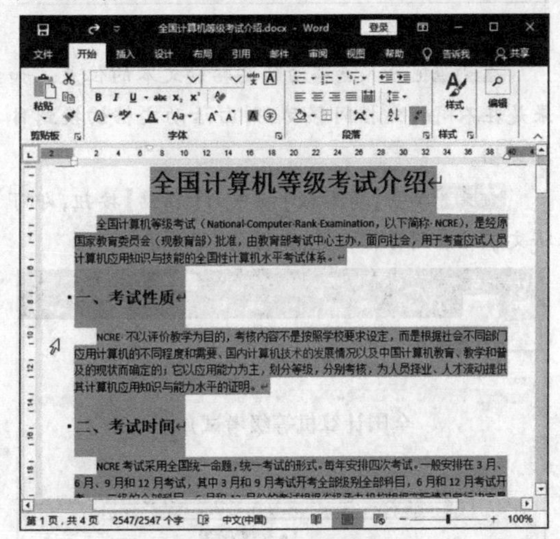

图 2-15 选择整篇文档

提示

在【开始】选项卡的【编辑】组中，单击【选择】按钮，在弹出的下拉列表中选择【全选】命令也可以选择整篇文档。

2.1.4 复制与粘贴文本

名师讲解

在文档中需要重复输入文本时，可以使用复制文本的方法，这样既提高了效率，又提高了准确性。复制文本是指给文本制作一个副本，将此副本“搬到”目标位置上，原文本不动。

1 复制与粘贴文本

使用剪贴板复制文本的具体操作步骤如下。

步骤1 选择要复制的文本，在【开始】选项卡的【剪贴板】组中单击【复制】按钮，如图 2-16 所示，选择的文本即被存放到剪贴板中。

图 2-16 单击【复制】按钮

步骤2 把插入点移动到要粘贴文本的位置。如果是在不同的文档间移动，则由活动文档切换到目标文档。

步骤3 单击【剪贴板】组中的【粘贴】按钮，即可将文本粘贴到目标位置，如图 2-17 所示。

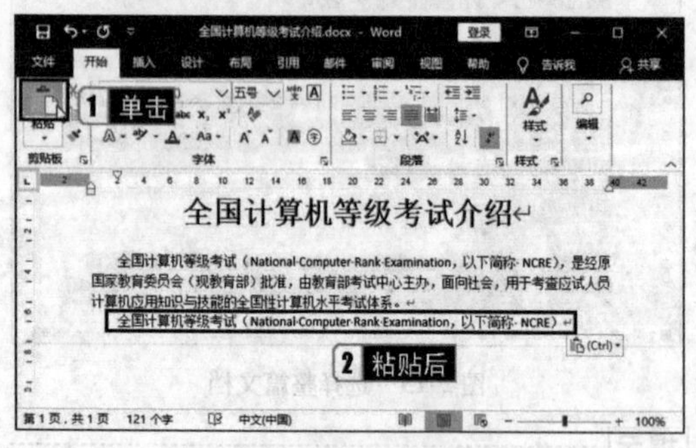

图 2-17 单击【粘贴】按钮

使用拖放法复制文本的具体操作步骤如下。

步骤1 选择要复制的文本，按住【Ctrl】键，然后按住鼠标左键，此时鼠标指针变成 形状，拖曳鼠标指针到要粘贴文本的位置，如图 2-18 所示。

步骤2 释放鼠标左键后，选中的文本便被复制到当前插入点位置。

图 2-18 按住【Ctrl】键拖曳鼠标指针

使用右键快捷菜单复制文本的具体操作步骤如下。

步骤1 选择要复制的文本并单击鼠标右键，在弹出的快捷菜单中选择【复制】命令，如图 2-19 所示。

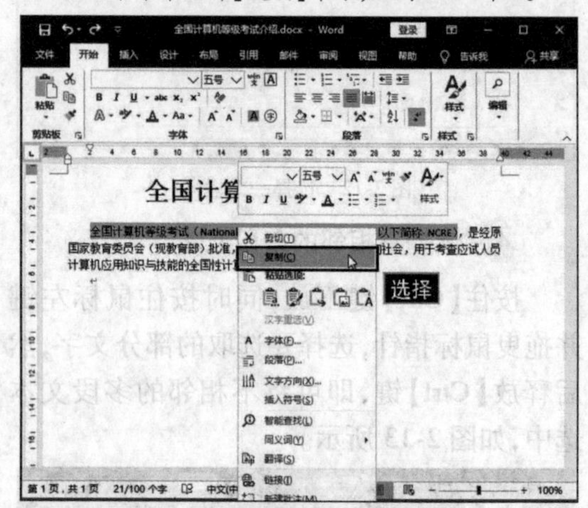

图 2-19 在快捷菜单中选择【复制】命令

步骤2 将光标定位到要粘贴文本的位置，单击鼠标右键，在弹出的快捷菜单中选择【粘贴选项】命令下的【保留源格式】命令，如图 2-20 所示。

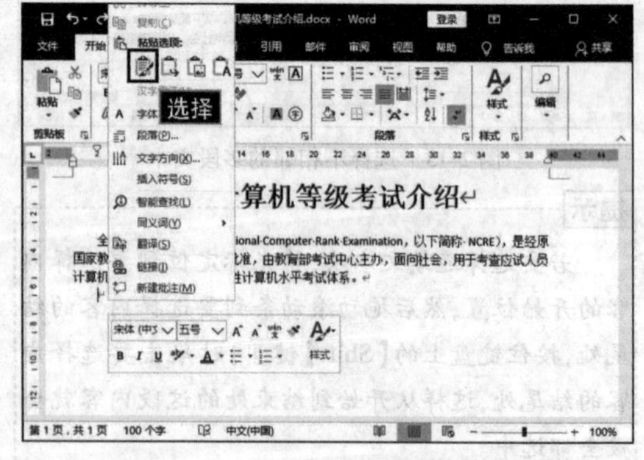

图 2-20 选择【保留源格式】命令

执行命令后，系统自动粘贴复制的文本内容。

提示

使用键盘上的快捷键也可以快速地进行复制、粘贴操作:选择需要复制的文本,按【Ctrl + C】组合键进行复制,将光标移动到目标位置,再按【Ctrl + V】组合键进行粘贴。

2 复制格式

使用格式刷可以复制格式。在给文档中大量的内容重复添加相同的格式时,我们就可以利用格式刷来完成,具体的操作步骤如下。

步骤1 选择已经设置好格式的文本,在【开始】选项卡的【剪贴板】组中单击【格式刷】按钮,如图2-21所示。

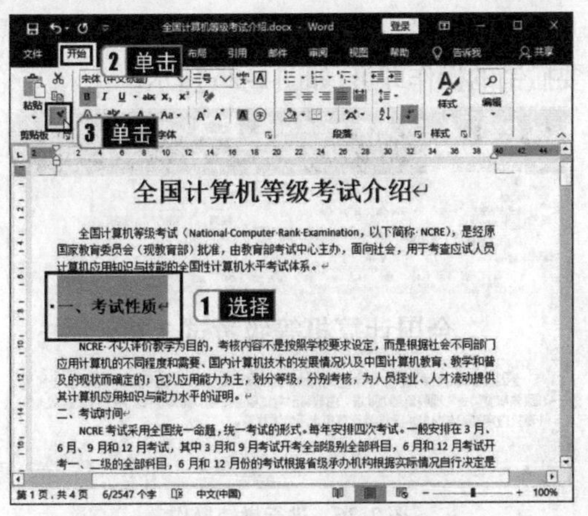

图 2-21 单击【格式刷】按钮

步骤2 当鼠标指针变成小刷子的形状时,选中要应用该格式的目标文本,即可完成格式的复制,如图 2-22 所示。

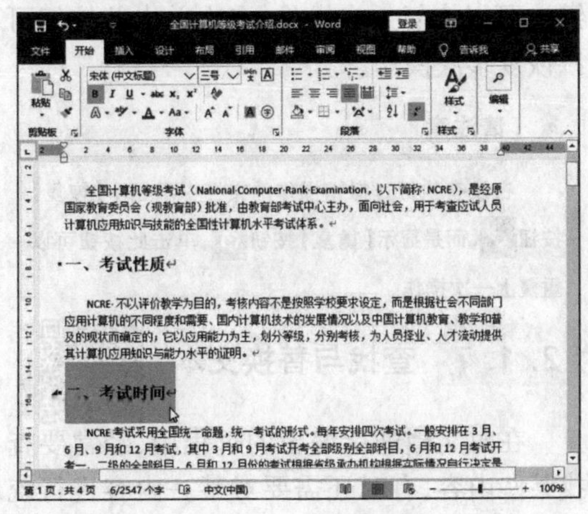

图 2-22 完成格式复制

提示

双击【格式刷】按钮,可以重复多次复制某一格式。

3 选择性粘贴

选择性粘贴在跨文档共享数据时非常实用,其中提供了更多的粘贴选项。选择性粘贴的操作步骤如下。

步骤1 复制选中的文本后,将鼠标指针移到目标位置,然后在【开始】选项卡的【剪贴板】组中单击【粘贴】下拉按钮,在弹出的下拉列表中选择【选择性粘贴】命令。

步骤2 在打开的【选择性粘贴】对话框中,选择粘贴形式,最后单击【确定】按钮即可。

提示

第 1 章中详细介绍了如何通过剪贴板和选择性粘贴共享数据,此处不再过多赘述。

2.1.5 移动与删除文本

1 移动文本

移动文本的操作与复制文本的操作相似,区别在于移动文本后,原位置的文本消失。移动文本有以下几种方法。

(1)使用拖放法移动文本

在 Word 2016 中,可以使用拖放法来移动文本,具体的操作步骤如下。

步骤1 选择要移动的文本,按住鼠标左键,此时鼠标指针变成形状,拖曳鼠标指针到目标位置。

步骤2 释放鼠标左键后,选中的文本便从原来的位置移至目标位置,如图 2-23 所示。

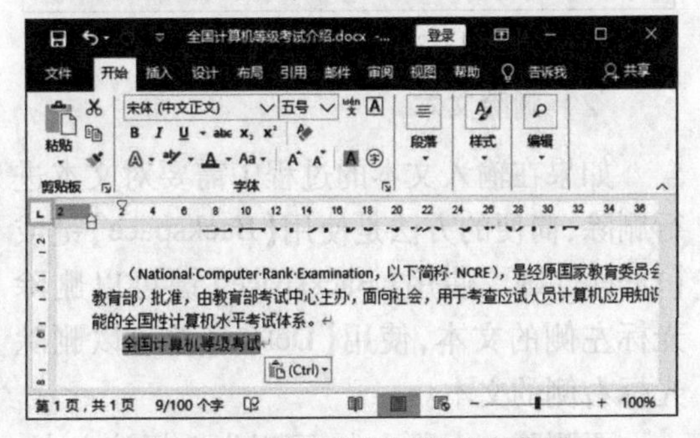

图 2-23 将选择的文本移至目标位置

(2)使用剪贴板移动文本

如果文本的原位置离目标位置较远,不能在同一屏幕中显示,可以使用剪贴板来移动文本。使用剪贴板移动文本的操作步骤如下。

步骤1 选择要移动的文本。在【开始】选项卡的【剪贴板】组中单击【剪切】按钮 ✂,或者按【Ctrl + X】组合键,选择的文本将从原位置处删除并被存放到剪贴板中,文档中即不显示,如图2-24所示。

图2-24 剪切后的文本

步骤2 把插入点移到目标位置。如果是在不同的文档间移动,则从活动文档切换到目标文档。

步骤3 在【开始】选项卡的【剪贴板】组中单击【粘贴】按钮,或者按【Ctrl + V】组合键,即可将文本移动到目标位置,如图2-25所示。

图2-25 粘贴后的文本

2 删除文本

如果在输入文本的过程中需要对文本进行删除,简便的方法是使用【Backspace】键或【Delete】键。使用【Backspace】键可以删除光标左侧的文本,使用【Delete】键可以删除光标右侧的文本。

要删除一大段文本,可以先选择该文本,然后单击【剪贴板】选项组中的【剪切】按钮(把剪切下的内容存放在剪贴板上,以后可粘贴到其他位置),或者按【Delete】键或【Backspace】键将所选择的文本删除。

2.1.6 撤销与恢复文本

名师讲解

在利用 Word 2016 编辑文档时,有时会操作错误,这时可以使用撤销与恢复功能来拯救文档。

撤销操作:如果需要对操作进行撤销,可以单击快速访问工具栏中的【撤销】按钮右侧的下拉按钮(或者按【Ctrl + Z】组合键),从展开的列表中可以选择撤销操作的步骤,单击需要撤销的操作即可,如图2-26所示。

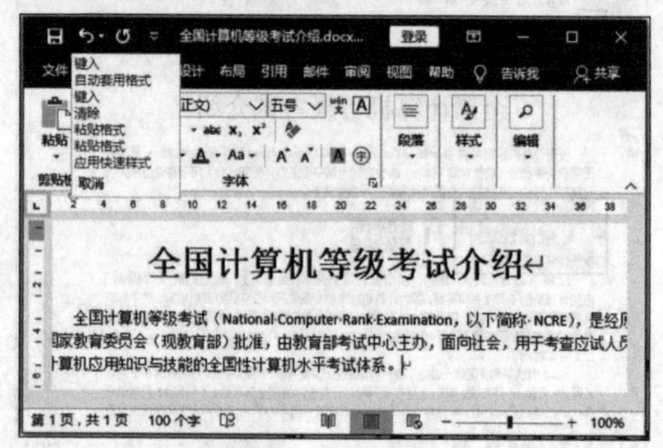

图2-26 进行撤销操作

恢复操作:执行过撤销操作的文档,还可以对其进行恢复操作。单击快速访问工具栏中的【恢复】按钮(或者按【Ctrl + Y】组合键),可以恢复一步操作,多次单击此按钮可以恢复多次操作。

请注意

在没有执行过撤销操作的文档中不显示【恢复】按钮,而是显示【重复】按钮,单击此按钮可以重复上一次操作。

2.1.7 查找与替换文本

名师讲解

在对文档进行编辑的过程中,经常要查找某些内容,有时还需要对某一内容进行统一替换。对于较长的文档,如果手动查找或替换,将是一件极其费时和费力的事,并且不能保证万无一失。

使用 Word 的查找和替换功能可以查找和替换文字、格式、段落标记、分页符和其他项目,还可以使用通配符和代码来扩展搜索。

1 查找文本

在 Word 2016 中,查找分为【查找】和【高级查找】两种方式。前者是查找到对象后,予以突出显示;后者是查找到对象后,同时将查找对象选定。

(1)查找

查找文本的具体操作步骤如下。

步骤1 在【开始】选项卡的【编辑】组中单击【查找】按钮,或者直接按【Ctrl+F】组合键。

步骤2 在打开的【导航】任务窗格的【搜索文档】文本框中输入要查找的文本。

步骤3 此时,在文档中查找到的文本便会以黄色底纹突出显示出来,如图 2-27 所示。

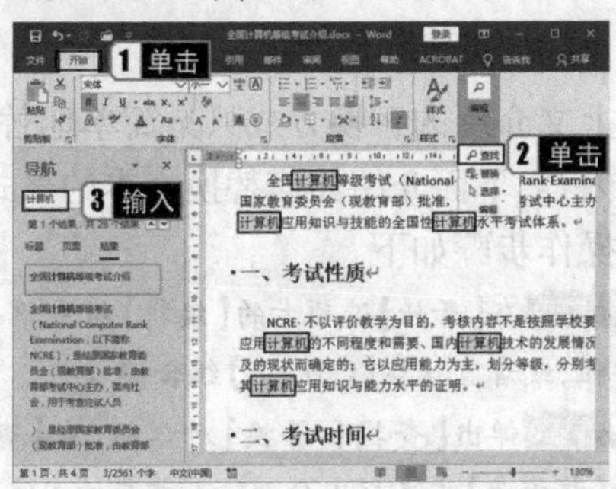

图 2-27　突出显示查找到的文本

(2)高级查找

使用【高级查找】的具体操作步骤如下。

步骤1 选择要查找的区域(如果是全文查找,可以不选择),或者将光标置入开始查找的位置。

步骤2 在【开始】选项卡的【编辑】组中单击【查找】按钮右侧的下拉按钮,从弹出的下拉列表中选择【高级查找】命令,如图 2-28 所示。

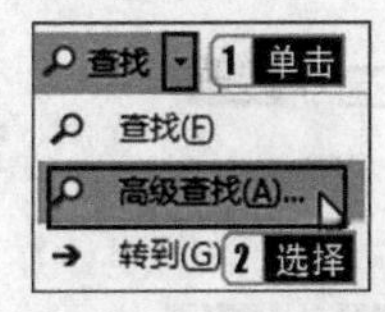

图 2-28　【查找】下拉菜单

步骤3 弹出【查找和替换】对话框,在【查找】选项卡的【查找内容】文本框中输入需要查找的内容,单击【查找下一处】按钮,如图 2-29 所示。

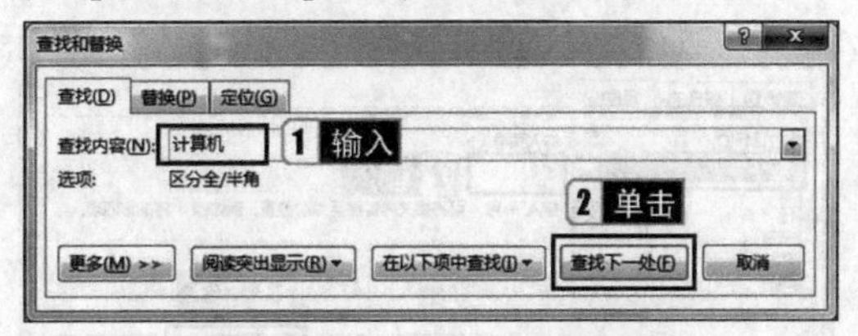

图 2-29　【查找和替换】对话框

步骤4 此时 Word 开始查找。如果查找不到,则会弹出提示信息对话框,单击【确定】按钮返回,如图 2-30 所示;如果查找到文本,Word 将会定位文本的位置,并将查找到的文本背景使用特定颜色显示,如图 2-31 所示。

图 2-30　完成文档搜索提示对话框

图 2-31　查找到的文本

2 在文档中定位

通过查找特殊对象,可以在文档中定位,具体的操作步骤如下。

步骤1 在【开始】选项卡的【编辑】组中单击【查找】按钮右侧的下拉按钮,在弹出的下拉列表中选择【转到】命令,如图 2-32 所示。

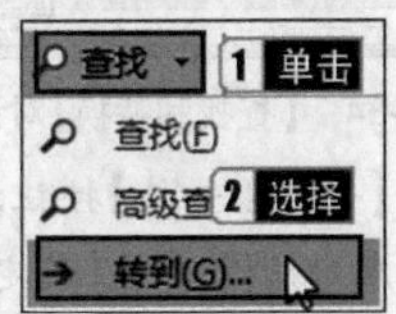

图 2-32　选择【转到】命令

步骤2 弹出【查找和替换】对话框中的【定位】选项卡。在左侧的【定位目标】列表框中选择用于定位的对象,如页、节、行等;在右侧的文本框中输入或选择定位对象的具体内容，如页码、图形编号等。然后单击【定位】按钮，如图2-33所示。

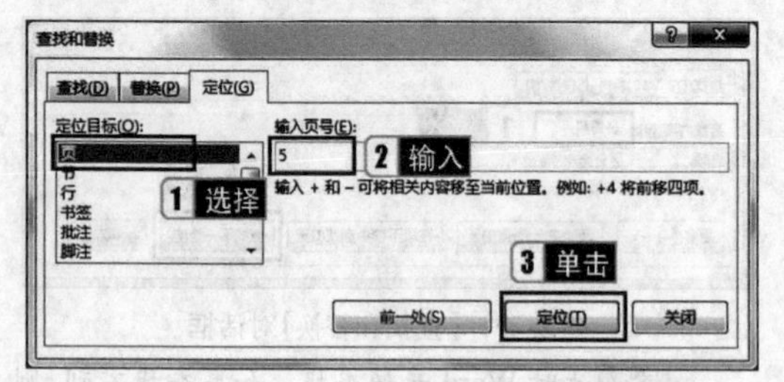

图2-33 【定位】选项卡

提示

在【插入】选项卡的【链接】组中单击【书签】按钮，可以在文档中插入用于定位的书签。书签在审阅长文档时非常有用。

3 替换文本

替换文本和查找文本都是通过【查找和替换】对话框来完成的。替换文本的操作步骤如下。

步骤1 选择要查找并替换的区域（如果是全文查找，可以不选择），或者将光标置入开始查找并替换的位置。

步骤2 在【开始】选项卡的【编辑】组中单击【替换】按钮，或者直接按【Ctrl + H】组合键。

步骤3 弹出【查找和替换】对话框，在【替换】选项卡中的【查找内容】文本框中输入要被替换的内容，在【替换为】文本框中输入替换后的新内容，如图2-34 所示。

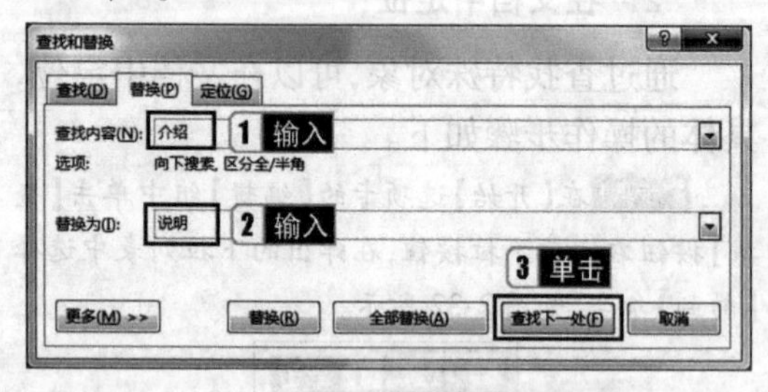

图2-34 【查找和替换】对话框

步骤4 单击【查找下一处】按钮，如果查找不到，则会弹出提示信息对话框，单击【确定】按钮返回。如果查找到文本，Word 将定位到从当前光标位置起第一个满足查找条件的文本位置，并以特定颜色背景显示。然后单击【替换】按钮，就可以将查找到的内容替换为新的内容。替换后的效果如图 2-35 所示。

图2-35 替换后的效果

步骤5 如果用户需要将文档中所有要替换的内容全部替换，可以在【查找内容】和【替换为】文本框中分别输入相应的内容，然后单击【全部替换】按钮。此时，Word 会自动将整个文档内所有查找到的内容全部替换为新的内容，并弹出提示对话框显示完成替换的数量，如图 2-36 所示。

图2-36 完成文档替换提示对话框

4 文本格式替换

上文介绍的替换方式只是简单地替换文本的内容，下面介绍如何替换文本的格式，具体的操作步骤如下。

步骤1 在【开始】选项卡的【编辑】组中单击【替换】按钮，或者直接按【Ctrl + H】组合键。

步骤2 弹出【查找和替换】对话框，在【查找内容】和【替换为】文本框中分别输入相应的内容。

步骤3 将光标置入【替换为】文本框中，单击【更多】按钮，在弹出的列表中选择一种格式，如选择【字体】，如图 2-37 所示。

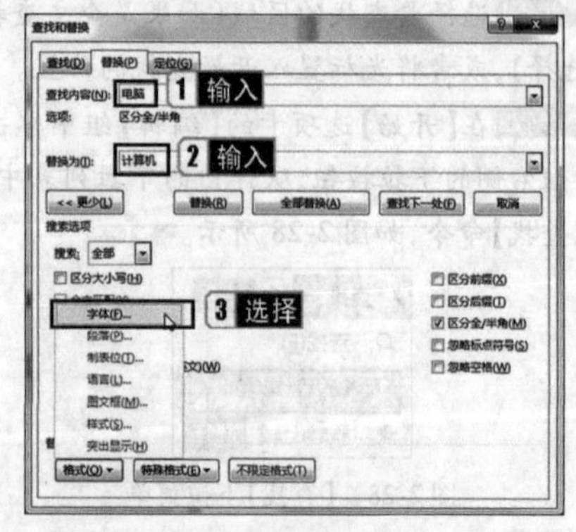

图2-37 选择【字体】

步骤4 弹出【替换字体】对话框，在该对话框中可以设置字体、字号、字体颜色等，如图2-38所示。

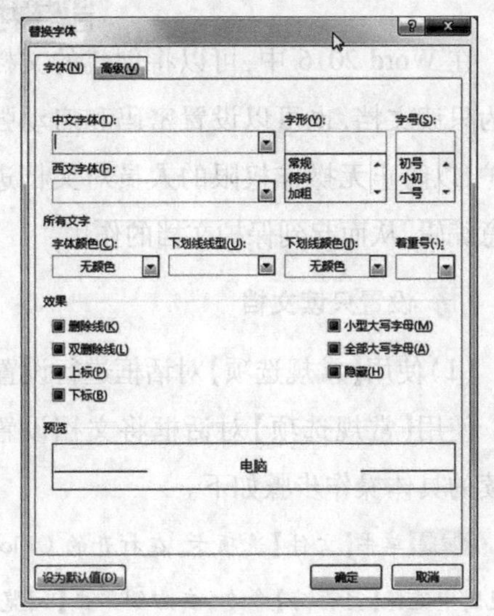

图2-38　【替换字体】对话框

步骤5 单击【确定】按钮，返回【查找和替换】对话框。在【替换为】文本框下方的【格式】文本框中将显示设置的字体格式，如图2-39所示。单击【全部替换】按钮，在弹出的确认对话框中单击【确定】按钮，即可完成全部的替换。

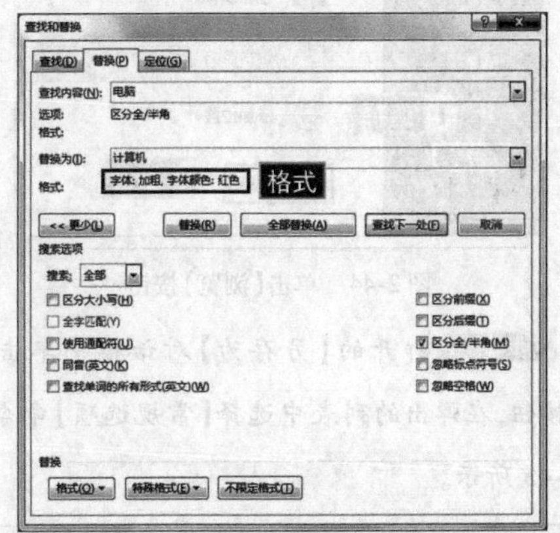

图2-39　显示设置的字体格式

5 特殊格式替换

除了常用格式替换之外，还可以进行特殊格式替换、使用通配符替换等操作。例如，将文档中的所有手动换行符（软回车）替换为段落标记（硬回车），具体的操作步骤如下。

步骤1 在【开始】选项卡的【编辑】组中单击【替换】按钮，弹出【查找和替换】对话框。

步骤2 在【替换】选项卡中，将光标置于【查找内容】文本框中，单击下方的【更多】按钮，在【替换】组中单击【特殊格式】下拉按钮，在弹出的列表中选择【手动换行符】，如图2-40所示；或者直接在【查找内容】文本框中输入【^l】。

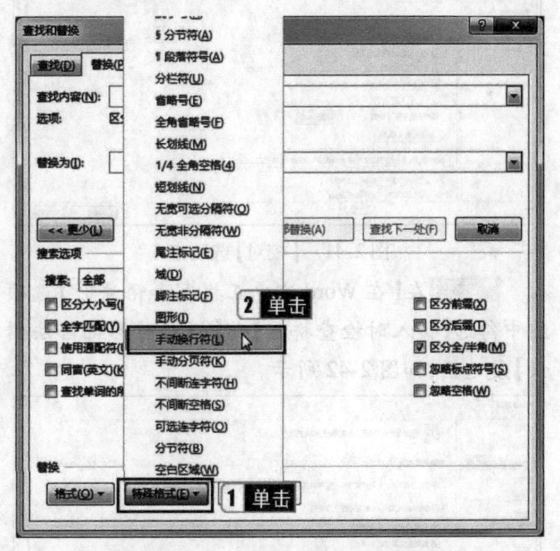

图2-40　选择【手动换行符】

步骤3 将光标置于【替换为】文本框中，单击【特殊格式】按钮，在弹出的列表中选择【段落标记】，或直接在【替换为】文本框中输入【^p】，单击【全部替换】按钮即可完成替换。

2.1.8 检查文档中文字的拼写与语法错误

名师讲解

在Word文档中经常会看到某些单词或短语的下方标有红色的波浪线或绿色的下划线，这是由Word中提供的拼写和语法检查工具根据Word的内置字典标示出来的含有拼写或语法错误的单词或短语，其中红色波浪线表示有单词或短语含有拼写错误，绿色下划线表示有语法错误（当然，这些标示仅是一种修改建议）。开启拼写和语法检查功能的操作步骤如下。

步骤1 在Word 2016应用程序中，单击【文件】选项卡，打开Office后台视图，单击【选项】命令。

步骤2 在打开的【Word选项】对话框中切换到【校对】选项卡，如图2-41所示。

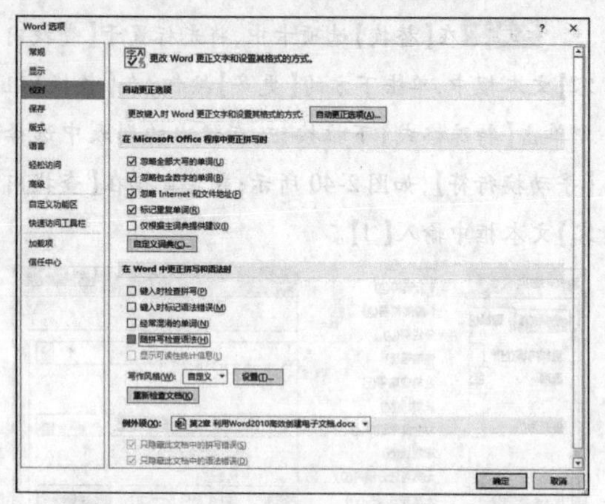

图 2-41 【校对】选项卡

步骤3 在【在 Word 中更正拼写和语法时】选项组中勾选【键入时检查拼写】和【键入时标记语法错误】复选框，如图 2-42 所示。

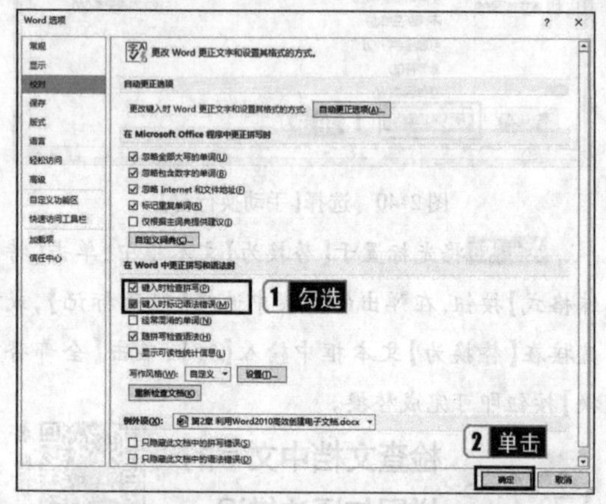

图 2-42 启用拼写和语法检查功能

步骤4 单击【确定】按钮，拼写和语法检查功能就会被开启。

拼写和语法检查功能的使用方法十分简单，具体如下。在 Word 2016 功能区中选择【审阅】选项卡，单击【校对】组中的【拼写和语法】按钮，打开【拼写检查】或【语法】对话框，然后根据具体情况进行忽略或更改等操作，如图 2-43 所示。

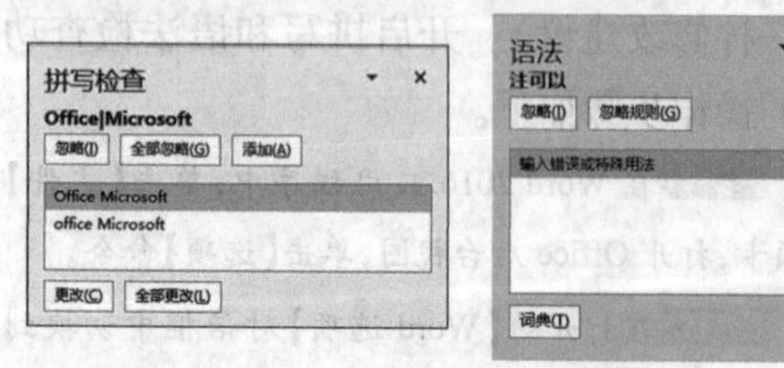

图 2-43 使用拼写和语法检查功能

2.1.9 Word 文档的保护

名师讲解

在 Word 2016 中，可以将创建的文档设置为只读文档，也可以设置密码和启动强制保护，以防止无操作权限的人员对文档进行随意编辑，从而起到保护文档的作用。

1 设置只读文档

(1)使用【常规选项】对话框进行设置

使用【常规选项】对话框将文档设置为只读的具体操作步骤如下。

步骤1 单击【文件】选项卡，在打开的 Office 后台视图中选择【另存为】命令，在右侧单击【浏览】按钮，如图 2-44 所示。

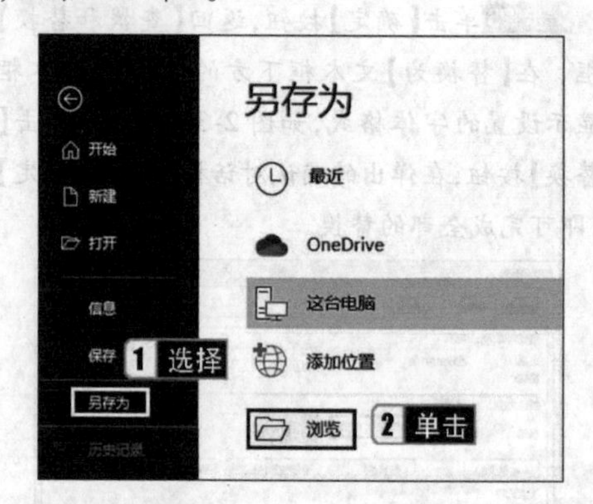

图 2-44 单击【浏览】按钮

步骤2 在打开的【另存为】对话框中单击【工具】按钮，在弹出的列表中选择【常规选项】命令，如图 2-45 所示。

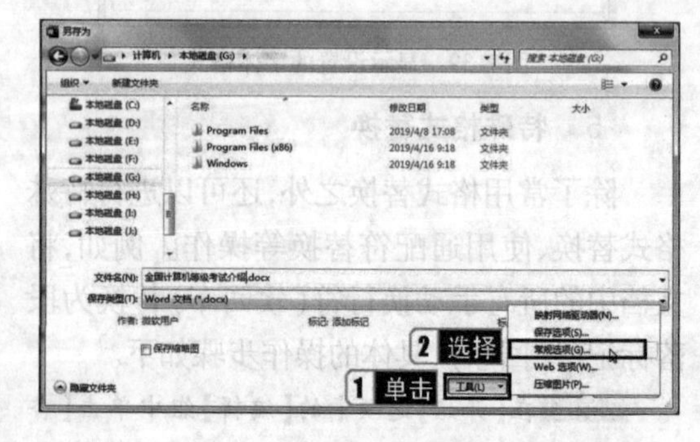

图 2-45 选择【常规选项】命令

步骤3 打开【常规选项】对话框，在【常规选项】对话框中勾选【建议以只读方式打开文档】复选框，单击【确定】按钮，如图 2-46 所示。

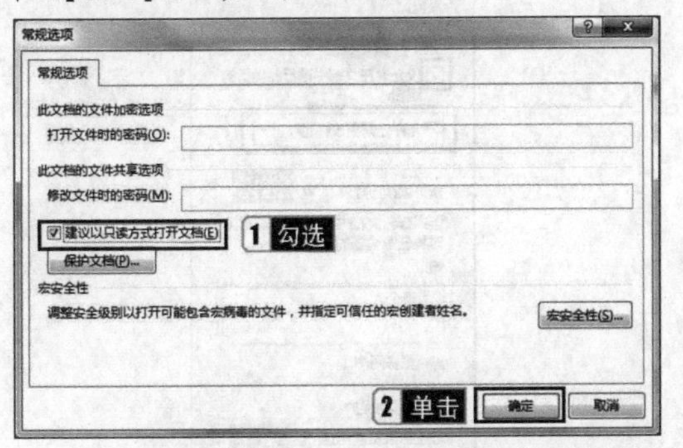

图 2-46　勾选【建议以只读方式打开文档】复选框

步骤4 返回到【另存为】对话框，单击【保存】按钮。

(2)标记为最终状态

通过将文档标记为最终状态的方式也可以将文档设置为只读文档，并且会禁用相关的编辑命令，具体的操作步骤如下。

步骤1 单击【文件】选项卡，打开 Office 后台视图。

步骤2 在【信息】选项卡中，单击【保护文档】按钮，在弹出的下拉列表中选择【标记为最终】选项，如图 2-47 所示，此时的文档将不再允许修改。

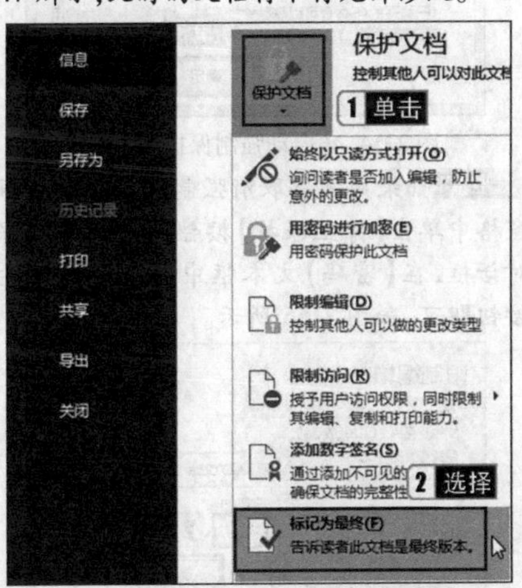

图 2-47　选择【标记为最终】选项

2 设置加密文档

日常办公中，为了保证文档安全，用户可以对文档进行加密，以限制其他人打开文档或修改文档。设置加密文档的操作步骤如下。

步骤1 单击【文件】选项卡，在打开的 Office 后台视图中单击【另存为】命令，在右侧单击【浏览】按钮。

步骤2 在打开的【另存为】对话框中单击【工具】按钮，在弹出的列表中选择【常规选项】命令。

步骤3 打开【常规选项】对话框，在【打开文件时的密码】文本框中输入要设置的密码，单击【确定】按钮。此时弹出【确认密码】对话框，要求用户再次输入所设置的密码，输入完成后单击【确定】按钮，如图 2-48 所示。

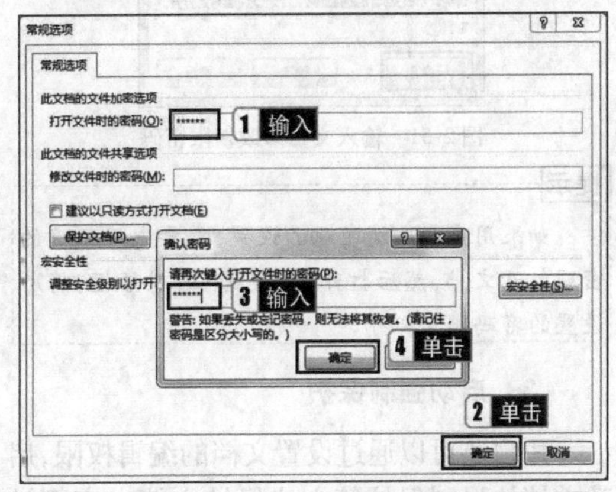

图 2-48　设置文档打开权限密码

步骤4 当再次打开被加密的文档时，会弹出【密码】对话框，要求用户输入密码，如图 2-49 所示。

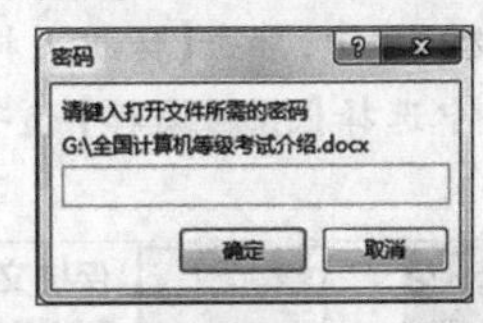

图 2-49　输入文档打开权限密码

步骤5 若要设置修改权限，则在【常规选项】对话框的【修改文件时的密码】文本框中输入密码，单击【确定】按钮，在弹出的【确认密码】对话框中再次输入所设置的密码，输入完成后单击【确定】按钮，如图 2-50 所示。

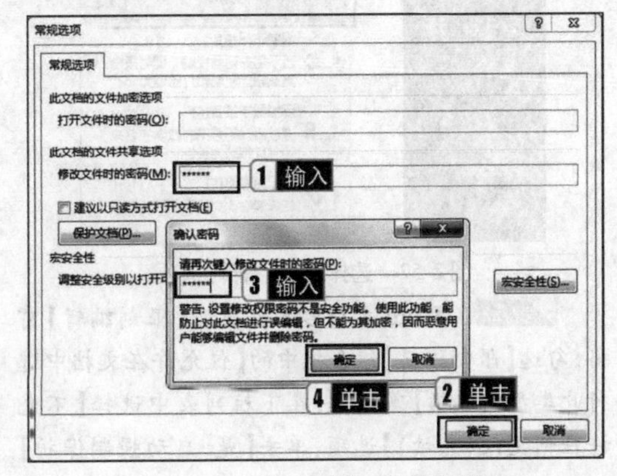

图 2-50　设置文档修改权限密码

步骤6 返回到【另存为】对话框中，单击【保存】按钮，在弹出的提示对话框中单击【确定】按钮。

步骤7 当再次打开文件时，弹出的【密码】对话框中将多出一个【只读】按钮，如图2-51所示。如果不知道密码，则只能以只读方式打开文档，无权修改文档。

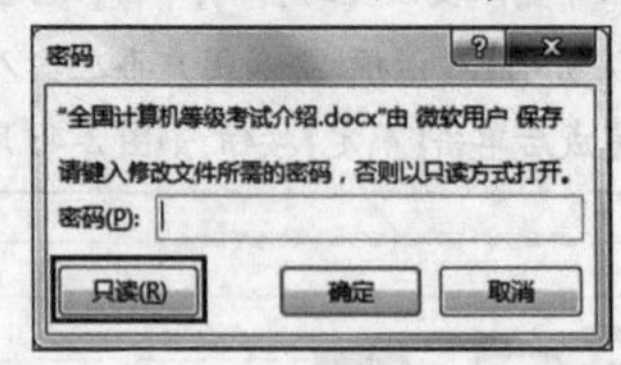

图2-51 输入文档修改权限密码

提示

如果用户想取消密码的设置，需要先用正确的密码打开文档，然后打开【常规选项】对话框，将所设置的密码删除即可。

3 启动强制保护

用户还可以通过设置文档的编辑权限，启动文档的强制保护等方式保护文档内容不被修改。启动强制保护的具体操作步骤如下。

步骤1 单击【文件】选项卡，打开Office后台视图，在【信息】选项卡中，单击【保护文档】按钮，在弹出的下拉列表中选择【限制编辑】选项，如图2-52所示。

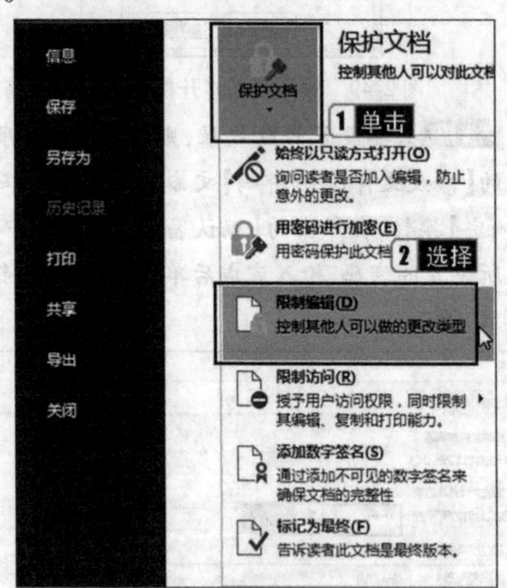

图2-52 选择【限制编辑】选项

步骤2 在Word文档右侧将出现【限制编辑】窗格，勾选【限制编辑】组合框中的【仅允许在文档中进行此类型的编辑】复选框，在下拉列表中选择【不允许任何更改(只读)】选项，单击【是，启动强制保护】按钮，如图2-53所示。

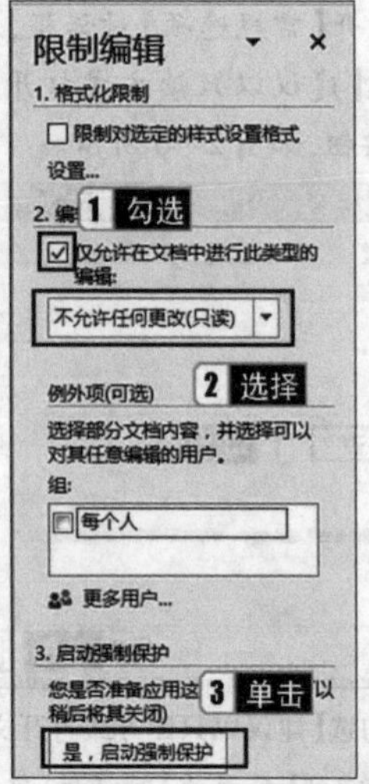

图2-53 单击【是，启动强制保护】按钮

步骤3 弹出【启动强制保护】对话框，在【新密码】和【确认新密码】文本框中输入密码，单击【确定】按钮，如图2-54所示。返回Word文档，此时文档处于保护状态。

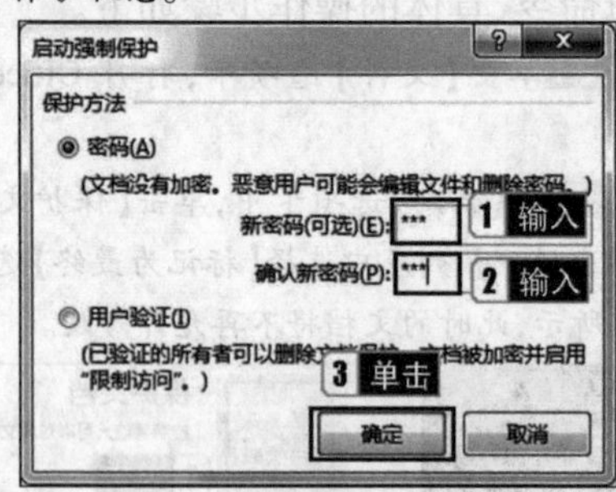

图2-54 【启动强制保护】对话框

步骤4 如果用户要取消强制保护，可在【限制编辑】窗格中单击【停止保护】按钮，弹出【取消保护文档】对话框，在【密码】文本框中输入密码，单击【确定】按钮即可，如图2-55所示。

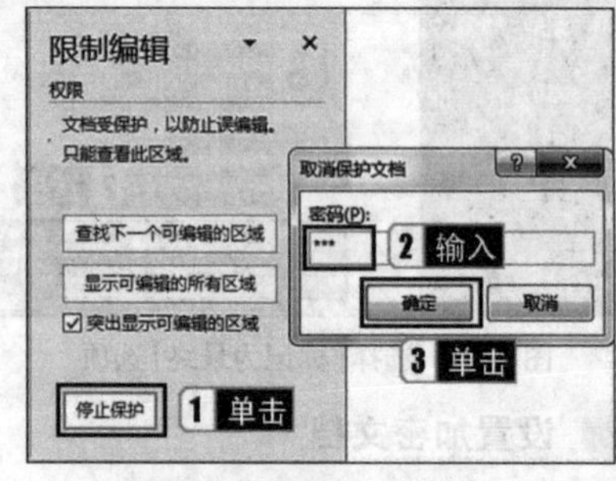

图2-55 取消强制保护

2.1.10 文档的保存与打印

在实际工作中，不仅要使用Word进行

输入与编辑文字，还要使用 Word 对制作的文档进行保存与打印。

1 手动保存 Word 文档

在文档的编辑过程中，应及时对其进行保存，以免由于一些意外情况而导致文档内容丢失。手动保存文档的操作步骤如下。

步骤1 启动 Word 2016 应用程序，单击【文件】选项卡，在打开的 Office 后台视图中选择【另存为】命令（或者按【Ctrl + S】组合键），单击右侧的【浏览】命令，如图 2-56 所示。

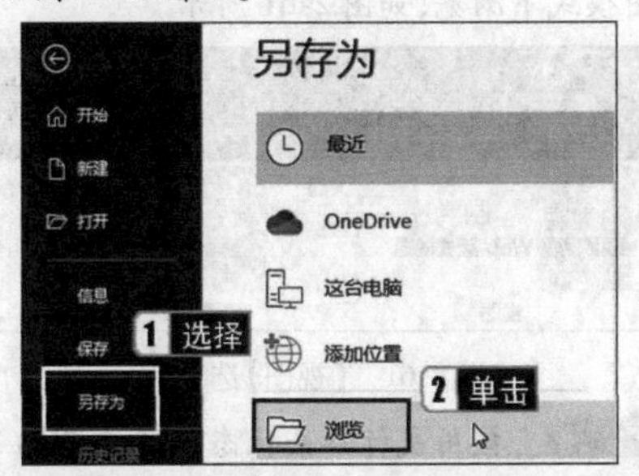

图 2-56　在后台视图中选择【另存为】命令

步骤2 打开【另存为】对话框，选择文档要保存的位置，在【文件名】文本框中输入文档的名称，如图 2-57 所示。

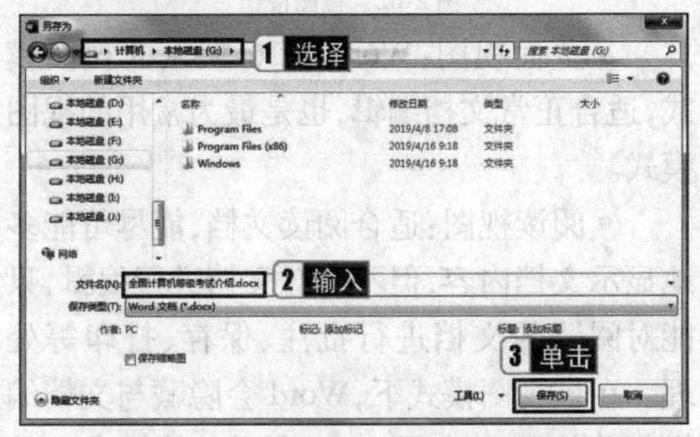

图 2-57　选择保存位置及输入文件名称

步骤3 单击【保存】按钮，即可完成新文档的保存工作。

提示

单击快速访问工具栏中的【保存】按钮也可以进行保存操作。新文件首次保存时，【保存】和【另存为】命令的功能一致。非首次保存，选择【保存】命令，可以覆盖原文件保存；选择【另存为】命令，可以选择其他路径及文件名进行保存。

2 自动保存 Word 文档

除了手动保存 Word 文档外，还可以设置自动保存 Word 文档，具体的操作步骤如下。

步骤1 在 Office 后台视图中单击【选项】命令，弹出【Word 选项】对话框，切换到【保存】选项卡。

步骤2 在【保存文档】选项组中，勾选【保存自动恢复信息时间间隔】复选框，并指定具体分钟数（1～120），单击【确定】按钮，如图 2-58 所示。默认自动保存时间间隔是 10 分钟。

图 2-58　设置自动保存时间

3 打印 Word 文档

Word 文档编辑完成后，就可以进行文档的打印了。在打印之前，可以通过打印预览功能查看文档的排版效果，确保无误后再打印。打印 Word 文档的操作步骤如下。

步骤1 在 Word 应用程序中，单击【文件】选项卡，在打开的 Office 后台视图中选择【打印】命令。

步骤2 打开图 2-59 所示的打印后台视图。在视图的右侧可以预览打印效果，在左侧的打印设置区域可以对打印机、打印页面进行相关设置。

步骤3 设置完成后单击【打印】按钮，即可将文档打印输出。

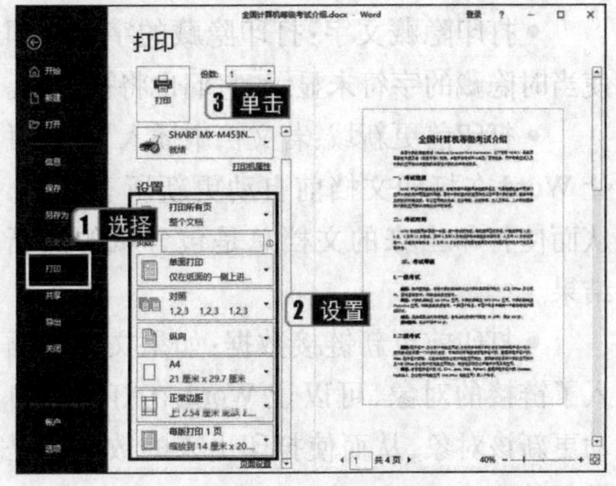

图 2-59　打印后台视图

4 设置打印选项

除了常规打印设置外，还可以对文档中的一些特殊内容进行打印设置，具体的操作步骤如下。

步骤1 选择【文件】选项卡中的【选项】命令，弹出【Word 选项】对话框，选择【显示】选项卡。

步骤2 在【打印选项】选项组中，可以设置的选项有以下几种，如图 2-60 所示。

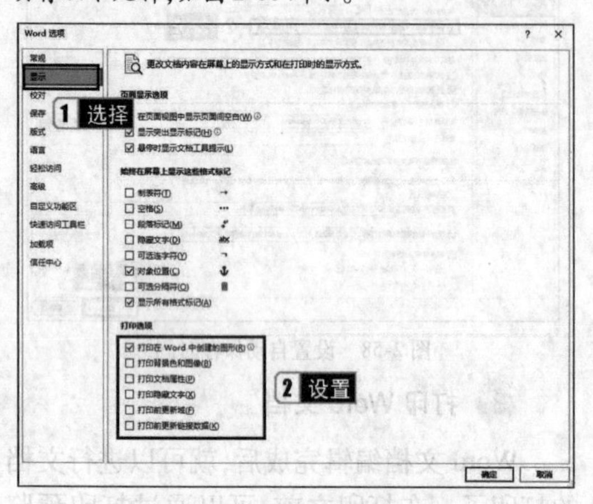

图 2-60 设置打印选项

- 打印在 Word 中创建的图形：打印文档中用绘图工具栏中的工具绘制的图形对象。不仅打印文字，还打印所有的图形。
- 打印背景色和图像：勾选该复选框后，如果为文档设置了背景色和图像，则打印背景色和图像。
- 打印文档属性：文档打印完毕后，将在另一页上打印文档属性。
- 打印隐藏文字：打印隐藏的字符。即使当时隐藏的字符未显示，它们也将被打印。
- 打印前更新域：若文档中插入了域，可让 Word 在打印文档前自动更新所有的域，从而使打印出来的文档总是包含域的最新结果。
- 打印前更新链接数据：如果文档中插入了链接的对象，可以让 Word 在打印前自动更新该对象，从而使打印出来的数据总是最新的。

2.1.11 Word 2016 的视图模式

名师讲解

Word 2016 提供了多种视图模式，包括阅读视图、页面视图、Web 版式视图、大纲视图和草稿视图。用户可以根据自己的不同需要来选择不同的视图对文档进行查看，具体的操作步骤如下。

步骤1 在功能区中选择【视图】选项卡，在【视图】组中单击某个视图命令按钮，即可将文档切换到该视图模式下浏览，如图 2-61 所示。

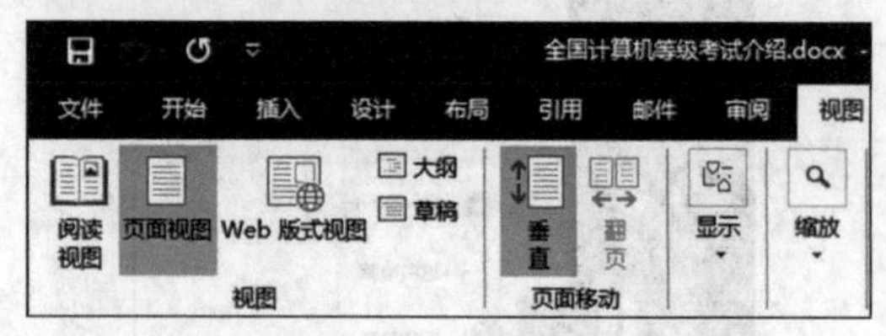

图 2-61 【视图】选项卡

步骤2 直接用鼠标单击状态栏最右侧的 3 个视图按钮中的一个，也可以完成阅读视图、页面视图、Web 版式视图的切换，如图 2-62 所示。

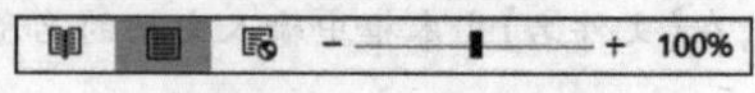

图 2-62 视图按钮

- 页面视图：Word 2016 默认的视图模式，适合正常文档编辑，也是最为常用的视图模式。
- 阅读视图：适合阅读文档，能尽可能多地显示文档内容，但不能对文档进行编辑，只能对阅读的文档进行批注、保存、打印等处理。在该视图模式下，Word 会隐藏与文档编辑相关的组件，如图 2-63 所示。按键盘上的【Esc】键可以退出阅读视图。

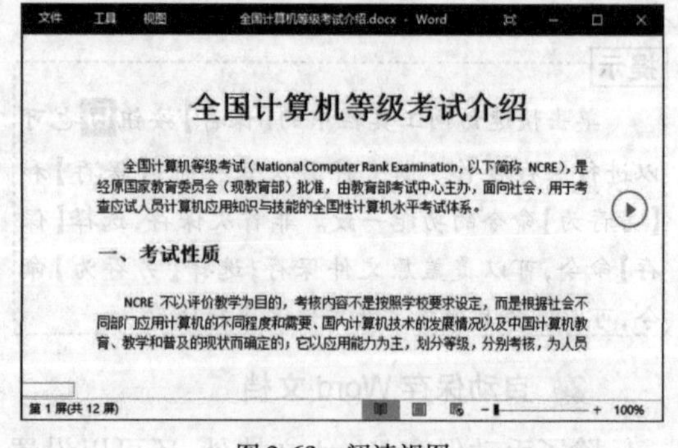

图 2-63 阅读视图

● Web 版式视图：具有专门的 Web 页编辑功能，在该视图模式下预览的效果就像在浏览器中显示的一样，如图 2-64 所示。在 Web 版式视图模式下编辑文档，有利于文档后期在 Web 端的发布。

图 2-64 Web 版式视图

● 大纲视图：在大纲视图模式下，可以查看文档的结构，也可以通过拖动标题来移动、复制和重新组织文本，还可以通过折叠文档来查看文档标题。使用大纲视图，在功能区会自动启动一个名为【大纲显示】的选项卡，单击【关闭大纲视图】按钮可以退出大纲视图，如图 2-65 所示。

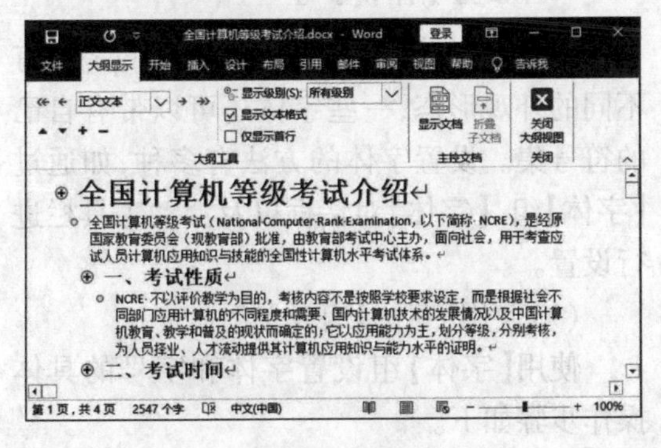

图 2-65 大纲视图

● 草稿视图：模拟看草稿的形式来浏览文档，在此视图模式下，图片、页眉、页脚等要素将被隐藏，有利于用户快速编辑和浏览，如图2-66所示。

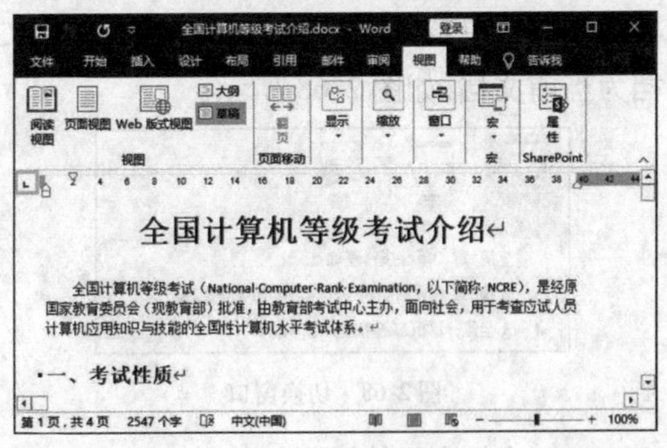

图 2-66 草稿视图

2.1.12 多窗口编辑文档

名师讲解

Word 2016 为了方便用户浏览和编辑文档，提供了窗口编辑功能，用户可以进行文档窗口的拆分、并排查看、多窗口切换等操作。

1 多窗口编辑文档

(1) 为同一文档新建窗口

选择功能区中的【视图】选项卡，在【窗口】组中单击【新建窗口】按钮，建立一个新窗口。如果当前窗口为【＊＊＊】，新建窗口后，原窗口自动编号为【＊＊＊.1】，新窗口自动编号为【＊＊＊.2】。单击【全部重排】按钮，可以在屏幕上同时显示这些窗口，如图2-67所示。

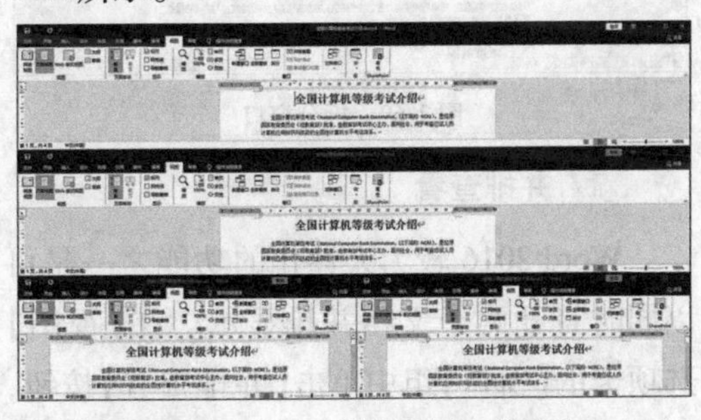

图 2-67 为同一文档新建窗口并重排

(2) 多窗口切换

在 Word 2016 中同时打开多个文档后，可以通过【视图】选项卡的【窗口】组中的【切换窗口】按钮来切换。单击【切换窗口】按钮，在弹出的下拉列表中显示的是全部打开的文档名，其中带有 ✔ 标记的代表当前文档。用鼠标单击其他文档名就可以切换此文档为当前文档，如图 2-68 所示。

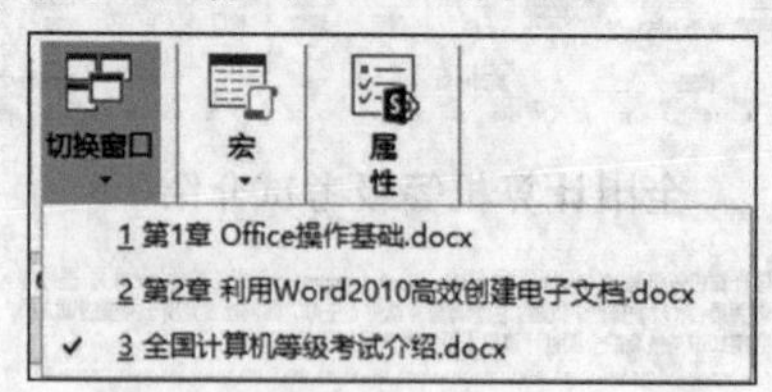

图 2-68 切换窗口

2 文档窗口的拆分

选择功能区中的【视图】选项卡，在【窗口】组中单击【拆分】按钮，此时在窗口的中间会出现一条拆分线，如图 2-69 所示。用鼠标拖动拆分线到指定位置后单击鼠标左键或按【Enter】键，即可将窗口拆分为两个。若要取消拆分，只需要在【视图】选项卡的【窗口】组中单击【取消拆分】按钮即可。

图 2-69 拆分窗口

3 并排查看

Word 2016 较为人性化的功能之一是可以同时打开两个文档并排显示。在【视图】选项卡的【窗口】组中单击【并排查看】按钮，可以将两个文档窗口并排显示，如图2-70所示。默认情况下，启动【并排查看】命令的同时会启动【同步滚动】命令，也就是当用户滚动阅读任何一个文档时，另一个并排文档也会同步滚动内容。要取消并排查看，可以在【视图】选项卡的【窗口】组中再次单击【并排查看】按钮。

图 2-70 并排查看

2.2 美化文档外观

创建 Word 文档后即可为所创建的文档设置格式，如文档的字体、段落样式、页面布局以及文档背景设置等。恰当的格式设置不仅可以美化文档，还能够在很大程度上增强信息的传递力度。

2.2.1 设置文本格式

文本格式包括字体、字号、形状等效果。其中，字体是指文本采用的是宋体、黑体还是楷体等字体形式，字号是指字的大小，字形是指倾斜、下划线、有无加粗等形式。

1 设置字体和字号

在 Windows 操作系统中，不同的字体有不同的外观形态，一些字体还可以带有自己的符号集。设置字体的方法有多种，如通过【字体】组、【字体】对话框以及浮动工具栏进行设置。

(1)使用【字体】组设置

使用【字体】组设置字体和字号的具体操作步骤如下。

步骤1 在 Word 文档中选择需要设置字体和字号的文本。

步骤2 切换到【开始】选项卡，在【字体】组中的【字体】下拉列表中选择合适的字体，如【黑体】，如图 2-71 所示。此时，被选择的文本会以指定的字体显示出来。

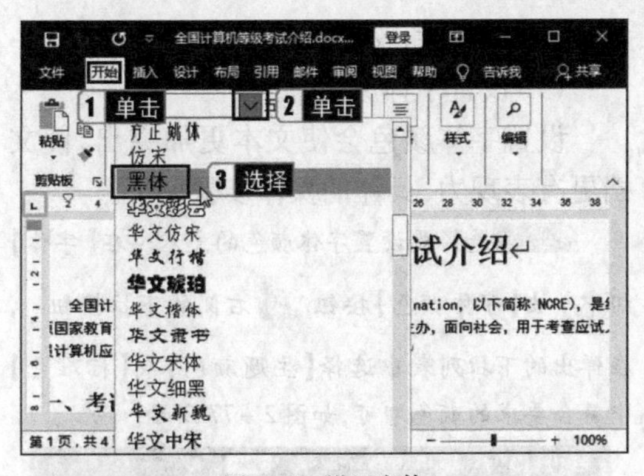

图 2-71　设置字体

步骤3 在【字体】组中的【字号】下拉列表中选择需要的字号，如“四号”，如图 2-72 所示。此时，被选中的文本就会以指定的字号大小显示出来。

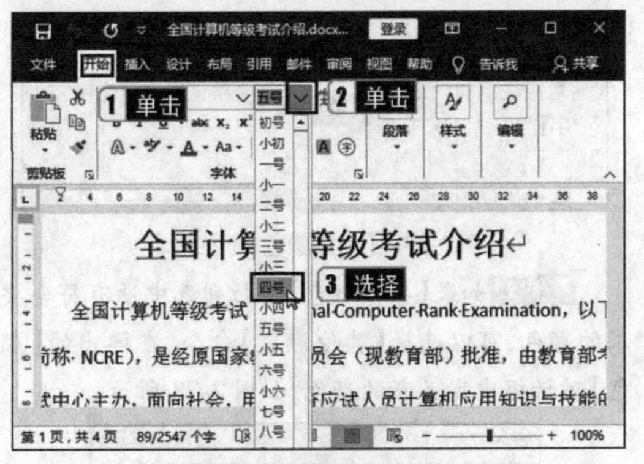

图 2-72　设置字号

提示

选中文本后，在鼠标指针上方会出现一个浮动工具栏，在浮动工具栏中也可以对文本格式进行设置。

(2)使用【字体】对话框设置

如果一次需要设置的项目较多，可以使用【字体】对话框来设置，具体的操作步骤如下。

步骤1 在 Word 文档中选择需要设置字体和字号的文本，在【开始】选项卡的【字体】组中单击对话框启动器按钮，如图 2-73 所示。

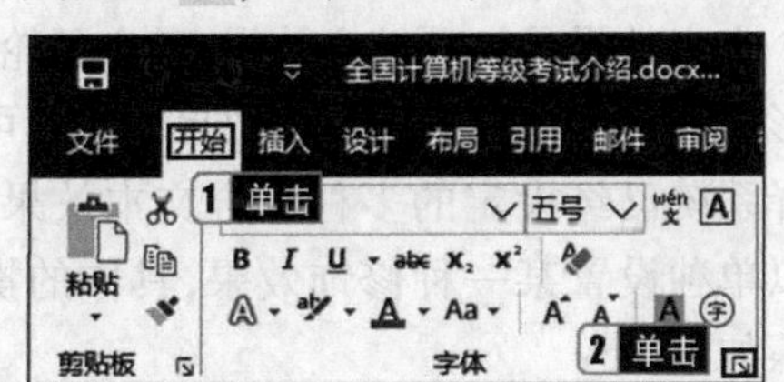

图 2-73　单击【字体】组的对话框启动器按钮

步骤2 弹出【字体】对话框，在【中文字体】下拉列表中选择一种合适的字体，如【微软雅黑】；在【西文字体】下拉列表中选择一种西文字体，如【Times New Roman】，即可为段落中的西文字体应用不同于中文的字体；在右侧的【字号】下拉列表中选择需要的字号，如【三号】，设置完成后单击【确定】按钮，如图 2-74 所示。

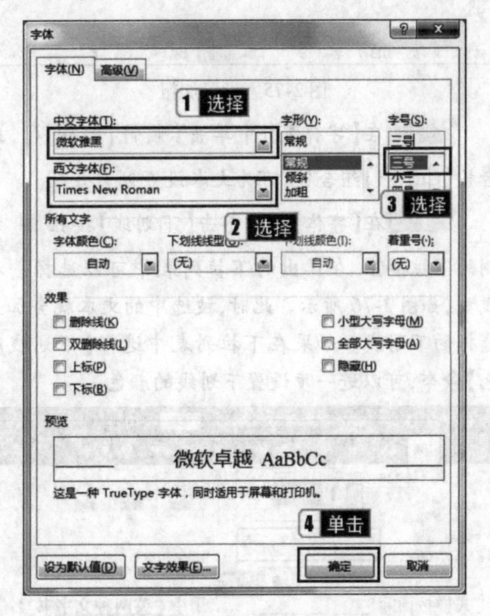

图 2-74　【字体】对话框

提示

【字体】对话框中还可以设置一些特殊的格式，如添加着重号、删除线，设置上下标等。

2　设置字形

如果用户需要使文字或文章美观、突出，更加引人注目，可以在 Word 中通过给文字添加一些附加属性来改变文字的形态。Word 默认设置的文本为常规字形。

下面举例说明如何为文本设置为加粗、倾斜等字形，具体的操作步骤如下。

步骤1 选择需要设置字形的文本，在【开始】选项卡的【字体】组中单击【加粗】按钮**B**，或者按【Ctrl + B】组合键，操作完成后选择的文本即变为加粗显示，如图 2-75 所示。

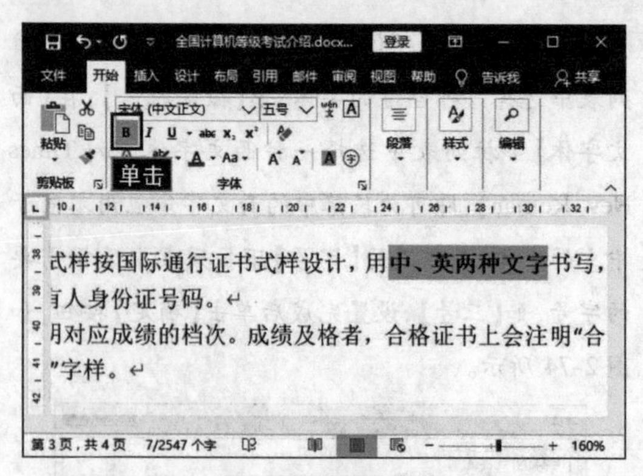

图 2-75　设置加粗

步骤2 在【字体】组中单击【倾斜】按钮 *I* ，或者按【Ctrl＋I】组合键，可为文本设置倾斜效果。

步骤3 在【字体】组中单击【下划线】按钮 U 右侧的下拉按钮，在弹出的下拉列表中可以选择一种线型，如图 2-76 所示。此时，被选中的文本就会加上选择的下划线。如果在下拉列表中选择【下划线颜色】命令，可以进一步设置下划线的颜色。

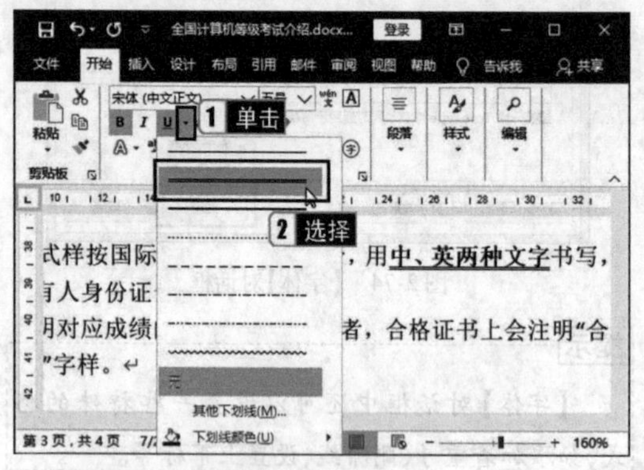

图 2-76　设置下划线

步骤4 在【字体】组中单击【删除线】按钮 abc ，可以为文本添加删除线。

步骤5 选择文本内容，单击【字体】组中的上标按钮 x^2 或者下标按钮 x_2，可以把相关内容设置为上标或下标。

如果用户需要把加粗或带有下划线等格式的文本变回正常文本，只需要选择该文本，单击【字体】组中的【清除所有格式】按钮，或者再次单击【加粗】或【下划线】按钮即可。

3 设置字体颜色和效果

为了突出显示，很多宣传品常把文本设置为各种颜色和效果。

(1)设置字体颜色

设置字体颜色会使文本更加突出，使文档更有表现力，具体的操作步骤如下。

步骤1 选择要设置字体颜色的文本。在【字体】组中单击【字体颜色】按钮 A 右侧的下拉按钮，在弹出的下拉列表中选择【主题颜色】或【标准色】中符合要求的颜色即可，如图 2－77 所示。

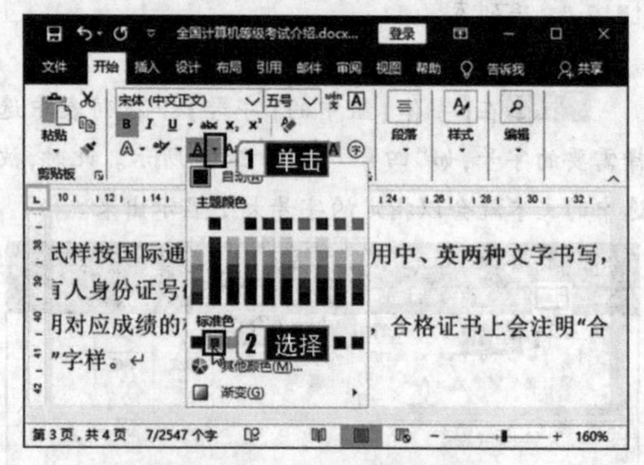

图 2-77　【字体颜色】下拉列表

步骤2 如果【字体颜色】下拉列表中没有符合要求的颜色，可以选择【其他颜色】命令，在弹出的【颜色】对话框中定义新的颜色，如图 2-78 所示。

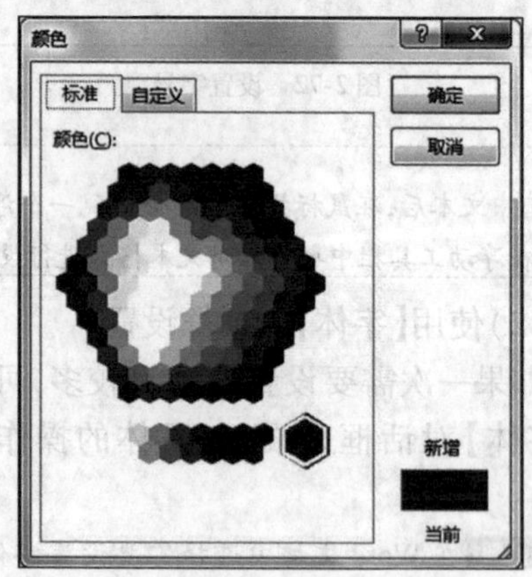

图 2-78　【颜色】对话框

(2)设置文本效果

文本效果是一种综合效果，融合了轮廓、阴影、映像、发光等多种修饰效果。用户可以选择系统已经设定的多种综合文本效果，也可以单独设置某一种修饰效果，具体的操作步骤如下。

步骤1 在 Word 文档中选择要设置效果的文本内容。

步骤2 在【开始】选项卡的【字体】组中单击【文本效果和版式】按钮 A·，在展开的列表中选择所需要的效果主题，如图 2-79 所示。

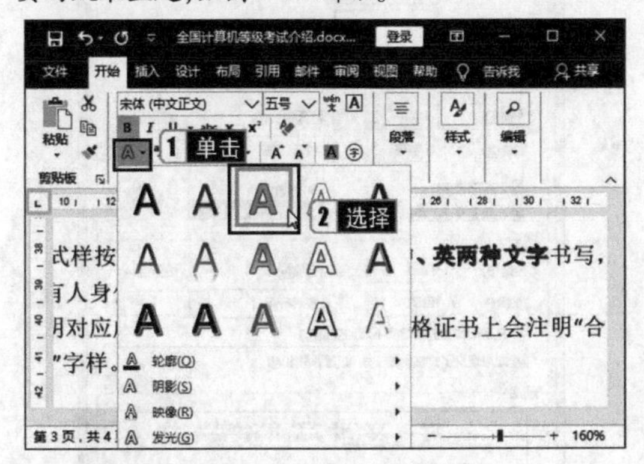

图 2-79　设置文本效果

步骤3 用户还可以通过选择列表中的【轮廓】【阴影】【映像】【发光】命令，在各自展开的级联列表中进行自定义设置。

4　字体的高级设置

在 Word 2016 的【字体】对话框的【高级】选项卡中，用户可以对文本的字符间距、字符缩放以及字符位置等进行调整。方法：在【开始】选项卡中，单击【字体】组中右下角的对话框启动器按钮，弹出【字体】对话框。选择【高级】选项卡，在【字符间距】选项组中进行设置，如图 2-80 所示。

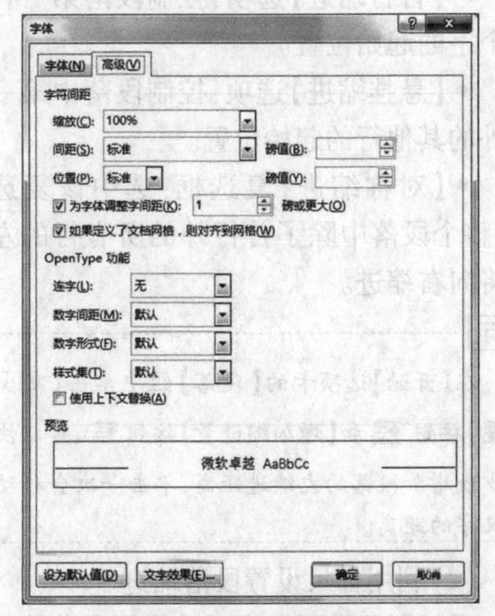

图 2-80　【高级】选项卡

●【缩放】下拉列表框：可以在其中输入任意一个值来设置字符缩放的比例，但字符只能在水平方向进行缩小或放大。

●【间距】下拉列表框：从中可以选择【标准】【加宽】【紧缩】选项。【标准】选项是 Word 中的默认选项，用户可以在其右边的【磅值】微调框中输入一个数值，其单位为【磅】。

●【位置】下拉列表框：从中可以选择【标准】【提升】【降低】选项来设置字符的位置。当选择【提升】或【降低】选项后，用户可在右边的【磅值】微调框中输入一个数值，其单位为【磅】。

●【为字体调整字间距】复选框：如果要让 Word 2016 在大于或等于某一尺寸的条件下自动调整字符间距，就选中该复选框，然后在【磅或更大】微调框中输入磅值。

●【如果定义了文档网格，则对齐到网格】复选框：选中该复选框，Word 2016 将自动设置每行字符数，使其与【页面设置】对话框中设置的字符数相一致。

2.2.2　设置段落格式

段落格式设置是指在一个段落的页面范围内对内容进行排版，使文档段落更加整齐、美观。在 Word 2016 中设置段落格式时，应先选择好需要设置格式的段落，再进行具体的格式设置。

1　段落对齐方式

在 Word 中，段落对齐有左对齐、居中对齐、右对齐、两端对齐和分散对齐 5 种方式。在【开始】选项卡的【段落】组中有相应的对齐按钮，如图 2-81 所示。

图 2-81　对齐按钮

●【左对齐】按钮 ≡：单击该按钮，段落中的每行文本都向文档的左边界对齐。

•【居中】按钮 ≡:单击该按钮,选择的段落将放置在页面的中间。在排版中使用该对齐方式效果较好。

•【右对齐】按钮 ≡:单击该按钮,选择的段落将向文档的右边界对齐。

•【两端对齐】按钮 ≡:单击该按钮,段落中除最后一行文本外,其他行文本的左、右两端分别向左、右边界靠齐。对于纯中文的文本来说,两端对齐方式与左对齐方式没有太大的差别。但文档中如果含有英文单词,左对齐方式可能会使文本的右边缘参差不齐。

•【分散对齐】按钮 ▤:单击该按钮,段落中的所有行文本(包括最后一行)中的字符等距离分布在文档的左、右边界之间。

提示

与设置文本格式一样,段落格式除了可以通过【段落】组中的按钮设置外,还可以通过【段落】对话框进行精确设置。打开【段落】对话框的方法为在【开始】选项卡的【段落】组中单击对话框启动器按钮。

2 设置段落缩进

段落缩进是指段落文本与页边距之间的距离。段落相对左、右页边距向页中心缩进一段距离,可使文档显示出条理更加清晰的段落层次,方便用户阅读。在Word 2016中,可以使用【段落】对话框和【标尺】来设置段落缩进。

(1)利用【段落】对话框设置段落缩进

在【开始】选项卡的【段落】组中单击对话框启动器按钮,打开【段落】对话框,在【缩进和间距】选项卡的【缩进】选项组中可设置左右缩进、首行缩进、悬挂缩进,如图2-82所示。

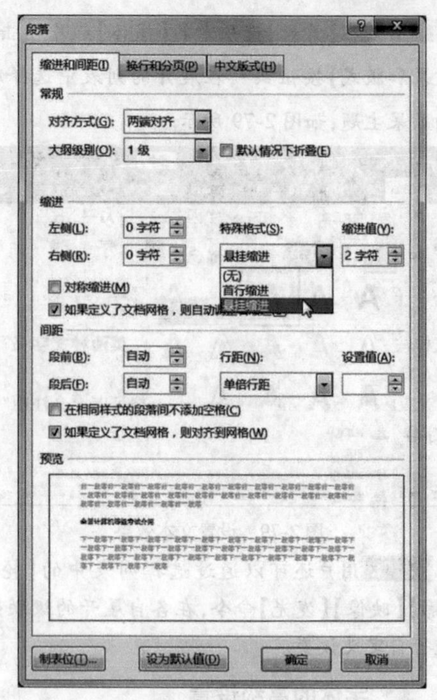

图2-82 【段落】对话框

•【左侧】微调框:可以设置段落与左页边距的距离。如果输入一个正值,表示向右缩进;如果输入一个负值,表示向左缩进。

•【右侧】微调框:可以设置段落与右边距的距离。如果输入一个正值,表示向左缩进;如果输入一个负值,表示向右缩进。

•【首行缩进】选项:控制段落第一行第一个字的起始位置。

•【悬挂缩进】选项:控制段落中第一行以外的其他行的起始位置。

•【对称缩进】复选框:选中该复选框后,整个段落中除了首行外的所有行的左边界将向右缩进。

提示

在【开始】选项卡的【段落】组中单击【减少缩进量】按钮 ⇤ 和【增加缩进量】按钮 ⇥ ,可以快速减少或增加段落的左缩进距离,单击一次会移动一个汉字的距离。

(2)利用标尺设置段落缩进

通过标尺也可以直观地设置段落缩进距离。在Word 2016标尺栏上有4个滑块,分别对应4种段落缩进方式，如图2-83所示。通过调整滑块可以调整选定段落的不同缩进方式。

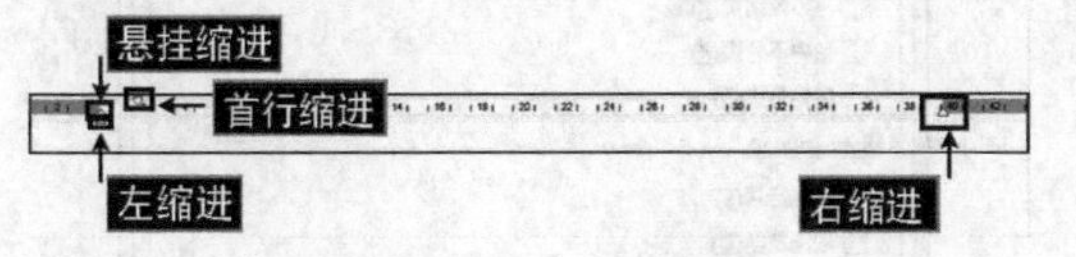

图2-83　标尺上的缩进滑块

如果 Word 文档窗口中没有显示标尺，可以在【视图】选项卡的【显示】组中勾选【标尺】复选框，如图2-84所示。

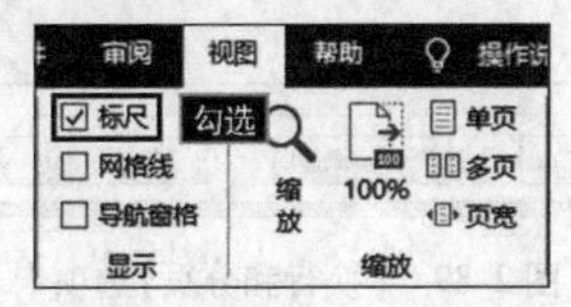

图2-84　勾选【标尺】复选框

3　设置行距和段间距

行距是行与行之间的距离，段间距则是两个相邻段落之间的距离。默认情况下，文档中的行距和段间距为单倍行距。用户可以通过调整行距和段间距来调整文档的整体布局。

(1)设置行距

设置行距的具体操作步骤如下。

步骤1 将插入点置于要进行垂直对齐操作的段落中。

步骤2 在【开始】选项卡的【段落】组中单击【行和段落间距】按钮 ☰▾，在弹出的下拉列表中可以选择需要的行距，如图2-85所示。

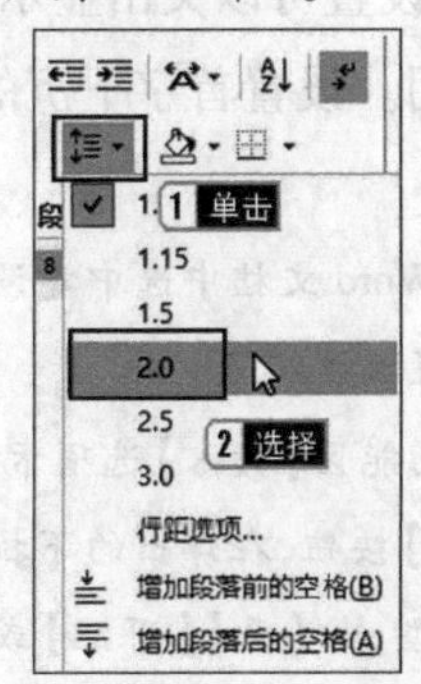

图2-85　行距下拉列表

步骤3 在【开始】选项卡中单击【段落】组右下角的对话框启动器按钮，在弹出的【段落】对话框的【缩进和间距】选项卡中，单击【行距】下拉列表框的下拉按钮，在弹出的下拉列表中选择行距，如【1.5倍行距】，单击【确定】按钮，如图2-86所示。

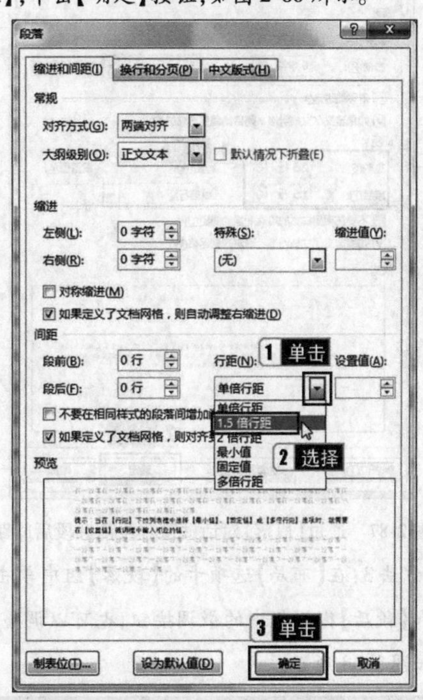

图2-86　通过【段落】对话框设置行距

提示

当在【行距】下拉列表框中选择【最小值】【固定值】或【多倍行距】选项时，就需要在【设置值】微调框中输入相应的值。

(2)设置段间距

设置段间距可以改变版面的外观效果，具体的设置方法如下。

方法1：选择需要设置段间距的段落，在【开始】选项卡的【段落】组中单击【行和段落间距】按钮 ☰▾，在弹出的下拉列表中选择【增加段落前的空格】和【增加段落后的空格】命令，可以迅速调整段间距。

方法2：在【开始】选项卡中单击【段落】右下角的对话框启动器按钮，弹出【段落】对话框，在【缩进和间距】选项卡的【间距】选项组中，可以精确设置段间距，如【段前】设置为【2.5行】，【段后】设置为【1.5行】，如图2-87所示，设置完成后单击【确定】按钮。

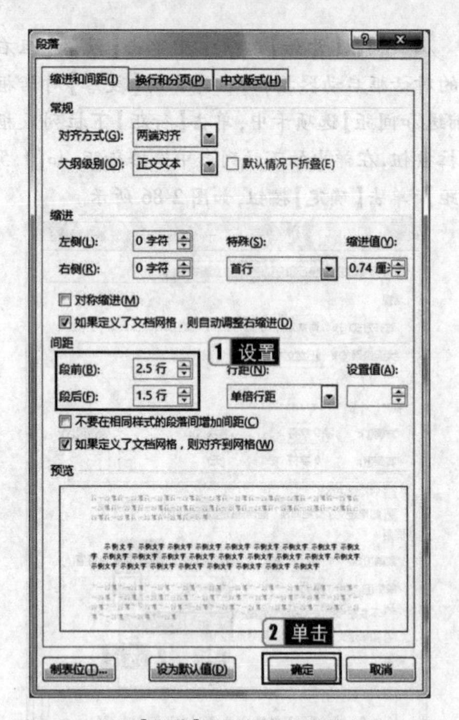

图 2-87　通过【段落】对话框设置段前和段后间距

方法3:在【布局】选项卡的【段落】组中单击【段前】和【段后】微调框中的微调按钮,也可以调整段间距,如图2-88所示。

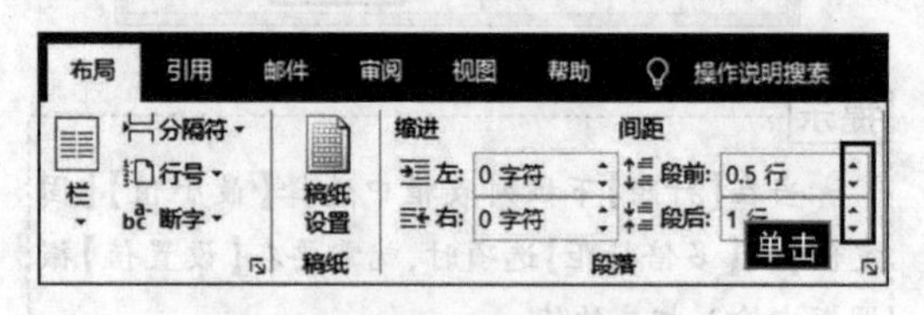

图 2-88　【段前】和【段后】微调框

4 设置换行和分页

在对某些长篇文档进行排版时,经常需要对一些特殊的段落进行格式调整,以使版式更加美观。此时,可以通过【段落】对话框中的【换行和分页】选项卡进行设置,如图2-89所示。

- 孤行控制:孤行是指在页面顶部仅显示段落的最后一行,或者在页面底部仅显示段落的第一行。专业的文档排版中不允许有孤行存在。勾选【孤行控制】复选框,可避免出现这种情况。

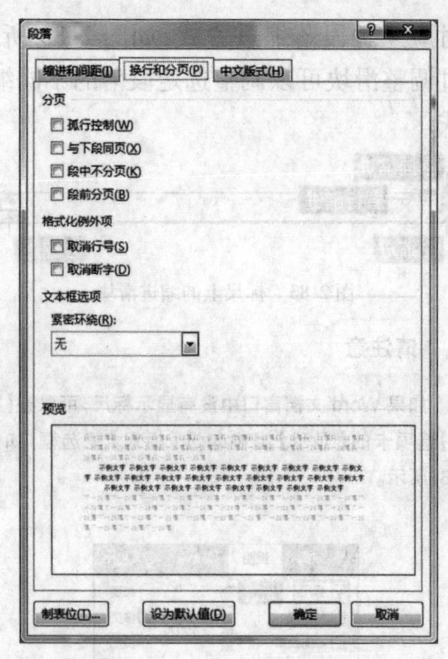

图 2-89　【换行和分页】选项卡

- 与下段同页:在表格、图片的前后带有表注或图注时,常常希望表注和表、图注和图在同一页面显示。勾选【与下段同页】复选框,可以保持前后两个段落始终处于同一页中。
- 段中不分页:保持一个段落始终位于同一页上,不会被分开显示在两页上。
- 段前分页:相当于在段落之前自动插入了一个分页符,从当前段落开始会自动显示在下一页。

5 设置首字下沉

首字下沉就是将段落中的第一个字做下沉处理,这样设置可以突出显示一个段落,起到强调的作用。设置首字下沉的具体操作步骤如下。

步骤1 在Word文档中选中要设置首字下沉的段落或将光标置入该段落中。

步骤2 在功能区【插入】选项卡的【文本】组中单击【首字下沉】按钮,在弹出的下拉列表中选择要设置下沉的类型,如【无】【下沉】或【悬挂】,如图2-90所示。

图 2-90　设置首字下沉

步骤3 若要进行详细设置，可选择下拉列表中的【首字下沉选项】命令，打开【首字下沉】对话框。在该对话框的【位置】选项组中选择一种下沉类型，然后在【字体】下拉列表框中选择一种字体，在【下沉行数】微调框中输入下沉的行数，在【距正文】微调框中输入数值，如图 2-91 所示。单击【确定】按钮，返回原文档中。

图 2-91　【首字下沉】对话框

6 设置边框和底纹

为了使文档更清晰、漂亮，可以为文字、段落和表格设置边框和底纹。根据需要，用户可以为选中的一个或多个文字添加边框和底纹，也可以选中的段落、表格、图像或整个页面的四周或任意一边添加边框。

(1) 为文字或段落添加边框

使用【段落】组中的相应按钮或【边框和底纹】对话框，可以给选中的文字或段落添加边框，具体的操作步骤如下。

步骤1 在 Word 文档中选中要设置边框的段落。在【开始】选项卡的【段落】组中单击【边框】按钮 的下拉按钮▼，在弹出的下拉列表中选择所需要的边框线样式，即可应用该边框效果，如图 2-92 所示。

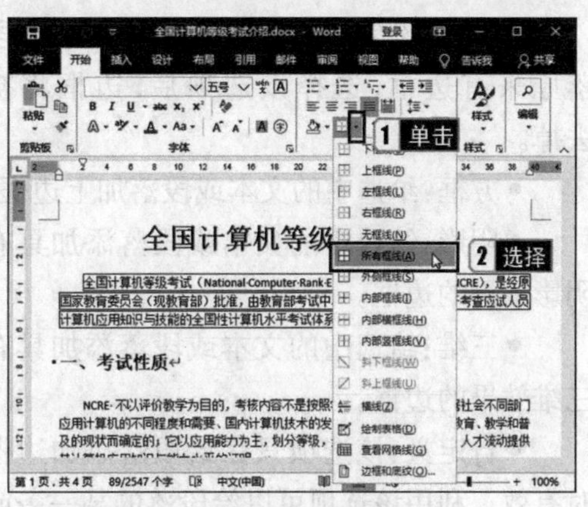

图 2-92　文本添加边框后的效果

步骤2 若要设置更多边框效果，在【边框】下拉列表中选择【边框和底纹】命令，弹出【边框和底纹】对话框，在【边框】选项卡中根据需要进行设置，如图 2-93 所示。

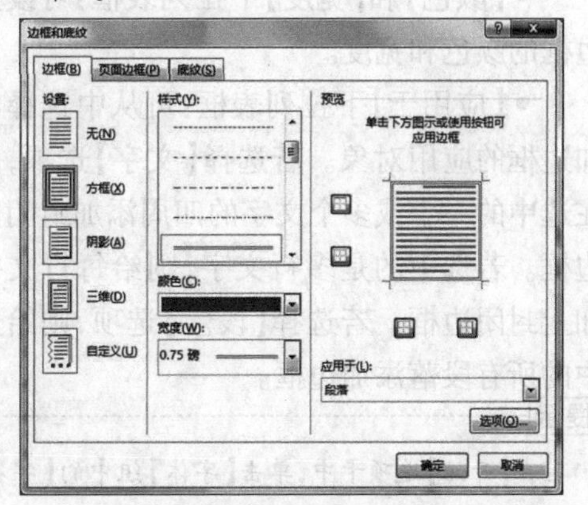

图 2-93　【边框】选项卡

步骤3 设置完成后单击【确定】按钮，效果如图 2-94 所示。

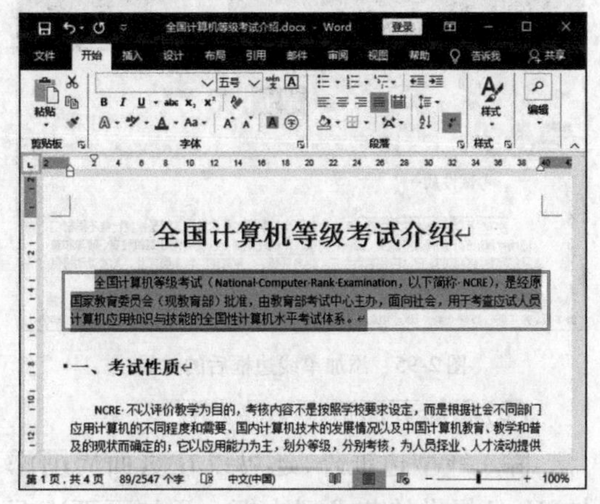

图 2-94　为段落添加边框后的效果

【边框】选项卡中各选项的作用如下。

● 无:不设置边框。若选中的文本或段落原来有边框,选择该选项后,边框将被去掉。

● 方框:给选中的文本或段落加上边框。

● 阴影:给选中的文本或段落添加具有阴影效果的边框。

● 三维:给选中的文本或段落添加具有三维效果的边框。

● 自定义:该选项只在给段落添加边框时有效。利用该选项可以给段落的某一条或几条边加上边框线。

●【样式】列表框:可从中选择需要的边框样式。

●【颜色】和【宽度】下拉列表框:可设置边框的颜色和宽度。

●【应用于】下拉列表框:可从中选择添加边框的应用对象。若选择【文字】选项,则在选中的一个或多个文字的四周添加封闭的边框。若选中的是多行文字,则给每行文字加上封闭边框。若选择【段落】选项,则给选中的所有段落添加边框。

提示

在【开始】选项卡中,单击【字体】组中的【字符边框】按钮A,可以为选中的一个文字和多个文字添加单线边框,如图2-95所示。

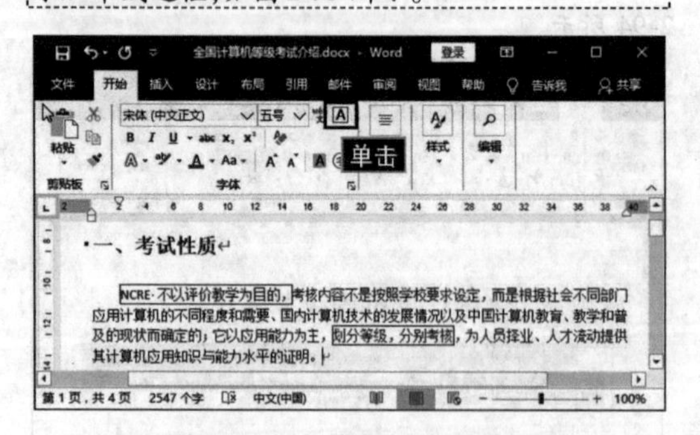

图2-95 添加单线边框后的效果

(2)添加页面边框

除了线型边框外,还可以在页面周围添加Word提供的艺术型边框。添加页面边框的操作步骤如下。

步骤1 选择需要添加边框的段落,在【开始】选项卡的【段落】组中单击【边框】按钮右侧的下拉按钮▼,在弹出的下拉列表中选择【边框和底纹】命令。

步骤2 在弹出的对话框中选择【页面边框】选项卡,从中设置需要的选项,如图2-96所示。

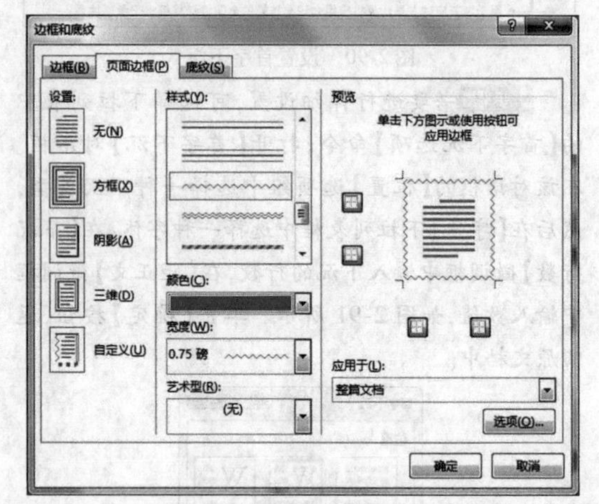

图2-96 【页面边框】选项卡

步骤3 设置完后单击【确定】按钮,即可应用页面边框效果,如图2-97所示。

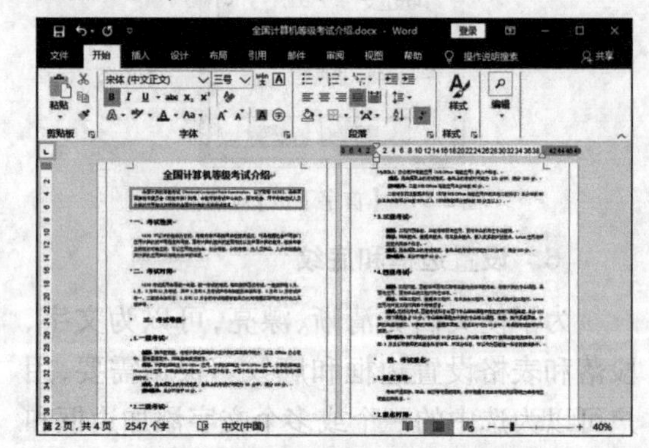

图2-97 添加页面边框后的效果

在【页面边框】选项卡中还可进行更多设置,具体如下。

● 如果要设置线型边框,则可分别从【样式】和【颜色】下拉列表中选择边框的线型和颜色。

● 如果要设置艺术型边框,则可从【艺术型】下拉列表框中选择一种图案。

● 单击【宽度】下拉列表框右侧的下拉按钮,在弹出的下拉列表中可以选择边框的宽度。

● 单击【应用于】下拉列表框右侧的下拉按钮，在弹出的下拉列表中可以选择添加边框的范围。

● 在【页面边框】选项卡中单击【选项】按钮，将弹出【边框和底纹选项】对话框。在【边框和底纹选项】对话框中，可以改变边框与页边界或正文的距离。

提示

在功能区的【设计】选项卡中，单击【页面背景】组中的【页面边框】按钮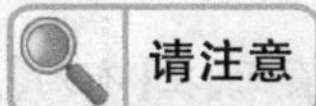，可以直接打开【边框和底纹】对话框的【页面边框】选项卡。

(3)添加底纹

给文字或段落添加底纹的具体操作步骤如下。

步骤1 选中要添加底纹的文字或段落，在【开始】选项卡的【段落】组中单击【边框】按钮右侧的下拉按钮▼，在弹出的下拉列表中选择【边框和底纹】选项。

步骤2 弹出【边框和底纹】对话框，选择【底纹】选项卡，在【填充】下拉列表框中选择底纹的填充色，在【样式】下拉列表框中选择底纹的样式，在【颜色】下拉列表框中选择底纹内填充点的颜色，在【预览】区可以预览设置的底纹效果，如图2-98所示。

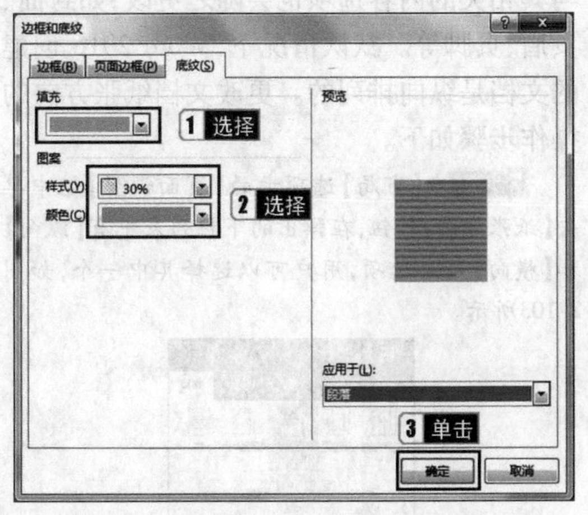

图2-98　【底纹】选项卡

步骤3 单击【确定】按钮，即可应用底纹效果，如图2-99所示。

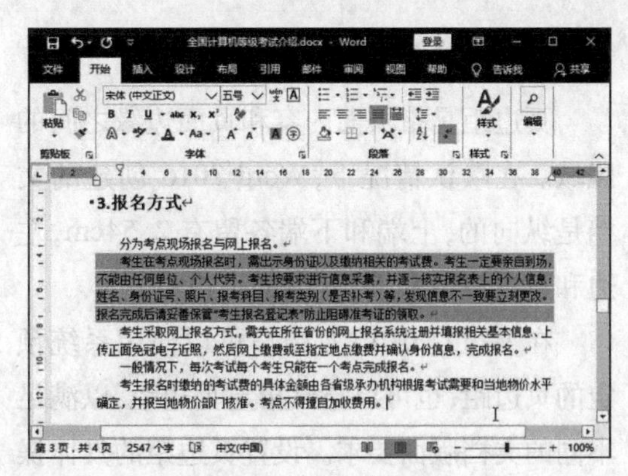

图2-99　添加底纹的效果

请注意

如果仅给一个段落添加底纹，可以把光标定位在该段中。

步骤4 在【底纹】选项卡中将【填充】设置为【无颜色】，将【样式】设置为【清除】，如图2-100所示，设置完成后单击【确定】按钮，即可将底纹删除。

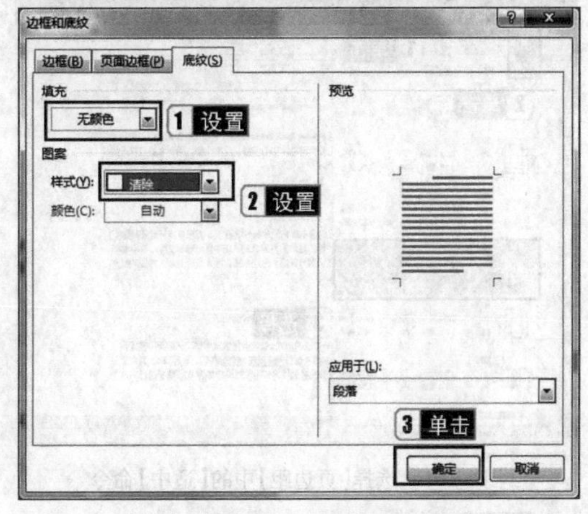

图2-100　设置删除底纹

提示

在【开始】选项卡中，单击【字体】组中的【字符底纹】按钮 A，可以快速为选中的文本添加灰色底纹。

2.2.3　调整页面布局

文档的页面布局是文档最基本的排版操作，主要包括设置页面的纸型、方向、页边距、版式等效果。另外，也可以根据需要对文档的各个部分设置不同的版面效果。

1 设置页边距

页边距是指页面内容和页面边缘之间的区域。在默认情况下，Word 2016 创建的文档是纵向的，上端和下端各留有 2. 54cm，左边和右边各留有 3. 17cm 的页边距。

在 Word 2016 中，用户可以使用系统预定的页边距，也可以自己指定页边距，以满足不同的文档版面要求。设置页边距的具体操作步骤如下。

步骤1 选择需要设置页边距的页面，在【布局】选项卡的【页面设置】组中单击【页边距】按钮，在弹出的下拉列表中提供了【普通】【窄】【适中】【宽】【镜像】等预定义页边距，用户可以从列表中选择一个命令快速设置页边距，如图2-101所示。

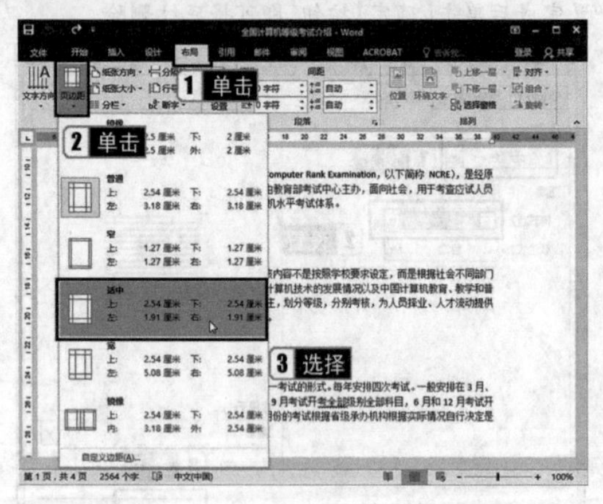

图 2-101　选择【页边距】中的【适中】命令

步骤2 如果用户需要自己指定页边距，可以在弹出的下拉列表中选择【自定义页边距】命令，打开【页面设置】对话框。

步骤3 在【页边距】选项卡的【页边距】选项组中，用户可以在微调框中输入【上】【下】【左】和【右】4 个页边距的大小以及【装订线】的大小和位置，如图 2-102 所示。

步骤4 在【应用于】下拉列表框中选择【整篇文档】或【插入点之后】选项，可以设置效果应用范围，系统默认为【整篇文档】，单击【确定】按钮即可完成自定义页边距的设置。

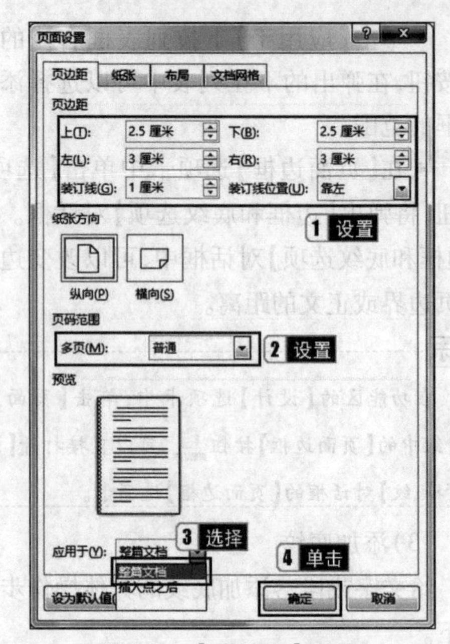

图 2-102　【页面设置】对话框

请注意

若选择【整篇文档】选项，则用户设置的页面就应用于整篇文档。如果只想设置部分页面，则需要将光标移到这部分页面的起始位置，然后选择【插入点之后】选项，这样从起始位置之后的所有页都将应用当前设置。

2 设置纸张方向

Word 2016 中的纸张方向包括【纵向】和【横向】两种方式。当用户更改纸张方向时，与其相关的内容选项也会随之更改，如封面、页眉、页脚等。默认情况下，Word 2016 创建的文档是纵向排列的。更改文档纸张方向的操作步骤如下。

步骤1 在【布局】选项卡的【页面设置】组中单击【纸张方向】按钮，在弹出的下拉列表中有【纵向】和【横向】两个选项，用户可以选择其中一个，如图2-103所示。

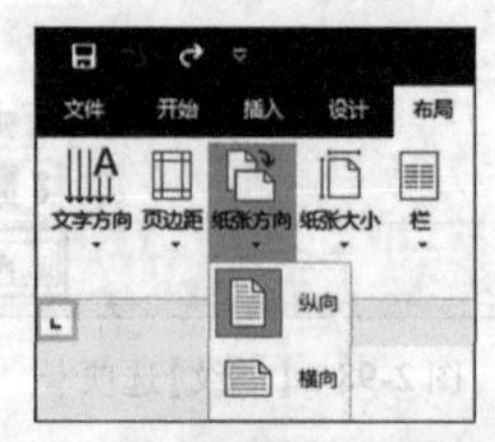

图 2-103　【纸张方向】按钮

步骤2 用户还可以在【页面设置】对话框中进行

纸张方向的设置。单击【页面设置】组右下角的对话框启动器按钮，弹出【页面设置】对话框，在【页边距】选项卡的【纸张方向】选项组中选择相应的选项，然后单击【确定】按钮，如图 2-104 所示。

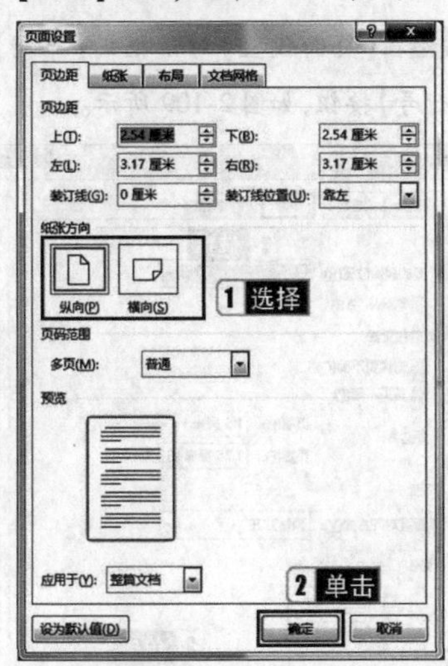

图 2-104 设置纸张方向

3 设置纸张大小

Word 2016 为用户提供了很多预定义的纸张大小设置，除了使用预定义纸张大小设置外，用户还可以自己定义纸张大小，以满足需求。设置纸张大小的操作步骤如下。

步骤1 在【布局】选项卡的【页面设置】组中单击【纸张大小】按钮，在弹出的下拉列表中选择纸张类型，如图 2-105 所示。

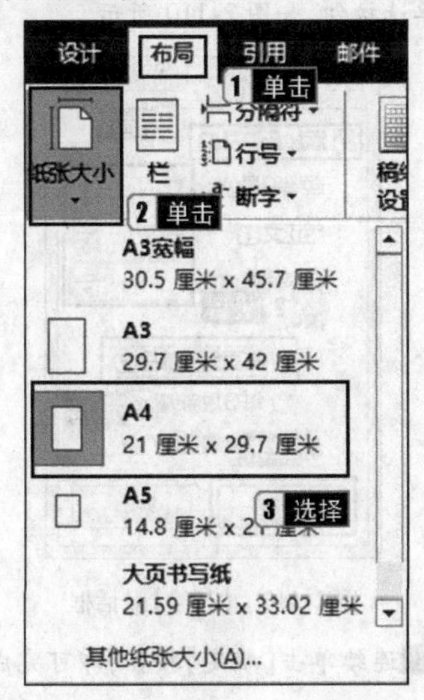

图 2-105 【纸张大小】下拉列表

步骤2 如果用户需要进行更精确的设置，可在弹出的【纸张大小】下拉列表中选择【其他纸张大小】命令，在弹出的【页面设置】对话框中对纸张大小进行精确设置，如图 2-106 所示。设置完成后单击【确定】按钮。

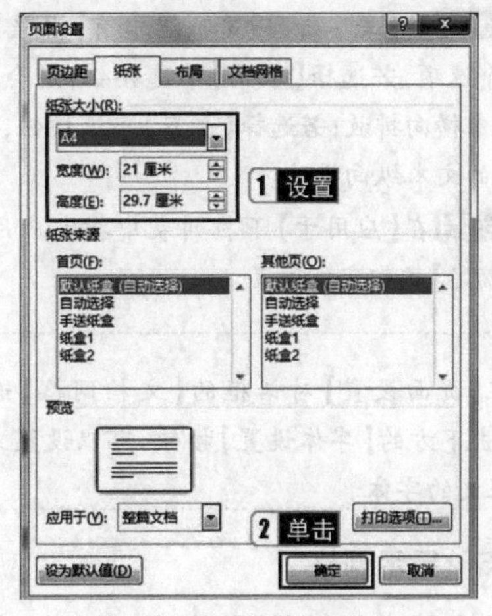

图 2-106 设置纸张大小

4 设置文档网格

用户在设置完页边距和纸张大小之后，页面的基本版式就已经确定了。如果要精确地指定每页所占行数和每行所占字数，就需要进行文档网格的设置。设置文档网格的操作步骤如下。

步骤1 在【布局】选项卡中单击【页面设置】组右下角的对话框启动器按钮，在弹出的【页面设置】对话框中切换到【文档网格】选项卡，如图 2-107 所示。

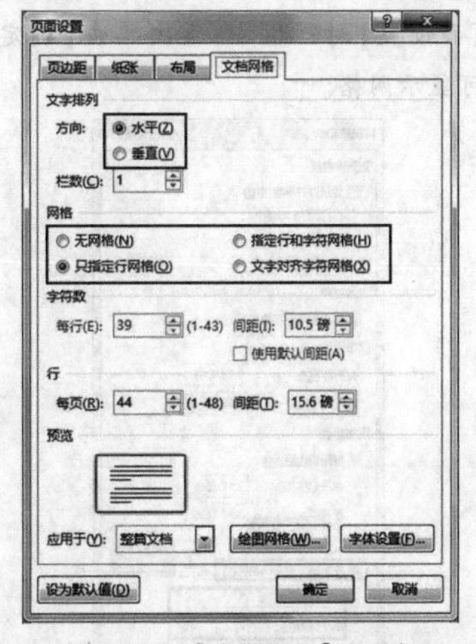

图 2-107 【文档网格】选项卡

步骤2 在【网格】选项组中，选择【无网格】单选按钮时，能使文档中所有段落样式文字的实际行间距与样式中的规定一致。选择【指定行和字符网格】单选按钮,可以指定每行的字符数以及每页的行数。选择【只指定行网格】单选按钮,可以指定每页行数,每页字符数按默认设置。选择【文字对齐字符网格】单选按钮,可以在具体设置字符后,在文档中查看字符网格。

步骤3 在【文字排列】选项组中有【水平】和【垂直】两个选项,若选择【水平】单选按钮,则会将文档中的文本横向排放;若选择【垂直】单选按钮,则会将文档中的文本纵向排放。

步骤4 在【应用于】下拉列表中指定应用范围,单击【确定】按钮完成设置。

提示

在【页面设置】对话框的【文档网格】选项卡中,单击下方的【字体设置】按钮,可以设置文档中整个正文的字体。

5 显示网格

将字符进行具体设置后,还可以在文档中查看字符网格,具体的操作步骤如下。

步骤1 在【页面布局】选项卡中单击【页面设置】组右下角的对话框启动器按钮,在弹出的【页面设置】对话框中选择【文档网格】选项卡,单击下方的【绘图网格】按钮。

步骤2 在弹出的【网格线和参考线】对话框中,选择【在屏幕上显示网格线】和【垂直间隔】复选框,然后在【水平间隔】和【垂直间隔】微调框中分别输入相应的数值,如图 2-108 所示,单击【确定】按钮返回到【页面设置】对话框中,再次单击【确定】按钮,文档即可显示网格。

图 2-108 【网格线和参考线】对话框

6 添加行号

为了更方便查看文档,可以为文档内容添加行号,具体的操作步骤如下。

步骤1 在【页面设置】对话框的【布局】选项卡中单击【行号】按钮,如图 2-109 所示。

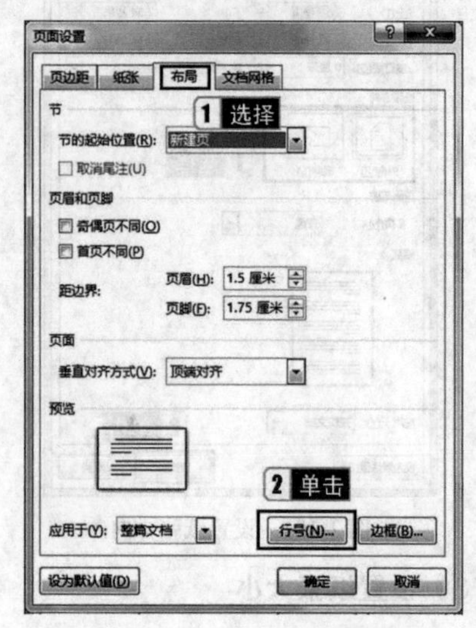

图 2-109 单击【行号】按钮

步骤2 弹出【行号】对话框,选择【添加行编号】复选框,在【起始编号】微调框中输入编号,默认为从 1 开始;在【距正文】微调框中输入行号,也就是右边缘与文档文本左边缘之间的距离,默认距离为【自动】,即 0.25 英寸;在【编号】选择组中选择【每页重新编号】单选按钮,如图 2-110 所示。

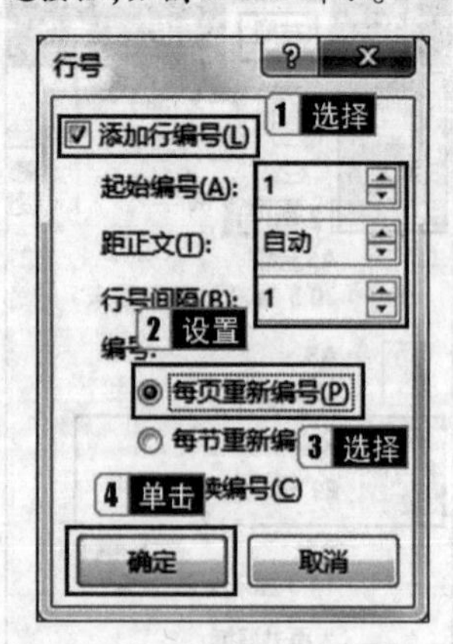

图 2-110 【行号】对话框

步骤3 连续单击【确定】按钮,即可完成设置,结果如图 2-111 所示。

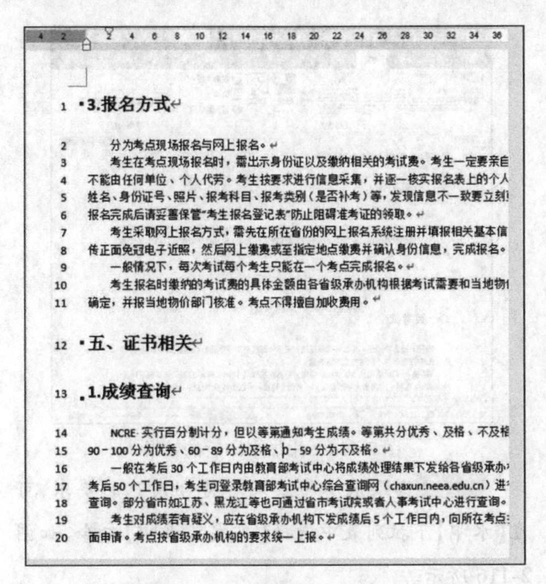

图 2-111　添加行号后的文档

请注意

若要在文档中每页都出现边框效果，除了可以用线型边框外，还可以设置多种艺术页面边框。设置方法是在【页面设置】对话框的【布局】选项卡中，单击【边框】按钮，在打开的【边框和底纹】对话框中进行设置。

2.2.4 设计文档外观

1 主题设置

文档主题是一套具有统一设计元素的格式选项，在"1.2.1 主题共享"中有详细介绍。应用文档主题，用户可以快速而轻松地设置整个文档格式，使文档更加专业、时尚。应用文档主题的方法如下。

步骤1 在【设计】选项卡的【文档格式】组中，单击最左侧的【主题】按钮。

步骤2 在弹出的下拉列表中，系统内置【主题】以图示的方式排列，如图 2-112 所示。用户可以在该下拉列表中选择符合要求的主题。

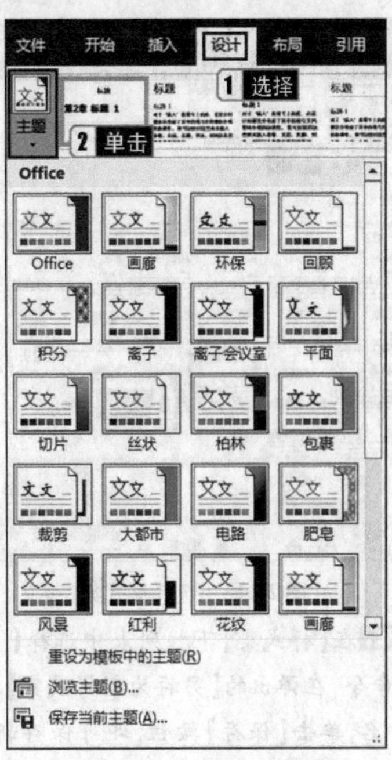

图 2-112　应用文档主题

除了使用内置的主题外，用户还可以根据自己的需求创建自定义文档主题，完成对主题颜色、主题字体以及主题效果的设置。如果需要将这些主题进行应用，应先将设置好的主题保存，然后再应用。

2 样式集设置

样式集实际上就是文档中标题、正文和引用等不同文本和对象格式的集合。为了方便用户对文档样式的设置，Word 2016 为不同类型的文档提供了多种内置的样式集，用户可以根据需要修改文档中使用的样式集，具体的操作方法如下。

步骤1 在【设计】选项卡中，单击【文档格式】组中的【样式集】下拉按钮，然后在弹出的下拉列表中选择一种样式集，如图 2-113 所示。

步骤2 此时，选择的样式集将被加载到【开始】选项卡的【样式】组中的样式库列表中，同时文档格式将更改为这个样式集的样式。

步骤3 如果要恢复默认的样式集，可以在【样式集】下拉列表中选择【重置为默认样式集】命令。

图 2-113　选择样式集

步骤4 在【样式集】下拉列表中选择【另存为新样式集】命令，在弹出的【另存为新样式集】对话框中输入文件名，单击【保存】按钮，即可保存新样式集，保存好后在其他文档中可以直接调用。

提示

将鼠标指针指向快速样式集，可以快速查看该样式集的外观。单击快速样式集，才会将其应用于文档。

3 水印的设置

设置水印的具体操作步骤如下。

步骤1 选择需要添加水印的文档，在【设计】选项卡的【页面背景】组中单击【水印】按钮，在弹出的下拉列表中选择一种 Word 内置的水印，如图 2-114 所示。

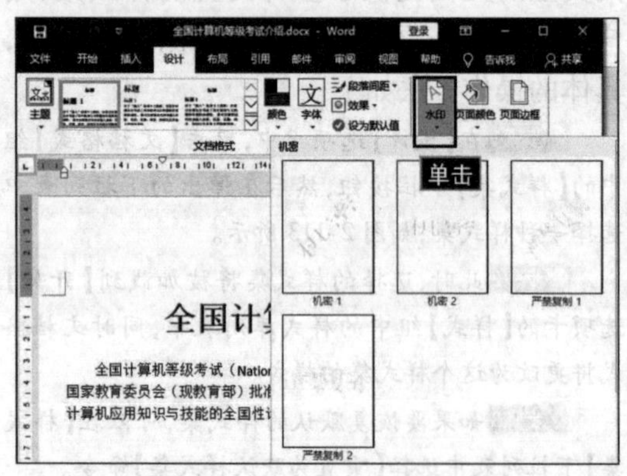

图 2-114　选择一种水印

步骤2 选择完成后即可为文档添加水印效果，如图 2-115 所示。

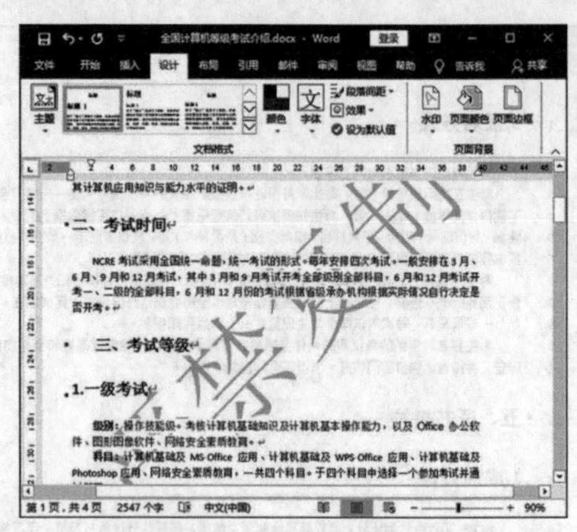

图 2-115　添加水印后的效果

步骤3 若默认水印效果不符合用户的要求，可在【水印】下拉列表中选择【自定义水印】命令，如图 2-116 所示。

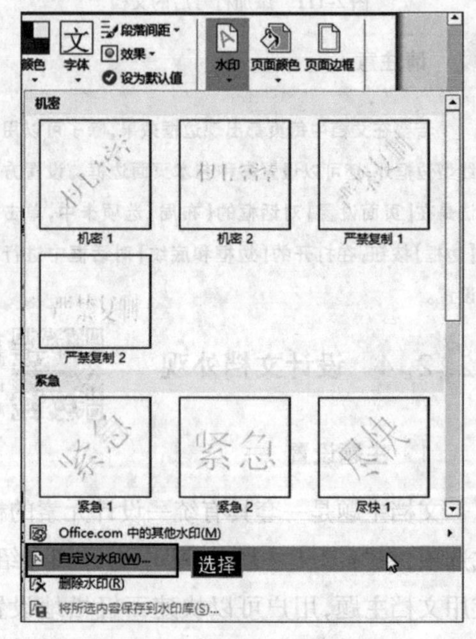

图 2-116　选择【自定义水印】命令

步骤4 弹出【水印】对话框，选择【文字水印】单选按钮，然后输入水印文字并设置字体、字号等，再将【版式】设为【斜式】。若要以半透明显示文本水印，则可以选择【半透明】复选框，如图 2-117 所示。

步骤5 设置完成后，单击【应用】按钮，然后单击【确定】按钮。添加水印后的效果如图 2-118 所示。

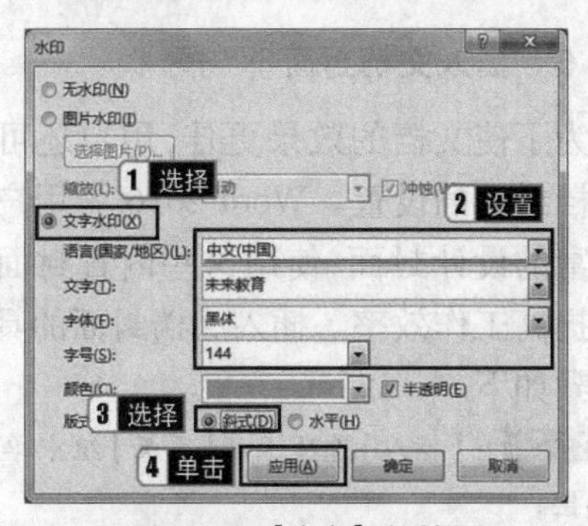

图 2-117 【水印】对话框

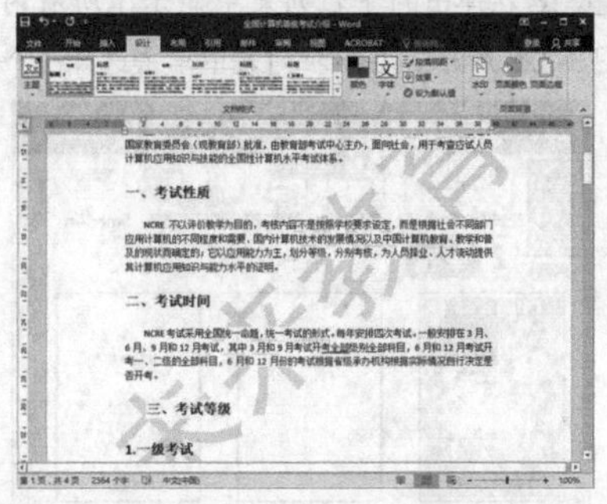

图 2-118 自定义水印效果

步骤6 如果在【水印】对话框中选择【图片水印】单选按钮，如图 2-119 所示，然后单击【选择图片】按钮，在弹出的对话框中选择需要的图片，可将该图片作为水印使用。

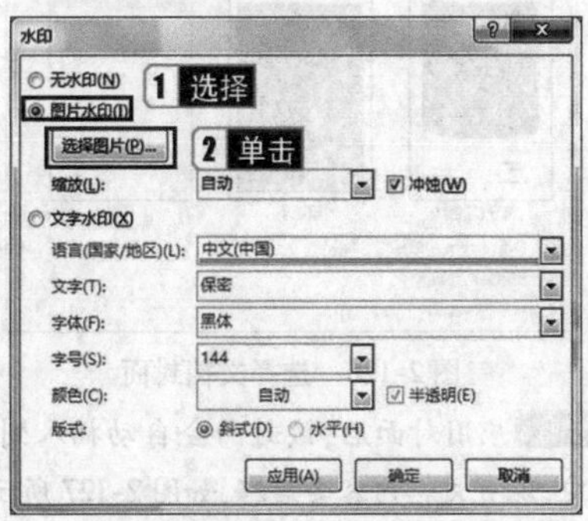

图 2-119 【水印】对话框

4 页面颜色设置

在 Word 2016 中，除了可以为背景设置颜色外，还可以设置填充效果，弥补背景颜色单一的缺点，具体的操作步骤如下。

步骤1 在【设计】选项卡的【页面背景】组中单击【页面颜色】按钮。

步骤2 在弹出的下拉列表中，用户可以单击【标准色】或【主题颜色】中的色块图标来选择需要的颜色，如图2-120所示。若没有需要的颜色，可以选择【其他颜色】命令，在打开的【颜色】对话框中进行自主选择。

图 2-120 选择需要的颜色

步骤3 如果用户希望添加特殊效果，可以在弹出的【页面颜色】下拉列表中选择【填充效果】命令，打开【填充效果】对话框，如图 2-121 所示。在该对话框中有【渐变】【纹理】【图案】【图片】4 个选项卡，均用于设置页面的特殊填充效果。

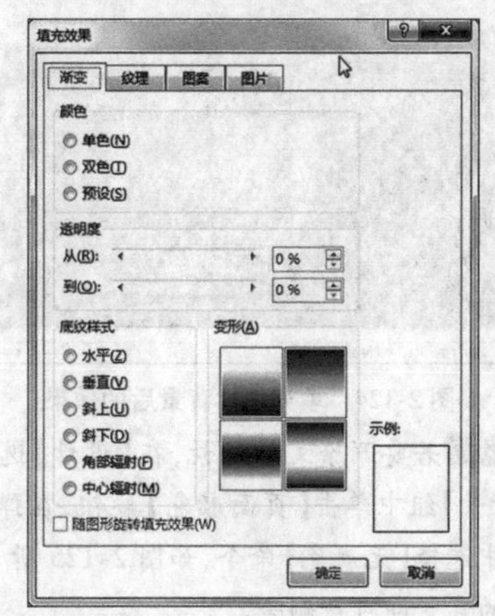

图 2-121 【填充效果】对话框

步骤4 选择【图片】选项卡，单击【选择图片】按钮，如图 2-122 所示。

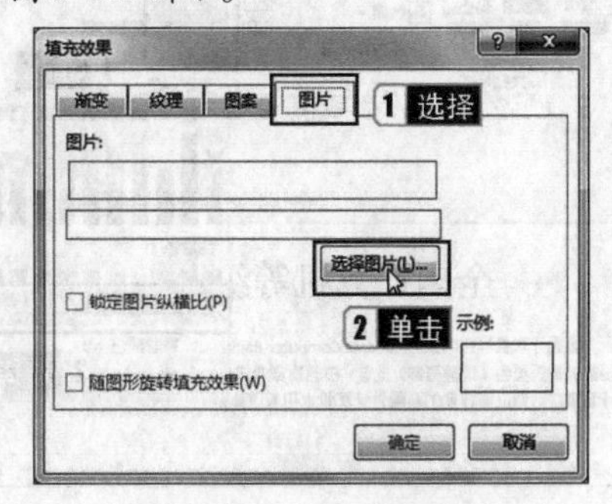

图 2-122 【图片】选项卡

步骤5 在弹出的【插入图片】对话框中单击【浏览】按钮，如图 2-123 所示。

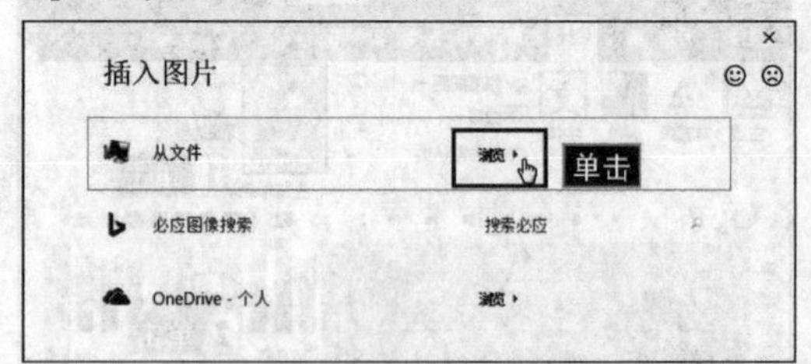

图 2-123 【插入图片】对话框

步骤6 打开【选择图片】对话框，选择图片存放路径和所需的图片，单击【插入】按钮，返回【填充效果】对话框，单击【确定】按钮，即可为整个文档填充背景，效果如图 2-124 所示。

图 2-124 填充图片背景后的效果

步骤7 若要删除文档背景，在【设计】选项卡的【页面背景】组中单击【页面颜色】按钮，在弹出的下拉列表中选择【无颜色】命令，如图 2-125 所示，此时文档中的背景即可被删除。

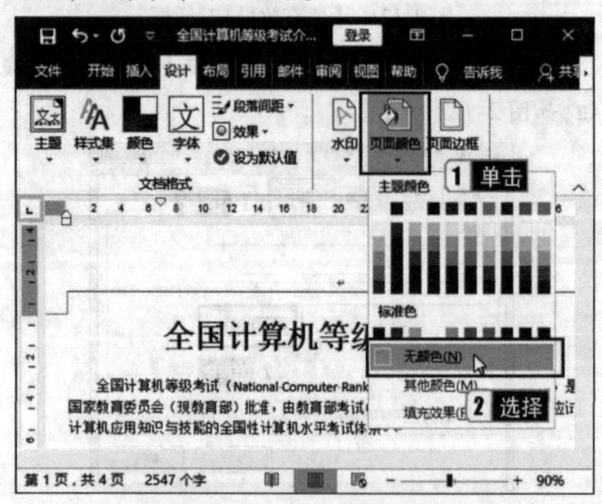

图 2-125 选择【无颜色】命令

5 插入文档封面

为了使文档的效果更佳，用户还可以进行文档封面的设置。Word 2016 为用户提供了丰富的设计封面，使用这些内置封面可以大大提高工作效率。插入文档封面的具体操作步骤如下。

步骤1 在【插入】选项卡的【页面】组中单击【封面】按钮。

步骤2 在弹出的下拉列表中显示了所有内置的封面，如图 2-126 所示。在下拉列表中单击选择一个封面。

图 2-126 选择文档封面

步骤3 应用封面后，该封面会自动插入到文档的第一页中，现有文档内容会后移，如图 2-127 所示。

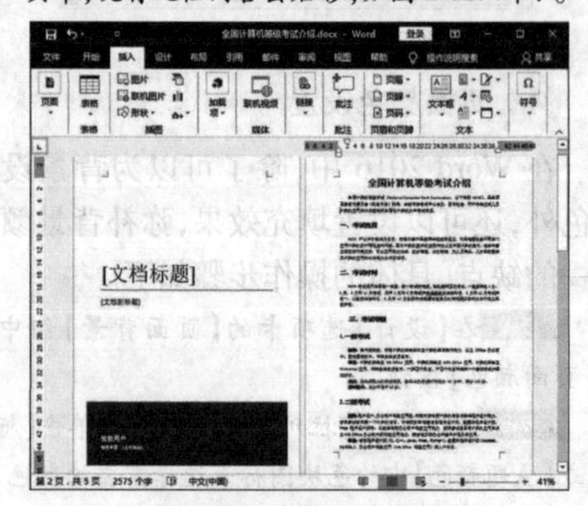

图 2-127 应用文档封面

步骤4 单击封面中的文本属性，输入相应的内容即可。

提示

在【插入】选项卡的【页面】组中单击【封面】按钮，在弹出的下拉列表中选择【删除当前封面】命令，可将封面删除。如果用户自己设计了封面，也可以将其保存到封面库中，方便下次使用。

2.2.5 在文档中创建表格

名师讲解

Word 2016 在表格方面的功能十分强大，实时预览、快速表格等方式最大限度地简化了表格的格式化操作，使表格的制作和使用更加容易。在 Word 文档中创建表格的方法有多种，下面具体介绍。

1 使用即时预览创建表格

使用即时预览是最快捷的创建表格的方法，适合创建那些行列数较少并具有规范行高和列宽的简单表格，具体的创建方法如下。

步骤1 首先将光标定位到文档中要插入表格的位置，然后单击【插入】选项卡的【表格】组中的【表格】按钮。

步骤2 在弹出的【插入表格】区域中，以拖动鼠标指针的方式选择要插入的行数和列数，被选择的单元格会高亮显示。与此同时，用户可以在文档中实时预览表格的大小变化，如图 2-128 所示。

图 2-128 选择表格的行数和列数

步骤3 确定行列数目后，单击鼠标左键即可在光标处插入一张指定行列数目的表格。

2 使用【插入表格】对话框创建表格

使用【插入表格】对话框创建表格可以不受表格的行数、列数的限制。具体的创建方法如下。

步骤1 将光标移至文档中需要创建表格的位置，在【插入】选项卡中单击【表格】组中的【表格】按钮，在弹出的下拉列表中选择【插入表格】命令，如图 2-129 所示。

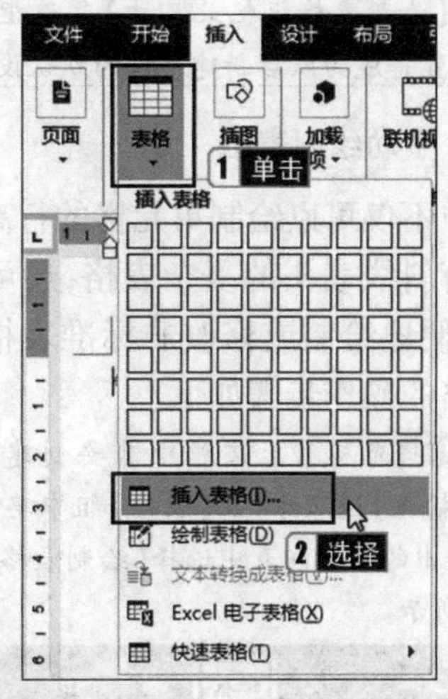

图 2-129 选择【插入表格】命令

步骤2 在弹出的【插入表格】对话框中，在【列数】和【行数】文本框中输入列数和行数，如输入列数【6】，输入行数【5】，如图 2-130 所示。

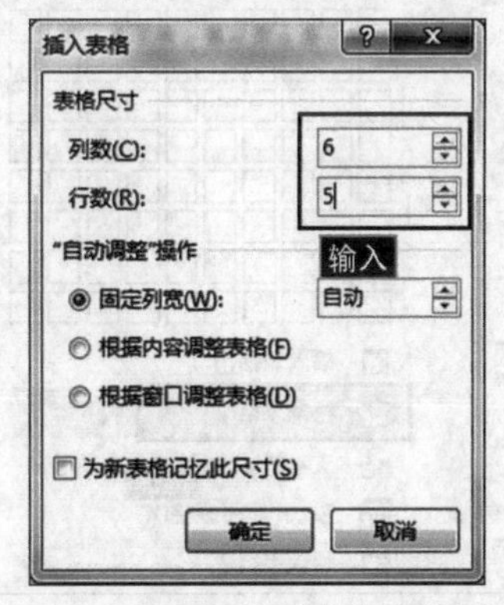

图 2-130 【插入表格】对话框

步骤3 在【"自动调整"操作】选项组中选择一种调整方式，这里使用默认方式。

步骤4 设置完成后单击【确定】按钮，即可插入一个 6 列 5 行的表格。

提示

固定列宽：给列宽指定一个确切的值后，Word 2016 将按指定的列宽建立表格。若在【固定列宽】微调框中选择【自动】选项，或者选择【根据窗口调整表格】单选按钮，则表格的宽度将与正文区的宽度相同，列宽等于正文区的宽度除以列数。

根据内容调整表格：表格的列宽随每一列输入内容的多少而自动调整。

勾选【为新表格记忆此尺寸】复选框，该对话框中的设置将成为以后新建表格的默认设置。

3 手动绘制表格

用户不仅可以绘制单元格的行高、列宽，或者带有斜线表头的复杂表格，还可以非常灵活、方便地绘制或修改非标准表格。手动绘制表格的操作步骤如下。

步骤1 将光标移至文档中需要创建表格的位置，选择【插入】选项卡，在【表格】组中单击【表格】按钮，在弹出的下拉列表中选择【绘制表格】命令，如图 2-131 所示。

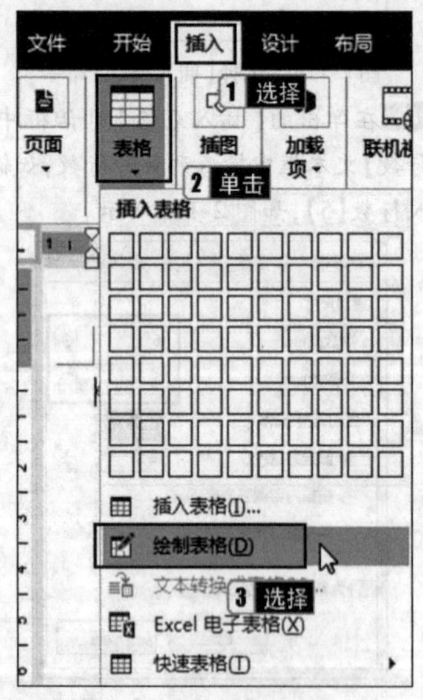

图 2-131 选择【绘制表格】命令

步骤2 此时鼠标指针会变成铅笔形状，按住鼠标左键，拖动鼠标指针绘制表格的边框虚线，在适当位置释放鼠标左键，得到实线的表格边框。用户可以先绘制一个大矩形以定义表格外边界，然后在该矩形框内根据实际需要绘制行线和列线。也可以将鼠标指针移到单元格的一角，由此角向另一角画斜线，如图 2-132 所示。

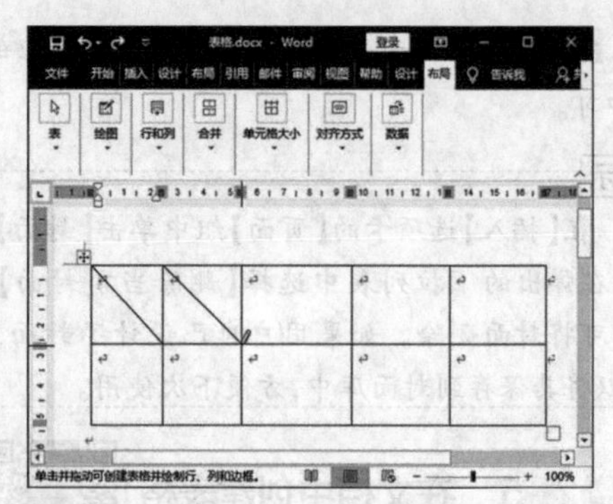

图 2-132 绘制表格

步骤3 若要将多余的线条擦除，可在【表格工具】的【布局】选项卡中，单击【绘图】组中的【橡皮擦】按钮。

步骤4 此时鼠标指针会变成橡皮的形状，单击要擦除的线条，即可将该线条擦除。

请注意

在使用绘制工具时，在上下文选项卡中会自动选中【绘图】组中的【绘制表格】按钮。

4 使用【快速表格】命令创建表格

Word 2016 为用户提供了【快速表格】命令，通过选择【快速表格】命令，用户可直接选择之前设置好的表格格式，从而快速创建新的表格，这样可以节省大量的时间，提高工作效率。使用【快速表格】命令快速创建表格的具体操作步骤如下。

步骤1 将光标移至文档中需要创建表格的位置。在【插入】选项卡中单击【表格】组中的【表格】按钮，在弹出的下拉列表中选择【快速表格】命令，然后根据需要进行选择，如图 2-133 所示。例如，选择【矩阵】快速表格，则所选的【矩阵】快速表格即会插入到文档中。

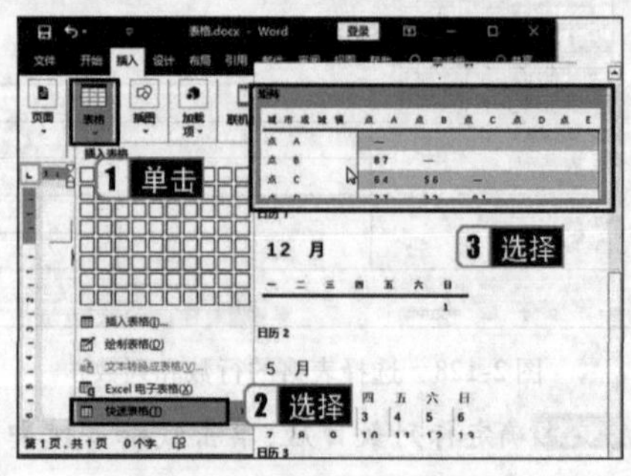

图 2-133 选择【快速表格】命令

步骤2 在自动打开的【表格工具】的【设计】选择卡中，用户可在【表格样式】组中对表格进行相应的设置。

5 插入 Excel 表格

在 Word 中还可以插入 Excel 表格。在【插入】选项卡的【表格】选项组中单击【表格】按钮，从弹出的下拉列表中选择【Excel 电子表格】命令，此时系统会自动在 Word 中插入一个 Excel 表格，如图 2-134 所示。新建表格后，可在表格中输入数据等编辑操作。

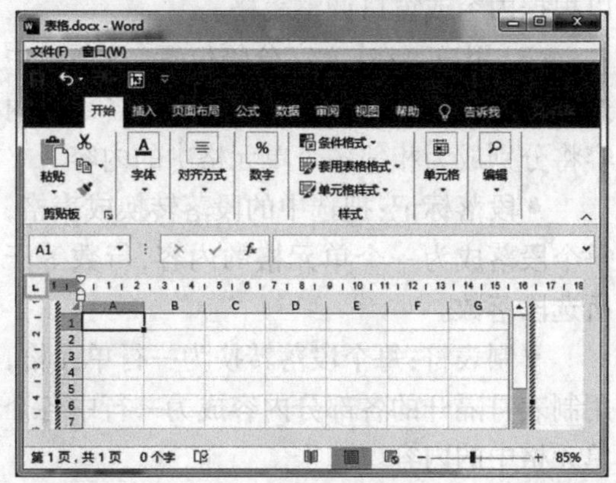

图 2-134　插入 Excel 表格

6 在表格中输入文本

一个表格单元格中可能包含多个段落，通常情况下，Word 能自动按照单元格中最高的字符串高度来设置每行文本的高度。

当输入的文本到达单元格的右边线时，Word 能自动换行并增加行高，以容纳更多的内容。按【Enter】键，即可在单元格中另起一段。单元格中可以包含多个段落，也可以包含多个段落样式。

在单元格中输入文本时，可以使用下面的快捷键在表格中快速地移动光标。

- 【Tab】键：将光标移到同一行的下一个单元格中。
- 【Shift + Tab】组合键：将光标移到同一行的前一个单元格中。
- 【Alt + Home】组合键：将光标移到当前行的第一个单元格中。
- 【Alt + End】组合键：将光标移到当前行的最后一个单元格中。
- 【↑】键：将光标移到上一行。
- 【↓】键：将光标移到下一行。
- 【Alt + PageUp】组合键：将光标移到所在列的最上方单元格中。
- 【Alt + PageDown】组合键：将光标移到所在列的最下方单元格中。

在单元格中输入文本与在文档中输入文本的方法是一样的，都是先定位光标的位置，然后输入文本。

7 将文本转换为表格

用户可以通过将文本转换成表格的方式制作表格，只需在文本中设置分隔符即可，具体的操作步骤如下。

步骤1 打开素材文件夹中的【第 2 章】|【学生成绩表. docx】文件，如图 2-135 所示。

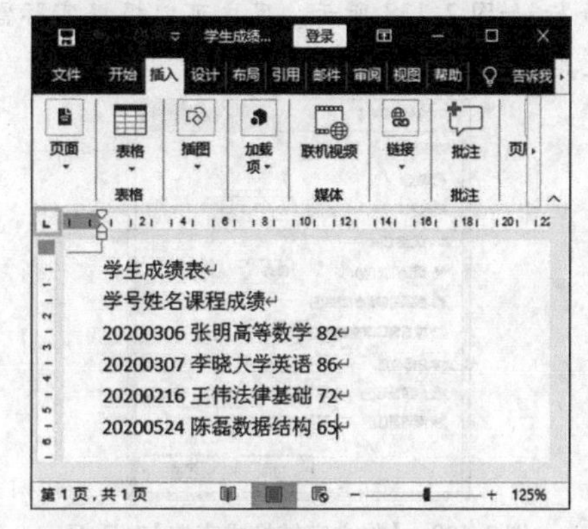

图 2-135　需转换为表格的文本

步骤2 在希望分隔的位置按【Tab】键，在希望开始新行的位置按【Enter】键，如图 2-136 所示。

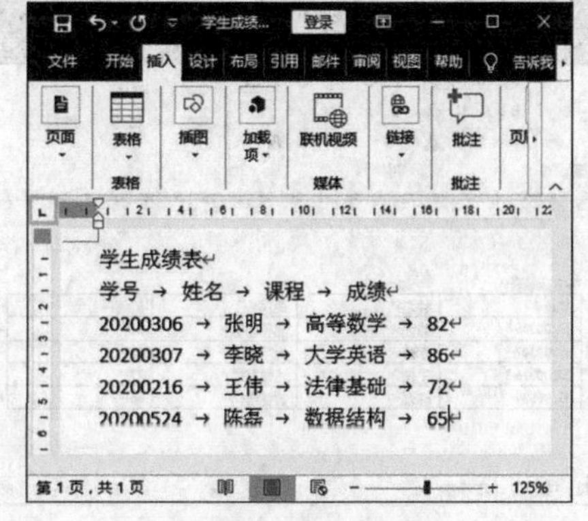

图 2-136　设置分隔符

步骤3 选择要转换为表格的文本，在【插入】选项卡的【表格】组中单击【表格】按钮，从弹出的下拉列表中选择【文本转换成表格】命令，如图2-137所示。

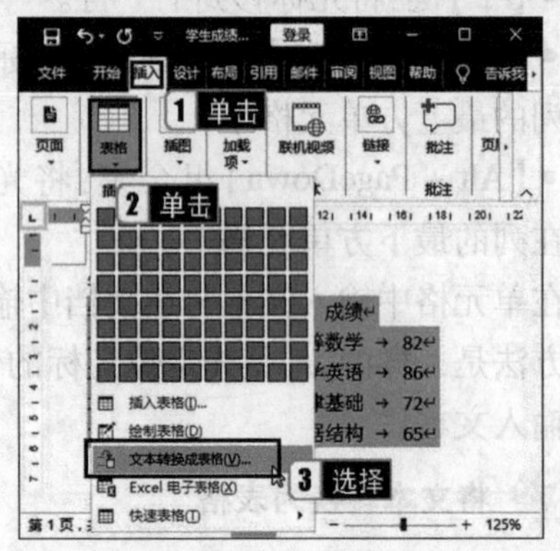

图2-137 选择【文本转换成表格】命令

步骤4 打开【将文字转换成表格】对话框。通常，Word会根据用户在文档中设置的分隔符默认选中相应的单选按钮，本例默认选中【制表符】单选按钮。同时，Word会自动识别出表格的尺寸，本例为4列、5行，如图2-138所示。用户可以根据实际需要设置其他选项。

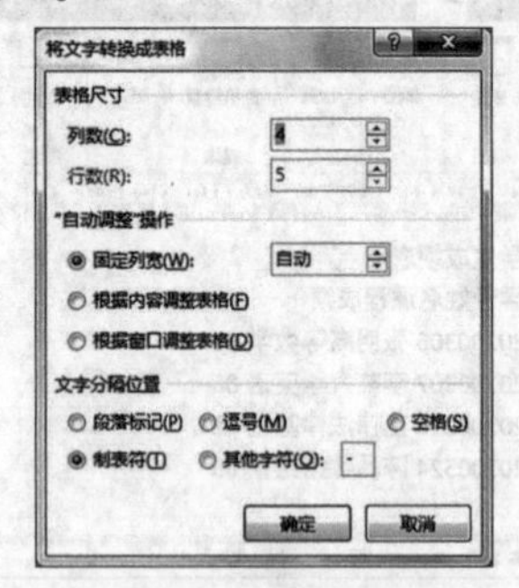

图2-138 【将文字转换成表格】对话框

步骤5 确认无误后，单击【确定】按钮。这样，原先文档中的文本就转换成表格了，如图2-139所示。

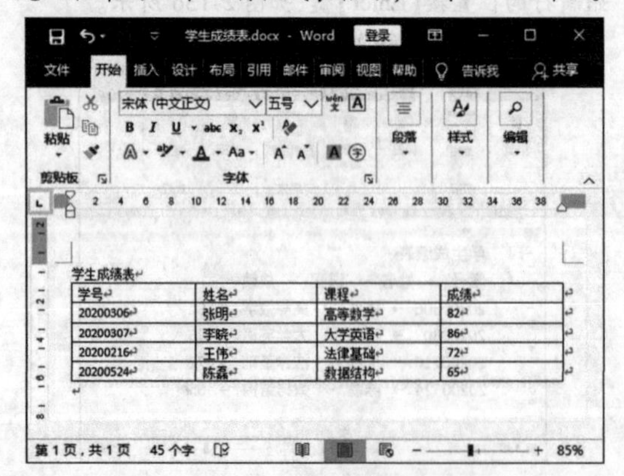

图2-139 文本转换成表格后的效果

（1）【列数】微调框中已自动显示出表格的列数，用户也可以指定转换后表格的列数。当指定的列数大于所选内容的实际需要时，多余的单元格将成为空单元格。

（2）【“自动调整”操作】选项组中提供了供用户设置列宽的选项。默认值为【固定列宽】，用户可在其后的微调框中指定表格的列宽或选择【自动】选项，由Word根据所选内容的情况自定义列宽。此外，用户还可以根据内容或窗口调整表格。

（3）用户可在【文字分隔位置】选项组中选择一种分隔符。用分隔符隔开的各部分内容将分别成为相邻各个单元格中的内容。

- 段落标记：把选中的段落转换成表格，每个段落成为一个单元格的内容，行数等于所选段落数。
- 制表符：每个段落转换为一行单元格，用制表符隔开的各部分内容成为一行中各个单元格中的内容。
- 逗号：每个段落转换为一行单元格，用逗号隔开的各部分内容成为同一行中各个单元格的内容。转换后表格的列数等于各段落中逗号的最多个数加1。
- 其他字符：可在对应的文本框中输入其他的半角字符作为文本分隔符。每个段落转换为一行单元格，用输入的文本分隔符隔开的各部分内容作为同一行中各个单元格的内容。
- 空格：用空格隔开的各部分内容成为各个单元格的内容。

提示

将文本段落转换为表格时，【行数】微调框不可用。此时的行数由选定内容中的分隔符数和选定的列数决定。

8 将表格转换为文本

在Word 2016中，也可以将表格中的内容转换为普通的文本段落，并将转换后各单元格中的内容用段落标记、逗号、制表符或用户指定的特定字符隔开。具体的操作步骤如下。

步骤1 选择要转换的表格，在【表格工具】的【布局】选项卡中，单击【数据】组中的【转换为文本】按钮，如图2-140所示。

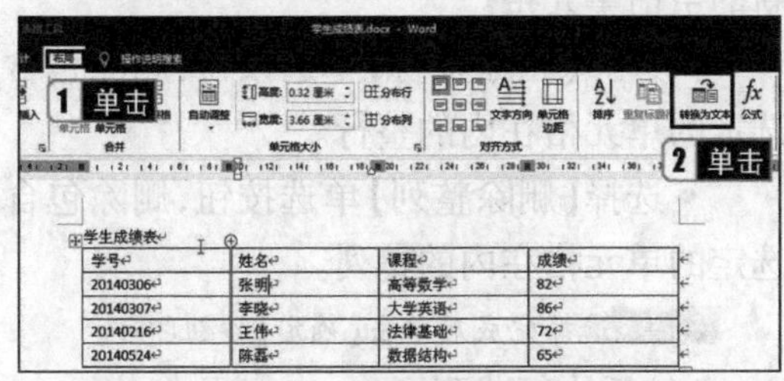

图2-140 单击【转换为文本】按钮

步骤2 弹出【表格转换成文本】对话框，在【文字分隔符】选项组中选择作为文本分隔符的选项，如图2-141所示。

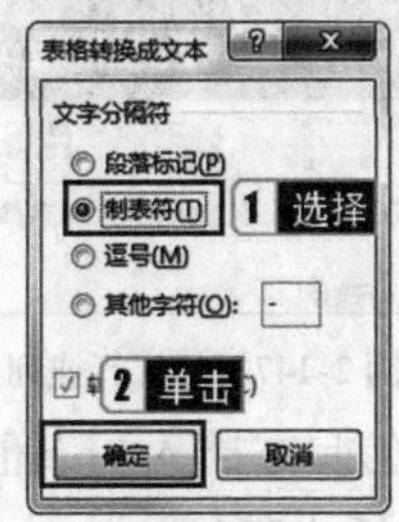

图2-141 【表格转换成文本】对话框

• 段落标记：把每个单元格的内容转换成一个文本段落。

• 制表符：把每个单元格的内容转换后用制表符分隔，每行单元格的内容成为一个文本段落。

• 逗号：把每个单元格的内容转换后用逗号分隔，每行单元格的内容成为一个文本段落。

• 其他字符：可在对应的文本框中输入用做分隔符的半角字符。每个单元格的内容转换后用输入的文本分隔符隔开，每行单元格的内容成为一个文本段落。

步骤3 单击【确定】按钮，即可将表格转换为文本。

9 管理表格中的单元格、行和列

当用户创建好表格后，往往需要根据实际要求进行一些改动。例如，可以调整表格的行高和列宽，添加新的单元格、行或列，删除多余的单元格、行或列等。

(1)调整行高和列宽

调整行高或列宽的具体操作步骤如下。

步骤1 光标定位到表格需要调整的行或列中，切换到【表格工具】的【布局】选项卡中，在【单元格大小】组中，直接输入数值即可设置行高和列宽，如图2-142所示。

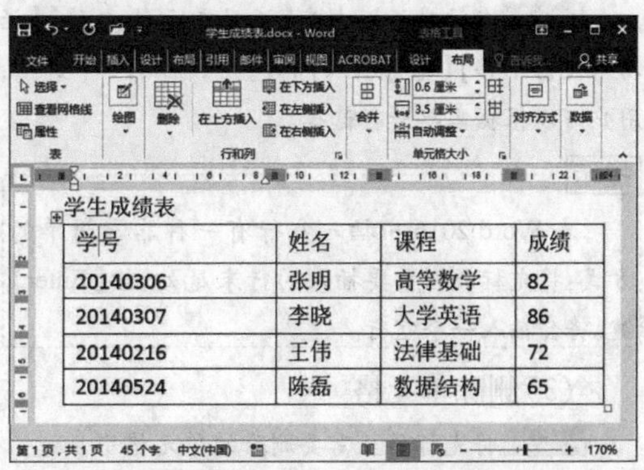

图2-142 在【单元格大小】组中设置行高和列宽

步骤2 在【表格工具】的【布局】选项卡中，单击【表】组中的【属性】按钮，打开【表格属性】对话框，如图2-143所示，在【行】选项卡和【列】选项卡中也可以设置行高和列宽。

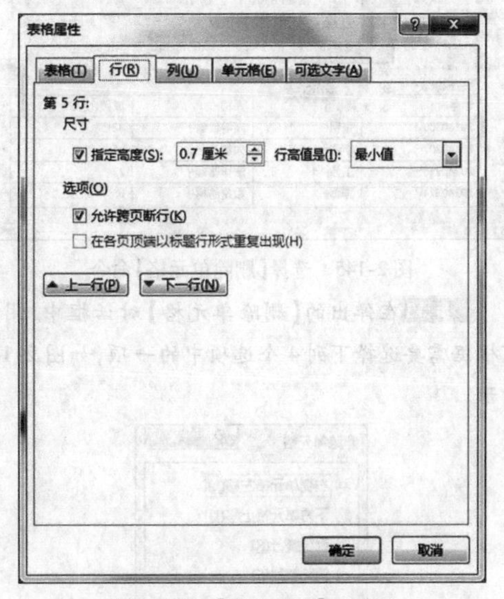

图2-143 【表格属性】对话框

(2)添加单元格

步骤1 将光标移至需要插入单元格的位置。

步骤2 单击鼠标右键，在弹出的快捷菜单中选择【插入】|【插入单元格】命令，弹出【插入单元格】

对话框，如图 2-144 所示。

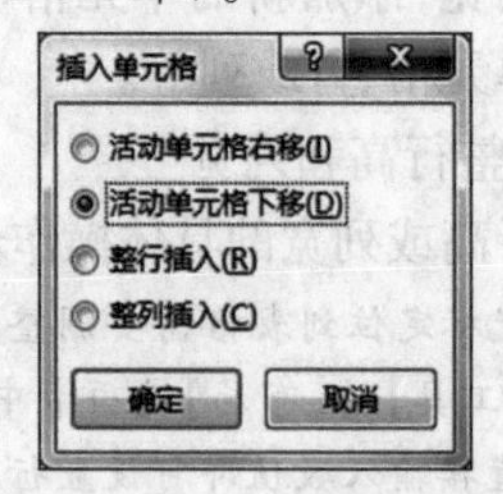

图 2-144 【插入单元格】对话框

步骤3 在该对话框中有【活动单元格右移】【活动单元格下移】【整行插入】和【整列插入】4 个选项，用户可以根据需要进行选择。

提示

在 Word 2016 中插入空行有一种非常简单的方式：将光标放在需要插入的行末尾处，按【Enter】键，将会插入一个空行。

(3) 删除单元格

步骤1 将光标移至需要删除的单元格中。

步骤2 在【表格工具】的【布局】选项卡中，单击【行和列】组中的【删除】按钮，在弹出的下拉列表中选择【删除单元格】命令，如图 2-145 所示。

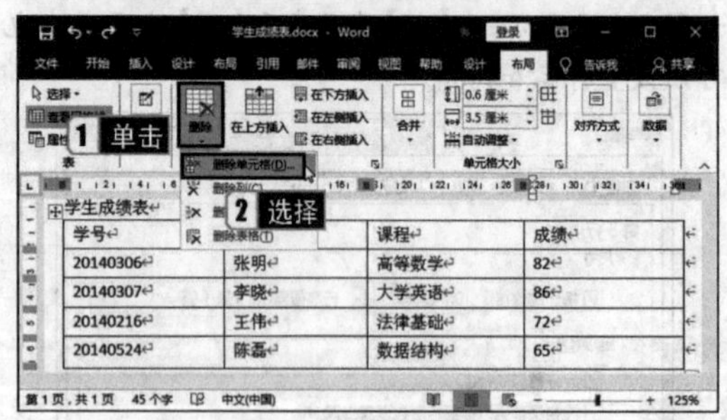

图 2-145 选择【删除单元格】命令

步骤3 在弹出的【删除单元格】对话框中，用户可根据需要选择下列 4 个选项中的一项，如图 2-146 所示。

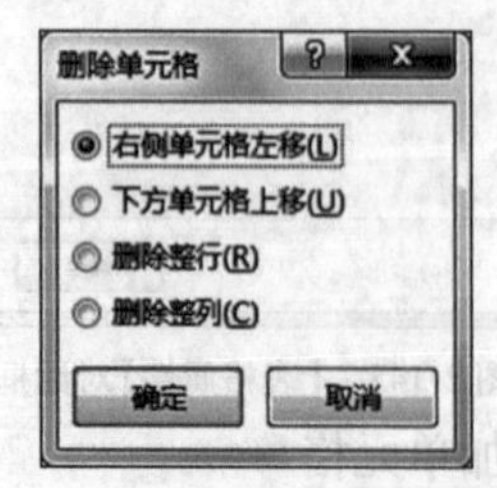

图 2-146 【删除单元格】对话框

• 选择【右侧单元格左移】单选按钮，删除选定的单元格，并将该行中选定单元格右侧的所有单元格左移。

• 选择【下方单元格上移】单选按钮，删除选定的单元格，并将该列中选定单元格下方的单元格上移一行，该列底部会添加一个新的空白单元格。

• 选择【删除整行】单选按钮，删除包含选定的单元格在内的整行。

• 选择【删除整列】单选按钮，删除包含选定的单元格在内的整列。

步骤4 选择完成后单击【确定】按钮即可。

(4) 插入行或列

在【表格工具】|【布局】选项卡的【行和列】组中可以进行以下操作，如图2-147所示。

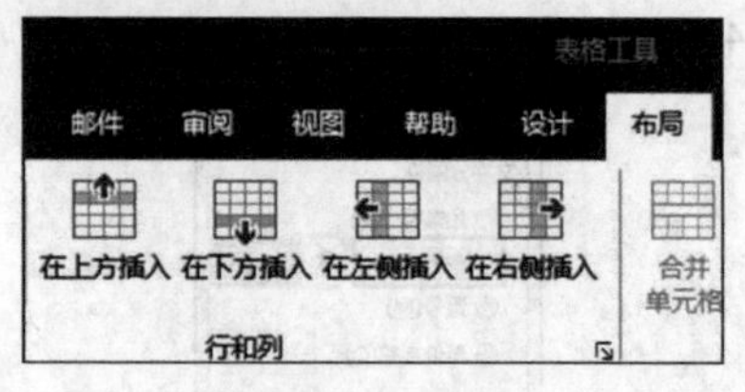

图 2-147 插入行或列

• 单击【在上方插入】按钮，将在插入符所在行的上方插入新行。

• 单击【在下方插入】按钮，将在插入符所在行的下方插入新行。

• 单击【在左侧插入】按钮，将在插入符所在列的左侧插入新列。

• 单击【在右侧插入】按钮，将在插入符所在列的右侧插入新列。

(5) 删除行或列

在【表格工具】的【布局】选项卡中，单击【行和列】组中的【删除】按钮，在弹出的下拉列表中可选择以下 3 种命令，如图 2-148 所示。

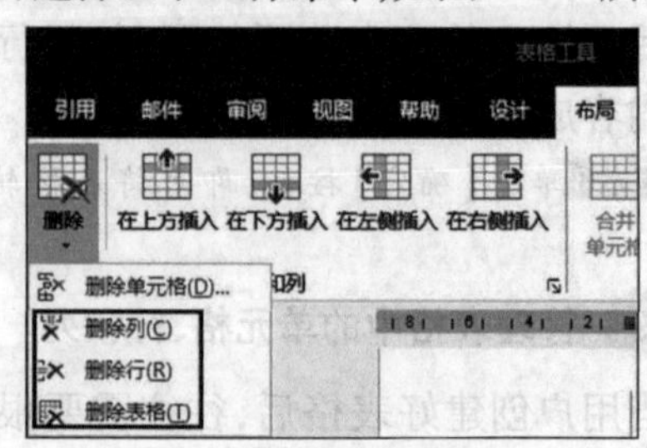

图 2-148 删除行或列

- 【删除列】命令：将单元格所在的整列删除。
- 【删除行】命令：将单元格所在的整行删除。
- 【删除表格】命令：将整个表格删除。

10 合并与拆分单元格或表格

合并单元格就是将两个或两个以上的单元格合并为一个单元格；拆分单元格则相反，是在一个单元格内添加多条边线将其拆分为多个单元格。

(1)合并单元格

要合并多个单元格，则必须先选定这些单元格(必须是相邻的单元格)。然后在【表格工具】|【布局】选项卡的【合并】组中单击【合并单元格】按钮即可，如图2-149所示。

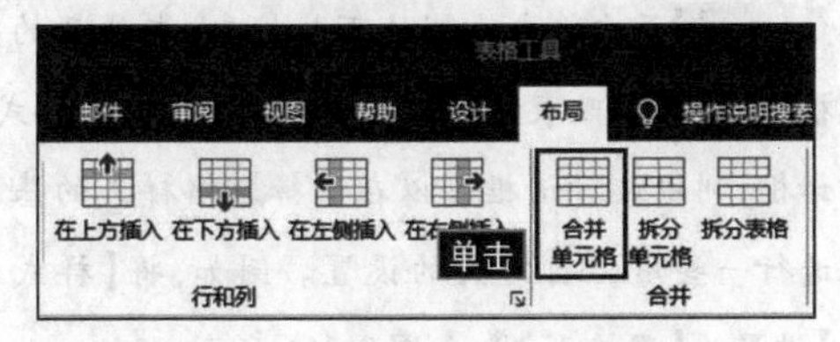

图2-149 单击【合并单元格】按钮

(2)拆分单元格

如果要将表格中的一个单元格拆分成多个单元格，可以按照如下操作步骤进行设置。

步骤1 将光标移至需要拆分的单元格内。

步骤2 在【表格工具】|【布局】选项卡的【合并】组中单击【拆分单元格】按钮。

步骤3 在弹出的【拆分单元格】对话框中设置需要拆分的列数和行数，如图2-150所示。单击【确定】按钮，即可将选择的单元格拆分为指定的行数和列数。

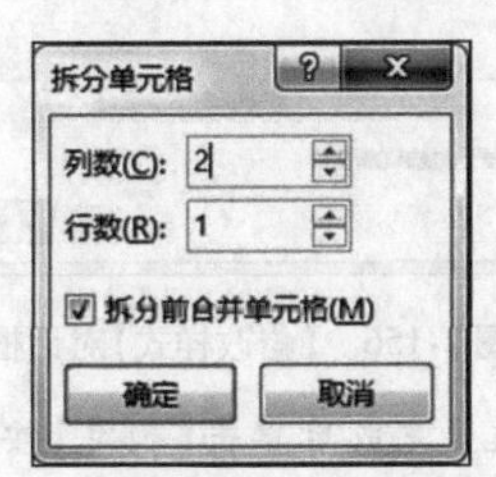

图2-150 输入拆分的列数和行数

请注意

在【拆分单元格】对话框中，如果勾选【拆分前合并单元格】复选框，Word 2016会先将所有选中的单元格合并成一个单元格，然后根据指定的行数和列数进行拆分。

(3)拆分表格

拆分表格的操作步骤如下。

步骤1 将光标定位在目标行的任意一个单元格中，选择【表格工具】中的【布局】选项卡，在【合并】组中单击【拆分表格】按钮，如图2-151所示。

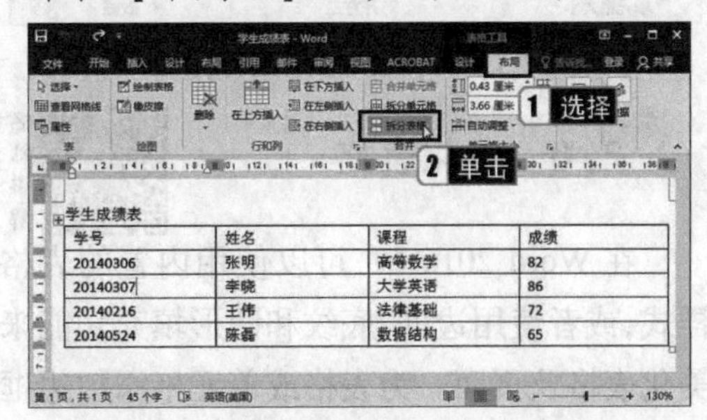

图2-151 单击【拆分表格】按钮

步骤2 即可将表格拆分成两部分，拆分效果如图2-152所示。

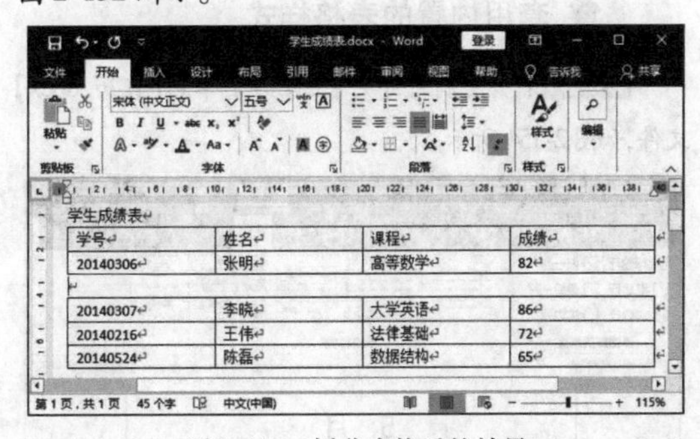

图2-152 拆分表格后的效果

提示

如果表格在页面中的第一行，但要在表格的上面输入标题或文字，只需将光标放置在表格第一行中的任意单元格中，然后在【表格工具】|【布局】选项卡的【合并】组中单击【拆分表格】按钮，即可在表格的上方插入一个空行。

11 设置标题重复

当一个表格超过一页时，在第二页显示的部分就无法看到标题，这将影响用户阅读表格内容。可以通过设置，使长表格跨页显示时，在每一页均显示表格的标题，具体的操作步骤如下。

步骤1 将光标移至表格标题行中。

步骤2 在【表格工具】|【布局】选项卡的【数据】组中单击【重复标题行】按钮，即可设置标题重复，如图 2-153 所示。

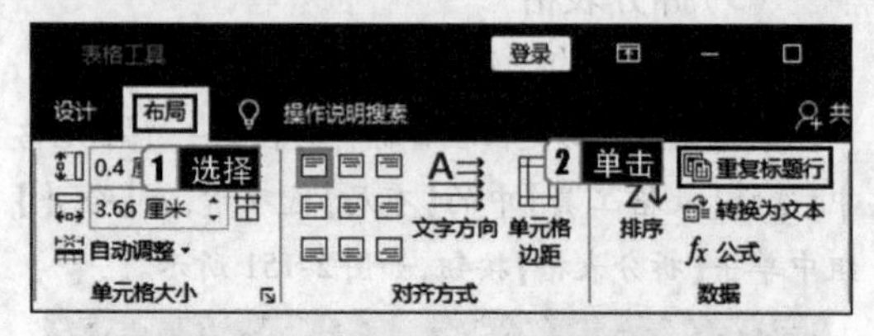

图 2-153 单击【重复标题行】按钮

2.2.6 美化表格

名师讲解

在 Word 2016 中，可以使用内置的表格样式，或者使用边框、底纹和图形填充功能来美化表格及页面。为表格或单元格添加边框或底纹的方法与为段落设置填充颜色或纹理的方法一样。

1 套用内置的表格样式

步骤1 打开素材文件夹中的【第 2 章】|【日历.docx】文件，如图 2-154 所示。

图 2-154 打开【日历.docx】文件

步骤2 选中表格，单击【表格工具】中的【设计】选项卡，在【表格样式】组中选择要使用的表格样式。单击该列表框右侧的下拉按钮可展开该列表框，在选择的样式上单击鼠标左键即可将其套用到表格上，如图 2-155 所示。

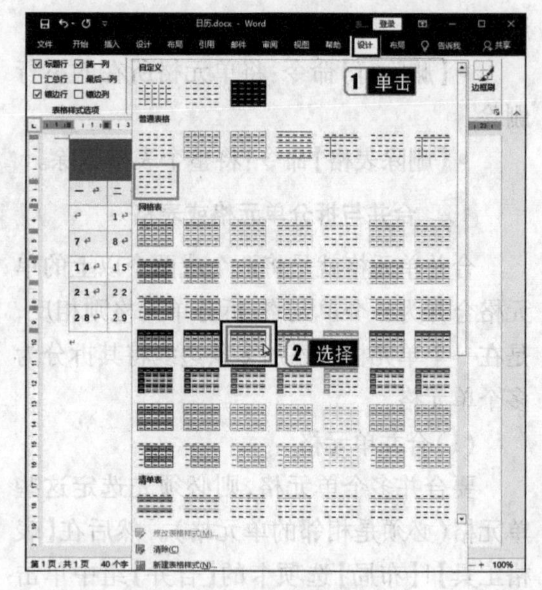

图 2-155 选择样式

步骤3 再次单击右侧的下拉按钮，在展开的列表框中选择【修改表格样式】命令，打开【修改样式】对话框，利用该对话框可以在选择表格样式的基础上进行一些用户自定义的设置。例如，将【样式基准】设置为【网格型 1】，如图 2-156 所示。

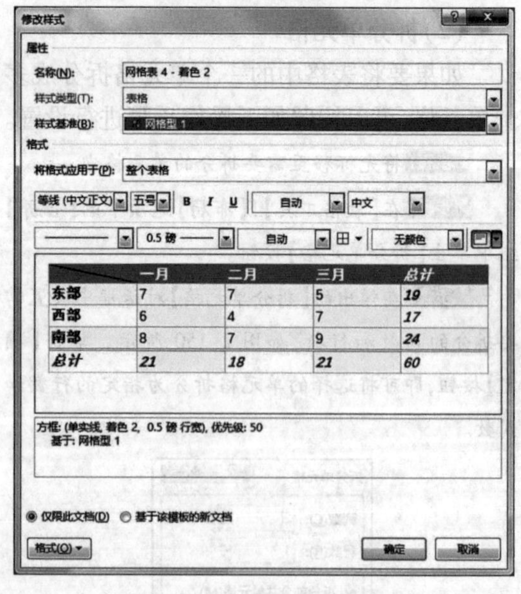

图 2-156 【修改样式】对话框

步骤4 设置完成后单击【确定】按钮，修改样式后的表格效果如图 2-157 所示。

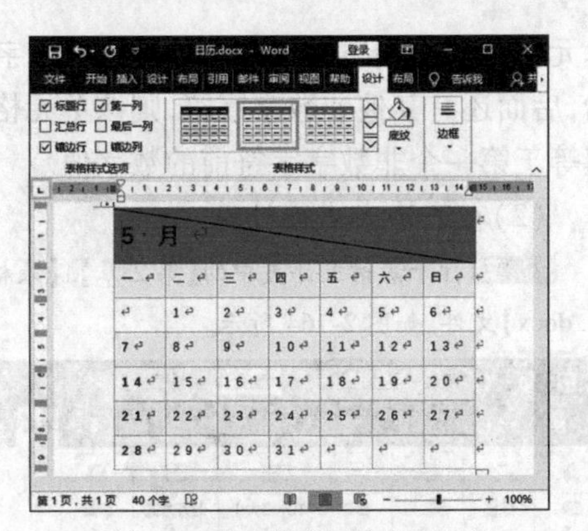

图 2-157 修改样式后的表格效果

2 设置表格边框和底纹

步骤1 打开素材文件夹中的【第 2 章】|【日历. docx】文件,选中整个表格,在【表格工具】的【设计】选项卡中,单击【边框】组中的【边框样式】下拉按钮,从弹出的下拉列表中选择一种内置样式,如图2-158所示。

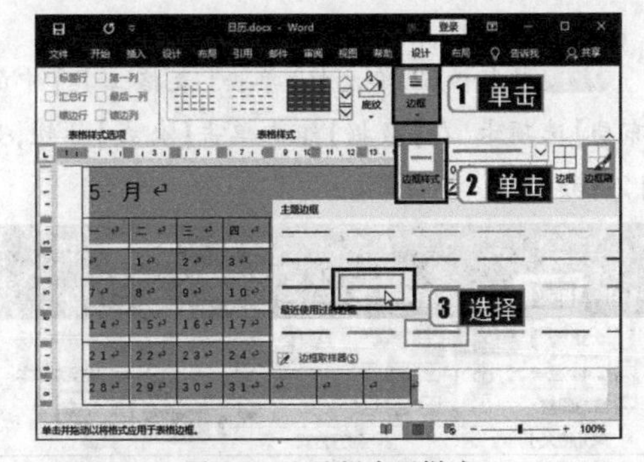

图 2-158 选择内置样式

步骤2 在【边框】组中的【笔画粗细】下拉列表中选择【1.5 磅】,如图 2-159 所示。

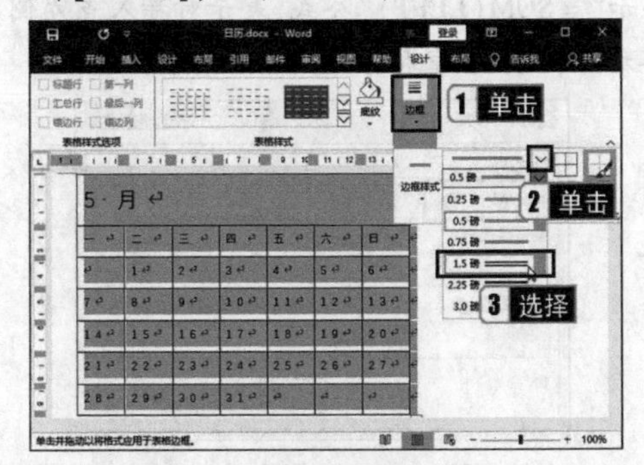

图 2-159 【笔画粗细】下拉列表

步骤3 单击【边框】组中的【边框】下拉按钮,从弹出的下拉列表中选择一种选项,如【内部框线】,如图2-160所示。

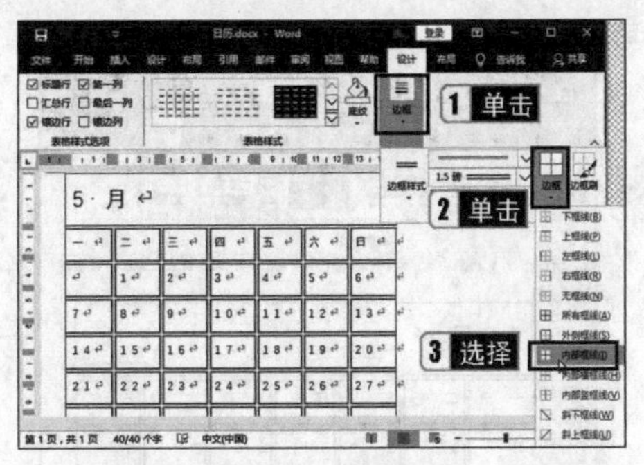

图 2-160 选择边框

步骤4 设置完毕后效果如图 2-161 所示。

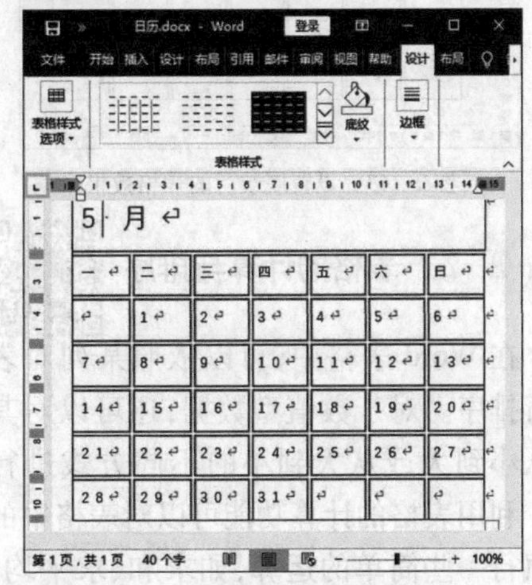

图 2-161 设置边框后的表格效果

步骤5 若要设置底纹,可单击【边框】组右下角的对话框启动器按钮,弹出【边框和底纹】对话框,切换到【底纹】选项卡,在【填充】下拉列表框中选择一种底纹颜色,如【蓝色,个性色 5,淡色 80%】;在【应用于】下拉列表框中选择【表格】,如图 2-162 所示。

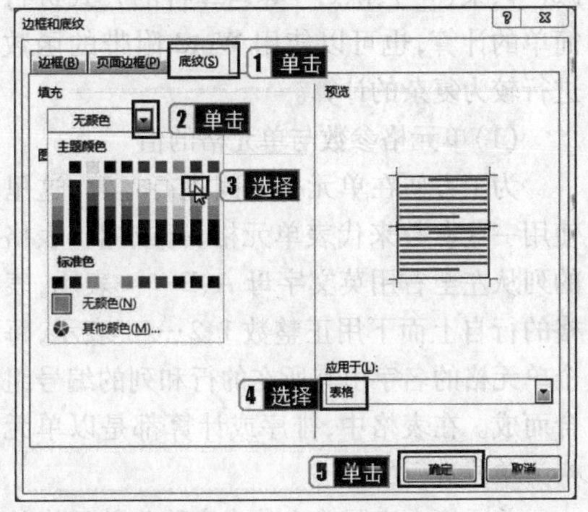

图 2-162 【底纹】选项卡

步骤6 设置完成后单击【确定】按钮,设置底纹后的表格效果如图 2-163 所示。

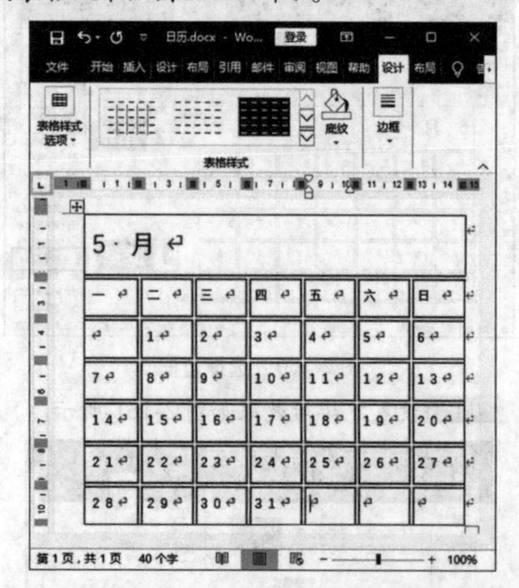

图 2-163 设置底纹后的表格效果

2.2.7 表格的计算与排序

名师讲解

在 Word 表格中，可以依照某列对表格进行排序。对于数值型数据，还可以对其按照从小到大或从大到小的不同方式进行排序。利用表格的计算功能可以对表格中的数据执行一些简单的运算，如求和、求平均值、求最大值等，并且可以方便、快捷地得到计算结果。

1 在表格中计算

在 Word 中，可以通过输入带有加(+)、减(-)、乘(*)、除(/)等运算符的公式进行简单的计算，也可以使用 Word 附带的函数进行较为复杂的计算。

(1)单元格参数与单元格的值

为了方便在单元格之间进行运算，这里使用一些参数来代表单元格、行或列。表格的列从左至右用英文字母 A、B……表示，表格的行自上而下用正整数 1、2…… 表示，每个单元格的名字由其所在的行和列的编号组合而成。在表格中，排序或计算都是以单元格为单位进行的。

单元格中实际输入的内容称为单元格的值。如果单元格为空或不以数字开始，则该单元格的值等于 0。如果单元格以数字开始，后面还有其他非数字字符，则该单元格的值等于第一个非数字字符前的数字值。

(2)在表格中进行计算

步骤1 打开素材文件夹中的【第 2 章】|【表格计算. docx】文件，如图 2-164 所示。

图 2-164 打开【表格计算. docx】文件

步骤2 选中 E2 单元格，单击【表格工具】中的【布局】选项卡，在【数据】组中单击【公式】按钮，如图 2-165 所示。

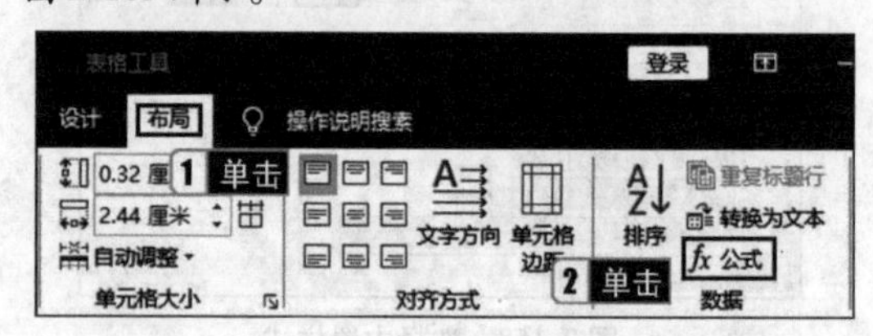

图 2-165 单击【公式】按钮

步骤3 打开【公式】对话框，在【公式】文本框中显示“=SUM(LEFT)”公式，表示对插入点左侧各单元格中的数值求和，如图 2-166 所示。

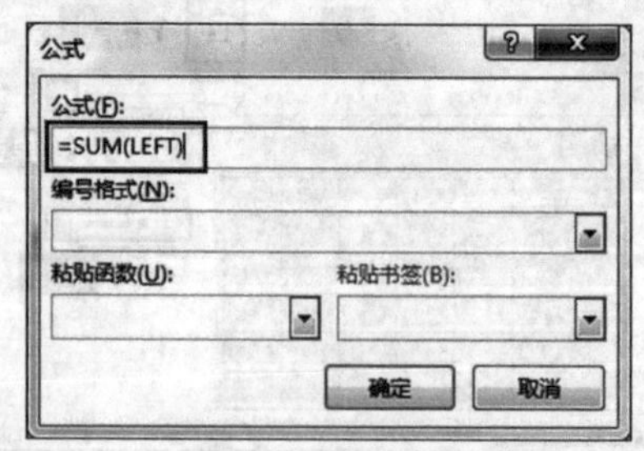

图 2-166 【公式】对话框

步骤4 单击【确定】按钮，求和结果就会显示在 E2 单元格中，使用同样的方法对代码为“0002”和“0003”的商品求和，结果如图 2-167 所示。

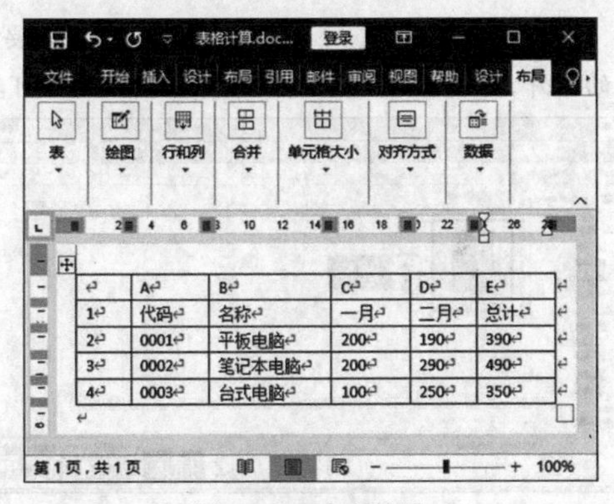

图 2-167　求和结果

2　表格中的数据排序

步骤1 打开素材文件夹中的【第 2 章】|【表格计算.docx】文件，单击【表格工具】中的【布局】选项卡，在【数据】组中单击【排序】按钮，如图 2-168 所示。

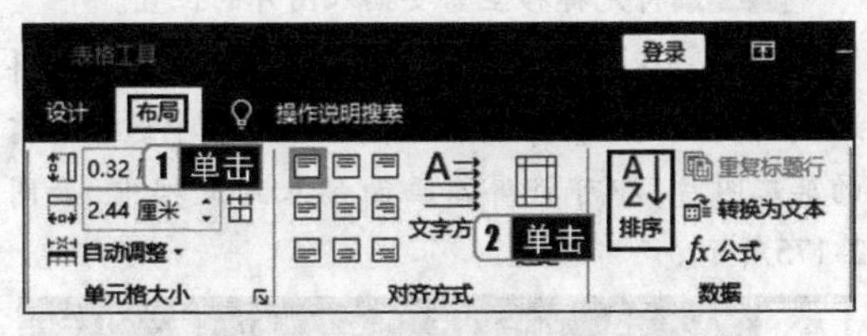

图 2-168　单击【排序】按钮

步骤2 打开【排序】对话框，在【主要关键字】选项组中，单击【主要关键字】下拉列表框中的下拉按钮，在弹出的下拉列表中选择一种排序依据，如【列 1】；单击【类型】下拉列表框中的下拉按钮，在弹出的下拉列表中选择一种排序类型，如【数字】；然后选择【降序】单选按钮，如图 2-169 所示。

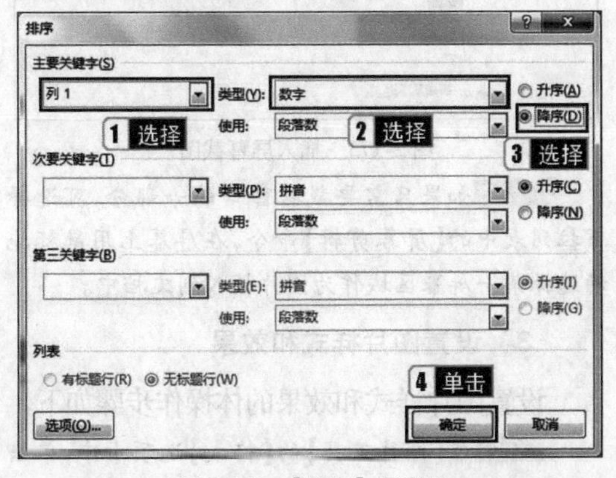

图 2-169　【排序】对话框

步骤3 设置完成后单击【确定】按钮，排序后的效果如图 2-170 所示。

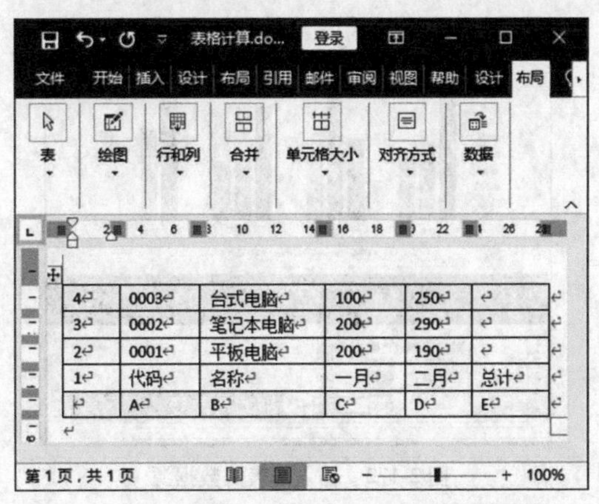

图 2-170　排序后的效果

2.2.8　使用图表

在 Word 中可以使用图表，以对表格中的数据进行图示化，增强可读性，具体的操作步骤如下。

步骤1 在文档中将光标定位于需要插入图表的位置。

步骤2 在【插入】选项卡的【插图】组中单击【图表】按钮 图表，弹出【插入图表】对话框，如图 2-171 所示。

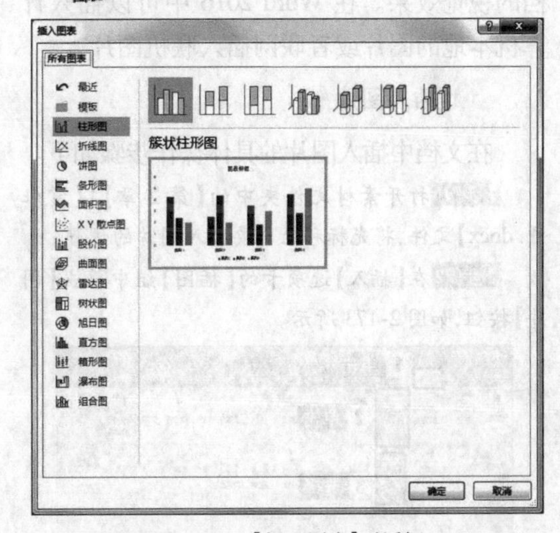

图 2-171　【插入图表】对话框

步骤3 选择一种合适的图表类型，单击【确定】按钮，自动进入【Microsoft Word 中的图表】工作表窗口。

步骤4 在指定的数据区域中输入图表的数据源，拖动数据区域的右下角可以改变数据区域的大小。同时 Word 文档中将显示相应的图表，如图 2-172所示。

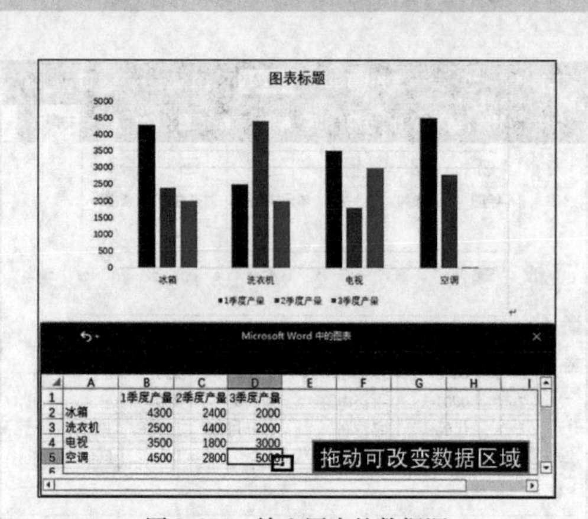

图 2-172 输入图表的数据源

步骤5 关闭 Excel，图表即创建完成。

提示

在 Word 文档中通过【图表工具】的【设计】和【格式】选项卡可以对插入的图表进行各项设置，更多图表参数设置将会在第 3 章 Excel 图表中讲述。

2.2.9 图片处理技术

名师讲解

在实际文档处理过程中，用户往往需要在文档中插入一些图片来装饰文档，从而增强文档的视觉效果。在 Word 2016 中可以插入计算机本地的图片或者联网插入联机图片。

1 插入图片

在文档中插入图片的具体操作步骤如下。

步骤1 打开素材文件夹中的【第 2 章】|【赏牡丹.docx】文件，将光标移至需要插入图片的位置。

步骤2 在【插入】选项卡的【插图】组中单击【图片】按钮，如图 2-173 所示。

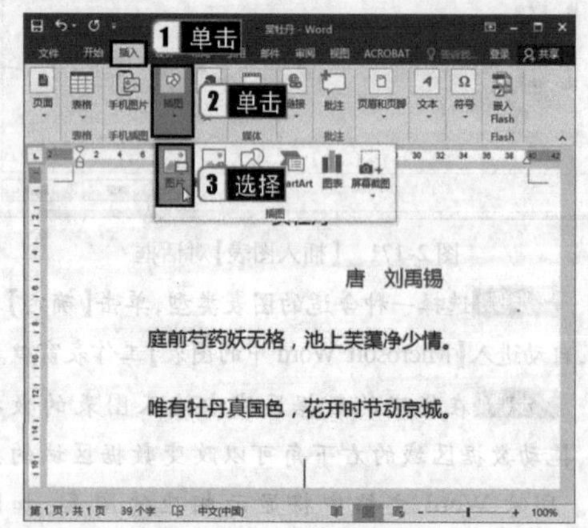

图 2-173 单击【图片】按钮

步骤3 在弹出的【插入图片】对话框中选择要插入的图片，如图 2-174 所示，单击【插入】按钮即可。

图 2-174 【插入图片】对话框

2 截取屏幕图片

Word 2016 提供了屏幕截图功能，截取的屏幕画面可直接插入文档中，并且可根据用户的需要截取图片内容，具体的操作步骤如下。

步骤1 将光标移至需要插入图片的位置。

步骤2 在【插入】选项卡的【插图】组中单击【屏幕截图】按钮，在【可用的视窗】下拉列表中选择所需的屏幕图片，即可将屏幕画面插入到文档中，如图 2-175所示。

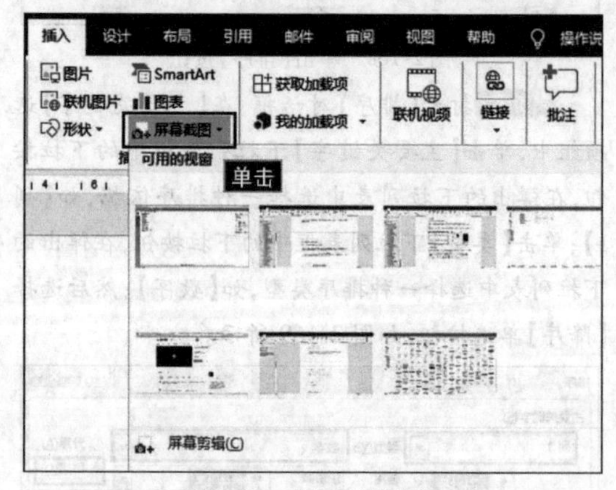

图 2-175 插入屏幕截图

步骤3 如果只需要截取窗口的一部分，可选择下拉列表中的【屏幕剪辑】命令，在屏幕上用鼠标拖动选择某一屏幕区域作为图片插入到文档中。

3 设置图片样式和效果

设置图片样式和效果的体操作步骤如下。

步骤1 在【图片工具】的【格式】选项卡中，单击【图片样式】右下角的下拉按钮，在打开的图片样式库中可以选择合适的样式设置图片格式，如图 2-176 所示。

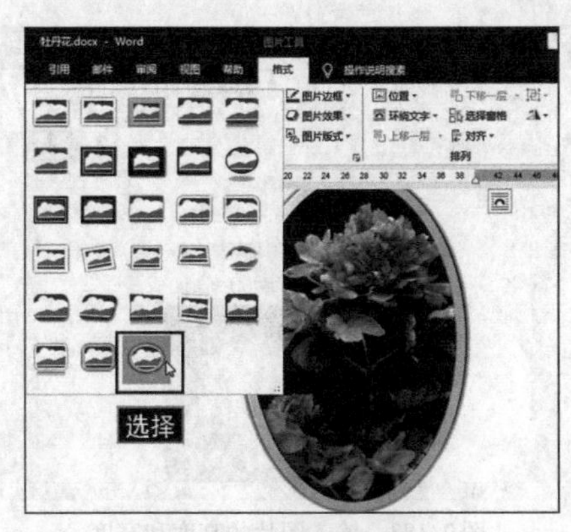

图 2-176 调整图片样式

步骤2 在【图片样式】组中，还包括【图片边框】【图片效果】和【图片版式】3 个命令按钮。【图片边框】可以设置图片的边框以及边框的线型和颜色；【图片效果】可以设置图片的阴影效果、旋转效果等，如图 2-177 所示；【图片版式】可以将图片转换为 SmartArt 图的一部分，如图 2-178 所示。

图 2-177 设置图片效果

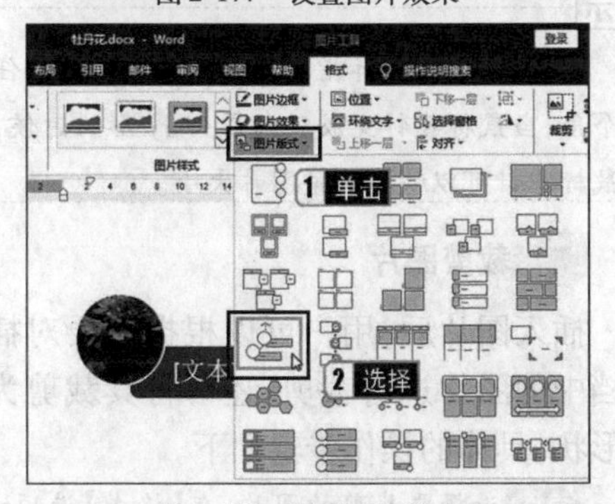

图 2-178 设置图片版式

4 设置图片与文字的环绕方式

设置图片环绕方式也就是设置图片与文字之间的交互方式，其具体的操作步骤如下。

步骤1 选择一张要设置环绕方式的图片。

步骤2 在【图片工具】的【格式】选项卡中，单击【排列】组中的【环绕文字】按钮，在弹出的下拉列表中选择要采用的环绕方式，如选择【紧密型环绕】方式，如图 2-179 所示。

图 2-179 设置文字环绕方式

步骤3 还可在下拉列表中选择【其他布局选项】命令，在弹出的【布局】对话框的【文字环绕】选项卡中进行更多设置，如图 2-180 所示。

图 2-180 【布局】对话框的【文字环绕】选项卡

提示

选中图片，单击鼠标右键，在弹出的快捷菜单中选择【环绕文字】命令，在其级联菜单中也可以快速设置合适的环绕方式。

5 设置图片在页面中的位置

Word 2016 提供了多种设置图片位置的工具，用户可以根据文档类型更快捷、更合理地布置图片。

步骤1 选择一张要设置位置的图片。

步骤2 在【图片工具】的【格式】选项卡中，单击【排列】组中的【位置】按钮，在弹出的下拉列表中选择所需要的位置布局方式，如选择【中间居中，四周型文字环绕】方式，如图 2-181 所示。

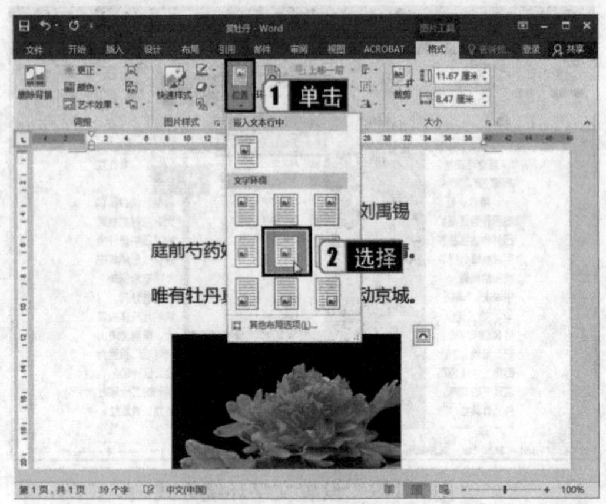

图 2-181　设置图片位置

步骤3 还可在下拉列表中选择【其他布局选项】命令，在弹出的【布局】对话框的【位置】选项卡中进行设置，如图 2-182 所示。

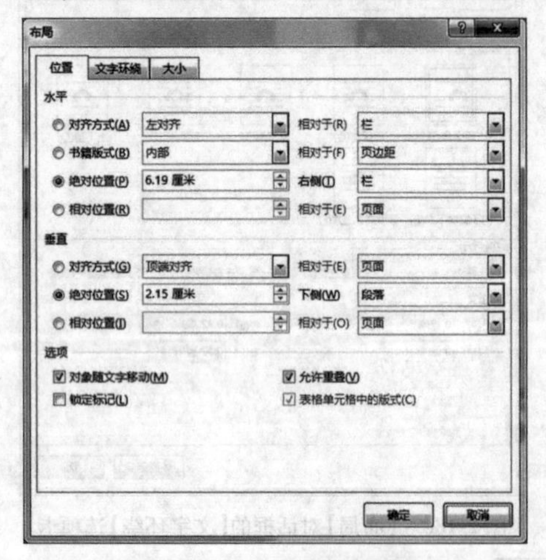

图 2-182　【布局】对话框的【位置】选项卡

6 设置图片的大小

在文档中插入图片时，图片会以原图大小插入。为了整个版面协调，可以对图片的大小进行设置，具体的操作步骤如下。

步骤1 选择一张要设置大小的图片。

步骤2 在【图片工具】|【格式】选项卡的【大小】组中可以输入图片的高度和宽度，如图 2-183 所示。

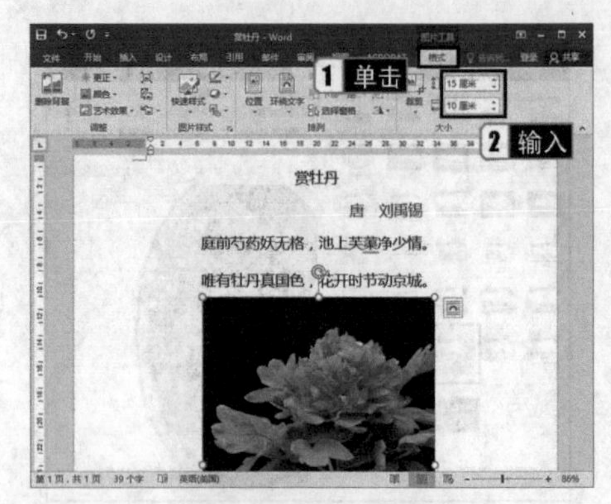

图 2-183　输入图片的高度和宽度

步骤3 单击【大小】组右下角的对话框启动器按钮，在弹出的【布局】对话框的【大小】选项卡中可以设置图片的高度、宽度、旋转、缩放比例等，如图 2-184 所示。

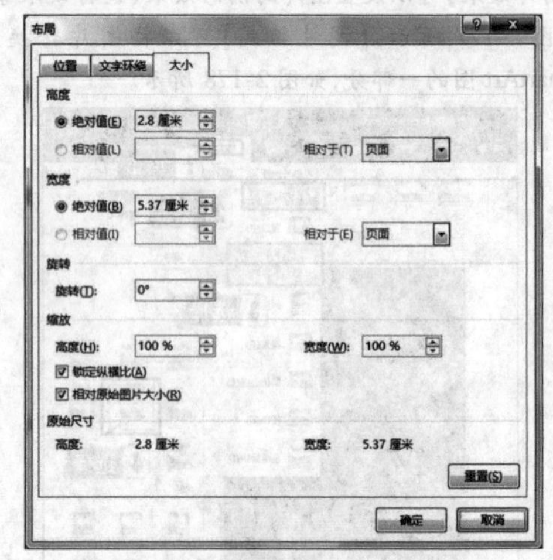

图 2-184　【布局】对话框的【大小】选项卡

提示

选择图片，将鼠标指针移至图片 4 个角的任意一个角，当鼠标指针变成双向箭头 形状时候，拖动鼠标指针可以快速调整图片大小。

7 裁剪图片

插入图片后，用户可以根据需要对插入文档中的图片进行裁剪，还可将其裁剪为多种形状，具体的操作步骤如下。

步骤1 选择要裁剪的图片，在【格式】选项卡的【大小】组中单击【裁剪】按钮的下拉按钮，在弹出的下拉列表中选择【裁剪】命令，图片周围将会显示 8 个黑色的裁剪控制柄，使用鼠标拖动黑色控制柄可调整图片的大小，如图 2-185 所示。

图 2-185 选择【裁剪】命令

步骤2 图片调整到合适的大小后，在空白处位置单击鼠标左键，即可裁剪图片。

步骤3 在【格式】选项卡的【大小】组中单击【裁剪】下拉按钮，在弹出的下拉列表中选择【裁剪为形状】命令，在弹出的子列表中选择所需的形状，如图2-186 所示，即可将图片裁剪为所选的形状。

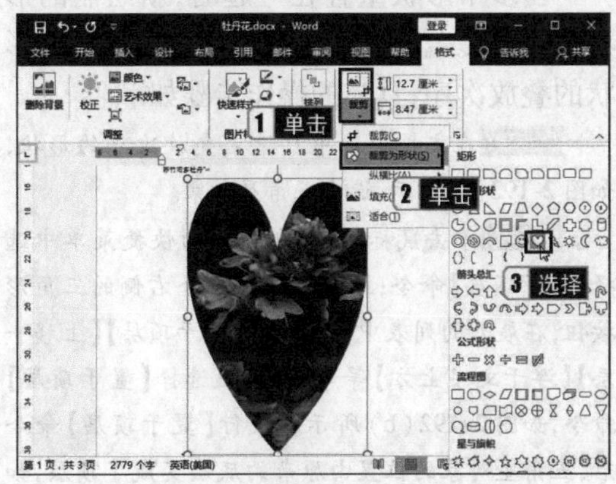

图 2-186 选择裁剪图片的形状

8 消除图片背景

如果对插入文档中的图片的背景效果不满意，用户可以将其背景消除，具体的操作步骤如下。

步骤1 选择要消除背景的图片，打开【图片工具】的【格式】选项卡。

步骤2 单击【调整】选项组中的【删除背景】按钮，此时在图片上出现遮幅区域。

步骤3 在图片上调整选择区域拖动柄，使要保留的图片内容浮现出来。调整完成后，在【背景消除】选项卡中单击【保留更改】按钮，如图2-187所示，即可完成图片背景消除工作。

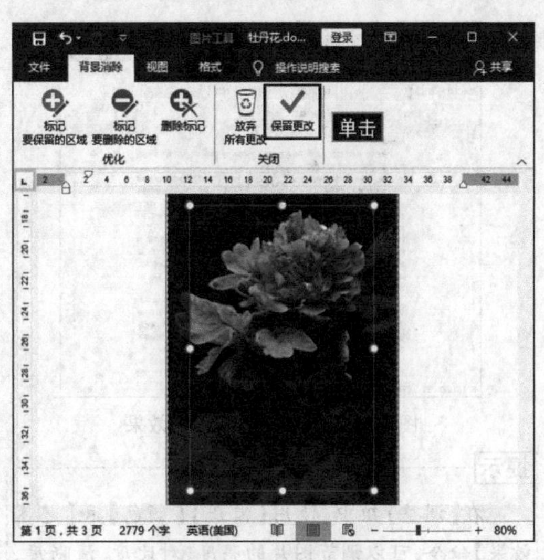

图 2-187 消除图片背景

9 为图片设置透明色

当用户将插入的图片设置为浮于文字上方时，可通过设置图片中的某种颜色为透明色，使下面的部分文字显现出来。设置透明色的具体操作步骤如下。

步骤1 选择要设置的图片，单击【图片工具】中的【格式】选项卡，在【调整】组中单击【颜色】按钮，在弹出的下拉列表中选择【设置透明色】命令，如图2-188 所示。

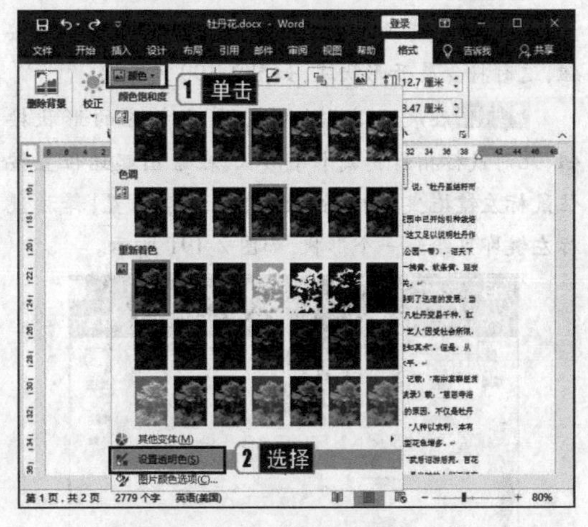

图 2-188 选择【设置透明色】命令

步骤2 当鼠标指针变成 形状时，在图片中单击相应的位置指定透明色，则图片中被该颜色覆盖的文字就会显示出来，效果如图 2-189 所示。

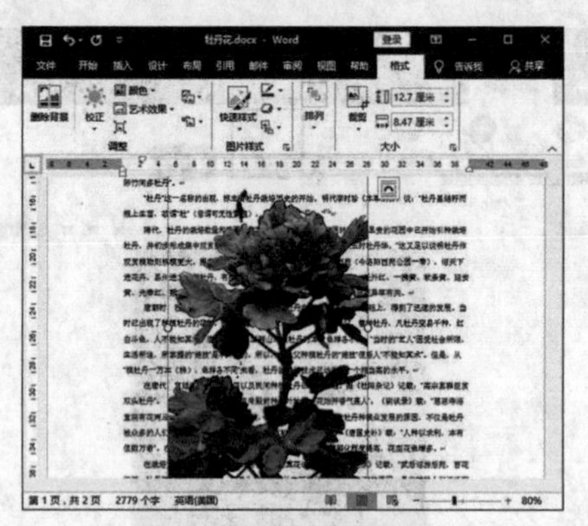

图2-189　设置透明色后的效果

提示

在【调整】组中，使用【校正】【颜色】和【艺术效果】命令，可以调节图片的亮度、对比度、清晰度，更改图片的颜色，以及为图片添加艺术效果。

2.2.10　绘制形状

名师讲解

Word 2016提供了一套绘制图形的工具，利用绘图工具可以绘制各种形状，包括可以调整形状的自选图形。将这些形状与文本交叉混排，可以使文档更加生动有趣。

1　绘制形状

绘制形状的具体操作步骤如下。

步骤1 将光标定位到文档中要绘制形状的位置，在【插入】选项卡的【插图】组中单击【形状】按钮，这时将会展开形状库，如图2-190所示。

步骤2 在展开的形状库中单击相应的形状按钮，此时鼠标指针变成十字形状，在绘图起始位置按住鼠标左键拖曳鼠标指针到绘图结束位置，释放鼠标左键即可绘制一个形状，如图2-191所示。

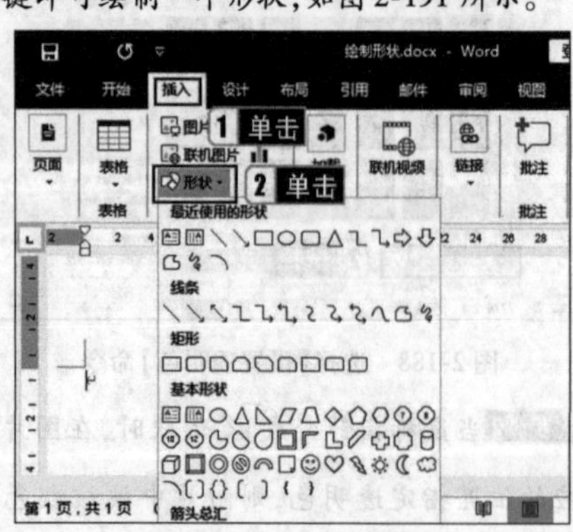

图2-190　形状库

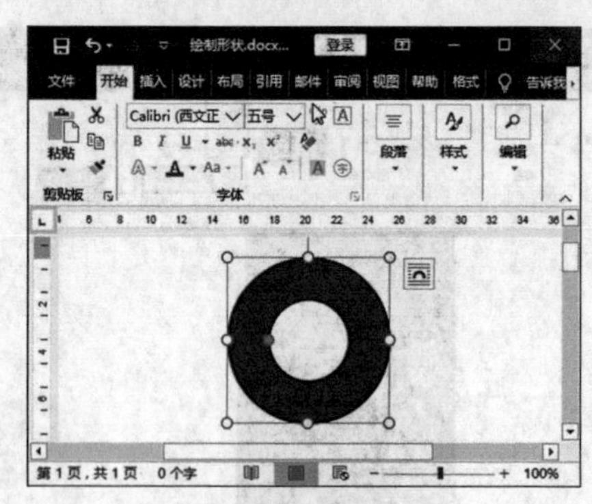

图2-191　绘制形状

提示

选择绘制的形状后，功能区将会自动出现【绘图工具】的【格式】选项卡。在此选项卡中可以对选择的形状进行大小、阴影、三维、填充等效果设置。

2　形状的叠放和组合

当多个形状重叠在一起时，新绘制的形状总是会覆盖其他的形状。用户可以更改形状的叠放次序，具体的操作步骤如下。

步骤1 在文档中选中要设置叠放次序的形状，如图2-192(a)所示，选中五角星对象。

步骤2 单击鼠标右键，在弹出的快捷菜单中选择【置于顶层】命令；或者单击该命令右侧的三角形按钮，在展开的列表中可以选择【置于顶层】【上移一层】【浮于文字上方】等命令，这里选择【置于顶层】命令，如图2-192(b)所示。执行【置于顶层】命令后，五角星对象的位置由原来的底层变成了顶层，如图2-192(c)所示。

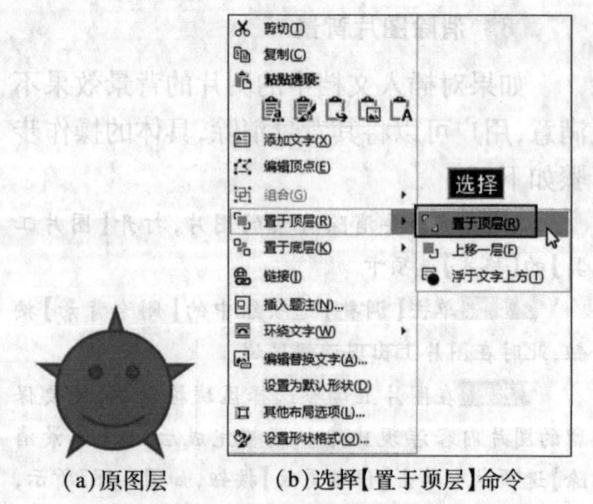

(a)原图层　(b)选择【置于顶层】命令

图2-192　设置叠放次序

(c)更改叠放次序后效果

图 2-192　设置叠放次序(续)

另外,用户可以对多个形状进行组合设置,组合后的形状成为一个操作对象,这样可以避免在对整个图形进行操作时一个个选中形状的麻烦。组合形状的具体操作步骤如下。

步骤1 在文档中按住【Ctrl】键,选择要组合的多个形状。

步骤2 单击鼠标右键,在弹出的快捷菜单中选择【组合】命令,如图 2-193 所示,此时选中的多个形状成为一个整体的图形对象,可整体移动、旋转等。

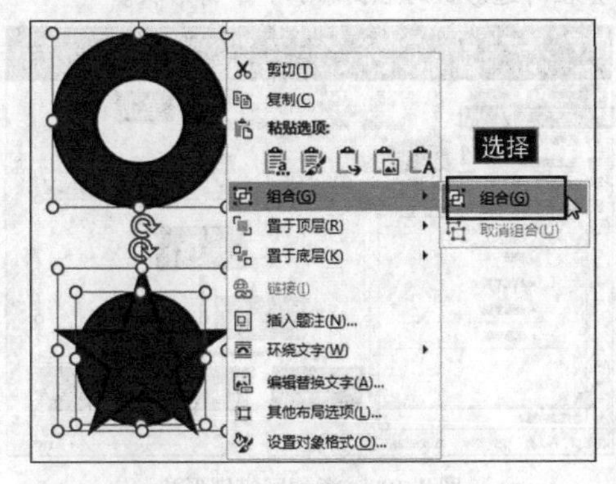

图 2-193　形状的组合

步骤3 如果要取消组合,可右击组合后的图形,在弹出的快捷菜单中选择【组合】|【取消组合】命令。

3 使用绘图画布

在 Word 文档中插入绘图画布后,可将各种形状、图片、文本框、艺术字放置在绘图画布中,也可对绘图画布进行移动、调整大小等格式设置,还可将多个形状的各个部分组合起来。

在 Word 中使用绘图画布的具体操作步骤如下。

步骤1 将光标移至文档中需要插入绘图画布的位置。

步骤2 在【插入】选项卡的【插图】组中单击【形状】按钮,在弹出的下拉列表中选择【新建绘图画布】命令,即可在文档中插入绘图画布,如图 2-194 所示。

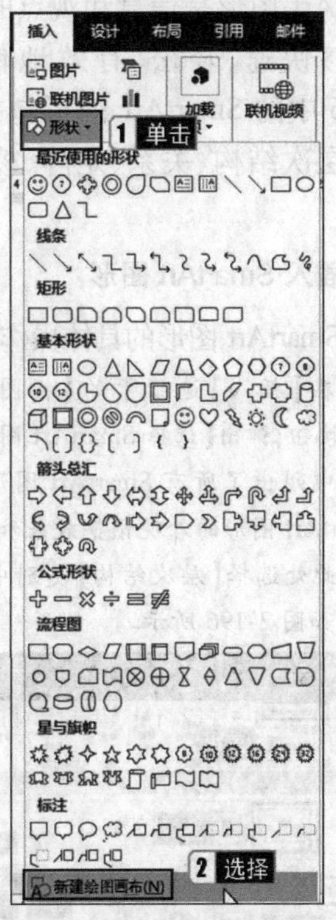

图 2-194　选择【新建绘图画布】命令

步骤3 在绘图画布中即可插入需要的形状,输入相关文字即可,如图 2-195 所示。

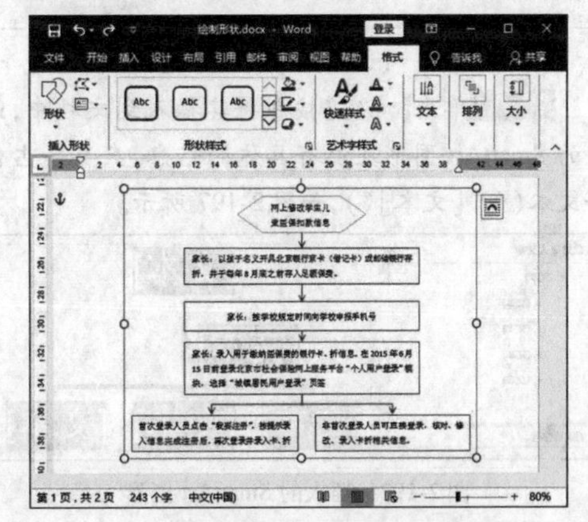

图 2-195　在绘图画布中绘制形状

请注意

在绘图画布内绘制的多个形状,可以作为一个整体来移动和调整大小;而在绘图画布外绘制的形状是独立的个体,需分别进行移动和调整操作。

2.2.11 创建SmartArt图形

SmartArt图形是信息和观点的视觉表示形式，能够快速、轻松、有效地传达信息。Word 2016中的SmartArt图形包括列表、流程、循环、层次结构、关系、矩阵、棱锥图和图片等。

1 插入SmartArt图形

插入SmartArt图形的具体操作步骤如下。

步骤1 在【插入】选项卡的【插图】组中单击【SmartArt】按钮，弹出【选择SmartArt图形】对话框，在该对话框中列出了所有SmartArt图形的分类，以及每个SmartArt图形的外观预览效果和详细的使用说明信息。此处选择【层次结构】类别中的【组织结构图】图形，如图2-196所示。

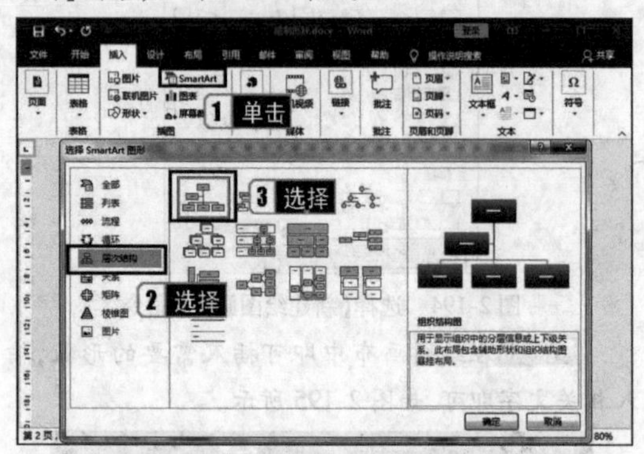

图2-196 【选择SmartArt图形】对话框

步骤2 单击【确定】按钮将其插入到文档中，此时的SmartArt图形还没有具体的信息，只显示占位符文本(如“[文本]”)，如图2-197所示。

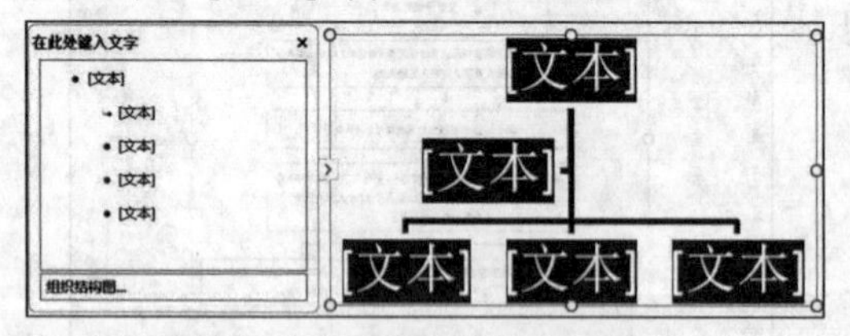

图2-197 插入的SmartArt图形

步骤3 在组织结构图的左侧显示的是文本窗格。用户可以在SmartArt图形中各形状上的文字编辑区域内直接输入所需的信息替代占位符文本，也可以在文本窗格中输入所需的信息，如图2-198所示。在文本窗格中添加和编辑内容时，SmartArt图形会自动更新。

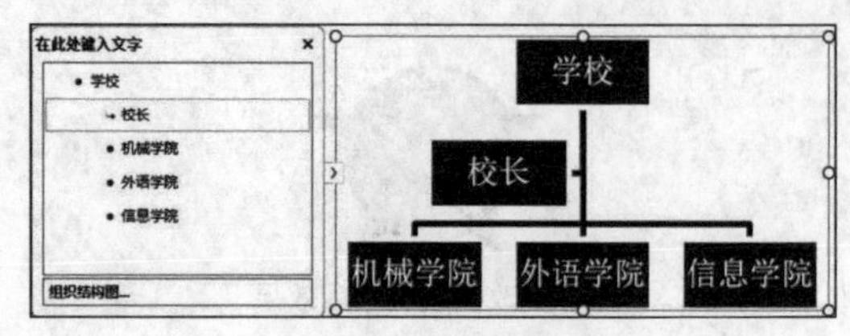

图2-198 输入文本内容

提示

如果不显示文本窗格，可以在【SmartArt工具】|【设计】选项卡中单击【创建图形】组中的【文本窗格】按钮，或者单击SmartArt图形左侧的【文本窗格】控件，即可将该窗格显示出来。

步骤4 当选中某个形状如“信息学院”时，在【SmartArt工具】|【设计】选项卡的【创建图形】组中单击【添加形状】右侧的下拉按钮，在弹出的下拉列表中选择【在后面添加形状】命令，如图2-199所示，则会在所选形状的右侧添加一个新形状。

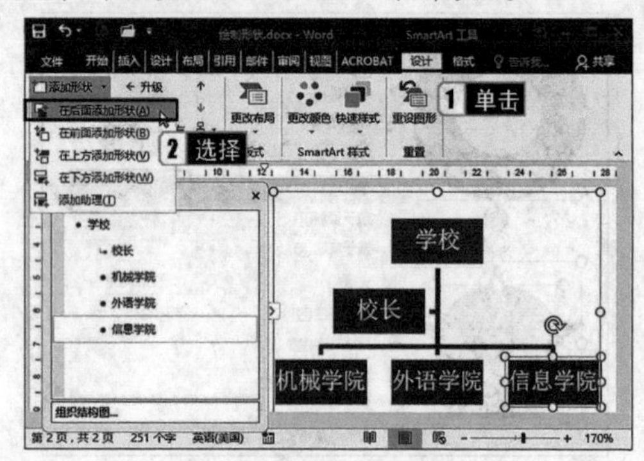

图2-199 添加同级别形状

步骤5 在新形状中输入“人文学院”，新形状与“信息学院”形状级别、隶属是相同的，如图2-200所示。同理，也可以实现“在前面添加形状”“在上方添加形状”“在下方添加形状”的操作。

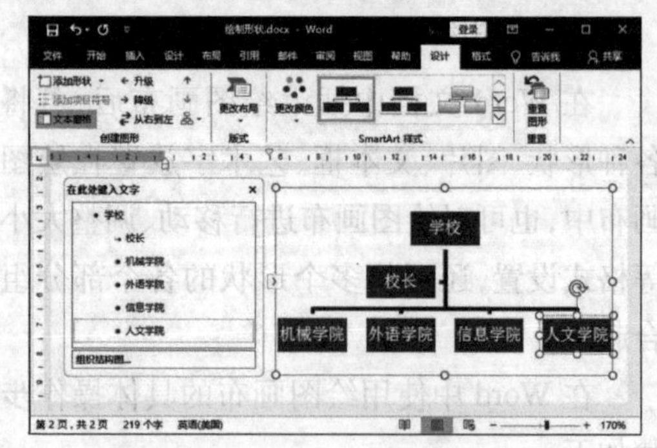

图2-200 添加同级别形状的效果

步骤6 当选中一个形状后，单击【创建图形】组中的【升级】按钮或者【降级】按钮，可将形状升高一级或者降低一级。单击【降级】按钮后的效果如图2-201所示。

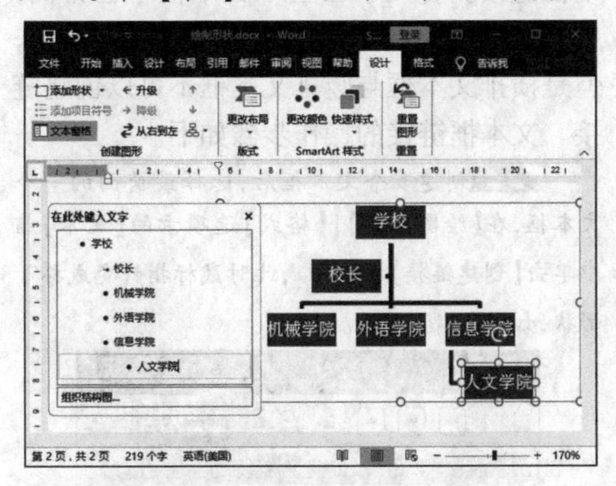

图2-201　单击【降级】按钮后的效果

2　设计 SmartArt 图形样式

在文档中插入了SmartArt图形后，可以为插入的SmartArt图形设置不同的样式，具体的操作步骤如下。

步骤1 选择要设置样式的SmartArt图形。

步骤2 选择【SmartArt工具】的【设计】选项卡，在【SmartArt样式】组中单击【快速样式】下拉按钮，在弹出的下拉列表中选择一种快速样式，如图2-202所示。

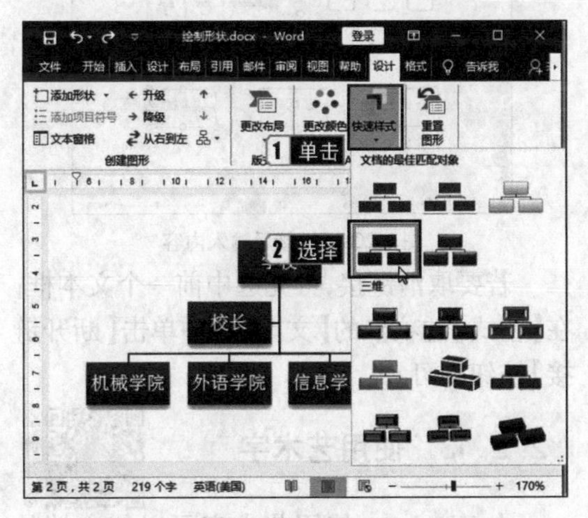

图2-202　选择一种快速样式

步骤3 单击【SmartArt样式】组中的【更改颜色】按钮，在弹出的下拉列表中选择一种颜色，如图2-203所示。

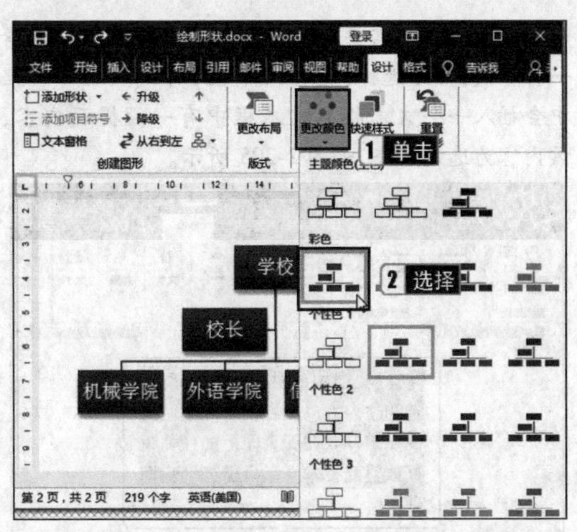

图2-203　选择一种颜色

2.2.12　使用文本框

Word 2016中提供了一种可移动位置、可调整大小的文字或图形容器，称为文本框。使用文本框可以快速达到想要的排版效果。

1　插入文本框

用户可以像处理一个新页面一样处理文本框中的文字方向、段落格式以及格式化文字等。文本框有横排文本框和竖排文本框两种，它们在本质上并没有区别，仅是排列方式不同而已。插入文本框的具体操作步骤如下。

步骤1 将光标置入文档中要插入文本框的位置，在【插入】选项卡的【文本】组中单击【文本框】按钮，在弹出的下拉列表中显示了Word自带的多种文本框样式，如图2-204所示。

图2-204　内置的文本框样式

步骤2 根据需要在【内置】文本框样式组中选择一种样式，此处选择【简单文本框】样式。这时文档中会插入一个文本框且文本框中有一段提示内容，该内容为选定状态，如图2-205所示。

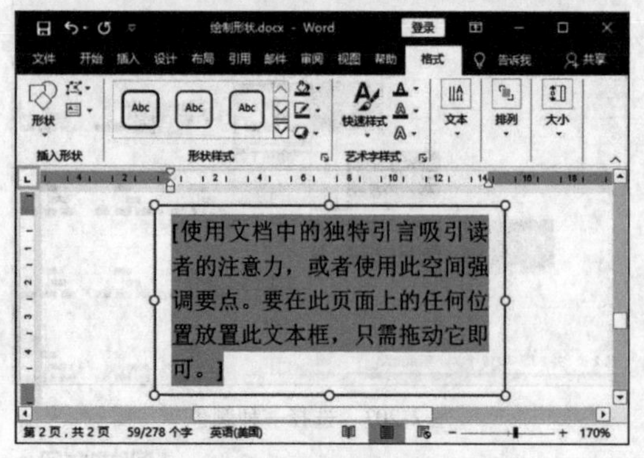

图2-205 插入简单文本框效果

步骤3 直接输入内容即可替换原提示文字，如图2-206所示。

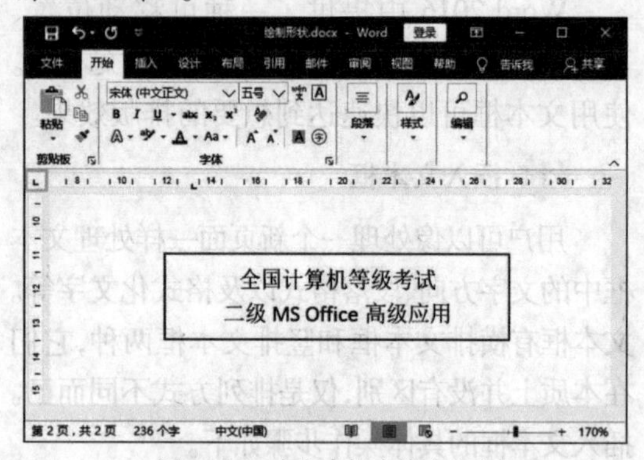

图2-206 在文本框中输入文本

如果在文本框样式列表中选择【绘制横排文本框】或者【绘制竖排文本框】命令，在文档中当鼠标指针变成十字形状时，按住鼠标左键拖动指针即可绘制一个横排或竖排文本框。若先选中文本内容，再执行【绘制文本框】命令，则自动生成一个将所选文本内容包含在内的文本框，并且该文本框的大小根据所选文本内容的多少而自动调整。

提示

选中文本框后，功能区中将会自动出现【绘图工具】|【格式】选项卡，在其中可以设置文本框的大小、形状、颜色、线条、位置与填充色等效果。

2 文本框链接

将两个以上的文本框链接在一起称为文本框链接。若文字在上一文本框中已排满，则会在链接的下一个文本框中接着排下去，但是横排文本框与竖排文本框不可以创建链接。文本框链接的操作步骤如下。

步骤1 创建多个文本框后，选择最前面的一个文本框，在【绘图工具】|【格式】选项卡的【文本】组中单击【创建链接】按钮，此时鼠标指针变成杯子形状，如图2-207所示。

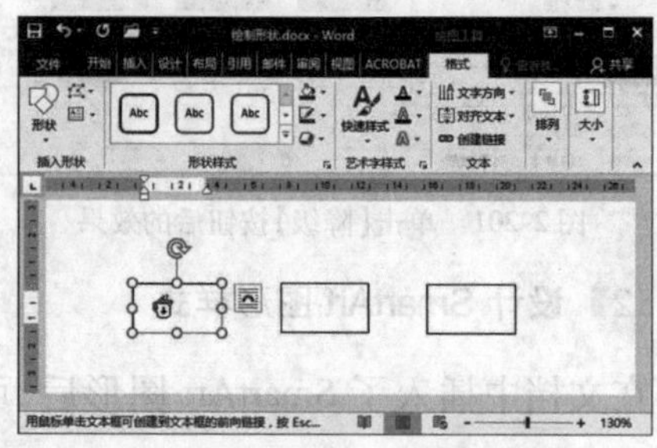

图2-207 文本框链接

步骤2 将鼠标指针移至下一个文本框中，此时杯子形状的指针变成倾斜状，单击即可完成两个文本框的链接。

步骤3 如果还有其他文本框要链接，再选择第2个文本框，链接第3个文本框。链接好文本框后，才可以在文本框中输入内容，如图2-208所示。

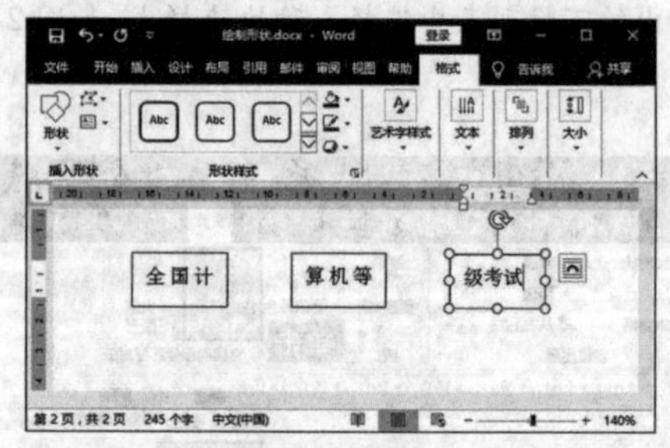

图2-208 链接后输入内容

若要取消链接，可先选中前一个文本框，在【格式】选项卡的【文本】组中单击【断开链接】按钮即可。

2.2.13 使用艺术字

名师讲解

在Word中，使用艺术字可以使文档的文字更加活泼、生动。使用艺术字的具体操作步骤如下。

步骤1 将光标置入到文档中要插入艺术字的位置，在【插入】选项卡的【文本】组中单击【艺术字】按

钮，在弹出的下拉列表中显示了 Word 自带的多种艺术字效果，如图 2-209 所示。

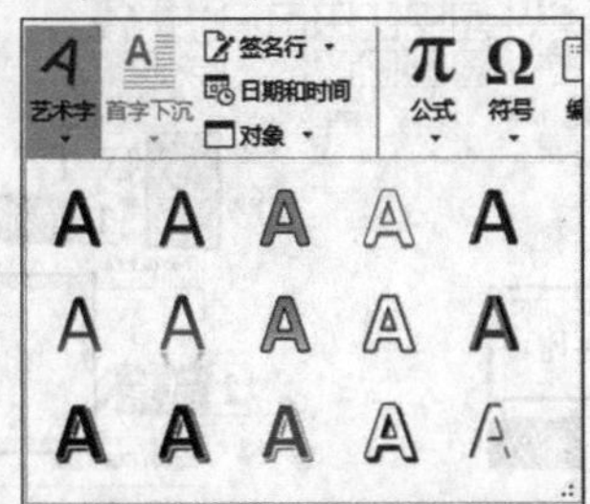

图 2-209　艺术字效果

步骤2 单击一种艺术字效果，在文档中将会出现要输入文字的虚线框，该虚线框即为要插入艺术字的位置，如图 2-210 所示。

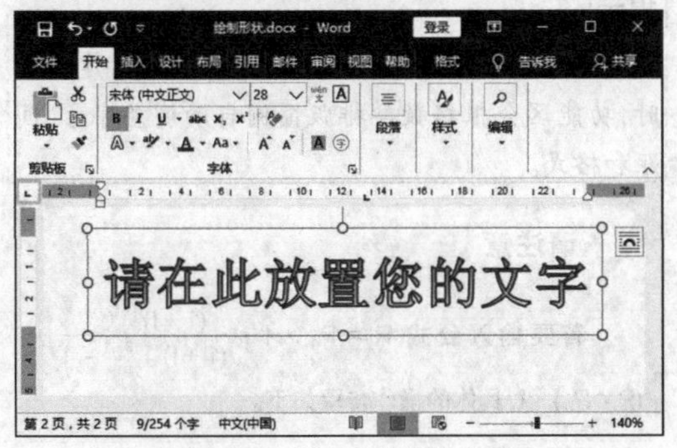

图 2-210　插入艺术字的位置

步骤3 在虚线框中输入文本内容。选择插入的艺术字后，在功能区会自动出现【绘图工具】|【格式】选项卡。在此选项卡中可以对艺术字进行修改和编辑，包括修改艺术字的尺寸、位置、文字间距、排列方式以及添加更多的艺术字效果，如图 2-211 所示。

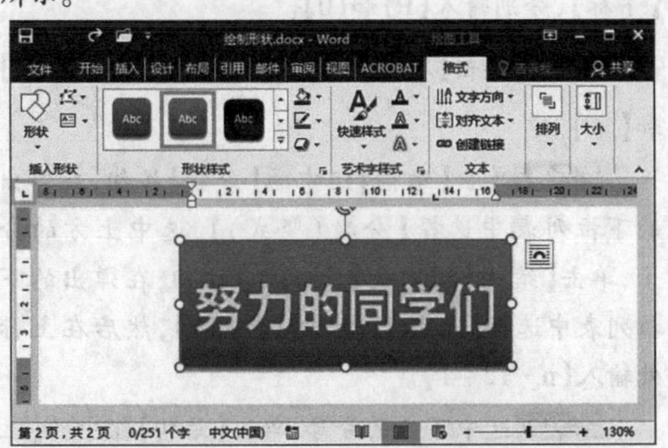

图 2-211　进一步设置艺术字效果

提示

在文档中选择要设置艺术字效果的文本，在【插入】选项卡的【文本】组中单击【艺术字】按钮，在展开的下拉列表中选择一种艺术字效果，即可为该文本应用选择的艺术字效果。

2.3　公式编辑器

要在文档中插入专业的数学公式，仅仅利用上、下标按钮来设置是远远不够的。使用 Word 2016 中的公式编辑器，不但可以输入符号，而且可以输入数字和变量。

2.3.1　插入内置公式

Word 2016 中内置了一些常用的公式样式，用户可以直接选择所需的公式样式，快速插入公式。插入内置公式的具体操作步骤如下。

步骤1 把光标移到要插入公式的位置，在【插入】选项卡的【符号】组中单击【公式】按钮，在弹出的下拉列表中显示一些常用的公式，单击选择需要的公式，如选择【二次公式】，如图 2-212 所示。

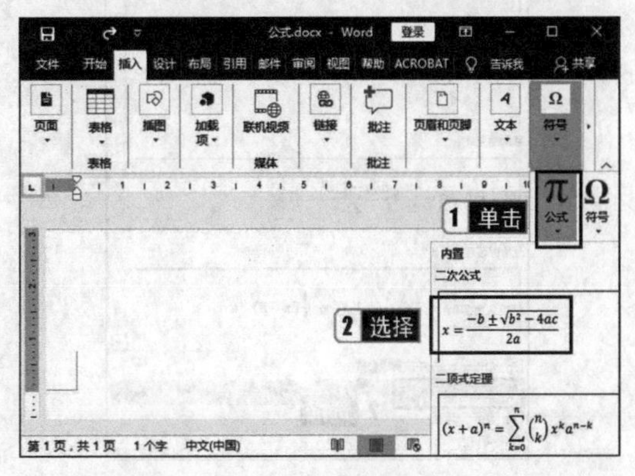

图 2-212　选择公式

步骤2 此时文档出现按默认参数创建的公式，如图 2-213 所示。根据实际需要，可以选择公式中的数据后按【Delete】键删除，然后输入新的内容。

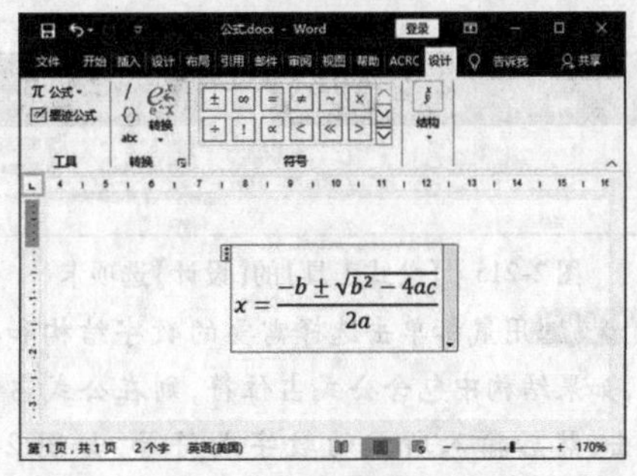

图 2-213　插入的二次公式

2.3.2 插入新公式

若内置公式中没有用户所需要的公式，用户可以自定义新公式，此时需要使用公式编辑器。插入新公式的具体操作步骤如下。

步骤1 把光标移到要插入公式的位置，然后在【插入】选项卡的【符号】组中单击【公式】按钮，在弹出的下拉列表中选择【插入新公式】命令，如图2-214所示。

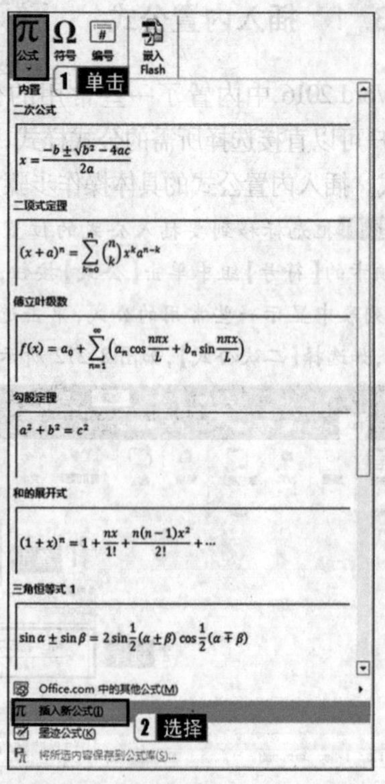

图2-214 选择【插入新公式】命令

步骤2 文档中显示【在此处键入公式】编辑框，同时功能区中将出现【公式工具】的【设计】选项卡，其中包含了大量的数学结构和数学符号，如图2-215所示。

图2-215 【公式工具】的【设计】选项卡

步骤3 用鼠标单击选择需要的数字结构和数学符号，如果结构中包含公式占位符，则在公式占位符内单击，然后输入所需的数字或符号，如图2-216所示。

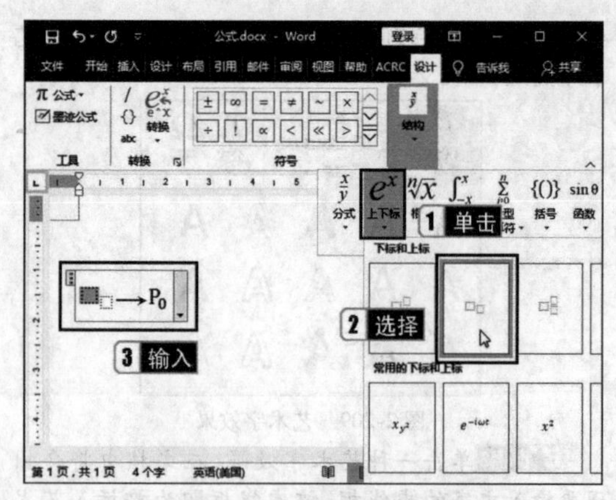

图2-216 输入所需的数字或符号

提示

公式占位符是指公式中的小虚框。创建公式时，功能区会根据数学排版惯例自动调整字号、间距和格式。

请注意

若要输入公式 $R = P_0 \cdot I \cdot \frac{(1+I)^{n \cdot 12-1}}{(1+I)^{n \cdot 12-1}-1} + (P - P_0) \cdot I$，具体的操作步骤如下。

步骤1 在【插入】选项卡的【符号】组中单击【公式】按钮，在弹出的下拉列表中选择【插入新公式】，在出现的公式文本框中输入【R =】。

步骤2 在【公式工具】|【设计】选项卡的【结构】组中单击【上下标】按钮，在弹出的下拉列表中选择【下标】，分别输入【P】和【0】。

步骤3 单击【符号】组中的 · 按钮，再输入【I】和【·】。

步骤4 单击【结构】组中的【分数】按钮，在弹出的下拉列表中选择【分数(竖式)】，选中上方的分子，单击【结构】组中的【上下标】按钮，在弹出的下拉列表中选择【上标】，输入【(1 + I)】，然后在上标处输入【n · 12 − 1】。

步骤5 选中下方的分母，单击【结构】组中的【上下标】按钮，在弹出的下拉列表中选择【上标】，输入【(1 + I)】，然后在上标处输入【n · 12 − 1】，最后输入【 −1】。

步骤6 在公式尾部输入【 + 】，然后单击【结构】组中的【括号】按钮，在弹出的下拉列表中选择第一个括号，在括号中输入【P −】，然后单击【结构】组中的【上下标】按钮，在弹出的下拉列表中选择【下标】，输入【P】和【0】，最后输入【·I】。

2.3.3 手写输入公式

名师讲解

在 Word 2016 中，增加了【墨迹公式】这种手写输入公式的功能。该功能可以识别手写的数学公式，并转换为标准形式插入文档中。这种输入方法对于手持设备用户来说非常人性化。使用【墨迹公式】功能的具体操作步骤如下。

步骤1 在【插入】选项卡的【符号】组中单击【公式】按钮，在弹出的下拉列表中选择【墨迹公式】命令。

步骤2 打开【数学输入控件】对话框，通过鼠标或触摸屏手写输入公式，如图 2-217 所示。

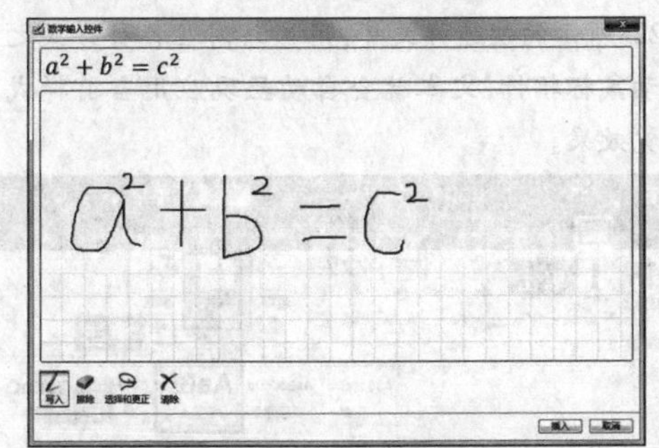

图 2-217 【数学输入控件】对话框

步骤3 在书写过程中，如果发现书写错误，单击下方的【选择和更正】按钮，选中要更正的内容，在弹出的下拉列表中选择符合要求的更正内容即可。

步骤4 单击【擦除】按钮，可以擦掉错误的内容；单击【写入】按钮，可以继续手写输入公式。

步骤5 公式写入完成后，单击【插入】按钮，即可插入到文档中。

2.3.4 将公式添加到常用公式库

名师讲解

将公式添加到常用公式库的具体操作步骤如下。

步骤1 选中要添加的公式，在【公式工具】|【设计】选项卡的【工具】组中单击【公式】按钮，在弹出的下拉列表中选择【将所选内容保存到公式库】命令，如图 2-218 所示。

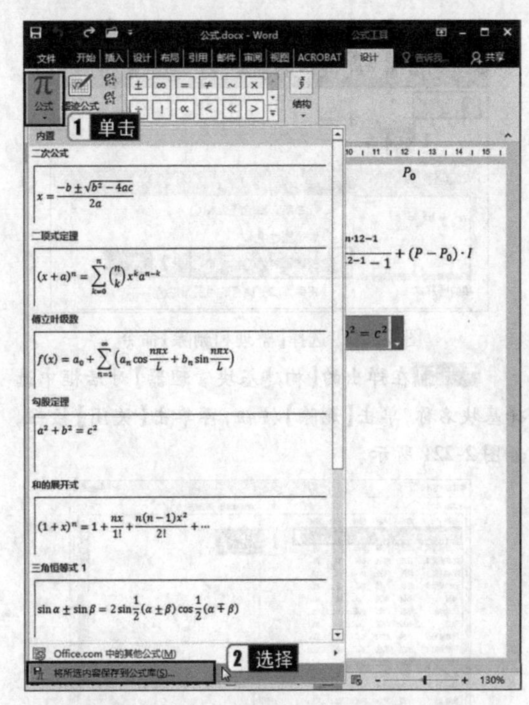

图 2-218 选择【将所选内容保存到公式库】命令

步骤2 弹出【新建构建基块】对话框，在【名称】文本框中输入名称，在【库】下拉列表框中选择【公式】选项，在【类别】下拉列表框中选择【常规】选项，在【保存位置】下拉列表框中选择【Normal. dotm】选项，然后单击【确定】按钮，如图 2-219 所示。

图 2-219 【新建构建基块】对话框

步骤3 如果要在公式库中删除该公式，可在【公式工具】的【设计】选项卡中选择【工具】组，单击【公式】按钮，在弹出的下拉列表中使用鼠标右键单击该公式，在弹出的快捷菜单中选择【整理和删除】命令，如图 2-220 所示。

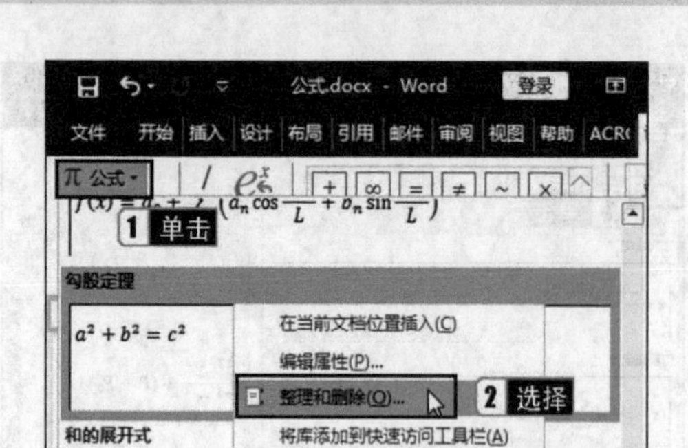

图 2-220 选择【整理和删除】命令

步骤4 在弹出的【构建基块管理器】对话框中选择基块名称，单击【删除】按钮，再单击【关闭】按钮，如图 2-221 所示。

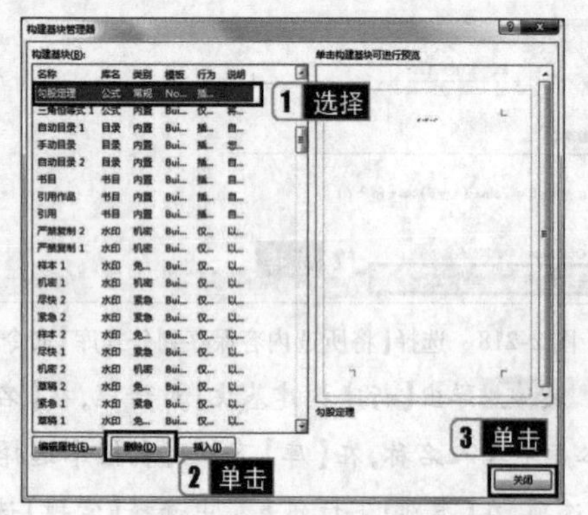

图 2-221 删除公式库中的公式

2.4 长文档的编辑与管理

制作专业的文档时，除了使用常规的格式设置外，还需要注重文档的结构及排版方式。Word 2016 提供了很多简便的功能，使长文档的编辑、排版、阅读和管理更加方便和快捷。

2.4.1 定义并使用样式

样式是指一组已经命名的字符和段落格式。使用样式可以帮助用户轻松统一文档的格式，极大地提高工作效率。

1 应用样式

Word 2016 提供了【快速样式库】，其包含了多种不同类型的样式，用户可以从中进行选择，以便为文本快速应用某种样式。应用样式的具体操作步骤如下。

步骤1 打开素材文件夹中的【第 2 章】|【会计电算化节节高升 1. docx】文件，在文档中选择要应用样式的文本，如图 2-222 所示。

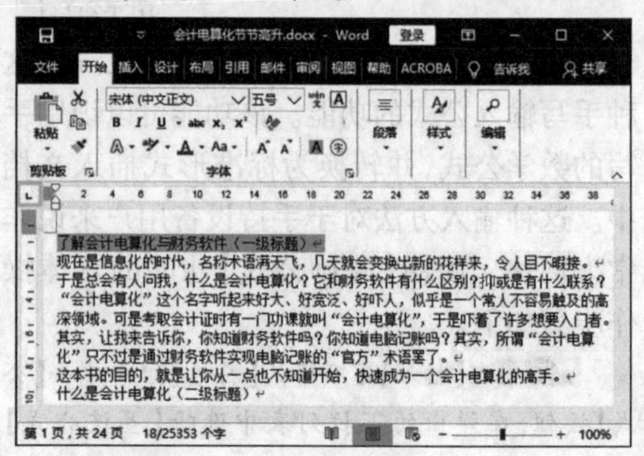

图 2-222 选择要应用样式的文本

步骤2 在【开始】选项卡的【样式】组中选择一种样式，也可以单击【样式】下拉按钮，打开如图 2-223所示的快速样式库，用户只需在各种样式之间滑动鼠标指针，文本就会自动呈现应用当前样式的视觉效果。

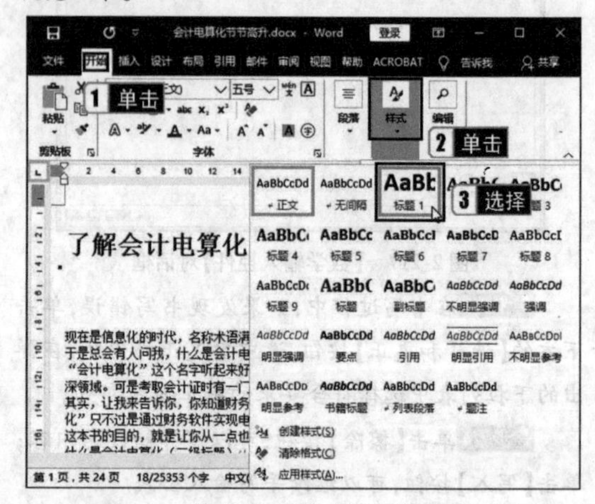

图 2-223 快速样式库

步骤3 如果用户还没有决定该种样式符合需求，只需将鼠标指针移开，文本就会恢复到原来的样式；如果用户找到了满意的样式，只需单击它，该样式就会被应用到当前所选文本中。

用户还可以使用【样式】任务窗格将样式应用到文本中，具体的操作步骤如下。

步骤1 在文档中选择要应用样式的文本。

步骤2 在【开始】选项卡的【样式】组中，单击右下角的对话框启动器按钮。

步骤3 打开【样式】任务窗格，如图 2-224 所示，在列表框中选择希望应用到选中文本的样式，即可将该样式应用到文档中。

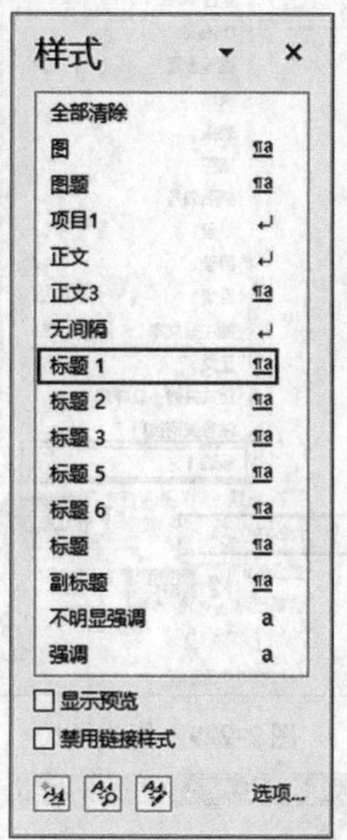

图 2-224 【样式】任务窗格

提示

勾选【样式】任务窗格下方的【显示预览】复选框，可以预览样式的效果，否则所有样式只以文字描述形式展示。

在 Word 2016 中，除了可以单独为选定的文本或段落设置样式外，还可以使用内置的样式集，一次性完成文档中的所有样式设置，如图 2-225 所示。

图 2-225 应用样式集

请注意

第 2 章 2.2.4 节中详细介绍了如何设置样式集，此处不再过多赘述。

2 新建样式

除了系统内置的样式，用户还可以自己创建适合的样式，具体的操作步骤如下。

步骤1 选中已经设置格式的文本或段落，在【开始】选项卡的【样式】组中单击右下角的对话框启动器按钮，打开【样式】任务窗格，单击下方的【新建样式】按钮，如图 2-226 所示。

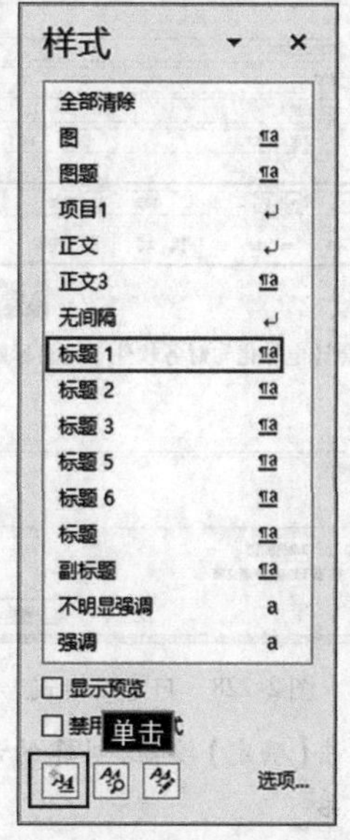

图 2-226 【样式】任务窗格

步骤2 弹出【根据格式化创建新样式】对话框，在【名称】文本框中输入新建样式名称，如输入【自定义样式 1】；在【样式类型】【样式基准】和【后续段落样式】等下拉列表框中选择所需要的样式类型或样式基准，如图 2-227 所示。

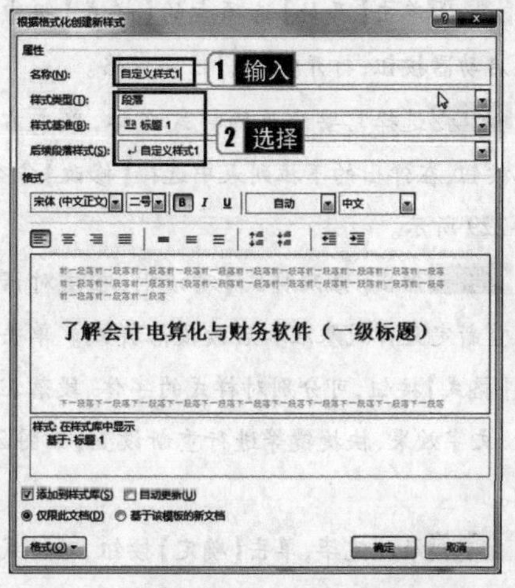

图 2-227 【根据格式化创建新样式】对话框

步骤3 在字体、字号、字体颜色和语言等下拉列表框中选择所需要的字体、字号、颜色和语言。如果需要加粗、倾斜或添加下划线，可分别单击加粗 **B**、倾斜 *I* 或下划线 U 等按钮。

步骤4 分别在对齐方式和段落按钮组中设置所需的对齐方式、段落间距等格式，如图 2-228 所示。

图 2-228 自定义格式

步骤5 单击【确定】按钮，创建的新样式会出现在快速样式库中。

3 修改样式

如果已经为某些文本设置了相同的样式，但又需要进行个别格式的更改，则可以通过修改样式来完成，具体的操作步骤如下。

步骤1 单击【开始】选项卡的【样式】组中的对话框启动器按钮，打开【样式】任务窗格。

步骤2 选择需要修改的样式名称，单击右侧的下拉按钮，在弹出的下拉列表中选择【修改】命令，如图 2-229 所示。

步骤3 弹出【修改样式】对话框，在该对话框中可以重新定义样式基准和后续段落样式。单击左下角的【格式】按钮，可分别对样式的字体、段落、边框、编号、文字效果、快捷键等进行重新设置，如图 2-230 所示。

步骤4 修改完毕，单击【确定】按钮，对样式的修改将会反映到所有应用该样式的文本段落中。

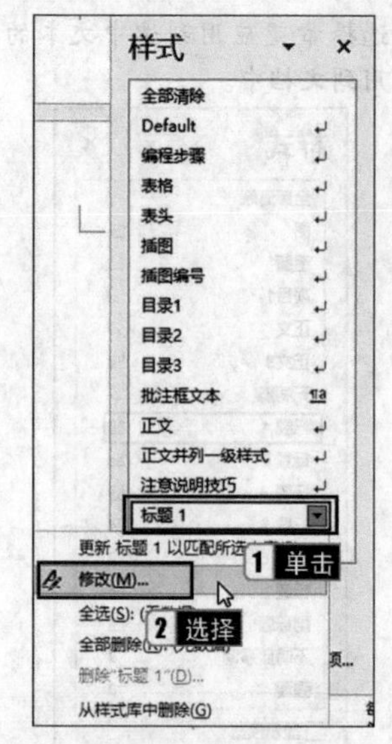

图 2-229 修改样式

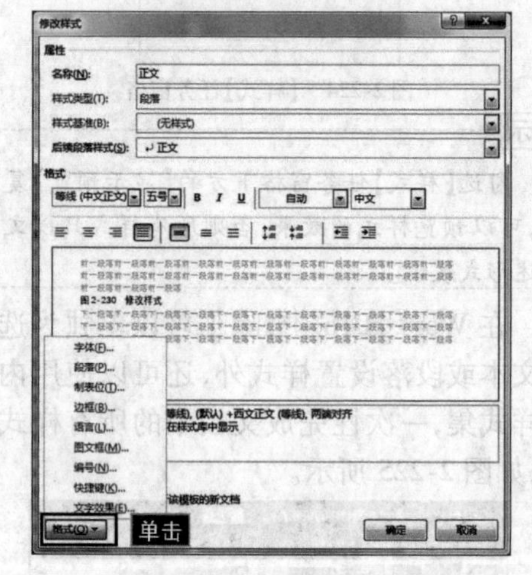

图 2-230 更多格式修改

> **提示**
>
> 直接在【开始】选项卡的【样式】组中，右击【标题 1】样式，在弹出的快捷菜单中选择【修改】命令，如图 2-231 所示，也可以打开【修改样式】对话框。

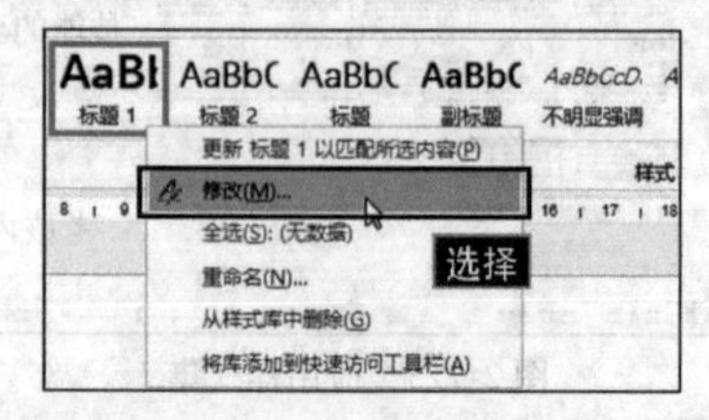

图 2-231 选择【修改】命令

4 复制并管理样式

在编辑文档的过程中，如果需要使用其

他模板或文档的样式，可以将其复制到当前的活动文档中。例如，要分别用“样式.docx”文档中的样式“标题1”“标题2”“正文1”“正文2”“正文3”替换“Word.docx”中的同名样式，具体的操作步骤如下。

步骤1 打开素材文件夹中的【第2章】|【Word.docx】文档，单击【开始】选项卡的【样式】组中的对话框启动器按钮，打开【样式】任务窗格，单击下方的【管理样式】按钮 ，如图2-232所示。

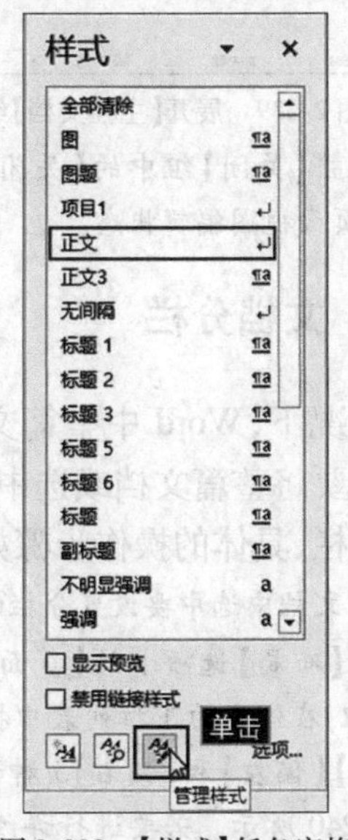

图2-232 【样式】任务窗格

步骤2 弹出【管理样式】对话框，单击左下角的【导入/导出】按钮，弹出【管理器】对话框，如图2-233所示。在【样式】选项卡中，左侧区域显示的是当前文档所包含的样式列表，右侧区域显示的是Word默认文档模板中所包含的样式。

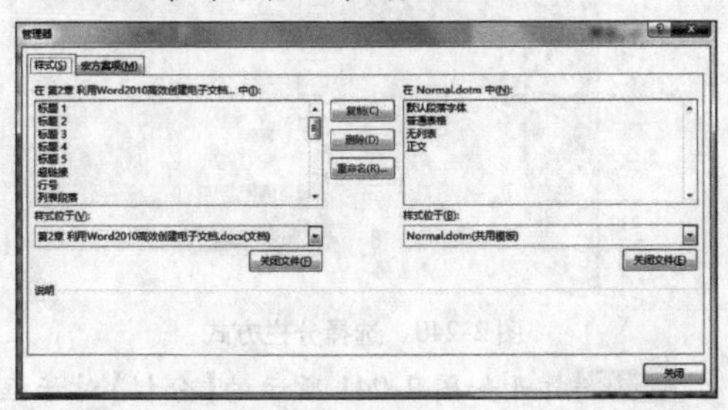

图2-233 【管理器】对话框

步骤3 右边的【样式位于】下拉列表中显示的是“Normal.dotm(共用模板)”，而不是包含需要复制到目标文档样式的源文档。为了改变源文档，单击右侧的【关闭文件】按钮，原来的【关闭文件】按钮就会变成【打开文件】按钮，如图2-234所示。

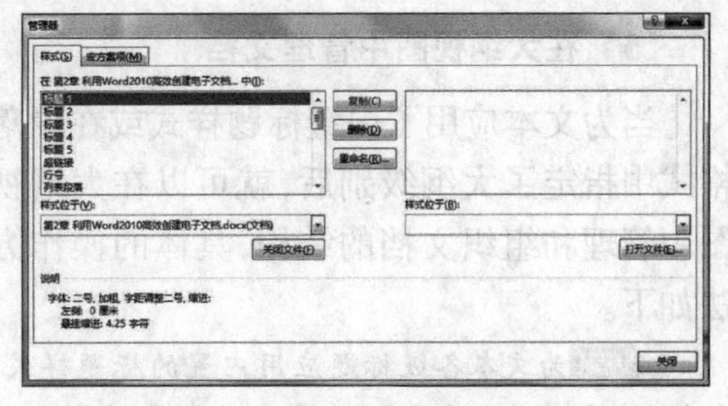

图2-234 【管理器】对话框

步骤4 单击【打开文件】按钮，弹出【打开】对话框。在【文件类型】下拉列表中选择【所有文件】，找到需要复制到目标文档样式的源文档，此处选择【样式.docx】文件，如图2-235所示，单击【打开】按钮将源文档打开。

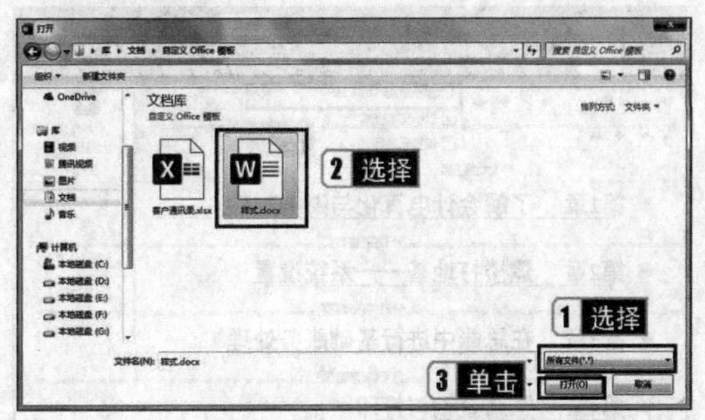

图2-235 【打开】对话框

请注意

这里一定要将【打开】对话框中的文件类型设置为【所有文件】，否则无法显示需要的文档。

步骤5 在【管理器】对话框右侧的列表框中单击选中【标题1】，按住键盘上的【Ctrl】键，依次单击选中【标题2】【正文1】【正文2】【正文3】样式，然后单击中间的【复制】按钮，如图2-236所示，在弹出的提示框中单击【全是】按钮，即可将选中的样式复制到左侧的当前目标文档中。

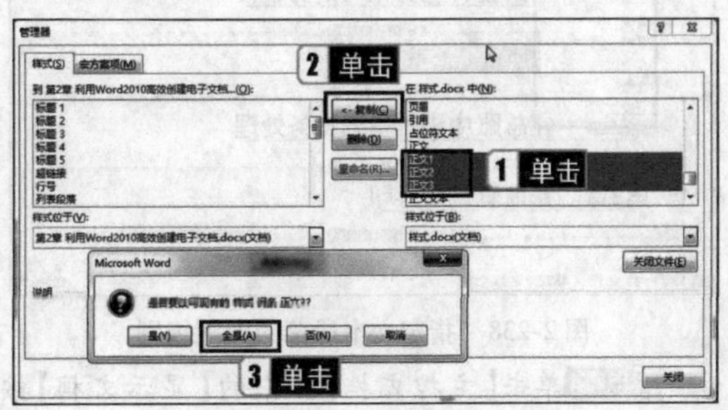

图2-236 【管理器】对话框

步骤6 单击【关闭】按钮,此时就可以在当前文档的【样式】任务窗格中看到已添加的新样式了。

5 在大纲视图中管理文档

当为文本应用了内置标题样式或在段落格式中指定了大纲级别后,就可以在大纲视图中管理和组织文档的结构,具体的操作方法如下。

步骤1 为文本各级标题应用内置的标题样式,或者为文本段落指定大纲级别,此处打开素材文件夹中的【第2章】|【会计电算化节节高升2.docx】文件。

步骤2 单击【视图】选项卡的【视图】组中的【大纲】按钮,切换到大纲视图。在【大纲工具】组中可以设置窗口中的显示级别,如【1级】,如图2-237所示。

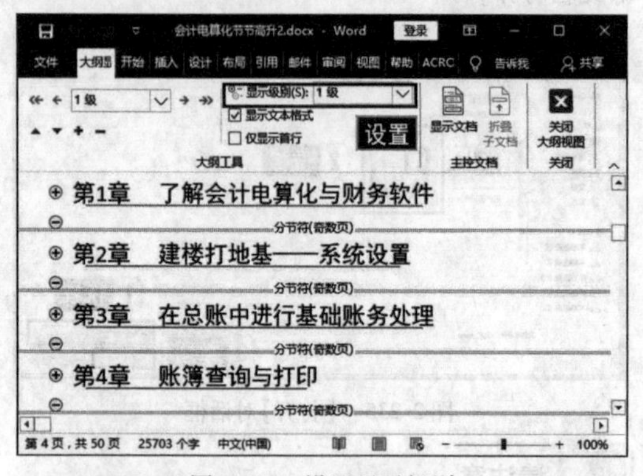

图2-237 设置显示级别

步骤3 在【大纲工具】组中,也可以直接指定文本段落的大纲级别,如图2-238所示。此外,还可以展开/折叠大纲项目、上移/下移大纲项目、提升/降低大纲项目的级别。

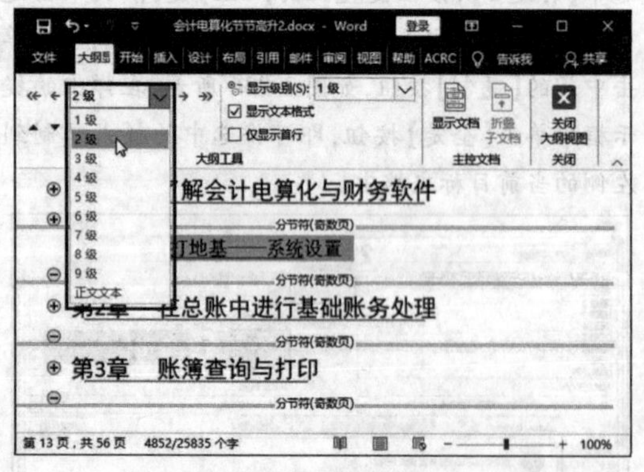

图2-238 指定文本段落的大纲级别

步骤4 单击【主控文档】组中的【显示文档】按钮,可以展开【主控文档】组,如图2-239所示。单击【创建】按钮,可以为当前选中的大纲项目创建子文档。单击【插入】按钮,可以为当前选中的标题嵌入子文档。在子文档中的修改可以即时反馈到主文档中。

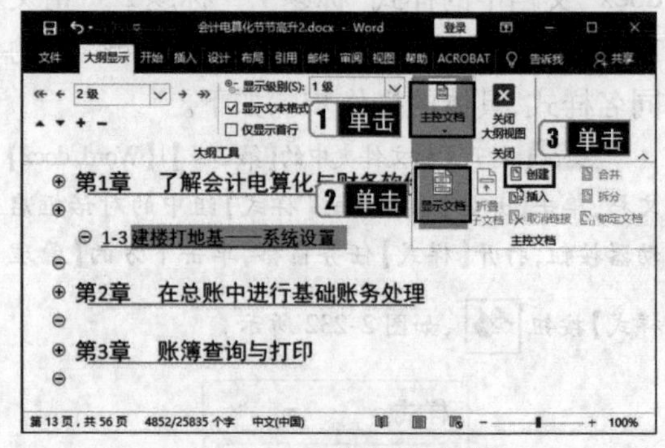

图2-239 展开【主控文档】组

步骤5 单击【关闭】组中的【关闭大纲视图】按钮,即可返回页面视图编辑状态。

2.4.2 文档分栏

名师讲解

默认情况下,Word中整篇文档是一栏,可以根据需要将整篇文档或选中的内容设置为两栏或多栏,具体的操作步骤如下。

步骤1 在文档中选中要设置分栏的内容。

步骤2 在【布局】选项卡的【页面设置】组中单击【分栏】按钮,在弹出的下拉列表中提供了【一栏】【两栏】【三栏】【偏左】和【偏右】5种预定义的分栏方式,如图2-240所示。若要进行详细的设置,可以选择列表中的【更多分栏】命令。

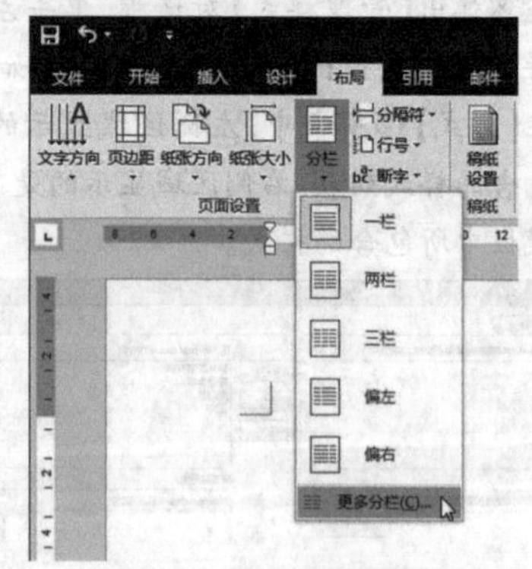

图2-240 选择分栏方式

步骤3 打开如图2-241所示的【分栏】对话框,在【栏数】微调框中设置所需的分栏数。在【宽度和间距】选项组中设置栏宽和栏间的距离(用户只需在相应的【宽度】和【间距】微调框中输入数值即可改变栏宽和栏间距)。如果用户勾选了【栏宽相等】复选框，则Word会在【宽度和间距】选项组中自动计算栏宽，使各栏宽度相等。如果用户勾选了【分割线】复选框，则Word会在栏间插入分割线，使得分栏界限更加清楚。

步骤4 单击【确定】按钮即可完成分栏排版。

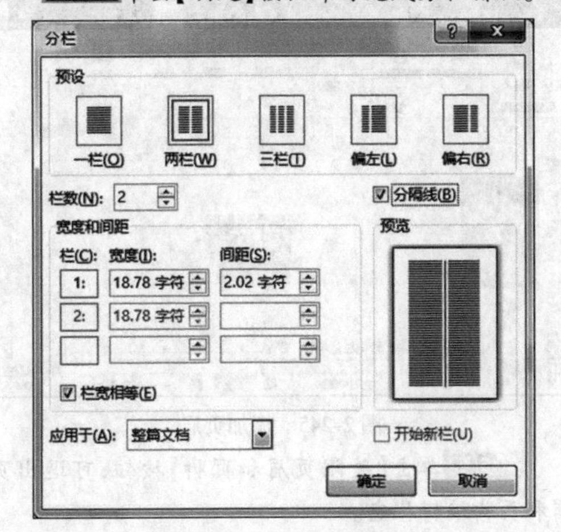

图2-241　【分栏】对话框

提示

如果用户事先没有选中需要进行分栏排版的文本，那么上述操作默认应用于整篇文档。如果用户在【分栏】对话框的【应用于】下拉列表框中选择【插入点之后】选项，那么分栏操作将应用于当前插入点之后的所有文本。如果用户要取消分栏布局，只需在【分栏】下拉列表中选择【一栏】选项即可。

2.4.3　文档分页及分节

名师讲解

借助Word 2016中的分页与分节操作，可以有效划分文档内容的布局，从而使文档排版工作变得高效、简洁。

1　文档分页

如果只是为了排版布局需要，单纯地将文档中的内容划分为上下两页，则在文档中插入分页符即可，具体的操作步骤如下。

步骤1 打开Word 2016文档窗口，将插入点定位到需要分页的位置。

步骤2 切换到【布局】选项卡，在【页面设置】组中单击【分隔符】按钮。

步骤3 在打开的下拉列表中选择【分页符】命令，如图2-242所示，即可完成对文档的分页。

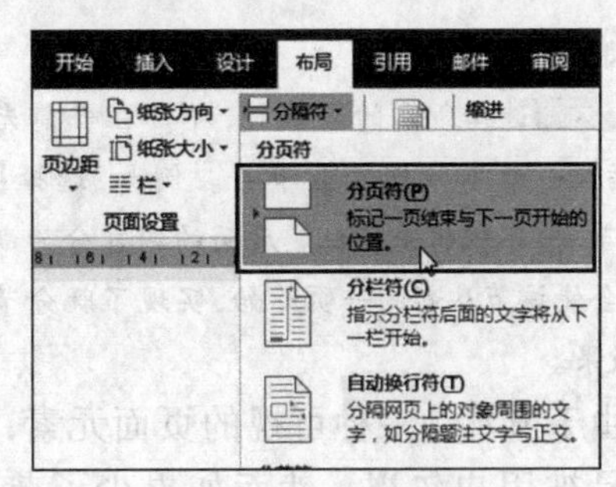

图2-242　选择【分页符】命令

2　文档分节

一般在建立新文档时，Word将整篇文档默认为一节。为了便于对文档进行格式化，可以将文档分割成任意数量的节，然后根据需要分别为每节设置不同的格式。分节的具体操作步骤如下。

步骤1 打开Word 2016文档窗口，将光标定位到准备插入分节符的位置，切换到【布局】选项卡，在【页面设置】组中单击【分隔符】按钮。

步骤2 在打开的下拉列表中，列出了4种不同类型的分节符，如图2-243所示。

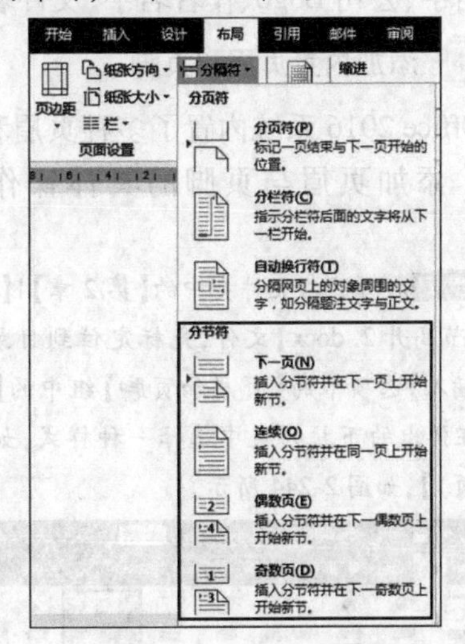

图2-243　分节符类型

- 下一页：插入分节符并在下一页上开始新节。
- 连续：插入分节符并在同一页上开始新节。
- 偶数页：插入分节符并在下一偶数页上开始新节。
- 奇数页：插入分节符并在下一奇数页

上开始新节。

步骤3 选择所需的分节符,即可在当前光标位置处插入一个不可见的分节符。例如,选择【下一页】分节符,不仅将光标位置后面的内容分为新的一节,还会使该节从新的一页开始,实现了既分节又分页的效果。

由于节不是一种可视的页面元素,所以很容易被用户忽视。然而如果少了节的参与,许多排版效果将无法实现。默认方式下,Word 将整个文档视为一节,所有对文档的设置都是应用于整篇文档的。当插入【分节符】将文档分成几节后,可以根据需要设置每节的格式。

2.4.4 设置页眉和页脚

页眉和页脚是文档中每个页面的顶部、底部和两侧页边距中的区域,用户可以在页眉和页脚中插入文本或图形等,如文档标题、公司名字、公司 Logo、作者名字、文件名等。

1 添加内置页眉和页脚

Office 2016 系统内置了多种页眉和页脚样式。添加页眉与页脚的具体操作步骤如下。

步骤1 打开素材文件夹中的【第 2 章】|【会计电算化节节高升 2. docx】文件,光标定位到目录节中,单击【插入】选项卡的【页眉和页脚】组中的【页眉】按钮,在弹出的下拉列表中选择一种样式,如【平面(偶数页)】,如图 2-244 所示。

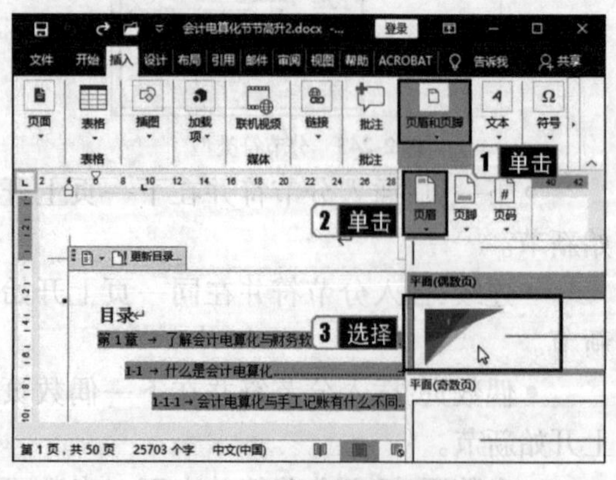

图 2-244 系统内置的页眉样式

步骤2 文档页面进入页眉和页脚编辑状态,光标自动转入【页眉】区,用户只需输入内容即可,如图 2-245 所示。选定输入的文本内容,可像普通文本一样设置文本格式、段落格式等。

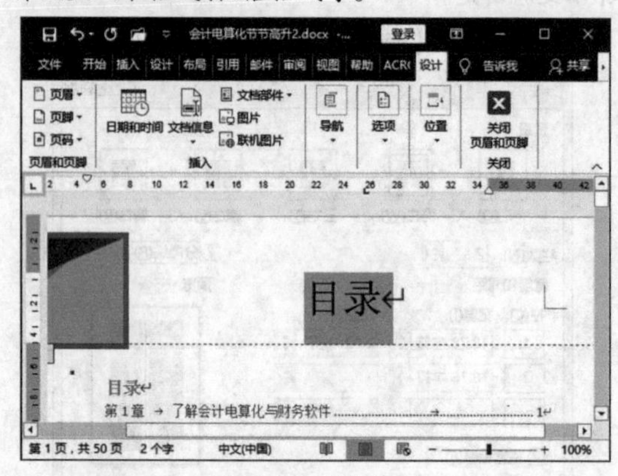

图 2-245 添加页眉

步骤3 单击【关闭页眉和页脚】按钮,可退出页眉和页脚编辑状态。

2 设置首页不同

如果想要将首页的页眉、页脚和其他页设置得不同,可以设置首页不同,具体的操作步骤如下。

步骤1 继续在素材【会计电算化节节高升2. docx】中,双击目录节中的页眉或页脚区域,进入页眉和页脚编辑状态,在功能区会自动添加【页眉和页脚工具】的【设计】选项卡。

步骤2 在【选项】组中勾选【首页不同】复选框,目录第一页中原先定义的页眉和页脚就被删除了,如图 2-246 所示,可以根据需要另行设置首页页眉或页脚。

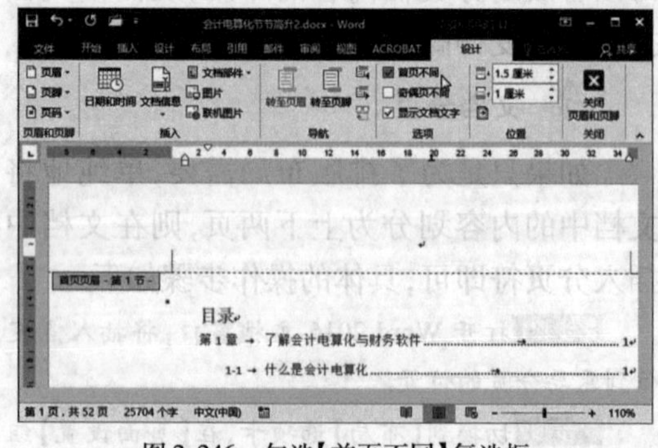

图 2-246 勾选【首页不同】复选框

3 设置奇偶页不同

有时一个文档中的奇偶页上需要使用不

同的页眉或页脚。例如，可以设置在奇数页上居右显示当前章节标题，在偶数页上居左显示文档标题，具体的操作步骤如下。

步骤1 重新打开素材【会计电算化节节高升2.docx】，双击文档第1章内容中的页眉或页脚区域，进入页眉和页脚编辑状态。

步骤2 在【页眉和页脚工具】|【设计】选项卡的【选项】组中勾选【奇偶页不同】复选框，如图2-247所示。

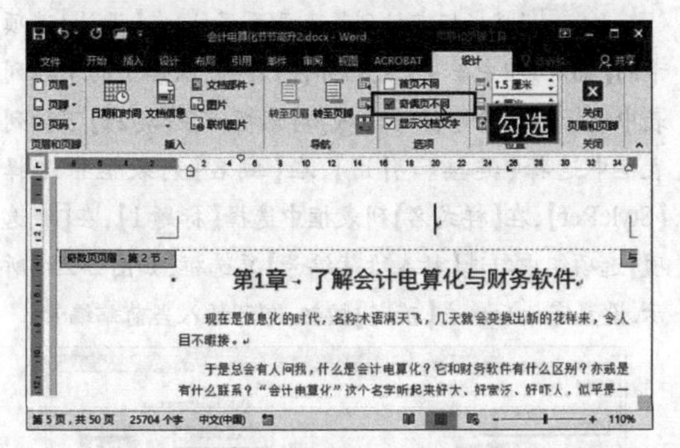

图2-247 勾选【奇偶页不同】复选框

步骤3 将光标移动到奇数页页眉位置中，在【设计】选项卡的【插入】组中单击【文档部件】按钮，从弹出的下拉列表中选择【域】命令，弹出【域】对话框。在【类别】下拉列表框中选择【链接和引用】，在【域名】列表框中选择【StyleRef】，在【样式名】列表框中选择【标题1】，如图2-248所示，设置完毕后单击【确定】按钮。然后将奇数页页眉设置为右对齐。

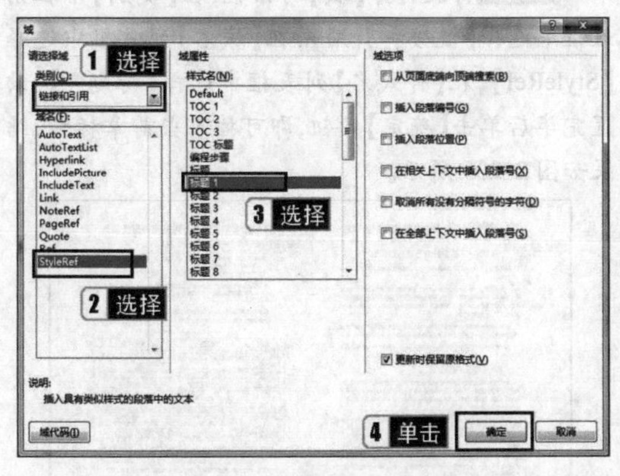

图2-248 设置奇数页页眉

步骤4 将光标移动到偶数页页眉位置中，在【设计】选项卡的【插入】组中单击【文档信息】按钮，从弹出的下拉列表中选择【文档标题】，如图2-249所示。然后将偶数页页眉设置为左对齐。

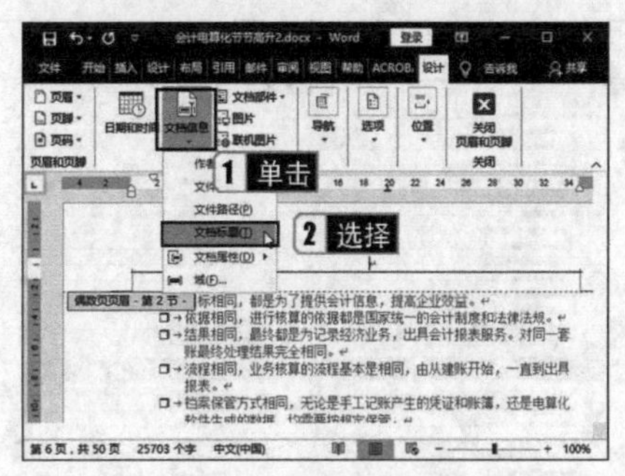

图2-249 设置偶数页页眉

步骤5 设置奇偶页不同后的效果如图2-250所示。

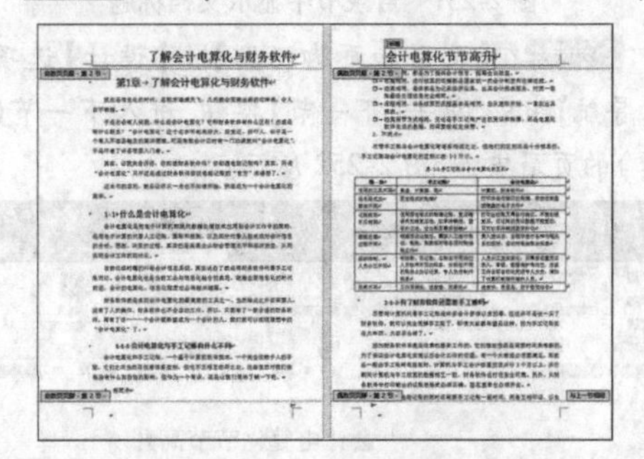

图2-250 奇偶页不同的效果

> **提示**
>
> 在【页眉和页脚工具】的【设计】选项卡中，单击【导航】组中的【转至页眉】按钮或【转至页脚】按钮，可以在页眉区域和页脚区域之间切换。如果文档已经分节或者选中了【奇偶页不同】复选框，则单击【上一节】按钮或【下一节】按钮，可以在不同节之间、奇数页和偶数页之间切换。

4 为每节设置不同的页眉页脚

当文档进行分节操作之后，可以为文档的每一节设置不同的页眉或页脚。例如，可以设置目录页眉显示文档标题，正文页眉显示当前章标题及编号，具体的操作步骤如下。

步骤1 重新打开素材【会计电算化节节高升2.docx】，文档中已经用奇数页分节符分成目录和正文第1章~第5章，共6节。

步骤2 首先将光标定位在目录节中，在该页的页眉或页脚区域中双击鼠标，进入页眉和页脚编辑状态。

步骤3 光标定位到目录节页眉处，在【页眉和页脚工具】|【设计】选项卡的【插入】组中单击【文档信息】按钮，从弹出的下拉列表中选择【文档标题】，结果如图2-251所示，目录节中显示文档标题。

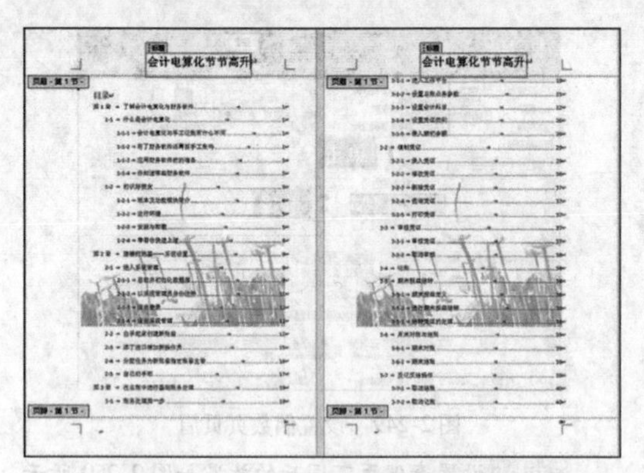

图 2-251　目录节中显示文档标题

步骤4 在【页眉和页脚工具】|【设计】选项卡的【导航】组中，单击【下一节】按钮，进入下一节（第 1 章）的页眉中，如图 2-252 所示。

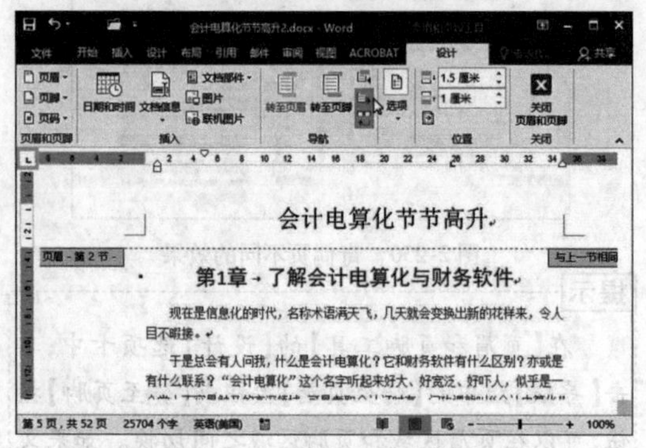

图 2-252　单击【下一节】按钮

步骤5 在【导航】组中单击【链接到前一条页眉】按钮，取消其选中状态，即可断开当前节与前一节中的页眉之间的链接，然后删掉原有的页眉内容，如图2-253所示。

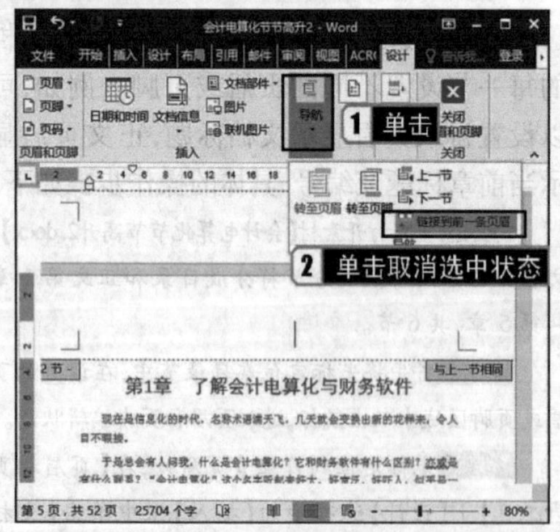

图 2-253　取消【链接到前一条页眉】的选中状态

提示

默认情况下，下一节自动接受上一节的页眉和页脚信息，在【导航】组中单击【链接到前一条页眉】按钮，取消其选中状态，可以断开当前节与前一节中的页眉（或页脚）之间的链接，页眉和页脚区域将不再显示“与上一节相同”的提示信息，此时修改本节页眉和页脚信息不会再影响前一节的内容。

步骤6 将光标定位到第 1 章页眉处，在【设计】选项卡的【插入】组中单击【文档部件】按钮，从弹出的下拉列表中选择【域】命令，弹出【域】对话框。在【类别】下拉列表框中选择【链接和引用】，在【域名】列表框中选择【StyleRef】，在【样式名】列表框中选择【标题 1】，在【域选项】选项组中勾选【插入段落编号】复选框，如图 2-254 所示，设置完毕后单击【确定】按钮，即可插入当前章编号。

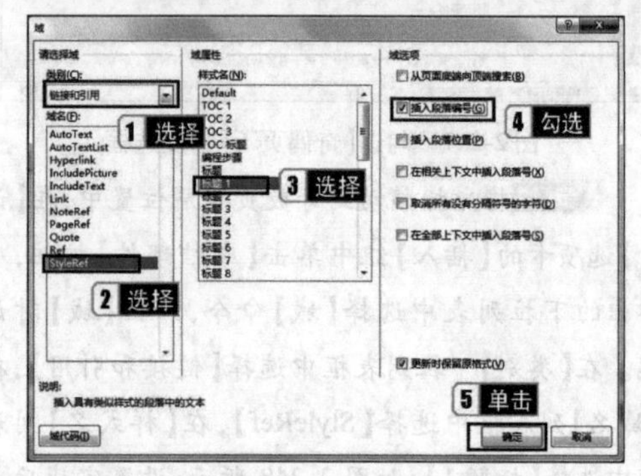

图 2-254　插入当前章编号

步骤7 再次打开【域】对话框，在【类别】下拉列表框中选择【链接和引用】，在【域名】列表框中选择【StyleRef】，在【样式名】列表框中选择【标题 1】，设置完毕后单击【确定】按钮，即可插入当前章标题，结果如图 2-255 所示。

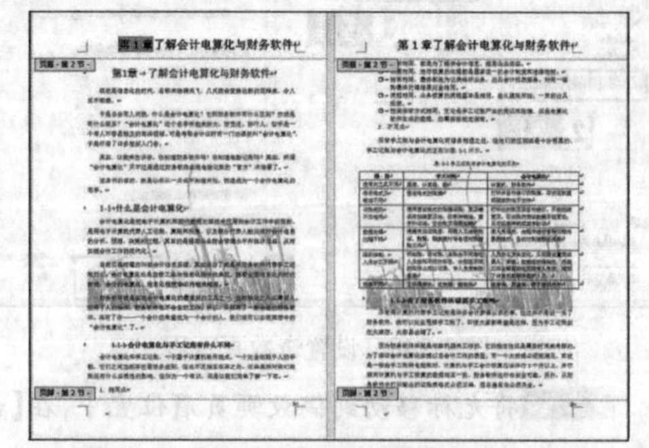

图 2-255　正文页眉显示当前章标题及编号

步骤8 在文档的正文区域中双击鼠标即可退出页眉和页脚编辑状态。

5 删除页眉和页脚

在页眉和页脚编辑状态下，正文区域变成灰色，表示当前不能对正文进行编辑，只能在页眉、页脚区域编辑。退出页眉和页脚编辑状态，返回正常文档编辑状态后，双击页眉和页脚区域，可重新进入页眉和页脚编辑状态。

若要删除页眉或页脚，可将光标放在文档中的任意位置，在【插入】选项卡的【页眉和页脚】选项组中单击【页眉】按钮，在弹出的下拉列表中选择【删除页眉】命令。

2.4.5 设置页码

在长文档中插入页码，可以使阅读变得比较方便。页码是文档的一部分，若文档没有分节，整篇文档将视为一节，只有一种页码格式。用户也可以将文档分节来设置不同的页码格式。

插入并设置页码格式的具体操作步骤如下。

步骤1 在【插入】选项卡的【页眉和页脚】组中单击【页码】按钮，在弹出的列表中列出了系统内置的4类不同的页码样式，包括【页面顶端】【页面底端】【页边距】和【当前位置】，如图2-256所示。将光标指向各类别后，会展开级联菜单，显示此类别中的所有的页码样式。

图2-256 【页码】列表

步骤2 选择一种页码样式并单击，即可插入页码。此时将会出现【页眉和页脚工具】|【设计】选项卡，单击【页眉和页脚】组中的【页码】按钮，在弹出的列表中选择【设置页码格式】命令，打开【页码格式】对话框，如图2-257所示。在【编号格式】下拉列表框中可以选择插入的页码形式，选择【起始页码】单选按钮，在其后的数值框中可以选择第一个页码的编号，单击【确定】按钮即可完成页码的设置。

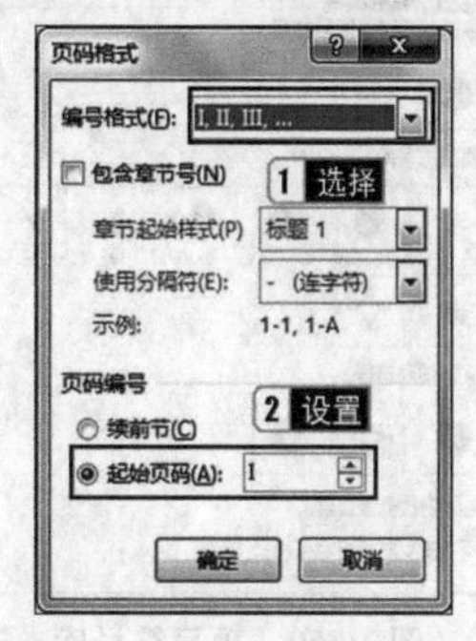

图2-257 【页码格式】对话框

【续前节】单选按钮：若选择该单选按钮，则页码连着前一节进行编号，不用再进行设置。

【包含章节号】复选框：选择该复选框即可激活其下面的选项，从中可以设置【章节起始样式】和【使用分隔符】，表示与页码一起显示及打印文档的章节号。

2.4.6 使用项目符号

项目符号主要用于区分Word 2016文档中不同类别的文本内容，并以段落为单位进行标识。用户可以在输入文本时自动创建项目符号列表，也可以给已有文档添加项目符号。

1 使用项目符号库

步骤1 选择文档中需要添加项目符号的段落。

步骤2 在【开始】选项卡的【段落】组中单击【项目符号】按钮 ☰ ▾，即可添加默认的项目符号，如图2-258所示。

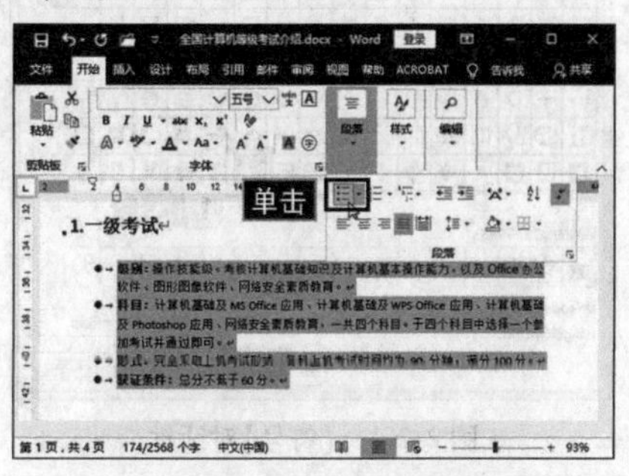

图2-258 单击【项目符号】按钮

步骤3 单击【段落】组中【项目符号】按钮右侧的下拉按钮，弹出项目符号库，如图2-259所示，其中有多种项目符号供选择。

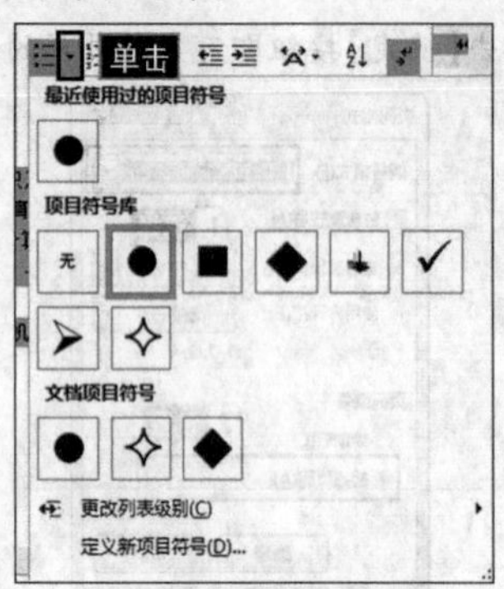

图 2-259　项目符号库

2 添加自定义项目符号

步骤1 选择文档中需要添加项目符号的段落。

步骤2 在【开始】选项卡的【段落】组中单击【项目符号】按钮右侧的下拉按钮，弹出项目符号库。

步骤3 从中选择【定义新项目符号】命令，弹出【定义新项目符号】对话框，如图 2-260 所示。

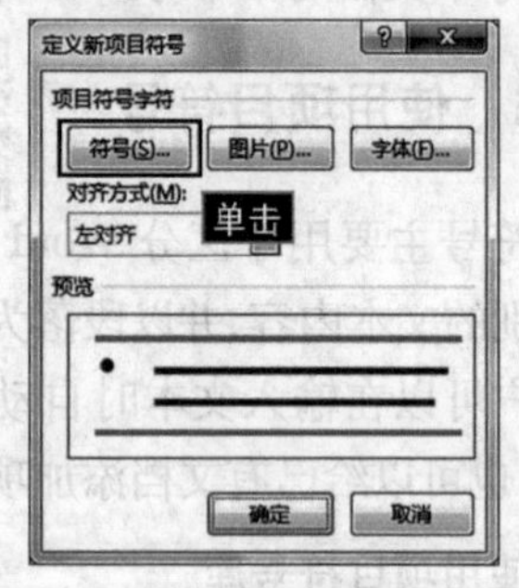

图 2-260　【定义新项目符号】对话框

步骤4 单击【符号】按钮，在弹出的【符号】对话框中选择需要的符号，单击【确定】按钮，如图 2-261 所示。

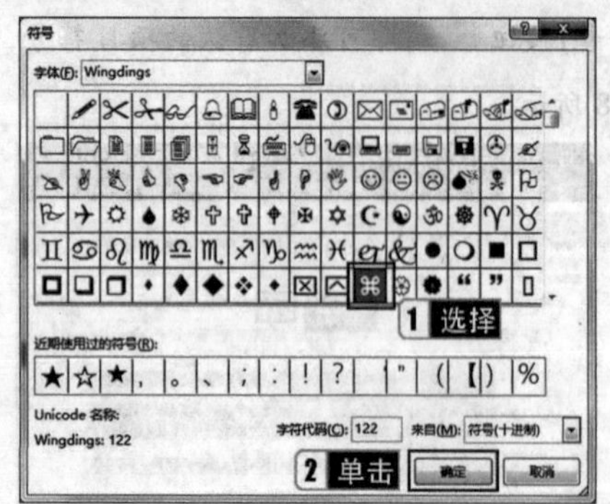

图 2-261　【符号】对话框

步骤5 单击【定义新项目符号】对话框中的【字体】按钮，在弹出的【字体】对话框中设置字体、字形、字号和字体颜色等，设置完成后单击【确定】按钮，如图 2-262 所示。

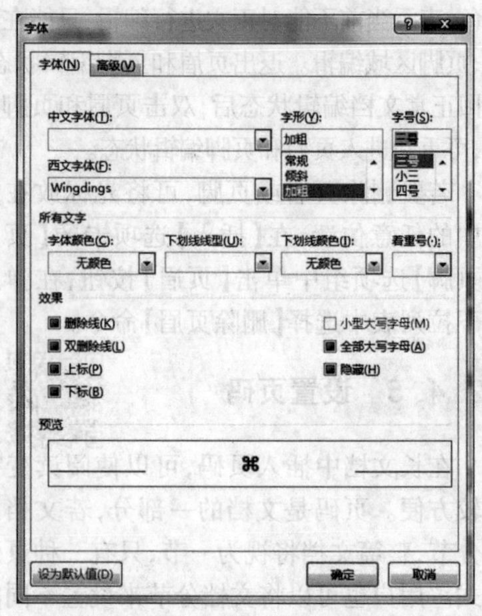

图 2-262　设置新项目符号的字体样式

步骤6 全部设置完成后，单击【定义新项目符号】对话框中的【确定】按钮，即可在当前段落中插入用户自定义的项目符号。

请注意

若要将项目符号替换为图片，可打开如图 2-260 所示的【定义新项目符号】对话框，单击【图片】按钮，弹出【插入图片】对话框，选择所需的图片，单击【插入】按钮，返回【定义新项目符号】对话框，单击【确定】按钮即可。

2.4.7 使用编号列表

在文本前添加编号，有助于增强段落的逻辑性和层次感。创建编号列表与创建项目符号列表的操作过程相似。

1 使用编号库

添加编号的具体操作步骤如下。

步骤1 选择需要添加编号的段落。

步骤2 在【开始】选项卡的【段落】组中单击【编号】按钮 ，即可直接在当前段落前面的位置添加默认的编号，如图 2-263 所示。

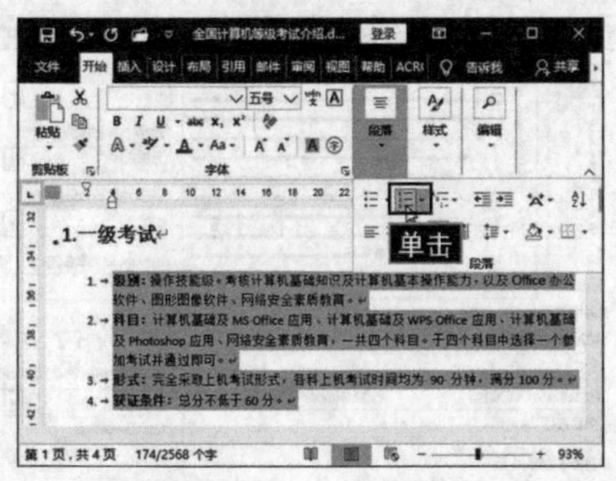

图 2-263　单击【编号】按钮

步骤3 单击【编号】按钮右侧的下拉按钮，弹出编号库，将鼠标指针悬停在编号库中的某种编号方式上，如图 2-264 所示，文档中即会显示应用该编号方式的预览效果。用户也可以单击【最近使用过的编号格式】组中的一种编号格式，将该编号格式应用在插入符所在的段落。

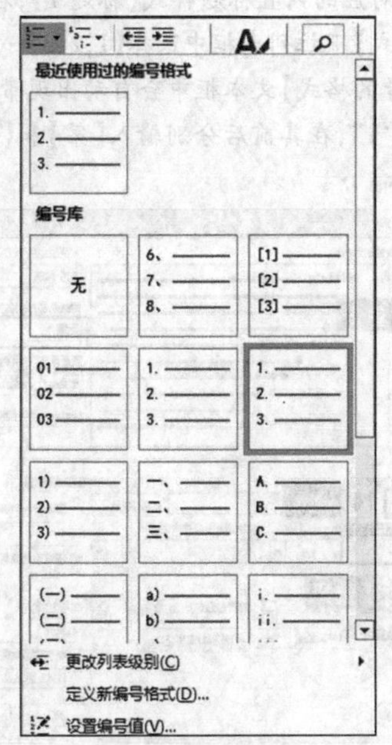

图 2-264　编号库

2 自定义段落编号

用户若想自定义段落的编号，可以使用自定义编号的方式，具体的操作步骤如下。

步骤1 选择文档中需要编号的段落。

步骤2 在【开始】选项卡的【段落】组中单击【编号】按钮右侧的下拉按钮，弹出编号库。

步骤3 选择编号库底部的【定义新编号格式】命令，弹出【定义新编号格式】对话框，在【编号样式】下拉列表框中选择相应的编号样式，如图 2-265 所示。

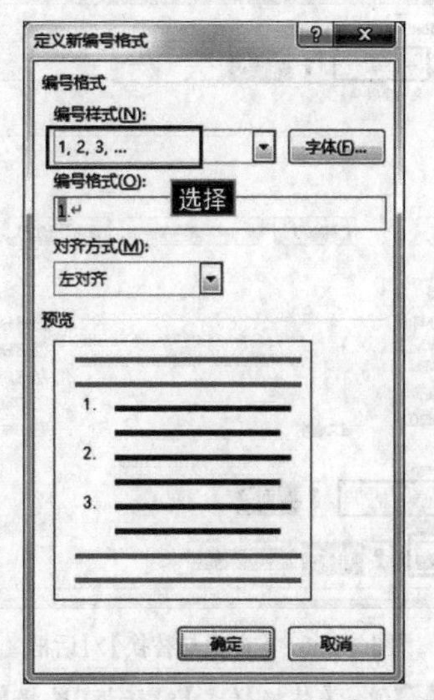

图 2-265　选择编号样式

步骤4 单击【字体】按钮，在弹出的【字体】对话框中进行相关设置。

步骤5 单击【确定】按钮，返回【定义新编号格式】对话框，设置对齐方式并进行效果预览，最后单击【确定】按钮即可完成编号设置。

2.4.8 使用多级列表

为了使文档内容更具层次感和条理性，经常需要使用多级编号列表。将多级编号与文档的大纲级别、内置标题样式结合使用时，可以快速生成分级别的章节编号。应用多级编号后，在调整章节顺序、级别时不需要再手动设置，编号能够自动更新。例如，为文档【会计电算化节节高升 1. docx】应用多级列表，使其一级标题、二级标题、三级标题能够自动编号，具体的操作步骤如下。

步骤1 打开素材文件夹中的【第 2 章】|【会计电算化节节高升 1. docx】文件。

步骤2 为带有一级标题、二级标题、三级标题样式的文本应用内置标题样式。在【开始】选项卡的【编辑】组中单击【替换】按钮，弹出【查找和替换】对话框，在【查找内容】文本框中输入【一级标题】；光标定位到【替换为】文本框，单击【更多】按钮，再单击下方的【格式】按钮，在弹出的列表中选择【样式】，如图 2-266 所示。

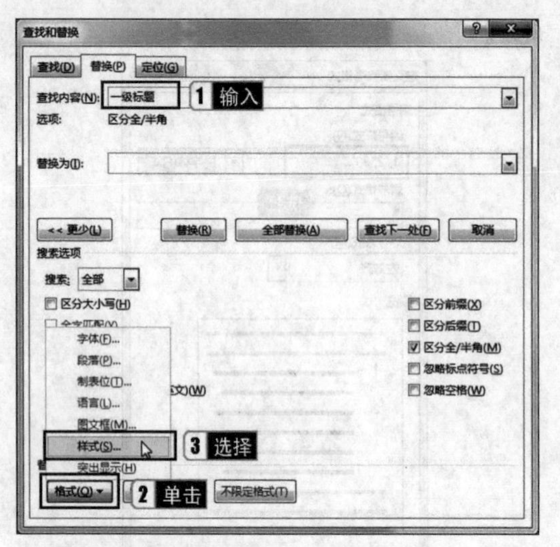

图 2-266 【查找与替换】对话框

步骤3 弹出【替换样式】对话框，选择【标题 1】，单击【确定】按钮，如图 2-267 所示。

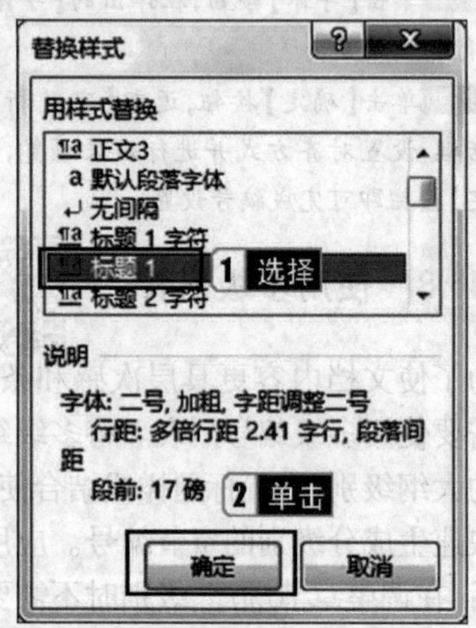

图 2-267 【替换样式】对话框

步骤4 返回【查找和替换】对话框，单击【全部替换】按钮，即可将所有带有一级标题样式的文本替换为标题 1 样式。

步骤5 按同样的方法，把带有二级标题样式的文本替换为标题 2 样式，把带有三级标题样式的文本替换为标题 3 样式，关闭【查找和替换】对话框。

步骤6 在【开始】选项卡的【段落】组中单击【多级列表】按钮，从弹出的下拉列表中选择【定义新的多级列表】命令，弹出【定义新多级列表】对话框，单击对话框左下角的【更多】按钮，进一步展开对话框，如图 2-268 所示。

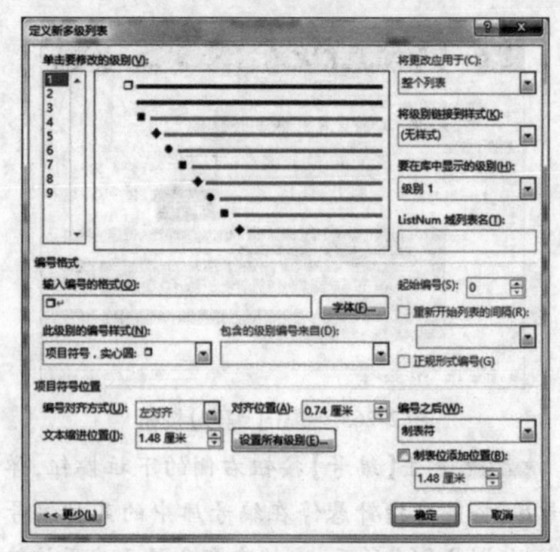

图 2-268 【定义新多级列表】对话框

步骤7 从左上方的级别列表框中单击指定列表级别【1】，在右侧的【将级别链接到样式】下拉列表框中选择对应的内置标题样式【标题 1】，在【此级别的编号样式】下拉列表框中选择【1,2,3,…】样式，在【输入编号的格式】文本框中会自动出现带有灰色底纹的数字“1”，在其前后分别输入【第】和【章】，如图 2-269 所示。

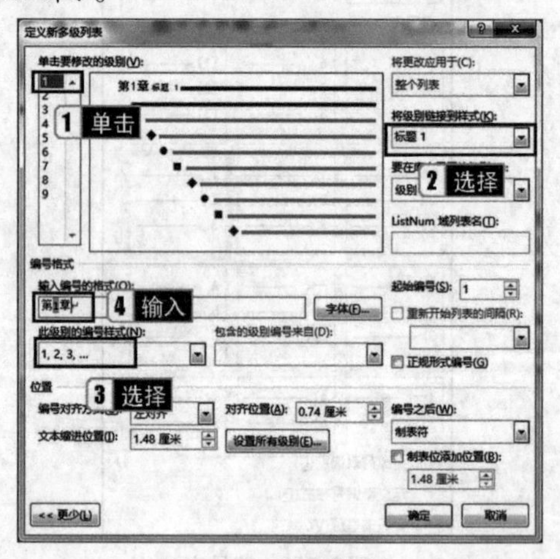

图 2-269 链接样式 1

步骤8 从左上方的级别列表框中单击指定列表级别【2】，在右侧的【将级别链接到样式】下拉列表框中选择对应的内置标题样式【标题 2】，在【此级别的编号样式】下拉列表框中选择【1,2,3,…】样式，删除【输入编号的格式】文本框中的内容。在【包含的级别编号来自】下拉列表框中选择【级别 1】，然后在【输入编号的格式】文本框中会自动出现带有灰色底纹的数字“1”，在其后输入【.】，如图 2-270 所示。再次在【此级别的编号样式】下拉列表框中选择【1,2,3,…】样式。

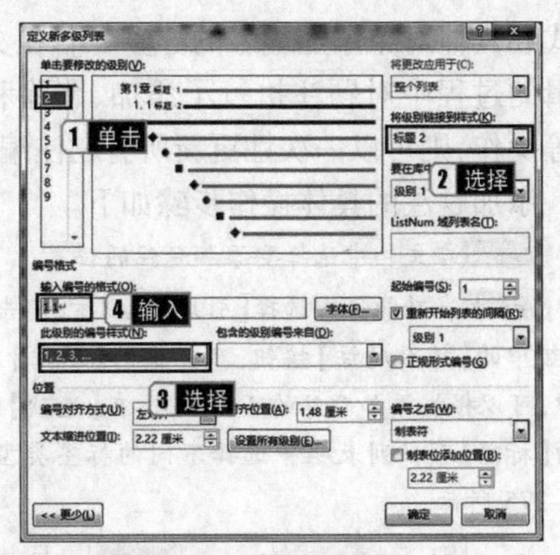

图2-270　链接样式2

步骤9 从左上方的级别列表框中单击指定列表级别【3】，在右侧的【将级别链接到样式】下拉列表框中选择对应的内置标题样式【标题3】，在【此级别的编号样式】下拉列表框中选择【1,2,3,…】样式，删除【输入编号的格式】文本框中的内容。在【包含的级别编号来自】下拉列表框中选择【级别1】，然后在【输入编号的格式】文本框中会自动出现带有灰色底纹的数字"1"，在其后输入【.】；再次在【包含的级别编号来自】下拉列表框中选择【级别2】，在【输入编号的格式】文本框中会自动出现带有灰色底纹的数字"1"，在其后输入【.】，如图2-271所示；再次在【此级别的编号样式】下拉列表框中选择【1,2,3,…】样式。

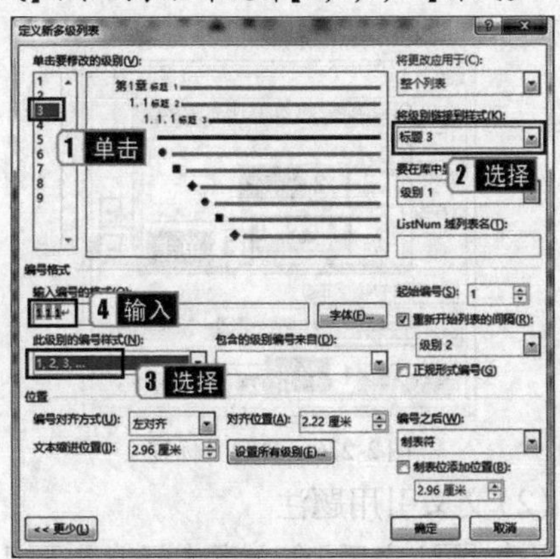

图2-271　链接样式3

步骤10 设置完毕后单击【确定】按钮，即可为标题应用多级编号列表。

提示

如需改变某一级编号的级别，可以将光标定位在文本段落之前按【Tab】键，也可以在【开始】选项卡的【段落】组中单击【减少缩进量】按钮 或【增加缩进量】按钮 。

2.4.9 在文档中添加引用内容

在长文档的编辑过程中，文档内容的索引和脚注等非常重要，它们可以使文档的引用内容和关键内容得到有效的组织。

1 脚注和尾注

(1)添加脚注和尾注

脚注是对文章中的内容进行解释和说明的文字，它一般位于当前页面的底部或指定文字的下方；尾注用于在文档中显示引用资料的出处或输入解释和补充性的信息，位于文档结尾或者指定节的结尾。脚注和尾注都是用一条横线与正文分开的。

在文档中添加脚注或尾注的操作步骤如下。

步骤1 在文档中选择要添加脚注或尾注的文本，或者将光标置于文档的尾部。

步骤2 在【引用】选项卡中单击【脚注】组中的【插入脚注】按钮或【插入尾注】按钮，如图2-272所示，在光标定位处输入脚注或尾注内容即可。

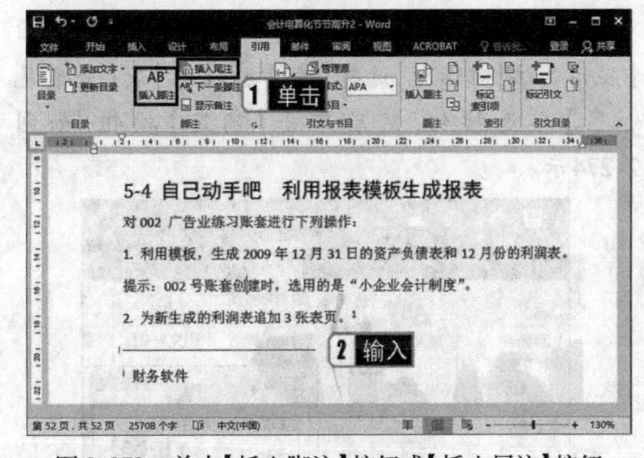

图2-272　单击【插入脚注】按钮或【插入尾注】按钮

(2)更改脚注或尾注的编号格式

更改脚注或尾注的编号格式的操作步骤如下。

步骤1 将光标置于需要更改脚注或尾注格式的节中。

步骤2 单击【引用】选项卡的【脚注】组右下角的对话框启动器按钮，打开【脚注和尾注】对话框。

步骤3 选择【脚注】或【尾注】单选按钮，这里选择的是【脚注】单选按钮。在【格式】选项组中设置用户所需的格式。

步骤4 设置完成后单击【插入】按钮，如图2-273所示。

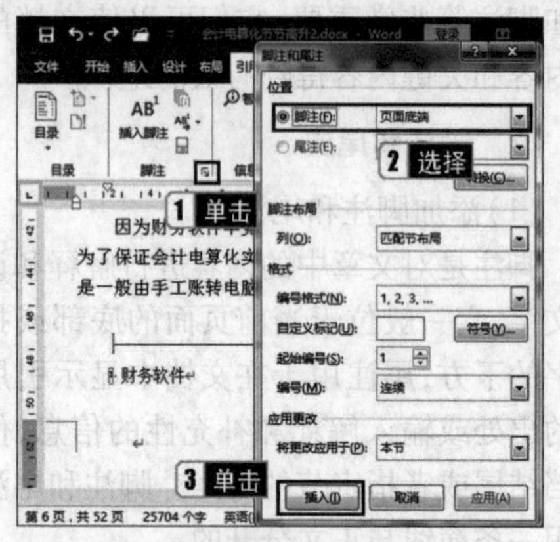

图2-273 更改脚注的编号格式

(3)创建脚注或尾注延续标记

若脚注或尾注过长，以至于当前页面无法容纳，可以创建延续标记，把脚注或尾注的内容延续到下一页。具体的操作步骤如下。

步骤1 在页面视图模式下，在【引用】选项卡的【脚注】组中单击【显示备注】按钮 。

步骤2 若文档同时包含脚注或尾注，则会弹出【显示备注】对话框，选择【查看脚注区】或【查看尾注区】单选按钮，然后单击【确定】按钮，如图2-274示。

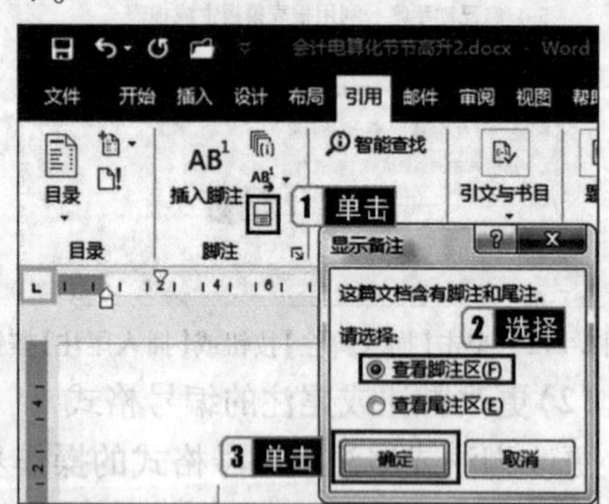

图2-274 【显示备注】对话框

步骤3 在光标闪烁处输入延续标记所用的文字即可。

2 题注

(1)添加题注

题注是一种可以为文档中的图表、表格、公式和其他对象添加编号的标签。若在文档编辑的过程中对题注执行了添加、删除和移动等操作，则可以一次性更新所有题注编号。

添加题注的具体操作步骤如下。

步骤1 在文档中选择要添加题注的位置。

步骤2 在功能区中选择【引用】选项卡，单击【题注】组中的【插入题注】按钮，在弹出的【题注】对话框中，可以根据添加题注的不同对象，在【选项】选项组的【标签】下拉列表框中选择不同的标签类型，如图2-275所示。

图2-275 选择标签类型

步骤3 如果希望在文档中使用自定义的标签显示方式，则可以在【题注】对话框中单击【新建标签】按钮，在弹出的【新建标签】对话框中设置自定义标签的名称，如图2-276所示。依次单击【确定】按钮关闭对话框即可。

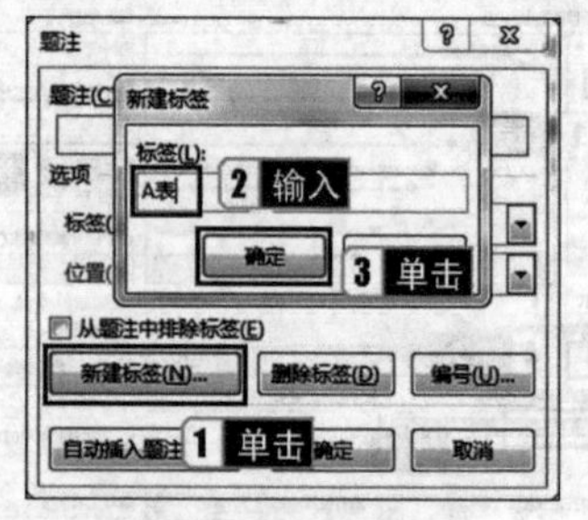

图2-276 自定义标签

(2)交叉引用题注

添加题注之后，在文章中经常需要引用，如“如表1-1所示”“如图1-2所示”等。交叉引用题注的具体操作步骤如下。

步骤1 在文档中应用标题样式并插入题注，然后将光标定位于需要引用题注的位置。

步骤2 在【引用】选项卡的【题注】组中单击【交叉引用】按钮，弹出【交叉引用】对话框，选择引用类型、引用内容，在【引用哪一个编号项】列表框中选择引用的编号项，如图2-277所示。

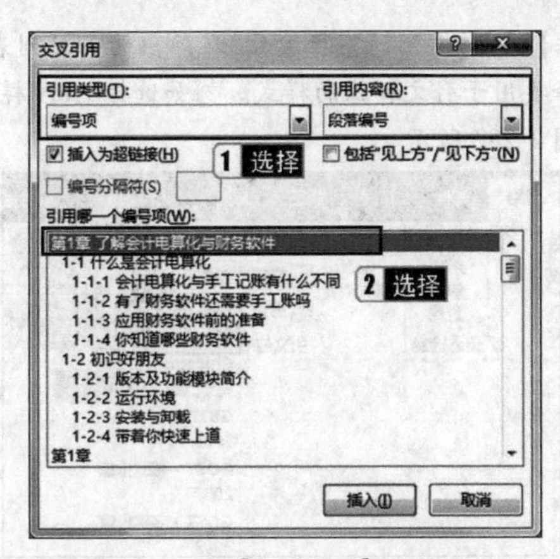

图 2-277　【交叉引用】对话框

步骤3 单击【插入】按钮，即可在当前位置插入引用题注。单击【关闭】按钮退出对话框。

提示

交叉引用是作为域插入到文档中的，当文档中的某个题注发生变化后，只需进行一下打印预览，文档中的其他题注序号及引用内容就会随之自动更新。

3 索引

在 Word 中，索引用于列出文档中讨论的术语和主题，以及它们出现的页码。用户若要创建索引，可以通过文档中的名称和交叉引用来标记索引项，然后生成索引。

(1)标记索引项

标记索引项的操作步骤如下。

步骤1 选中文档中需要作为索引的文本。

步骤2 在【引用】选项卡的【索引】组中单击【标记索引项】按钮，如图 2-278 所示。

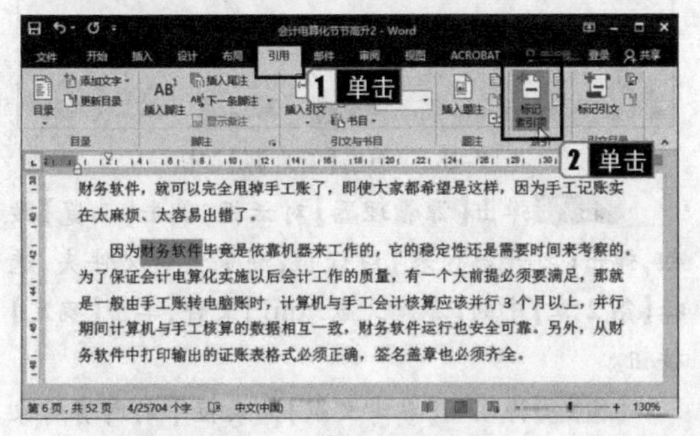

图 2-278　单击【标记索引项】按钮

步骤3 弹出【标记索引项】对话框，在【主索引项】文本框中会显示选定的文本，如图 2-279 所示。

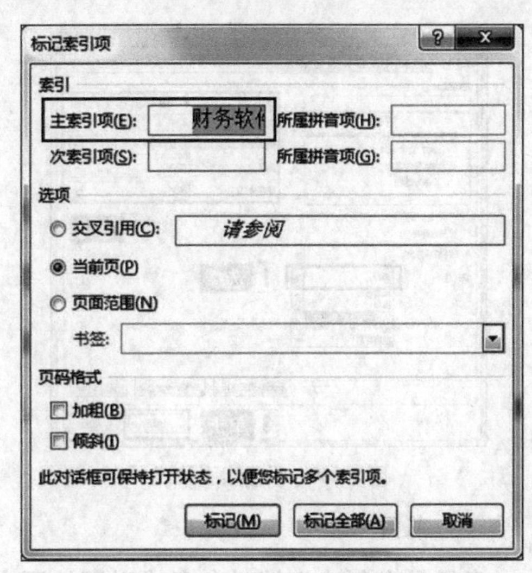

图 2-279　【标记索引项】对话框

步骤4 单击【标记】按钮可标记索引项，单击【标记全部】按钮可标记文档中与此文本相同的所有文本。

步骤5 此时【标记索引项】对话框中的【取消】按钮变为【关闭】按钮，单击【关闭】按钮即可完成标记索引项的操作。

提示

插入到文档中的索引项实际上也是域代码，通常情况下该索引标记域代码只用于显示，不会被打印。

(2)创建新索引

完成了标记索引项的操作后，就可以选择一种索引格式并生成最终的索引了。为文档中的索引项创建新索引的操作步骤如下。

步骤1 首先将光标定位在需要创建索引的位置，通常是文档的最后。

步骤2 在【引用】选项卡的【索引】组中单击【插入索引】按钮。

步骤3 打开【索引】对话框，在【索引】选项卡的【格式】下拉列表框中选择一种索引格式，如【流行】，效果可以在【打印预览】列表框中查看，如图 2-280所示。

步骤4 在右侧可以进行类型、栏数、排序依据等更多设置，设置完成后单击【确定】按钮，创建的索引就会出现在文档中。

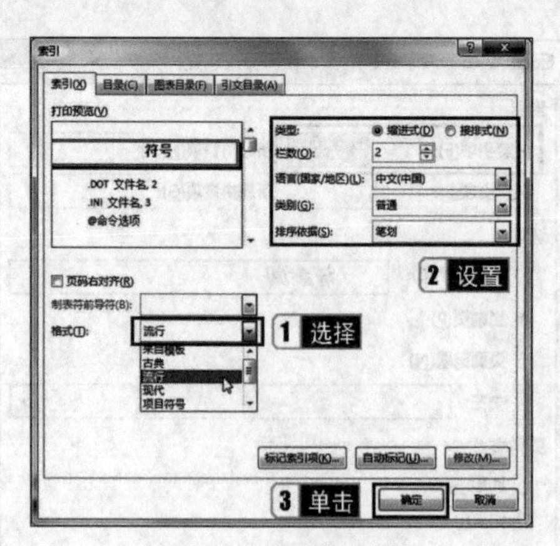

图 2-280　设置索引格式

4 书目

书目是在创建文档时参考或引用的源文档的列表，通常位于文档的末尾。在排版科普文章时，结尾通常需要列出参考文献，通过创建书目即可实现这一效果。在 Word 2016 中，需要先组织源信息，然后根据为该文档提供的源信息自动生成书目。

(1)创建源

源可能是一本书、一个网站，或者是期刊文章、会议记录等。在文档中添加新的引文的同时就可新建一个显示于书目中的源，具体的操作步骤如下。

步骤1 将光标定位到要引用书目的位置，在【引用】选项卡的【引文与书目】组中单击【插入引文】按钮，在弹出的下拉列表中选择【添加新源】命令。

步骤2 在弹出的【创建源】对话框中输入作为源的书目信息，如图 2-281 所示。

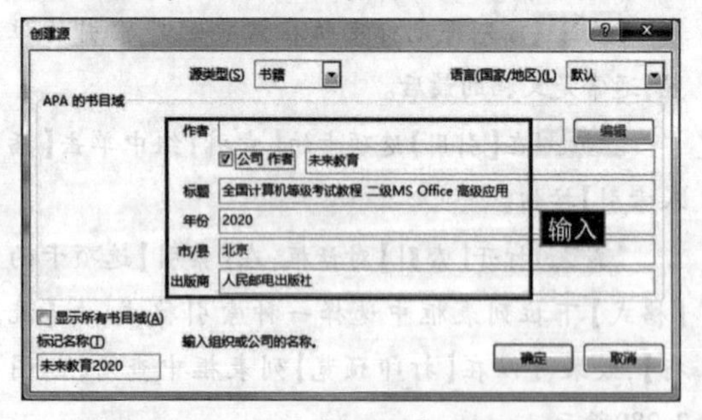

图 2-281　【创建源】对话框

步骤3 单击【确定】按钮，在创建源信息条目的同时完成插入引文的操作。

步骤4 在【引用】选项卡的【引文与书目】组中单击【样式】右侧的下拉按钮，在弹出的下拉列表中选择要用于引文和源的样式。例如选择 APA 样式，如图 2-282 所示。

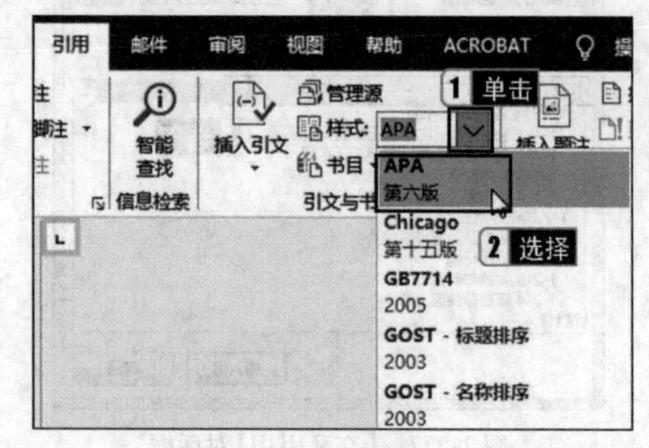

图 2-282　选择 APA 样式

(2)插入书目

除了自己创建书目源信息之外，还可以直接引用外部文档作为书目的来源。例如，为文档【会计电算化节节高升 2. docx】插入书目，书目中文献的来源为文档【参考文献. xml】，具体的操作步骤如下。

步骤1 打开素材文件夹中的【第 2 章】|【会计电算化节节高升 2. docx】，将光标定位在文档中需要插入书目的位置，如定位于文档的末尾。

步骤2 在【引用】选项卡的【引文与书目】组中单击【管理源】按钮，如图 2-283 所示。

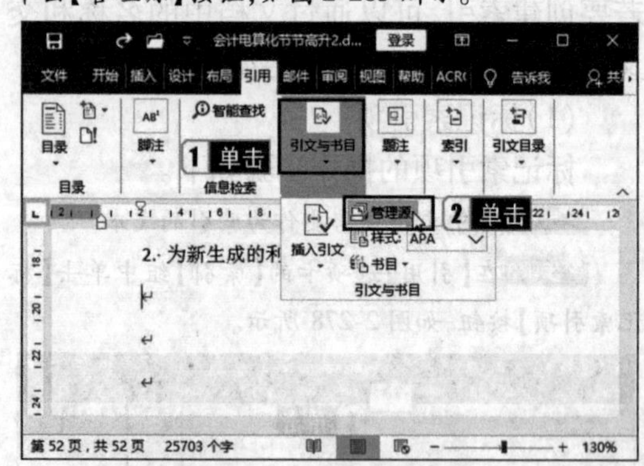

图 2-283　单击【管理源】按钮

步骤3 弹出【源管理器】对话框，单击【浏览】按钮，弹出【打开源列表】对话框，浏览素材文件夹，选择【第 2 章】中的【参考文献. xml】文件，单击【确定】按钮。

步骤4 将左侧【参考文献】列表框中的所有对象选中，单击中间位置的【复制】按钮，将左侧的参考文献全部复制到右侧的【当前列表】中，单击【关闭】按钮，如图 2-284 所示。

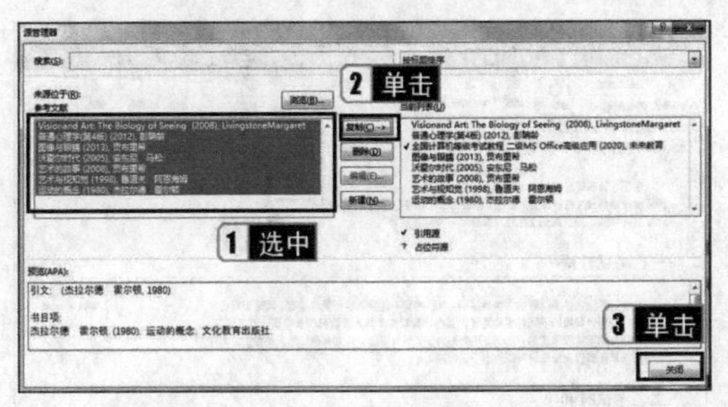

图 2-284 【源管理器】对话框

步骤5 单击【引文与书目】组中的【书目】按钮，在弹出的下拉列表中选择一个内置的书目格式，或者直接选择【插入书目】命令，即可将书目插入文档。

2.4.10 创建文档目录

名师讲解

目录用于列出文档中各级标题及其所在页面的页码，方便用户在文档中快速查找所需内容。Word 2016 提供了一个内置的目录库，方便用户使用。

1 使用内置目录

创建文档目录的具体操作步骤如下。

步骤1 把光标定位到需要建立文档目录的位置，一般为文档的最前面。

步骤2 在【引用】选项卡的【目录】组中单击【目录】按钮，在弹出的下拉列表中选择需要的样式，如选择【手动目录】样式，即可自行填写相应的目录内容，如图 2-285 所示。

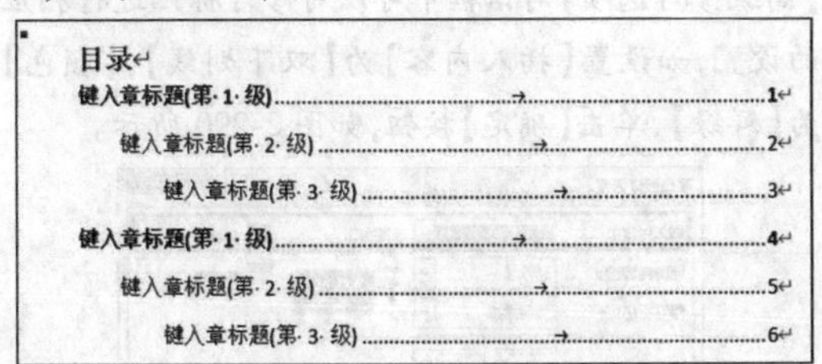

图 2-285 选择【手动目录】样式

提示

如果文档标题应用了内置的标题样式，则可以使用 Word 提供的自动目录功能。自动目录在文档发生改变后，可以利用更新目录的功能来适应文档的变化。此外，除了可以创建一般的标题目录外，还可以根据需要创建图表目录和引文目录等。

2 自定义目录

在【引用】选项卡的【目录】组中，选择【目录】下拉列表中的【自定义目录】命令，弹出图 2-286 所示的【目录】对话框。

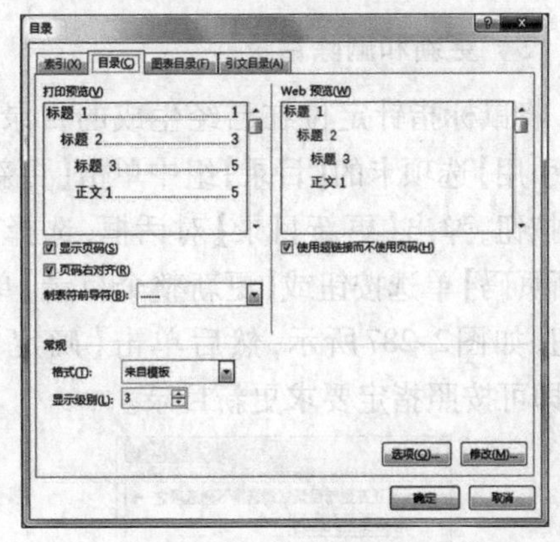

图 2-286 【目录】对话框

【目录】对话框中各选项的功能如下。

- 打印预览：用来预览打印出来的实际样式。
- Web 预览：用来预览在 Web 网页中显示的样式。
- 显示页码：选中该复选框，即可在目录中显示页码项，否则将不显示。
- 页码右对齐：选中该复选框，目录中的页码右对齐。
- 制表符前导符：制表符前导符是连接目录内容与页码的符号。可在该下拉列表框中选择相应的符号。
- 使用超链接而不使用页码：选中该复选框，建立目录与正文之间的链接。按住【Ctrl】键并单击目录行时，将跳转到正文中该目录所指的具体内容。
- 格式：指目录的格式。Word 2016 中已经建立了几种内置目录格式，如【来自模板】【古典】【优雅】【流行】等。
- 显示级别：代表目录的级别。例如，如果该值为 2，则显示 2 级目录；如果该值为 3，则显示 3 级目录。
- 选项：关于目录的其他选项。多数情况下，不用设置该选项就已满足创建目录的需要了。
- 修改：用来修改目录的内容。如果系

统内置的目录与选项不能满足用户要求，则可进行修改。

3 更新和删除目录

将鼠标指针定位在已经生成的目录上，在【引用】选项卡的【目录】组中单击【更新目录】按钮，弹出【更新目录】对话框，选择【只更新页码】单选按钮或【更新整个目录】单选按钮，如图2-287所示，然后单击【确定】按钮，即可按照指定要求更新目录。

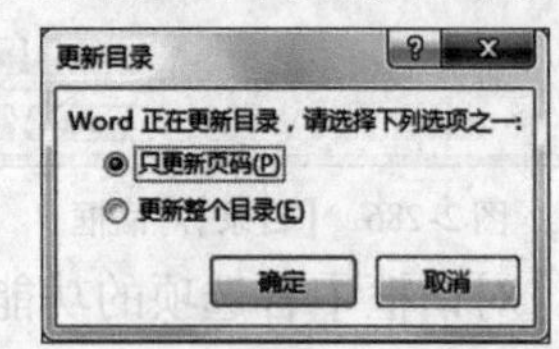

图 2-287 【更新目录】对话框

选择目录后，直接按【Delete】键即可删除目录。

2.5 审阅及共享文档

在日常办公、学习中，有些文件需要经过审阅，并在文件上进行批注、修改后才可以公示或者共享。Word 2016 提供了多种方式来协助用户完成文档审阅和共享的相关操作，可极大地提高用户的工作效率。

2.5.1 修订文档

名师讲解

在修订状态下修改文档时，Word 会自动跟踪全部内容的变化情况，并且会把用户在编辑时对文档所做的删除、修改、插入等每一项内容详细地记录下来。修订文档的具体操作步骤如下。

步骤1 在【审阅】选项卡的【修订】组中单击【修订】按钮，即可开启文档的修订状态。

步骤2 此时，删除的内容会出现在文档右侧空白处，插入的内容将会用颜色及下划线标记，如图2-288所示。

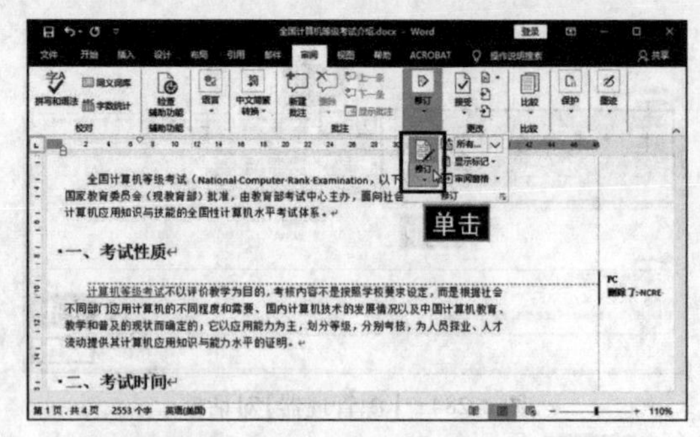

图 2-288 进入修订状态

用户还可根据需要对修订内容的样式进行自定义设置，具体的操作步骤如下。

步骤1 单击【审阅】选项卡的【修订】组右下角的对话框启动器按钮，弹出【修订选项】对话框，根据需要可以选中【批注】【墨迹】【插入和删除】【按批注显示图片】【格式】等复选框，如图2-289所示。

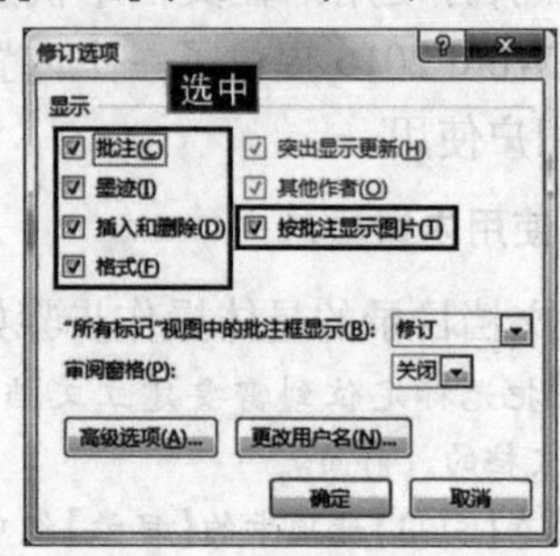

图 2-289 【修订选项】对话框

步骤2 单击下方的【高级选项】按钮，在弹出的【高级修订选项】对话框中可以对修订标记进行相应的设置，如设置【插入内容】为【双下划线】，【颜色】为【鲜绿】，单击【确定】按钮，如图2-290所示。

图 2-290 【高级修订选项】对话框

步骤3 返回到【修订选项】对话框，单击【确定】按钮退出对话框。更改后的修订标记效果如图2-291所示。

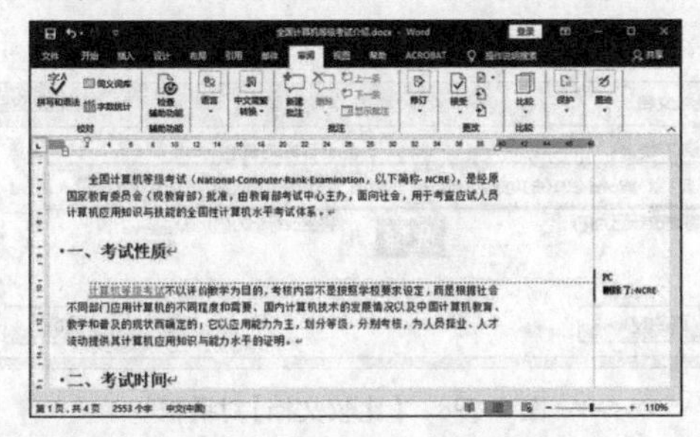

图2-291 更改后的修订标记效果

提示

在【修订】组的【显示以供审阅】下拉列表框中可以选择查看文档修订的方式，有【简单标记】【所有标记】【无标记】【原始状态】4种，如图2-292所示。一般选择【所有标记】，以显示出所有标记的修订。

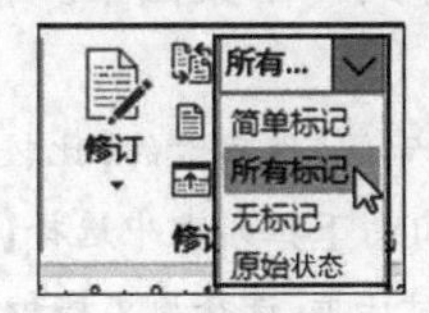

图2-292 选择查看文档修订的方式

2.5.2 审阅修订文档

1 查看指定审阅者的修订

在默认状态下，Word显示的是所有审阅者的修订标记。如果只想查看某个审阅者的修订，可进行如下操作。

步骤1 在【审阅】选项卡的【修订】组中单击【显示标记】按钮，在弹出的下拉列表中选择【特定人员】命令。

步骤2 取消选中【PC】复选框，则文档中只显示Minerva的修订内容，如图2-293所示。

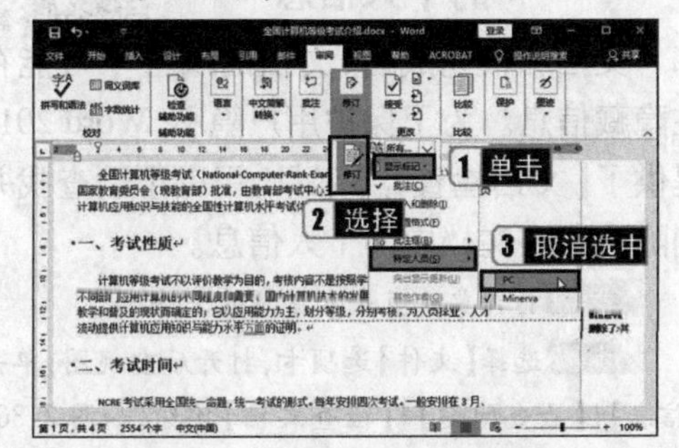

图2-293 查看指定审阅者的修订

2 接受或拒绝修订

用户可接受或拒绝文档中的修订，具体的操作步骤如下。

步骤1 在文档修订状态下，在【审阅】选项卡的【更改】组中单击【上一条】或【下一条】按钮，即可定位到文档中的上一处或下一处修订。

步骤2 在【审阅】选项卡的【更改】组中单击【接受】或【拒绝】按钮，可以选择接受或拒绝当前修订，如图2-294所示。

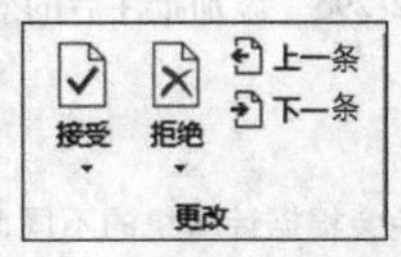

图2-294 接受或拒绝当前修订

步骤3 重复步骤1~2，直到文档中的修订不再存在。

步骤4 如果用户想要拒绝或接受所有的修订，可直接选择【更改】组中的【拒绝】|【拒绝所有修订】或【接受】|【接受所有修订】命令，如图2-295所示。

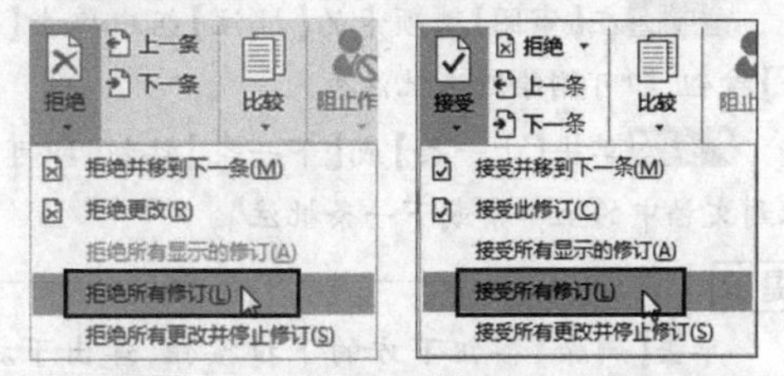

图2-295 拒绝或接受所有修订

2.5.3 添加和删除批注

1 添加批注

在Word中，用户若要对文档（如文本、图片等）进行特殊说明，可通过添加批注对象来实现。批注与修订的不同之处是，它在文档页面的空白处添加相关的注释信息，并用带颜色的方框（一般称为批注框）框起来。添加批注的具体操作步骤如下。

步骤1 将光标定位至需要插入批注的位置，或选中需要批注的内容。

步骤2 在【审阅】选项卡的【批注】组中单击【新建批注】按钮后，相应的文字上会出现底纹，并在页面空白处显示批注框，在批注框中输入用户要说明的文字即可。添加批注后的效果如图2-296所示。

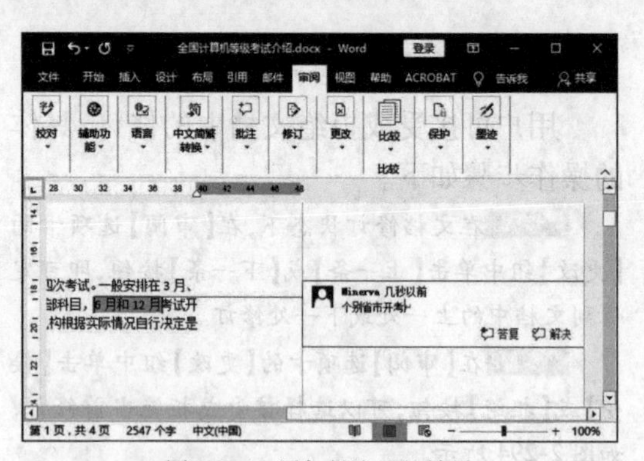

图 2-296　添加批注后的效果

请注意

批注的颜色会根据计算机的不同而改变。

2 删除批注

若用户在操作文档的过程中需要删除批注，可按以下步骤进行操作。

步骤1 将光标定位至要删除的批注框中。

步骤2 在【审阅】选项卡的【批注】组中单击【删除】按钮，即可删除所选批注框。

步骤3 单击【上一条】或【下一条】按钮，即可定位到文档中的上一条或下一条批注。

提示

单击【删除】按钮下方的下拉按钮，弹出下拉列表，如图 2-297 所示。若选择【删除】命令，可删除所选批注；若选择【删除所有显示的批注】命令，可删除文档中所有显示的批注；若选择【删除文档中的所有批注】命令，可删除文档中所有显示和未显示的批注。

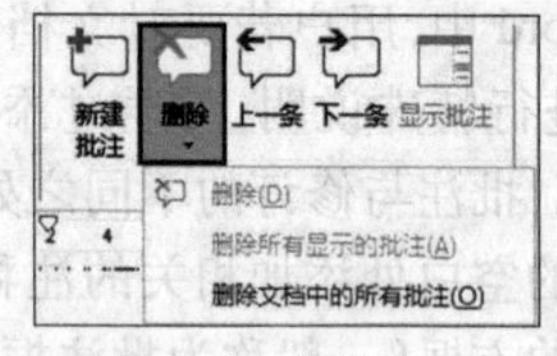

图 2-297　删除批注

2.5.4 比较及合并文档

名师讲解

用户对文档进行最终审阅后，可通过【比较】功能查看修订前后两个文档的差异情况。具体的操作步骤如下。

步骤1 在【审阅】选项卡的【比较】组中单击【比较】按钮，在弹出的下拉列表中选择【比较】命令，弹出【比较文档】对话框，选择原文档和修订的文档，如图 2-298 所示。

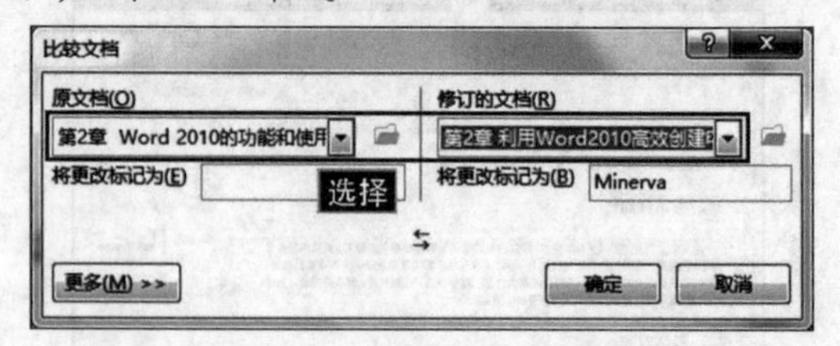

图 2-298　【比较文档】对话框

步骤2 单击【确定】按钮后，两个文档的不同之处将突出显示，以供用户查看。在文档比较视图左侧的【修订】窗格中，会显示原文档与修订的文档之间的具体差异情况。

使用合并文档功能，可以将多位作者的修订内容合并到一个文档中。合并文档的操作步骤如下。

步骤1 在【审阅】选项卡的【比较】组中单击【比较】按钮，在弹出的下拉列表中选择【合并】命令，弹出【合并文档】对话框，选择原文档和修订的文档，如图 2-299 所示。

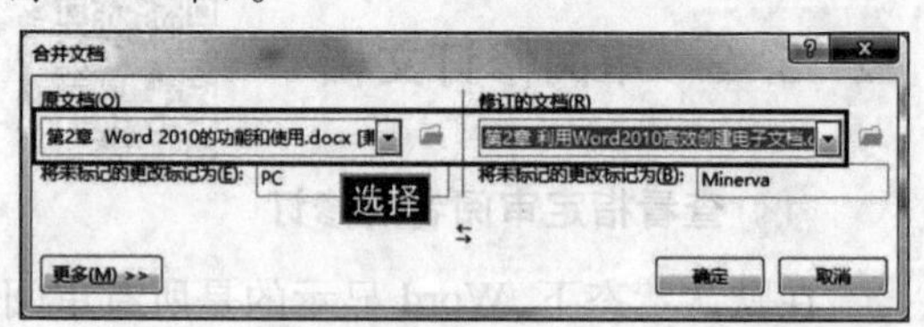

图 2-299　【合并文档】对话框

步骤2 单击【确定】按钮后，将会新建一个合并的文档。在合并的文档中，可审阅修订，决定接受还是拒绝相关修订内容。

2.5.5 删除文档中的个人信息

名师讲解

文档编辑完成后，文档的属性中可能存在隐藏信息。为了保护用户隐私，Word 2016 提供了【文档检查器】工具，用以帮助查找并删除隐藏在文档中的个人信息。

步骤1 打开要检查个人信息的文件。

步骤2 选择【文件】选项卡，打开后台视图，单击【信息】|【检查问题】|【检查文档】按钮，如图 2-300 所示。

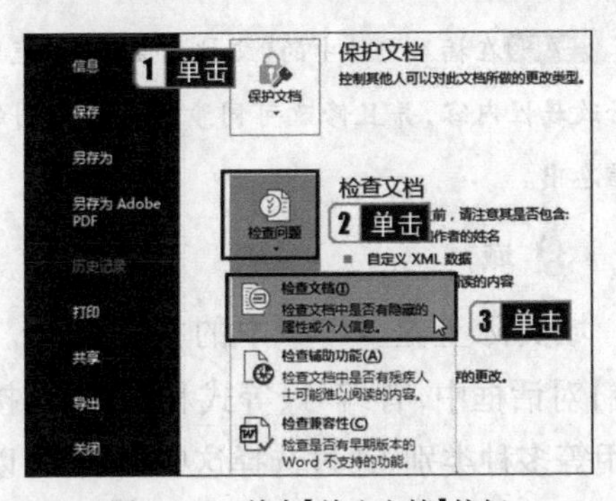

图 2-300 单击【检查文档】按钮

步骤3 在弹出的【文档检查器】对话框中选择要检查的隐藏内容类型,然后单击【检查】按钮。

步骤4 检查完成后,在【文档检查器】对话框中审阅检查结果,单击需删除内容右侧的【全部删除】按钮即可,如图 2-301 所示。

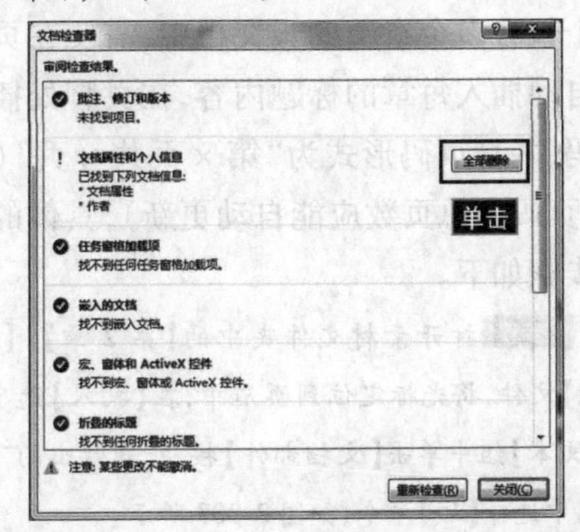

图 2-301 【文档检查器】对话框

2.5.6 使用文档部件

文档部件可用于对文档的某段内容,包括图片、表格、段落等进行存储,以便重复使用。文档部件包括自动图文集、文档属性以及域等。

1 自动图文集

自动图文集是一类特殊的文档部件,是可以重复使用、存储在特定位置的构建基块。如果需要在文档中反复使用某些固定内容,就可将其定义为自动图文集词条,并在需要时引用。定义自动图文集的操作步骤如下。

步骤1 在文档中输入需要定义为自动图文集的内容,如文章名称和作者信息等,并且可以设置适当的格式。

步骤2 选择需要定义为自动图文集词条的内容,在【插入】选项卡的【文本】组中单击【文档部件】按钮,在弹出的下拉列表中选择【自动图文集】|【将所选内容保存到自动图文集库】命令,如图 2-302 所示。

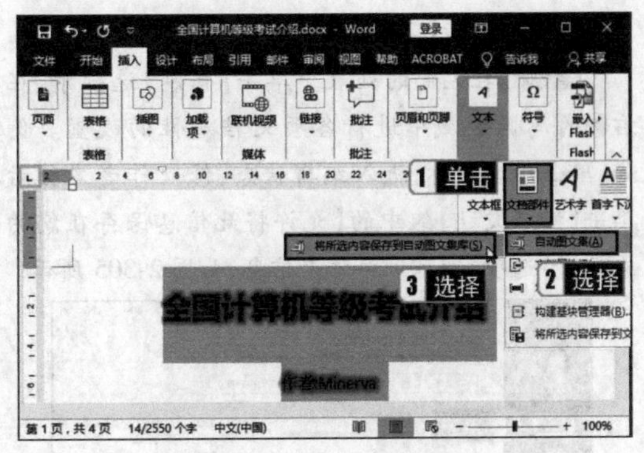

图 2-302 定义自动图文集

步骤3 在弹出的【新建构建基块】对话框中,输入词条名称并设置相关属性后,单击【确定】按钮,如图 2-303 所示。

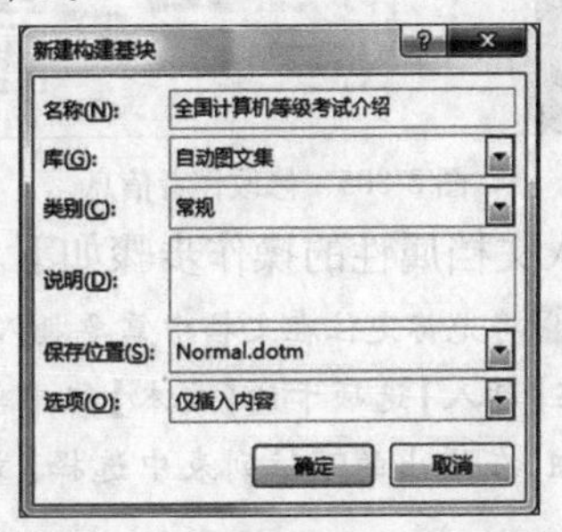

图 2-303 【新建构建基块】对话框

步骤4 将光标定位在文档中需要插入自动图文集词条的位置,在【插入】选项卡的【文本】组中单击【文档部件】按钮,选择【自动图文集】中定义好的词条名称,即可快速插入相关词条内容,如图 2-304 所示。

图 2-304 插入自动图文集

2 文档属性

文档属性指当前文档的标题、作者、主题等文档信息，可以在【文件】后台视图中进行编辑和修改。

修改文档属性的操作步骤如下。

步骤1 单击【文件】选项卡，打开后台视图。

步骤2 在左侧的列表中单击【信息】选项卡，在右侧的属性区域中进行各项文档属性的设置。例如，单击作者名称，进入编辑状态，修改作者名称后单击【检查文档】组中的【允许将此信息保存在您的文档中】选项，即可保存作者信息，如图 2-305 所示。

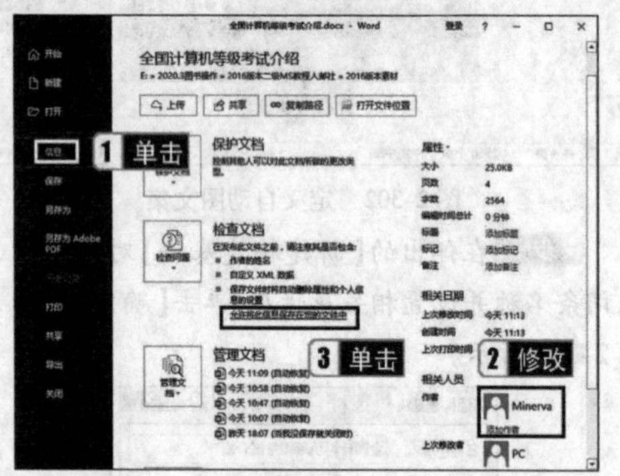

图 2-305 修改作者信息

插入文档属性的操作步骤如下。

步骤1 将光标定位在文档中需要插入文档属性的位置，在【插入】选项卡的【文本】组中单击【文档部件】按钮，在弹出的下拉列表中选择【文档属性】命令。

步骤2 在弹出的级联列表中选择所需的属性名称，即可将其插入文档，如图 2-306 所示。

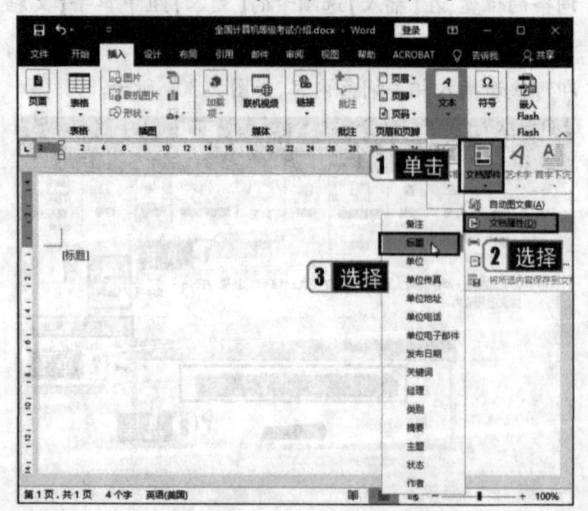

图 2-306 插入文档属性

步骤3 在插入文档中的【文档属性】文本框中可以修改属性内容，并且修改可同步到后台视图的属性信息中。

3 域

域实际上是 Word 中的指令代码。在【域】对话框中，有编号、等式和公式、链接和引用等多种类别，通过选择这些类别，可以使用域来进行自动更新的相关功能，包括公式计算、日期、页码、目录、邮件合并等。

在文档中使用特定命令时，如插入页码、插入封面或者创建目录时，Word 会自动插入域。除此之外，还可以手动插入域。例如，在一个包含多个章节的长文档中，需要在页眉处自动插入每章的标题内容，在页脚处插入页码，并且页码形式为“第 × 页共 × 页”（注意：页码和总页数应能自动更新），具体的操作步骤如下。

步骤1 打开素材文件夹中的【第 2 章】|【域.docx】文件，将光标定位到页眉中，在【插入】选项卡的【文本】组中单击【文档部件】按钮，在弹出的下拉列表中选择【域】命令，如图 2-307 所示。

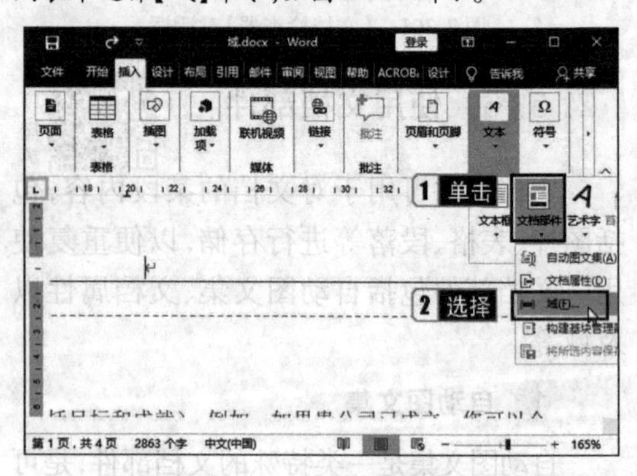

图 2-307 选择【域】命令

步骤2 弹出【域】对话框，选择类别、域名，设置相关域属性。此处在【类别】下拉列表框中选择【链接和引用】选项，在【域名】列表框中选择【StyleRef】选项，在【样式名】列表框中选择【标题 1，标题样式一】选项，单击【确定】按钮，如图 2-308 所示。

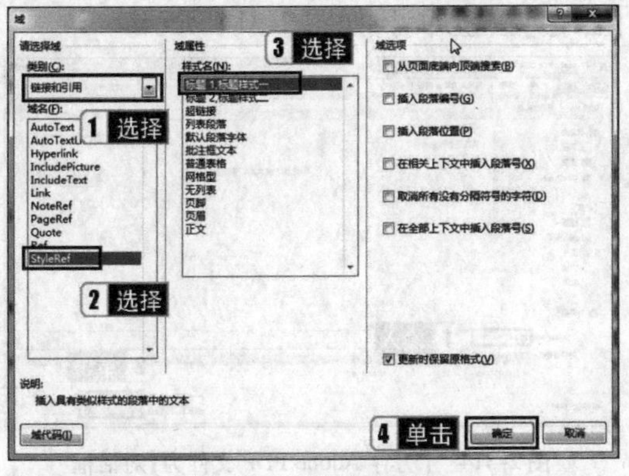

图 2-308 【域】对话框

步骤3 将光标定位到第一页页脚中，输入文字“第页共页”。将光标定位到“第”和“页”之间，按同样的方法打开【域】对话框，在【类别】下拉列表框中选择【全部】选项，在【域名】列表框中选择【Page】，在右侧的【格式】列表框中选择一种格式，如图 2-309 所示，单击【确定】按钮。

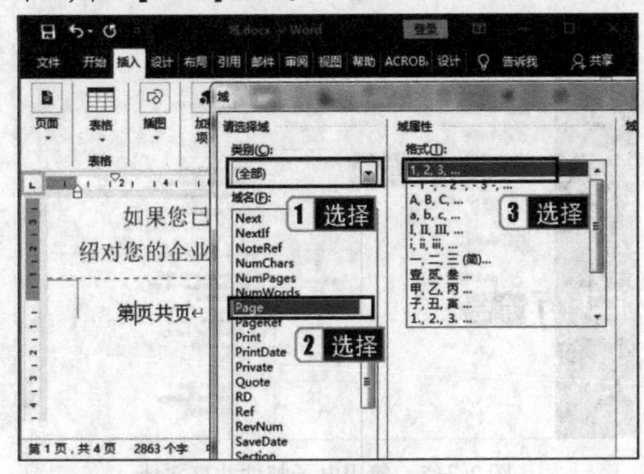

图 2-309 选择【Page】

步骤4 将光标定位到“共”和“页”之间，按同样的方法打开【域】对话框，在【类别】下拉列表框中选择【全部】选项，在【域名】列表框中选择【NumPages】，在右侧的【格式】列表框中选择一种格式，如图 2-310 所示，单击【确定】按钮。

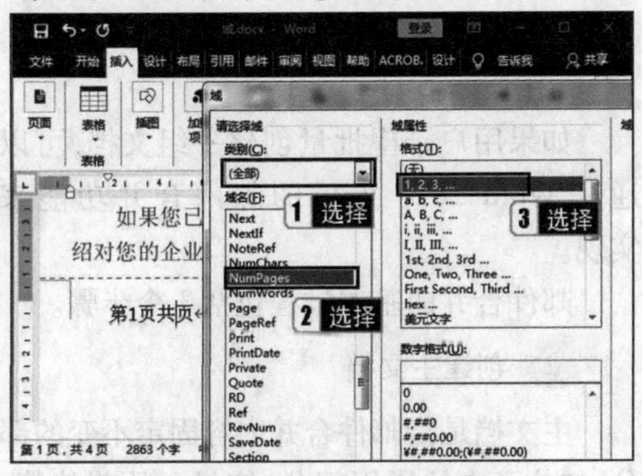

图 2-310 选择【NumPages】

步骤5 关闭页眉和页脚，文档效果如图 2-311 所示。

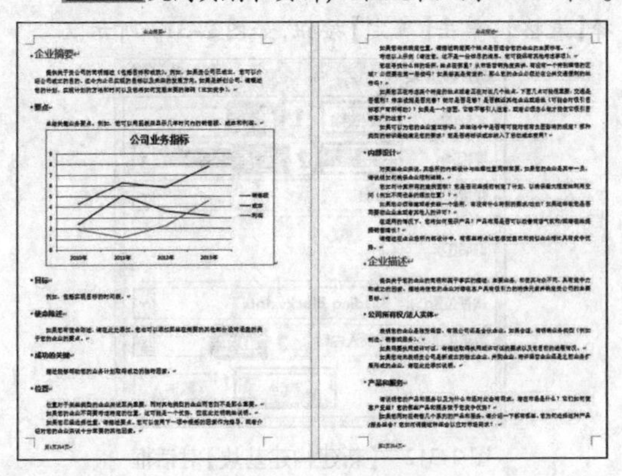

图 2-311 文档效果

提示

1. 在【域】对话框的【域名】列表框下方会显示对当前域功能的简单说明。

2. 在插入的域上单击鼠标右键，利用弹出的快捷菜单可以实现更新域、编辑域、切换域代码等操作。

3. 可通过按快捷键实现相关操作，如按【F9】键可以更新选定域；按【Ctrl + F9】组合键可以插入空域，直接在其中输入域代码；按【Alt + F9】组合键可以在所有域代码及其结果之间进行切换；按【Shift + F9】组合键可以在所选域代码及其结果之间进行切换；按【Ctrl + Shift + F9】组合键可以将域转换为普通文本。

4. 注意：个别笔记本电脑在使用【F1】~【F12】键的时候，需要同时按【Fn】键。

4 自定义文档部件

要将文档中已经编辑好的某一部分内容保存为文档部件以供反复使用，可自定义文档部件，方法与自定义自动图文集类似。例如，为了可以在以后的文档制作中再利用会议议程内容，将文档中的表格内容保存至文档部件库，并将其命名为“会议议程”。具体的操作步骤如下。

步骤1 打开素材文件夹中的【第 2 章】|【自定义文档部件. docx】文件，选中所有表格内容，在【插入】选项卡的【文本】组中单击【文档部件】按钮，在弹出的下拉列表中选择【将所选内容保存到文档部件库】命令。

步骤2 在弹出的【新建构建基块】对话框中将

【名称】设置为【会议议程】，在【库】下拉列表框中选择【表格】，单击【确定】按钮，如图2-312所示。

图2-312 【新建构建基块】对话框

步骤3 打开或新建另外一个文档，将光标定位在要插入文档部件的位置，在【插入】选项卡的【文本】组中单击【文档部件】按钮，在弹出的下拉列表中选择【构建基块管理器】命令，弹出【构建基块管理器】对话框。

步骤4 从【构建基块】列表框中选择新建的【会议议程】文档部件，单击【插入】按钮，如图2-313所示，即可将其直接插入文档中。

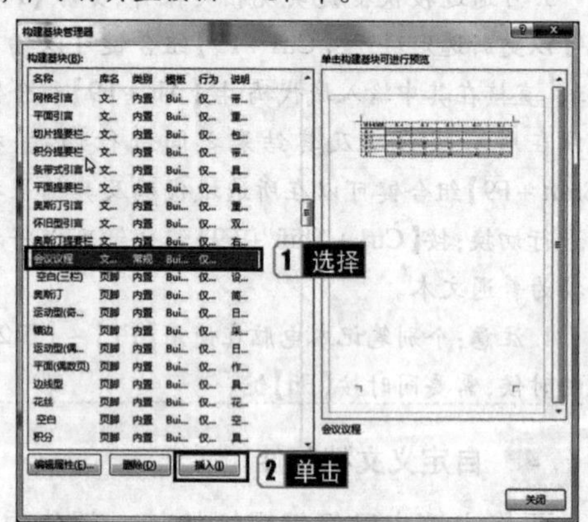

图2-313 【构建基块管理器】对话框

步骤5 如果需要删除自定义的文档部件，只需要在【构建基块管理器】对话框中选中该部件，单击【删除】按钮即可。

2.5.7 共享文档

1 将文档保存为PDF格式

用户可将文档保存为PDF格式。单击【文件】选项卡，打开后台视图，单击【另存为Adobe PDF】按钮，在弹出的【另存Adobe PDF文件为】对话框中输入文件名，单击【保存】按钮即可，如图2-314所示。

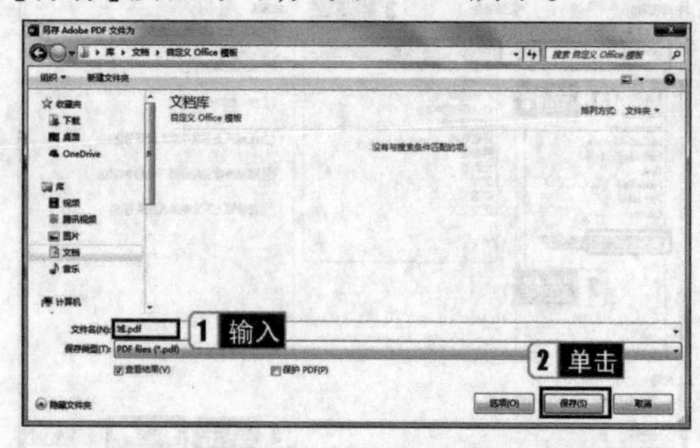

图2-314 【另存Adobe PDF文件为】对话框

2 使用电子邮件共享文档

用户还可以使用电子邮件共享文档。单击【文件】选项卡，打开后台视图，然后单击【共享】|【电子邮件】按钮，在右侧选择一种方式进行共享，如图2-315所示。

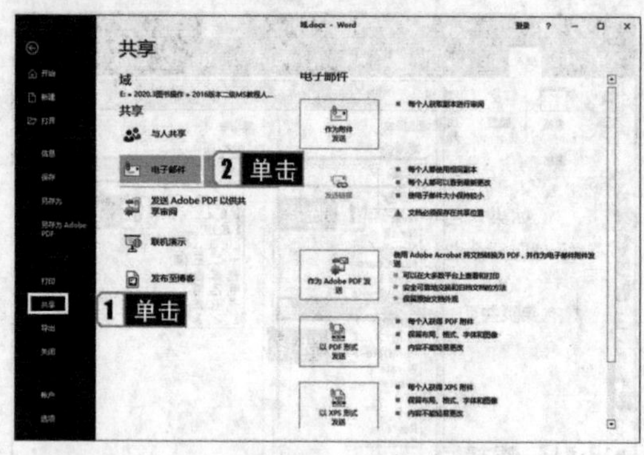

图2-315 使用电子邮件共享文档

2.6 使用邮件合并技术批量处理文档

2.6.1 认识邮件合并

如果用户希望批量创建一组文档，可以通过Word 2016提供的邮件合并功能来实现。

邮件合并的基本过程包括3个步骤。

1 创建主文档

主文档是指邮件合并内容固定不变的部分，如信函中的通用部分、信封上的落款等。

建立主文档的过程就和平时新建一个 Word 文档几乎一模一样，在进行邮件合并之前它只是一个普通的文档，唯一不同的是，在制作一个主文档时需要考虑在合适的位置留下填充数据的空间。

2 准备数据源

数据源实际上是一个数据列表，其中包含了用户希望合并到输出文档的数据。通常它保存了姓名、通信地址、电子邮件地址等。数据源可以是 Excel 表格、Outlook 联系人、Access 数据库、Word 中的表格、HTML 文件等。如果没有现成的数据源，还可以重新建立一个数据源。

3 邮件合并

邮件合并就是将数据源合并到主文档中，得到最终的目标文档。合并完成的文档份数取决于数据表中记录的条数。

邮件合并功能除了可以批量处理信函、信封与邮件相关的文档外。还可以轻松地批量制作标签、工资条、成绩单等。

2.6.2 使用合并技术制作信封

使用 Word 2016 的邮件合并技术可以快速制作规范、标准的信封，具体的操作步骤如下。

步骤1 在【邮件】选项卡的【创建】组中单击【中文信封】按钮，打开【信封制作向导】对话框，单击【下一步】按钮，如图2-316所示。

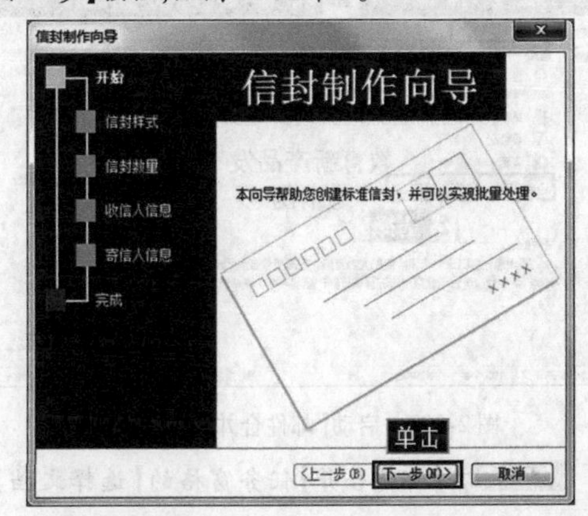

图2-316 【信封制作向导】对话框

步骤2 在【信封样式】下拉列表框中选择一种新的信封样式，单击【下一步】按钮，如图 2-317 所示。

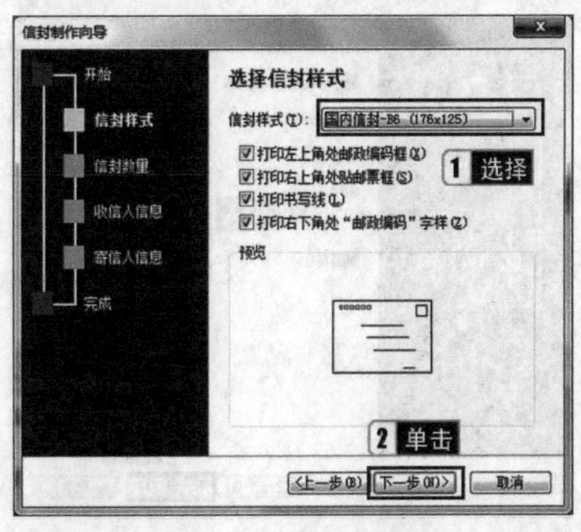

图 2-317 选择信封样式

步骤3 选择生成信封的方式和数量，此处选择【基于地址簿文件，生成批量信封】单选按钮，单击【下一步】按钮，如图 2-318 所示。

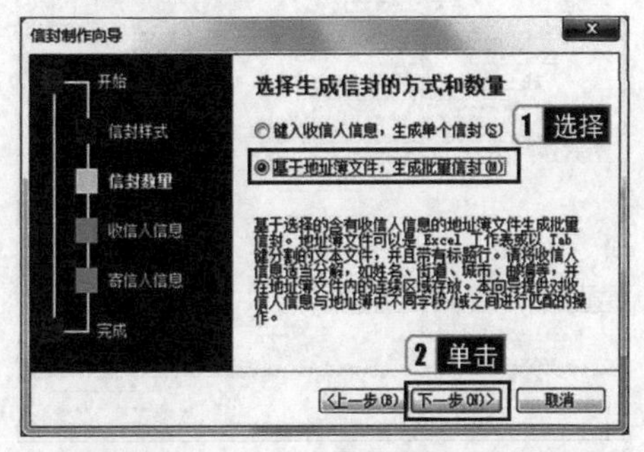

图 2-318 选择生成信封的方式和数量

步骤4 单击【选择地址簿】按钮，在【打开】对话框中选择包含收信人信息的地址簿，此处选择素材文件夹【第 2 章】中的文档【客户通讯录. xlsx】，单击【打开】按钮返回【信封制作向导】对话框，在【匹配收信人信息】选项组中设置对应项，单击【下一步】按钮，如图 2-319 所示。

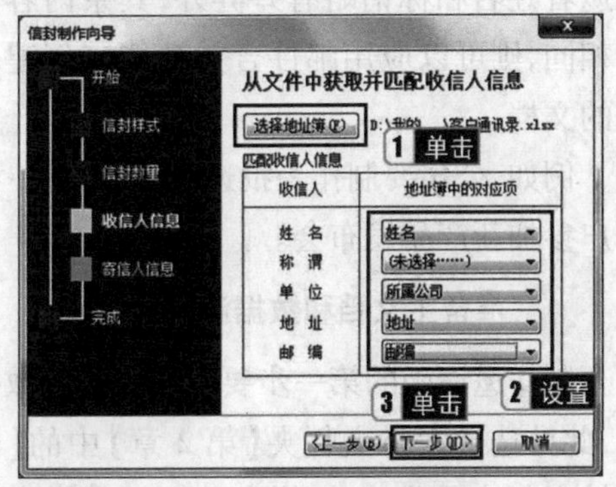

图 2-319 匹配收信人信息

步骤5 输入寄信人的姓名、单位、地址等信息，单击【下一步】按钮，如图 2-320 所示。

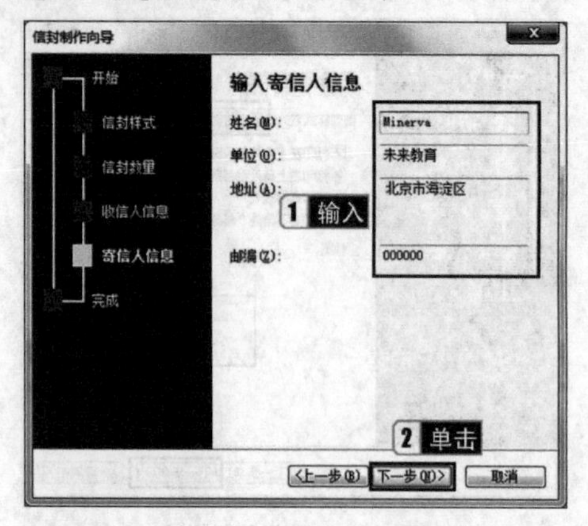

图 2-320 填写寄信人信息

步骤6 单击【完成】按钮，这样多个标准信封就生成了，效果如图 2-321 所示。

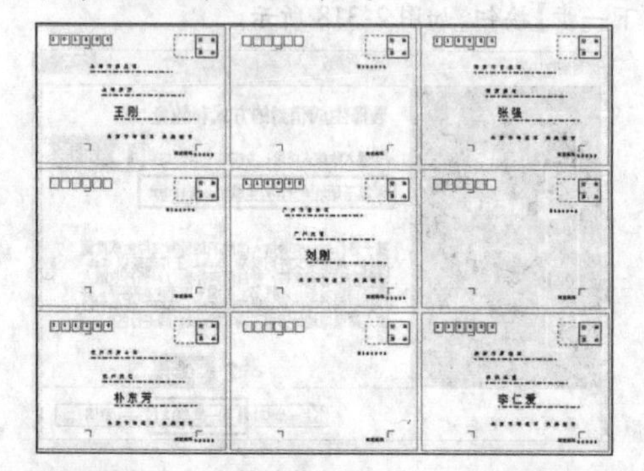

图 2-321 使用信封制作向导生成的信封

2.6.3 使用合并技术制作邀请函

如果用户想要向自己的合作伙伴或者客户发送邀请函，而在所有函件中，除了编号、受邀者姓名和称谓略有差异外，其余内容完全相同，则可以应用邮件合并功能来创建相应的文档。

例如，公司要制作一批邀请函，邀请一批客户参加新产品发布会。

1 准备主文档和数据源

制作邀请函的第一步要有主文档和数据源，此处选择素材文件夹【第 2 章】中的【未来教育新产品发布会邀请函. docx】作为主文档，【客户通讯录. xlsx】作为数据源，内容如图 2-322 所示。主要是在“尊敬的”和“:”之间插入不同的客户姓名，最终为每一位客户制作一张邀请函。

图 2-322 主文档和数据源

2 将数据源合并到主文档中

将数据源合并到主文档的操作步骤如下。

步骤1 在主文档中，将光标置于“尊敬的”和“:”之间，在【邮件】选项卡的【开始邮件合并】组中单击【开始邮件合并】按钮，在弹出的下拉列表中选择【邮件合并分步向导】命令，即可启动【邮件合并】任务窗格，如图 2-323 所示。

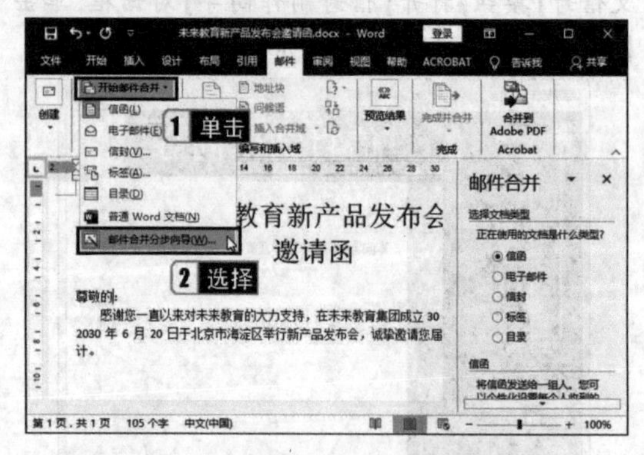

图 2-323 启动【邮件合并】任务窗格

步骤2 在【邮件合并】任务窗格的【选择文档类型】选项组中，保持默认选择【信函】单选按钮，然后单击【下一步：开始文档】超链接，如图 2-324 所示。

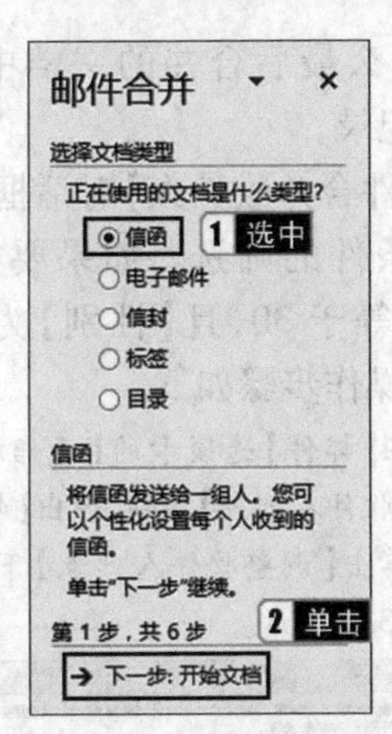

图2-324 确定主文档类型

步骤3 在【邮件合并】任务窗格的【选择开始文档】选项组中，保持默认选择【使用当前文档】单选按钮，单击【下一步：选择收件人】超链接。

步骤4 在【邮件合并】任务窗格的【选择收件人】选项组中，保持默认选择【使用现有列表】单选按钮，单击【浏览】按钮，如图2-325所示。

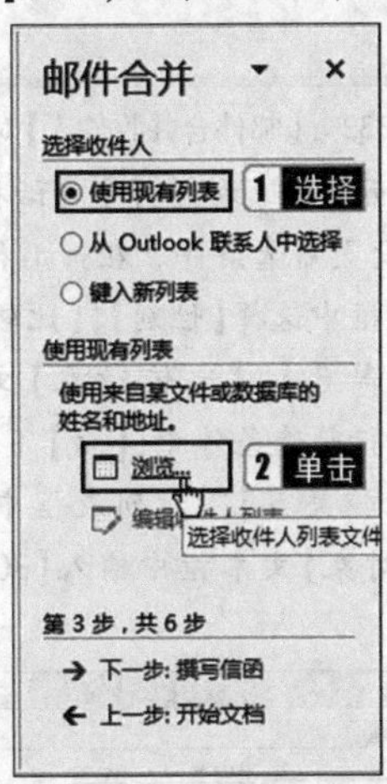

图2-325 选择数据源

步骤5 在打开的【选取数据源】对话框中选择素材文件夹【第2章】中的【客户通讯录.xlsx】，单击【打开】按钮，弹出【选择表格】对话框，选择保存客户信息的工作表，单击【确定】按钮，如图2-326所示。

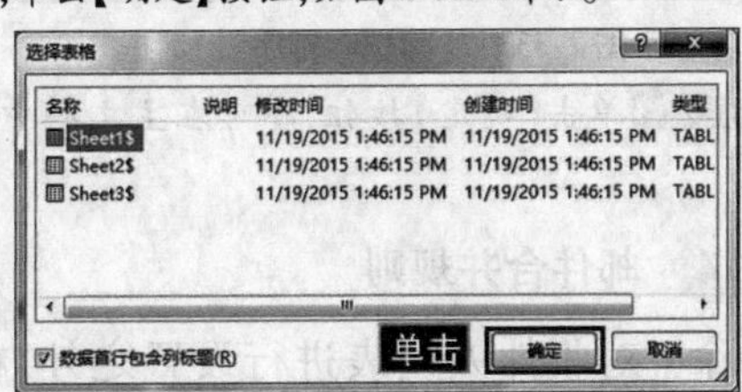

图2-326 选择数据工作表

步骤6 打开【邮件合并收件人】对话框，保存默认设置，单击【确定】按钮，如图2-327所示。

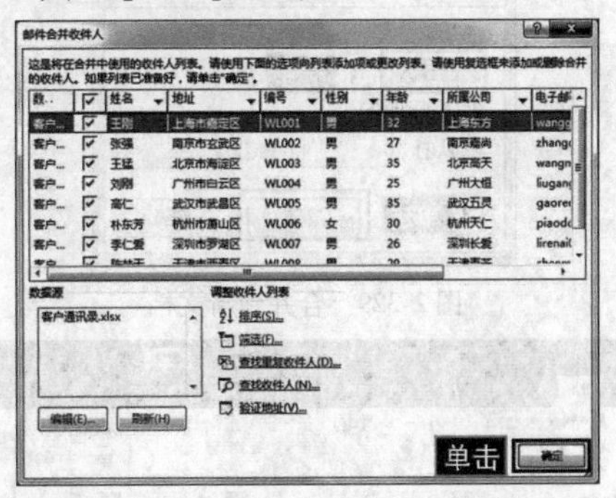

图2-327 设置邮件合并收件人信息

步骤7 在【邮件合并】任务窗格中单击【下一步：撰写信函】超链接，在弹出的新任务窗格中，用户可以根据需要选择相应的超链接选项，此处单击【其他项目】超链接，打开图2-328所示的【插入合并域】对话框，在【域】列表框中选择要添加到邀请函的邀请人的【姓名】，单击【插入】按钮。插入完毕后单击【关闭】按钮，此时文档中的相应位置就会出现已插入的域标记。

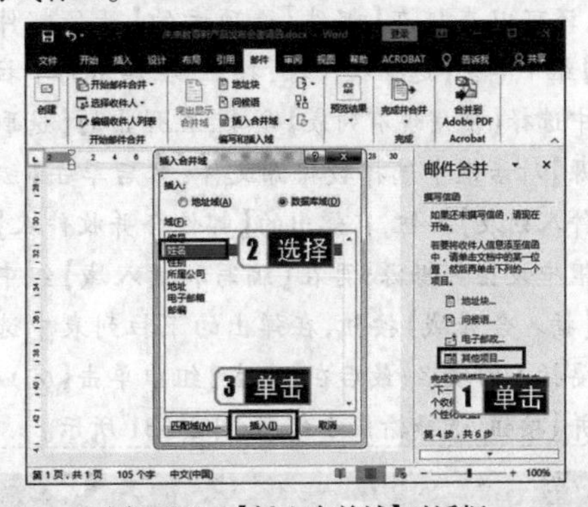

图2-328 【插入合并域】对话框

步骤8 在【邮件合并】任务窗格中单击【下一步：预览信函】超链接，在【预览信函】选项组中单击【上一记录】按钮◀或【下一记录】按钮▶，可以查看具有不同邀请人姓名的信函。

步骤9 预览并处理输出文档后，单击【下一步：完成合并】超链接，进入邮件合并的最后一步。在【合并】选项组中，用户可以根据实际需要单击【打印】或【编辑单个信函】超链接进行合并。

步骤10 此处单击【编辑单个信函】超链接，打开【合并到新文档】对话框，选择【全部】单选按钮，单击【确定】按钮，如图2-329所示。这样Word就将Excel中存储的收件人信息自动添加到邀请函正文中,并合并生成一个如图2-330所示的新文档。

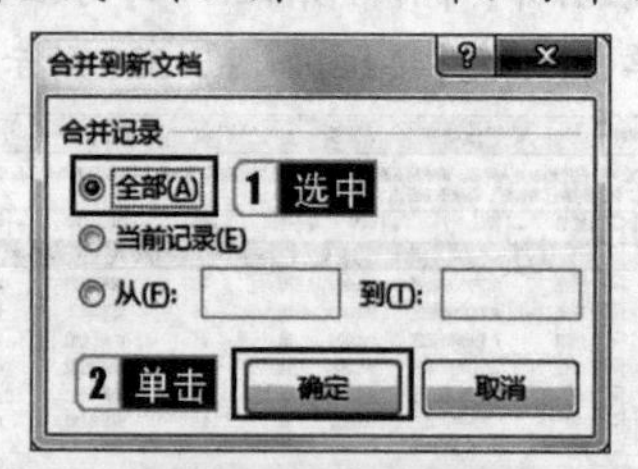

图2-329 合并到新文档

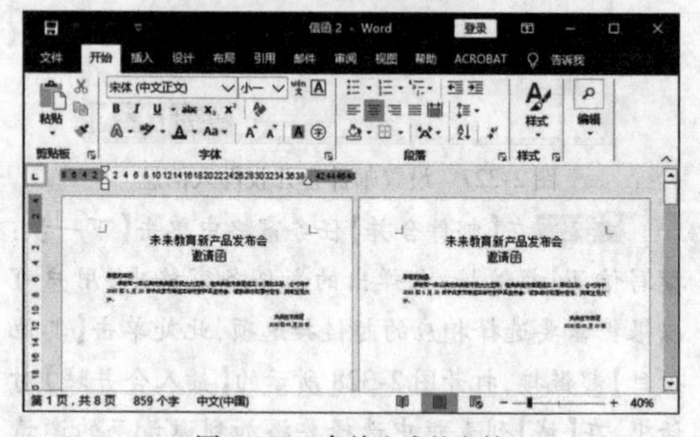

图2-330 合并生成的文档

提示

除了可以利用【邮件合并分步向导】制作邮件外,还可以直接在【邮件】选项卡的【开始邮件合并】组中单击【选择收件人】按钮,在弹出的下拉列表中选择【使用现有列表】命令,在弹出的【选取数据源】对话框中选择数据源文件;然后单击【编辑收件人列表】按钮,在弹出的【邮件合并收件人】对话框中设置数据源;再在【编写和插入域】组中单击【插入合并域】按钮,在弹出的下拉列表中选择需要插入的域名;最后在【完成】组中单击【完成并合并】按钮,选择输出方式,如图2-331所示。

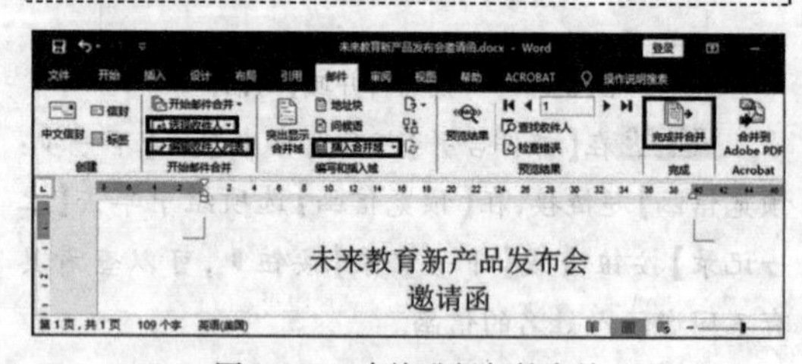

图2-331 直接进行邮件合并

3 设置收件人列表

如果用户想要更改收件人列表,可以在【邮件】选项卡的【开始邮件合并】组中单击【编辑收件人列表】按钮,在弹出的【邮件合并收件人】对话框中进行相应设置。如单击【性别】字段右侧的下拉按钮,可筛选【性别】为【男】,那么最后合并的文档中将只包含【男】性别记录。

在【邮件合并收件人】对话框中,还可以进行多个条件的筛选。如果要筛选出【年龄】小于或等于30,且【性别】为【女】的记录,具体的操作步骤如下。

步骤1 在【邮件】选项卡的【开始邮件合并】组中单击【编辑收件人列表】按钮,弹出【邮件合并收件人】对话框,单击【调整收件人列表】下方的【筛选】选项,如图2-332所示。

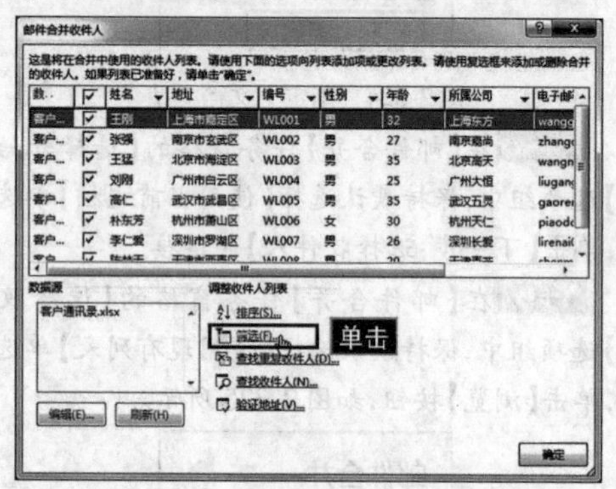

图2-332 【邮件合并收件人】对话框

步骤2 打开【筛选和排序】对话框,在【筛选记录】选项卡中设置筛选条件。在第1行筛选条件中,【域】下拉列表框中选择【性别】,【比较关系】下拉列表框中选择【等于】,【比较对象】文本框中输入【女】。在第2行筛选条件中,【域】下拉列表框中选择【年龄】,【比较关系】下拉列表框中选择【小于或等于】,【比较对象】文本框中输入【30】,如图2-333所示。

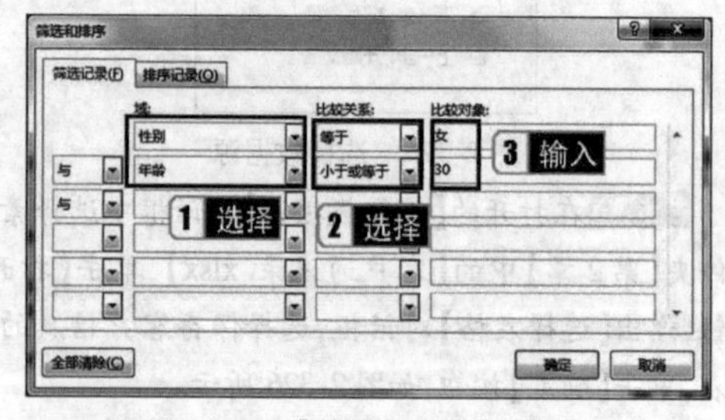

图2-333 【筛选和排序】对话框

步骤3 单击【确定】按钮,即可在主文档中完成合并。

4 邮件合并规则

除了对收件人列表进行设置之外,在进行邮件合并时,还需要设置一些条件来限定最终要输出的结果。例如，设置客户称谓根据客户性别自动显示为“先生”或“女士”，具体的操作步骤如下。

步骤1 在主文档中插入合并域后，在【邮件】选项卡的【编写和插入域】组中单击【规则】按钮。

步骤2 在弹出的下拉列表中选择【如果…那么…否则…】命令，弹出【插入 Word 域：如果】对话框。

步骤3 在【域名】下拉列表框中选择【性别】，在【比较条件】下拉列表框中选择【等于】，在【比较对象】文本框中输入【男】。在【则插入此文字】文本框中输入【先生】，在【否则插入此文字】文本框中输入【女士】，设置结果如图 2-334 所示。

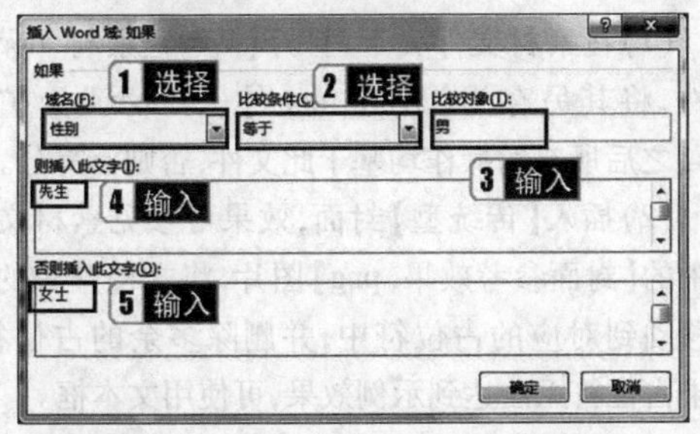

图 2-334 【插入 Word 域：如果】对话框

步骤4 设置完毕后，单击【确定】按钮，这样就可以使被邀请人的称谓与性别建立关联。

用户也可以设置跳过某些记录，使其不在合并结果中显示。例如，只显示输出年龄大于或等于 35 岁的客户，即设置年龄小于 35 岁的客户记录自动跳过，具体的操作步骤如下。

步骤1 在主文档中插入合并域后，在【邮件】选项卡的【编写和插入域】组中单击【规则】按钮。

步骤2 在弹出的下拉列表中选择【跳过记录条件】命令，弹出【插入 Word 域：Skip Record If】对话框。

步骤3 在【域名】下拉列表框中选择【年龄】，在【比较条件】下拉列表框中选择【小于】，在【比较对象】文本框中输入【35】，设置结果如图 2-335 所示。

图 2-335 【插入 Word 域：Skip Record If】对话框

步骤4 设置完毕后，单击【确定】按钮，这样就可以自动跳过年龄小于 35 岁的客户记录。

提示

邮件合并功能除了用于批量处理信封、信函之外，还可以用于制作标签。方法：在【邮件】选项卡的【开始邮件合并】组中单击【开始邮件合并】按钮，在弹出的下拉列表中选择【标签】命令，弹出【标签选项】对话框，单击下方的【新建标签】按钮，弹出【标签详情】对话框，在该对话框中可进行详细设置。

课后总复习

1. 小陈在 Word 中编辑一篇摘自互联网的文章，他需要将文档每行后面的手动换行符删除，最优的操作方法是（　　）。

A. 在每行的结尾处，逐个手动删除

B. 通过查找和替换功能删除

C. 依次选中所有手动换行符后，按【Delete】键删除

D. 按【Ctrl + *】组合键删除

2. 小李的打印机不支持自动双面打印，但他希望将一篇在 Word 中编辑好的论文连续打印在 A4 纸的正反两面上，最优的操作方法是（　　）。

A. 先单面打印一份论文，然后找复印机进行双面复印

B. 打印时先指定打印所有奇数页，将纸张翻过来后，再指定打印偶数页

C. 打印时先设置【手动双面打印】，等 Word 提示打印第二面时将纸张翻过来继续打印

D. 先在文档中选择所有奇数页并在打印时设置【打印所选内容】，将纸张翻过来后，再选择打印偶数页

3. 小王需要在 Word 文档中将应用了标题 1 样式的所有段落格式调整为段前、段后各 12 磅，单倍行距，最优的操作方法是（　　）。

A. 将每个段落逐一设置为段前、段后各 12 磅，单倍行距

B. 将其中一个段落设置为段前、段后各 12 磅，单倍行距，然后利用格式刷功能将格式复制到其他段落

C. 修改标题 1 样式，将其段落格式设置为段前、段后各 12 磅，单倍行距

D. 利用查找替换功能，将【样式：标题 1】替换为【行距：单倍行距】，段落间距【段前：12 磅，段后：12 磅】

4. 如果希望为一个多页的 Word 文档添加页面图片背景，最优的操作方法是（　　）。

A. 在每一页中分别插入图片，并设置图片的环绕方式为衬于文字下方

B. 利用水印功能，将图片设置为文档水印

C. 利用页面填充效果功能，将图片设置为页面背景

D. 执行【插入】选项卡中的【页面背景】命令，将图片设置为页面背景

5. 在某学术期刊社实习的小李，需要对一份调查报告进行美化和排版。按照如下要求，帮助她完成此项工作。

(1)在素材文件夹下，打开【Word_素材. docx】文件，将其另存为【Word. docx】（“. docx”为扩展名），之后所有的操作均基于此文件，否则不得分。

(2)插入【传统型】封面，效果可参见素材文件夹中的【封面参考效果. png】图片，将文档开头的文本移动到对应的占位符中，并删除多余的占位符。如果占位符无法达到示例效果，可使用文本框。

(3)将素材文件夹下【文档样式. docx】文件中的样式复制到当前文档。

(4)为文档的各级标题添加可以自动更新的多级编号，具体要求如下。

标题级别	编号格式要求
标题 1	编号格式：第一章，第二章，第三章，… 编号与标题内容之间用空格分隔 编号对齐左侧页边距
标题 2	编号格式：1.1，1.2，1.3，… 根据标题 1 重新开始编号 编号与标题内容之间用空格分隔 编号对齐左侧页边距
标题 3	编号格式：1.1.1，1.1.2，1.1.3，… 根据标题 2 重新开始编号 编号与标题内容之间用空格分隔 编号对齐左侧页边距

(5)根据如下要求创建表格。

①将标题 3.1 下方的绿色文本转换为 3 列 16 行的表格，并根据窗口自动调整表格的宽度，调整各列为等宽。

②为表格应用一种恰当的样式，取消表格第一列的特殊格式。将表格中文字颜色修改为黑色并水

平居中对齐。

(6)根据如下要求修改表格。

①在标题3.4.1下方,调整表格各列宽度,使得标题行中的内容可以在一行中显示。

②对表格进行设置,以便在表格跨页的时候,标题行可以自动重复显示,将表格中的内容水平居中对齐。

③在表格最后一行的2个空单元中,自左至右使用公式分别计算企业的数量之和和累计的百分比之和,结果都保留整数。

(7)根据标题4.5下方表格中的数据创建图表,参考素材文件夹下的【语种比例.png】图片,设置图表类型、图表边框、第二绘图区所包含的项目、数据标签、图表标题和图例,创建图表后删除原先表格。

(8)根据标题5.1.7下方表格中的数据创建图表,参考素材文件夹下的【兼职情况.png】图片,设置图表类型、图表边框、网格线、分类间距、图表标题和图例,创建图表后删除原先表格。

(9)修改文档中两个表格下方的题注,使其可以自动编号,样式为【表1,表2,…】;修改文档中三个图表下方的题注,使其可以自动编号,样式为【图1,图2,…】;并将以上表格和图表的题注都居中对齐。

(10)将文档中表格和图表上方用黄色突出显示的内容替换为可自动更新的交叉引用,只引用标签和编号。

(11)适当调整文档开头的文本"目录"的格式,并在其下方插入目录,为目录设置适当的样式,在目录中须显示标题1、标题2、标题3、表格题注和图表题注。

(12)为文档分节,使得各章内容都位于独立的节中,并自动从新的页面开始。

(13)将文档的脚注转换为尾注,尾注位于每节的末尾,每节重新编号,格式为【1,2,3,…】。

(14)将正文中的尾注编号修改为上标格式。

(15)删除文档中的所有空行。

(16)按照如下要求,为文档添加页眉和页脚。

①在页面底端正中插入页码,要求封面页不显示页码;目录页页码从1开始,格式为【Ⅰ,Ⅱ,Ⅲ,…】;正文页码从1开始,格式为【1,2,3,…】。

②在页面顶端正中插入页眉,要求封面页不显示页眉;目录页页眉文字为"目录";正文页页眉文字为各章的编号和内容,如"第一章 本报告的数据来源",且页眉中的编号和章内容可随着正文中内容的变化而自动更新。

③更新文档目录。

第3章

使用Excel 2016创建并处理电子表格

章前导读

通过本章，你可以学到：

◎ Excel的基础知识

◎ 工作簿与多工作表的基本操作

◎ Excel公式和函数的使用方法

◎ 在Excel中创建图表

◎ Excel数据分析及处理

◎ Excel共同创作及与其他程序的协同共享

本章评估		学习点拨
重 要 度	★★★★★	在二级MS Office考试中，本章内容被考查的概率及分值比例比较稳定，考题大致是4道选择题，1道电子表格题，占试卷总分值的34%。通过本章的学习，考生应能熟练创建并处理电子表格。
知识类型	实际应用	
考核类型	选择题、操作题	
所占分值	34分	
学习时间	32课时	

本章学习流程图

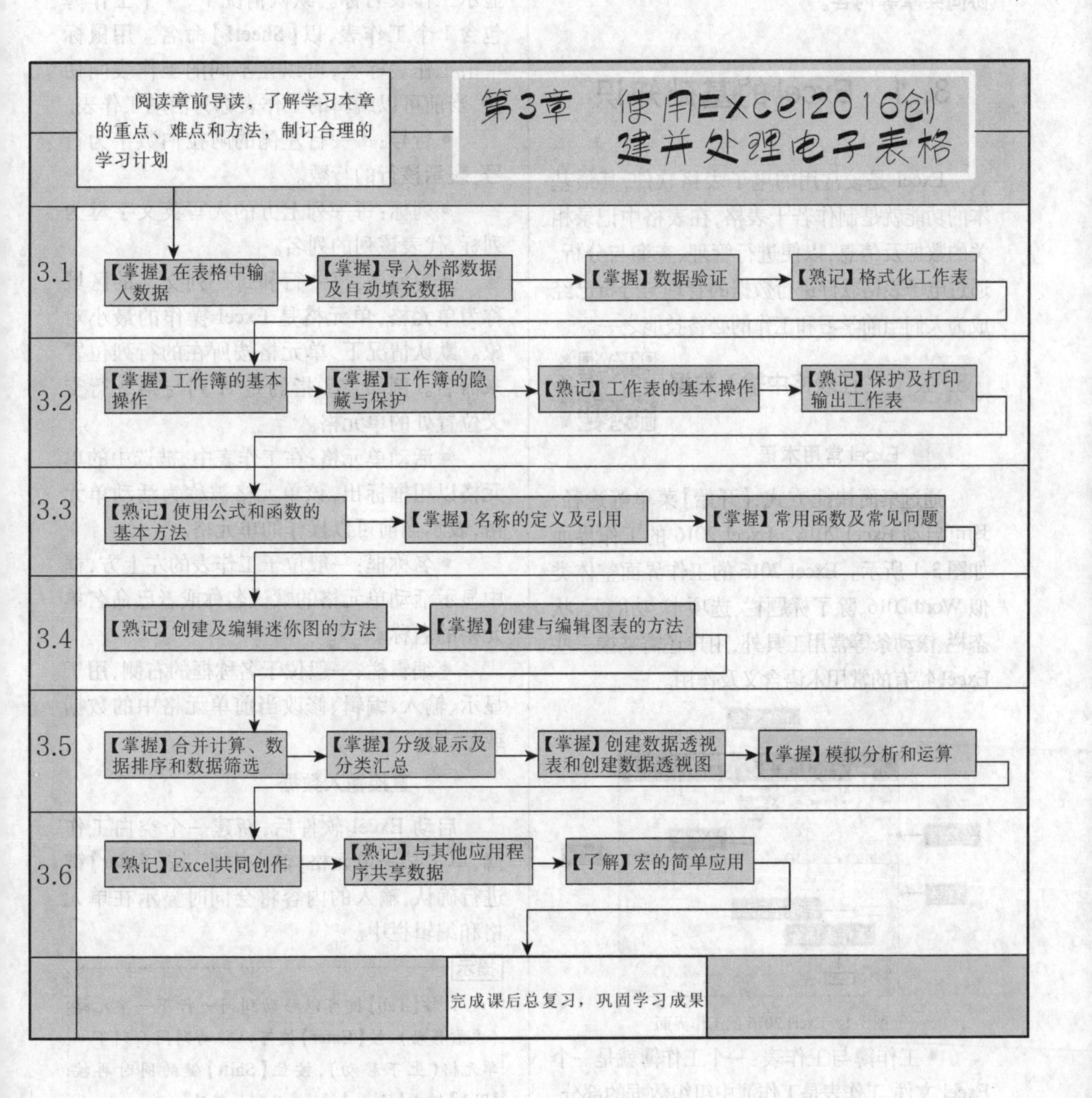
第3章 使用Excel2016创建并处理电子表格
阅读章前导读，了解学习本章的重点、难点和方法，制订合理的学习计划
3.1
【掌握】在表格中输入数据
【掌握】导入外部数据及自动填充数据
【掌握】数据验证
【熟记】格式化工作表
3.2
【掌握】工作簿的基本操作
【掌握】工作簿的隐藏与保护
【熟记】工作表的基本操作
【熟记】保护及打印输出工作表
3.3
【熟记】使用公式和函数的基本方法
【掌握】名称的定义及引用
【掌握】常用函数及常见问题
3.4
【熟记】创建及编辑迷你图的方法
【掌握】创建与编辑图表的方法
3.5
【掌握】合并计算、数据排序和数据筛选
【掌握】分级显示及分类汇总
【掌握】创建数据透视表和创建数据透视图
【掌握】模拟分析和运算
3.6
【熟记】Excel共同创作
【熟记】与其他应用程序共享数据
【了解】宏的简单应用
完成课后总复习，巩固学习成果

本章主要介绍 Excel 的基础知识、工作簿与多工作表的基本操作、Excel 公式和函数的使用方法、在 Excel 中创建图表、Excel 数据分析处理、Excel 共同创作及与其他程序的协同共享等内容。

3.1 Excel 的基础知识

Excel 是较常用的电子表格软件,其最基本的功能就是制作若干表格,在表格中记录相关的数据及信息,以便进行管理、查询与分析。通过电子表格软件进行数据的管理与分析已经成为人们当前学习和工作的必备技能之一。

3.1.1 在表格中输入数据

名师讲解

1 Excel 常用术语

通过桌面快捷方式、【开始】菜单等途径,均可启动 Excel 2016。Excel 2016 的工作界面如图 3-1 所示。Excel 2016 的工作界面整体类似 Word 2016,除了标题栏、选项卡、功能区、状态栏、滚动条等常用工具外,用户还需掌握一些 Excel 特有的常用术语含义及作用。

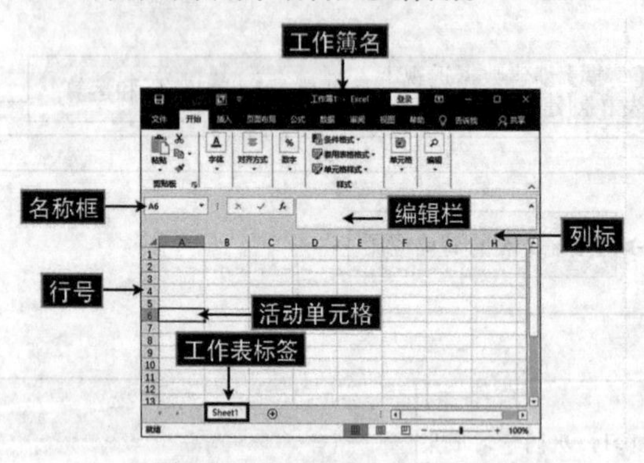

图 3-1 Excel 2016 的工作界面

• 工作簿与工作表:一个工作簿就是一个 Excel 文件,工作表是工作簿中组织数据的部分,是由很多行和列组成的二维表格。举例而言,工作簿相当于一本书,而工作表相当于书中的每一页。工作簿是由工作表组成的,工作表必须建立在工作簿之中,工作表是不能单独存在的。启动 Excel 2016 后,系统会自动创建一个名为【工作簿 1. xlsx】的工作簿,xlsx 是扩展名。

• 工作表标签:位于工作表的下方,用于显示工作表名称。默认情况下,一个工作簿包含 1 个工作表,以【Sheet1】命名。用鼠标单击工作表标签,可以在不同的工作表间切换,当前可以编辑的工作表称为活动工作表。

• 行号:每一行左侧的阿拉伯数字为行号,表示该行的行数。

• 列标:每一列上方的大写英文字母为列标,代表该列的列名。

• 单元格:每一行和每一列交叉的区域称为单元格,单元格是 Excel 操作的最小对象。默认情况下,单元格按所在的行列位置来命名。例如,A2 指的是 A 列与第 2 行交叉位置处的单元格。

• 活动单元格:在工作表中,被选中的单元格以粗框标出,该单元格被称为活动单元格,表示当前可以操作的单元格。

• 名称框:一般位于工作表的左上方,框中显示活动单元格的默认名称或者已命名单元格的名称。

• 编辑栏:一般位于名称框的右侧,用于显示、输入、编辑、修改当前单元格中的数据或公式。

2 直接输入数据

启动 Excel 软件后,新建一个空白工作簿,单击某一单元格,输入内容,按【Enter】键进行确认,输入的内容将会同时显示在单元格和编辑栏中。

提示

1. 按【Tab】键可以移动到同一行下一单元格(左右移动),按【Enter】键可以移动到同一列下一单元格(上下移动),按住【Shift】键的同时再按【Tab】键或【Enter】键,可以反向移动。

2. 按方向键可以移动到对应方向的下一个单元格。按住【Shift】键再按方向键,可以选中相应方向的单元格区域。

3 输入数值型数据

在 Excel 2016 中,数值型数据是使用最多、最为复杂的数据类型之一。数值型数据由数字 0 ~ 9、正号(+)、负号(-)、小数点(.)、除号(/)、百分号(%)、货币符号(¥或$)和千位分隔号(,)等组成。在 Excel 2016 中输入数值型数据时,Excel 自动将其沿单元格右边对齐。

输入负数时,必须在数字前加上负号或给数字加上圆括号。例如,输入【-10】和【(10)】都可在单元格中得到 -10。如果要输入正数,则直接将数字输入单元格中即可。

输入百分比数据时,可以直接在数值后输入百分号。例如,要输入【450%】,应先输入【450】,然后输入【%】。

输入小数时,一般直接在指定的位置输入小数点即可。当输入的数据量较大,且都具有相同的小数位数时,可以使用【自动插入小数点】功能。下面介绍【自动插入小数点】的使用方法,具体的操作步骤如下。

步骤1 单击【文件】选项卡,在弹出的后台视图中选择【选项】命令,如图 3-2 所示。

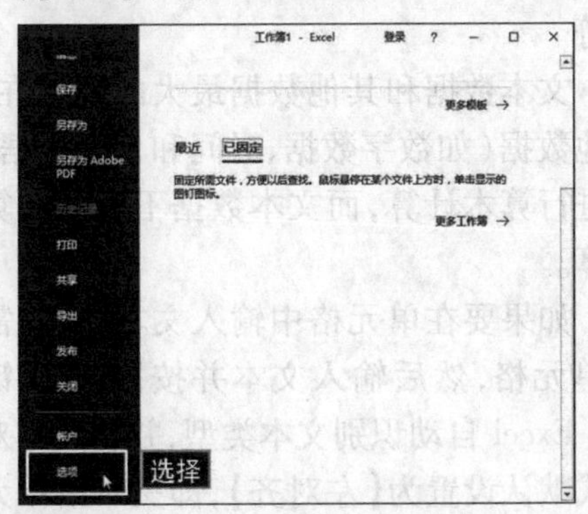

图 3-2 选择【选项】命令

步骤2 弹出【Excel 选项】对话框,单击【高级】选项卡,选中右侧【编辑选项】选项组中的【自动插入小数点】复选框,然后在【位数】微调框中输入小数位数,单击【确定】按钮,如图 3-3 所示。

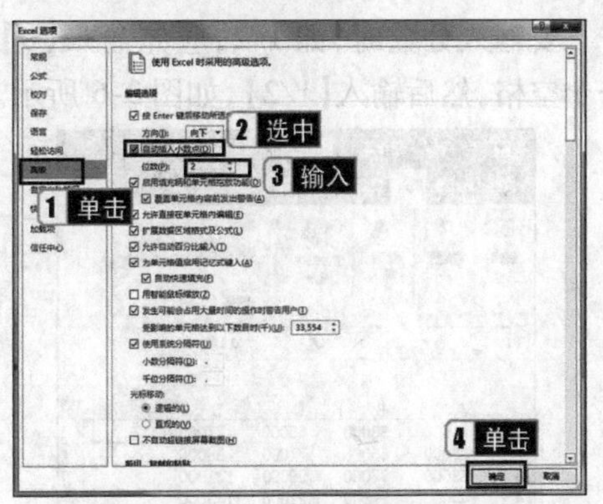

图 3-3 【高级】选项卡

步骤3 在表格中输入数字后即可自动添加设置的小数点位数,效果如图 3-4 所示。

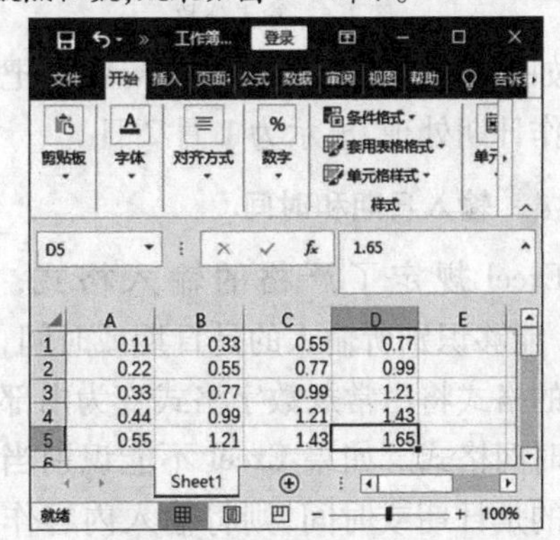

图 3-4 自动添加小数点的效果

提示

一旦设置了自动添加小数点,这个功能将始终生效,直到取消选中【自动插入小数点】复选框。另外,如果输入的数据量较大,且后面有相同数量的零,则可设置在数字后自动添零。选择【Excel 选项】对话框中的【高级】选项卡,在【编辑选项】选项组中先选中【自动插入小数点】复选框,后在【位数】微调框中输入一个负数作为需要的零的个数。例如,输入【-3】,即可在数字后面添加 3 个零,结果如图 3-5 所示。

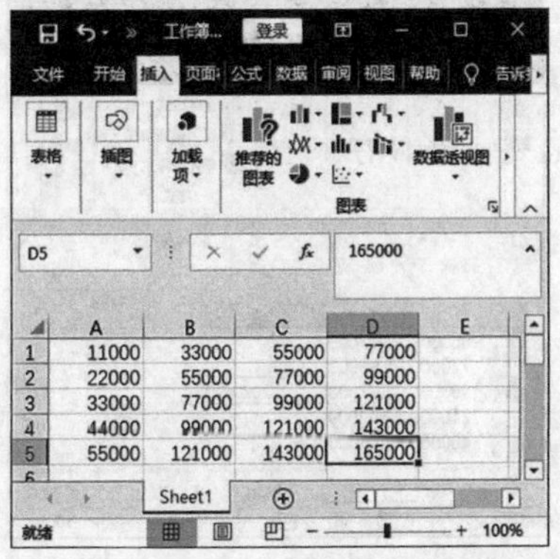

图 3-5 输入后面有相同数量零的数据

要输入分数时，如1/2，应先输入【0】和一个空格，然后输入【1/2】，如图3-6所示。

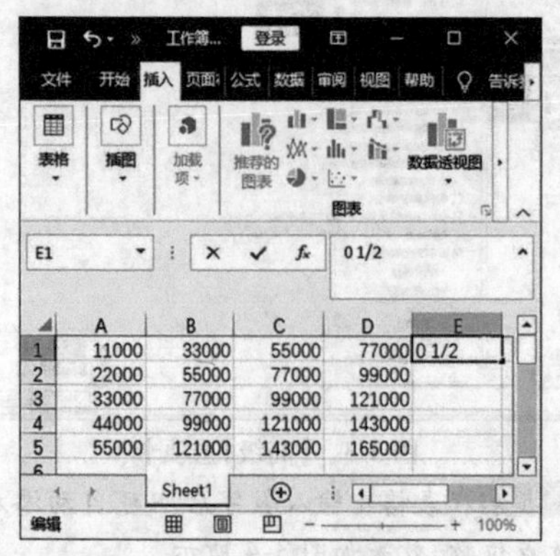

图3-6　输入分数

如果不输入【0】和空格，Excel会把该数据当作日期处理，显示为1月2日。

4　输入日期和时间

Excel规定了严格的输入格式，如果Excel能够识别所输入的是日期或时间，则单元格的格式将由常规数字格式变为内部的日期或时间格式。如果Excel不能识别当前所输入的是日期或时间，则将输入内容作为文本处理。在Excel 2016中输入日期和时间型数据时，Excel自动将其沿单元格右边对齐。

（1）输入日期

可以用“/”或“-”来分隔日期的年、月、日。例如，输入“2020/6/15”并按下【Enter】键后，Excel 2016将其转换为默认的日期格式，即显示为“2020/6/15”或“2020年6月15日”，效果如图3-7所示。

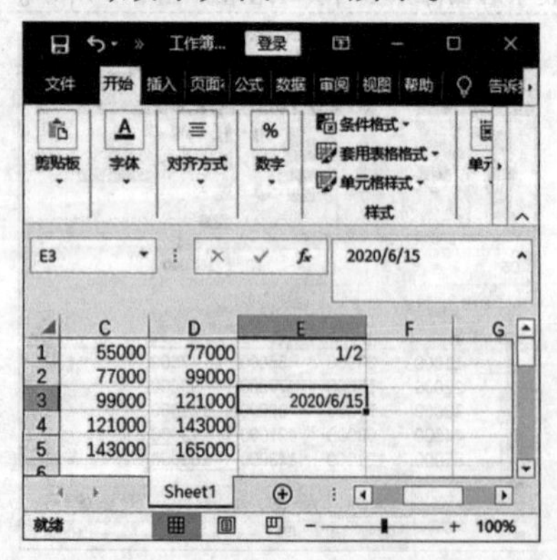

图3-7　输入日期的效果

（2）输入时间

小时、分钟、秒之间用冒号分隔，Excel一般把输入的时间默认为上午时间。若输入的是下午时间，则在时间后面加一个空格，然后输入【PM】，如输入【5:05:05 PM】。还可以采用24小时制表示时间，即把下午的小时时间加12，如输入【17:05:05】，效果如图3-8所示。

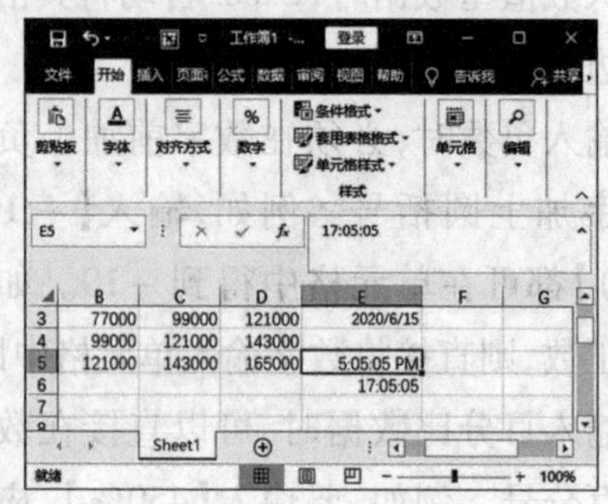

图3-8　输入时间的效果

提示

输入当前日期的组合键为【Ctrl+;】，输入当前时间的组合键为【Ctrl+Shift+;】。日期和时间都可以进行算术计算。

5　输入文本

在Excel中，单元格中的文本数据包括汉字、英文字母、数字、空格和其他特殊符号等。每个单元格中最多可以包含32767个字符。

文本数据和其他数据最大的不同在于，其他数据（如数字数据、时间和日期数据）可以进行算术计算，而文本数据不能参与算术计算。

如果要在单元格中输入文本，首先需选择单元格，然后输入文本并按【Enter】键确认。Excel自动识别文本类型，并将文本对齐方式默认设置为【左对齐】，即文本沿单元格左边对齐。

如果数据全部由数字组成，如编码、学号等，则输入时应在数据前输入英文状态下的单引号“'”。例如，输入【123456】，Excel就会将其看作文本，将它沿单元格左边对齐。

此时选中该单元格，该单元格的左侧会出现文本格式图标，当鼠标指针停在此图标上时，其右侧将出现一个下拉按钮，单击它就会弹出图3-9所示的下拉列表，用户可根据需要选择相应命令。

图3-9　文本格式菜单

当用户输入的文字过多，超过了单元格的列宽时，会产生以下两种结果。

• 如果右边相邻的单元格中没有任何数据，则超出单元格列宽的文字会显示在右边相邻的单元格中，如图3-10所示。

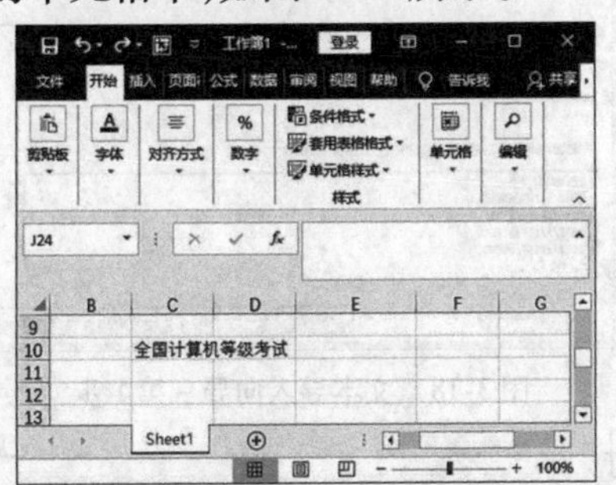

图3-10　超出单元格列宽的文本显示在右边相邻的单元格中

• 如果右边相邻的单元格中已存在数据，那么超出单元格列宽的文本将不显示，如图3-11所示。

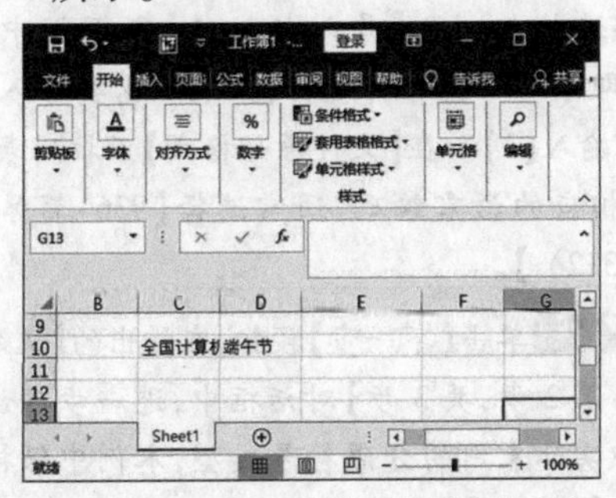

图3-11　不显示超出单元格列宽的文本

请注意

如果在单元格中输入的是多行文本，在需要换行处按【Alt + Enter】组合键，可以实现换行。换行后在一个单元格中将显示多行文本，行的高度也会自动增大。换行后的效果如图3-12所示。

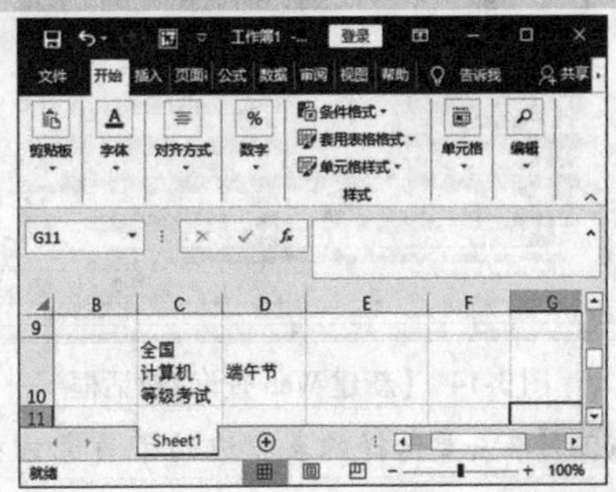

图3-12　换行后的效果

3.1.2　导入外部数据

名师讲解

除了在工作表中直接输入数据外，Excel具有导入外部数据的功能，以便用户从其他来源快速获取数据，然后对其进行加工处理。

1　自网站获取数据

网站上有大量已编辑好的表格数据，可以将其导入Excel工作表中用于统计分析。例如，将网页"第五次全国人口普查公报.htm"中的表格导入工作表中，具体的操作步骤如下。

步骤1 打开素材文件【第3章】|【获取外部数据】文件夹中的网页"第五次全国人口普查公报.htm"，复制网页地址。

步骤2 打开Excel1工作簿，选中Sheet1工作表中的A1单元格，在【数据】选项卡的【获取外部数据】组中单击【自网站】按钮，如图3-13所示。

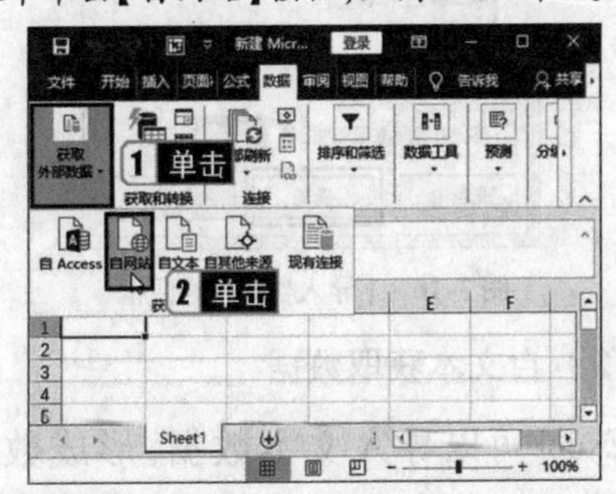

图3-13　单击【自网站】按钮

步骤3 弹出【新建Web查询】对话框，在【地址】

文本框中粘贴网页"第五次全国人口普查公报.htm"的地址(也可以手动输入其他所需网址),单击右侧的【转到】按钮,如图3-14所示。

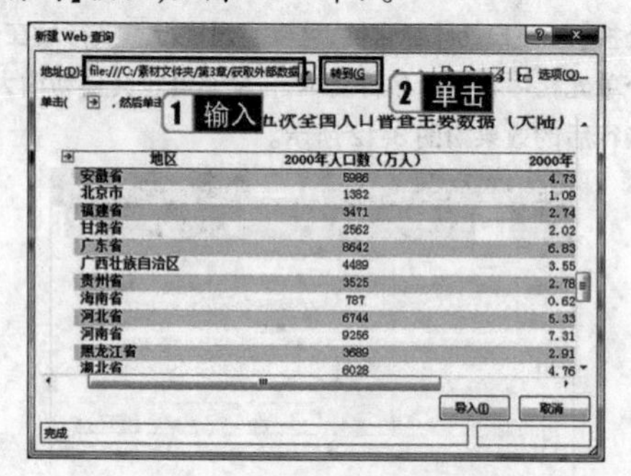

图3-14 【新建Web查询】对话框

步骤4 单击要选择的表旁边的带黄色方框的箭头,使其变成✔,然后单击【导入】按钮,如图3-15所示。

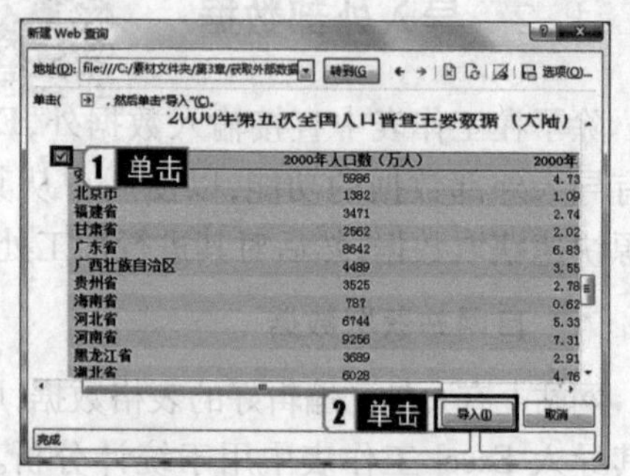

图3-15 选择导入数据

步骤5 弹出【导入数据】对话框,选择【数据的放置位置】为【现有工作表】,文本框中默认为"=$A$1",单击【确定】按钮,如图3-16所示。网页上的数据即可自动导入工作表,适当地修改后可对其进行加工处理。

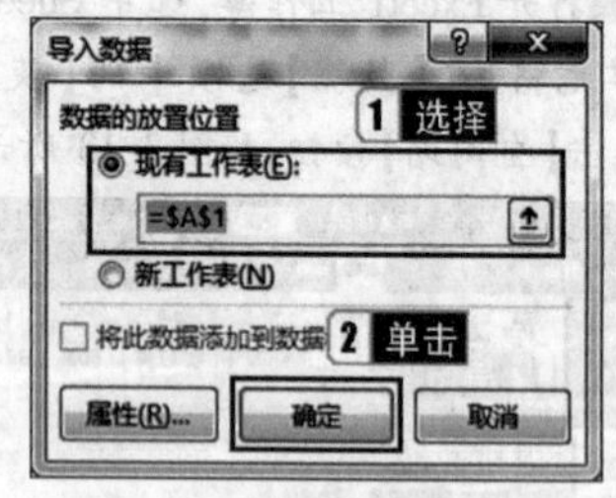

图3-16 【导入数据】对话框

2 自文本获取数据

Excel可以导入文本数据,形成数据列表,例如在工作表Sheet1中,从A1单元格开始,导入【数据源.txt】中的数据,具体的操作步骤如下。

步骤1 打开素材文件夹中的【第3章】|【获取外部数据】|【Excel2.xlsx】工作簿,选中Sheet1工作表中的A1单元格,在【数据】选项卡的【获取外部数据】组中单击【自文本】按钮,如图3-17所示。

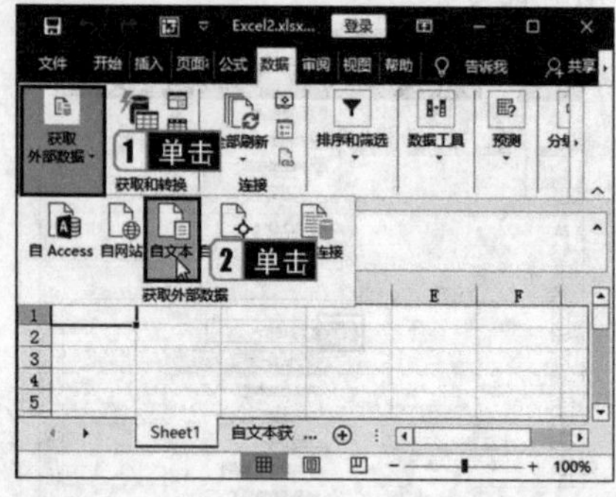

图3-17 单击【自文本】按钮

步骤2 弹出【导入文本文件】对话框,选择【数据源.txt】文件,单击【导入】按钮,弹出【文本导入向导-第1步,共3步】对话框,保持默认设置,如图3-18所示。

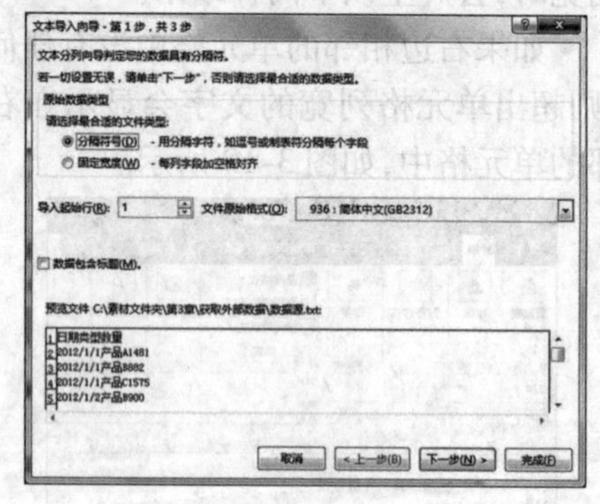

图3-18 文本导入向导-第1步

提示

在【请选择最合适的文件类型】下确定列分隔方式:如果文本文件中的各项以逗号、冒号、制表符等作为分隔符号,则选择【分隔符号】单选按钮;如果每个列中所有项的长度都相同,则选择【固定宽度】单选按钮。在【导入起始行】微调框中输入【1】,即导入时包含标题行;如果不需要导入标题行,可输入【2】。在【文件原始格式】下拉列表框中选择相应的语言编码,通常选择【936:简体中文(GB2312)】。

步骤3 单击【下一步】按钮,在弹出的【文本导入向导-第2步,共3步】对话框中,进一步确认文本文件中实际采用的分隔符号类型,本例中保持默认选中的【Tab键】,如图3-19所示。

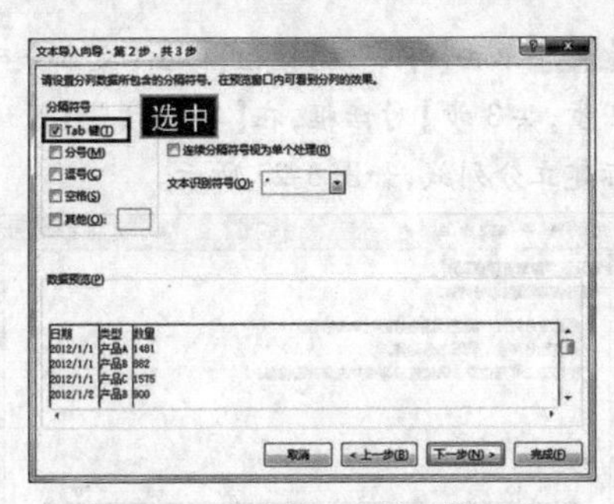

图 3-19　文本导入向导 – 第 2 步

提示

如果分隔符号中没有实际所用字符，则选中【其他】复选框，在其右侧的文本框中输入该字符。如果第 1 步选择的文件类型为【固定宽度】，则这些选项都不可用。在【数据预览】区域可以看到导入后的效果。

步骤4 单击【下一步】按钮，弹出【文本导入向导 – 第 3 步，共 3 步】对话框，在【数据预览】区域，选中【日期】列，在【列数据格式】选项组中，设置【日期】列格式为【YMD】，如图 3-20 所示。按照同样的方法设置【类型】列数据格式为【文本】，设置【数量】列数据格式为【常规】。

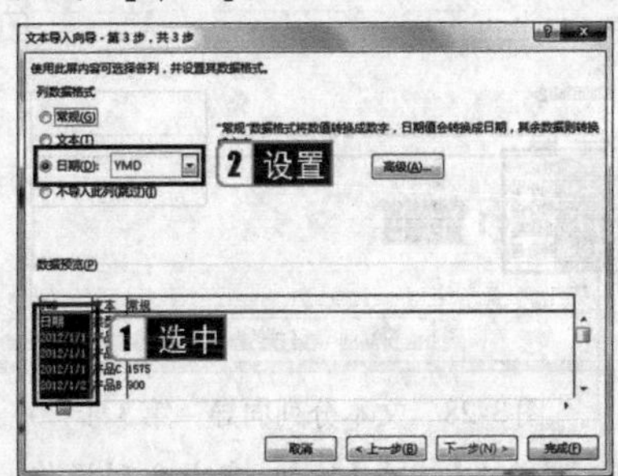

图 3-20　文本导入向导 – 第 3 步

步骤5 单击【完成】按钮，弹出图 3-21 所示的【导入数据】对话框，指定数据的放置位置，可以是现有工作表，也可以是新工作表。

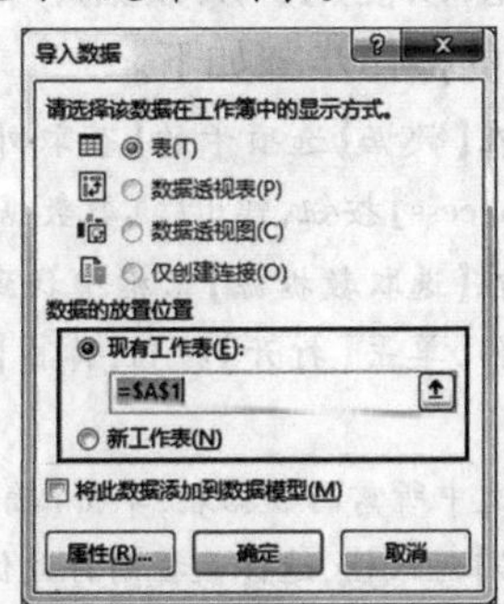

图 3-21　【导入数据】对话框

提示

在【导入数据】对话框中单击【属性】按钮，弹出【外部数据区域属性】对话框，可在其中设置刷新方式，如图 3-22 所示。

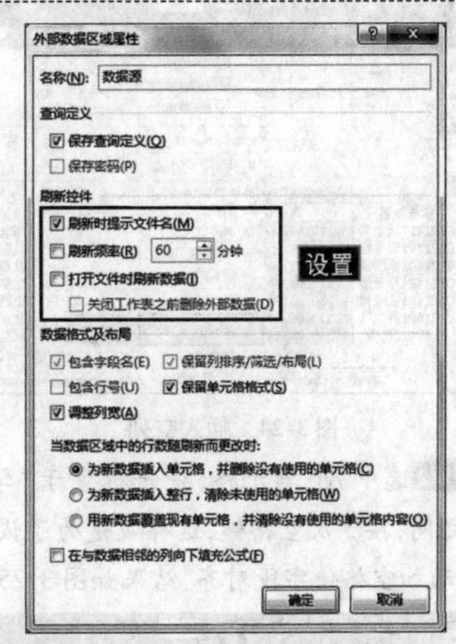

图 3-22　【外部数据区域属性】对话框

步骤6 单击【确定】按钮，完成导入操作。

提示

在【数据】选项卡的【连接】组中单击【连接】按钮，弹出【工作簿连接】对话框。在列表中选择文件名，单击右侧的【删除】按钮，在弹出的提示对话框中单击【确定】按钮，即可断开导入数据与源数据之间的连接，如图 3-23 所示。

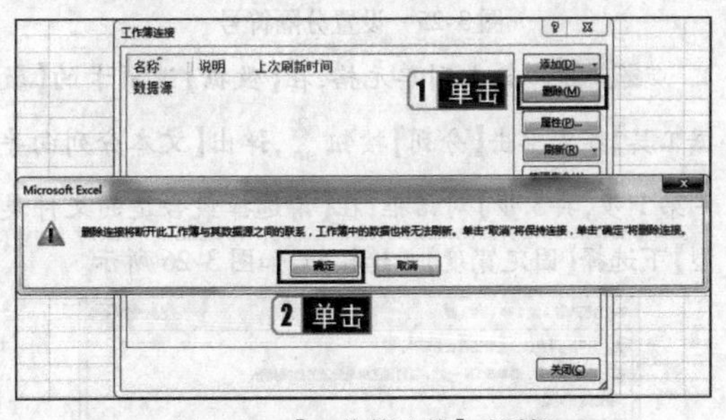

图 3-23　【工作簿连接】对话框

3 数据分列

如导入的一列数据中包含了应分开显示的两列内容，可以通过分列功能自动将其分为两列显示。例如，将【Excel3. xlsx】工作簿中的第 1 列数据从左到右依次分成“学号”和“姓名”两列显示，具体的操作步骤如下。

步骤1 打开素材文件夹中的【第 3 章】|【获取外

部数据】|【Excel3. xlsx】工作簿，在 Sheet1 工作表中选中 B 列单元格，单击鼠标右键，在弹出的快捷菜单中选择【插入】命令，如图 3-24 所示，即可插入空列，新拆分的内容将显示在其中。

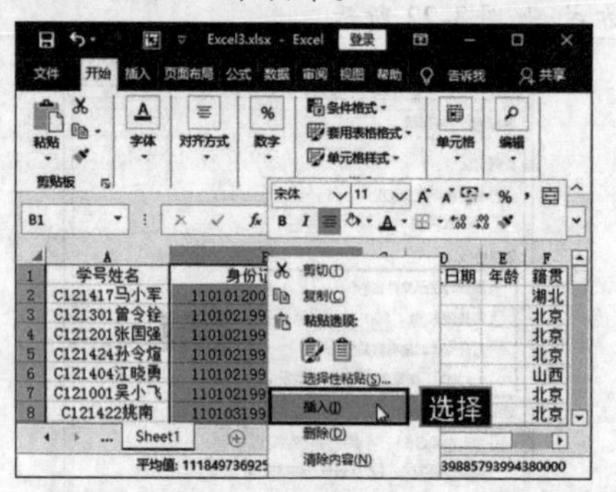

图 3-24　插入空列

步骤2 选中 A1 单元格，将光标置于“学号”和“名字”之间，按 3 次空格键，这样做是为了设置分隔符号，手动加空格使字段对齐，结果如图 3-25 所示。

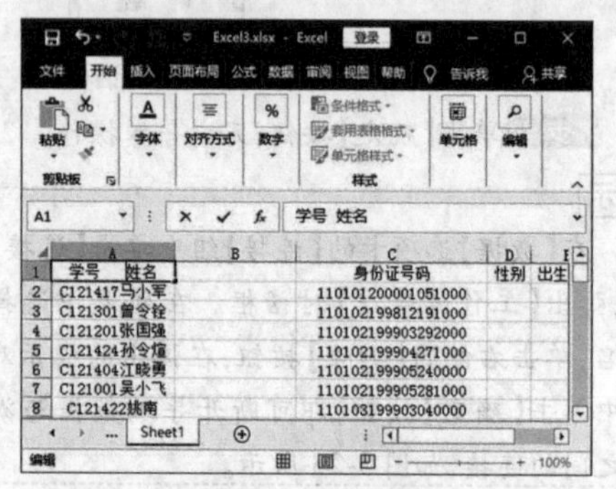
图 3-25　设置分隔符号

步骤3 选中 A 列单元格，在【数据】选项卡的【数据工具】组中单击【分列】按钮，弹出【文本分列向导 - 第 1 步，共 3 步】对话框，在【请选择最合适的文件类型】下选择【固定宽度】单选按钮，如图 3-26 所示。

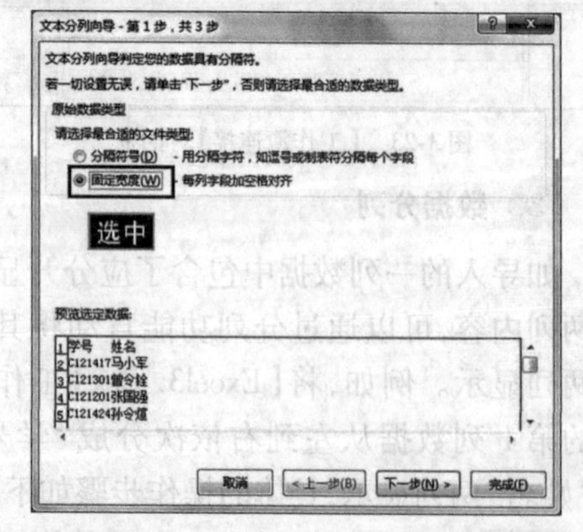

图 3-26　文本分列向导 - 第 1 步

步骤4 单击【下一步】按钮，弹出【文本分列向导 - 第 2 步，共 3 步】对话框，在【数据预览】区域中拖动鼠标建立分列线，如图 3-27 所示。

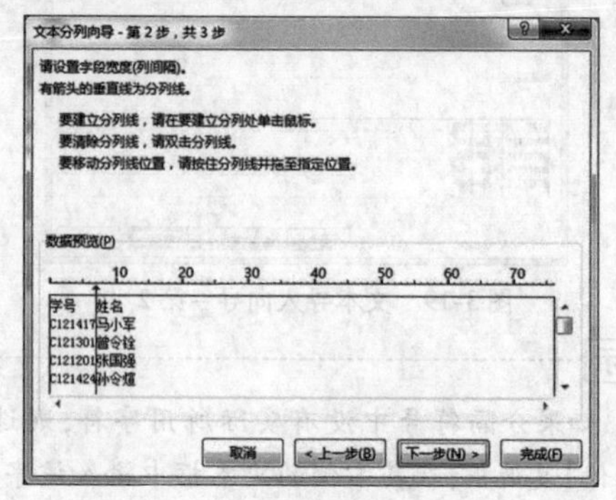

图 3-27　文本分列向导 - 第 2 步

步骤5 单击【下一步】按钮，弹出【文本分列向导 - 第 3 步，共 3 步】对话框，选中【学号】列和【姓名】列，在【列数据格式】选项组中设置格式为【常规】或者【文本】，此处设置为【文本】，如图 3-28 所示。

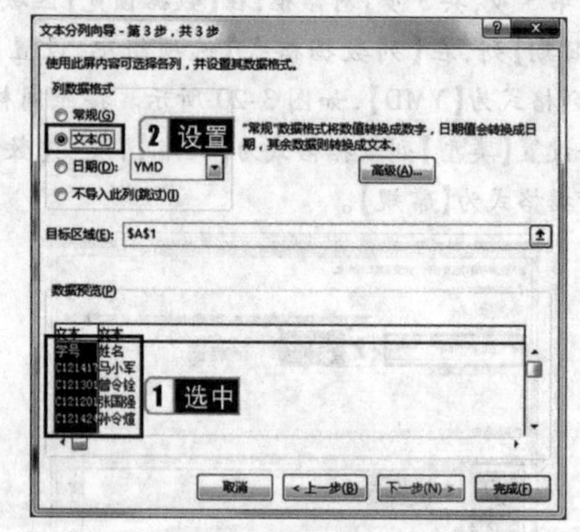

图 3-28　文本分列向导 - 第 3 步

步骤6 单击【完成】按钮，完成分列操作。

4　自 Access 获取数据

Excel 具有直接导入常用 Access 数据库文件的功能，以便用户从数据库中获取大量数据，具体的操作步骤如下。

步骤1 在【数据】选项卡的【获取外部数据】组中单击【自 Access】按钮，弹出【选取数据源】对话框。

步骤2 在【选取数据源】话框中找到目标文件，并选中此文件，单击【打开】按钮，弹出【选择表格】对话框。

步骤3 选中所需的数据表，单击【确定】按钮，弹出【导入数据】对话框，选择数据的存放位置。

> **提示**
>
> 除了 Access 数据库之外，用户还可以在【数据】选项卡的【获取外部数据】组中单击【自其他来源】按钮，在弹出的下拉列表中选择其他来源。

3.1.3 自动填充数据

名师讲解

1 序列填充的基本方法

在相邻的单元格中填充相同数据的具体操作步骤如下。

步骤1 新建工作簿，并在单元格中输入文字，选择 B3:F3单元格区域，在【开始】选项卡的【编辑】组中单击【填充】按钮，在弹出的下拉列表中选择【向右】命令，如图 3-29 所示。

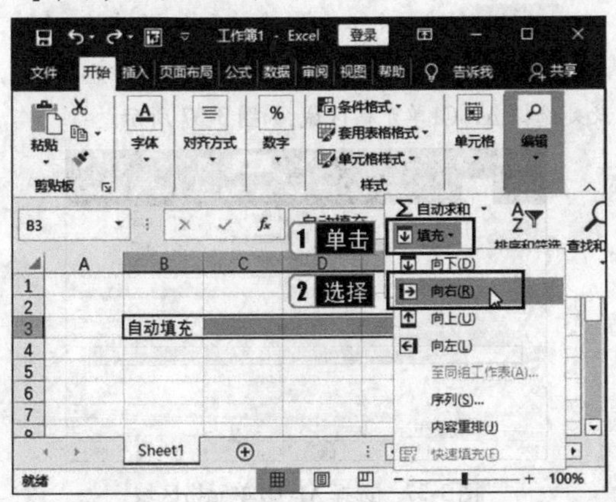

图 3-29　选择单元格并设置填充

步骤2 选择完成后即可对选择的区域进行填充，填充后的效果如图 3-30 所示。

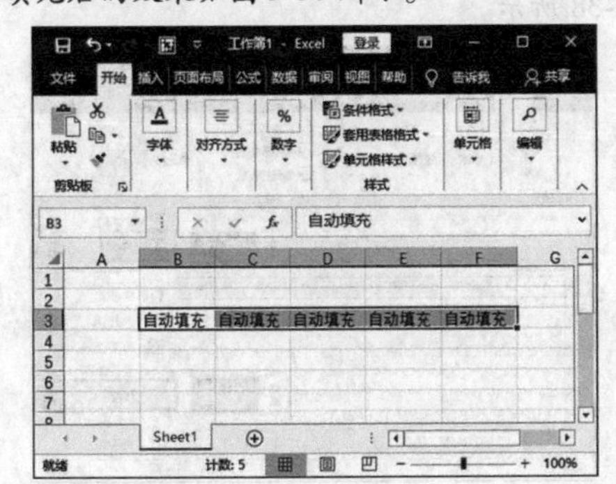

图 3-30　填充后的效果

使用填充柄也可以填充相同的数据，具体的操作步骤如下。

步骤1 继续上一个例子，选择 B3 单元格，将鼠标指针移动到该单元格右下角的填充柄上，当指针变为“十”字形状时，如图 3-31 所示。

图 3-31　指针变为黑十字形状

步骤2 按住鼠标左键拖曳填充柄到要填充的单元格中，如图 3-32 所示。

图 3-32　拖曳到要填充的单元格

2 自动填充可扩展序列数字和日期等

如果在起始单元格中包含 Excel 可扩展序列，那么在使用填充柄进行填充操作时，相邻单元格的数据将按序列递增或递减的方式填充。自动填充可扩展日期的操作方法与此相同。Excel 可扩展序列是 Microsoft Excel 提供的默认自动填充序列，包括数字、日期、时间以及文本数字混合序列等。

对日期进行可扩展序列的填充的具体操作步骤如下。

步骤1 新建一个空白工作簿。在 A1 单元格中输入【2020/06/16】，然后在【开始】选项卡的【对齐方式】组中单击【居中】按钮，如图 3-33 所示。

步骤2 选择 A1 单元格，当鼠标指针变为“十”字形状时，向下拖曳填充柄，此时 Excel 就会自动填充序列的其他值，完成填充后的效果如图 3-34 所示。

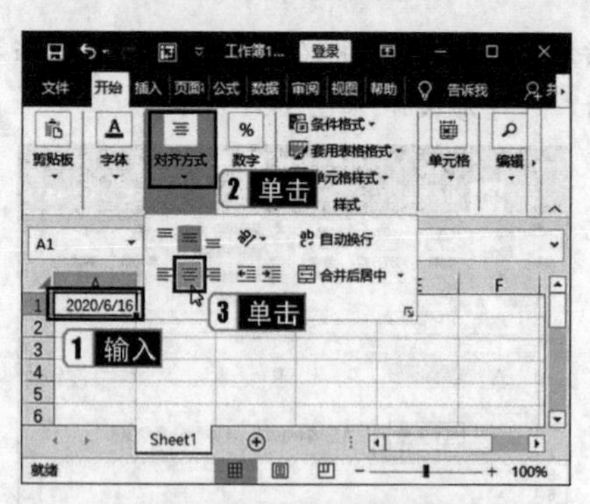

图 3-33 输入日期并将其居中

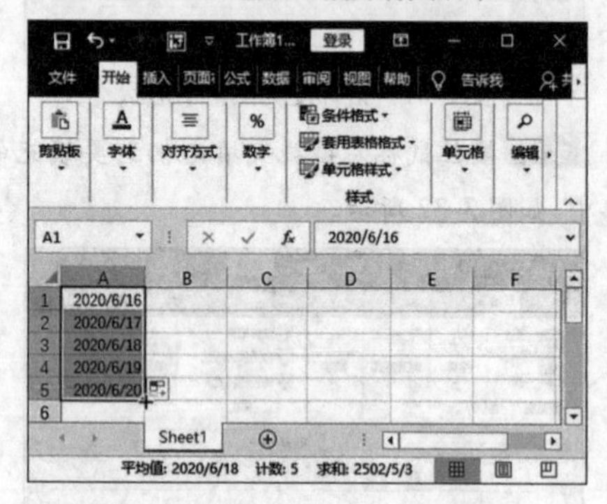

图 3-34 拖曳填充柄填充后的效果

3 填充等差序列

如果在工作表中需要输入等差数据，使用下面的方法可以节省很多时间，具体的操作步骤如下。

步骤1 新建一个工作簿，在 A1 单元格中输入【5】，在 A2 单元格中输入【6.5】，选择这两个单元格，当鼠标指针变为"十"字形状时，向下拖曳填充柄，如图 3-35 所示。

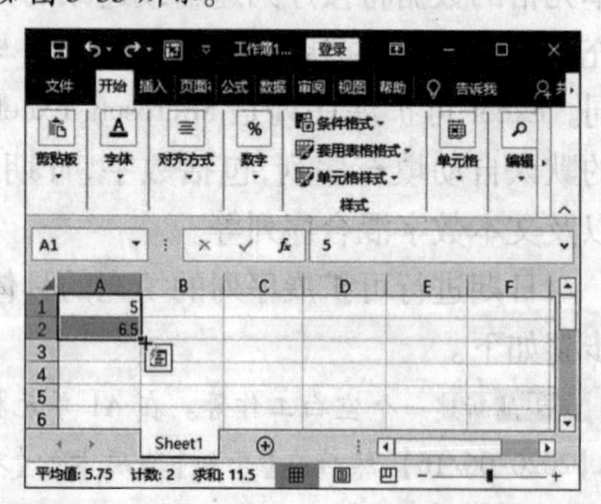

图 3-35 选择 A1 和 A2 单元格并拖曳填充柄

步骤2 将其拖曳到合适的位置并释放鼠标，即可对选定的单元格进行等差序列填充，填充效果如图 3-36 所示。

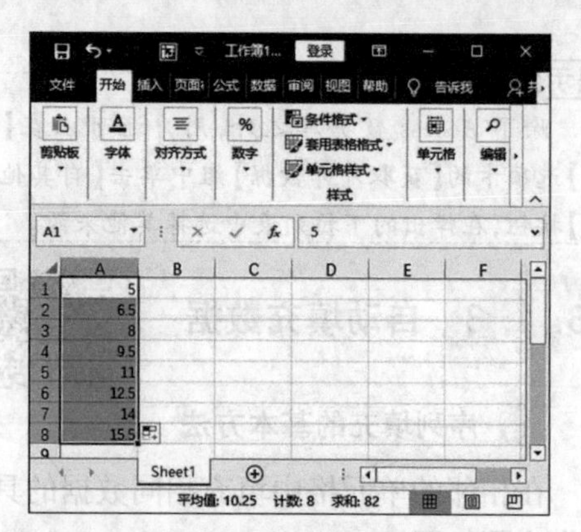

图 3-36 拖曳填充柄填充后的效果

4 填充等比序列

等比序列的填充方法与等差序列的填充方法类似，具体的操作步骤如下。

步骤1 新建一个工作簿，在单元格 A1 中输入【1】，然后选择从该单元格开始的行方向区域或列方向区域，此处选择 A1: G1单元格区域，如图 3-37 所示。

图 3-37 选择 A1: G1单元格区域

步骤2 在【开始】选项卡的【编辑】组中单击【填充】按钮，在弹出的下拉列表中选择【序列】命令，如图 3-38 所示。

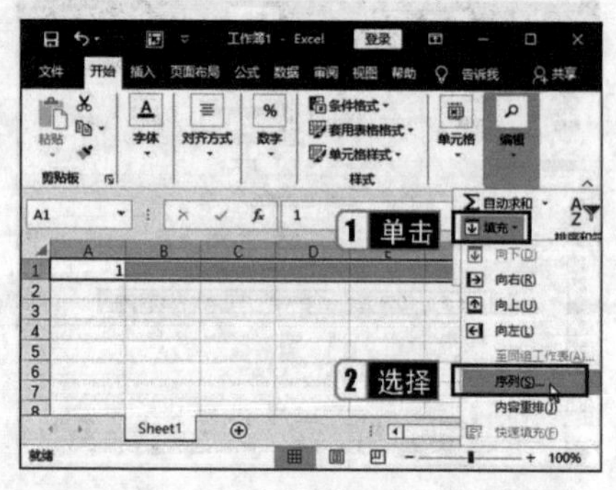

图 3-38 选择【系列】命令

步骤3 在弹出的【序列】对话框中选择【等比序列】单选按钮，在【步长值】文本框中输入【3】，如图 3-39 所示。

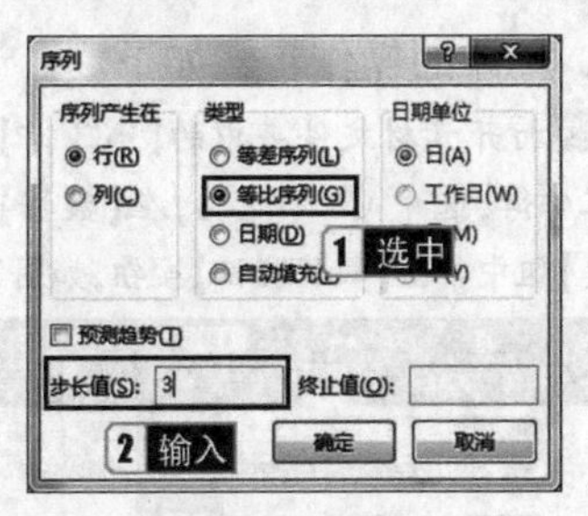

图3-39　设置【序列】对话框

步骤4 设置完成后，单击【确定】按钮，即可完成填充，效果如图3-40所示。

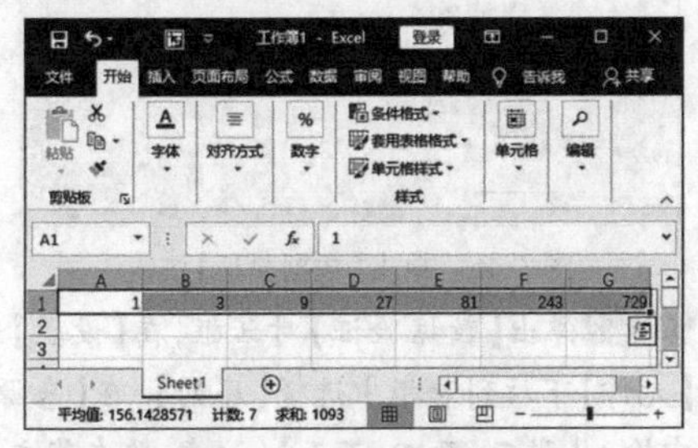

图3-40　填充后的效果

5 自定义自动填充序列

在Excel中用户还可以自定义自动填充序列，使用该序列也可以像使用Excel可扩展序列那样实现自动填充。

如果用户使用基于现有项目列表中的自定义填充序列进行填充，则具体的操作步骤如下。

步骤1 新建一个工作簿，在A1:A10单元格区域中输入【一分店】至【十分店】，并将其选中，如图3-41所示。

图3-41　输入并选中单元格区域

步骤2 单击【文件】选项卡，在弹出的后台视图中选择【选项】命令，如图3-42所示。

图3-42　选择【选项】命令

步骤3 弹出【Excel选项】对话框，选择【高级】选项卡，在右侧的【常规】选项组中单击【编辑自定义列表】按钮，如图3-43所示。

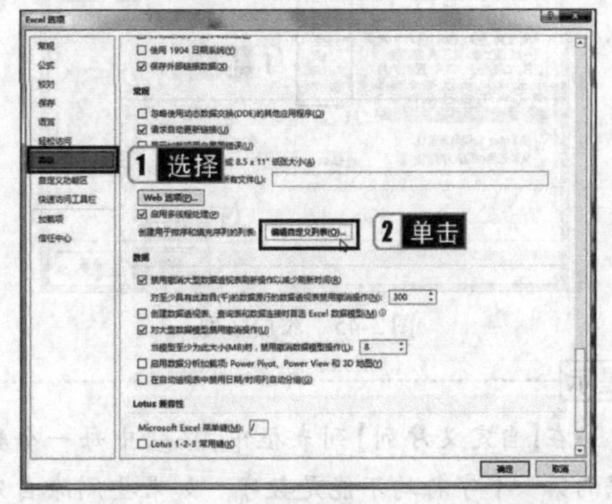

图3-43　单击【编辑自定义列表】按钮

步骤4 在弹出的【自定义序列】对话框中单击【导入】按钮，在工作簿中选择A1:A10单元格区域，所选择的单元格区域中的数据将添加到【自定义序列】列表框中，如图3-44所示。

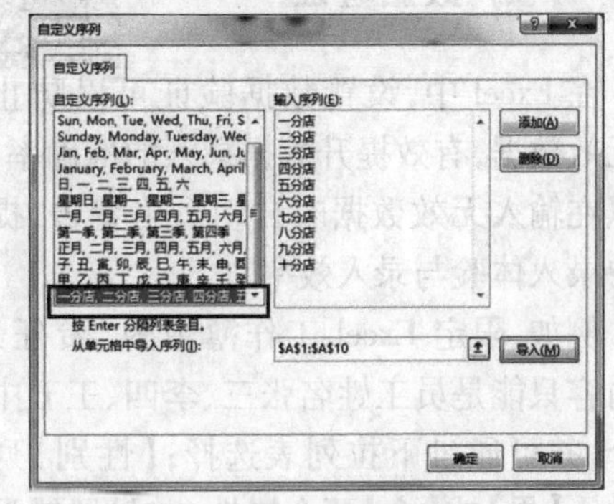

图3-44　【自定义序列】对话框

步骤5 单击【确定】按钮返回【Excel选项】对话框，单击【确定】按钮返回工作表。以后在需要输入

"一分店"至"十分店"序列时，只需在第一个单元格中输入【一分店】，然后拖曳填充柄即可进行自动填充序列操作。

另外，用户还可以直接通过【自定义序列】对话框输入要定义的序列，具体的操作步骤如下。

步骤1 在弹出的【自定义序列】对话框的【输入序列】文本框中输入需要定义的序列项，每输入一个序列项按一次【Enter】键。

步骤2 单击【添加】按钮，输入的序列项将添加到左侧【自定义序列】列表框中，完成后单击【确定】按钮即可，如图3-45所示。

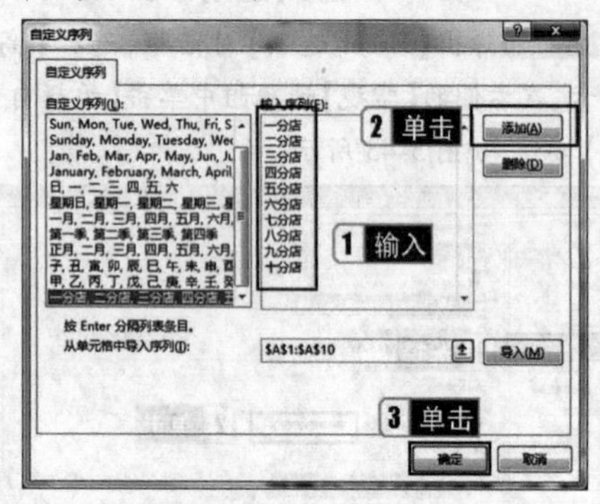

图3-45　添加序列

提示

在【自定义序列】列表框中，序列中每一个数据的第一个字符均不能是数字。如果要删除自定义序列，选择【自定义序列】列表框中想删除的序列，单击【删除】按钮即可，但不能删除Excel默认的序列。

3.1.4　数据验证

在Excel中，设置数据验证可以防止输入无效数据，有效提升数据录入的准确率，还可以在输入无效数据时自动发出警告，提升用户录入体验与录入效率。

例如，限定Excel工作簿中的"责任人"列内容只能是员工姓名张三、李四、王五中的一个，并可通过下拉列表选择；【性别】列只能输入【男】或【女】两个属性，并设置错误提示"性别输入错误，男或女！"；身份证号只能是18位，并设置错误提示"身份证号位数不正确！"。具体的操作步骤如下。

步骤1 打开素材文件夹中的【第3章】|【数据验证.xlsx】工作簿，选中C2单元格，在【数据】选项卡的【数据工具】组中单击【数据验证】按钮，如图3-46所示。

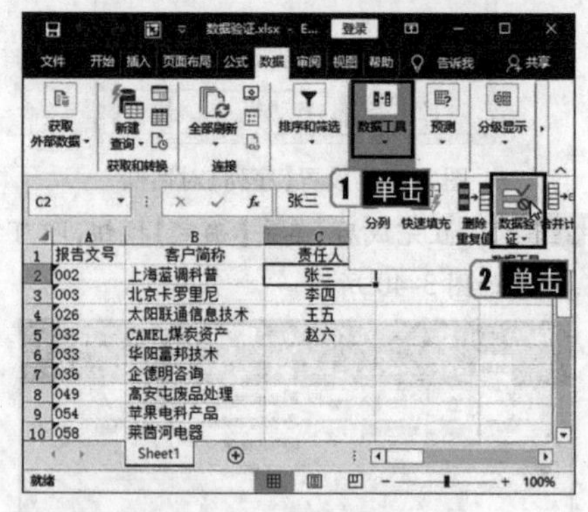

图3-46　单击【数据验证】按钮

步骤2 弹出【数据验证】对话框，在【设置】选项卡的【允许】下拉列表框中选择【序列】，在【来源】文本框中输入【张三,李四,王五】(注意：要在英文输入法状态下输入逗号进行分隔)，设置完成后单击【确定】按钮，如图3-47所示。

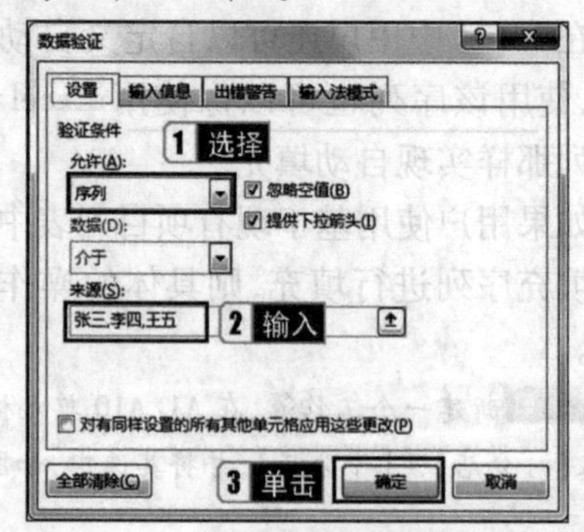

图3-47　【设置】选项卡

步骤3 单击C2单元格右侧的下拉按钮，即可在弹出的下拉列表中选择责任人，如图3-48所示。

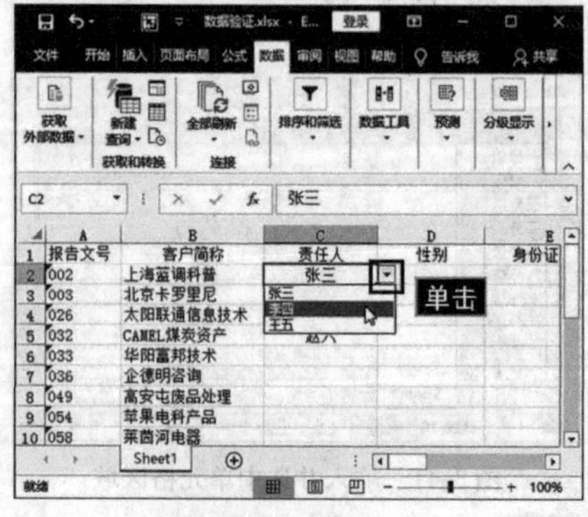

图3-48　选择责任人

步骤4 选中D2单元格，按上述同样的方法打开【数据验证】对话框，在【设置】选项卡的【允许】下拉列表框中选择【序列】，在【来源】文本框中输入【男，女】（注意：要在英文输入法状态下输入逗号进行分隔），如图3-49所示。

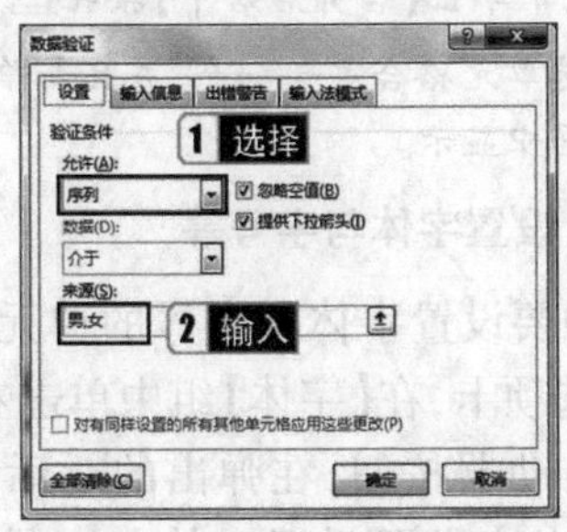

图3-49 【设置】选项卡

步骤5 切换到【出错警告】选项卡，选中【输入无效数据时显示出错警告】复选框，从【样式】下拉列表框中选择【停止】，在右侧的【标题】文本框中输入【输入错误提示】，在【错误信息】文本框中输入【性别输入错误，男或女！】，设置完成后单击【确定】按钮，如图3-50所示。

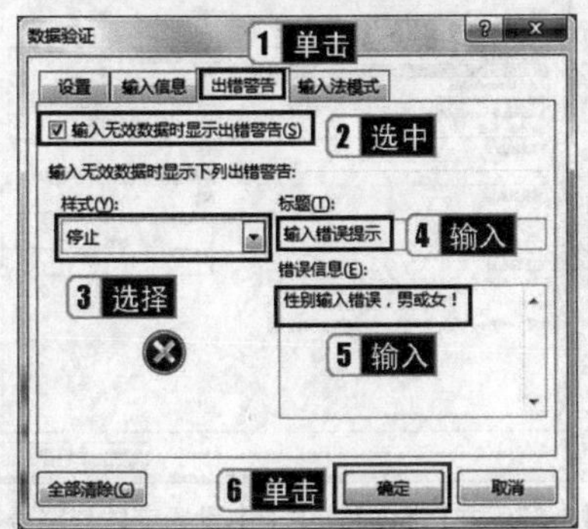

图3-50 【出错警告】选项卡

步骤6 单击D2单元格右侧的下拉按钮，即可在弹出的下拉列表中选择性别，如图3-51所示。如输入其他文字，则会弹出输入错误提示，如图3-52所示。

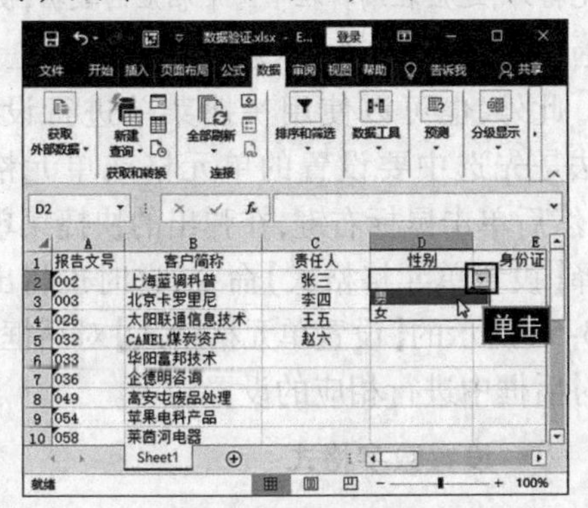

图3-51 选择性别

图3-52 输入错误提示

步骤7 选中E2单元格，按上述同样的方法打开【数据验证】对话框，在【设置】选项卡的【允许】下拉列表框中选择【文本长度】，在【数据】下拉列表框中选择【等于】，在【长度】文本框中输入【18】，如图3-53所示。

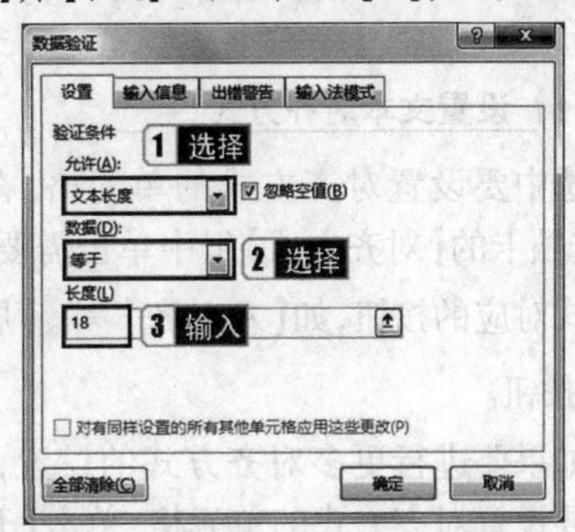

图3-53 【设置】选项卡

步骤8 切换到【出错警告】选项卡，选中【输入无效数据时显示出错警告】复选框，在【样式】下拉列表框中选择【停止】，在右侧的【标题】文本框中输入【输入错误提示】，在【错误信息】文本框中输入【身份证号位数不正确！】，设置完成后单击【确定】按钮，如图3-54所示。

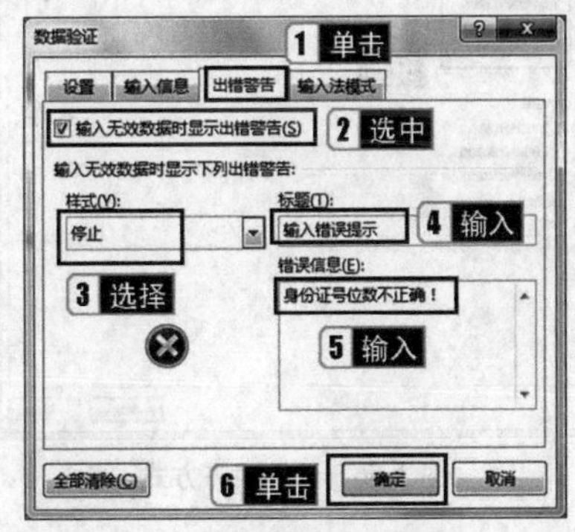

图3-54 【出错警告】选项卡

步骤9 在E2单元格中输入身份证号，如不是18位，则会弹出输入错误提示，如图3-55所示。

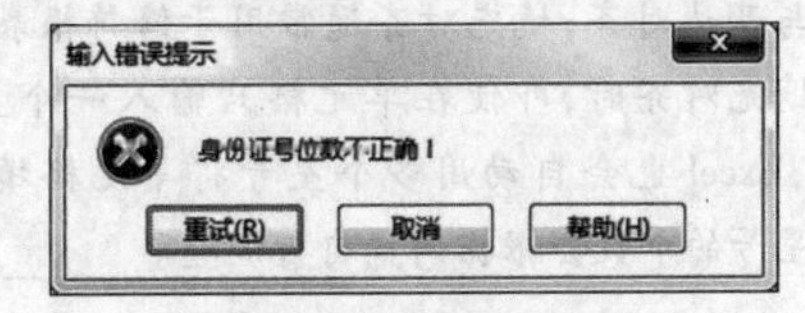

图3-55 输入错误提示

请注意

如需取消数据验证控制，在【数据验证】对话框中单击左下角的【全部清除】按钮即可。

3.1.5 整理与修饰表格

设置文本和单元格格式时，通常使用【开始】选项卡以及【设置单元格格式】对话框来完成。

1 设置文本对齐方式

选中要设置对齐方式的单元格，在【开始】选项卡的【对齐方式】组中单击需要的对齐方式对应的按钮，如【左对齐】≡、【居中】≡等按钮。

如果要进行更多对齐方式的设置，首先选中要设置对齐方式的单元格，单击【开始】选项卡【对齐方式】组右下角的对话框启动器按钮，在弹出的【设置单元格格式】对话框的【对齐】选项卡中，即可设置文本的水平对齐方式和垂直对齐方式等，如图3-56所示。

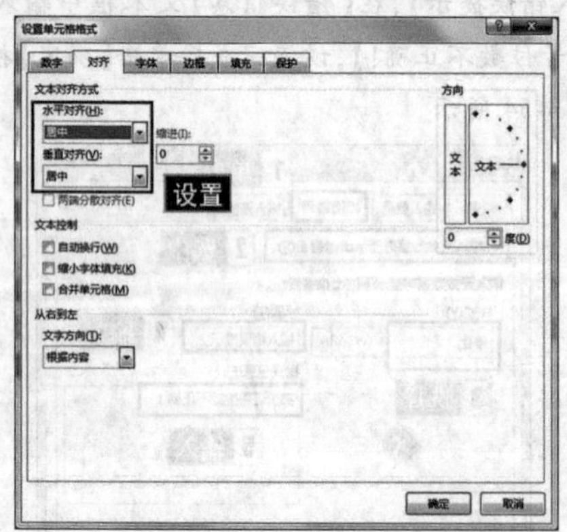

图3-56 设置对齐方式

提示

两端对齐只有当单元格的内容是多行时才起作用；分散对齐是将单元格中的内容以两端撑满的方式与两边对齐；填充对齐通常用于修饰报表，当选择填充对齐时，即使在单元格只输入一个星号“*”，Excel也会自动用多个星号将单元格填满，而且星号的个数会根据列宽自行调整。

此外，在Excel中设计表格标题时，一般习惯把标题名放在表格水平居中的位置，在此需要设置单元格合并及居中，具体操作如下。

选择需要合并的单元格，在【开始】选项卡的【对齐方式】组中单击【合并后居中】按钮 **合并后居中**，即可将所选单元格合并为一个，并且新单元格中的内容水平居中显示。

2 设置字体与字号等

选中要设置字体和字号的单元格，选择【开始】选项卡，在【字体】组中单击右下角的对话框启动器按钮，在弹出的对话框的【字体】选项卡中即可设置字体与字号等，如图3-57所示。

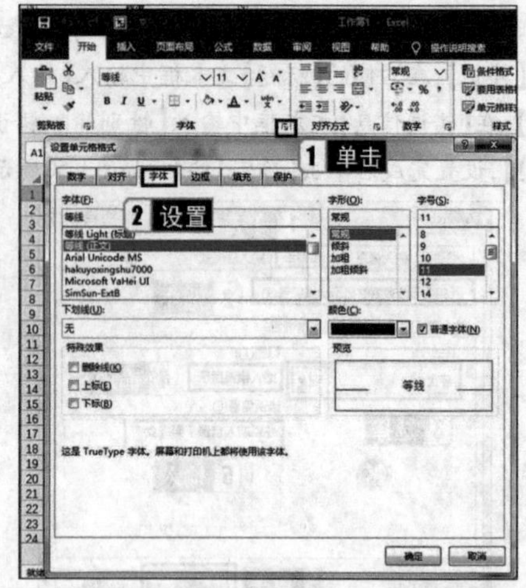

图3-57 在【字体】选项卡中设置字体与字号等

提示

如果要设置单元格中的某个数据为特殊字体，例如，要设置上标、下标或删除线，除了要选中相应单元格外，还应在编辑栏中选中相应的数据，使其呈高亮显示，然后设置格式。

此外，也可以使用快捷菜单进行设置。方法是先选中要设置的单元格或单元格区域，然后单击鼠标右键，在弹出的快捷菜单中选择【设置单元格格式】命令，这时也将出现图3-57所示的【设置单元格格式】对话框，在该对话框中进行相应的设置即可。

3 设置数字格式

前面介绍了在Excel的单元格中可以输

入数值、文本、日期和时间等多种类型的数据，通常来说，还需要对输入的数据进行数字格式设置，这样不仅美观，而且便于阅读。

默认情况下，数字格式是常规格式。当用户在工作表的单元格中输入数字时，数字以整数、小数或科学记数方式显示，且常规格式最多可以显示11位数字。

(1)使用按钮设置数字格式

如果是简单的数字格式设置，则可以通过【数字】组中的按钮来完成。用于数字格式设置的按钮有5个，它们的功能如表3-1所示。

表3-1　用于数字格式设置的按钮、名称及功能

图标	名称	功能
💱	会计数字格式	将选定单元格设置为货币格式
%	百分比样式	将单元格值显示为百分比
,	千位分隔样式	显示单元格值时使用千位分隔符
←.0 .00	增加小数位数	通过增加显示的小数位数，以较高精度显示值
.00 →.0	减少小数位数	通过减少显示的小数位数，以较低精度显示值

例如，要为图3-58所示的工作表中的价格数字添加货币符号，可按如下步骤操作。

步骤1 选中C2:C10单元格区域，在【开始】选项卡的【数字】组中单击【会计数字格式】按钮右侧的下拉按钮，在弹出的下拉列表中选择【￥中文(中国)】命令，如图3-58所示。

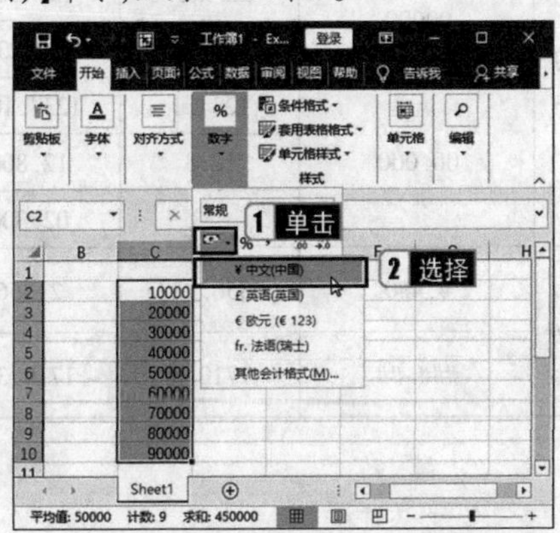

图3-58　选择【￥中文(中国)】命令

步骤2 数字前面将插入货币符号“￥”，效果如图3-59所示。

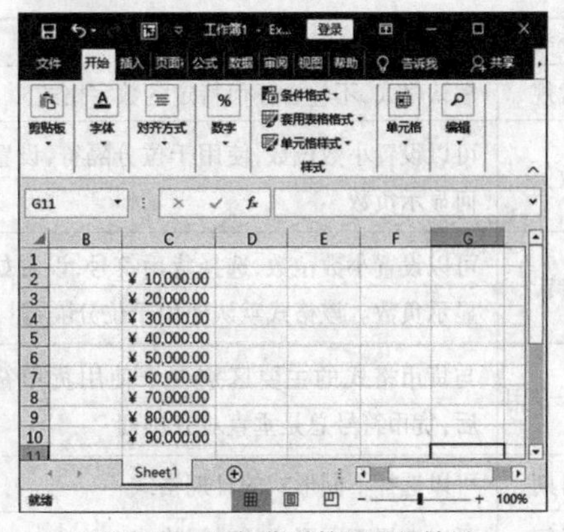

图3-59　添加货币符号后的效果

提示

数字格式是指工作表中数据的显示形式，改变数字的格式并不影响数据本身，数据本身会显示在编辑栏中。

(2)使用【数字】选项卡

如果是复杂的数字格式设置，可以使用【设置单元格格式】对话框中的【数字】选项卡来完成。具体的操作步骤如下。

步骤1 选中要设置格式的单元格、单元格区域或文本，打开【设置单元格格式】对话框。

步骤2 选择【设置单元格格式】对话框中的【数字】选项卡，从【分类】列表框中选择所需的类型，此时对话框右侧便显示本类型中默认的格式及示例。例如，可在【分类】列表框中选择【货币】选项，并在右侧的【货币符号】下拉列表中选择货币符号【$】，如图3-60所示，单击【确定】按钮。

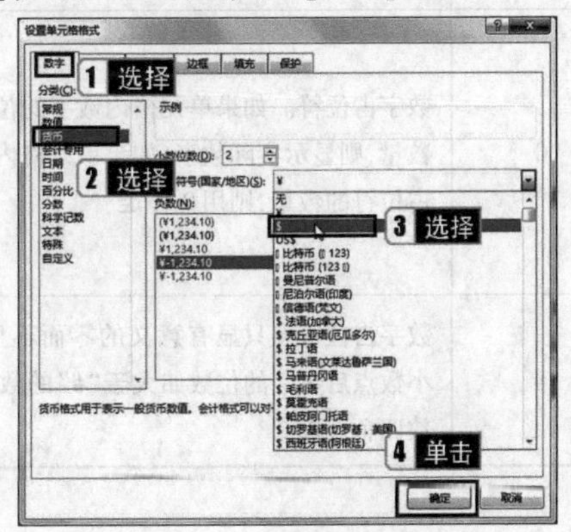

图3-60　选择货币符号【$】

数字格式的分类如表3-2所示。

表3-2　　数字格式的分类

分类	说明
常规	默认格式,不包含任何特定的数字格式
数值	可以设置小数位数,使用千位分隔符,设置如何显示负数
货币	可以设置小数位数,选择货币符号,设置如何显示负数。该格式默认使用千位分隔符
会计专用	与货币格式的主要区别在于使用货币符号后,货币符号总是垂直对齐排列
日期	可以选择不同形式的日期格式
时间	可以选择不同形式的时间格式
百分比	将单元格值乘以100并添加百分号显示,还可以设置小数点位置
分数	共9种,以分数显示数值中的小数
科学记数	以科学记数法形式显示数字,还可以设置小数位数
文本	主要用来设置表面是数字,但实际是文本的数据,如身份证号
特殊	用来在列表或数据中显示邮政编码、电话号码、中文大写数字、中文小写数字等
自定义	用于创建自定义的数字格式

提示

一般来说,用户直接套用【分类】列表框中各类型(【自定义】选项除外)提供的数字格式便可满足设置要求。如果不能达到设置的要求,可以尝试使用【自定义】选项,创建用户所需的特殊格式。

4 自定义数字格式

使用Excel提供的【自定义】选项,用户还可创建自己需要的特殊格式。在自定义数字格式之前,应先了解其基本原理和各种常用占位符号的含义。

(1)基本原理

在格式代码中,最多可以指定4个节。每个节之间用分号进行分隔,这4个节顺序定义了格式中的正数、负数、零和文本。如果只指定两个节,则第一部分用于表示正数和零,第二部分用于表示负数;如果只指定了一个节,那么所有数字都会使用该格式;如果要跳过某一节,则对该节仅使用分号即可。

(2)常用占位符

表3-3列出了常用数字占位符的符号及其含义。

表3-3　　常用数字占位符及其含义

占位符	注释	自定义	常规	格式后
G/通用格式	以常规的数字显示,相当于【分类】列表框中的【常规】选项		24.5	24.5
0	数字占位符。如果单元格内数字的位数大于占位符的数量,则显示实际数字;如果单元格内数字的位数小于占位符的数量,则用0补足	00000	1234567	1234567
			123	00123
		00.000	1234.1	1234.100
			12.8	12.800
			2.3	02.300
#	数字占位符。只显有意义的零而不显示无意义的零。小数点后数字的位数如大于"#"的数量,则按"#"的位数四舍五入	#,##0	2356.122	2,356
		###.##	1710.3	1710.30

续表

占位符	注释	自定义	常规	格式后
?	数字占位符。在小数点两边为无意义的零添加空格，以便按固定宽度时，小数点可对齐，还可用于显示分数	??.??	23.35784	23.35
		???.???		23.357
@	文本占位符，如果只使用单个@，作用是引用原始文本。要在输入数据之前自动添加文本，使用自定义格式为："文本内容"@；要在输入数据之后自动添加文本，使用自定义格式为：@"文本内容"。@符号的位置决定了Excel输入的数据相对于添加文本的位置。如果使用多个@，则可以重复文本	"未来教育"@"图书"	计算机	未来教育计算机图书
		@@@		计算机计算机计算机
.（句点）	在数字中显示小数点	##.00	54	54.00
,（逗号）	在数字中显示千位分隔符	#,###	12	12,000
[ ]（方括号）	[颜色 n]：调用调色板中的颜色，n 是0～56之间的整数，例如：1是红色、2是黑色、3是黄色	[黄色]或[颜色3]	123	黄色数字123
	[条件]：最多使用三个条件，其中两个条件是明确的，另一个是"所有的其他"	[>0]"正数"；[=0]；"零"；"负数"	3	正数
			-5	-负数
			0	零
		[红色][<=100]；[蓝色][>100]	88	红色数字88

请注意

在数字占位符中，"#""?""0"3个符号的不同之处在于是否显示额外的0。"#"只显示有意义的数字，而不显示无意义的0。如果数字位数少于格式中0的个数，则将显示若干个0，从而保证显示的数据保持同一精度。"?"与"0"类似，只是不显示0，而是显示空格，从而使数字的小数点对齐。

（3）修改数字格式

新建一个新的数字格式代码是比较麻烦的，可以在已有的内置格式中选择一个相近的格式，在此基础上修改代码节使其符合要求，具体的操作步骤如下。

步骤1 打开素材文件夹中的【第3章】|【自定义数据格式.xlsx】文件，选中B4单元格，输入公式【=TODAY()】，插入当前日期，如图3-61所示。

步骤2 单击【开始】选项卡【数字】组右下角的对话框启动器，弹出【设置单元格格式】对话框。

步骤3 在【数字】选项卡的【分类】列表框中，选择某一内置格式作为参考，如【日期】中的一种格式，如图3-62所示。

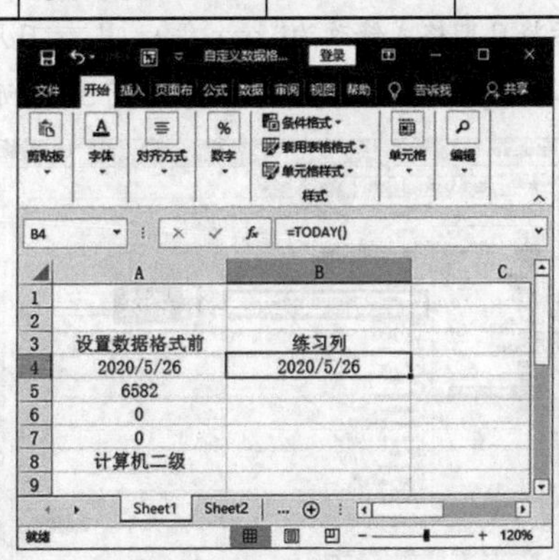

图3-61 插入当前日期

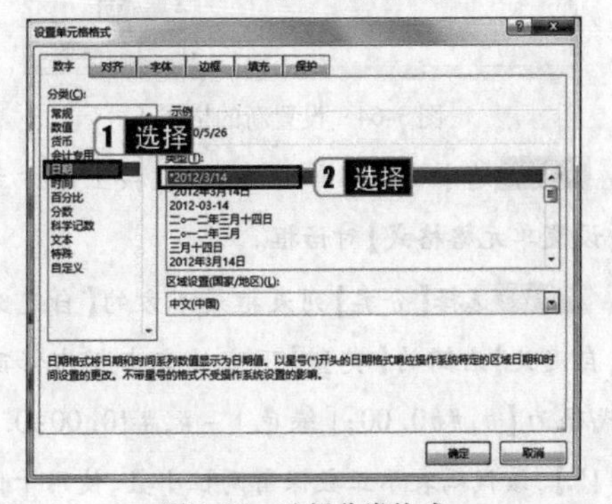

图3-62 选择分类格式

步骤4 选择【分类】列表框最下方的【自定义】，右侧【类型】下方的文本框中将会显示当前日期格式的代码，在下方的代码列表框中选择合适的参照代码类型，如图3-63所示。

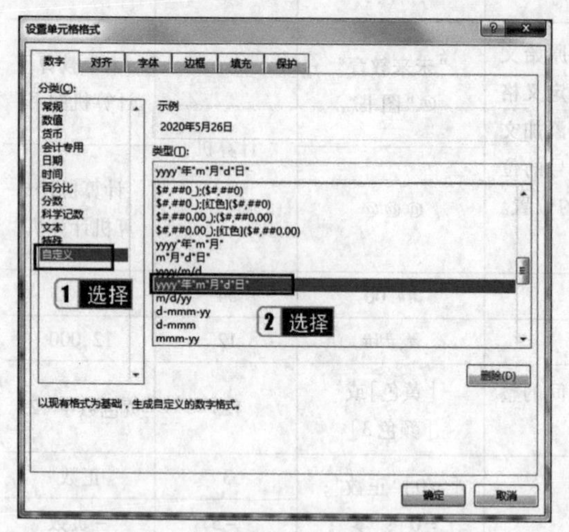

图3-63 选择合适的代码类型

步骤5 在【类型】下方的文本框中修改参照代码为【yyyy"年"m"月"d"日"[＄-804]aaa;@】，该代码表示将日期格式修改为“xxxx年xx月xx日周x”，单击【确定】按钮即生成新的格式，如图3-64所示。

图3-64 设置新的格式

步骤6 选中B4:B8单元格区域，按上述方式打开【设置单元格格式】对话框。

步骤7 选择【分类】列表框最下方的【自定义】，在【自定义】右侧的【类型】下方的文本框中修改参照代码为【#,##0.00;[绿色]-#,##0.00;0.00;@"!"】，该代码表示正数保留两位小数、使用千位分隔符；负数以绿色表示并添加负号、保留两位小数、使用千位分隔符；零保留两位小数；文本后面自动显示叹号。单击【确定】按钮即生成新的格式，如图3-65所示。效果如图3-66所示。

图3-65 自定义单元格格式类型

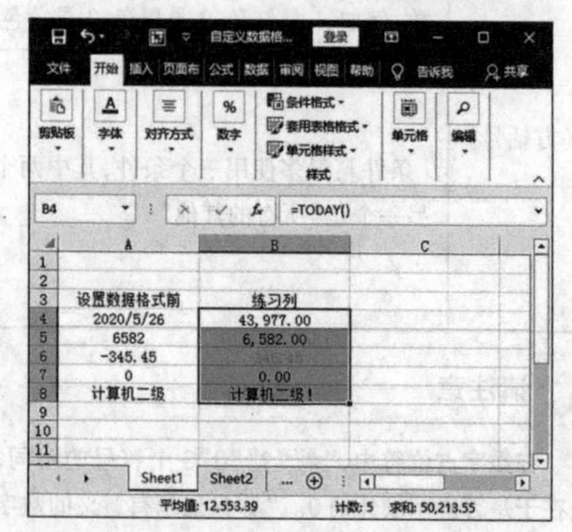

图3-66 生成新单元格格式效果

5 设置单元格边框

通常，用户在工作表中所看到的单元格都带有浅灰色的边框线，其实它是Excel内部设置的便于用户操作的网格线，打印时是不出现的。而在制作财务、统计等报表时，常常需要把报表设计成各种各样的表格形式，使数据及其说明文字的层次更加分明，这就需要通过设置单元格的边框线来实现。

对于简单的单元格边框设置，在选定要设置边框的单元格或单元格区域后，可以直接在【开始】选项卡的【字体】组中单击【边框】按钮右侧的下拉按钮，弹出下拉列表，从中选择需要的边框线即可，如图3-67所示。

图 3-67 【边框】下拉列表

但是，使用【开始】选项卡进行边框设置有很大的局限性，而使用【设置单元格格式】对话框中的【边框】选项卡则可突破这种局限。

选定要设置边框的单元格或单元格区域后，打开【设置单元格格式】对话框，选择【边框】选项卡，如图 3-68 所示。用户可根据对话框中的提示信息进行设置，然后单击【确定】按钮即可。

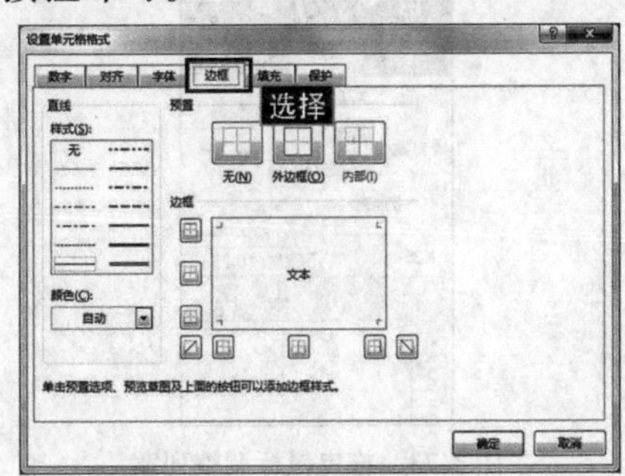

图 3-68 【边框】选项卡

提示

在【样式】列表框中设置框线的类型；在【颜色】下拉列表框中设置框线的颜色；在【预置】和【边框】选项组中可以对不同位置的框线进行设置。

6 设置单元格底纹

设置单元格底纹颜色时，可以在选定要设置底纹的单元格后，在【开始】选项卡的【字体】组中单击【填充颜色】按钮 右侧的下拉按钮，弹出下拉列表，然后选择所需的颜色，如图 3-69 所示。此方法虽然操作比较方便，但也受到了一定的限制，而利用【设置单元格格式】对话框中的【填充】选项卡则可突破这种限制，进行更详细的设置，如图 3-70 所示。

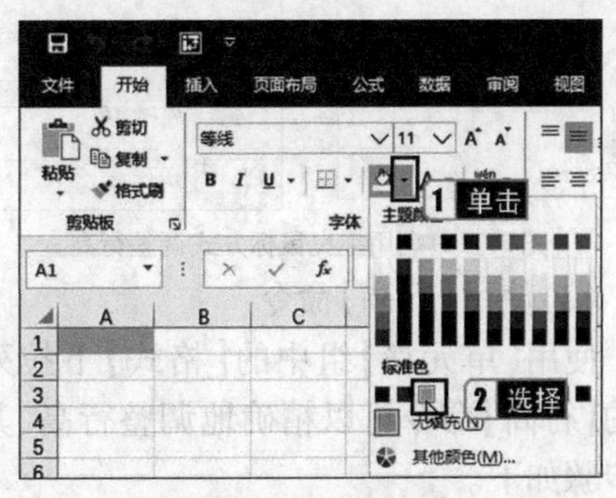

图 3-69 单击【填充颜色】按钮右侧的下拉按钮

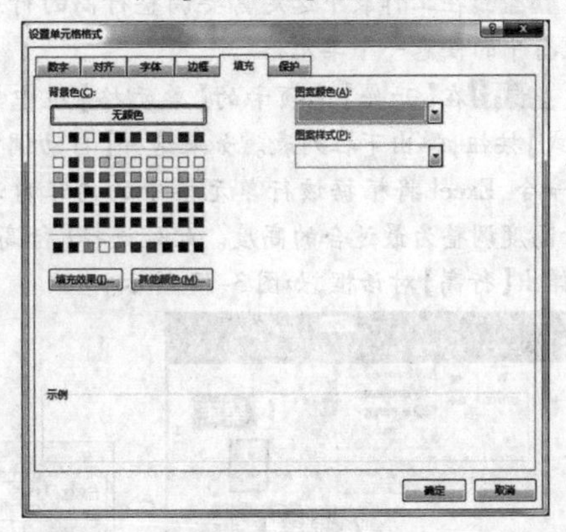

图 3-70 【填充】选项卡

7 调整行高

Excel 默认工作表中任意一行的所有单元格的高度都是相等的，所以要调整某一个单元格的高度，实际上是调整这个单元格所在行的行高，并且单元格的高度会随单元格字体高度的改变而自动变化。

(1) 使用鼠标拖曳框线

当对单元格的高度要求不是十分精确

时，可按照如下步骤快速调整行高。

步骤1 将鼠标指针指向任意一行行号的下框线，这时鼠标指针形状变为"╪"，表明该行高度可用拖曳鼠标的方式自由调整。

步骤2 按住鼠标左键拖曳鼠标上下移动，直到调整到合适的高度为止。拖曳时在工作表中有一条横线，释放鼠标左键时，这条横线就成为该行调整后的下框线，如图3-71所示。

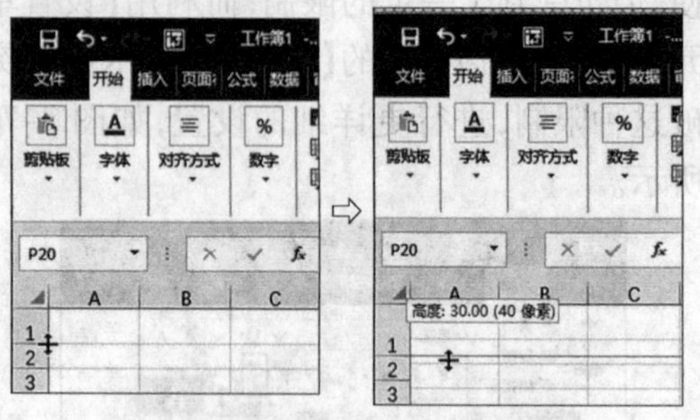

图3-71　利用拖曳鼠标方式调整行高

(2)使用【行高】命令

使用【单元格】组中的【格式】下拉列表中的【行高】命令可以精确地调整行高，其操作步骤如下。

步骤1 在工作表中选定需要调整行高的行或选定该行中的任意一个单元格。

步骤2 在【开始】选项卡的【单元格】组中单击【格式】按钮，弹出下拉列表。如果选择【自动调整行高】命令，Excel将根据该行单元格中的内容自动将该行高度调整为最适合的高度。此处选择【行高】命令，弹出【行高】对话框，如图3-72所示。

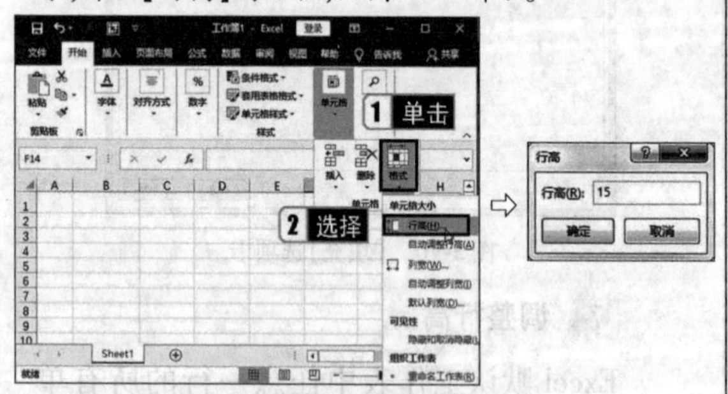

图3-72　【行高】对话框

步骤3 在【行高】文本框中输入所需高度的数值，单击【确定】按钮即可。

提示

若要改变多个行的行高，可以先选定要改变行高的多个行，然后按上述步骤进行调整。不过，此时所选定的多行的行高将被调整为同一数值。

此外，在工作表中选定需要调整行高的行或选定该行中的任意一个单元格后，在【开始】选项卡的【对齐方式】组中单击【自动换行】按钮 自动换行，Excel将自动调整该行高度并使单元格中的内容完全显示。

8 调整列宽

工作表中的列和行有所不同，Excel默认单元格的列宽为固定值，并不会根据数据的长度自动调整列宽。当输入单元格中的数据因列宽不够而无法完全显示时，若输入的是数值型数据，则显示一串"#"号；若输入的是字符型数据，当右侧相邻单元格为空时，则利用其空间显示，否则只显示当前宽度能容纳的字符。为此，用户经常需要调整列宽。

(1)使用鼠标拖曳框线

当对单元格的列宽要求不是十分精确时，可按如下步骤快速调整列宽。

步骤1 将鼠标指针指向任意一列列标的右框线，这时鼠标指针形状变为"╫"，表明该列宽度可用拖曳鼠标指针的方式自由调整。

步骤2 按住鼠标左键拖曳鼠标左右移动，直到调整到合适的宽度为止。拖曳时在工作表中有一条纵向直线，释放鼠标左键时，这条直线就成为该列调整后的右框线，如图3-73所示。

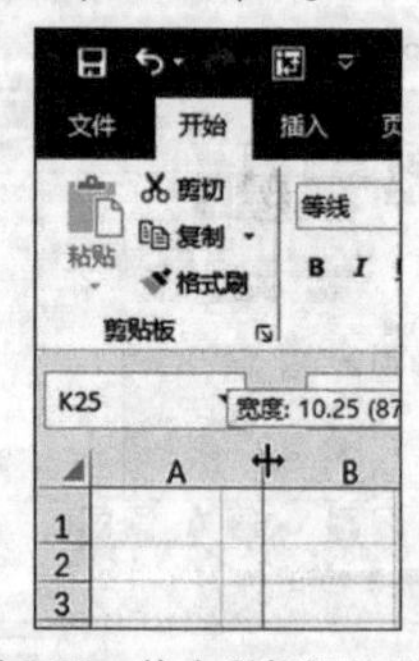

图3-73　拖曳鼠标调整列宽

(2)使用【列宽】命令

使用【单元格】组中的【格式】下拉列表中的【列宽】命令可以精确调整列宽，其操作步骤如下。

步骤1 在工作表中选定需要调整列宽的列或选定该列中的任意一个单元格。

步骤2 在【开始】选项卡的【单元格】组中单击【格式】按钮，弹出下拉列表。若选择【自动调整列宽】命令，Excel 则根据该列单元格中的内容自动将该列宽度调整为最适合的宽度此处选择【列宽】命令，弹出【列宽】对话框，如图 3-74 所示。

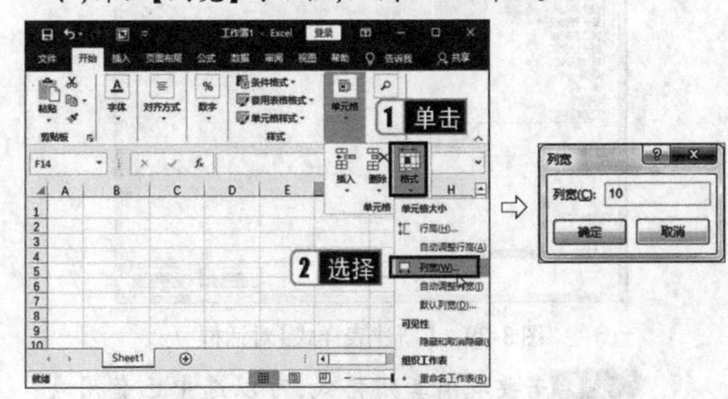

图 3-74　【列宽】对话框

步骤3 在【列宽】对话框的【列宽】文本框中输入需要的宽度数值，单击【确定】按钮即可。

> **提示**
>
> 若要改变多个列的宽度，可以先选定要改变列宽的多个列，然后按上述步骤调整即可。不过，此时所选定的多个列的列宽将被调整为同一宽度。

9　插入/删除行或列

(1)插入行或列

插入行或列，指的是在原来的位置插入新的行或列，而原位置的行或列将顺延到其他位置上，具体的操作如下。

选中需要插入行或列的位置，在【开始】选项卡的【单元格】组中单击【插入】按钮，在弹出的下拉列表中选择【插入工作表行】或【插入工作表列】命令，即可在行的上方、列的左侧插入一个空行或空列，如图 3-75 所示。

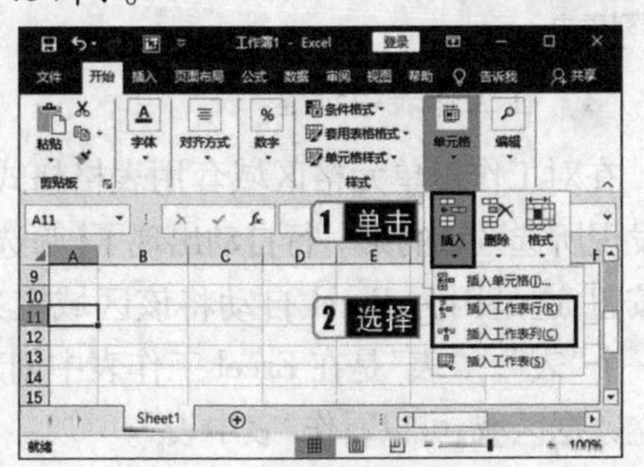

图 3-75　插入行或列

(2)删除行或列

删除行或列，指的是将选定的行或列从工作表中删除，并用周围的其他行或列来填补留下的空白，具体操作如下。

选择需要删除的行或列，在【开始】选项卡的【单元格】组中单击【删除】按钮，即可删除所选择的行或列。

3.1.6　格式化工作表高级技巧

名师讲解

除了手动进行各种格式化操作外，Excel 还提供了各种自动格式化的高级功能，以方便用户快速进行格式化操作。

1　设置单元格样式和格式

Excel 提供了大量预置的单元格样式，用户可以根据实际需要为数据表格快速指定预置样式，从而快速实现报表格式化，这样不但大大提高了工作效率，同时还制作出了美观、统一的表格。

(1)指定单元格样式

该功能可以对任意一个指定的单元格设置预置样式，具体的操作步骤如下。

步骤1 选择要设置单元格样式的单元格。

步骤2 在【开始】选项卡的【样式】组中单击【单元格样式】按钮，弹出【单元格样式】下拉列表，如图 3-76 所示。

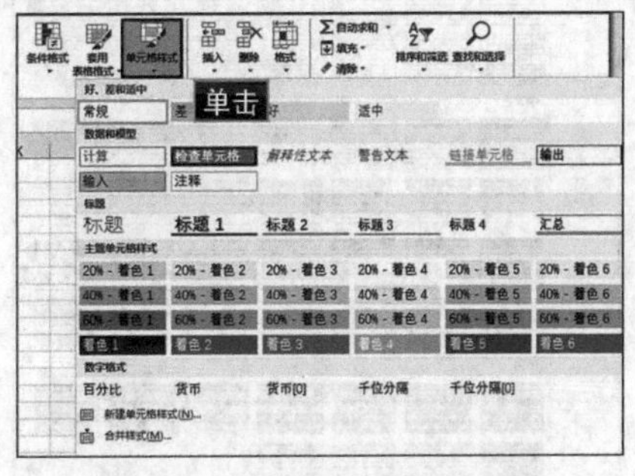

图 3-76　【单元格样式】下拉列表

步骤3 从中选择某个预定样式，相应的样式即可应用到当前选定的单元格中。

步骤4 若要自定义单元格样式，选择【单元格样式】下拉列表中的【新建单元格样式】命令，打开图 3-77 所示的【样式】对话框。在该对话框中为样式命名，选择需要设置的样式，然后单击【格式】按钮，在弹出的对话框中设置单元格格式，设置完成后单击【确定】按钮返回【样式】对话框，再单击【确定】按钮，新建的单元格样式即可保存在【单元格样式】下拉列表的【自定义】选项组中，选择该样式即可应用。

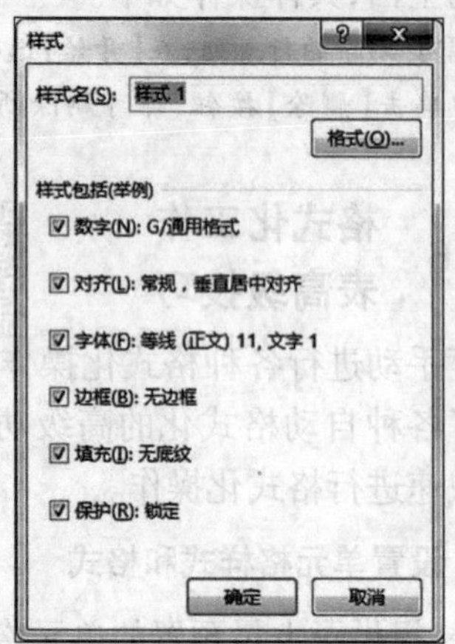

图 3-77 【样式】对话框

（2）套用表格格式

套用表格格式指将预设格式应用到所选择的单元格区域，具体的操作步骤如下。

步骤1 选择要套用格式的单元格区域，在【开始】选项卡的【样式】组中单击【套用表格格式】按钮，在弹出的下拉列表中出现多种表格格式的模板，如图 3-78 所示。

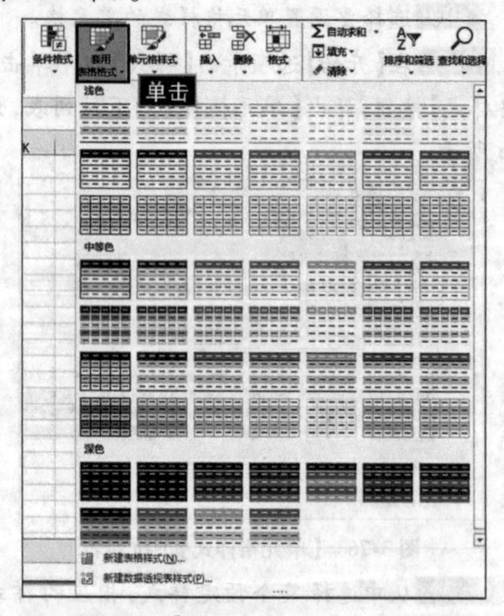

图 3-78 【套用表格格式】下拉列表

步骤2 从中选择任意一种表格格式，相应的格式即可应用到当前选定的单元格区域。

步骤3 若要自定义表格格式，可选择【套用表格格式】下拉列表中的【新建表格样式】命令，打开图 3-79 所示的【新建表样式】对话框。在对话框中输入样式名称，选择需要设置的表元素，并设置格式，单击【确定】按钮后，新建的表格格式即可在【套用表格格式】下拉列表中的【自定义】选项组中显示，选择该格式即可应用。

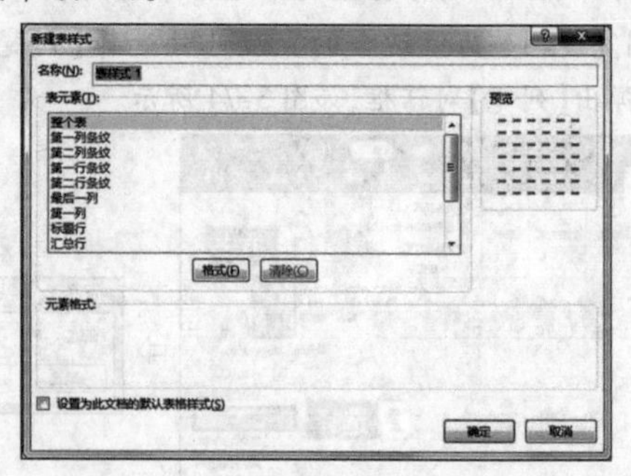

图 3-79 【新建表样式】对话框

步骤4 若要取消套用格式，可以选中已套用表格格式的单元格区域，在【表格工具】|【设计】选项卡的【表格样式】组中单击【其他】按钮，在弹出的下拉列表中选择【清除】命令即可，如图 3-80 所示。

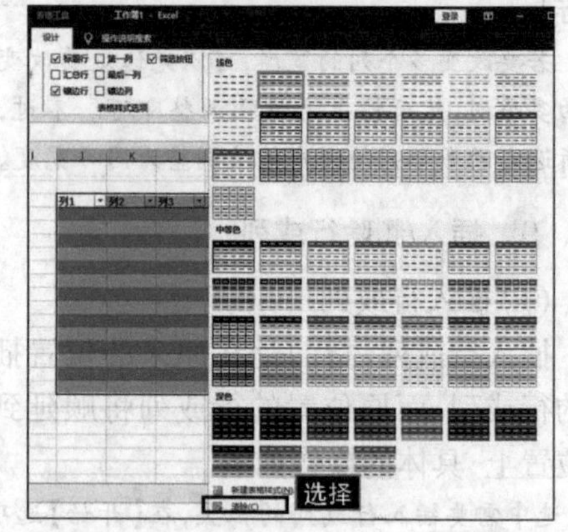

图 3-80 选择【清除】命令

请注意

自动套用格式只能应用在不包括合并单元格的数据列表中。

2 在工作表中创建“表”

在对工作表单元格区域套用表格格式后，会发现所选区域的第一行自动出现了【筛选】下拉按钮，这是因为 Excel 自动将该区域定义成了一个“表”。“表”是在 Excel 工作表中创建的独立数据区域，可以看作“表中表”。

（1）创建“表”

通过【套用表格格式】可以将所选区域定义为一个“表”，通过插入表格的方式也可以创建“表”，具体的操作步骤如下。

步骤1 打开素材文件夹中的【第3章】|【创建表.xlsx】文件，选中A1:H635数据区域，在【插入】选项卡的【表格】组中单击【表格】按钮，弹出【创建表】对话框，如图3-81所示。

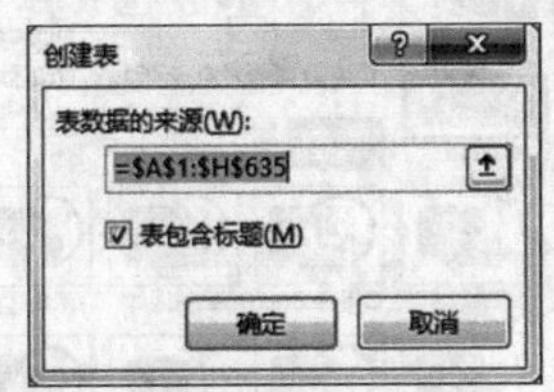

图3-81 【创建表】对话框

步骤2 如果所选择区域的第一行包含要显示为表格标题行的数据，则选中【表包含标题】复选框。如果不选中【表包含标题】复选框，则自动向上扩展一行并显示默认标题名称。

步骤3 单击【确定】按钮，所选区域将自动应用默认表格样式并被定义为一个“表”，结果如图3-82所示。

图3-82 创建“表”

提示

不能对带有外部连接的数据区域定义“表”。创建“表”后，通过上方的【表格工具】|【设计】选项卡可自定义或编辑该“表”。

(2)将“表”转换为区域

被定义为“表”的区域，不可以进行分类汇总以及单元格合并操作。有的时候可能仅仅是为了快速应用一个表格样式，但无需“表”功能，这时就可以将“表”转换为常规数据区域，同时保留所套用的格式，具体的操作步骤如下。

步骤1 将光标定位“表”中的任意位置，功能区会显示【表格工具】|【设计】选项卡。

步骤2 在【表格工具】|【设计】选项卡的【工具】组中单击【转换为区域】按钮，在弹出的提示对话框中单击【是】按钮，如图3-83所示。

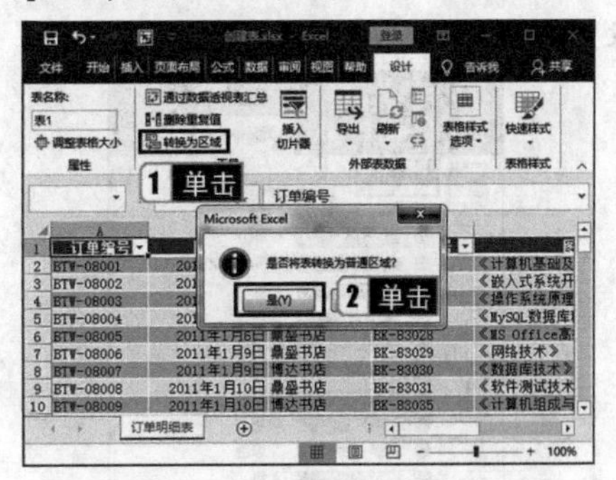

图3-83 将“表”转换为区域

3 设置主题与使用主题

Excel提供了许多内置的主题，用户也可以通过自定义主题来创建自己的主题。

提示

主题可在各种Office程序之间共享，这样，所有Office文档都可具有统一的外观。

(1)使用主题

新建工作表，在【页面布局】选项卡的【主题】组中单击【主题】按钮，即可打开【主题】下拉列表，如图3-84所示，从中选择需要的主题即可。

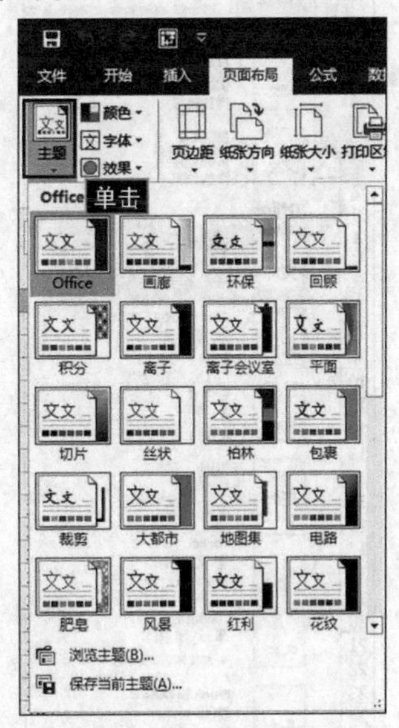

图3-84 【主题】下拉列表

(2)自定义主题

步骤1 在【页面布局】选项卡的【主题】组中单击【颜色】按钮，在弹出的下拉列表中选择【自定义颜色】命令，如图3-85所示，在弹出的对话框中可以自行设置颜色组合。

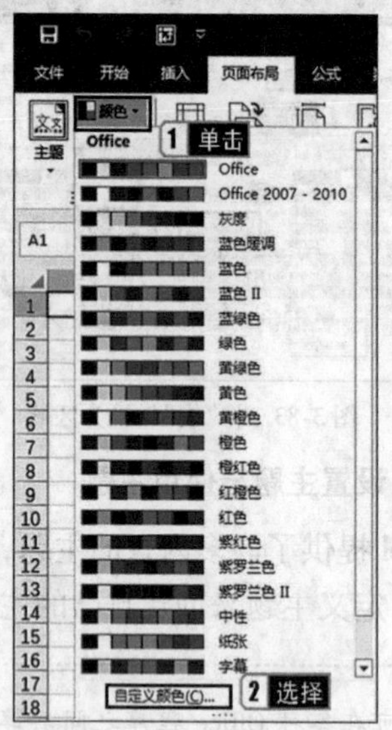

图3-85 选择【自定义颜色】命令

步骤2 在【主题】组中单击【字体】按钮，在弹出的下拉列表中选择【自定义字体】命令，如图3-86所示，在弹出的对话框中可以自行设置字体组合。

图3-86 选择【自定义字体】命令

步骤3 在【主题】组中单击【效果】按钮，在弹出的下拉列表中可以选择一组主题效果，如图3-87所示。

图3-87 选择主题效果

步骤4 在【页面布局】选项卡的【主题】组中，单击【主题】按钮，在弹出的下拉列表中选择【保存当前主题】命令，弹出【保存当前主题】对话框。在【文件名】文本框中输入主题名称，然后选择保存位置，单击【确定】按钮，即可完成保存主题操作，如图3-88所示。新建主题即可在主题下拉列表的【自定义】选项组中显示。

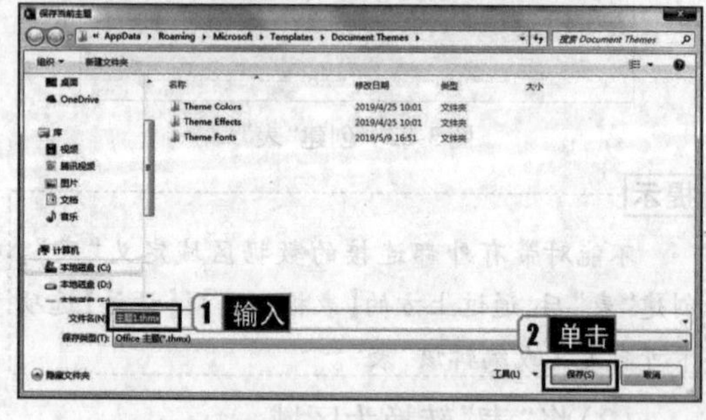

图3-88 保存主题

4 条件格式

条件格式是指基于设定的条件来自动更改单元格或单元格区域的外观，可以突出显示所关注的单元格或单元格区域、强调异常值，还可以使用数据条、颜色刻度和图标集来直观地显示数据。

(1)利用预置条件实现快速格式化

步骤1 选中工作表中的单元格或单元格区域，

在【开始】选项卡的【样式】组中单击【条件格式】按钮，即可弹出【条件格式】下拉列表，如图 3-89 所示。

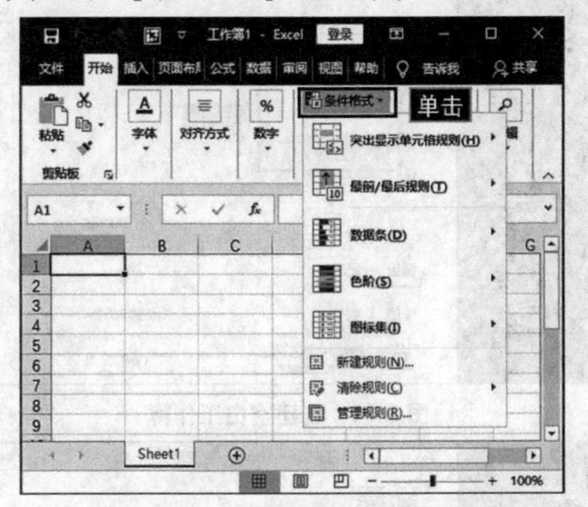

图 3-89 【条件格式】下拉列表

步骤2 将鼠标指针指向任意一个条件规则，即可弹出级联列表，从中选择任意预置的条件格式即可完成条件格式设置，如图 3-90 所示。

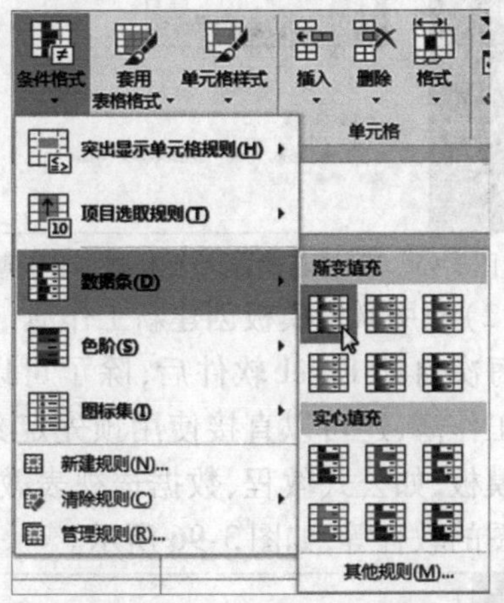

图 3-90 在级联列表中选择格式

各项条件格式的功能如下。

• 突出显示单元格规则：使用大于、小于、等于、包含等比较运算符限定数据范围，对属于该数据范围内的单元格设置格式。例如，在成绩表中，为成绩小于 60 分的单元格设置红色底纹，其中，“<60”就是条件，红色底纹就是格式。

• 项目选取规则：将选中单元格区域中的前若干个值或后若干个值、大于或小于该区域平均值的单元格设置为特殊格式。例如，在成绩表中，用红色字体标出某科目成绩排在前 10 名的学生，其中，“成绩排在前 10 名”就是条件，红色字体就是格式。

• 数据条：数据条可帮助查看某个单元格相对于其他单元格的值，数据条的长短代表单元格中值的大小。数据条越长，表示值越大；数据条越短，表示值越小。在展示大量数据中的较大值和较小值时，数据条的用处很大。

• 色阶：通过使用 2 种或 3 种颜色的渐变效果直观地比较单元格区域中的数据，用来显示数据分布和数据变化。一般情况下，颜色的深浅表示值的大小。

• 图标集：可以使用图标集对数据进行注释，每种图标代表一种值的范围。

(2) 自定义规则实现高级格式化

步骤1 选中工作表中的单元格或单元格区域。在【开始】选项卡的【样式】组中单击【条件格式】按钮，从弹出的下拉列表中选择【管理规则】命令，如图 3-91 所示，即可打开图 3-92 所示的【条件格式规则管理器】对话框。

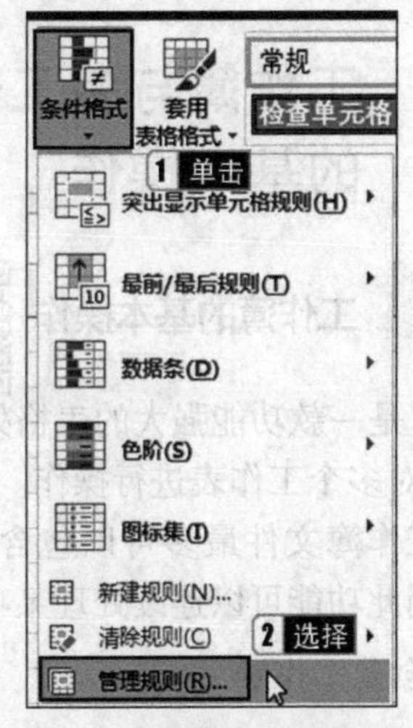

图 3-91 选择【管理规则】命令

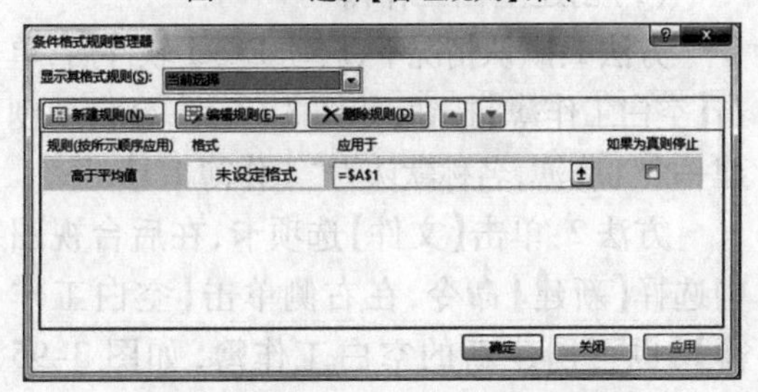

图 3-92 【条件格式规则管理器】对话框

步骤2 在【条件格式规则管理器】对话框中单击【新建规则】按钮，弹出图 3-93 所示的【新建格式规则】对话框。在【选择规则类型】选项组中选择一个规则类型，然后在【编辑规则说明】选项组中设置规则说明，最后单击【确定】按钮。

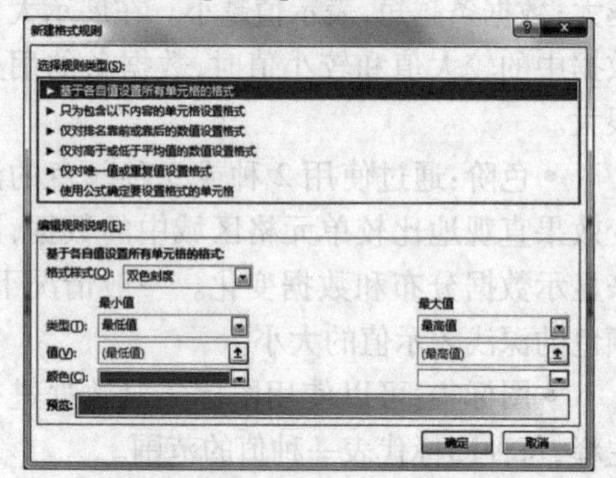

图 3-93 【新建格式规则】对话框

步骤3 返回到【条件格式规则管理器】，单击【确定】按钮即可完成设置。

> **提示**
>
> 在【条件格式规则管理器】对话框中单击【删除规则】按钮，则可删除选定的规则。

3.2 工作簿与多工作表的基本操作

3.2.1 工作簿的基本操作

名师讲解

Excel 是一款功能强大的表格处理软件，可以同时对多个工作表进行操作。默认情况下，一个工作簿文件最多可以包含 255 张工作表，利用此功能可以连续处理某项工作。

1 创建工作簿

(1)创建空白工作簿

方法 1：默认情况下，启动 Excel 软件后，单击【空白工作簿】按钮，如图 3-94 示，会自动创建一个工作簿，名称默认为"工作簿 1. xlsx"。

方法 2：单击【文件】选项卡，在后台视图中选择【新建】命令，在右侧单击【空白工作簿】，也可创建新的空白工作簿，如图 3-95 所示。

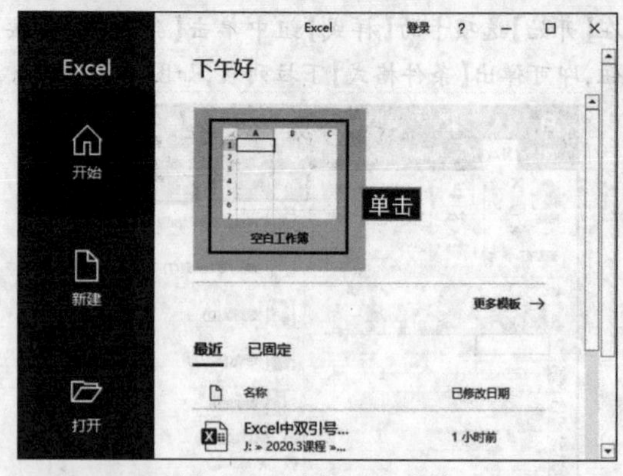

图 3-94 创建空白工作簿

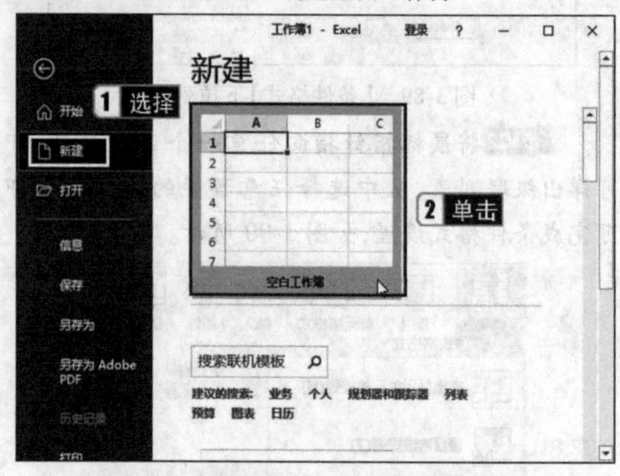

图 3-95 通过【新建】命令创建空白工作簿

(2)使用联机模板创建新工作簿

每次启动 Excel 软件后，除了可以新建空白工作簿，还可以直接使用预先定义好的联机模板，如公式教程、数据透视表教程、超出饼图的教程等，如图 3-96 所示。

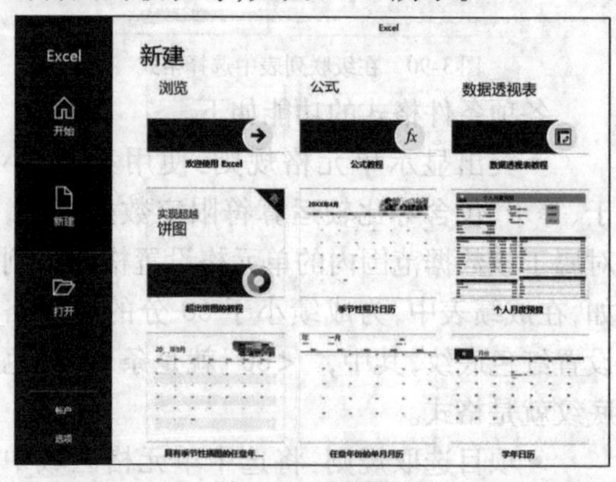

图 3-96 联机模板

> **请注意**
>
> 在 Excel 中使用联机模板创建新工作簿类似在 Word 中使用联机模板创建新文档，此处不赘述。

2 保存工作簿和设置密码

(1)保存工作簿

第一次保存工作簿的操作步骤如下。

步骤1 单击【文件】选项卡,在后台视图中选择【保存】或【另存为】命令,选择右侧的【浏览】命令,如图 3-97 所示。

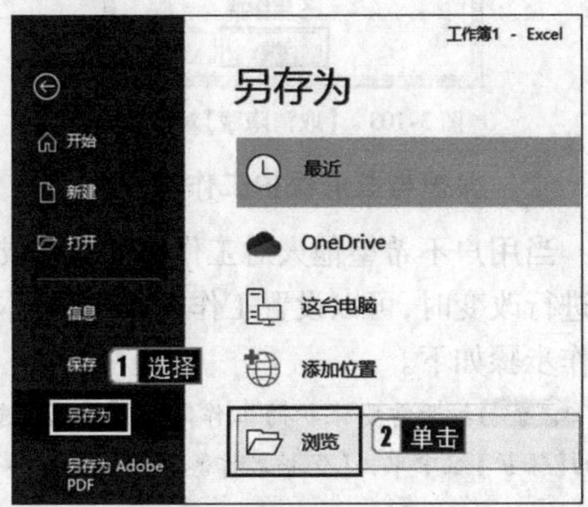

图 3-97 在后台视图中选择【保存】或【另存为】命令

步骤2 打开图 3-98 所示的【另存为】对话框,在【文件名】文本框中输入工作簿名,在【保存位置】下拉列表框中选择要保存的位置,在【保存类型】下拉列表框中选择保存文件的格式,然后单击【保存】按钮,即可将工作簿保存。

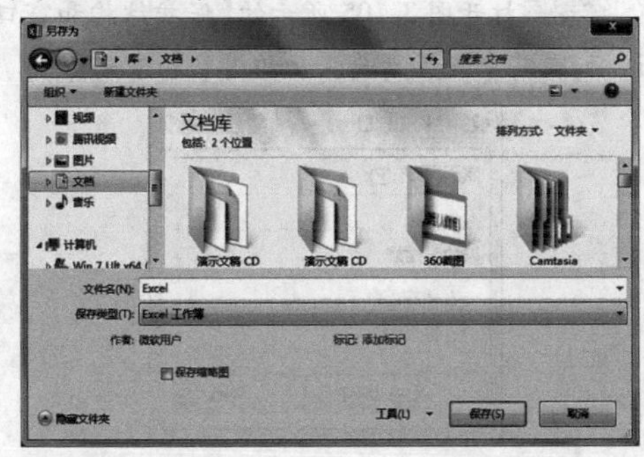

图 3-98 【另存为】对话框

对已经保存过的文件,只需单击快速访问工具栏上的【保存】按钮,或者直接按【Ctrl + S】组合键,或者选择【文件】选项卡中的【保存】命令,即可将修改或编辑过的文件按原来的路径和名称保存。

(2)设置工作簿的密码

在保存工作簿时可以对其设置密码,以防止他人非法打开或对表内数据进行编辑。设置工作簿密码的具体操作步骤如下。

步骤1 继续上例操作,选择【保存】命令,选择右侧的【浏览】命令,弹出【另存为】对话框,在该对话框中选择要保存的类型及位置。

步骤2 单击【另存为】对话框右下方的【工具】按钮,在弹出的下拉列表中选择【常规选项】命令,如图3-99所示。

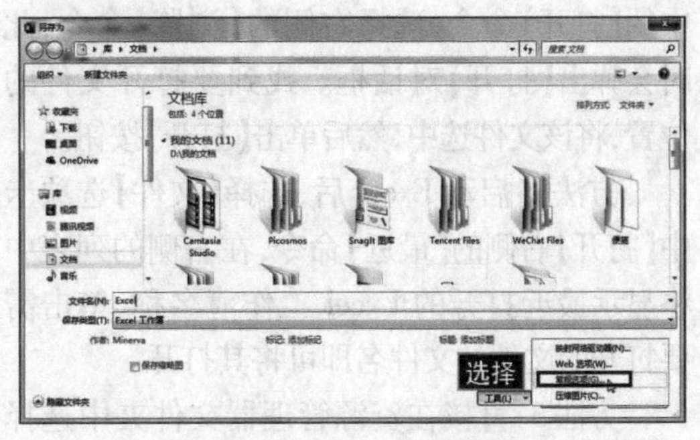

图 3-99 选择【常规选项】命令

步骤3 弹出【常规选项】对话框,在其中设置密码,设置完成后单击【确定】按钮,如图 3-100 所示。

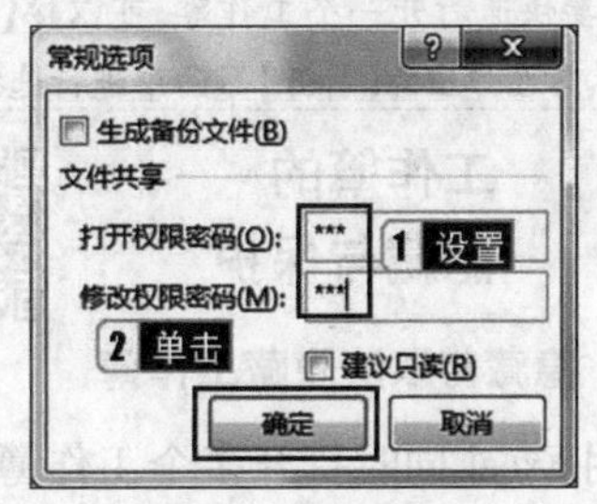

图 3-100 设置密码

步骤4 弹出【确认密码】对话框,输入相同的密码,单击【确定】按钮,返回【另存为】对话框,单击【保存】按钮,这样就可以保存带有密码的文件。

请注意

如果要取消密码,只需再次进入【常规选项】对话框中删除密码即可。一定要牢记自己设置的密码,否则将不能打开或修改相关文档,因为 Excel 不提供取回密码帮助。

3 关闭工作簿

关闭工作簿有以下两种方法。

方法 1:选择【文件】选项卡中的【关闭】命令,可以关闭当前工作簿。

方法 2:按【Ctrl + F4】组合键,可以关闭当前选定的工作簿。

若要退出 Excel 程序,可以单击窗口右上角的【关闭】按钮。如果有未保存的文档,则会弹出提示是否保存的对话框。

4 打开工作簿

打开工作簿有以下3种方法。

方法1:启动Excel后,选择【文件】选项卡中的【打开】命令,选择右侧的【浏览】命令,此时会弹出【打开】对话框。找到要打开文件的位置,将该文件选中,然后单击【打开】按钮。

方法2:启动Excel后,选择【文件】选项卡中【打开】右侧的【最近】命令,在右侧的列表中将显示最近打开的Excel工作簿名称,单击需要打开的文件的文件名即可将其打开。

方法3:直接在资源管理器文件夹中选择需要打开的Excel文档,双击即可将其打开。

提示

如果要快速打开一个工作簿,可以按【Ctrl+O】组合键,然后在弹出的【打开】界面中进行选择。

3.2.2 工作簿的隐藏与保护

1 隐藏与取消隐藏工作簿

当用Excel同时打开多个工作簿时,为了方便操作,可以暂时隐藏其中的一个或几个,需要时再使之显示出来,具体的操作步骤如下。

步骤1 打开工作簿,在【视图】选项卡的【窗口】组中单击【隐藏】按钮,如图3-101所示,则当前工作簿窗口从屏幕上消失。

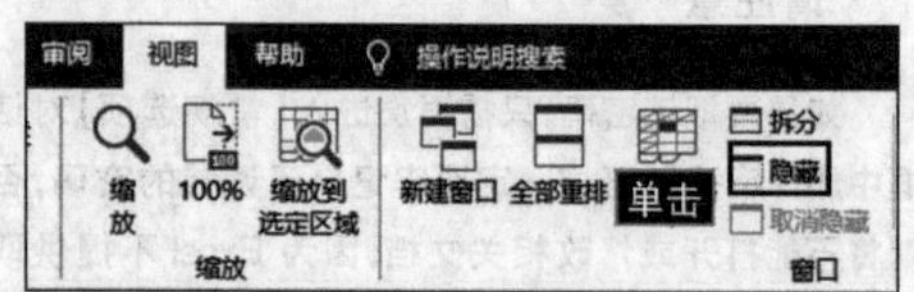

图3-101 单击【隐藏】按钮

步骤2 若要取消隐藏工作簿,单击【窗口】组中的【取消隐藏】按钮,如图3-102所示。

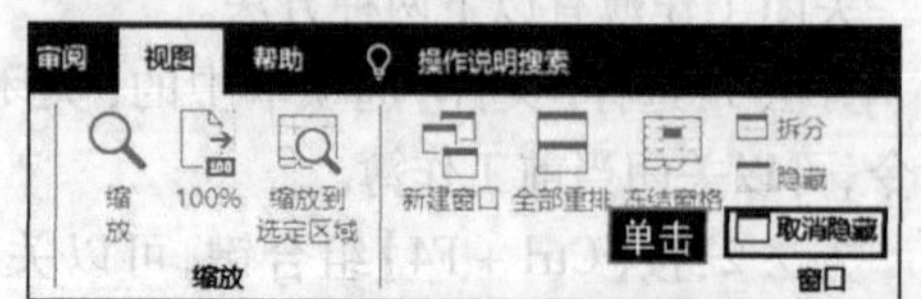

图3-102 单击【取消隐藏】按钮

步骤3 弹出【取消隐藏】对话框,在【取消隐藏工作簿】列表框中选择想恢复显示的工作簿,然后单击【确定】按钮,如图3-103所示。

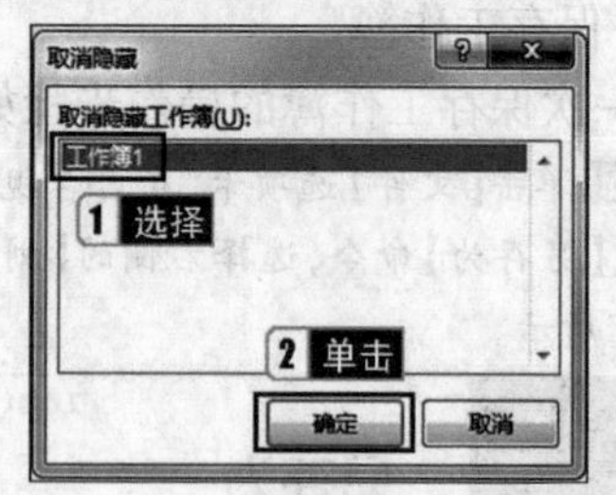

图3-103 【取消隐藏】对话框

2 保护与取消保护工作簿

当用户不希望他人对工作簿的结构或窗口进行改变时,可以设置工作簿保护,具体的操作步骤如下。

步骤1 打开需要保护的工作簿,在【审阅】选项卡的【保护】组中单击【保护工作簿】按钮,如图3-104所示。

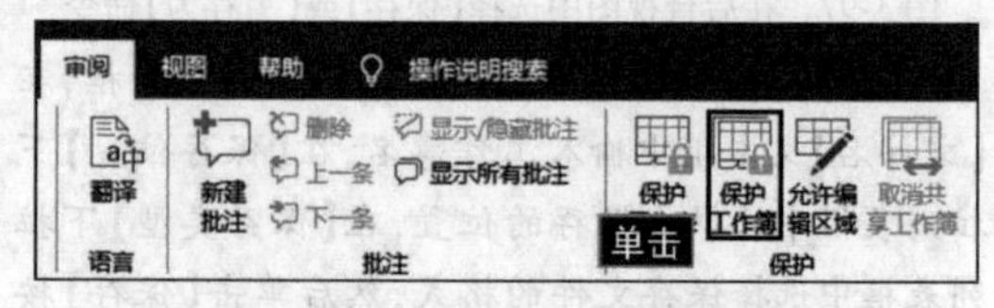

图3-104 单击【保护工作簿】按钮

步骤2 打开图3-105所示的【保护结构和窗口】对话框,在其中设置需要保护的对象和密码。

图3-105 【保护结构和窗口】对话框

在【保护结构和窗口】对话框中,有两个复选框可供用户选择。

- 结构:选中后,将阻止其他人对工作表的结构进行修改,包括查看已经隐藏的工作表,移动、删除、隐藏工作表或更改工作表的表名,将工作表移动或复制到另一工作簿中等。
- 窗口:选中后,将阻止其他人修改工作表窗口的大小和位置,包括移动窗口、调整窗口大小或关闭窗口等。

步骤3 在【密码(可选)】文本框中输入密码，单击【确定】按钮，在随后弹出的对话框中再次输入相同的密码并进行确认。

提示

若不设置密码，则任何人都可以取消对工作簿的保护；若使用密码，一定要牢记所输入的密码，否则本人也无法再对工作簿的结构和窗口进行设置。

步骤4 若要取消对工作簿的保护，在【审阅】选项卡的【保护】组中单击【保护工作簿】按钮，在弹出的【撤销工作簿保护】对话框中输入设置的密码，单击【确定】按钮即可，如图3-106所示。

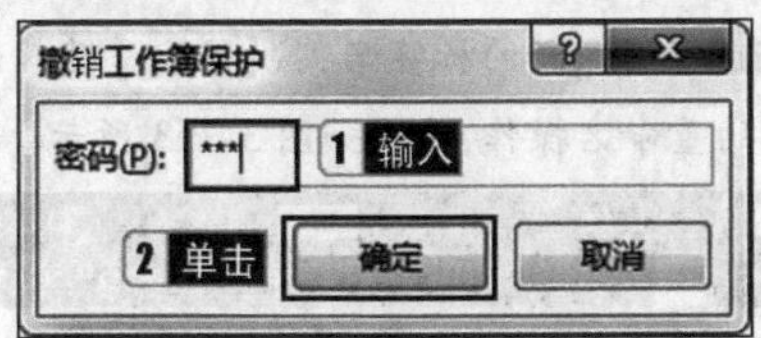

图3-106 【撤销工作簿保护】对话框

3.2.3 工作表的基本操作

名师讲解

1 插入工作表

若工作簿中的工作表数量不够，用户不仅可以在工作簿中插入空白的工作表，还可以利用模板插入带有样式的新工作表。

(1)在现有工作表的末尾快速插入新工作表

步骤1 打开Excel 2016软件。

步骤2 单击工作表标签右侧的【新工作表】按钮⊕，如图3-107所示。

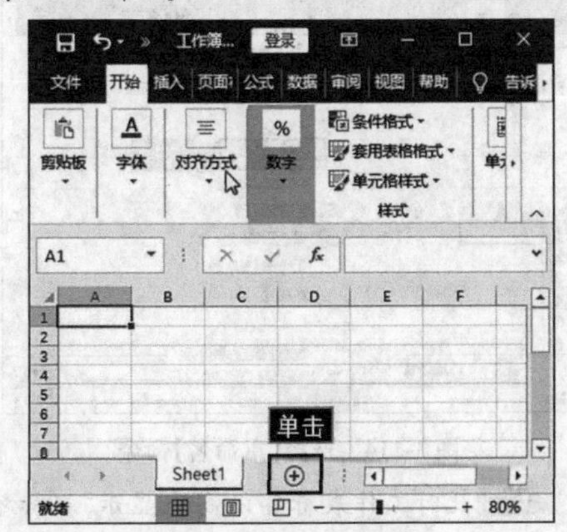

图3-107 单击【新工作表】按钮

步骤3 新的工作表将在现有工作表的末尾插入，如图3-108所示。

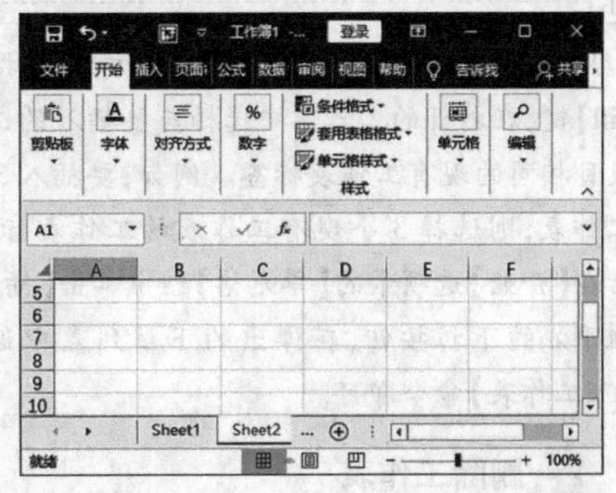

图3-108 插入工作表后的效果

提示

插入的新工作表的名称由Excel自动命名，默认情况下第一个插入的工作表为Sheet2，以后依次是Sheet3、Sheet4……

(2)在现有工作表之前插入新工作表

步骤1 选择要在其前面插入新工作表的工作表标签，在【开始】选项卡的【单元格】组中单击【插入】按钮下方的下拉按钮，在弹出的下拉列表中选择【插入工作表】命令，如图3-109所示。

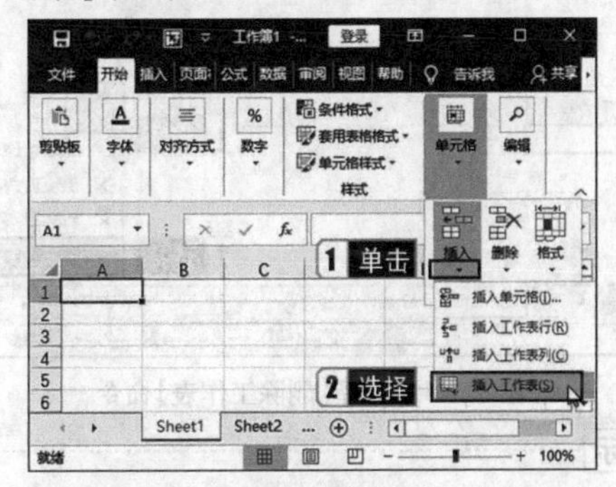

图3-109 选择【插入工作表】命令

步骤2 完成上述操作后，即可在选择的工作表前面插入一个新的工作表，如图3-110所示。

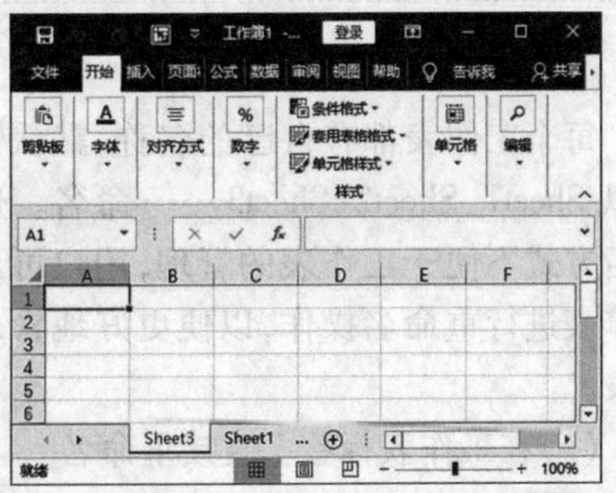

图3-110 插入的新工作表

提示

用户也可以插入多个工作表，方法是按住【Shift】键，在打开的工作簿中选择与要插入的工作表数目相同的现有工作表标签。例如，要插入3个新工作表，则选择3个现有工作表的工作表标签。然后在【开始】选项卡的【单元格】组中单击【插入】按钮下方的下拉按钮，在弹出的下拉列表中选择【插入工作表】命令即可。

2 删除工作表

为了方便Excel表格的管理，可将无用的工作表删除，以节省存储空间。

选择要删除的工作表标签，在【开始】选项卡的【单元格】组中单击【删除】按钮下方的下拉按钮，在弹出的下拉列表中选择【删除工作表】命令，如图3-111所示。

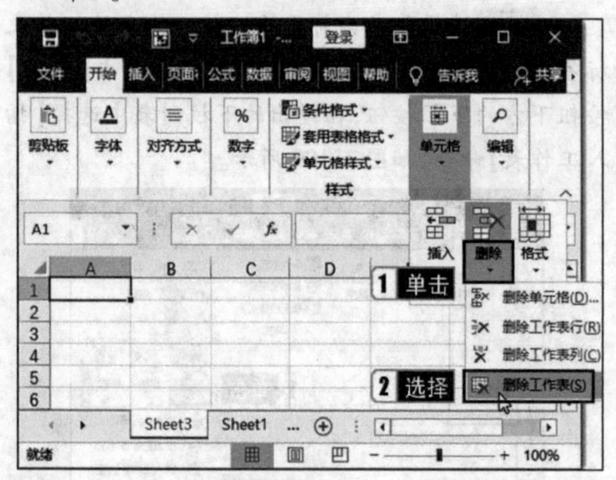

图3-111 选择【删除工作表】命令

提示

对于不需要的工作表可以将其删除，但执行时一定要慎重，因为删除的工作表将被永久删除，不能恢复。

3 重命名工作表

每个工作表都有自己的名称，默认情况下以Sheet1、Sheet2、Sheet3……命名。这种命名方式不便于工作表的管理，用户可以对工作表进行重命名操作，以便更好地管理工作表。

(1)在工作表标签上直接重命名

步骤1 双击要重命名的工作表标签【Sheet1】，此时该标签以高亮显示，进入可编辑状态，如图3-112所示。

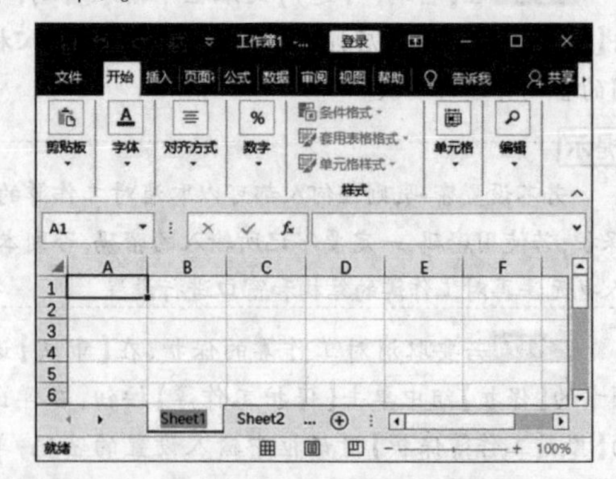

图3-112 双击工作表标签

步骤2 输入新的标签名，按【Enter】键确认对该工作表的重命名操作，结果如图3-113所示。

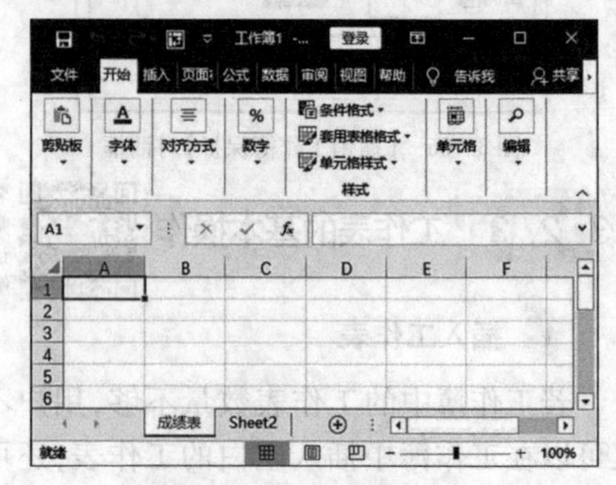

图3-113 重命名工作表

(2)使用快捷菜单重命名

步骤1 在要重命名的工作表标签上单击鼠标右键，在弹出的快捷菜单中选择【重命名】命令，如图3-114所示。

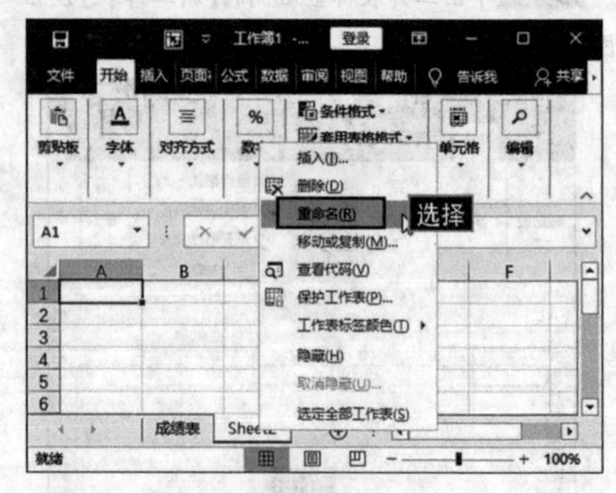

图3-114 选择【重命名】命令

步骤2 此时工作表标签以高亮显示，在标签上输入新的标签名，按【Enter】键确认对该工作表的重命名操作，结果如图3-115所示。

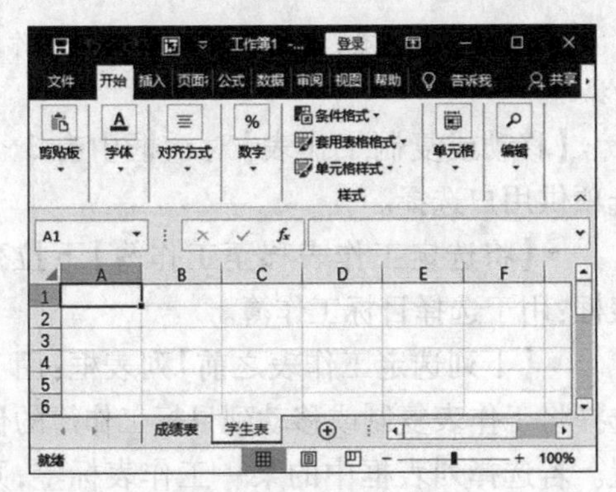

图 3-115 新的工作表名

提示

Excel 2016 中规定，工作表的名称最多可以使用 31 个中、英文字符。另外，还可以选择要重命名的工作表标签，在【开始】选项卡的【单元格】组中单击【格式】按钮中的下拉按钮，在弹出的下拉列表中选择【重命名工作表】命令进行重命名。

4 设置工作表标签颜色

方法 1：在要改变颜色的工作表标签上单击鼠标右键，在弹出的快捷菜单中选择【工作表标签颜色】命令，在级联菜单中选择一种颜色，如图 3-116 所示。

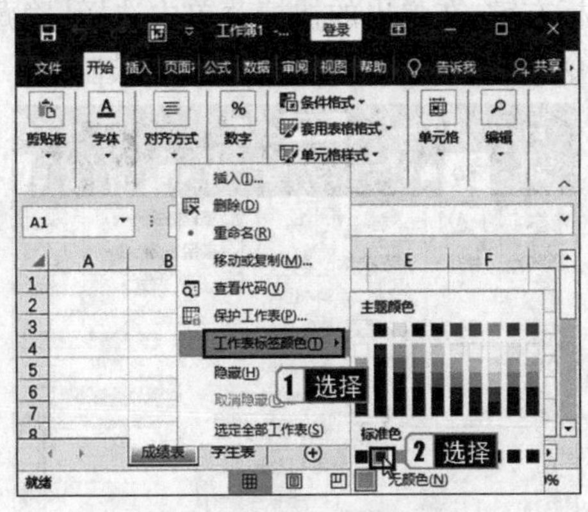

图 3-116 选择【工作表标签颜色】命令

方法 2：在【开始】选项卡的【单元格】组中单击【格式】按钮，选择弹出的下拉列表中【组织工作表】下的【工作表标签颜色】命令，在级联列表中选择一种颜色。

5 移动或复制工作表

可以在同一个 Excel 工作簿中或不同的 Excel 工作簿间对工作表进行移动或复制操作。

(1)移动工作表

可以在一个或多个工作簿中移动工作表，若要在不同的工作簿中移动工作表，则这些工作簿必须都是打开的。移动工作表有以下两种方法。

①直接拖动法。

步骤1 选择【Sheet1】工作表标签，按住鼠标左键不放拖动鼠标指针到工作簿中的新位置，如图 3-117所示。

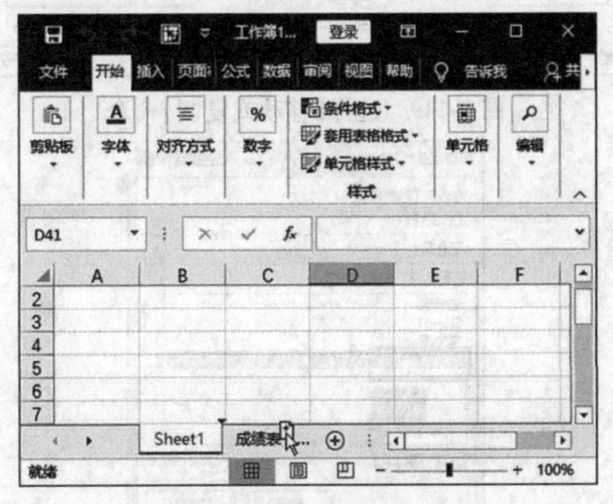

图 3-117 按住鼠标左键拖动

步骤2 黑色倒三角图标将随鼠标指针移动而移动，到达目标位置后释放鼠标左键，工作表即移动到目标位置，结果如图 3-118 所示。

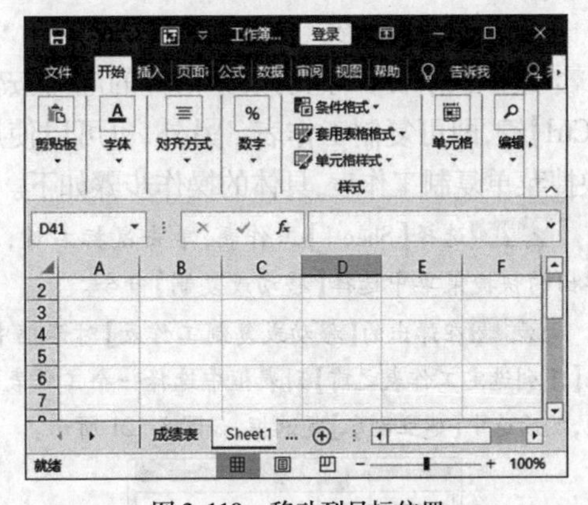

图 3-118 移动到目标位置

②快捷菜单法。

步骤1 选择【Sheet1】工作表标签，单击鼠标右键，在弹出的快捷菜单中选择【移动或复制】命令，如图 3-119 所示。

步骤2 弹出【移动或复制工作表】对话框，在【下列选定工作表之前】列表框中选择【(移至最后)】选项，如图 3-120 所示。

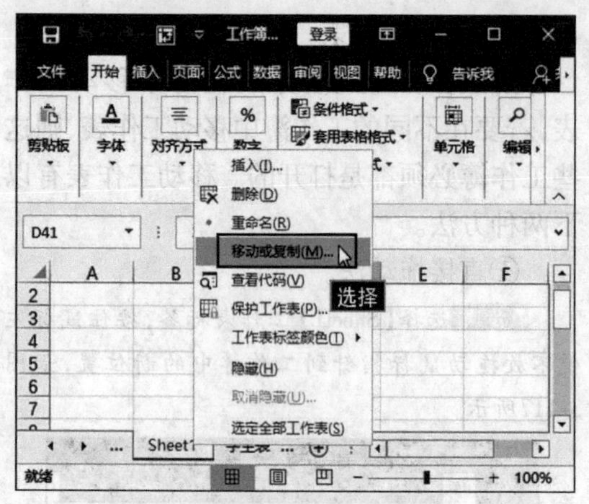

图 3-119　选择【移动或复制】命令

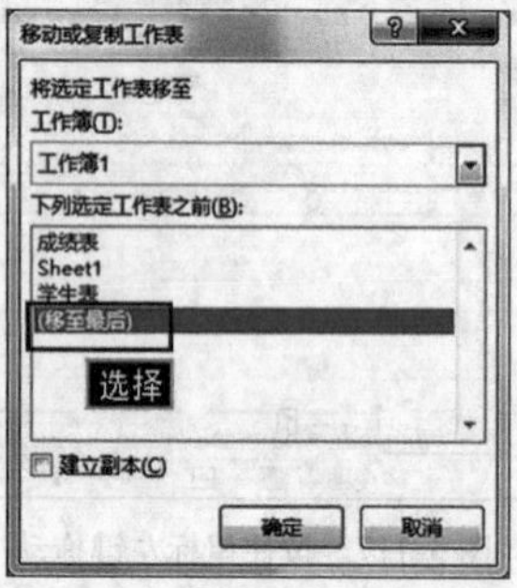

图 3-120　选择【(移至最后)】选项

步骤3 单击【确定】按钮，即可将工作表移动到指定的位置，即移动到最后。

(2)复制工作表

选择工作表后，拖动鼠标指针的同时按住【Ctrl】键，即可复制工作表。另外，也可以使用快捷菜单复制工作表，具体的操作步骤如下。

步骤1 选择【Sheet1】工作表，单击鼠标右键，在弹出的快捷菜单中选择【移动或复制】命令。

步骤2 在弹出的【移动或复制工作表】对话框中，在【下列选定工作表之前】列表框中选择一个工作表选项，然后选中【建立副本】复选框，如图 3-121 所示。

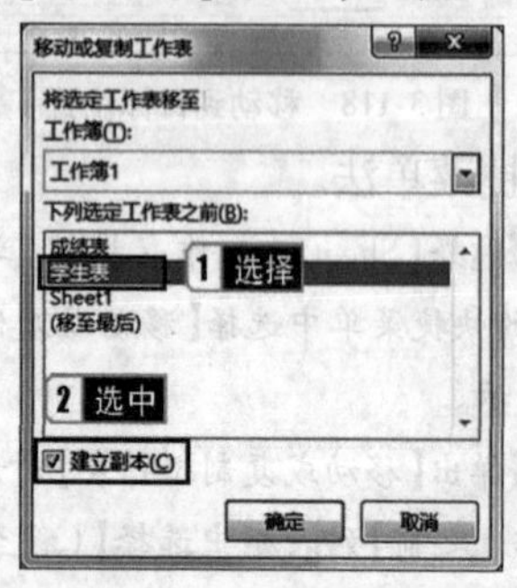

图 3-121　选择工作表并选中【建立副本】复选框

步骤3 单击【确定】按钮，即可完成复制工作表的操作。

【移动或复制工作表】对话框中有 3 个选项供用户选择。

- 【将选定工作表移至工作簿】下拉列表框：用于选择目标工作簿。
- 【下列选定工作表之前】列表框：用于选择将工作表复制或移动到目标工作簿的位置。若选择列表框中的某一工作表标签，则复制或移动的工作表将位于该工作表之前；如果选择【(移至最后)】选项，则复制或移动的工作表将位于列表框中所有工作表之后。
- 【建立副本】复选框：选中该复选框，则执行复制工作表的命令；不选中该复选框，则执行移动工作表的命令。

6 显示或隐藏工作表

在 Excel 2016 中，可以将工作表隐藏起来，在需要时再把它显示出来。

(1)隐藏工作表

选择需要隐藏的工作表标签，然后单击鼠标右键，在弹出的快捷菜单中选择【隐藏】命令，如图 3-122 所示，工作表即被隐藏。

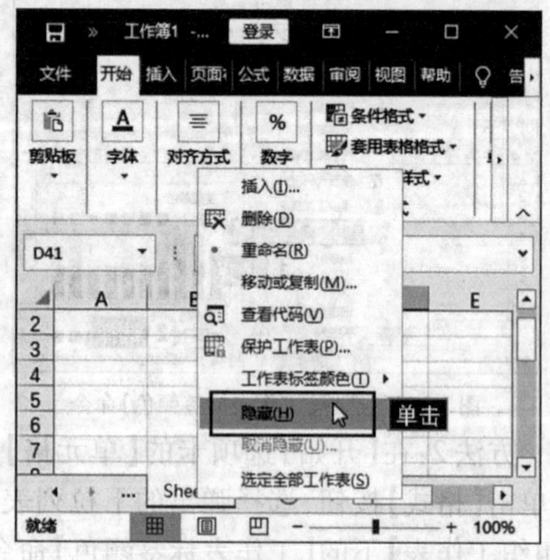

图 3-122　选择【隐藏】命令

(2)取消隐藏工作表

在任意一个工作表标签上单击鼠标右键，在弹出的快捷菜单中选择【取消隐藏】命令，在弹出的【取消隐藏】对话框中选择要取消隐藏的工作表，单击【确定】按钮，即可将工作表取消隐藏，如图 3-123 所示。

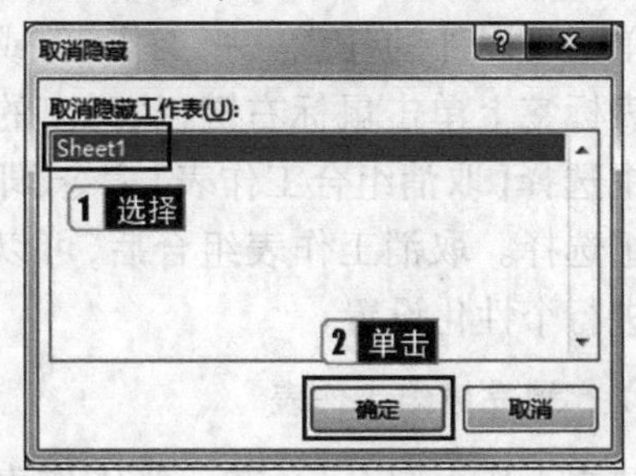

图 3-123 【取消隐藏】对话框

3.2.4 保护工作表

为了防止他人对单元格的格式或内容进行修改，用户除了对工作簿进行保护外，还可以对指定的单个工作表进行保护。

1 保护工作表

默认情况下，当工作表被保护后，该工作表中的所有单元格都会被锁定，他人不能对锁定的单元格进行任何更改。保护工作表的具体操作步骤如下。

步骤1 在当前活动工作表中，在【审阅】选项卡的【保护】组中单击【保护工作表】按钮，如图 3-124 所示。

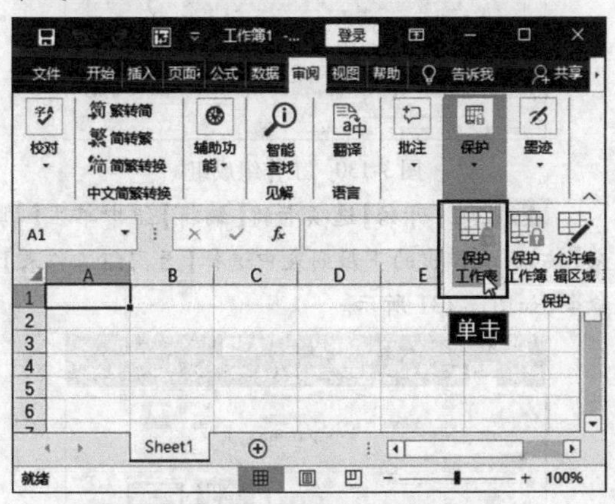

图 3-124 单击【保护工作表】按钮

步骤2 弹出【保护工作表】对话框，在【允许此工作表的所有用户进行】列表框中选中相应的编辑对象复选框，此处我们选中【选定锁定单元格】和【选定解除锁定的单元格】复选框，在【取消工作表保护时使用的密码】文本框中输入密码，单击【确定】按钮，如图 3-125 所示。

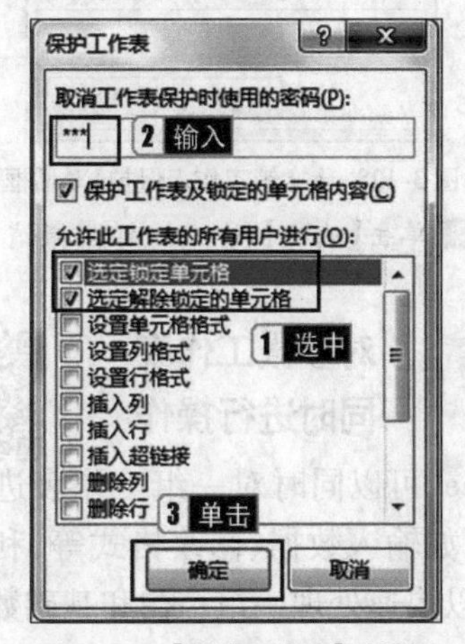

图 3-125 【保护工作表】对话框

步骤3 弹出【确认密码】对话框，在其中输入与上一步中相同的密码，如图3-126所示。

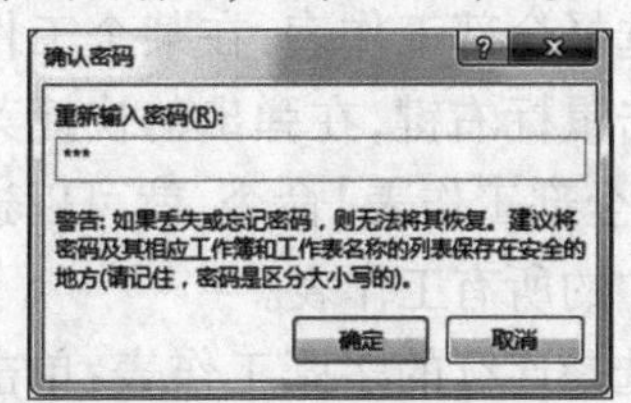

图 3-126 【确认密码】对话框

步骤4 单击【确定】按钮，当前工作表便处于保护状态。

2 撤销工作表保护

对工作表设置保护后，也可以对工作表撤销保护，具体的操作步骤如下。

步骤1 在【审阅】选项卡的【保护】组中单击【撤销工作表保护】按钮，如图 3-127 所示。

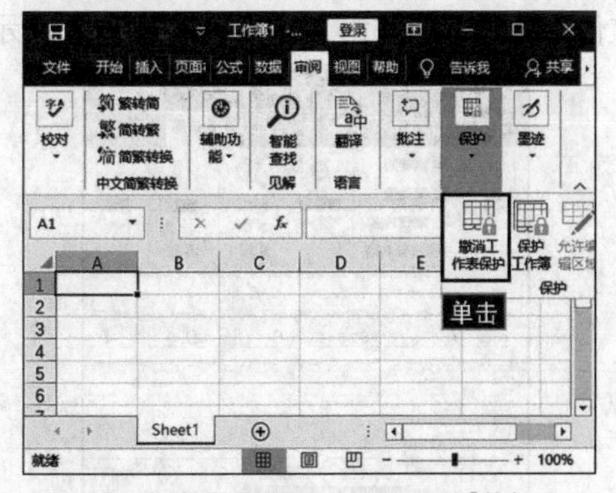

图 3-127 单击【撤销工作表保护】按钮

步骤2 若设置了密码，则会弹出【撤销工作表保护】对话框，输入保护时设置的密码，如图 3-128 所示。

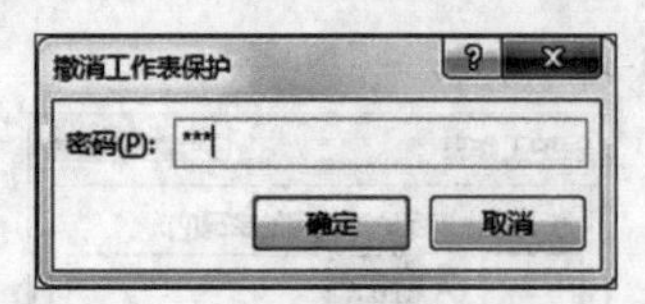

图3-128 【撤销工作表保护】对话框

步骤3 单击【确定】按钮,这样就撤销了工作表的保护。

3.2.5 对多张工作表同时进行操作

Excel可以同时对一组工作表进行相同的操作,如输入数据、修改格式等,利用这一功能可以快速处理一组结构和基础数据相同或相似的表格。

1 选择多张工作表

- 选择全部工作表:在某个工作表的标签上单击鼠标右键,在弹出的快捷菜单中选择【选定全部工作表】命令,就可以选择当前工作簿中的所有工作表。
- 选择连续的多张工作表:单击要选择的第一张工作表标签,按住【Shift】键不放,在要选择的最后一张工作表标签上单击,就可以选择连续的多张工作表。
- 选择不连续的多张工作表:单击要选择的工作表标签,按住【Ctrl】键不放,再依次单击其他要选择的工作表标签,就可以选择不连续的一组工作表。

选择多张工作表之后,工作簿标题栏中的文件名后会增加"[组]"字样,如图3-129所示。

图3-129 工作表成组

此时在组内的任意一张工作表中输入数据和公式、进行格式化等操作后,其他工作表将会有同样的操作结果。

单击组以外的任意一张工作表,或者在工作表标签上单击鼠标右键,从弹出的快捷菜单中选择【取消组合工作表】命令,即可取消成组选择。取消工作表组合后,可以对每张表进行个性化设置。

2 填充成组工作表

建立工作表组合后,在一张工作表中输入数据并进行格式化操作,可以将这张工作表中的内容及格式填充到同组的其他工作表中。例如,将【填充成组工作表.xlsx】工作簿中【法一】工作表的格式应用到其他工作表中,具体的操作步骤如下。

步骤1 打开素材文件夹中的【第3章】|【填充成组工作表.xlsx】工作簿,选中A1:K26单元格区域,按住【Shift】键不放,同时选中【法一】【法二】【法三】【法四】工作表标签,使其形成工作表组,如图3-130所示。

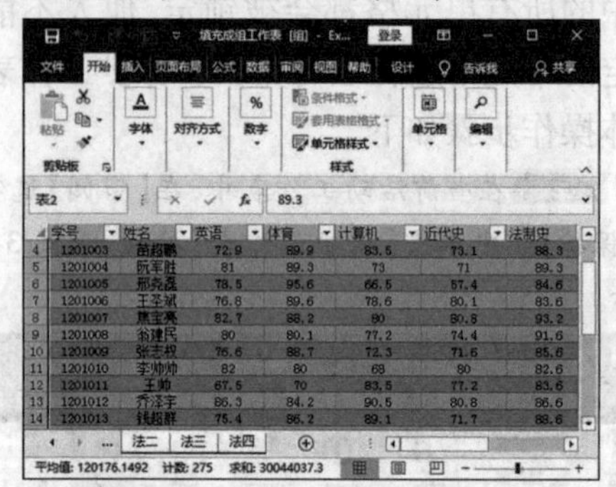

图3-130 工作组成组

步骤2 在【开始】选项卡的【编辑】组中单击【填充】按钮,从弹出的下拉列表中选择【至同组工作表】命令,如图3-131所示。

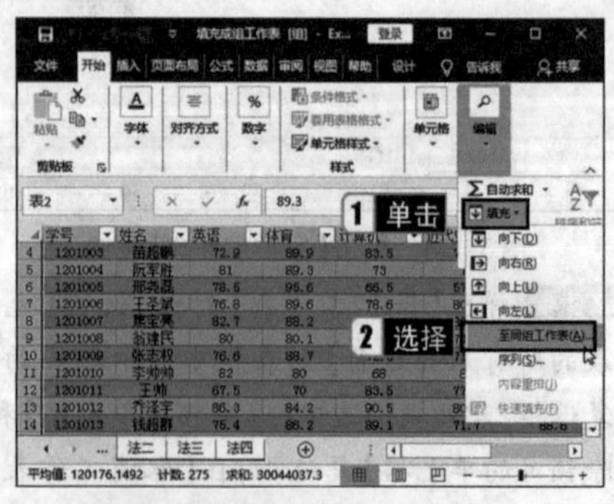

图3-131 选择【至同组工作表】命令

步骤3 弹出【填充成组工作表】对话框，在【填充】区域中选择需要填充的项目，此处选择【格式】单选按钮，如图 3-132 所示。

图 3-132 【填充成组工作表】对话框

提示

【全部】表示填充选中的全部内容（包括格式及数据），【内容】表示只填充选中的数据内容，【格式】表示只填充选中的格式。

步骤4 选择后单击【确定】按钮。此时，【法一】工作表中的格式将应用到其他工作表，并且在其中任意一张工作表中输入数据、设置格式，均会同时显示在同组的其他工作表中。

3.2.6 工作窗口的视图控制

1 多窗口显示与切换

在 Excel 中，可以同时打开多个工作簿。若某工作簿中的工作表很大，一个窗口中很难显示全部的行或列时，这时可以将工作表划分为多个临时窗口。

- 定义窗口：打开一个工作簿，在其中的一个工作表中选择某个区域，在【视图】选项卡的【窗口】组中单击【新建窗口】按钮，被选定的区域就会显示在一个新的窗口中。

- 切换窗口：在【视图】选项卡的【窗口】组中单击【切换窗口】按钮，在弹出的下拉列表中将会显示所有窗口的名称，其中工作簿以文件名显示，单击其中的名称，就可以切换到相应的窗口，如图 3-133 所示。

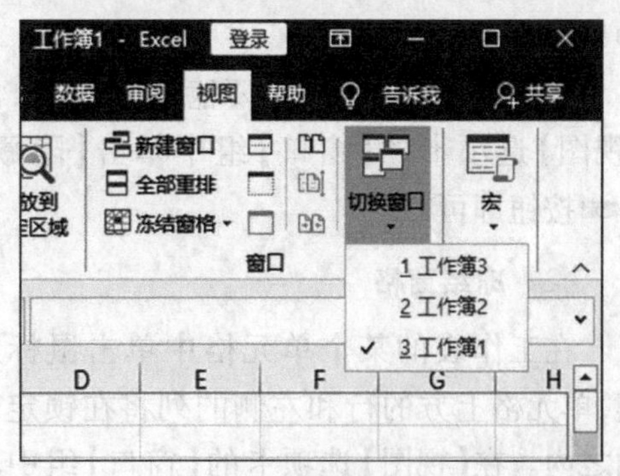

图 3-133 切换窗口

- 并排查看：切换到一个工作簿中，在【视图】选项卡的【窗口】组中单击【并排查看】按钮 并排查看，在弹出的【并排比较】对话框中（当只有两个窗口的时候，会自动并排查看），选择一个用于比较的窗口，单击【确定】按钮，如图 3-134 所示，两个窗口将并排显示。默认情况下，操作一个窗口中的滚动条，另一个窗口将会同步滚动。

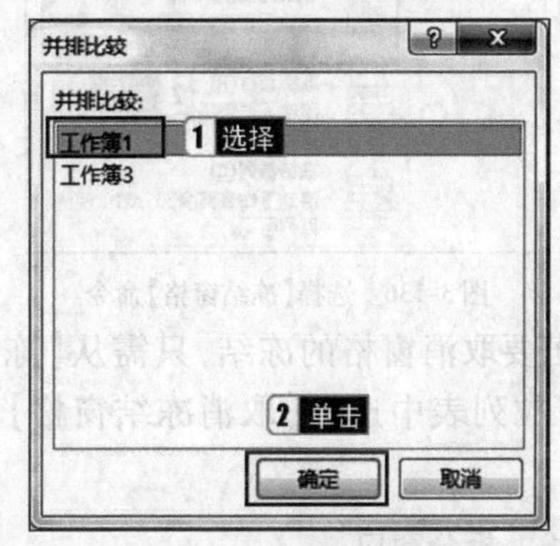

图 3-134 【并排比较】对话框

在【视图】选项卡的【窗口】组中单击【同步滚动】按钮 同步滚动，如图 3-135 所示，可以取消两个窗口的联动。再次单击【并排查看】按钮，就可以取消并排比较。

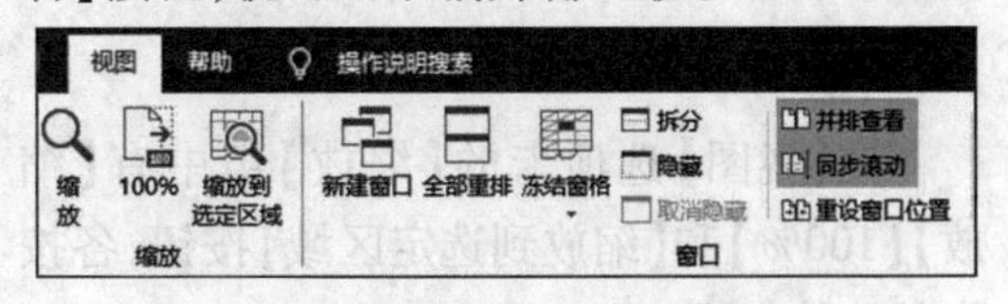

图 3-135 单击【同步滚动】按钮

- 全部重排：在【视图】选项卡的【窗口】组中单击【全部重排】按钮，弹出【重排窗口】对话框，在【排列方式】选项组中选择一种显示方式。

- 隐藏窗口：切换到要隐藏的窗口，在【视图】选项卡的【窗口】组中单击【隐藏】隐藏按钮即可。

2 冻结窗格

在工作表的某个单元格中单击鼠标左键，单元格上方的行和左侧的列将在锁定范围之内。在【视图】选项卡的【窗口】组中单击【冻结窗格】按钮，从弹出的下拉列表中选择【冻结窗格】命令，如图3-136所示。此后，当前单元格上方的行和左侧的列始终保持可见，不会随着滚动操作而消失。

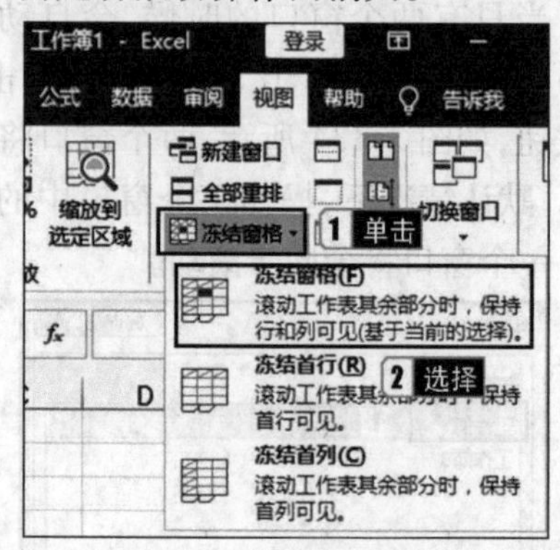

图3-136 选择【冻结窗格】命令

若要取消窗格的冻结，只需从【冻结窗格】下拉列表中选择【取消冻结窗格】命令即可。

3 拆分窗口

在【视图】选项卡的【窗口】组中单击【拆分】按钮拆分，以当前单元格为坐标，可将窗口拆分为4个部分，在每个部分中均可进行编辑，再次单击【拆分】按钮可以取消窗口拆分。

4 窗口缩放

在【视图】选项卡的【缩放】组中有【缩放】【100%】和【缩放到选定区域】按钮，各按钮的功能如下。

- 【缩放】按钮：单击该按钮，弹出【缩放】对话框，在该对话框中可以自由指定某个缩放比例，如图3-137所示。

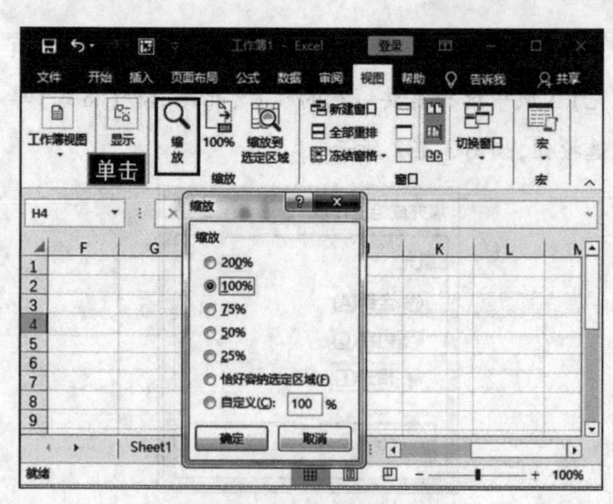

图3-137 【缩放】对话框

- 【100%】按钮：单击该按钮，窗口可以恢复正常大小。
- 【缩放到选定区域】按钮：选择某一区域，单击该按钮，窗口中会突出显示选定区域。

3.2.7 工作表的打印输出

1 页面的设置

用户可以在【页面布局】选项卡的【页面设置】组中单击【纸张方向】按钮，在弹出的下拉列表中选择【纵向】或【横向】两种纸张方向，如图3-138所示。

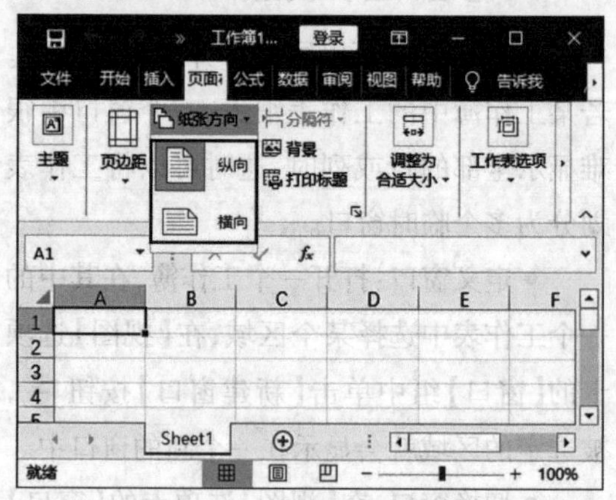

图3-138 【纸张方向】下拉列表

单击【页面设置】组中的【纸张大小】按钮，在弹出的下拉列表中用户可以选择合适的纸张规格，如图3-139所示。

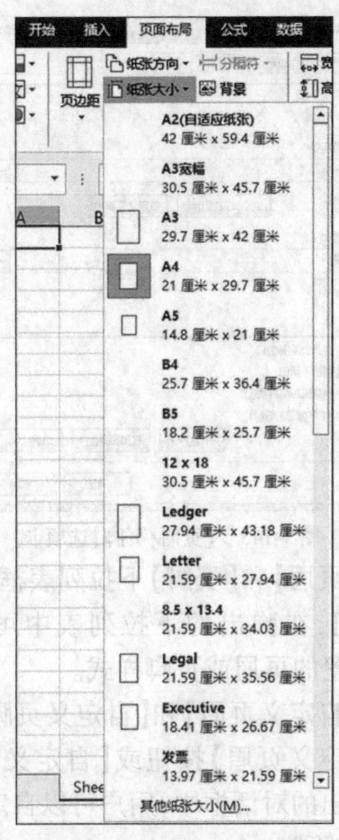

图 3-139 【纸张大小】下拉列表

除上述方法之外，还可以单击【页面设置】组中右下角的对话框启动器按钮，打开【页面设置】对话框，在【页面】选项卡中进行页面设置，如图3-140所示。

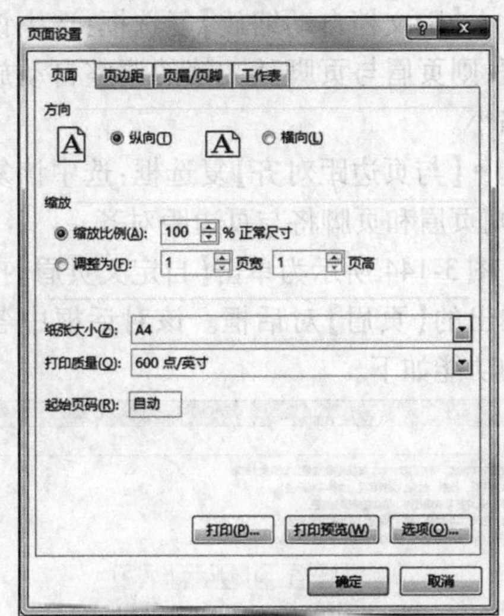

图 3-140 【页面】选项卡

【页面】选项卡中各选项的功能如下。

- 【方向】选项组：用于设置打印方向。
- 【缩放】选项组：可以通过设置缩放比例来缩小或放大工作表，也可以通过设置页宽、页高来进行缩放。
- 【纸张大小】下拉列表框：用于设置打印纸张的大小，可以从其下拉列表中选择所需的纸张，默认的纸张大小为 A4。
- 【打印质量】下拉列表框：用于设置打印输出的质量。
- 【起始页码】文本框：用于设置页码的起始编号，默认为自动，即从 1 开始编号，如果需要更改起始页码，直接在文本框中输入所需的编号即可。

2 页边距的设置

页边距是指打印在纸张上的内容距离纸张上、下、左、右边界的距离。打印工作表时，用户应根据工作表的行数、列数及纸张大小对页边距进行设置。页边距通常以厘米为单位。

在【页面布局】选项卡的【页面设置】组中单击【页边距】按钮，在打开的下拉列表中，用户可以选择 Excel 内置的【常规】【宽】和【窄】3 种页边距样式，如图 3-141 所示。

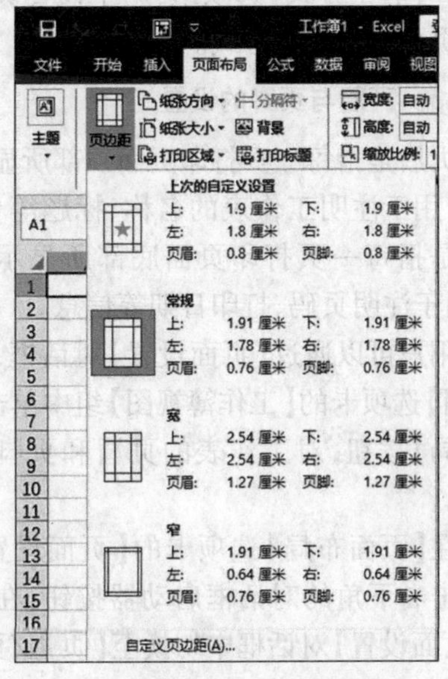

图 3-141 【页边距】下拉列表

用户若需要自定义页边距，可以在打开

的【页边距】下拉列表中选择【自定义边距】命令,或单击【页面设置】组中右下角的对话框启动器按钮,弹出【页面设置】对话框,在【页边距】选项卡中对页边距进行自定义设置,如图 3-142 所示。

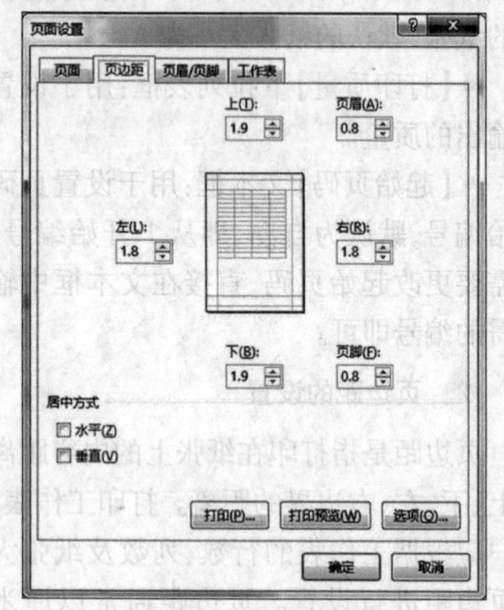

图 3-142 【页边距】选项卡

●【上】【下】【左】【右】微调框:用于设置上、下、左、右 4 个方向的页边距大小。

●【页眉】【页脚】微调框:用于设置页眉和页脚距页面边缘的距离。

●【居中方式】选项组:用于设置页面内容在页面中的居中方式。

3 页眉与页脚的设置

页眉是指每一页打印页面顶部所显示的一行,用于注明工作表的名称、标题等信息;页脚是指每一页打印页面底部所显示的一行,用于注明页码、打印日期等信息。

用户可以通过【页面设置】对话框,或在【视图】选项卡的【工作簿视图】组中单击【页面布局】按钮,对工作表的页眉和页脚进行设置。

在【页面布局】选项卡的【页面设置】组中单击右下角的对话框启动器按钮,在弹出的【页面设置】对话框中切换至【页眉/页脚】选项卡,在该选项卡中可以对页眉、页脚进行设置,如图 3-143 所示。

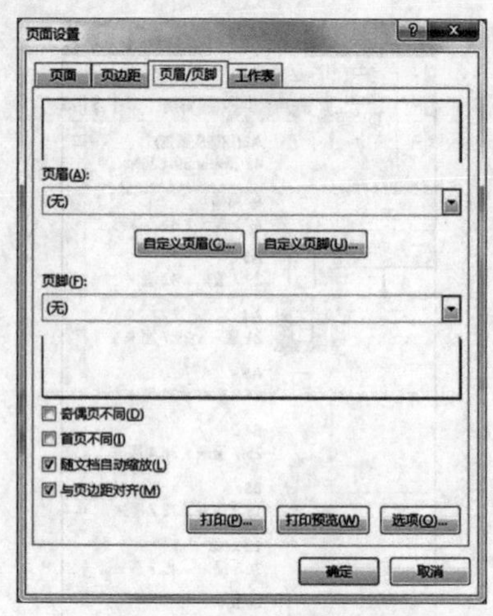

图 3-143 【页眉/页脚】选项卡

●【页眉】和【页脚】下拉列表框:单击其下拉按钮,在弹出的下拉列表中可以选择 Excel 内置的页眉或页脚样式。

●【自定义页眉】和【自定义页脚】按钮:单击【自定义页眉】按钮或【自定义页脚】按钮,在弹出的对话框中,用户可以自定义所需的页眉或页脚。

●【奇偶页不同】复选框:选中该复选框,则奇数页与偶数页的页眉和页脚不同。

●【首页不同】复选框:选中该复选框,则首页的页眉和页脚与其他页不同。

●【随文档自动缩放】复选框:选中该复选框,则页眉与页脚随文档的调整自动放大或缩小。

●【与页边距对齐】复选框:选中该复选框,则页眉和页脚将与页边距对齐。

图 3-144 所示为单击【自定义页眉】按钮后弹出的【页眉】对话框。该对话框中各按钮的功能如下。

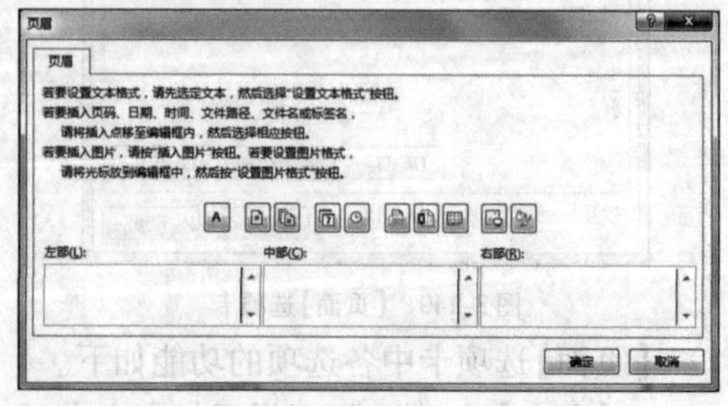

图 3-144 【页眉】对话框

●【格式文本】按钮:用于设置页眉的文本格式。单击该按钮将打开【字体】对话框。

●【插入页码】按钮:用于在页眉中插入页码。添加或删除工作表时,Excel 会自动更新页码。

●【插入页数】按钮:用于在页眉中插入总页数。

●【插入日期】按钮:用于在页眉中插入当前日期。

●【插入时间】按钮:用于在页眉中插入当前时间。

●【插入文件路径】按钮:用于在页眉中插入当前工作簿的路径。

●【插入文件名】按钮:用于在页眉中插入当前工作簿的名称。

●【插入数据表名称】按钮:用于在页眉中插入当前工作表的标签名。

●【插入图片】按钮:单击该按钮可以在页眉中插入图片。

●【设置图片格式】按钮:单击该按钮可以设置插入图片的格式。只有为页眉插入图片后,该按钮才被激活。

●【左部】文本框:在该文本框中输入或插入的内容将位于页眉的左部。

●【中部】文本框:在该文本框中输入或插入的内容将位于页眉的中部。

●【右部】文本框:在该文本框中输入或插入的内容将位于页眉的右部。

用户也可以先从【页眉】或【页脚】下拉列表中选择一种内置的页眉或页脚,再单击【自定义页眉】按钮或【自定义页脚】按钮,然后在相应的文本框中进行修改。

4 设置打印区域

在不需要打印整个工作表时,可以设置只打印工作表的一部分,设置区域以外的内容将不会被打印。

在工作表中选择需要打印的单元格区域,然后在【页面布局】选项卡的【页面设置】组中单击【打印区域】按钮,在弹出的下拉列表中选择【设置打印区域】命令,如图 3-145 所示,即可将选择的区域设置为打印区域。

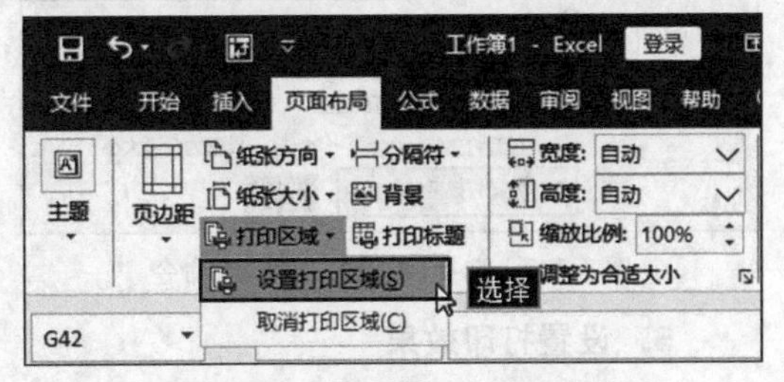

图 3-145 选择【设置打印区域】命令

用户也可以在【页面设置】对话框的【工作表】选项卡中进行打印区域的设置,如图 3-146 所示。

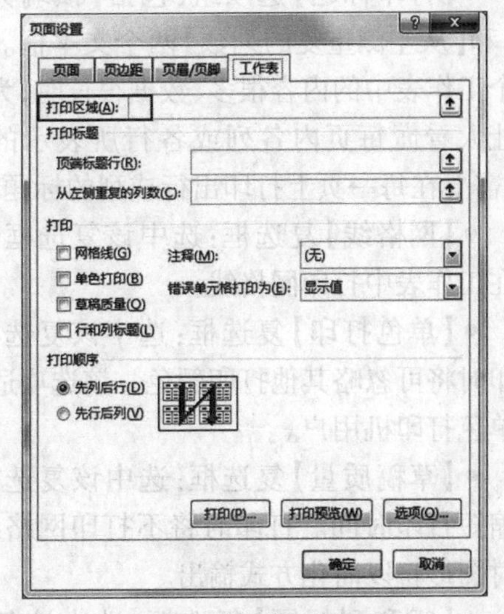

图 3-146 【工作表】选项卡

请注意

用户可同时设置多个打印区域,打印时,多个打印区域的内容将被打印在不同的页面上,具体的设置方法如下。

方法 1:在工作表中利用【Ctrl】键选择多个区域,再在【页面布局】选项卡的【页面设置】组中单击【打印区域】按钮,从弹出的下拉列表中选择【设置打印区域】命令。

方法 2:在【页面设置】对话框中,选择【工作表】选项卡,在【打印区域】文本框中输入多个打印区域的引用,区域引用之间用英文逗号隔开;或者将【页面设置】对话框折叠,再利用【Ctrl】键在工作表中选择多个区域。

如果要取消打印区域,可先选中该区域,然后单击【页面设置】组中的【打印区域】按钮,在弹出的下拉列表中选择【取消打印区域】命令即可,如图 3-147 所示。

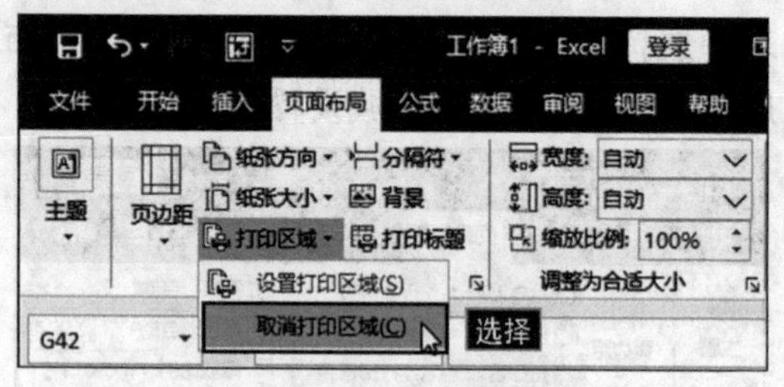

图 3-147 选择【取消打印区域】命令

5 设置打印效果

选择【页面设置】对话框中的【工作表】选项卡,在该选项卡中,用户可以设置一些特殊的打印效果,如打印标题、网格线、批注等。

- 【打印标题】选项组:包括【顶端标题行】和【从左侧重复的列数】两个文本框。当某个工作表中的内容很多、数据很长时,为了能让人看懂每页内各列或各行所表示的意义,需要在每一页上打印出行或列的标题。
- 【网格线】复选框:选中该复选框,即可在工作表中打印网格线。
- 【单色打印】复选框:选中该复选框,打印时将可忽略其他打印颜色。该选项适用于单色打印机用户。
- 【草稿质量】复选框:选中该复选框,可缩短打印时间。打印时将不打印网格线,同时图形将以简化方式输出。
- 【行和列标题】复选框:选中该复选框,打印时将打印行号或列标。行号打印在工作表数据的左端,列标打印在工作表数据的顶端。
- 【注释】下拉列表框:用于设置打印时是否包含注释,其中包含【无】【工作表末尾】和【如同工作表中的显示】3 个选项。选择【工作表末尾】选项,可将注释单独打印在一页上;选择【如同工作表中的显示】选项,可将注释打印在工作表中标注的位置处。

6 设置打印顺序

在【页面设置】对话框的【工作表】选项卡中,用户还可以设置打印顺序。打印顺序用于指定工作表中的数据如何被打印,包括【先列后行】和【先行后列】两个选项,其功能分别如下。

- 【先列后行】单选按钮:选择该单选按钮后,可先由上向下再由左向右打印工作表。
- 【先行后列】单选按钮:选择该单选按钮后,可先由左向右再由上向下打印工作表。

7 打印图表

如果用户打印的是图表工作表或工作表中的图表,则【页面设置】对话框中的【工作表】选项卡将变为【图表】选项卡,如图 3-148 所示,其他选项卡及其内容仍保持不变。

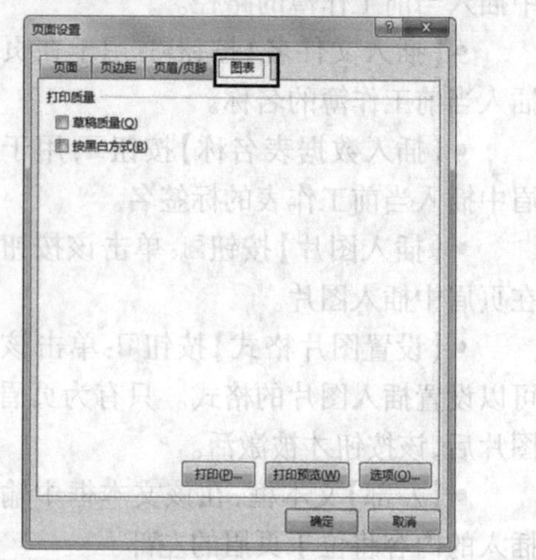

图 3-148 【图表】选项卡

【图表】选项卡中各选项的功能如下。

- 【草稿质量】复选框:选中该复选框,可忽略图形和网格线打印,加快打印速度,节省内存。
- 【按黑白方式】复选框:选中该复选框,将以黑白方式打印图表数据系列。

用户在对工作表中的图表进行打印设置时,必须首先选择图表,以将【图表】选项卡激活。

8 打印预览

在打印工作表之前需要对文档进行打印预览,查看是否符合要求,以便于及时进行调整，减少打印错误，打印预览的效果就是实际打印的效果。打印预览的具体操作步骤如下。

步骤1 选择【文件】选项卡中的【打印】命令，进入【打印】界面，如图3-149所示。

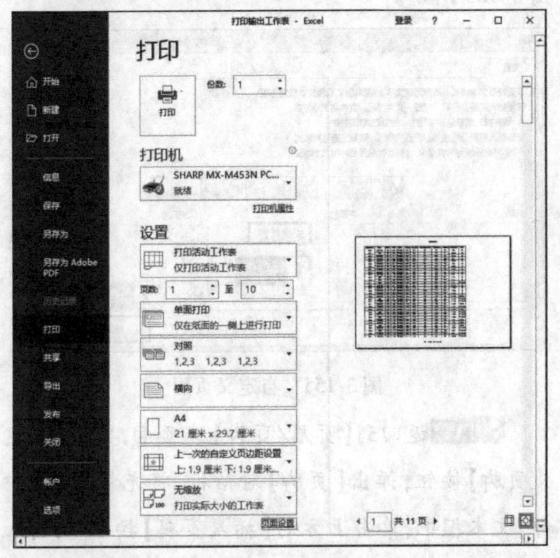

图3-149 【打印】界面

步骤2 设置打印份数。单击【份数】右侧的微调按钮，指定打印份数。

步骤3 选择打印机。在【打印机】下拉列表框中选择打印机。计算机需要安装驱动程序并且连接到打印机才能在此处进行选择。

步骤4 指定打印范围。在【页数】右侧的文本框中可以设置需要打印的页，如从1至10页。

步骤5 单击界面底部的【上一页】按钮◂或【下一页】按钮▸，可以查看不同页面。

步骤6 设置完毕，单击左上角的【打印】按钮进行打印输出。如果暂不需要打印，只要单击 ⊖ 即可切换回编辑窗口。

9 完成案例表格的打印输出

将【打印输出工作表.xlsx】工作簿中的数据区域设置为打印区域，并设置标题行在打印时重复出现在每页顶端。然后将工作表的纸张方向都设置为横向，缩减打印输出使得所有列只占1个页面宽（但不得改变页边距），水平居中打印在纸上。最后为所有工作表添加页眉和页脚，页眉中间位置显示“成绩报告”文本，页脚样式为“页码 of 总页数”（如“3of10”），且位于页脚正中。具体的操作步骤如下。

步骤1 打开素材文件夹中的【第3章】|【打印输出工作表.xlsx】工作簿，选择【成绩单】工作表的B2:M336单元格区域，在【页面布局】选项卡的【页面设置】组中单击【打印区域】按钮，在弹出的下拉列表中选择【设置打印区域】命令，如图3-150所示。

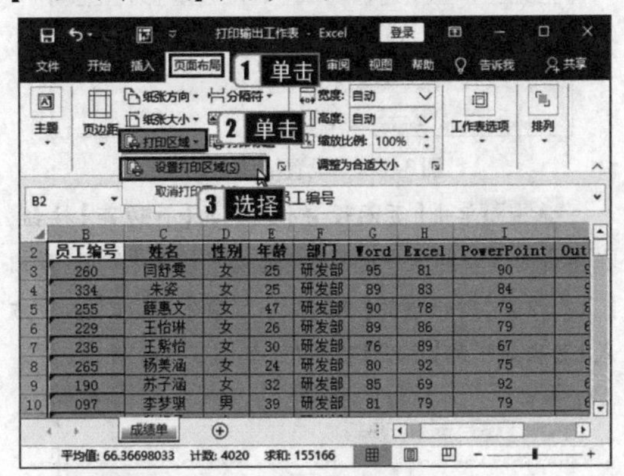

图3-150 设置打印区域

步骤2 单击【打印标题】按钮，弹出【页面设置】对话框的【工作表】选项卡，单击【顶端标题行】文本框右侧的按钮⬆，在【页面设置-顶端标题行】对话框中选择【成绩单】工作表中的第2行，此时数据变为“$2:$2”，单击⬇按钮，返回【工作表】选项卡，设置完成后单击【确定】按钮，如图3-151所示。

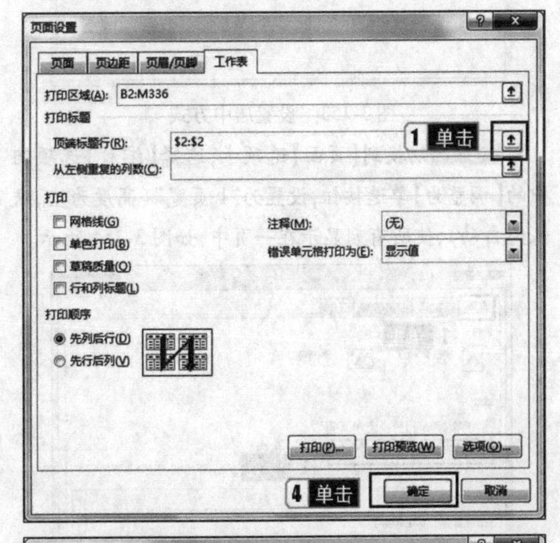

图3-151 设置顶端标题行

步骤3 选择【成绩单】工作表的B2:M336数据区域，单击【页面设置】组中的【纸张方向】下拉按钮，在弹出的下拉列表中选择【横向】命令，如图3-152所示。

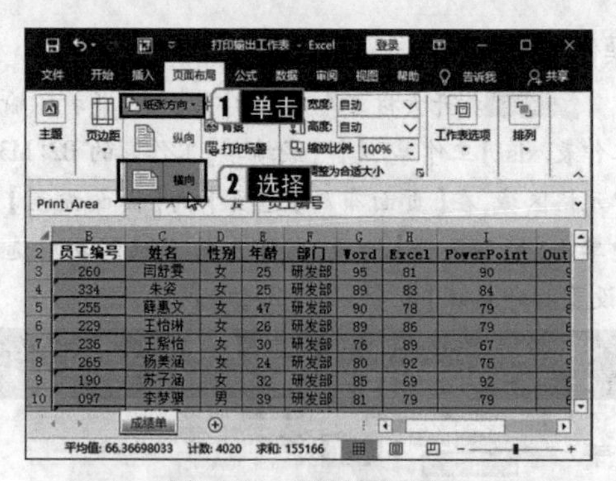

图 3-152　设置纸张方向

步骤4 单击【页面设置】组中的【页边距】按钮，在弹出的下拉列表中选择【自定义页边距】命令，弹出【页面设置】对话框的【页边距】选项卡，选中【居中方式】选项组中的【水平】复选框，如图 3-153 所示。

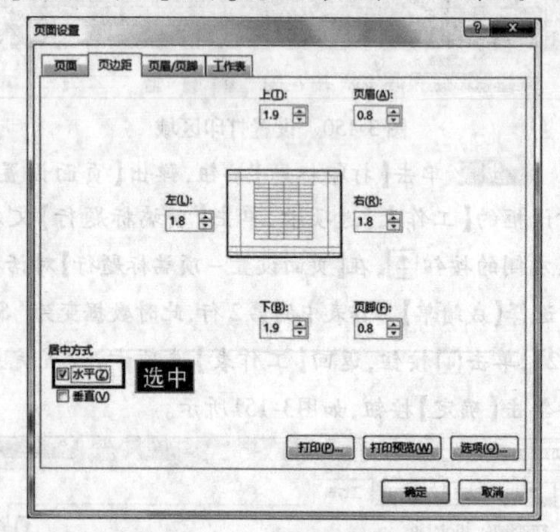

图 3-153　设置居中方式

步骤5 切换到【页面】选项卡，选择【缩放】选项组中的【调整为】单选按钮，设置为"1 页宽"（高度为空，默认为自动），使所有列显示在一页中，如图 3-154 所示。

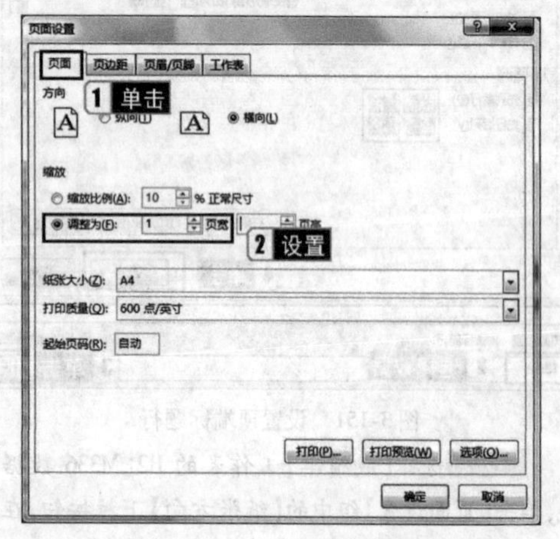

图 3-154　设置页面宽度

步骤6 切换到【页眉/页脚】选项卡，单击【自定义页眉】按钮，弹出【页眉】对话框，在对话框的【中部】文本框中输入【成绩报告】，单击【确定】按钮，如图 3-155 所示。

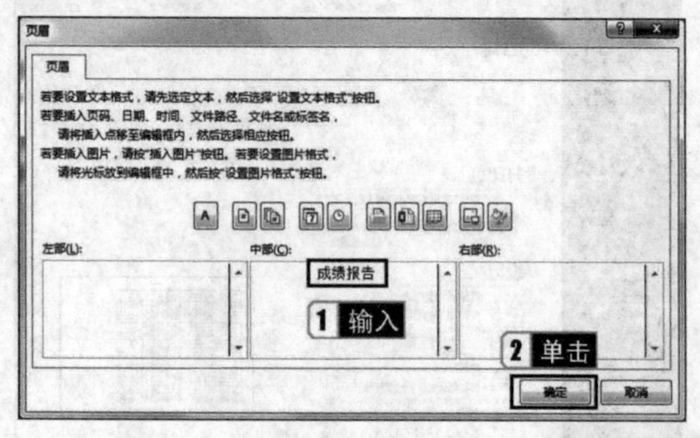

图 3-155　自定义页眉

步骤7 返回到【页眉/页脚】选项卡，单击【自定义页脚】按钮，弹出【页脚】对话框，将光标置于【中部】文本框中，单击上方的【插入页码】按钮，输入【of】，然后单击上方的【插入页数】按钮，结果如图 3-156 所示，单击【确定】按钮，关闭对话框。

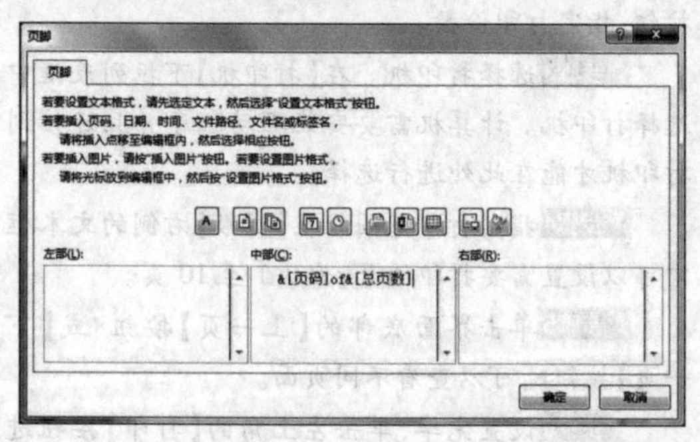

图 3-156　自定义页脚

3.3　Excel 公式和函数的使用方法

公式可以引用同一工作表中的其他单元格、同一工作簿不同工作表中的单元格或其他工作簿的工作表中的单元格信息。函数是一些预定义的公式，通过使用一些被称为参数的特定数值来按特定的顺序或结构执行计算，如求总和、求平均值、统计等。

3.3.1 使用公式的基本方法

名师讲解

1 公式的格式

公式是 Excel 中一项强大的功能，利用公式可以方便、快捷地对复杂的数据进行计算。在 Excel 中，公式始终以“=”开头，公式的计算结果显示在单元格中，公式本身显示在编辑栏中。公式一般由单元格引用、常量、运算符、函数等组成。

例如：

=A2+F2

=2015+2022

=Sum(A3:C3)

=If(C2>2020,"True","False")

单元格引用：即前面提到的单元格地址，表示单元格在工作表中所处的位置。例如 A 列中的第 2 行，则表示为“A2”。

常量：指固定的数值和文本，此常量不是经过计算得出的值，例如数字“125”和文本“一月”等都是常量。表达式或由表达式计算出的值不属于常量。

运算符：会针对一个以上的数据进行运算，下一个知识点将具体介绍。

函数：Excel 中预先编写的公式，3.3.4 小节将具体介绍。

2 公式中的运算符

运算符一般用于连接常量、单元格引用，从而构成完整的表达式。公式中常用的运算符包括算术运算符、关系运算符、文本连接运算符、引用运算符。

(1)算术运算符

用于完成基本的数学运算，如加法、减法和乘法等，算术运算符的名称与用途如表3-4所示。

表 3-4 算术运算符

算术运算符	名称	用途	示例
+	加号	加	2+9
-	减号	“减”以及表示负数	6-4
*	星号	乘	3*7
/	斜杠	除	6/3
%	百分号	百分比	50%
^	乘幂符	乘方	62

(2)比较运算符

用于比较两个值，结果是一个逻辑值(True 或 False)，比较运算符的名称与用途如表 3-5 所示。

表 3-5 比较运算符

比较运算符	名称	用途	示例
=	等号	等于	A1 = B1
>	大于号	大于	A1 > B1
<	小于号	小于	A1 < B1
> =	大于等于号	大于等于	A1 > = B1
< =	小于等于号	小于等于	A1 < = B1
< >	不等于号	不等于	A1 < > B1

(3)文本连接运算符

文本连接运算符只有一个“&”，利用它可以将文本连接起来。例如，在单元格 D6 中输入【五一】，在 F6 中输入【劳动节】，在 D8 中输入公式【=D6&F6】，如图 3-157 所示，按【Enter】键确认，结果如图 3-158 所示。

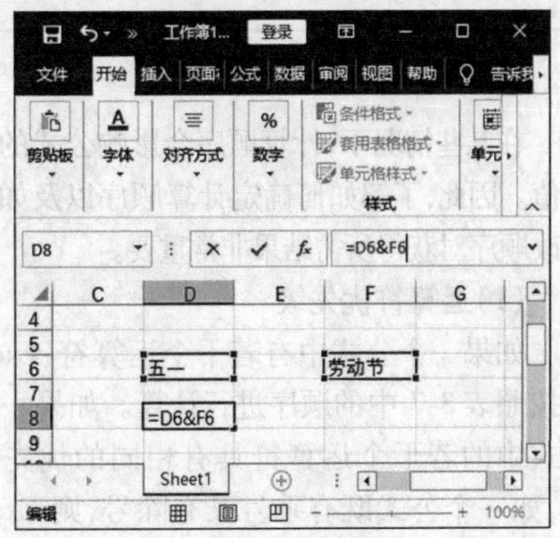

图 3-157 输入公式

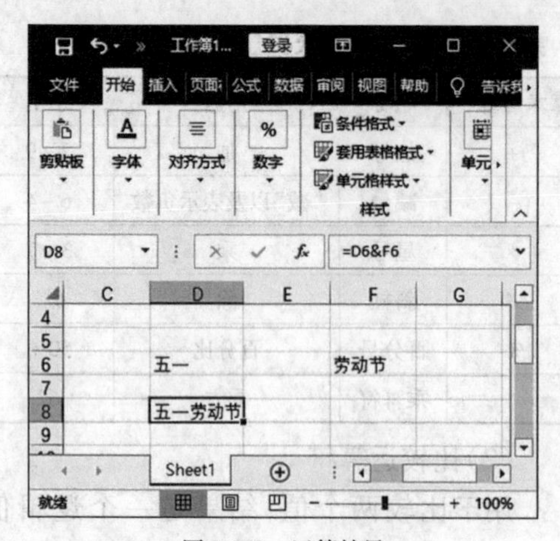

图 3-158 运算结果

(4)引用运算符

引用运算符可以将单元格区域合并计算。引用运算符包括冒号、逗号和空格,如表3-6 所示。

表 3-6 引用运算符

引用运算符	用途及示例
:(冒号)	区域运算符,对两个引用之间包括两个引用在内的所有单元格进行引用。例如“A1:D5”表示从单元格 A1 一直到单元格 D5 中的数据
,(逗号)	联合运算符,将多个引用合并为一个引用。例如“Sum(A1:C3,F3)”表示计算从单元格 A1 到单元格 C3 以及单元格 F3 中数据的总和
空格	交叉运算符,几个单元格区域所共有的单元格。例如“B7:D7 C6:C8”共有单元格为 C7

3 公式中的运算顺序

在某些情况下,计算顺序会影响公式的返回值。因此,了解如何确定计算顺序以及如何更改顺序对获得所需结果非常重要。

(1)运算符优先级

如果一个公式中有若干个运算符,Excel 将按照表 3-7 中的顺序进行计算。如果一个公式中的若干个运算符具有相同的优先顺序,如一个公式既有乘号又有除号,则 Excel 将从左到右进行计算。

表 3-7 运算符优先级

运算符	含义	优先级(数字越小,优先级越高)
:(冒号)、单个空格、,(逗号)	引用	1
–	负数	2
%	百分号	3
* 和/	乘和除	4
+ 和 –	加和减	5
&	连接两个文本字符串(串联)	6
=、<、>、< =、> = 和 < >	比较运算符	7

(2)使用括号

如果要更改求值的顺序,可将公式中要先计算的部分用括号括起来,使用括号的方法如下。

步骤1 打开 Excel 2016,新建一个空白工作簿。在单元格中输入图 3-159 所示的数据。

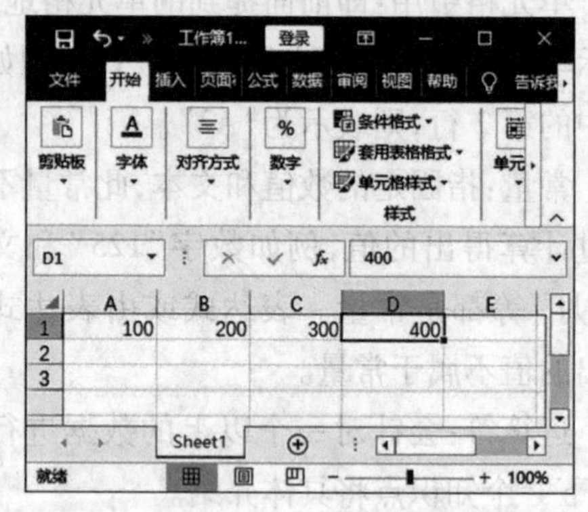

图 3-159 输入数据

步骤2 选择 E1 单元格,在其中输入【 =(A1 + B1 + C1) * D1】,如图 3-160 所示。

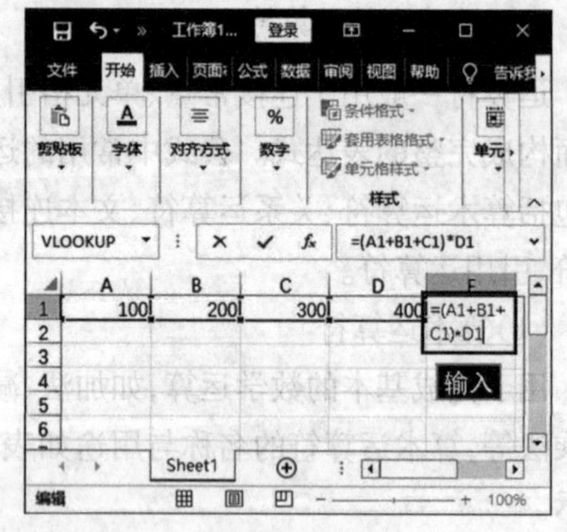

图 3-160 输入公式

步骤3 按【Enter】键，即可在E1单元格中显示计算结果，如图3-161所示。

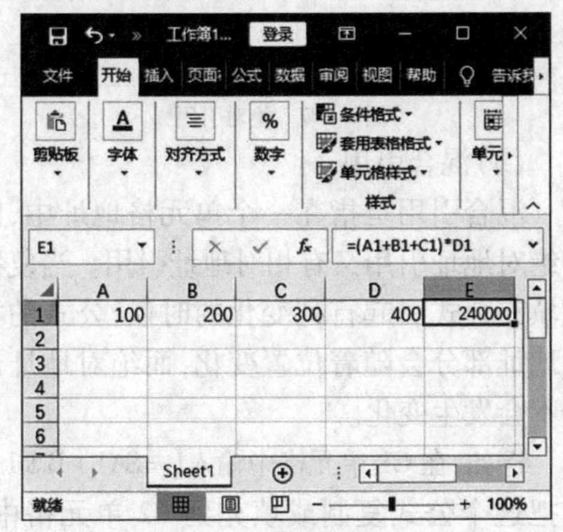

图3-161 显示计算结果

4 公式的输入和修改

(1)输入公式

输入公式与输入文字的操作类似。用户可以手动输入公式，也可以单击输入公式。

- 手动输入公式：在选定的单元格中输入等号“=”，然后在其后面输入其他内容，如“=A1+B1”，按【Enter】键确认。输入时，字符会同时出现在单元格和编辑栏中。
- 单击输入公式：单击输入公式更为简单、快速，且不容易出问题，如要在C1单元格中输入【=A1+B1】，操作步骤如下。

步骤1 选择C1单元格，在其内输入【=】，如图3-162所示，单击A1单元格，这时编辑栏中会自动输入【A1】，如图3-163所示。

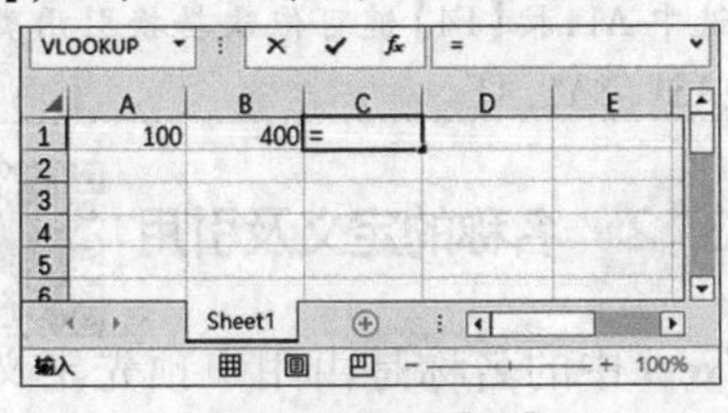

图3-162 输入【=】

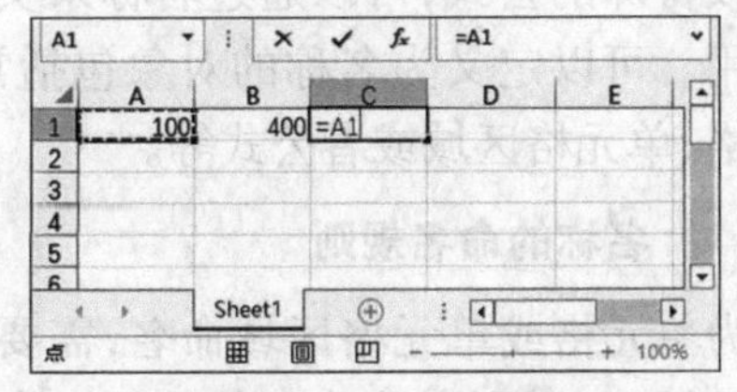

图3-163 选择A1单元格

步骤2 在编辑栏内输入【+】，如图3-164所示，单击B1单元格，编辑栏中会自动输入【B1】，如图3-165所示，最后按【Enter】键，完成公式输入。

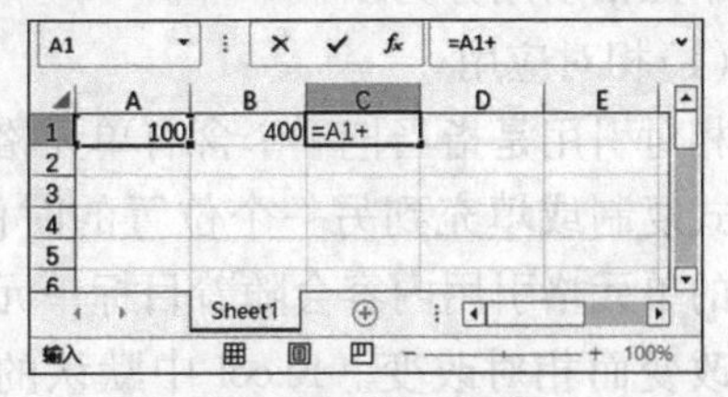

图3-164 输入【+】

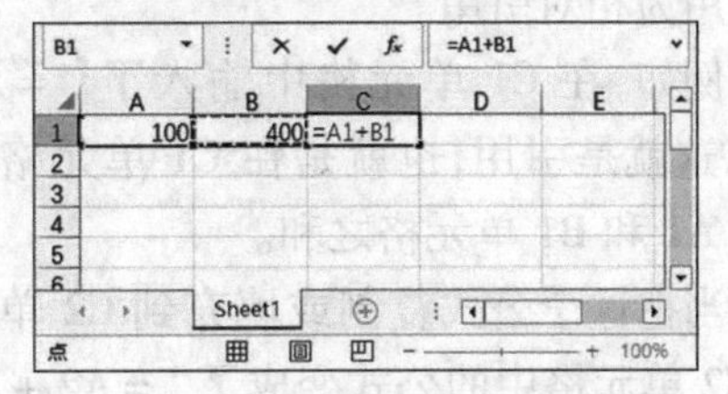

图3-165 选择B1单元格

说明

在公式中所输入的运算符都必须是英文半角字符。

(2)修改公式

双击需要修改公式的单元格，使其处于编辑状态，此时单元格和编辑栏中就会显示该公式本身，用户可以根据需要在单元格或编辑栏中对公式进行修改。

如果想要删除公式，选择该公式单元格，按【Delete】键即可。

5 公式的复制与填充

公式的复制和填充方式与普通数据的复制与填充一样，通过拖动单元格的右下角的填充柄，或在【开始】选项卡【编辑】组中单击【填充】按钮，在弹出的下拉列表中选择一种填充方式。

提示

自动填充实际上不是复制数据本身，而是对公式的复制，在填充时，对单元格的引用是相对引用还是绝对引用由被引用的单元格中的引用方式决定。

6 单元格引用

在公式中很少输入常量，最常见的就是单元格引用。可以在单元格中引用一个单元格、一个单元格区域、引用另一个工作簿或工作表中的单元格区域。

单元格引用分为以下3种。

(1)相对应用

相对引用是指当把一个含有单元格引用的公式复制或填充到另一个位置的时候，公式中的单元格引用内容会随着目标单元格位置的改变而相对改变。Excel中默认的单元格引用为相对引用。

例如，在C1单元格中输入了【=A1+B1】，这就是引用，也就是在C1单元格中使用了A1和B1单元格之和。

当把这个公式复制或填充到C2单元格中，C2单元格中的公式变成了“=A2+B2”；当把这个公式复制或填充到D1单元格中，D1单元格中的公式变成了“=B1+C1”，如图3-166所示。也就是说，其实C1这个单元格中存储的并不是A1、B1的内容，而是和A1、B1之间的相对关系。

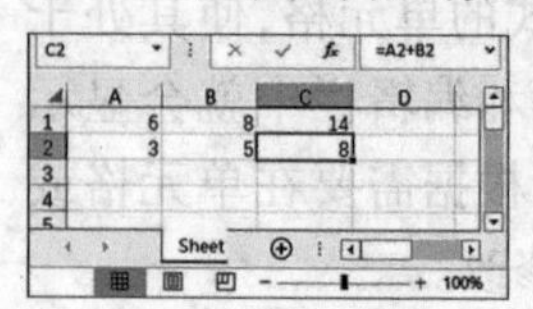
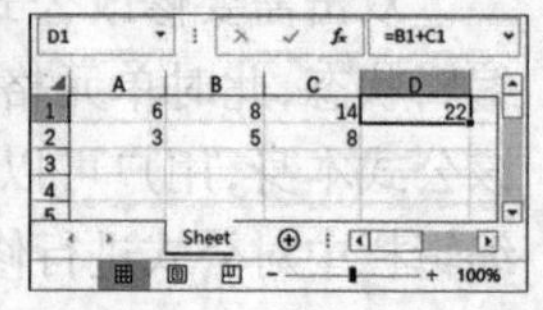

图3-166 相对引用

(2)绝对引用

绝对引用是指当把一个含有单元格引用的公式复制或填充到另一个位置的时候，公式中的单元格引用内容不会发生改变。在行号和列标前面加上“$”符号，代表绝对应用，如$A$1、$B$1等形式。

例如，在C1单元格中输入【=$A$1+$B$1】，当把这个公式复制或填充到C2单元格中，C2单元格中的公式仍为“=$A$1+$B$1”；当把这个公式复制或填充到D1单元格中，D1单元格中的公式也仍为“=$A$1+$B$1”，如图3-167所示。也就是说，这时C1单元格中存储的就是A1、B1的内容，这个内容并不会随着单元格位置的变化而变化。

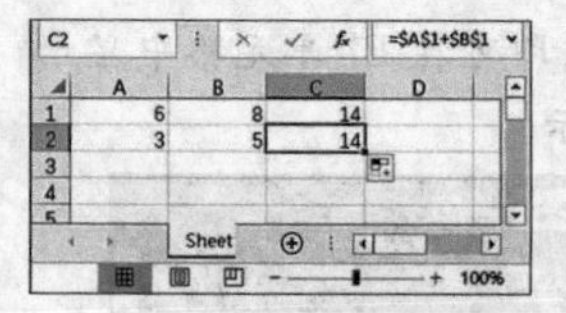
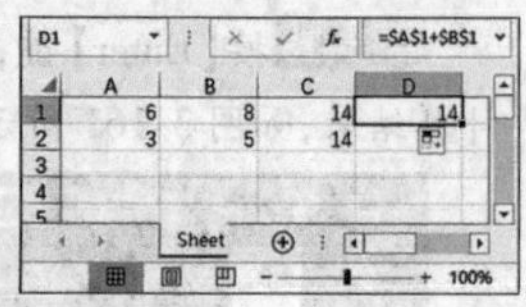

图3-167 绝对引用

(3)混合引用

混合引用是指在一个单元格地址中，既有绝对地址引用又有相对地址引用。当复制或填充公式引起行列变化的时候，公式的相对地址部分会随着位置变化，而绝对地址部分不会发生变化。

例如，在C1单元格中输入【=$A1+B$1】，当把这个公式复制或填充到C2单元格中，C2单元格中的公式为“=$A2+B$1”；当把这个公式复制或填充到D1单元格中，D1单元格中的公式为“=$A1+C$1”，如图3-168所示。也就是说，在对公式进行复制或填充时候，如果希望行号(数字)固定不变，在行号前面加上“$”；如果希望列标(字母)固定不变，在列标前面加上“$”。

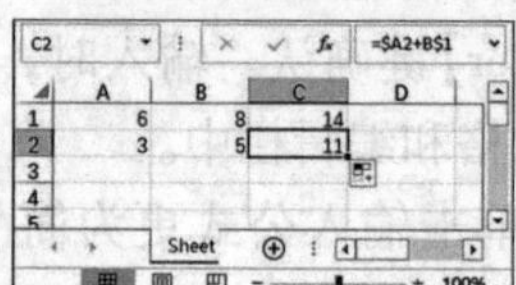
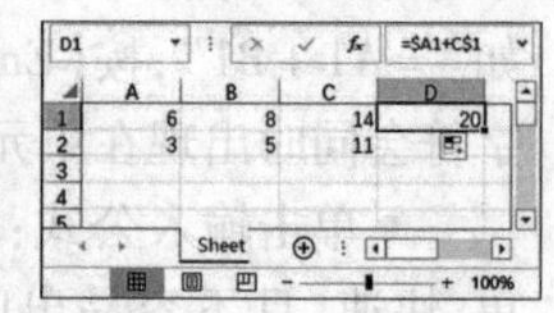

图3-168 混合引用

提示

Excel提供了快捷键【F4】，在公式中选定引用的单元格地址时，可以对引用类型进行快速切换。例如，选中A1，按【F4】键可依次转换引用类型为$A$1、A$1、$A1、A1。

3.3.2 名称的定义及引用

Excel中的名称是由用户预先定义的一类比较特殊的公式，可以通过名称来实现绝对引用。可以定义为名称的对象包括常量、单元格、单元格区域或者公式等。

1 名称的命名规则

为单元格或单元格区域命名，需要遵守一定的规则，否则名称将不能使用。命名规则如下。

• 名称长度限制：一个名称不能过 255 个字符。

• 有效字符：名称中的第一个字符必须是字母、下划线或反斜杠（\），名称中的其余字符可以是字母、数字、句点和下划线，但名称中不能使用大、小写字母“C”“c”“R”和“r”。

• 名称中不能包含空格：名称中不允许使用空格，但小数点和下划线可用作分隔符，如 Reader. Info 或 Class_Info。

• 名称不能与单元格地址相同，如 A123、$H$4、R2、C5 等。

• 唯一性原则：名称在其适用范围内不可重复，须始终唯一。

• 不区分大小写：名称可以包含大、小写字母，但 Excel 在名称中不区分大、小写字母。

2 定义名称

打开素材文件夹中的【第 3 章】|【定义名称. xlsx】工作簿，将【产品信息】工作表的 A1: D78 单元格区域名称定义为“产品信息”；将【客户信息】工作表的 A1: G92 单元格区域名称定义为“客户信息”；在【订单信息】工作表中分别以数据区域的首行作为各列的名称。具体的操作步骤如下。

步骤1 使用名称框定义名称。在【产品信息】工作表中选中 A1: D78 单元格区域，在左上角的【名称框】中输入【产品信息】，按【Enter】键完成输入，结果如图 3-169 所示。

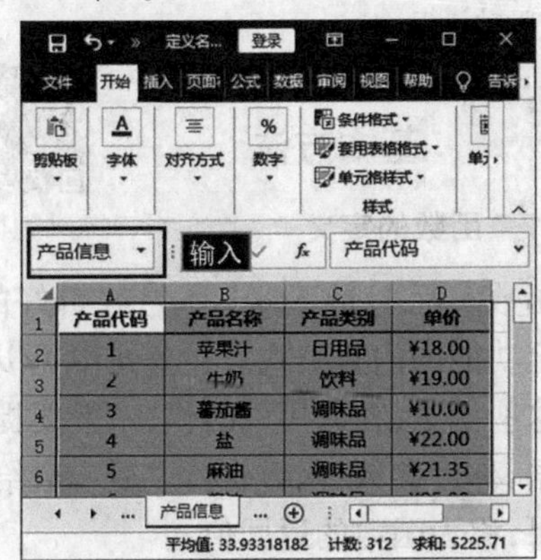

图 3-169 使用名称框定义名称

步骤2 使用【新建名称】对话框定义名称。在【客户信息】工作表中选中 A1: G92 单元格区域，在【公式】选项卡的【定义的名称】组中单击【定义名称】按钮，弹出【新建名称】对话框，在【名称】文本框中输入名称“客户信息”，单击【确定】按钮，如图 3-170 所示，完成命名并返回当前工作表。

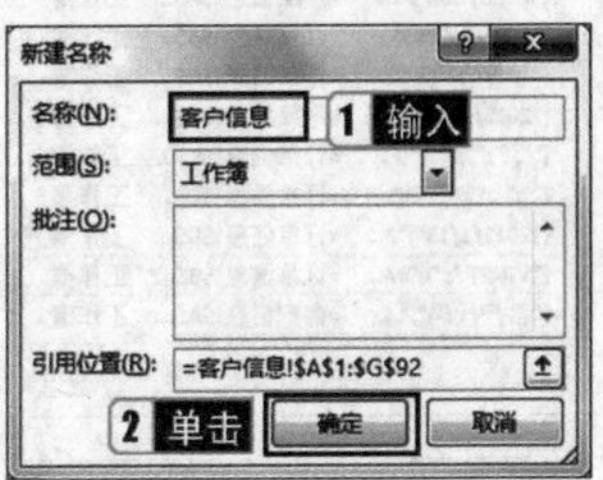

图 3-170 【新建名称】对话框

提示

在【引用位置】文本框中显示了当前选择的单元格或区域，在【引用位置】文本框单击按钮，可在工作表中重新选择单元格区域。

在【批注】文本框中可输入最多 255 个字符，用于对该名称进行说明。

步骤3 根据所选内容批量创建名称。在【订单信息】工作表中选中要命名的 A1: G342 单元格区域，在【公式】选项卡的【定义的名称】组中单击【根据所选内容创建】按钮 根据所选内容创建，弹出【根据所选内容创建名称】对话框。

步骤4 在该对话框中，通过选中【首行】复选框，取消选中其他复选框，单击【确定】按钮，如图 3-171 所示，即可将数据区域的首行作为各列的名称。

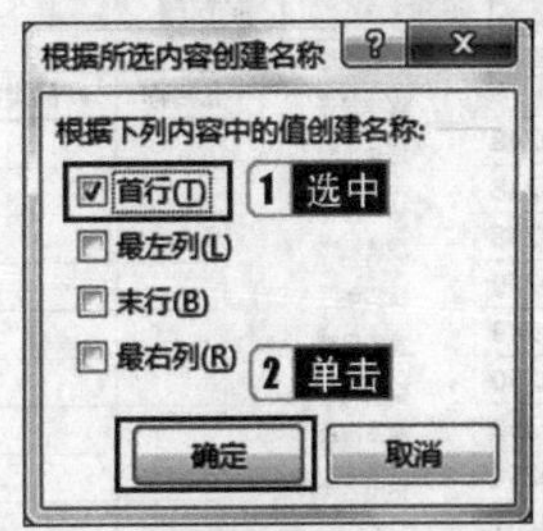

图 3-171 【根据所选内容创建名称】对话框

提示

选中【首行】复选框可将所选单元格区域的第 1 行标题设为各列数据的名称，此外还可以根据要求选择【最左列】【末行】或【最右列】复选框来指定包含标题的位置。

步骤5 上述操作一次性创建了 7 个名称，因为选定区域包含7个字段。单击【定义的名称】组中的【名称管理器】按钮，弹出【名称管理器】对话框，可以看到这些名称的定义，如图3-172所示。

名称管理器

新建(N)... 编辑(E)... 删除(D) 筛选(F)

名称	数值	引用位置	范围	批注
产品信息	{"产品代码","...	=产品信息!A...	工作簿	
订单编号	{"10248";"1024...	=订单信息!A...	工作簿	
订单金额	{"";"";"";"";"...	=订单信息!G...	工作簿	
订货日期	{"2015/1/1";"20...	=订单信息!C...	工作簿	
发货城市	{"";"";"";"";"...	=订单信息!F...	工作簿	
发货地区	{"";"";"";"";"...	=订单信息!E...	工作簿	
发货日期	{"2015/1/13";"2...	=订单信息!D...	工作簿	
客户代码	{"VINET ";"TOM...	=订单信息!B...	工作簿	
客户信息	{"客户代码","...	=客户信息!A...	工作簿	

引用位置(R):

关闭

图3-172 【名称管理器】对话框

3 引用名称

引用名称的具体操作步骤如下。

步骤1 选中要输入公式的单元格，在【公式】选项卡的【定义的名称】组中单击【用于公式】按钮。

步骤2 在弹出的下拉列表中选择需要引用的名称，如图3-173所示，该名称即显示在当前单元格的公式中。

图3-173 选择需要引用的名称

步骤3 按【Enter】键确认输入。

4 更改或删除名称

如果更改了某个已定义的名称，则所有引用该名称的位置均会自动更新。如果删除了公式已引用的某个名称，可能导致公式出错。更改或删除名称的具体操作步骤如下。

步骤1 更改名称。在【公式】选项卡的【定义的名称】组中单击【名称管理器】按钮，或者按【Ctrl + F3】组合键，弹出【名称管理器】对话框。

步骤2 在名称列表中，选择要更改的名称，单击【编辑】按钮，弹出【编辑名称】对话框，在其中修改名称，修改完成后单击【确定】按钮，如图3-174所示。

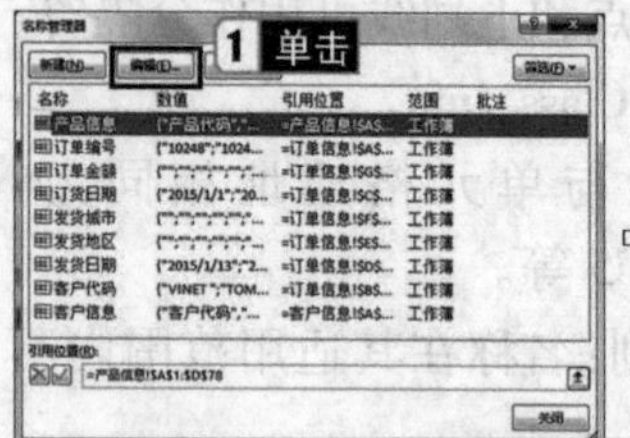

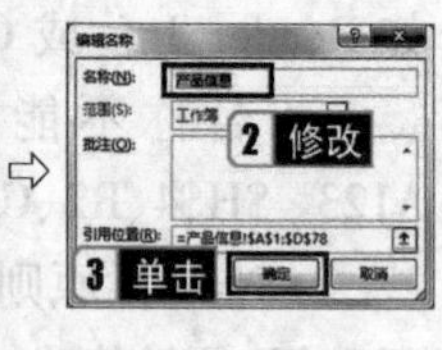

图3-174 编辑【名称管理器】中的名称

步骤3 删除名称。在名称列表中，选择要删除的名称，单击【删除】按钮，出现提示对话框，单击【确定】按钮完成删除操作，如图3-175所示。

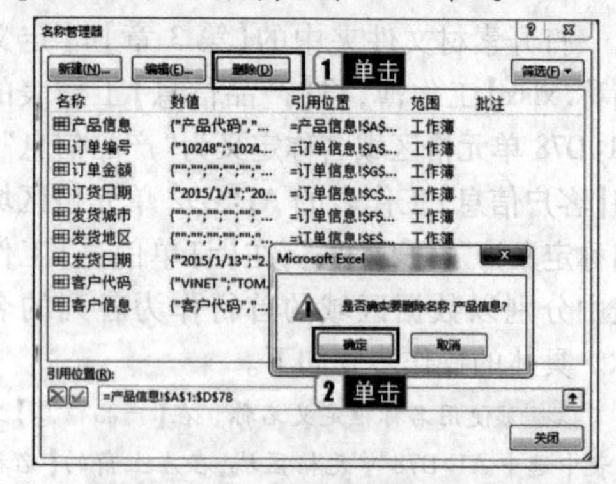

图3-175 删除【名称管理器】中的名称

步骤4 返回【名称管理器】对话框，单击【关闭】按钮关闭对话框。

3.3.3 使用函数的基本方法

1 函数的定义

函数实际上是Excel事先编辑好的、具有特定功能的内置公式。在公式中可以直接调用这些函数，在调用的时候，一般要提供一些数据，称为参数；函数执行之后一般给出一个结果，称为函数的返回值。

以最为常用的求和函数SUM为例，SUM

函数的语法形式如下。

SUM(Number1,Number2,…),功能是求括号中 Number1,Number2 等参数之和。

例如,=SUM(1,2,3)的返回值为6,表示计算1、2、3三个数字的和;=SUM(A1:A2)的返回值是A1到A2单元格之和。

每个函数主要由3个部分构成。

(1)=:与输入公式相同,输入函数时必须以等号"="开始。

(2)函数名:函数的主体,表示即将执行的操作,如SUM是求和,AVERAGE是求平均值。

函数名无大小写之分,Excel会自动将小写函数名转换为大写。

(3)参数:函数名后面有一对括号,括号内包括各个参数和分隔参数的逗号。

参数可以是常量,如数字1、2、3等;可以是单元格地址,如单元格C1、单元格区域A1:A2等;可以是逻辑值,如True、False;也可以是错误值,如#Null!等。此外还可以是变量、数组、公式、函数等,参数无大小写之分。

2 函数的分类

Excel按照功能把函数分为数学和三角函数、财务函数、逻辑函数、文本函数、日期和时间函数、查找与引用函数、统计函数、工程函数、多维数据集函数、信息函数及与加载项一起安装的用户定义的函数等。

3 函数的输入和修改

(1)函数的输入

函数的输入和公式的输入类似,主要有以下3种方法。

方法1:用户对函数名称和参数都比较了解的情况下,可以直接在单元格或编辑栏中输入函数,按【Enter】键或单击【编辑栏】左侧的【输入】按钮✓确认。

方法2:通过【函数库】选项组输入公式,具体的操作步骤如下。

步骤1 打开素材文件夹中的【第3章】|【输入函数.xlsx】工作簿,在要输入函数的单元格G3中单击鼠标左键,使其成为活动单元格。

步骤2 输入等号"=",在【公式】|【函数库】组中,选择【数学和三角函数】中的SUM函数,如图3-176所示。

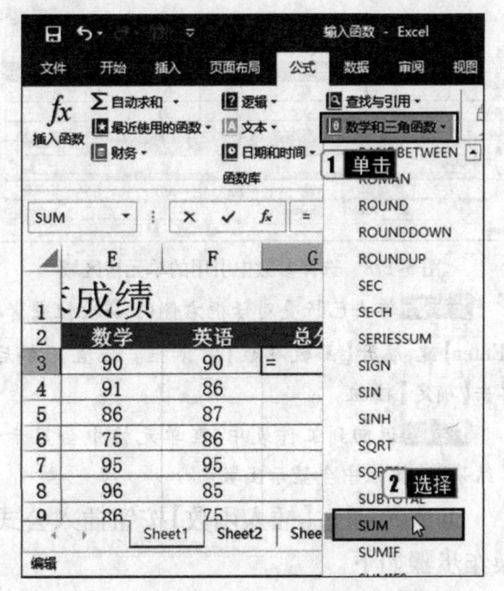

图3-176 选择函数

步骤3 打开【函数参数】对话框,默认选中求和区域D3:F3,如图3-177所示。

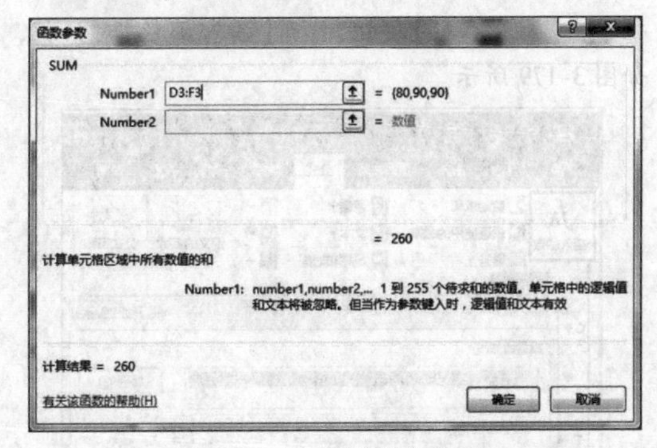

图3-177 【函数参数】对话框

> **提示**
>
> 在【函数参数】对话框中设置函数的参数,参数可以是常量或者引用单元格区域。不同的函数,参数的个数、名称及用法均不相同,可以单击对话框左下角的【有关该函数的帮助】超链接获得帮助信息。

步骤4 当数据较多,对引用单元格区域无法把握时,可单击参数文本框右侧的按钮,可以暂时折叠对话框,显露出工作表。此时,可以用鼠标在工作表中选择要引用的单元格区域,如图 3-178 所示。

图 3-178 选择参数中引用的单元格区域

步骤5 单击已折叠对话框右侧的按钮或者按【Enter】键,展开【函数参数】对话框。设置完毕后,单击【确定】按钮。

步骤6 返回到工作表中,在单元格中会显示计算结果,编辑栏中会显示函数。

方法 3:通过【插入函数】按钮插入公式,操作步骤如下。

步骤1 在要输入函数的单元格中单击鼠标左键,使其成为活动单元格。

步骤2 输入等号“=”,在【公式】|【函数库】组中单击【插入函数】按钮,打开【插入函数】对话框,如图 3-179 所示。

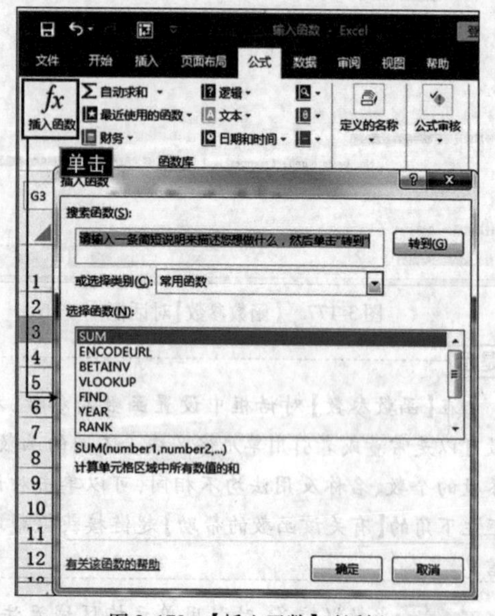

图 3-179 【插入函数】对话框

步骤3 在【搜索函数】文本框中输入需要解决的问题的简单说明,然后单击【转到】按钮,在【选择函数】列表框中选择需要的函数,单击【确定】按钮,将会同样打开【函数参数】对话框。

请注意

进行一些简单数学运算的时候,可以直接使用自动求和按钮 Σ 进行快速计算,如求和、平均值、计数、最大值、最小值等。

(2)函数的修改

在包含函数的单元格中双击鼠标,进入编辑状态,对函数进行修改后按【Enter】键确认。

3.3.4 Excel 中的常用函数

名师讲解

1 常用数学函数简介

(1)绝对值函数 ABS(Number)

主要功能:求参数的绝对值。

参数说明:Number 表示需要求绝对值的数值或引用的单元格。

应用举例:=ABS(-2)表示求 -2 的绝对值;=ABS(A2)表示求单元格 A2 中数值的绝对值。

(2)最大值函数 MAX(Number1,Number2,…)

主要功能:求各个参数中的最大值。

参数说明:参数至少有一个,且必须是数值,最多可包含 255 个。

应用举例:如果 A2:A4 中包含数字 3、5、6,则 =MAX(A2:A4)返回值为 6;=MAX(A2:A4,1,8,9,10),返回值为 10。

提示

如果参数中有文本或逻辑值,则忽略。

(3)最小值函数 MIN(Number1,Number2,…)

主要功能:求各个参数中的最小值。

参数说明:参数至少有一个,且必须是数值,最多可包含 255 个。

应用举例:如果 A2:A4 中包含数字 3、5、6,则 =MIN(A2:A4)返回值为 3;=MIN(A2:A4,1,8,9,10),返回值为 1。

提示

如果参数中有文本或逻辑值，则忽略。

(4)取整函数 TRUNC(Number,[Num_Digits])

主要功能：按指定的位数 Num_Digits 截取参数 Number 的小数部分。

参数说明：参数 Number 为被指定要截去的位数，返回整数；参数 Num_Digits 为截取精度数，默认为0。

应用举例：=TRUNC(227.568)返回结果为227；=TRUNC(-227.568)返回结果为-227。

(5)向下取整函数 INT(Number)。

主要功能：将参数 Number 向下舍入到最接近的整数，Number 为必需的参数。

参数说明：Number 表示需要取整的数值或引用的单元格。

应用举例：=INT(227.568)返回结果为227；=INT(-227.568)返回结果为-228。

(6)开平方根函数 SQRT(Number)

主要功能：为参数 Number 求平方根。

应用举例：=SQRT(4)返回结果为2。

(7)取余函数 MOD(Number,Divisor)

主要功能：返回两数相除的余数。

参数说明：Number 表示被除数，Divisor 表示除数。

应用举例：=MOD(5,2)返回结果为1

(8)CEILING(Number,Significance)

主要功能：将数字向上舍入最接近指定基数的整倍数。

参数说明：Number 表示需要进行舍入的参数，Significance 表示用于向上舍入的基数。

应用举例1：=CEILING(3.5,1)返回结果为4，即将3.5向上舍入到最接近的1的倍数。

应用举例2：=CEILING(3.5,0.1)返回结果为结果3.5，即将3.5向上舍入到最接近的0.1的倍数。

(9)四舍五入函数 ROUND(Number,Num_Digits)

主要功能：按指定的位数 Num_Digits 对参数 Number 进行四舍五入。

参数说明：参数 Number 表示要四舍五入的数字；参数 Num_Digits 表示保留的小数位数。

应用举例：=ROUND(227.568,2)返回结果为227.57。

(10)ROUNDUP(Number,Num_Digits)

主要功能：向上舍入数字。

参数说明：Number 表示需要向上舍入的任意实数，Num_Digits 表示保留多少位小数。如果小数位数大于0，则向上舍入到指定的小数位；如果小数位数等于0，则向上舍入到最接近的整数；如果小数位数小于0，则在小数点左侧向上进行舍入。

应用举例：=ROUNDUP(-3.14159,1)表示将-3.14159向上舍入，保留一位小数，返回结果为-3.2。

=ROUNDUP(3.3,0)表示将3.3向上舍入，小数位为0，返回结果为4。

=ROUNDUP(31415.92653,-2)表示将31415.92653向上舍入到小数点左侧两位，返回结果为31500。

(11)ROUNDDOWN(Number,Num_Digits)

主要功能：向下舍入数字。

参数说明：Number 表示需要向下舍入的任意实数，Num_Digits 表示保留多少位小数。如果小数位数大于0，则向下舍入到指定的小数位；如果小数位数等于0，则向下舍入到最接近的整数；如果小数位数小于0，则在小数点左侧向下进行舍入。

应用举例：=ROUNDDOWN(-3.14159,1)表示将-3.14159向下舍入，保留一位小数，返回结果为-3.1。

=ROUNDDOWN(3.3,0)表示将3.3向下舍入，小数位为0，返回结果为3。

=ROUNDDOWN(31415.92653,-2)表

示将31415.92653向下舍入到小数点左侧两位，返回结果为31400。

提示

将应用举例复制到空白工作表中，会更易于理解该函数参数意义。

2 求和函数简介

（1）求和函数SUM(Number1,[Number2],…)

主要功能：计算所有参数的和。

参数说明：至少包含一个参数Number1，每个参数可以是具体的数值、引用的单元格（区域）、数组、公式或另一个函数的结果。

应用举例：=SUM（A2：A10）是将单元格A2到A10中的所有数值相加；=SUM（A2，A10，A20）是将单元格A2、A10和A20中的数值相加。

提示

如果参数为数组或引用，只有其中的数值可以被计算，空白单元格、逻辑值、文本或错误值将被忽略。

（2）条件求和函数SUMIF（Range，Criteria，[Sum_Range]）

主要功能：对指定单元格区域中符合一个条件的单元格求和。

参数说明：Range为必需的参数，表示条件区域，用于条件判断的单元格区域。

Criteria为必需的参数，表示求和的条件，判断哪些单元格将被用于求和的条件。

Sum_Range为可选的参数，表示实际求和区域，要求和的实际单元格、区域或引用。如果Sum_Range参数被省略，Excel会对在Range参数中指定的单元格求和。

应用举例：=SUMIF（B2：B10，">60"）表示对B2：B10区域中大于60的数值进行相加。

=SUMIF（B2：B10，">60"，C2：C10），表示在区域B2：B10中，查找大于60的单元格，并在C2：C10区域中找到对应的单元格进行求和，参数输入如图3-180所示。

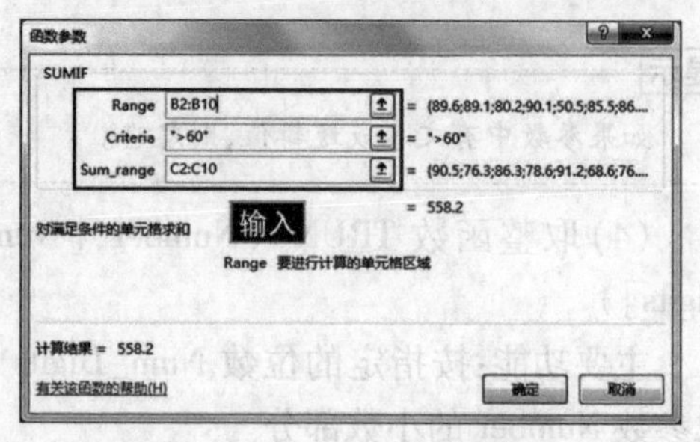

图3-180 SUMIF函数参数输入

提示

在函数中，任何文本条件或任何含有逻辑或数学符号的条件都必须使用英文双引号（""）括起来。如果条件为数字，则无须使用双引号。

（3）多条件求和函数SUMIFS（Sum_Range，Criteria_Range1，Criteria1，[Criteria_Range2，Criteria2]，…）

主要功能：对指定单元格区域中符合多组条件的单元格求和。

参数说明：Sum_Range为必需的参数，表示参加求和的实际单元格区域。

Criteria_Range1为必需的参数，表示第1组条件中指定的区域。

Criteria1为必需的参数，表示第1组条件中指定的条件。

Criteria_Range2、Criteria2为可选参数，表示第2组区域和条件，还可以有其他多组。

应用举例：=SUMIFS（A2：A10，B2：B10，">60"，C2：C10，"<80"）表示对A2：A10区域中符合以下条件的单元格的数值求和，B2：B10中的相应数值大于60且C2：C10中的相应数值小于80，参数输入如图3-181所示。

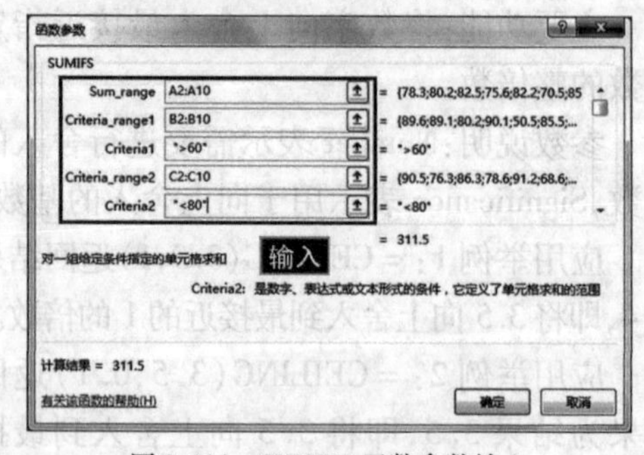

图3-181 SUMIFS函数参数输入

说明

使用过程中注意一个条件区域对应一个指定条件,求和区域和条件区域要一致。

(4)积和函数 SUMPRODUCT(Array1,Array2,Array3,…)

主要功能:先计算各个数组或区域内位置相同的元素之间的乘积,然后计算它们的和。

参数说明:Array 可以是数值、逻辑值或作为文本输入的数字的数组常量,或者包含这些值的单元格区域,空白单元格被视为0。

应用举例1:区域计算要求,计算B、C、D三列对应数据乘积的和。

公式为 = SUMPRODUCT(B2:B4,C2:C4,D2:D4),则计算方式为 = B2 * C2 * D2 + B3 * C3 * D3 + B4 * C4 * D4,即3个单元格区域B2:B4,C2:C4,D2:D4同行数据乘积的和,参数输入如图3-182所示。

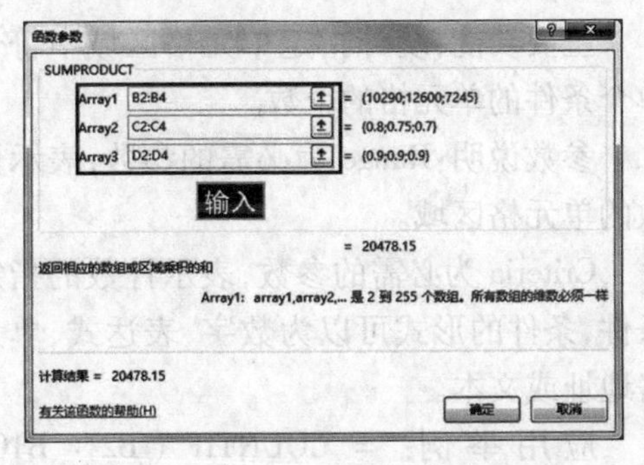

图3-182 区域计算

应用举例2:数组计算要求,把单元格区域B2:B4,C2:C4,D2:D4中的数据按一个区域作为一个数组,即B2:B4表示为数组{B2;B3;B4},C2:C4表示为数组{C2;C3;C4},D2:D4表示为数组{D2;D3;D4},则公式为 = SUMPRODUCT({B2;B3;B4},{C2;C3;C4},{D2;D3;D4}),其中单元格名称在计算时候要换成具体的数据,参数输入如图3-183所示。

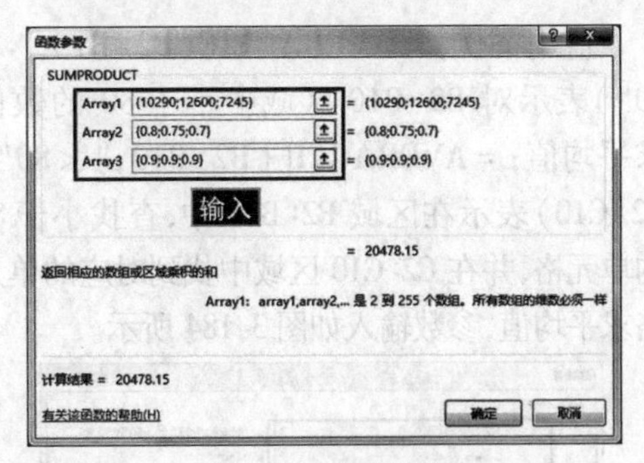

图3-183 数组计算

提示

数组参数必须具有相同的维数。

3 平均值函数简介

(1)平均值函数 AVERAGE(Number1,[Number2],…)

主要功能:求所有参数的算术平均值。

参数说明:至少包含一个参数,最多可包含255个。

应用举例: = AVERAGE(A2:A10)表示对单元格区域A2到A10中的数值求平均值。

= AVERAGE(A2:A10,C10)表示对单元格区域A2到A10中数值与C10中的数值求平均值。

提示

如果引用单元格区域中包含"0"值单元格,则计算在内;如果引用单元格区域中包含空白或字符单元格,则不计算在内。

(2)条件平均值函数 AVERAGEIF(Range,Criteria,[Average_Range])

主要功能:对指定单元格区域中符合一组条件的单元格求平均值。

参数说明:Range 为必需的参数,表示要进行计算的单元格区域。

Criteria 为必需的参数,表示求平均值的条件,其形式可以为数字、表达式、单元格引用、文本或函数。

Average_Range 为可选的参数,表示要求平均值的实际单元格区域。如果 Average_Range 参数被省略,Excel 会对在 Range 参数中指定的单元格区域求平均值。

应用举例：= AVERAGEIF(B2: B10," <80")表示对 B2: B10 区域中小于 80 的数值求平均值；= AVERAGEIF(B2: B10," <80", C2: C10)表示在区域 B2: B10 中，查找小于 80 的单元格，并在 C2: C10 区域中找到对应的单元格求平均值，参数输入如图 3-184 所示。

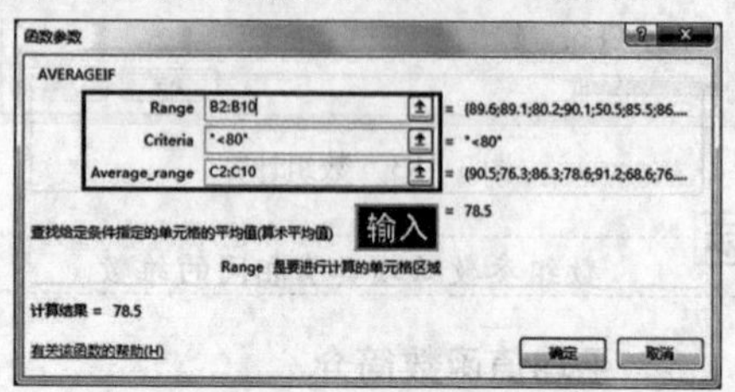

图 3-184 AVERAGEIF 函数参数输入

(3)多条件平均值函数 AVERAGEIFS (Average_Range, Criteria_Range1, Criteria1, [Criteria_Range2, Criteria2],…)

主要功能：对指定单元格区域中符合多组条件的单元格求平均值。

参数说明：Average_Range 为必需的参数，表示要计算平均值的实际单元格区域。

Criteria_Range1 为必需的参数，表示第 1 组条件中指定的区域。

Criteria1 为必需的参数，表示第 1 组条件中指定的条件。

Criteria_Range2、Criteria2 为可选参数，表示第 2 组区域和条件，还可以有其他多组。

应用举例：= AVERAGEIFS(A2: A10, B2: B10, " >60", C2: C10, " <80")表示对 A2: A10 单元格区域中符合以下条件的单元格的数值求平均值，B2: B10 中的相应数值大于 60、且 C2: C10 中的相应数值小于 80，参数输入如图 3-185 所示。

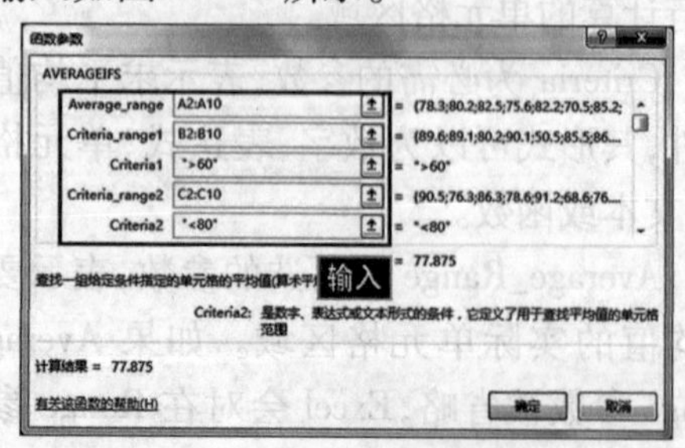

图 3-185 AVERAGEIFS 函数参数输入

4 计数函数简介

(1)计数函数 COUNT(Value1,[Value2],…)

主要功能：统计指定区域中包含数值的单元格个数，只对包含数字的单元格进行计数。

参数说明：至少包含一个参数，最多可包含 255 个。

应用举例：= COUNT(A2: A10)表示统计单元格区域 A2 到 A10 中包含数值的单元格的个数。

(2)计数函数 COUNTA(Value1,[Value2],…)

主要功能：统计指定区域中不为空的单元格的个数，可以对包含任何类型信息的单元格进行计数。

参数说明：至少包含一个参数，最多可包含 255 个。

应用举例：= COUNT(A2: A10)表示统计单元格区域 A2 到 A10 中非空单元格的个数。

(3)条件计数函数 COUNTIF(Range, Criteria)

主要功能：统计指定单元格区域中符合单个条件的单元格的个数。

参数说明：Range 为必需的参数，表示计数的单元格区域。

Criteria 为必需的参数，表示计数的指定条件，条件的形式可以为数字、表达式、单元格地址或文本。

应用举例：= COUNTIF(B2: B10, " >60")表示统计单元格区域 B2 到 B10 中值大于 60 的单元格的个数。

提示

允许引用的单元格区域中有空白单元格出现。

(4)多条件计数函数 COUNTIFS(Criteria_Range1, Criteria1, [Criteria_Range2, Criteria2],…)

主要功能：统计指定单元格区域中符合多组条件的单元格的个数。

参数说明：Criteria_Range1 为必需的参数，表示第 1 组条件中指定的区域。

Criteria1 为必需的参数，表示第 1 组条件中指定的条件，条件的形式可以为数字、表达式、单元格地址或文本。

Criteria_Range2、Criteria2 为可选参数，表示第 2 组指定区域和指定条件，还可以有其他多组条件。

应用举例：= COUNTIFS(A2: A10," > 60",B2: B10," < 80")表示统计同时满足以下条件的单元格的个数，A2: A10 单元格区域中大于 60 的单元格且 B2: B10 单元格区域中小于 80 的单元格。

(5) 排位函数 RANK(Number, Ref, Order)

主要功能：返回一个数值在指定数值列表中的排位；如果多个值具有相同的排位，使用函数 RANK. AVG 将返回平均排位；使用 RANK 或 RANK. EQ 函数则返回实际排位。

参数说明：Number 为必需的参数，表示需要排位的数值。

Ref 为必需的参数，表示要查找的数值列表所在的单元格区域。

Order 为可选的参数，指定数值列表的排序方式(如果为 Order 为 0 或者忽略，则按降序排名，即数值越大，排名结果数值越小；如果为非 0 值，则按升序排名，即数值越大，排名结果数值越大)。

应用举例：= RANK(A2, $A$1: $A$10, 0)，表示求 A2 单元格中的数值在 A1: A10 单元格区域中的降序排位；= RANK(A2, $A$1 : $A$10,1)，表示求 A2 单元格中的数值在 A1: A10 单元格区域中的升序排位，参数输入如图 3-186 所示。

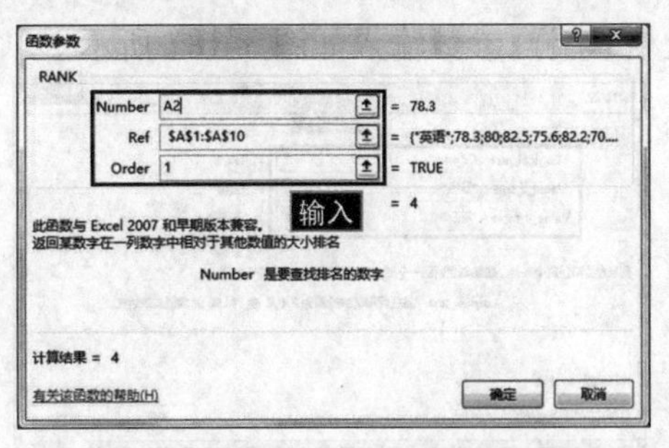

图 3-186 RANK 函数填写参数

提示

在上述公式中，我们让 Number 参数采取了相对引用形式，而让 Ref 参数采取了绝对引用形式(增加了一个"$"符号)，这样设置后，选中公式所在单元格，将鼠标指针移至该单元格右下角，按住左键向下拖动填充柄，即可将上述公式快速复制到该列下面的单元格中，完成其他数值的排位统计。

(6) LARGE(Array, K)

主要功能：返回数据区域第几个大的单元格值，可求任意名次。

参数说明：Array 表示用来计算第 *K* 个最大值的数据区域，K 表示所要返回的最大值点在数据区域中的位置。

应用举例：= LARGE(C1: C100,3)表示求 C1: C100 单元格区域中的第三名。

5 逻辑函数简介

(1) 逻辑判断函数 IF(Logical_Test, [Value_If_True], [Value_If_False])

主要功能：如果指定条件的计算结果为 True，IF 函数返回一个值；计算结果为 False，If 函数返回另一个值。

参数说明：Logical_Test 为必需的参数，指定的判断条件。

Value_If_True 为必需的参数，计算结果为 True 时返回的内容。

Value_If_False 为必需的参数，计算结果为 False 时返回的内容。

应用举例：= IF(C2 > = 60,"及格","不及格")，表示如果 C2 单元格中的数值大于或等于 60，则显示"及格"字样，反之显示"不及格”字样，参数输入如图3-187所示。

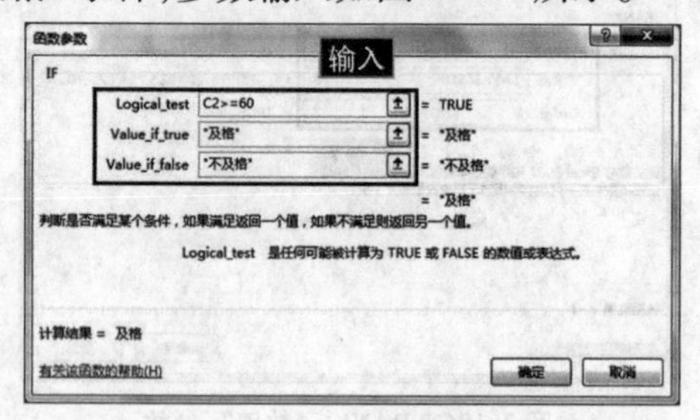

图3-187 IF函数填写参数

=IF(C2>=90,"优秀",IF(C2>=80,"良好",IF(C2>=60,"及格","不及格")))表示以下对应关系。

单元格C2中的值	公式单元格显示的内容
C2>=90	优秀
90>C2>=80	良好
80>C2>=60	及格
C2<60	不及格

(2)AND(Logical1,Logical2,…)

主要功能：表达式同时成立时，结果为True，只要其中任意一个表达式不成立，结果为False

参数说明：Logical表示检测表达式，内容可以是逻辑值、数组或引用。

应用举例：=AND(1+2=3,2+3=5)返回结果为True；=AND(1+2=4,2+3=5)返回结果为False。

(3)OR(Logical1,Logical2,…)

主要功能：只要其中一个或一个以上的表达式成立，结果为True，所有表达式均不成立时，结果为False。

参数说明：Logical表示检测表达式。

应用举例：=OR(1+2=4,2+3=5)返回结果为True；=OR(1+2=4,2+3=6)返回结果为False。

(4)IFERROR(Value,Value_If_Error)

主要功能：如果公式计算结果为错误值，则返回指定的值，否则返回公式正常计算的结果。

参数说明：Value表示任意值、表达式或引用，Value_If_Error表示返回的指定值。

应用举例：=IFERROR(A2/B2,"错误")表示判断A2/B2的值是否正确，如果正确则返回A2/B2的结果，否则返回“错误”字符。

(5)ROW(Reference)

主要功能：返回指定单元格所在的行数。

参数说明：Reference表示单元格地址。

应用举例：=ROW(F13)返回结果为13。

(6)COLUMN(Reference)

主要功能：返回指定单元格所在的列数，只返回数字。

参数说明：Reference表示单元格地址。

应用举例：=COLUMN(C18)返回结果为3(C列是第3列)。

6 查找与引用函数简介

(1)垂直查询函数VLOOKUP(Lookup_Value,Table_Array,Col_Index_Num,[Range_Lookup])

主要功能：搜索指定单元格区域的第1列，然后返回该区域相同一行上任何指定单元格中的值。

参数说明：Lookup_Value为必需的参数，表示查找目标，即要在表格或区域的第1列中搜索到的值。

Table_Array为必需的参数，表示查找范围，即要查找的数据所在的单元格区域。

Col_Index_Num为必需的参数，表示返回值的列数，即最终返回数据所在的列号。

Range_Lookup为可选参数，为一逻辑值，决定查找精确匹配值还是近似匹配值。如果为1(True)或被省略，则返回近似匹配值，也就是说，如果找不到精确匹配值，则返回小于Lookup_Value的最大数值。如果为0(False)，则只查找精确匹配值，如果找不到精确匹配值，则返回错误值#N/A。

应用举例：=VLOOKUP(80,A2:C10,2,

1)要查找的区域为 A2:C10,因此 A 列为第 1 列,B 列为第 2 列,C 列为第 3 列;表示使用近似匹配搜索 A 列(第 1 列)中的值 80,如果在 A 列中没有 80,则找到 A 列中与 80 最接近的值,然后返回同一行中 B 列(第 2 列)的值,参数输入如图 3-188 所示。

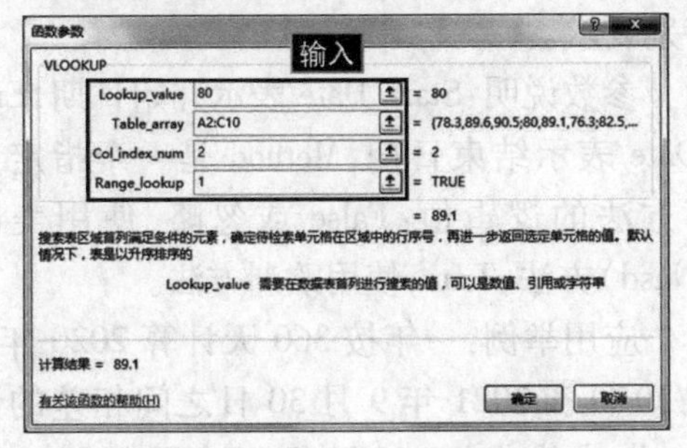

图 3-188 VLOOKUP 函数参数输入

请注意

查找目标一定要在查找范围的第 1 列,即在查找范围指定的区域中,在第 1 列中查找与查找目标有相同值的单元格。

(2)LOOKUP 函数

LOOKUP(Lookup_Value,Lookup_Vector,Result_Vector)

主要功能:从单行或单列或从数组中查找一个值。

参数说明:Lookup_Value 是查询条件,即要查找的值;Lookup_Vector 是条件区域,即要查找的范围;Result_Vector 要查找的内容区域,即要获得的值。

应用举例:=LOOKUP(A2,B2:B15,C2:C15)表示从 B2:B15 单元格区域里面找 A2 单元格的值,并返回 C2:C15 单元格区域相对应行的值。

(3)INDEX 函数

INDEX(Array,Row_Num,Column_Num)

主要功能:在给定的单元格区域中,返回指定行列交叉处单元格的值,常和 MATCH 函数组合使用。

参数说明:Array 表示数据区域,Row_Num 表示行号,Column_Num 表示列标。

应用举例:=INDEX(B1:D10,5,2),获取区域 B1:D10 中第 5 行和第 2 列的交叉处,即单元格 C5 中的内容。

(4)MATCH 函数

MATCH(Lookup_Value,Lookup_Array,Match_Type)

主要功能:返回指定值在指定数据区域中的相对位置,通常作为 INDEX 函数的一个参数。

参数说明:Lookup_Value 表示指定值;Lookup_Array 表示指定数据区域;Match_Type 表示匹配方式,匹配方式有 3 种,为 1 或省略,表示 Match 函数会查找小于或等于指定值的最大值;为 0 表示 Match 函数会查找等于指定值的第一个值;为 -1 表示 Match 函数会查找大于或等于指定值的最小值。

应用举例:=MATCH(B6,B4:B8,1),返回单元格 B6 在区域 B4:B8 中的位置,B6 在区域中是第 3 个,故返回 3。

7 日期和时间函数简介

(1)当前日期和时间函数 NOW()

主要功能:返回当前系统日期和时间。

参数说明:该函数没有参数。

应用举例:输入公式 =NOW(),确认后即可显示当前系统日期和时间。如果系统日期和时间发生了改变,只要按一下【F9】键,即可让其随之改变。

(2)当前日期函数 TODAY()

主要功能:返回当前系统日期。

参数说明:该函数没有参数。

应用举例:输入公式 =TODAY(),确认后即可显示当前系统日期。如果系统日期发生了改变,只要按一下【F9】键,即可让其随之改变。

(3)年份函数 YEAR(Serial_Number)

主要功能:返回指定日期或引用单元格中对应的年份。返回值为 1900 ~ 9999 之间的整数。

参数说明:Serial_Number 必需参数。是一个日期值,其中包含要查找的年份。

应用举例:直接在单元格中输入公式=YEAR("2021/12/25"),返回年份2021。当在A2单元格中输入日期"2021/12/25"时,公式=YEAR(A2)返回年份2021。

提示

公式所在的单元格不能是日期格式。

(4)月份函数 MONTH(Serial_Number)

主要功能:返回指定日期或引用单元格中对应的月份,返回值为1~12之间的整数。

参数说明:Serial_Number 必需参数。是一个日期值,其中包含要查找的月份。

应用举例:直接在单元格中输入公式=MONTH("2021-12-18"),返回月份12。

(5)HOUR(Serial_Number)、MINUTE(Serial_Number)、SECOND(Serial_Number)

主要功能:分别表示提取时间中的时、分、秒。

参数说明:Serial_Number 表示时间。

应用举例:当在A2单元格中输入时间"9:23:45"时,公式=HOUR(A2)返回时值"9",=MINUTE(A2)返回分值"23",=SECOND(A2)返回秒值"45"。

(6)WEEKDAY(Serial_Number,Return_Type)

主要功能:判断日期是星期几。

参数说明:Serial_Number 表示日期,第二个参数 Return_Type 是排序方式,一般使用2,表示星期一是每周的第一天,返回数字1就是星期一,返回数字7就是星期日,一一对应。

应用举例:=WEEKDAY("2021/02/23",2)返回2,表示星期二。

(7)DATE(Year,Month,Day)

主要功能:构造日期,可以把年、月、日组合在一起,返回一个日期。

参数说明:年份 Year 介于数字1900和9999之间,月份 Month 介于数字1和12之间,日 Day 介于数字1和31之间。

(8)DAYS360(Start_Date,End_Date,Method)

主要功能:计算两个日期间隔的天数,每月按30天,一年按360天计算,一般题目会特别要求。

参数说明:Start_Date 表示开始日期,End_Date 表示结束日期,Method 是一个指定计算方法的逻辑值:False 或忽略,使用美国(Nasd)方法;True,使用欧洲方法。

应用举例:一年按360天计算2020年9月30日和2021年9月30日之间相差的天数,公式为"=DAYS360(DATE(2020,9,30),DATE(2021,9,30))",返回结果为360。

(9)DATEDIF(Start_Date,End_Date,Unit)

DATEDIF 函数是 Excel 的隐藏函数,在帮助和插入公式里面没有,要手动输入。

主要功能:计算日期之间的差值。

参数说明:第一个参数 Start_Date 表示开始日期,第二个参数 End_Date 表示结束日期,第三个参数 Unit 表示间隔类型,共有6种,分别如下。

YD:表示计算起始日期与结束日期的同年间隔天数,忽略日期中的年份。

Y:表示计算时间段中的整年数。

M:表示计算时间段中的整月数。

D:表示计算时间段中的天数。

MD:表示计算起始日期与结束日期的同月间隔天数,忽略日期中的月份和年份。

YM:表示计算起始日期与结束日期的间隔月数,忽略日期中年份。

应用举例:=DATEDIF("1900-4-1",TODAY(),"YD"),表示计算日期1900-4-1和当前日期的不计年数的间隔天数。

8 文本函数简介

(1)文本合并函数 CONCATENATE

(Text1,[Text2],…)

主要功能:将几个文本项合并为一个文本项。

参数说明:至少有一个参数,最多有255个。参数可以是文本、数字、单元格地址等。

应用举例:在单元格A2和A10中分别输入文本“未来教育”和“计算机”,在B2单元格中输入公式【=CONCATENATE(A2,A10,"等级考试")】,则结果为“未来教育计算机等级考试”,如图3-189所示。

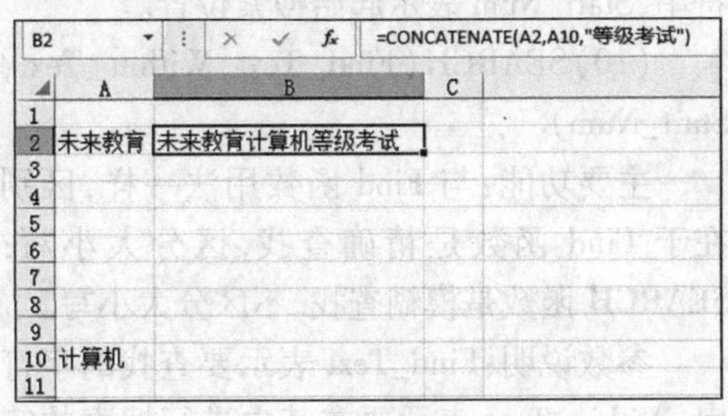

图3-189 使用文本合并函数

提示

文本连接符“&”与函数CONCATENATE的功能基本相同,例如将公式=CONCATENATE(A2,A10,"等级考试")可以改为=CONCATENATE(A2&A10&"等级考试")也能达到相同的目的。

(2)截取字符串函数MID(Text,Start_Num,Num_Chars)

主要功能:从文本字符串的指定位置开始,截取指定数目的字符。

参数说明:Text为必需参数,表示要截取字符的文本字符串;Start_Num为必需参数,表示指定的起始位置;Num_Chars为必需参数,表示要截取的字符个数。

应用举例:在B2单元格中有文本“未来教育计算机等级考试”,在B1单元格中输入公式【=MID(B2,8,4)】,表示从单元格B2中的文本字符串中的第8格字符开始截取4个字符,结果为“等级考试”,如图3-190所示。

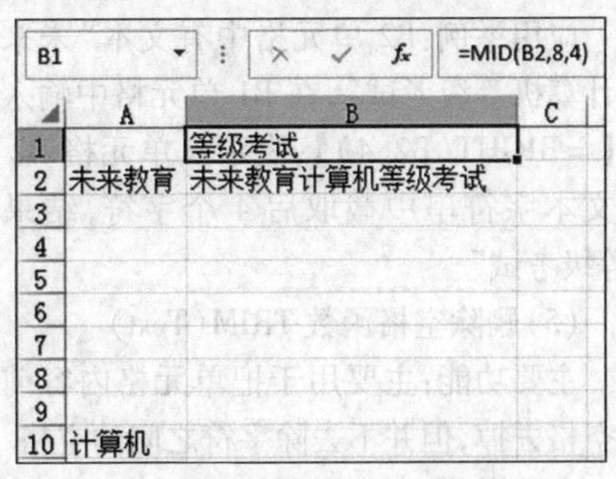

图3-190 使用截取字符串函数

提示

截取字符串函数MID与文本合并函数CONCATENATE经常联合使用,表示先使用MID截取字符,再使用CONCATENATE将所截取字符与原有文本连接起来。

(3)左侧截取字符串函数LEFT(Text,[Num_Chars])

主要功能:从文本字符串的最左边(即第一个字符)开始,截取指定数目的字符。

参数说明:Text为必需参数,代表要截取字符的文本字符串;

Num_Chars为可选参数,表示要截取的字符个数,必须大于或等于0,如果省略,默认值为1。

应用举例:B2单元格中有文本“未来教育计算机等级考试”,在B1单元格中输入公式【=LEFT(B2,4)】,表示从单元格B2中的文本字符串中截取前四个字符,结果为“未来教育”。

(4)右侧截取字符串函数RIGHT(Text,[Num_Chars])

主要功能:从一个文本字符串的最右边(即最后一个字符)开始,截取指定数目的字符。

参数说明:Text为必需参数,代表要截取字符的文本字符串。

Num_Chars为可选参数,表示要截取的字符个数,必须大于或等于0,如果省略,默认值为1。

应用举例：B2 单元格中有文本“未来教育计算机等级考试”，在 B1 单元格中输入公式【 = RIGHT(B2,4)】，表示从单元格 B2 中的文本字符串中截取后 4 个字符，结果为“等级考试”。

(5)删除空格函数 TRIM(Text)

主要功能：主要用于把单元格内容前后的空格去掉，但并不去除字符之间的空格

参数说明：Text 表示需要删除空格的文本或区域。

应用举例：= TRIM(" 计 算 机 ")表示删除中文文本的前导空格、尾部空格。

(6)字符个数函数 LEN(Text)

主要功能：测量字符串长度，其中标点、空格、英文字母、汉字都作为一个字符计算。

参数说明：Text 表示要统计其长度的文本，空格也将作为字符进行计数。

应用举例：如果在 A2 单元格中有文本“计算机”，则在 C2 单元格中输入公式【 = LEN(A2)】，表示统计 A2 单元格中的字符串长度，结果为 3。

(7)字符个数函数 LENB(Text)

主要功能：测量字符串长度，其中汉字作为两个字符计算，标点、空格、英文字母作为一个字符计算。

参数说明：Text 表示需要计算字符数的文本。

应用举例：如果 A1 中内容是“文本函数 Abcd”，则 LEN(A1)返回 8，LENB(A1)返回 12。

(8) REPLACE(Old_Text, Start_Num, Num_Chars, New_Text)

主要功能：替换字符串中指定内容，可用于屏蔽或隐藏字符，例如隐藏手机号后四位，目前只在选择题中考过。

参数说明：Old_Text 表示要进行字符替换的文本，Start_Num 表示开始替换位置，Num_Chars 表示替换个数，New_Text 表示替换后的字符。

应用举例：C2 单元格中有电话号码，将后 4 位数字替换为星号“ * ”，公式为 = REPLACE(C2,8,4," * * * * ")。

(9) FIND(Find_Text, Within_Text, Start_Num)

主要功能：寻找某一个字符串在另一个字符串中出现的起始位置(区分大小写)。

参数说明：Find_Text 表示要查找的字符串，Within_Text 表示要在其中进行搜索的字符串，Start_Num 表示起始搜索位置。

(10) SEARCH(Find_Text, Within_Text, Start_Num)

主要功能：与 Find 函数用法一样，区别在于 Find 函数是精确查找，区分大小写；SEARCH 函数是模糊查找，不区分大小写。

参数说明：Find_Text 表示要查找的字符串，Within_Text 表示要在其中进行搜索的字符串，Start_Num 表示起始搜索位置。

(11) CLEAN(Text)

主要功能：删除文本中所有不可见字符(不可打印字符)。

参数说明：Text 表示任何想要从中删除非打印字符的工作表信息。

(12) TEXT(Value, Format_Text)

主要功能：根据指定的数值格式将数字转成文本。

参数说明：第 1 个参数 Value 表示数值，第 2 个参数 Format_Text 是格式代码，如“@”。

3.3.5 公式与函数的常见问题

在输入公式或函数的过程中，当输入有误时，单元格中常常会出现各种不同的错误提示。对这些提示的含义有所了解，有助于更好地发现并修正公式或函数中的错误。

如果公式引用了自己所在的单元格，则无论是直接引用还是间接引用，该公式都会创建循环引用。循环引用可以无限次迭代，

迭代即重复计算工作表直到满足特定数值条件，默认情况下，Excel 会关闭迭代计算。如果发生循环引用，系统就会报错，可以通过删除循环引用或启用迭代计算来处理循环引用。

1 公式中的循环引用

（1）定位并更正循环引用

编辑公式时，若显示有关创建循环引用的错误消息，则很可能是无意中创建了一个循环引用，状态栏中会显示循环引用的相关信息。在这种情况下，可以找到、更正或删除这个错误的引用，具体的操作步骤如下。

步骤1 在【公式】选项卡的【公式审核】组中，单击【错误检查】按钮  错误检查 右侧的下拉按钮，在弹出的下拉列表中选择【循环引用】命令，在弹出的级联列表中显示了当前工作表中所有发生循环引用的单元格位置。

步骤2 在【循环引用】级联列表中单击某个发生循环引用的单元格，就可以定位该单元格，检查其发生错误的原因并进行更正。

步骤3 继续检查并更正循环引用，直到状态栏中不再显示“循环引用”一词。

（2）更改 Excel 迭代公式的次数，使循环引用起作用

若启用了迭代计算，但没有更改最大迭代或最大误差的值，则 Excel 会在 100 次迭代后，或者在循环引用中的所有值在两次相邻迭代之间的差异小于 0.001 时（以先发生的为准）停止计算。可以通过以下步骤设置最大迭代值和可接受的差异值。

步骤1 在发生循环引用的工作表中，选择【文件】选项卡中的【选项】命令，在弹出的【Excel 选项】对话中单击【公式】选项卡。

步骤2 在【计算选项】选项组中，选中【启用迭代计算】复选框，在【最多迭代次数】微调框中输入重新进行计算的最大迭代次数。

步骤3 在【最大误差】文本框中输入两次计算结果之间可以接受的最大差异值。

请注意

在【最多迭代次数】微调框中，迭代次数越高，Excel 计算所需的时间越长；在【最大误差】文本框中，数值越小，计算结果越精确，Excel 计算所需的时间就越长。

2 Excel 中常见的错误值

公式一般由用户自定义，自定义时难免会出现错误。当输入的公式不能进行正确的计算时，将在单元格中显示一个错误值，如“#Div/0!”、“Null!”和“#Num!”等，产生错误的原因不同，显示的错误值也不同。

（1）#####

错误原因：①输入单元格中的数值太长或公式产生的结果太长，单元格容纳不下。

解决方法：适当增加列宽度。

②单元格包含负的日期或时间值。例如，用过去的日期减去将来的日期，将得到负的日期。

解决方法：确保日期和时间为正值。

（2）#Div/0!

错误原因：①在公式中，除数使用了指向空单元格或包含零值单元格的单元格引用（在 Excel 中如果运算对象是空白单元格，Excel 将此空值当作零值）。

解决方法：修改单元格引用，或者在用作除数的单元格中输入不为零的值。

②输入的公式中包含明显的除数零，例如，公式 =1/0。

解决方法：将零改为非零值。

（3）#N/A

错误原因：函数或公式中没有可用的数值。

解决方法：如果工作表中某些单元格暂时没有数值，请在这些单元格中输入【#N/A】，公式在引用这些单元格时，将不进行数值计算，而是返回#N/A。

（4）#Name?

错误原因：在公式中使用了 Excel 无法

识别的文本。例如，区域名称或函数名称拼写错误，或者删除了某个公式引用的名称。

解决方法：确定使用的名称确实存在。如果所需的名称没有被列出，添加相应的名称。如果名称存在拼写错误，修改拼写错误。

(5)#Null!

错误原因：试图为两个并不相交的区域指定交叉点，将显示此错误。

解决方法：如果要引用两个不相交的区域，使用联合运算符(英文逗号)。

(6)#Num!

错误原因：公式或函数包含无效数值。

解决方法：检查数字是否超出限定区域，确认函数中使用的参数类型是否正确。

(7)#Ref!

错误原因：单元格引用无效。例如，如果删除了某个公式所引用的单元格，该公式将返回#Ref!错误。

解决方法：更改公式。在删除或粘贴单元格之后，立即单击撤销按钮以回复工作表中的单元格。

(8)#Value!

错误原因：公式所包含的单元格有不同的数据类型。例如，如果单元格 A1 包含一个数字，单元格 A2 包含文本，则公式 = A1 + A2 将返回错误值#Value!。

解决方法：确认公式或函数所需的参数或运算符正确，并且确认公式引用的单元格所包含均为有效的数值。

请注意

在单元格中输入公式后，Excel 将自动对其进行检测，如果存在错误，将返回错误值，并在单元格左侧显示一个黄色的图标，单击该图标可在弹出的下拉列表中查看错误的原因或帮助信息。

3 审核和更改公式中的错误

(1)打开或关闭错误检查规则

执行【文件】|【选项】命令，弹出【Excel 选项】对话框。在【公式】选项卡的【错误检查规则】选项组中，按照需要选中或取消选中某一检查规则的复选框，然后单击【确定】按钮，如图 3-191 所示。

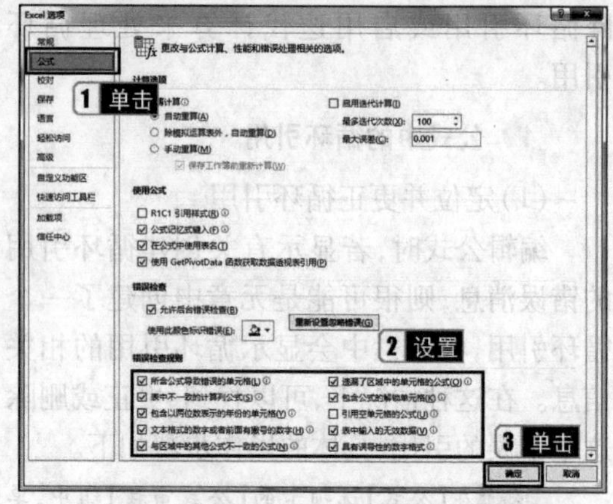

图 3-191 错误检查规则

(2)检查并依次更正常见公式错误

步骤1 选中要检查错误公式的工作表。

步骤2 在【公式】选项卡的【公式审核】组中单击【错误检查】按钮，自动启动对工作表中的公式和函数进行检查。

步骤3 当找到可能的错误时，将会打开图3-192所示的【错误检查】对话框。

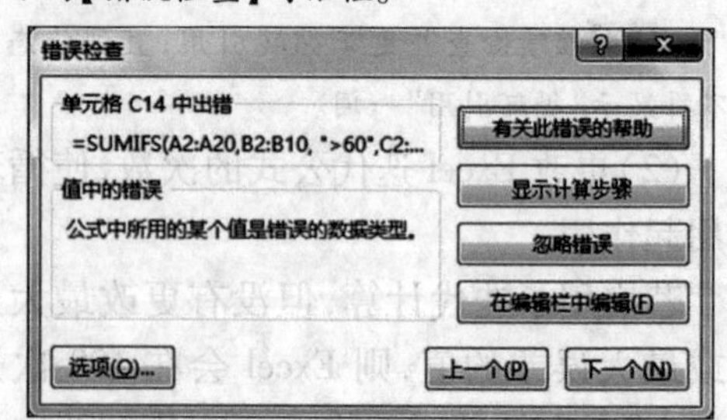

图 3-192 【错误检查】对话框

步骤4 根据需要，单击对话框右侧的按钮进行操作。

> **提示**
>
> 可选的操作会因为每种错误类型不同而有所不同。如果单击【忽略错误】，将标记此错误，后面的每次检查都会忽略它。

步骤5 单击【下一个】按钮，直至完成整个工作表的错误检查，在最后出现的对话框中单击【确定】按钮结束检查。

(3)通过【监视窗口】监视公式及其结果

当工作表比较大，某些单元格在工作表

上不可见时,也可以使用【监视窗口】监视公式及其结果,具体的操作步骤如下。

步骤1 在工作表中选择需要监视的公式所在的单元格。

步骤2 在【公式】|【公式审核】组中单击【监视窗口】按钮 ,打开【监视窗口】任务窗格。

步骤3 单击【添加监视】按钮,打开【添加监视点】对话框,其中显示已选中的单元格,也可以重新选择监视单元格,设置好之后单击【添加】按钮,如图3-193所示。

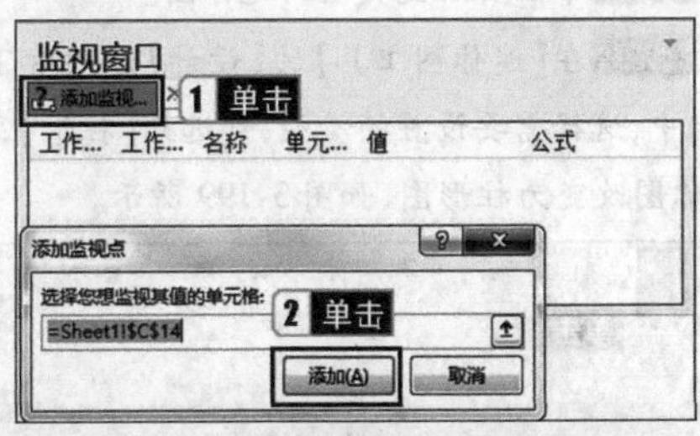

图3-193 【监视窗口】任务窗格

步骤4 重复步骤3,可继续添加其他单元格中的公式作为监视点。

步骤5 在【监视窗口】任务窗格中的监视条目上双击,即可定位监视的公式。

步骤6 如果需要删除监视条目,选择监视条目,单击【删除监视】按钮,即可将其删除。

3.4 在Excel中创建图表

图表是Excel的重要组成部分。根据工作表中的数据,可以创建直观的图表。Excel提供了多种图表类型,用户可以选择恰当的方式表达数据信息,也可以自定义图表,设置图表各部分的格式。

3.4.1 创建及编辑迷你图

名师讲解

与Excel工作表的其他图表不同,迷你图是嵌入在单元格中的一种微型图表。运用迷你图查看用户数据更加直观,用户可以对迷你图进行自定义设置,创建迷你图后还可以根据需要调整迷你图的颜色等。

1 迷你图的特点及作用

- 可将迷你图作为背景在单元格内输入文本信息。
- 占用空间少,可以更加清晰、直观地表达数据的趋势。
- 可以根据数据的变化而变化。如果要创建多个迷你图,可选择多个单元格对应的数据。
- 可在迷你图的单元格内使用填充柄,方便以后为添加的数据创建迷你图。
- 打印迷你图表时,迷你图将会同时被打印。

2 创建迷你图

下面介绍如何利用Excel 2016创建迷你图,以素材文件【利润表.xlsx】为例,具体的操作步骤如下。

步骤1 打开素材文件夹中的【第3章】|【利润表.xlsx】文件。

步骤2 单击要插入迷你图的单元格,此处选择I4单元格。

步骤3 在【插入】选项卡的【迷你图】组中,选择迷你图的类型,可以选择的类型包括【折线】【柱形】和【盈亏】,此处单击【折线】按钮,如图3-194所示。

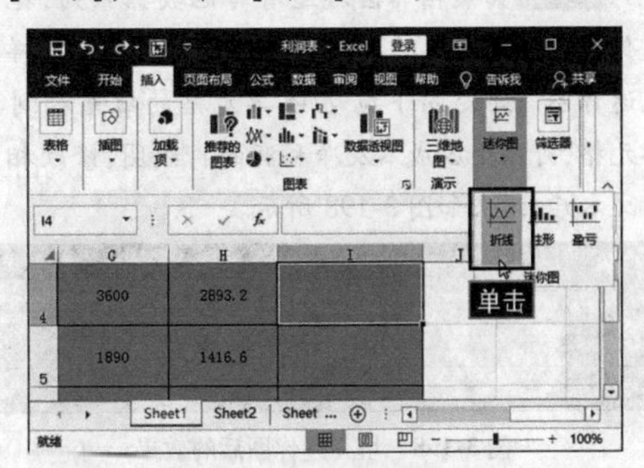

图3-194 单击【折线】按钮

步骤4 打开【创建迷你图】对话框,在【数据范围】文本框中输入包含迷你图所基于的数据单元格区域，此处选择单元格区域 C4: H4；【位置范围】文本框中已经指定了迷你图的放置位置，即之前选定的 I4 单元格，单击【确定】按钮，如图 3-195 所示。

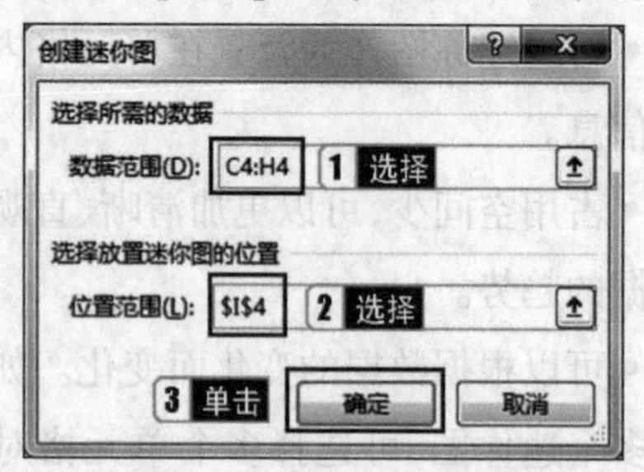

图 3-195　【创建迷你图】对话框

步骤5 可以看到迷你图已经插入指定的单元格中，如图 3-196 所示。

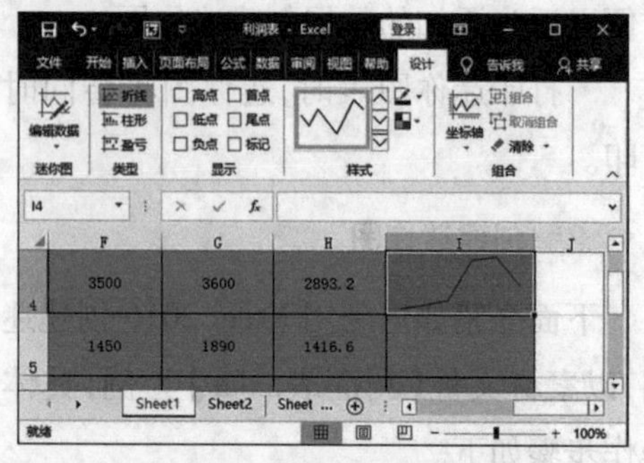

图 3-196　添加迷你图后的效果

步骤6 由于迷你图是以背景方式插入单元格中的，因此可以在含有迷你图的单元格中输入文本，此处在 I4 单元格中输入【收入趋势图】，将其居中显示，并可设置字体、字号和颜色等格式，如图 3-197 所示。

项目	2018年	2019年	2020年	2021年	2022年	年平均	迷你图趋势
收入（万元）	2350	2456	2560	3500	3600	2893.2	收入趋势图

图 3-197　添加文本后的效果

步骤7 如果相邻区域还有其他数据系列，拖动迷你图所在单元格的填充柄可以像复制公式一样填充迷你图。此处向下拖动 I4 单元格的填充柄到 I6 单元格，可以生成成本及净利润的折线图，修改相应的文本后，结果如图 3-198 所示。

项目	2018年	2019年	2020年	2021年	2022年	年平均	迷你图趋势
收入（万元）	2350	2456	2560	3500	3600	2893.2	收入趋势图
成本（万元）	1200	1256	1287	1450	1890	1416.6	成本趋势图
净利润（万元）	520	485	759	841	789	678.8	净利润趋势图

图 3-198　填充迷你图后的效果

3 取消迷你图组合

以拖动填充柄的方式生成的迷你图，在默认情况下会自动组合成一个图组。对图组中的任何一个迷你图做出格式修改，其他的迷你图都会同时发生变化。要取消图组，选择其中任意一个单元格，在【迷你图工具】的【设计】选项卡下【组合】组中，单击【取消组合】按钮即可。

4 改变迷你图的类型

改变迷你图类型的操作方法如下。

步骤1 单击要改变类型的迷你图。

步骤2 在【迷你图工具】的【设计】选项卡下【类型】组中，选择需要设置的类型，如选择【柱形】，即可将迷你图改变为柱形图，如图 3-199 所示。

中天公司各年利润统计表

项目	2018年	2019年	2020年	2021年	2022年	年平均	迷你图趋势
收入（万元）	2350	2456	2560	3500	3600	2893.2	收入趋势图
成本（万元）	1200	1256	1287	1450	1890	1416.6	成本趋势图
净利润（万元）	520	485	759	841	789	678.8	净利润趋势图

图 3-199　改变迷你图类型

5 突出显示数据点

迷你图的另一个优点是可以突出显示迷你图中的各个数据标记，具体的操作步骤如下。

步骤1 选择要突出显示数据点的迷你图。

步骤2 在【迷你图工具】|【设计】选项卡中的【显示】组，可以进行下列设置。

- 【标记】复选框：显示所有数据标记。
- 【负点】复选框：显示负值。
- 【高点】或【低点】复选框：显示最高值或最低值。
- 【首点】或【尾点】复选框：显示第一个值或最后一个值。

步骤3 取消选中复选框可以隐藏相应的标记。

6 迷你图样式和颜色设置

设置迷你图样式和颜色的具体操作步骤

如下。

步骤1 选择要设置格式的迷你图。

步骤2 在【迷你图工具】|【设计】选项卡的【样式】组中，根据需要单击要应用的样式。

步骤3 在【样式】组中单击【迷你图颜色】按钮，可以设置线条颜色以及线条粗细等；还可以在【样式】组中单击【标记颜色】按钮，更改标记值的颜色。

7 处理隐藏和空单元格

当迷你图所引用的数据中含有空单元格或被隐藏的数据时，可以设置隐藏或清空单元格，具体的操作步骤如下。

步骤1 选择需要处理的迷你图。

步骤2 在【迷你图工具】|【设计】选项卡的【迷你图】组中，单击【编辑数据】按钮下方的下拉按钮，在弹出的下拉列表中选择【隐藏和清空单元格】命令，在弹出的【隐藏和空单元格设置】对话框中进行相应设置，如图 3-200 所示。

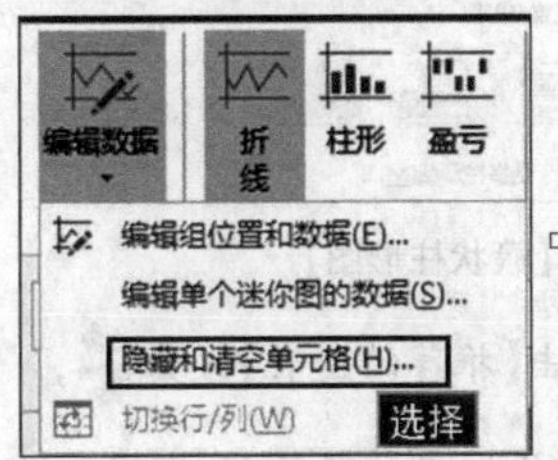

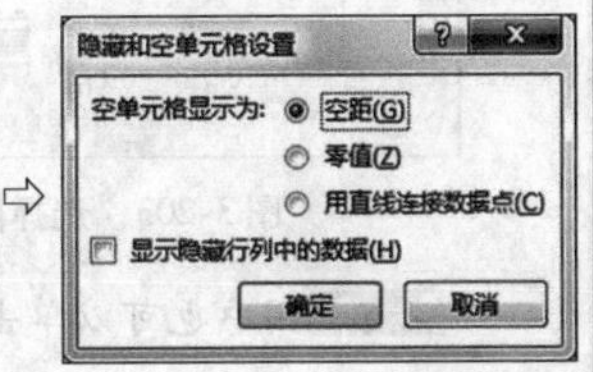

图 3-200 隐藏和空单元格设置

8 清除迷你图

选定要清除的迷你图，在【迷你图工具】|【设计】选项卡的【组合】组中单击【清除】按钮即可。

3.4.2 创建图表

1 图表的类型

Excel 2016 提供了 15 种标准的图表类型，数十种子图表类型和多种自定义图表类型，比较常用的图表类型包括柱形图、条形图、折线图、饼图等，如图 3-201 所示。

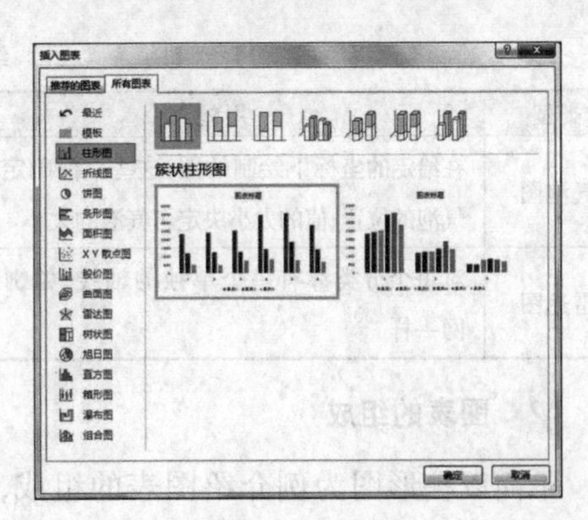

图 3-201 图表分类

常用的图表及其功能如表 3-8 所示。

表 3-8 Excel 的图表类型

类型	用处
柱形图	用于显示一段时间内的数据变化或显示各项之间的比较情况。一般情况下，横坐标表示类型，纵坐标表示数值
折线图	显示在相等时间间隔下数据的连续性和变化趋势。一般情况下，水平轴表示类别，垂直轴表示所有的数值
饼图	显示一个数据系列中各项数值的大小及占总和的比例。饼图中的数据点显示了整个饼图的百分比
条形图	适合于数据之间的比较，条形图纵横坐标与柱形图的正好相反
面积图	适合于表示数据的大小，面积越大，值越大
XY 散点图	显示若干数据系列中各数值之间的关系，或者将两组数字绘制为 X、Y 坐标的一个系列
股价图	用来显示股价的波动，也可用于其他科学数据
曲面图	曲面图可以找到两组数据之间的最佳组合。当类别和数据系列都是数值时，可以使用曲面图
圆环图	像饼图一样，显示各个部分与整体之间的关系，可以包含多个数据系列

续表

类型	用处
气泡图	在给定的坐标下绘制的图,这些坐标确定了气泡的位置,值的大小决定了气泡的大小
雷达图	对每个分类都有一个单独的轴线,如蜘蛛网一样

2 图表的组成

下面以柱形图为例介绍图表的组成,如图 3-202 所示。

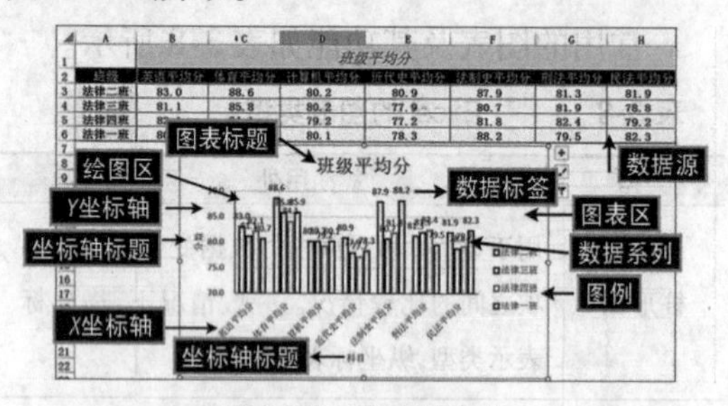

图 3-202　图表的组成

各项功能如表 3-9 所示。

表 3-9　　图表组成及功能

名称	功能
图表标题	对整个图表的说明性文本,可以自动在图表顶部居中
坐标轴标题	对坐标轴的说明性文本,可以自动与坐标轴对齐
X 坐标轴	代表水平方向的时间或种类
Y 坐标轴	代表垂直方向数值的大小
图表区	包含整个图表及其全部元素
数据标签	显示数据系列的名称或值
绘图区	以坐标轴为界的区域
图例	各数据系列指定的颜色或图案
数据系列	在图表中绘制的相关数据,用同种颜色或图案表示
数据源	生成图表的原始数据表

3 使用功能区创建图表

下面以素材文件夹中的【班级平均分.xlsx】文件为例,讲解如何使用功能区创建图表,具体的操作步骤如下。

步骤1 打开素材文件夹中的【第 3 章】|【班级平均分. xlsx】文件。

提示

对于创建图表所需要的数据,应按照行或列的形式进行组织排列,并在数据的左侧和上方设置相应标题,标题最好是以文本的形式出现。

步骤2 选择数据区域中的任意一个单元格,在【插入】选项卡的【图表】组中选择一种图表类型,然后在其下拉列表中选择该图表类型的子类型,此处选择【柱形图】中的【簇状柱形图】,如图 3-203 所示,即可将图表插入表中。

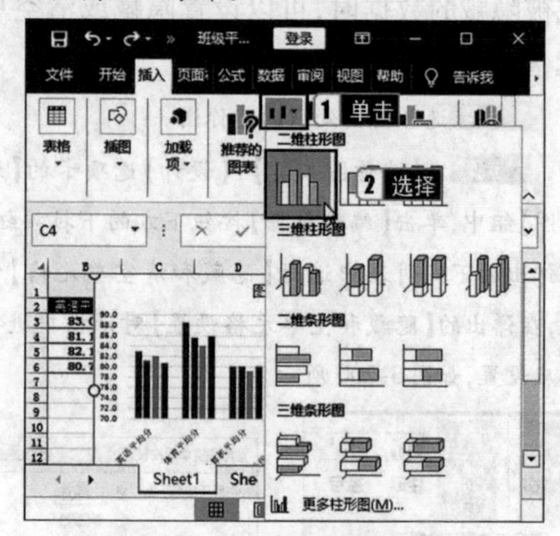

图 3-203　选择【簇状柱形图】

步骤3 用户也可以单击【推荐的图表】按钮,或者在【图表】组中单击对话框启动器按钮,即可打开图 3-204 所示的【插入图表】对话框,可以从【推荐的图表】或者【所有图表】中选择一种合适的图表类型,单击【确定】按钮,即可将图表插入表中。

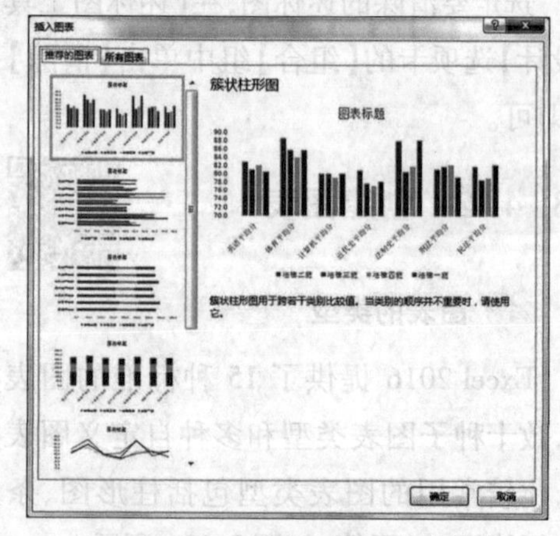

图 3-204　选择图表的类型

步骤4 移动图表位置：将鼠标指针移动到图表的空白位置，当鼠标指针形状变为✥时，按住鼠标左键拖动到合适的位置即可。

步骤5 改变图表大小：选择图表，将鼠标指针移动到图表外边框上的四边或四个角的控制点位置，当鼠标指针形状变为⇕或⤢时，按住鼠标左键拖动调整到合适的大小。

4 使用快捷键创建图表

使用快捷键快速创建图表的具体操作步骤如下。

步骤1 选择数据区域中的任意一个单元格。

步骤2 按【F11】键，即可创建默认图表，如图3-205所示。

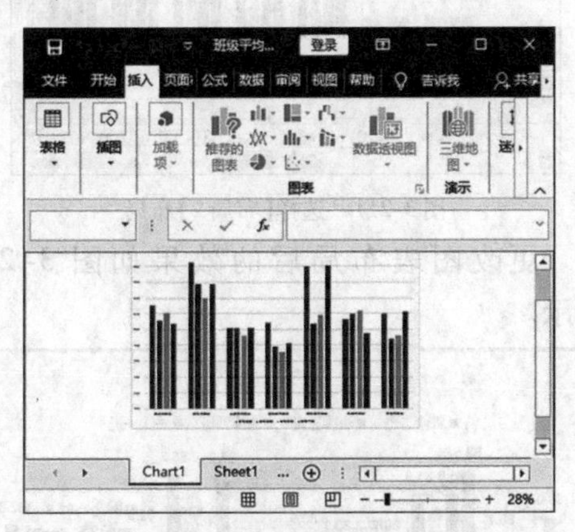

图3-205　使用快捷键创建图表

提示

使用功能区创建图表时，可以选择图表类型；使用快捷键快速创建图表的类型为默认的图表类型，并且会生成一个新的工作表【Chart1】，图表将会占据整个新工作表。

3.4.3 编辑图表

名师讲解

1 修改图表

在创建图表后，用户可以根据需要对图表进行适当的修改。例如，移动位置或修改图表的组成元素等，以达到令人满意的效果。

修改图表元素的具体操作步骤如下。

步骤1 选择要进行修改的图表区域。

步骤2 在功能区中选择【图表工具】的【格式】选项卡，在【当前所选内容】组中单击【图表元素】下拉按钮，在弹出的下拉列表中选择要修改的图表元素，以便对其进行格式设置，如图3-206所示。

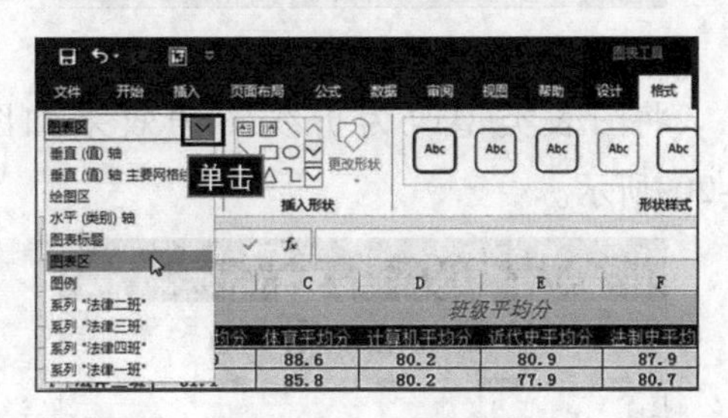

图3-206　修改图表

2 更改图表类型

Excel包括很多类型的图表，图表类型之间可以互相转换。更改图表类型的操作步骤如下。

步骤1 选择需要更改类型的图表。在【图表工具】的【设计】选项卡中单击【类型】组中的【更改图表类型】按钮，如图3-207所示。

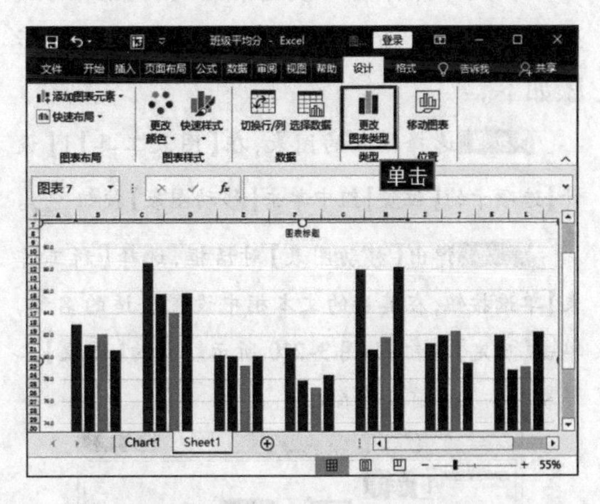

图3-207　单击【更改图表类型】按钮

步骤2 在弹出的【更改图表类型】对话框中选择【折线图】选项卡，在对话框右侧选择一种折线图类型，单击【确定】按钮，如图3-208所示。

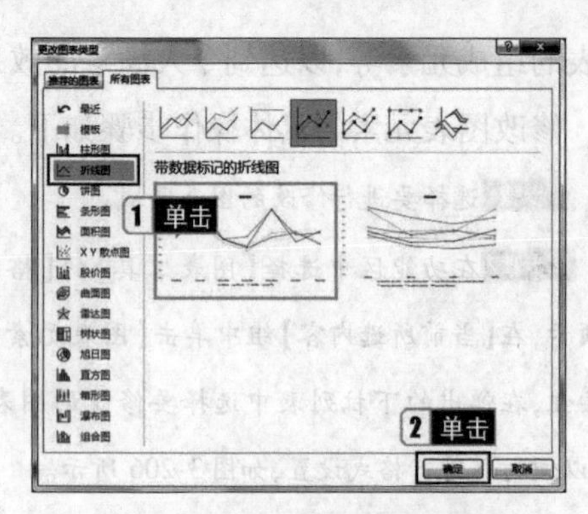

图 3-208 【更改图表类型】对话框

将图表类型改为折线图的效果如图3-209所示。

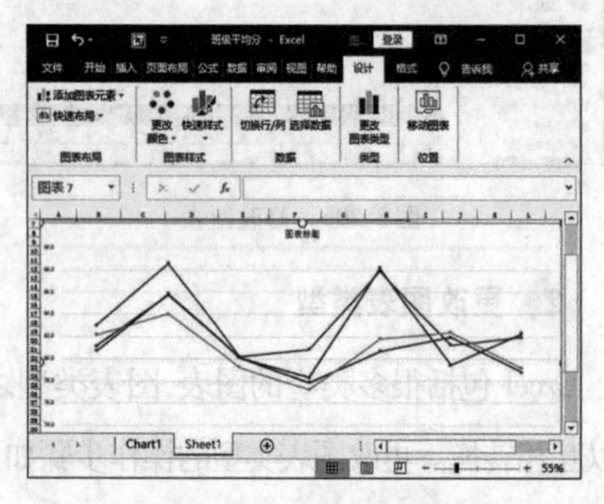

图 3-209 更改图表类型后的效果

3 将图表移动到新的工作表中

在具体操作的时候经常需要将插入的图表移动到一个新的工作表中，具体的操作步骤如下。

步骤1 选择插入的图表，在【图表工具】|【设计】选项卡的【位置】组中单击【移动图表】按钮。

步骤2 弹出【移动图表】对话框，选择【新工作表】单选按钮，在其后的文本框中设置合适的名称，单击【确定】按钮，如图3-210所示。新的【图表】工作表会插入当前工作表之前。

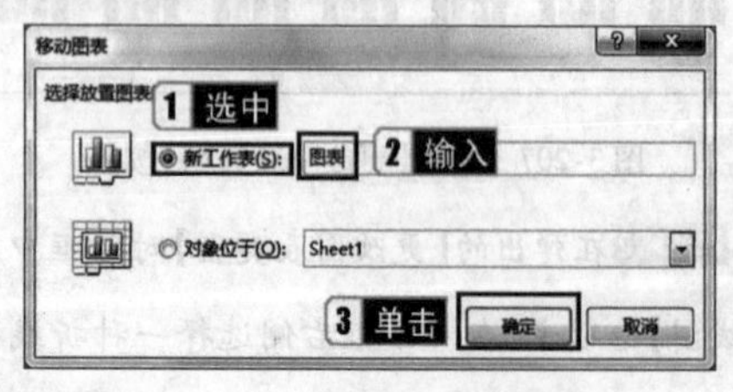

图 3-210 【移动图表】对话框

4 更改图表布局

对于已经创建的图表，用户还可以根据需要更改图表的布局，具体的操作步骤如下。

步骤1 选择要更改布局的图表。

步骤2 在【图表工具】的【设计】选项卡中单击【图表布局】组中的【快速布局】按钮，在弹出的下拉列表中选择所需的图表布局，如选择【布局2】布局，如图3-211所示。

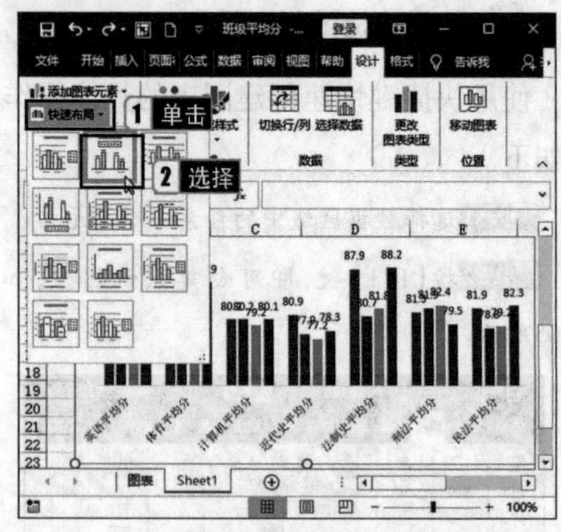

图 3-211 选择【布局2】布局

更改图表布局后的效果如图3-212所示。

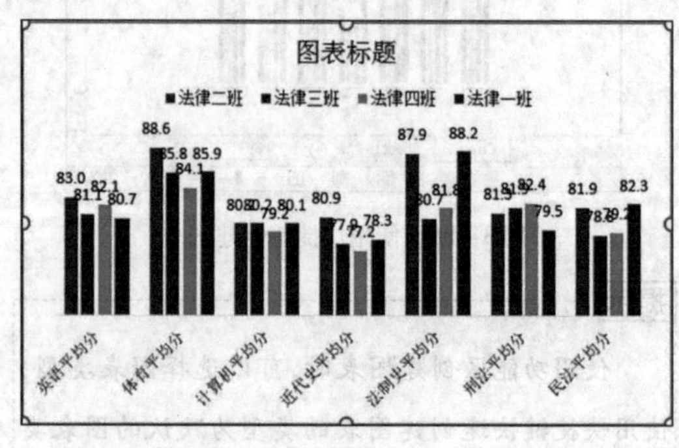

图 3-212 更改图表布局后的效果

5 更改图表样式

用户还可对图形样式进行更改，具体的操作步骤如下。

步骤1 选择要更改样式的图表。

步骤2 在【图表工具】的【设计】选项卡中单击【图表样式】组中的【快速样式】按钮，在弹出的下拉列表中选择所需的图表样式，如选择【样式10】，如图3-213所示。

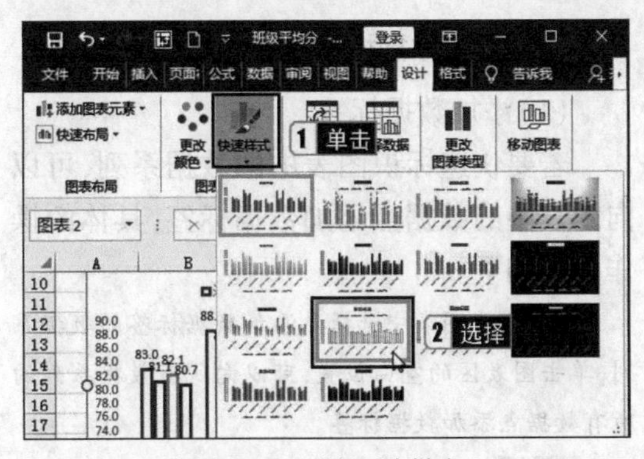

图 3-213 选择图表样式

操作完成后即可更改图表的样式，效果如图 3-214 所示。

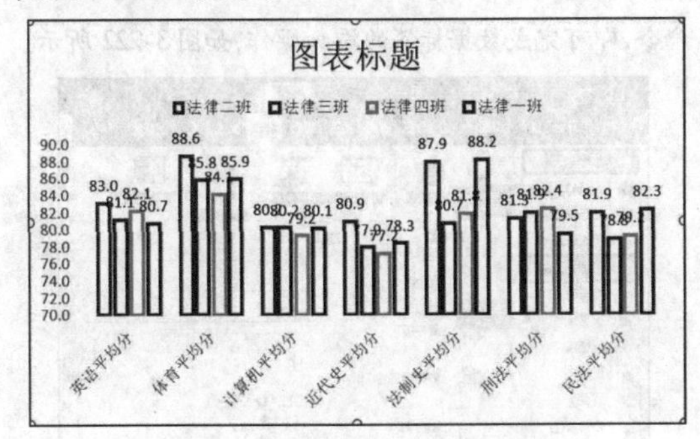

图 3-214 更改图表样式后的效果

6 编辑图表标题和坐标轴标题

利用【图表工具】的【设计】选项卡，可以为图表添加图表标题和坐标轴标题，具体的操作步骤如下。

步骤1 将光标定位至图表标题中，选择该标题中的文本，如图 3-215 所示。

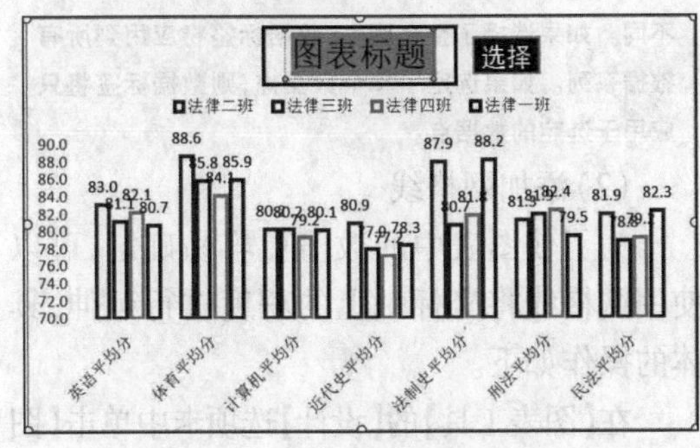

图 3-215 选择图表标题中的文本

步骤2 输入需要的文字，如"班级平均分"，即可更改图表的标题，效果如图 3-216 所示。

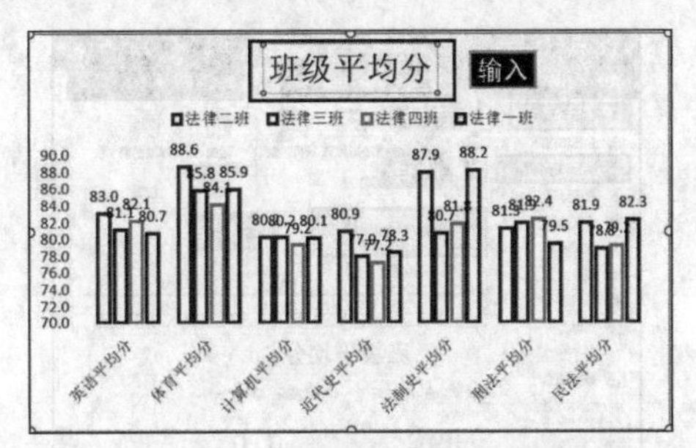

图 3-216 更改图表标题后的效果

步骤3 在【图表工具】的【设计】选项卡中单击【图表布局】组中的【添加图表元素】按钮，在弹出的下拉列表中选择【图表标题】，在级联列表中可以选择【图表上方】或【居中覆盖】命令，指定标题位置，如图 3-217 所示。

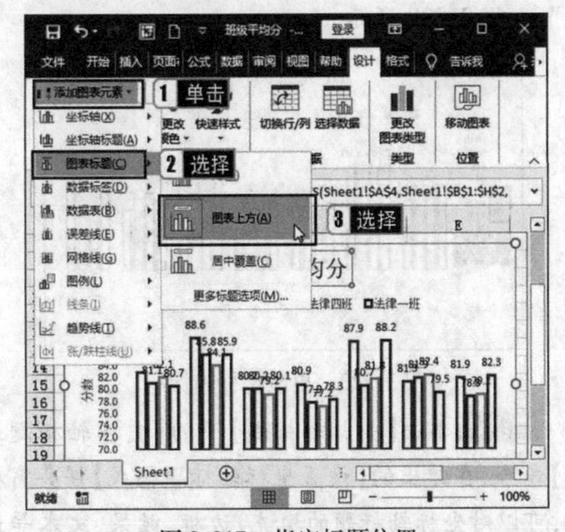

图 3-217 指定标题位置

步骤4 如果要将标题链接到工作表单元格，首先选中图表标题，在工作表上的编辑栏中单击鼠标，输入等号"="；然后选择需要作为图表标题的单元格，如图 3-218 所示，按【Enter】键确认。此时，更改单元格的内容，图表中的标题将会同步更新。

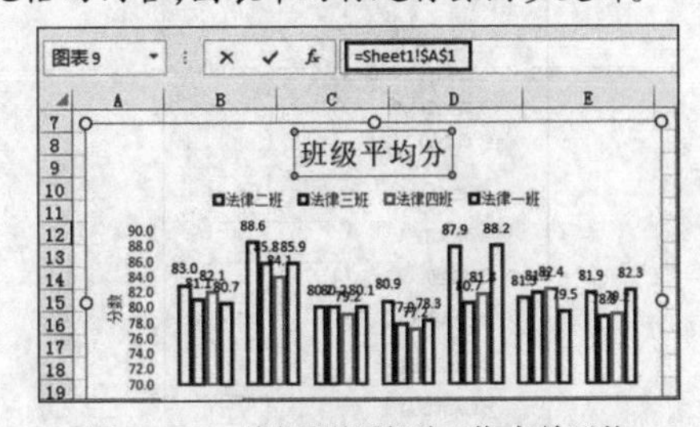

图 3-218 将标题链接到工作表单元格

步骤5 在【图表工具】的【设计】选项卡中单击【图表布局】组中的【添加图表元素】按钮，在弹出的下拉列表中选择【坐标轴标题】下的【主要纵坐标轴】命令，如图 3-219 所示。

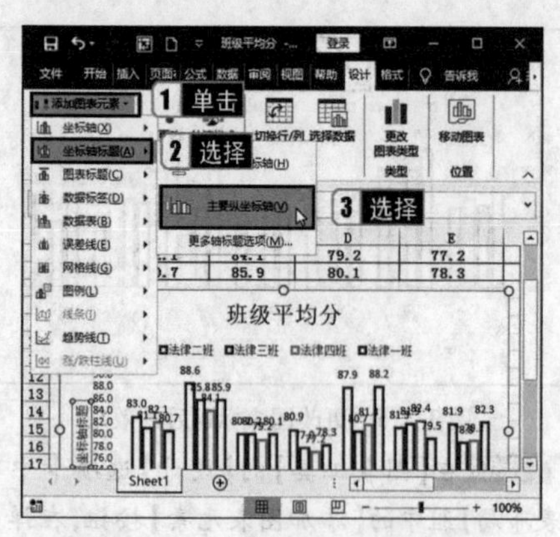
图 3-219　选择【主要纵坐标轴】命令

步骤6 此时会添加一个坐标轴标题文本框，显示在图表左侧，选择该标题，输入需要的文字，如“分数”，如图 3-220 所示。

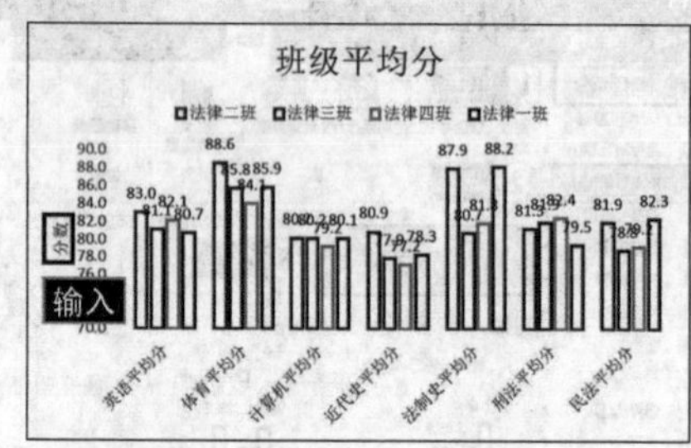
图 3-220　更改坐标轴标题

步骤7 单击【坐标轴标题】下的【更多轴标题选项】命令，在弹出的【设置坐标轴标题格式】任务窗格中，可以对坐标轴标题的填充、边框、效果、文本等进行更多的设置，如图 3-221 所示。

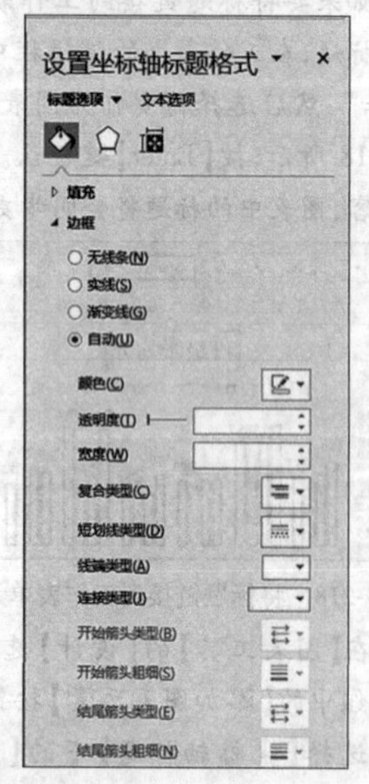
图 3-221　【设置坐标轴标题格式】任务窗格

7 添加数据标签和网格线

(1)添加数据标签

若要快速标识图表中的数据系列，可以向图表中的数据点添加数据标签，具体的操作步骤如下。

步骤1 在图表中选择要添加数据标签的数据系列，单击图表区的空白位置，可以向所有数据系列的所有数据点添加数据标签。

步骤2 在【图表工具】的【设计】选项卡中单击【图表布局】组中的【添加图表元素】按钮，在弹出的下拉列表中选择【数据标签】命令，在级联列表中选择相应的命令，即可完成数据标签的添加操作，如图 3-222 所示。

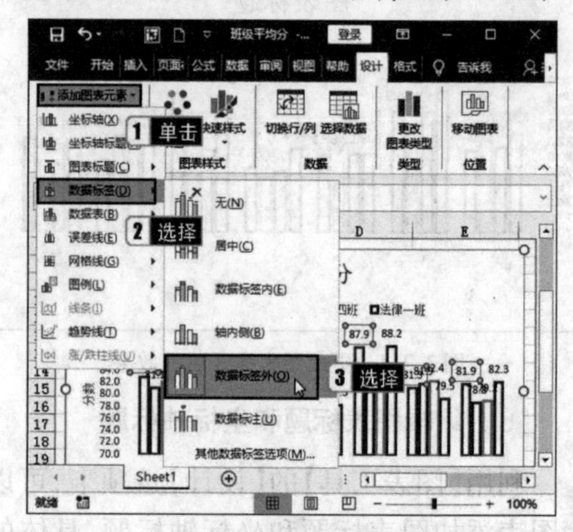
图 3-222　添加数据标签

请注意

选择的图表元素不同，数据标签的添加范围也会不同。如果选择了整个图表，数据标签将应用到所有数据系列。如果选定了单个数据点，则数据标签将只应用于选定的数据点。

(2)添加网格线

为了使图表中的数值更容易确定，可以使用网格线将坐标轴上的刻度进行延伸，具体的操作如下。

在【图表工具】的【设计】选项卡中单击【图表布局】组中的【添加图表元素】按钮，在弹出的下拉列表中选择【网格线】命令，在级联列表中选择相应的命令，如【主轴主要水平网格线】和【主轴主要垂直网格线】，如图 3-223 所示。

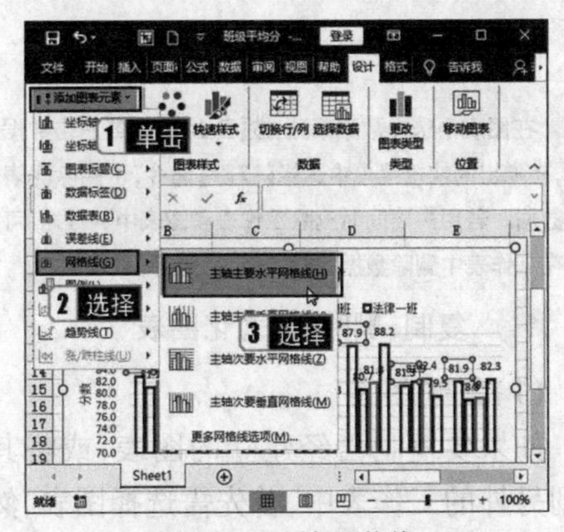

图 3-223 添加网格线

添加网格线后的效果如图 3-224 所示。

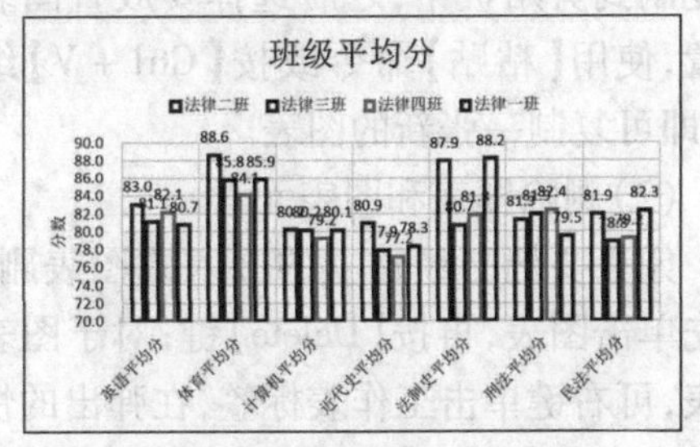

图 3-224 添加网格线后的效果

8 设置坐标轴

在创建图表时，一般会为大多数图表类型显示主要的横坐标轴和主要纵坐标轴，并且可以根据需要对坐标轴的格式进行设置，调整坐标轴刻度间隔等，具体的操作步骤如下。

步骤1 在【图表工具】的【设计】选项卡中单击【图表布局】组中的【添加图表元素】按钮，在弹出的下拉列表中选择【坐标轴】命令，在级联列表中选择【更多轴选项】，如图 3-225 所示。

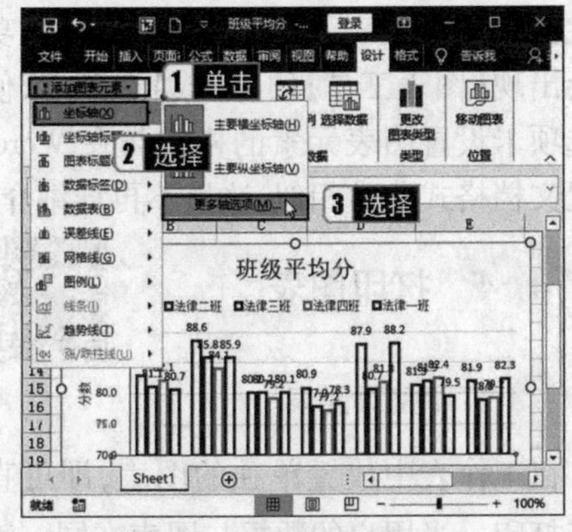

图 3-225 选择【更多轴选项】

步骤2 打开【设置坐标轴格式】任务窗格，在该任务窗格中可以对坐标轴上的刻度线类型及间隔、标签位置及间隔、坐标轴的颜色及粗细等格式进行详细的设置，如图 3-226 所示。

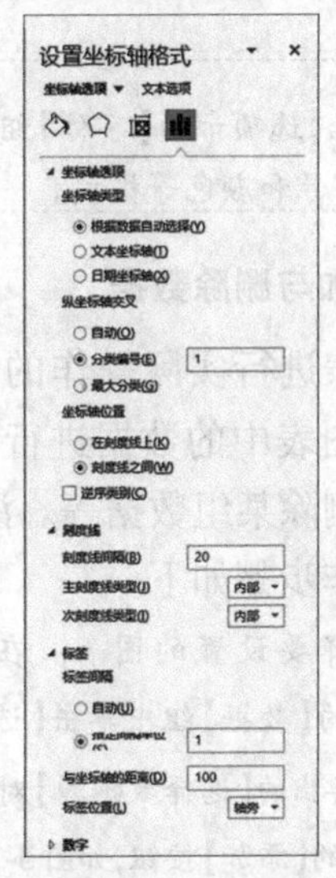

图 3-226 【设置坐标轴格式】任务窗格

选择横坐标轴和纵坐标轴，所对应【坐标轴选项】内容不同。

9 设置图例

Excel 图表中的图例是可编辑的，用户可以根据自己的喜好来调整图例的位置，具体的操作步骤如下。

步骤1 选中图表，在【图表工具】的【设计】选项卡中单击【图表布局】组中的【添加图表元素】按钮，在弹出的下拉列表中选择【图例】命令，在级联列表中选择图例位置，如图 3-227 所示，其中【无】表示隐藏图例。

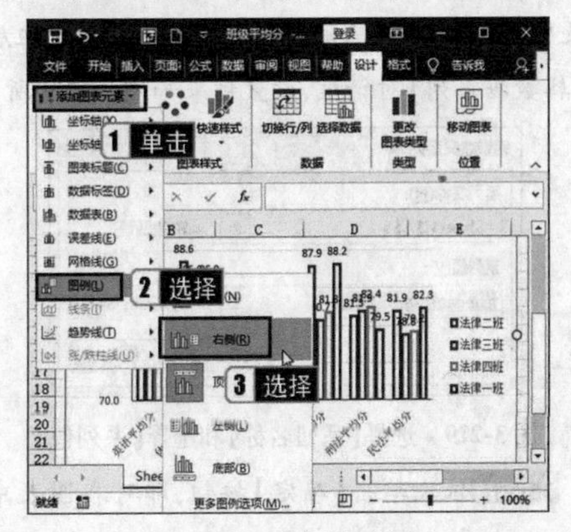

图 3-227 选择图例位置

步骤2 单击最下方的【更多图例选项】，弹出【设置图例格式】任务窗格，按照需要可对图例的位置、填充色及边框等格式进行设置。

提示

通过【开始】选项卡的【字体】组也可设置图例文本的字体、字号和颜色等格式。

10 添加与删除数据

在对图表进行实际操作的过程中，用户可以随时对图表中的数据进行编辑，如为图表添加或者删除某组数据等。添加与删除数据的具体操作步骤如下。

步骤1 选择要设置的图表。在【图表工具】|【设计】选项卡的【数据】组中单击【选择数据】按钮。

步骤2 在弹出的【选择数据源】对话框中单击【图例项（系列）】下的【添加】按钮，如图3-228所示。

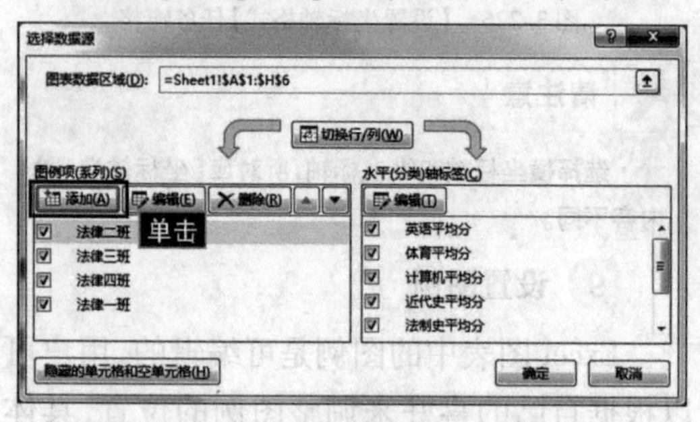

图3-228 【选择数据源】对话框

步骤3 在弹出的【编辑数据系列】对话框中将光标置于【系列名称】文本框中，单击其后的按钮，在工作表中选择A5单元格。单击【系列值】文本框中右侧的按钮，将【编辑数据系列】对话框折叠，在工作表中选择A5:H5单元格区域，再单击按钮展开【编辑数据系列】对话框，设置结果如图3-229所示。

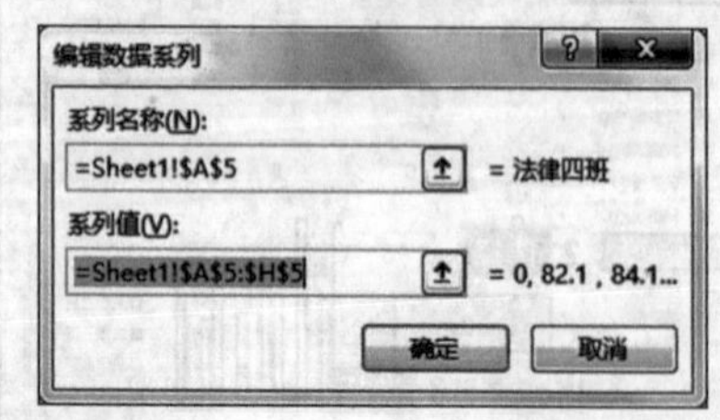

图3-229 选择【系列名称】和选择【系列值】

步骤4 依次单击【确定】按钮，即可在图表中显示新增的一列数据（法律四班）。

请注意

在图表中选中数据系列，按【Delete】键或右击数据系列，在弹出的快捷菜单中选择【删除】命令，可删除图表中的数据。若用户要同时删除工作表和图表中的数据，可直接在工作表中删除数据，图表将自动更新。

11 复制、删除、格式化图表

（1）复制图表

如果要复制已经建立的图表，或将其复制到另外的工作表中，首先需选择图表，然后使用【复制】命令或按【Ctrl + C】组合键，将图表复制到剪贴板中，之后选择要放置图表的位置，使用【粘贴】命令或按【Ctrl + V】组合键，即可复制一张新的图表。

（2）删除图表和图表元素

如果要把已经建立的嵌入式图表删除，可先单击图表，再按【Delete】键；对于图表工作表，可右键单击工作表标签，在弹出的快捷菜单中选择【删除】命令。如果不想删除图表，可使用【Ctrl + Z】组合键，将刚才删除的图表恢复。

删除图表元素的方法也是首先选择图表元素，然后按【Delete】键。不过这样仅删除图表数据，工作表中的数据不会被删除。如果按【Delete】键删除工作表中的数据，则图表中的数据将自动被删除。

（3）格式化图表

对于图表中的各种元素，都可以进行格式化操作。当图表元素被选定之后，在功能区会出现【图表工具】的【格式】选项卡，使用该选项卡设置图表元素的格式与在Word中设置文档格式非常相似，这里不再详细介绍。

3.4.4 打印图表

1 打印整页图表

在工作表中放置单独的图表，即可直接将其打印。当用户的数据与图表在同一工作表中时，可先选择用户需要打印的图表，在功能区中选择【文件】选项卡中的【打印】命令，即可将选中的图表打印。

2 打印工作表中的数据

若用户不需要打印工作表中的图表，可以只将工作表中的数据区域设为打印区域，然后在功能区中选择【文件】选项卡中的【打印】命令，即可打印工作表中的数据，而不打印图表。

也可以在功能区中选择【文件】选项卡中的【选项】命令，在弹出的【Excel 选项】对话框中选择【高级】选项卡，在【此工作簿的显示选项】选项中的【对于对象，显示】下，选择【无内容（隐藏对象）】单选按钮，隐藏工作表中的所有图表。然后在功能区中选择【文件】选项卡中的【打印】命令，即可打印工作表中的数据，而不打印图表。

3 作为表格的一部分打印图表

若数据与图表在同一页中，可选择该页中的工作表，然后在功能区中选择【文件】选项卡中的【打印】命令。

3.5 Excel 数据分析及处理

3.5.1 合并计算

利用 Excel 2016 可以将单独的工作表数据汇总合并到一个主工作表中。所合并的工作表可以与主工作表位于同一工作簿中，也可以位于其他工作簿中。例如，将素材文件【合并计算. xlsx】中的 4 个工作表中的数据以求和方式合并到新工作表【月销售合计】中，合并数据自工作表【月销售合计】的 A1 单元格开始。具体的操作步骤如下。

步骤1 打开素材文件夹中的【第 3 章】|【合并计算. xlsx】文件。

步骤2 切换到【月销售合计】工作表中，选中 A1 单元格，在【数据】选项卡的【数据工具】组中单击【合并计算】按钮，如图 3-230 所示。

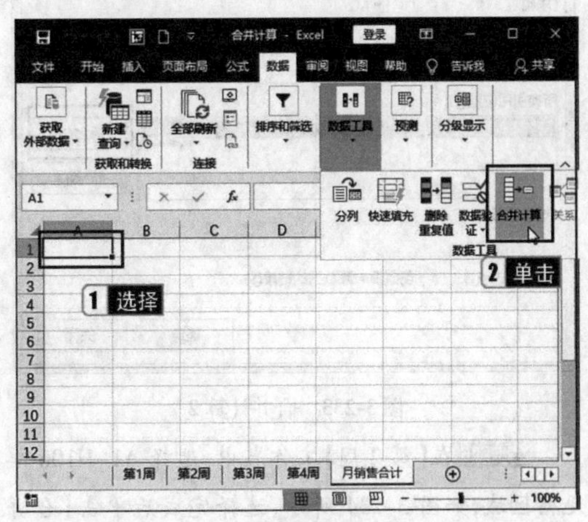

图 3-230 单击【合并计算】按钮

步骤3 弹出【合并计算】对话框，在【函数】下拉列表框中选择一个汇总函数，此处选择【求和】，单击【引用位置】文本框右侧的按钮，如图 3-231 所示。

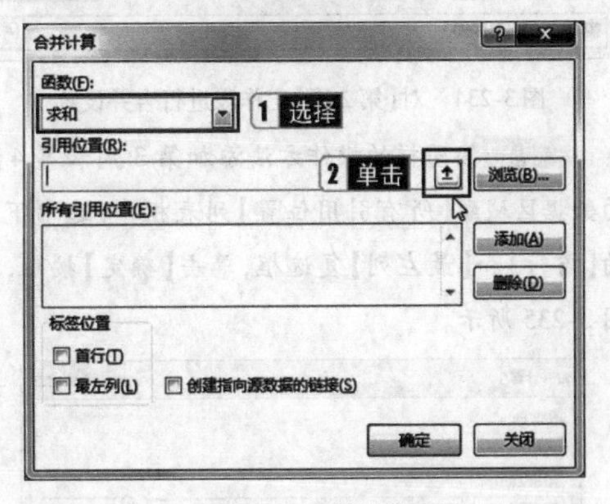

图 3-231 合并计算 1

步骤4 此时对话框变为折叠形式，在【第 1 周】工作表中，选择 A1:H106 单元格区域，选择完成后单击【合并计算 - 引用位置】文本框右侧的按钮，如图 3-232 所示。

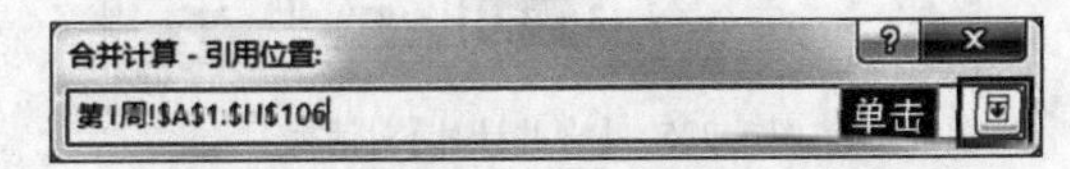

图 3-232 对【第 1 周】工作表进行合并设置

步骤5 展开【合并计算】对话框，单击【添加】按钮，将数据区域添加到下方的【所有引用位置】列表框中，如图 3-233 所示。再次单击【引用位置】文本框右侧的按钮。

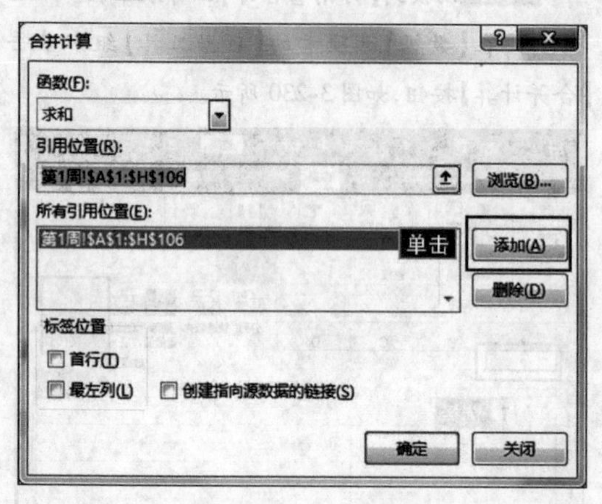

图 3-233　合并计算 2

步骤6 在【第 2 周】工作表中，选择 A1：H106 单元格区域，如图 3-234 所示，选择完成后单击【合并计算 - 引用位置】文本框右侧的按钮，展开【合并计算】对话框，单击【添加】按钮，将数据区域添加到下方的【所有引用位置】列表框中。

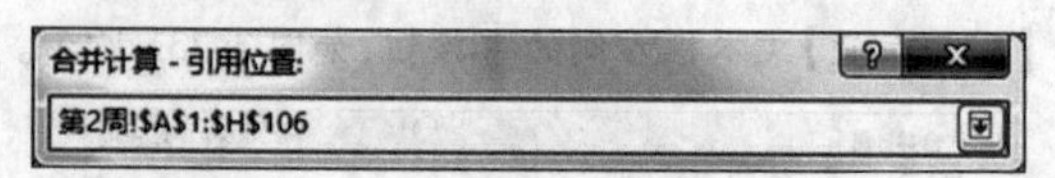

图 3-234　对【第 2 周】工作表进行合并设置

步骤7 按同样的操作方法添加第 3 周和第 4 周的数据区域到【所有引用位置】列表框中，选中下方的【首行】和【最左列】复选框，单击【确定】按钮，如图 3-235 所示。

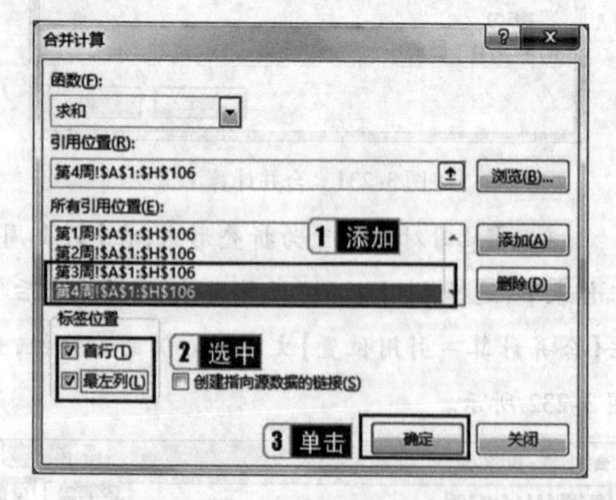

图 3-235　【合并计算】对话框

步骤8 此时，所选的 4 个工作表的数据就可以进行合并计算，在 A1 单元格中输入信息文本，如“名称”，完成后的效果如图 3-236 所示。

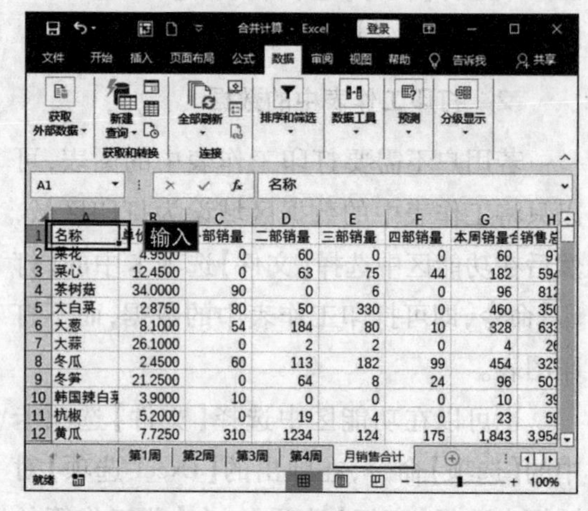

图 3-236　完成合并后的效果

3.5.2　数据排序

在实际应用中，建立数据列表时，一般按照得到数据的先后顺序进行输入。但是，直接从数据列表中查找所需的信息是很不方便的。为了提高查找效率，需要重新整理数据，最有效的方法就是对数据进行排序。

1　简单排序

Excel 2016 在【数据】|【排序和筛选】组中提供了两个与排序相关的按钮，分别为【升序】按钮 和【降序】按钮 。

- 【升序】按钮：按字母表顺序、数据由小到大、日期由前到后排序。
- 【降序】按钮：按反向字母表顺序、数据由大到小、日期由后向前排序。

Excel 默认根据单元格中的内容进行排序，在按升序排序时，Excel 使用以下的排序方式。

- 数值从最小的负数到最大的正数排序。
- 文本按 A ~ Z 排序。
- 逻辑值 False 在前，True 在后。
- 空格排在最后。

请注意

除了在【排序和筛选】组中单击【升序】或【降序】按钮外，还可以在选择的单元格上单击鼠标右键，在弹出的快捷菜单中选择【排序】下的【升序】或【降序】命令。

2 复杂排序

用户可以根据需要设置多个排序条件，如果首先被选定的关键字段的值有相同的，需要再按另一个字段的值来排序，具体的操作步骤如下。

步骤1 打开素材文件夹中的【第3章】|【数据排序.xlsx】文件，选择要排序的数据区域，或者单击该区域中的任意单元格。

步骤2 在【数据】选项卡的【排序和筛选】组中单击【排序】按钮，如图3-237所示。

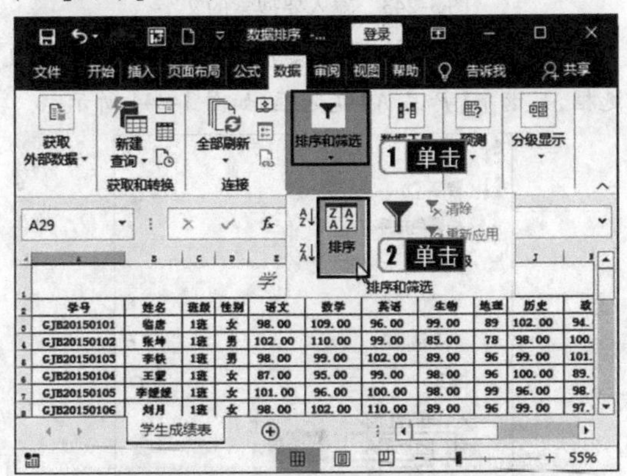

图3-237 单击【排序和筛选】按钮

步骤3 弹出【排序】对话框，设置排序条件，如图3-238所示。

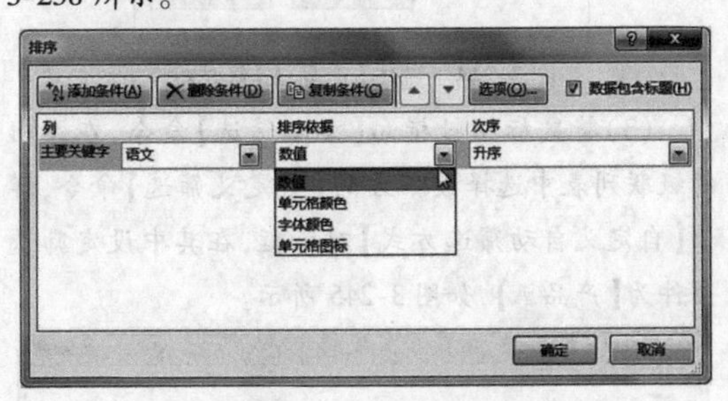

图3-238 设置排序条件

● 主要关键字：选择列标题名，作为要排序的第一列，如选择“语文”。

● 排序依据：选择是依据指定列中的数值还是格式进行排序，如选择【数值】【单元格颜色】【字体颜色】【单元格图标】等。

● 次序：选择要排序的顺序，如选择【降序】或者【升序】【自定义序列】（参考3.1.3小节中的自定义填充序列）。

步骤4 添加次要关键字，单击【添加条件】按钮，条件列表中新增一行，依次指定排序的第2列、排序依据和次序，如分别选择【英语】【单元格值】【降序】，如图3-239所示。

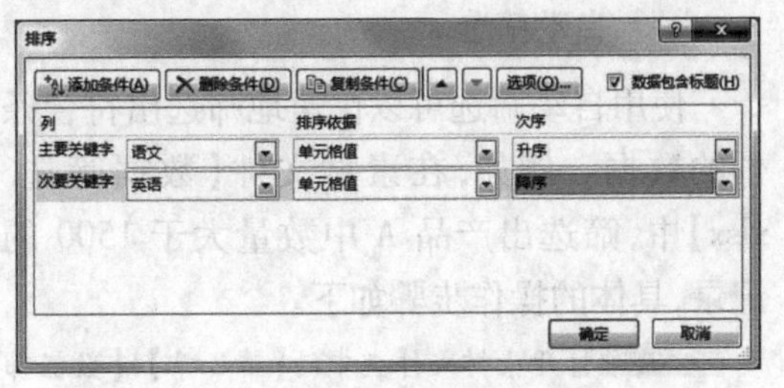

图3-239 设置排序条件

步骤5 如果用户想对设置的排序条件进一步进行设置，可以单击【排序】对话框中的【选项】按钮，打开图3-240所示的【排序选项】对话框。对西文数据排序时可以区分大小写；对中文数据排序时可以按笔划排序；还可以按行进行排序，默认情况下均是按列排序。设置完成后，在【排序选项】对话框中单击【确定】按钮。

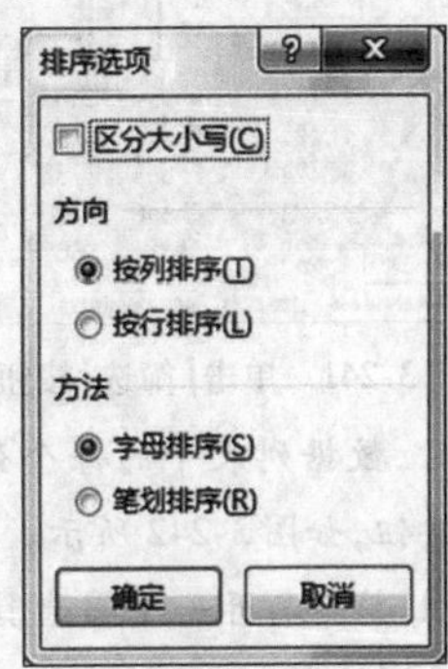

图3-240 【排序选项】对话框

步骤6 条件设置完成之后，单击【确定】按钮，即可完成排序。

请注意

在【排序】对话框中，选中【数据包含标题】复选框，则工作表的第一行作为行标题，不参与排序；如果取消选中【数据包含标题】复选框，则工作表的第一行参与排序，且在主要关键字、次要关键字等下拉列表框中不会显示关键字的字段名，而是显示列名。

3.5.3 数据筛选

利用 Excel 2016 的筛选功能,可以快速地从数据区域中找出满足条件的数据,隐藏不满足条件的数据。筛选的条件可以是数值或文本,也可以是单元格颜色等其他复杂条件。

1 自动筛选

使用自动筛选可以快速地筛选出符合条件的数据。例如,在素材文件【数据筛选.xlsx】中,筛选出产品 A 中数量大于 1500 的记录,具体的操作步骤如下。

步骤1 打开素材文件夹中的【第 3 章】|【数据筛选.xlsx】文件,选择需要筛选的数据区域,此处选择 A3:F891 单元格区域。

步骤2 在【数据】选项卡的【排序和筛选】组中单击【筛选】按钮,如图 3-241 所示。

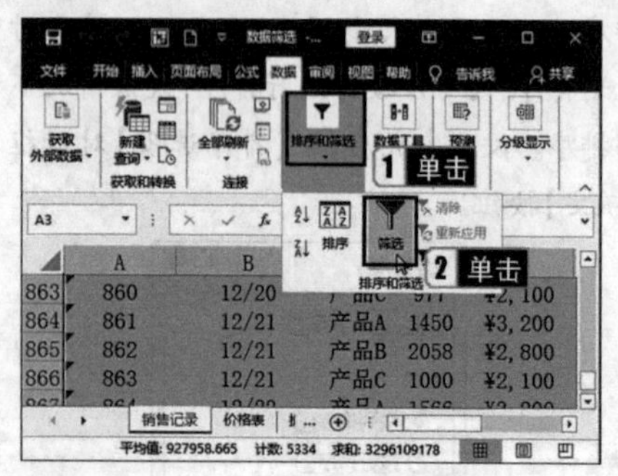

图 3-241 单击【筛选】按钮

步骤3 此时,数据列表中的每个列标题旁边会出现一个下拉按钮,如图 3-242 所示。单击某个列标题中的下拉按钮,将会打开一个筛选器选择列表,列表下方显示当前列中所包含的数据。

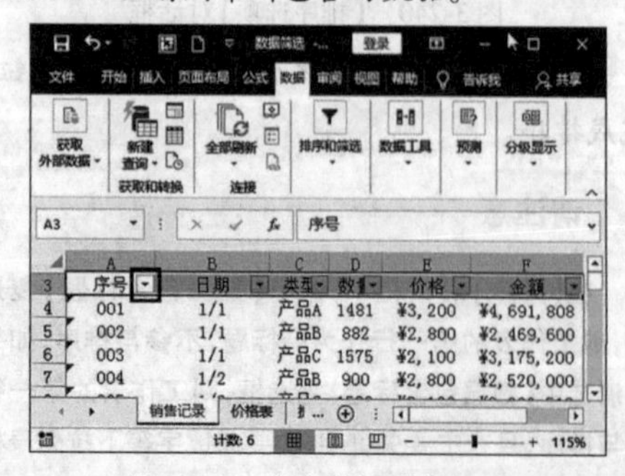

图 3-242 单击【筛选】按钮后

步骤4 首先筛选产品 A 的所有记录。单击 C3 单元格的下拉按钮,弹出筛选器选择列表。要筛选产品 A 的所有记录,有以下 3 种实现方法。

(1) 直接在【搜索】文本框中输入要搜索的文字【产品 A】,如图 3-243 所示。

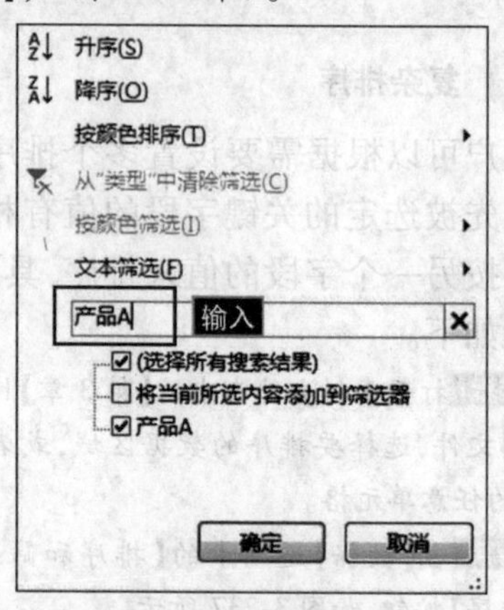

图 3-243 输入要搜索的文字

(2) 在筛选器选择列表中,取消选中【全选】复选框,只选中【产品 A】复选框,如图 3-244 所示。

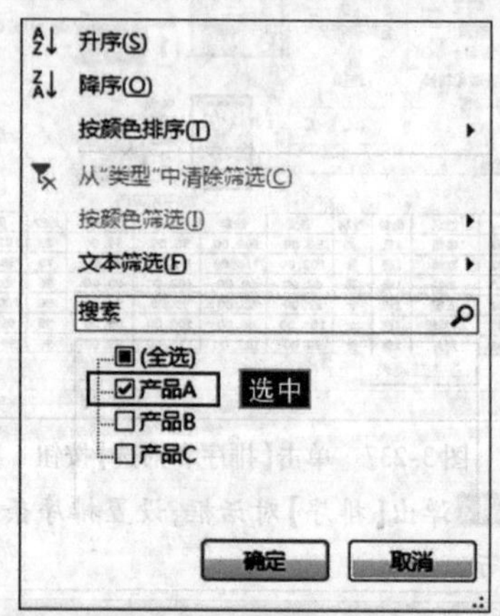

图 3-244 选中【产品 A】复选框

(3) 将鼠标指针指向【文本筛选】命令,在弹出的级联列表中选择最下方的【自定义筛选】命令,弹出【自定义自动筛选方式】对话框,在其中设定筛选条件为【产品 A】,如图 3-245 所示。

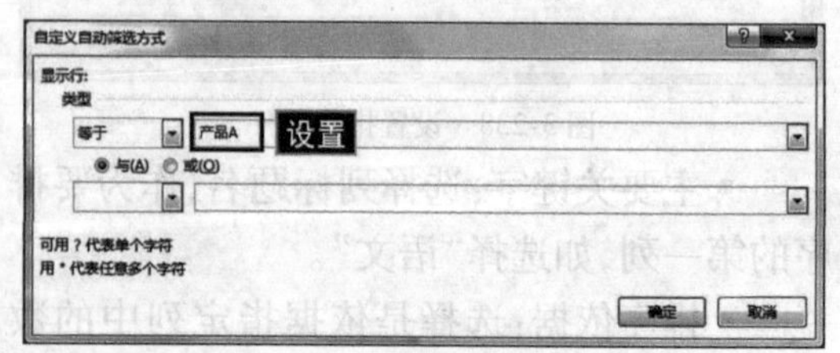

图 3-245 【自定义自动筛选方式】对话框

步骤5 依次单击【确定】按钮，经过筛选后的数据清单如图3-246所示，这时可以看到其他产品记录已被隐藏。

	2020年销售数据					
3	序号	日期	类型	数量	价格	金额
4	001	1/1	产品A	1481	¥3,200	¥4,691,808
9	006	1/3	产品A	1561	¥3,200	¥4,895,296
11	008	1/4	产品A	1282	¥3,200	¥4,061,376
15	012	1/6	产品A	1516	¥3,200	¥4,754,176
17	014	1/7	产品A	1530	¥3,200	¥4,798,080
20	017	1/8	产品A	1248	¥3,200	¥3,953,664
23	020	1/9	产品A	1538	¥3,200	¥4,823,168
25	022	1/10	产品A	1498	¥3,200	¥4,745,664
28	025	1/11	产品A	1579	¥3,200	¥4,951,744

销售记录　价格表

在888条记录中找到295个　115%

图3-246　单条件筛选后的效果

步骤6 再筛选出数量大于1500的记录。单击D3单元格的下拉按钮，将鼠标指针指向【数字筛选】命令，在弹出的级联列表中选择【大于】命令，如图3-247所示。

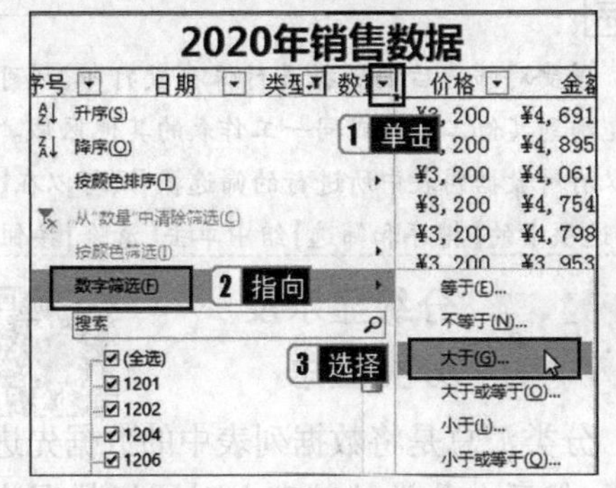

图3-247　选择【大于】命令

提示

当列中的数据格式为文本时，显示【文本筛选】命令；当列中的数据格式为数值时，显示【数字筛选】命令。

步骤7 弹出【自定义自动筛选方式】对话框，在其中设定筛选条件为【1500】，筛选后的效果如图3-248所示。

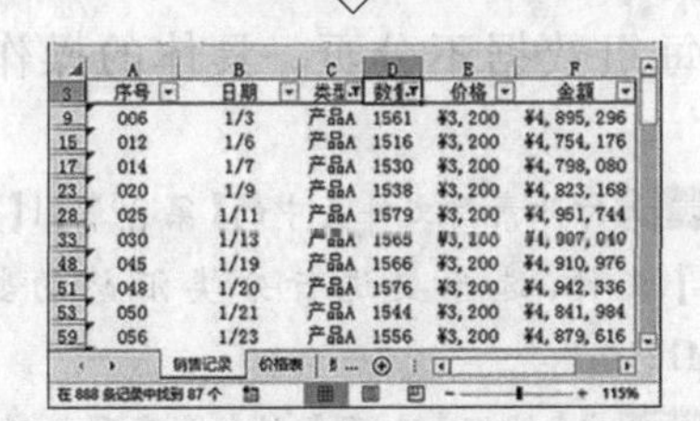

	A	B	C	D	E	F
3	序号	日期	类型	数量	价格	金额
9	006	1/3	产品A	1561	¥3,200	¥4,895,296
15	012	1/6	产品A	1516	¥3,200	¥4,754,176
17	014	1/7	产品A	1530	¥3,200	¥4,798,080
23	020	1/9	产品A	1538	¥3,200	¥4,823,168
28	025	1/11	产品A	1579	¥3,200	¥4,951,744
33	030	1/13	产品A	1565	¥3,100	¥4,907,010
48	045	1/19	产品A	1566	¥3,200	¥4,910,976
51	048	1/20	产品A	1576	¥3,200	¥4,942,336
53	050	1/21	产品A	1544	¥3,200	¥4,841,984
59	056	1/23	产品A	1556	¥3,200	¥4,879,616

销售记录　价格表

在888条记录中找到87个　115%

图3-248　筛选后的效果

2　高级筛选

在实际应用中，常常涉及更复杂的筛选条件，利用自动筛选已无法完成筛选，这时就需要使用高级筛选功能。例如，在【销售记录】工作表右侧创建一个新的工作表，名称为【大额订单】；在这个工作表中使用高级筛选功能，筛选出【销售记录】工作表中产品A数量在1550以上、产品B数量在1900以上以及产品C数量在1500以上的记录（将条件区域放置在1～4行，筛选结果放置在从A6单元格开始的区域），具体的操作步骤如下。

（1）创建筛选条件

利用高级筛选，首先要创建筛选条件。打开素材文件夹中的【第3章】|【数据筛选.xlsx】文件，设置筛选条件的具体操作步骤如下。

步骤1 选择【销售记录】工作表，单击【新工作表】按钮 ⊕，新建【大额订单】工作表。

步骤2 在【大额订单】工作表中输入作为条件的列标题，其中A1单元格输入【类型】，B1单元格中输入【数量】。

步骤3 在相应的列标题下，输入查询条件，其中在A2单元格中输入【产品A】，B2单元格中输入【>1550】，A3单元格中输入【产品B】，B3单元格中输入【>1900】，A4单元格中输入【产品C】，B4单元格中输入【>1500】，如图3-249所示。条件的含义是查找产品A数量在1550以上、产品B数量在1900以上以及产品C数量在1500以上的记录。

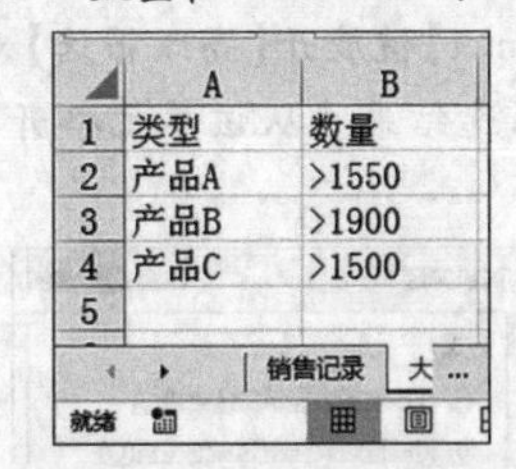

	A	B
1	类型	数量
2	产品A	>1550
3	产品B	>1900
4	产品C	>1500
5		

销售记录　大...

就绪

图3-249　输入相应的筛选条件

（2）依据筛选条件进行高级筛选

接着上面的操作，下面介绍如何进行高级筛选，具体的操作步骤如下。

步骤1 在【数据】选项卡的【排序和筛选】组中单击【高级】按钮，如图3-250所示。

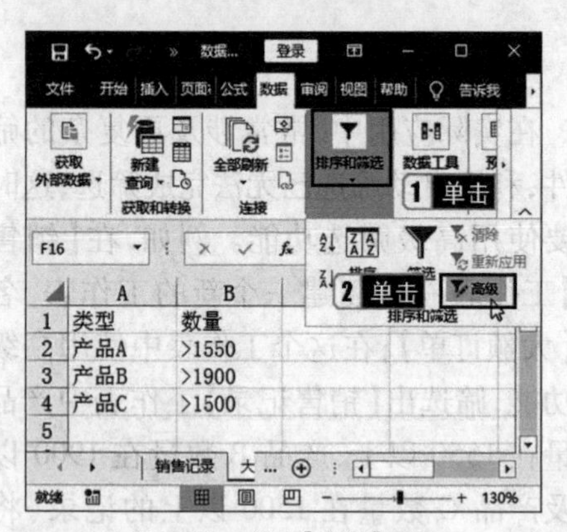

图 3-250 单击【高级】按钮

步骤2 在【方式】选项组设置筛选结果存放的位置，此处选择【将筛选结果复制到其他位置】单选按钮。

步骤3 在【列表区域】文本框中，单击⬆按钮，选择【销售记录】工作表中的 A3: F891 数据区域，如图3-251所示。

图 3-251 设置【列表区域】

步骤4 单击⬇按钮展开对话框，在【条件区域】文本框中，单击⬆按钮，选择【大额订单】工作表中的 A1: B4数据区域，如图 3-252 所示。

图 3-252 设置【条件区域】

步骤5 单击⬇按钮展开对话框，在【复制到】文本框中单击⬆按钮，选择【大额订单】工作表中的 A6 单元格，按【Enter】键展开【高级筛选】对话框，如图 3-253所示，筛选结果将从该单元格开始向右向下填充。

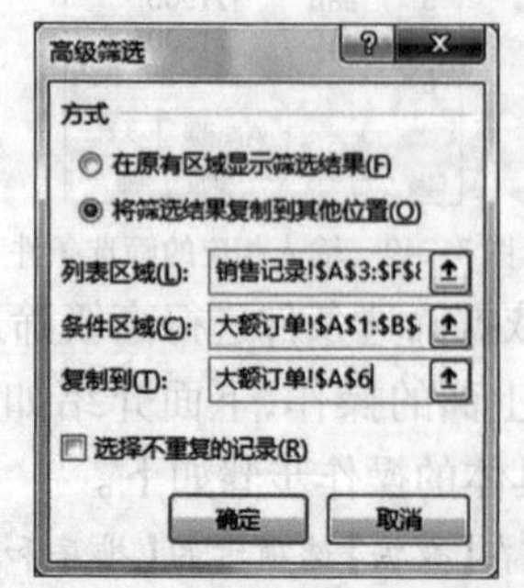

图 3-253 【高级筛选】对话框中设置结果

步骤6 单击【确定】按钮，符合条件的筛选结果将显示在数据列表的指定位置，如图 3-254 所示。

	A	B	C	D	E	F
5						
6	序号	日期	类型	数量	价格	金额
7	003	1/1	产品C	1575	¥2,100	¥3,175,200
8	005	1/2	产品C	1532	¥2,100	¥3,088,512
9	006	1/3	产品A	1561	¥3,200	¥4,895,296
10	007	1/3	产品C	1551	¥2,100	¥3,126,816
11	010	1/4	产品C	1518	¥2,100	¥3,060,288
12	013	1/6	产品C	1564	¥2,100	¥3,153,024
13	016	1/7	产品C	1515	¥2,100	¥3,054,240
14	019	1/8	产品C	1530	¥2,100	¥3,084,480
15	021	1/9	产品C	1589	¥2,100	¥3,203,424
16	024	1/10	产品C	1595	¥2,100	¥3,215,520
17	025	1/11	产品A	1579	¥3,200	¥4,951,744
18	027	1/11	产品C	1531	¥2,100	¥3,086,496

销售记录 | 大额订单 | 100%

图 3-254 显示筛选的结果

提示

若要对筛选后的数据进行保存或打印，则可将其复制到其他工作表或同一工作表的其他区域。若要取消对数据列表中所进行的筛选操作，可以在【数据】选项卡的【排序和筛选】组中单击【清除】按钮。

3.5.4 分级显示及分类汇总

名师讲解

分类汇总是将数据列表中的数据先进行分类，然后在分类的基础上对同组数据应用分类汇总函数。分类汇总是对数据进行分析和统计时常用的一种工具。使用分类汇总时，系统会自动创建公式，对数据清单中的字段进行求和、求平均值以及求最大值等函数计算，分类汇总的计算结果将分级显示。

1 创建分类汇总

进行分类汇总的数据列表，每一列数据都有列标题。Excel 使用列标题来决定如何创建数据组以及如何计算总和。例如，在【分类汇总】工作表中通过分类汇总功能求出各部门“应付工资合计”与“实发工资”的和，且每组数据不分页。具体的操作步骤如下。

步骤1 打开素材文件夹中的【第 3 章】|【分类汇总. xlsx】文件，选择要进行分类汇总的数据区域A2: M17。

步骤2 在【数据】选项卡的【排序和筛选】组中

单击【排序】按钮，弹出【排序】对话框，在弹出的对话框中，选择【主要关键字】为【部门】字段，如图3-255所示，单击【确定】按钮，完成数据表的排序。

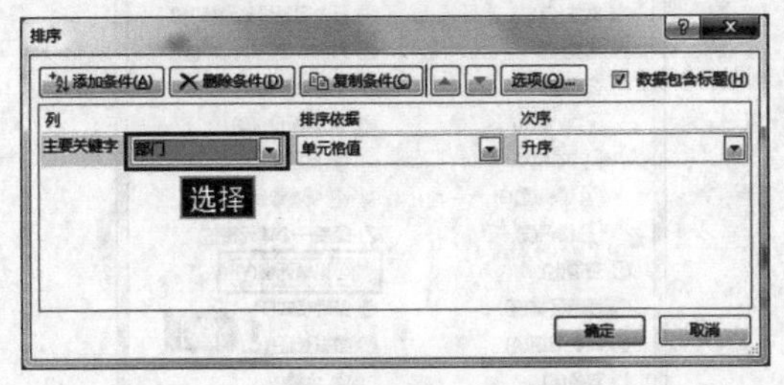

图3-255 【排序】对话框

步骤3 选中A2:M17单元格区域，在【数据】选项卡的【分级显示】组中单击【分类汇总】按钮，如图3-256所示。

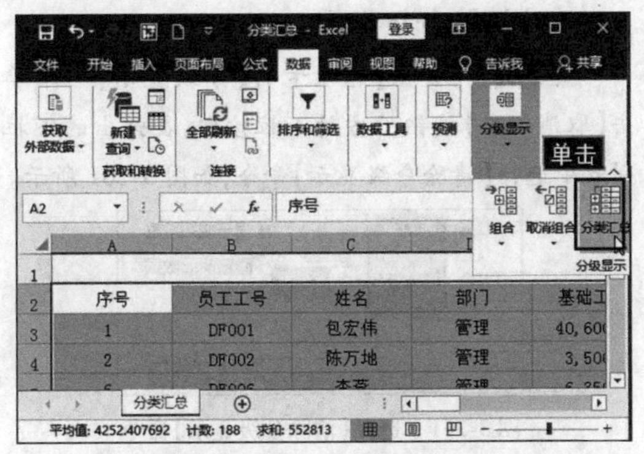

图3-256 单击【分类汇总】按钮

步骤4 打开【分类汇总】对话框，在【分类字段】下拉列表框中选择【部门】；在【汇总方式】下拉列表框中选择【求和】，在【选定汇总项】列表框中选中【应付工资合计】和【实发工资】复选框；取消选中【每组数据分页】复选框，如图3-257所示。

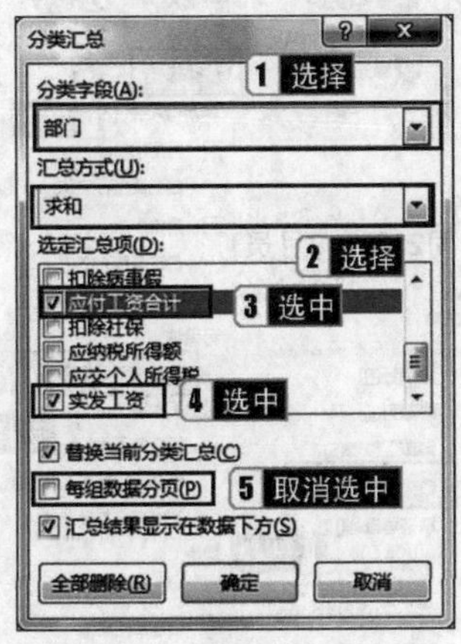

图3-257 【分类汇总】对话框

步骤5 设置完成后单击【确定】按钮，即可得到分类汇总结果。

【分类汇总】对话框中几个选项的含义如下。

- 分类字段：要作为分组依据的列标题。
- 汇总方式：用于计算的汇总函数。
- 选定汇总项：要进行汇总计算的列，可以多选。
- 替换当前分类汇总：选中此复选框，则新的汇总结果替代原结果；取消选中，则新的汇总结果叠加到原结果之后。
- 每组数据分页：选中此复选框，表示将每一类分页显示。
- 汇总结果显示在数据下方：选中此复选框，表示将分类汇总数据放在本类的最后一行。

2 分级显示

分类汇总的结果可以形成分级显示，使用分级显示功能可以单独查看汇总结果或展开查看明细数据。

分类汇总后，工作表的最左侧出现了分级显示窗格，如图3-258所示。

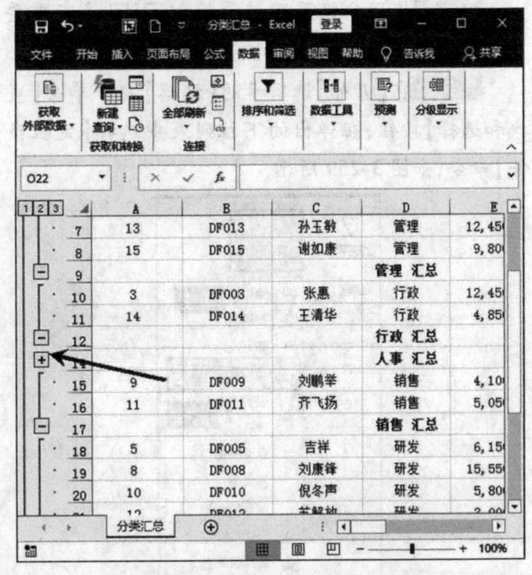

图3-258 工作表的分级显示窗格

(1) 显示或隐藏组的明细数据

- 单击⊞按钮，将显示该组的明细数据。
- 单击⊟按钮，将隐藏该组的明细数据。

(2) 展开或折叠特定级别的分级显示

在分级显示编号按钮123中，单击某一级别编号按钮，处于该级别以下的低级别明细数据将变为隐藏状态。

单击分级显示编号按钮中的最低级别编号按钮，将显示所有明细数据。

(3)自行创建分级显示

也可以为数据列表自行创建分级显示，最多可分8级，具体的操作步骤如下。

步骤1 打开需要建立分级显示的工作表，在数据列表中的任意位置上单击鼠标左键定位。

步骤2 对作为分组依据的数据进行排序，在每组明细行的下方或上方插入带公式的汇总行，输入摘要说明和汇总公式。

步骤3 选择同组中的明细行或列，在【数据】|【分级显示】组中单击【创建组】按钮中的下拉按钮，在弹出的下拉列表中选择【创建组】命令，所选行或列将关联为一组，同时窗口左侧出现分级符号，依次为每组明细创建一个组。

(4)复制分级显示的数据

在分级显示的数据列表隐藏部分明细后，可以复制显示的内容，具体的操作步骤如下。

步骤1 使用分级显示编号按钮123将不需要复制的明细数据隐藏，选择要复制的数据区域。

步骤2 在【开始】选项卡的【编辑】组中单击【查找和选择】按钮，在弹出的下拉列表中选择【定位条件】命令，如图3-259所示。

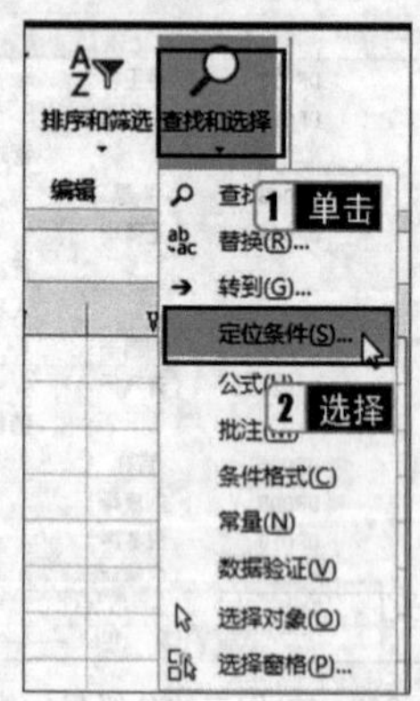

图3-259 选择【定位条件】命令

步骤3 在弹出的【定位条件】对话框中，选择【可见单元格】单选按钮，单击【确定】按钮，如图3-260所示。然后通过【复制】和【粘贴】命令将选定的分级数据复制到其他位置，被隐藏的明细数据将不会被复制。

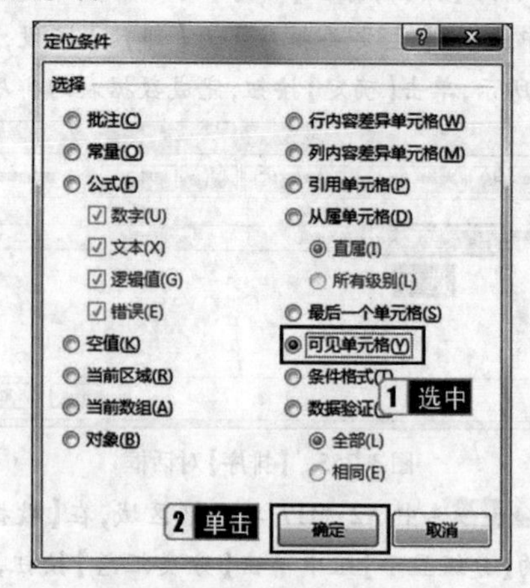

图3-260 【定位条件】对话框

(5)清除分级显示

步骤1 在【数据】选项卡的【分级显示】组中单击【取消组合】按钮下方的下拉按钮，在弹出的下拉列表中选择【清除分级显示】命令，如图3-261所示。

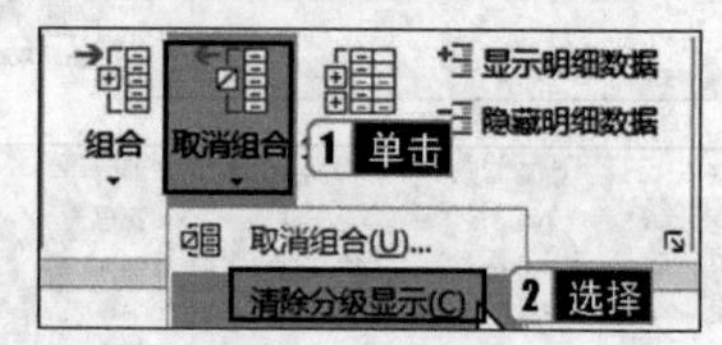

图3-261 选择【清除分级显示】命令

步骤2 若有隐藏的行或列，可在【开始】选项卡的【单元格】组中单击【格式】按钮右侧的下拉按钮，在弹出的下拉列表的【隐藏和取消隐藏】级联列表中选择【取消隐藏行】或【取消隐藏列】命令，即可恢复显示，如图3-262所示。

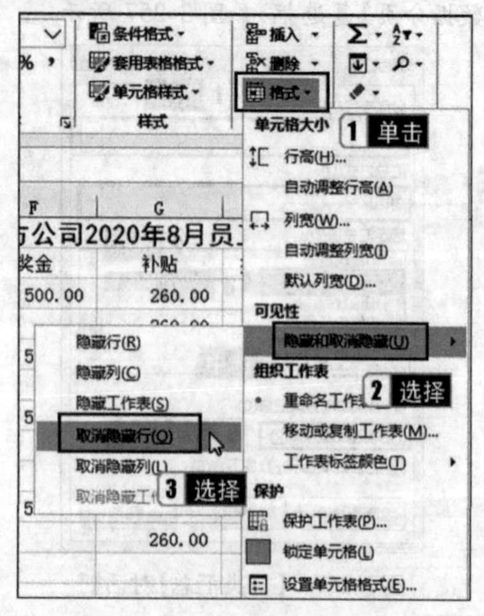

图3-262 取消隐藏的行或列

3 删除分类汇总

当不需要分类汇总时，可以将其删除。删除分类汇总的具体操作步骤如下。

步骤1 选择分类汇总后的任意单元格，在【数据】选项卡的【分级显示】组中单击【分类汇总】按钮。

步骤2 在弹出的【分类汇总】对话框中单击【全部删除】按钮，如图3-263所示，即可将分类汇总删除。

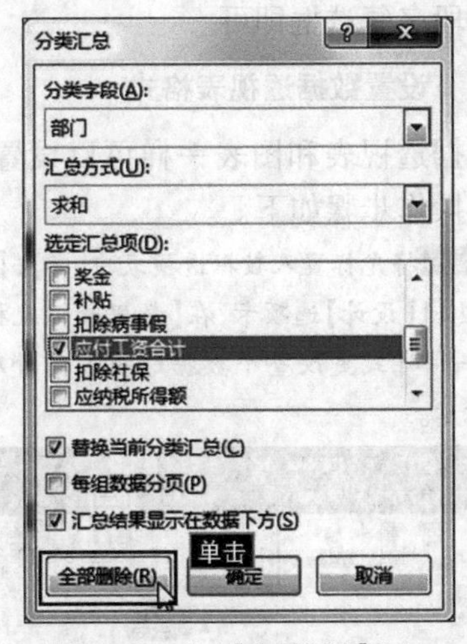

图3-263 单击【全部删除】按钮

3.5.5 数据透视表

名师讲解

利用数据透视表可以快速汇总和比较大量数据，可以动态地改变它们的版面布置，以便按照不同方式分析数据，也可以重新安排行号、列标和页字段。

1 创建数据透视表

建立数据透视表时，可以说明对哪些字段感兴趣，包括希望生成的表如何组织，以及工作表执行哪种形式的计算等。例如，为工作表【销售情况】中的销售数据创建一个数据透视表，放置在一个名为【数据透视分析】的新工作表中，要求针对各类商品比较各门店每个季度的销售额。其中，商品名称为报表筛选字段，店铺为行标签，季度为列标签，并对销售额求和。具体的操作步骤如下。

步骤1 打开素材文件夹中的【第3章】|【分类汇总.xlsx】文件，在【销售情况】工作表中选择任意一个单元格。

步骤2 在【插入】选项卡的【表格】组中单击【数据透视表】按钮，如图3-264所示。

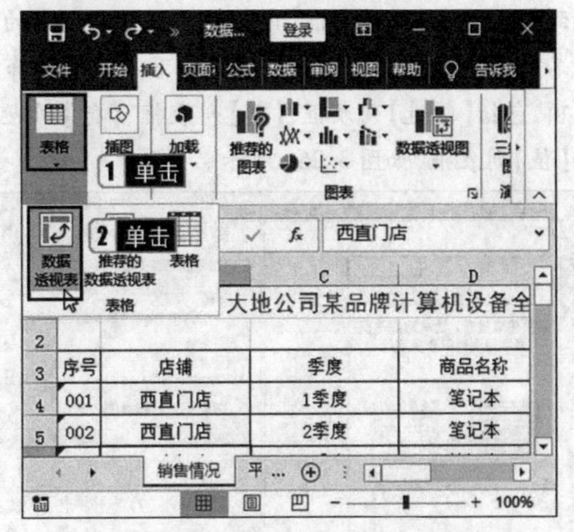

图3-264 单击【数据透视表】按钮

步骤3 弹出【创建数据透视表】对话框，在【选择一个表或区域】下方的【表/区域】文本框中已经由系统自动判断并输入了单元格区域，如果其内容不正确可以直接修改或单击文本框右侧的按钮，折叠对话框以便在工作表中手动选取要创建透视表的单元格区域，如图3-265所示。选择完成后单击按钮展开【创建数据透视表】对话框。

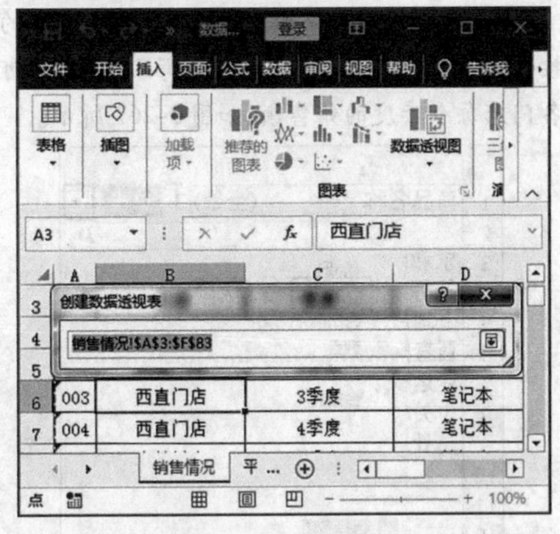

图3-265 选择数据

提示

选择【使用外部数据源】单选按钮，然后单击【选择连接】按钮，可以选择外部的数据库、文本文件等作为创建透视表的源数据。

步骤4 在【选择放置数据透视表的位置】选项组

中选择【新工作表】单选按钮，单击【确定】按钮。此时会创建一个新工作表，且存放了一个数据透视表，修改新工作表名称为【数据透视分析】。

步骤5 单击数据透视表，打开【数据透视表字段】任务窗格，该任务窗格的上半部分为【选择要添加到报表的字段】列表框，其中显示了可以使用的字段名，也就是源数据区域的列标题；下半部分为布局选项，包括【筛选】列表框、【列】列表框、【行】列表框和【值】列表框，如图3-266所示。

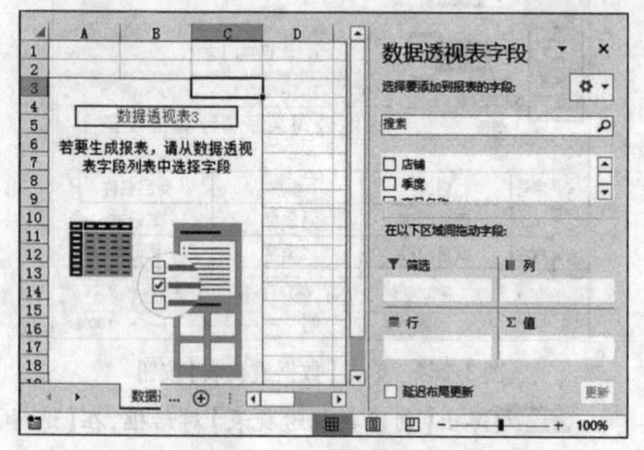

图3-266 空白的数据透视表

步骤6 在【选择要添加到报表的字段】列表框中选中【商品名称】，拖动到【筛选】列表框中，同理拖动【店铺】字段到【行】列表框中，拖动【季度】字段到【列】列表框中，拖动【销售额】字段到【值】列表框中，即可完成数据透视表的创建。

步骤7 单击【商品名称】右侧B1单元格中的筛选按钮，在弹出的下拉列表中选择商品名称，即可看到各门店每个季度的销售额，如图3-267所示。

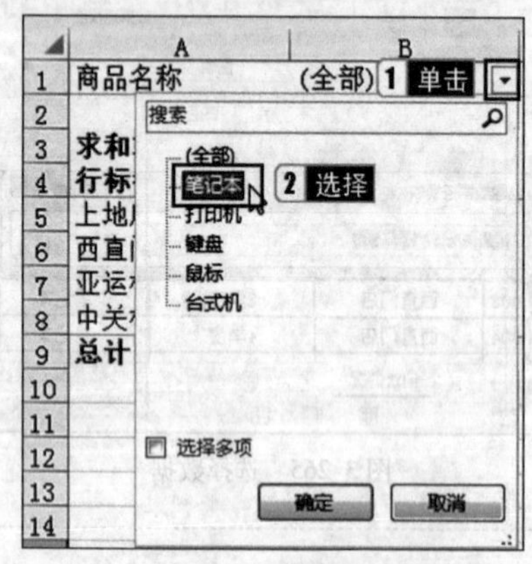

图3-267 查看相关销售额

● 将字段添加到默认列表框：在字段列表框中选中相应字段复选框，在默认情况下，非数值字段将自动添加到【行】列表框；数值字段会添加到【值】列表框；格式为日期和时间的字段则会添加到【列】列表框。

● 要将字段放置到布局部分的特定列表框中，可以直接选择需要的字段名将其拖动到布局部分的某个列表框中。也可以在字段的名称位置单击鼠标右键，在弹出的快捷菜单中选择相应的命令。

● 删除字段时，只需要在【数据透视表字段列表】任务窗格的字段列表框中取消选中该字段名复选框即可。

2 设置数据透视表格式

数据透视表和图表一样可以设置格式，具体的操作步骤如下。

步骤1 将光标置入数据透视表中，单击【数据透视表工具】|【设计】选项卡，在【数据透视表样式】组中选择一种样式更改整个数据透视表的外观，如图3-268所示。

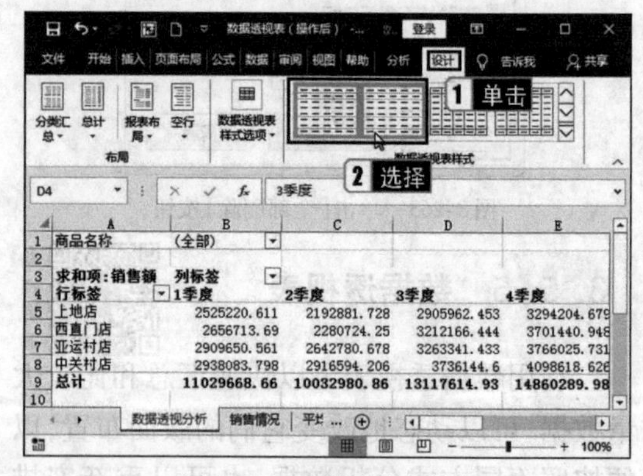

图3-268 数据透视表样式

步骤2 在【数据透视表工具】的【设计】选项卡的【数据透视表样式选项】组中根据需要进行选择。若要用较亮或较浅的颜色格式替换每行，则选中【镶边行】复选框；若要用较亮或较浅的颜色格式替换每列，则选中【镶边列】复选框；若要在镶边样式中包括行标题，则选中【行标题】复选框；若要在镶边样式中包括列标题，则选中【列标题】复选框，如图3-269所示。

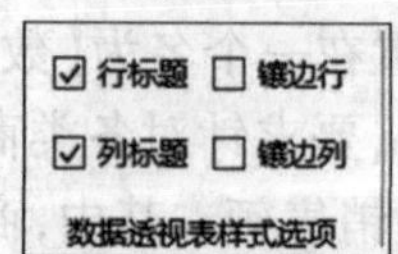

图3-269 【数据透视表样式选项】组

如果想要对数字格式进行修改，可以进

行以下操作。

步骤1 在数据透视表中，选择要更改数字格式的字段。

步骤2 在【数据透视表工具】|【分析】选项卡的【活动字段】组中单击【字段设置】按钮，如图3-270所示。

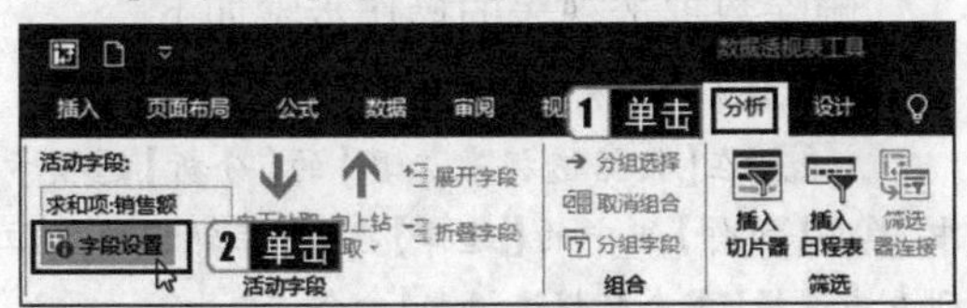

图3-270 单击【字段设置】按钮

步骤3 弹出【值字段设置】对话框，单击该对话框底部的【数字格式】按钮，如图3-271所示。

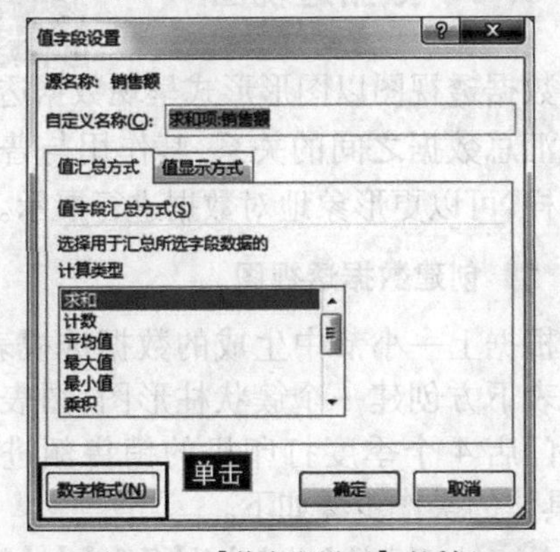

图3-271 【值字段设置】对话框

步骤4 弹出【设置单元格格式】对话框，在【分类】列表框中选择所需的格式类别。例如，这里选择【数值】选项，然后在【小数位数】微调框中输入【2】，如图3-272所示。

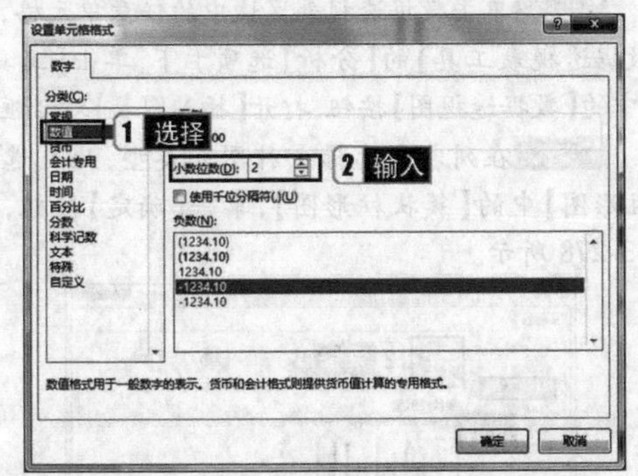

图3-272 【设置单元格格式】对话框

步骤5 依次单击【确定】按钮即可修改数字格式。

3 更新数据透视表数据

（1）刷新数据透视表

创建了数据透视表后，如果在源数据中更改了某个数据，基于此数据清单的数据透视表并不会自动随之改变。

如果需要将数据更新至数据透视表，选中数据透视表，单击鼠标右键，在弹出的下拉列表中选择【刷新】命令。也可以在【数据透视表工具】|【分析】选项卡的【数据】组中单击【刷新】按钮更新数据，如图3-273所示。

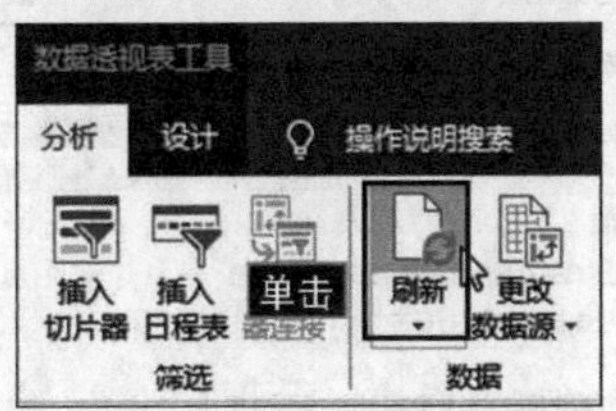

图3-273 在【数据】组中单击【刷新】按钮

（2）更改数据源

如果在源数据区域中添加了新的行或列，可以通过更改数据源来更新数据透视表，具体的操作步骤如下。

步骤1 在数据透视表中单击任意区域，然后在【数据透视表工具】|【分析】选项卡的【数据】组中单击【更改数据源】按钮下方的下拉按钮。

步骤2 从打开的下拉列表中选择【更改数据源】命令，打开【更改数据透视表数据源】对话框。

步骤3 在对话框中选择新的数据源区域，然后单击【确定】按钮，如图3-274所示。

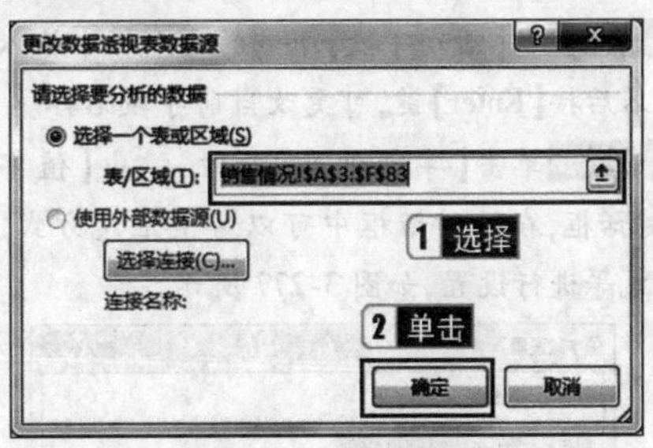

图3-274 【更改数据透视表数据源】对话框

4 更改数据透视表名称

在【数据透视表工具】|【分析】选项卡的【数据透视表】组中，可更改数据透视表名称，具体的操作步骤如下。

步骤1 在【数据透视表名称】下方的文本框中输入新的透视表名称后按【Enter】键，可重新命名当前透视表，如图3-275所示。

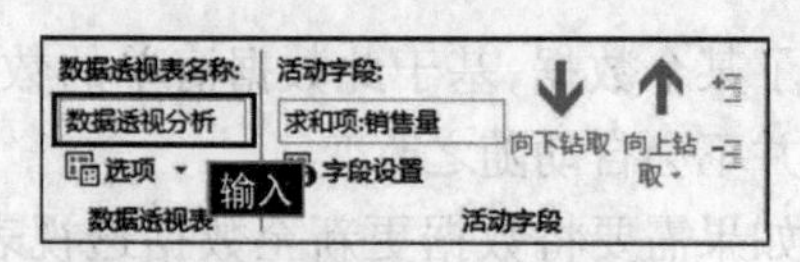

图 3-275 重命名数据透视表

步骤2 单击【选项】按钮,弹出【数据透视表选项】对话框,可对透视表的布局、数据显示方式等进行设定,如图 3-276 所示。

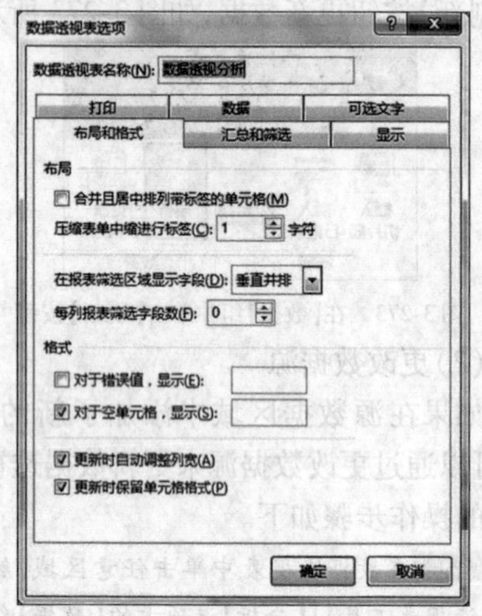

图 3-276 【数据透视表选项】对话框

5 设置活动字段

在【数据透视表工具】|【分析】选项卡的【活动字段】组中可设置活动字段,具体的操作步骤如下。

步骤1 在【活动字段】下方的文本框中输入新的字段名后按【Enter】键,可更改当前字段名称。

步骤2 单击【字段设置】按钮,弹出【值字段设置】对话框,在该对话框中可以对值汇总方式、值显示方式等进行设置,如图 3-277 所示。

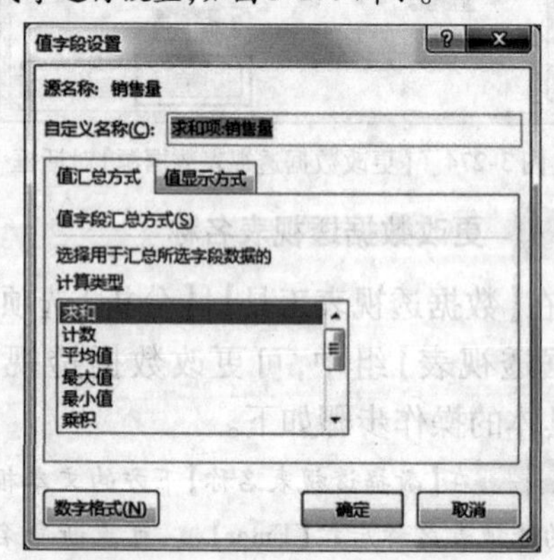

图 3-277 【值字段设置】对话框

提示

通过行标签或列标签右侧的筛选按钮,可对透视表中的数据按指定字段进行排序及筛选。

6 删除数据透视表

删除数据透视表的操作步骤如下。

步骤1 在要删除的数据透视表中单击任意位置。

步骤2 在【数据透视表工具】的【分析】选项卡中,单击【操作】组中的【选择】按钮,在弹出的下拉列表中选择【整个数据透视表】命令。

步骤3 按【Delete】键即可删除数据透视表。

3.5.6 数据透视图

数据透视图以图形形式呈现数据透视表中的汇总数据之间的关系,其作用与普通图表一样,可以更形象地对数据进行展示。

1 创建数据透视图

根据上一小节中生成的数据透视表,在透视表下方创建一个簇状柱形图,图表中仅对各门店 4 个季度打印机的销售额进行比较,具体的操作步骤如下。

步骤1 打开素材文件夹中的【第 3 章】|【数据透视图.xlsx】文件,在【数据透视分析】工作表中,单击 B1 单元格右侧的筛选按钮,在展开的列表中只选择【打印机】,单击【确定】按钮。这样,就只会对打印机销售额进行统计。

步骤2 单击数据透视表区域中的任意单元格,在【数据透视表工具】的【分析】选项卡下,单击【工具】组中的【数据透视图】按钮,打开【插入图表】对话框。

步骤3 在列表中选择一种图表类型,此处选择【柱形图】中的【簇状柱形图】,单击【确定】按钮,如图 3-278 所示。

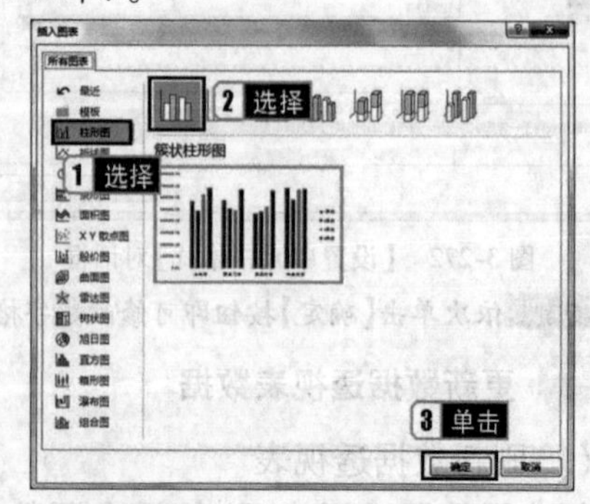

图 3-278 【插入图表】对话框

步骤4 数据透视图即插入当前数据透视表中。单击图表区中的字段筛选器，可以更改图表中显示的数据，如图 3-279 所示。

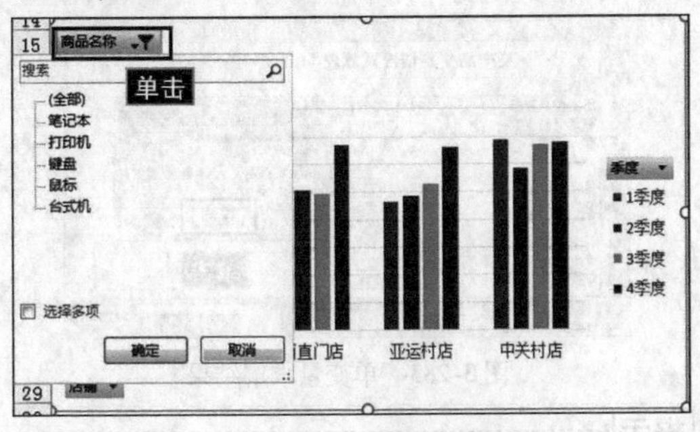

图 3-279 字段筛选器

提示

在数据透视图中单击任意区域，功能区出现【数据透视图工具】的【分析】【设计】【格式】3 个选项卡，通过这 3 个选项卡，可以对数据透视图格式进行修改，修改方法与修改普通图表的相同。

2 删除数据透视图

删除数据透视图的方法与删除普通图表的方法相同，首先选中数据透视图，然后按【Delete】键。删除数据透视图不会删除与之相关联的数据透视表。

提示

删除与数据透视图相关联的数据透视表后，该图表会变为普通的图表，并从源数据区域取值。

3.5.7 模拟分析和运算

名师讲解

模拟分析是在单元格中更改值以查看这些更改将如何影响工作表中公式结果的过程。在 Excel 中使用模拟分析工具，可以在一个或多个公式中试用几组不同的数据来分析所有不同的结果。

例如，在个人住房贷款时，可以用模拟分析根据不同的贷款年利率和贷款偿还年份，计算出每月的贷款偿还额。

Excel 附带了 3 种模拟分析工具：单变量求解、模拟运算表和方案管理器。单变量求解是根据希望获取的结果来确定生成该结果的可能的输入值；模拟运算表和方案管理器可获取一组输入值并确定可能的结果。

1 手动模拟运算

在不用 Excel 工具进行模拟分析时，可以手动进行模拟运算。打开素材文件夹中的【第 3 章】|【模拟运算. xlsx】工作簿，在【手动模拟运算】工作表中展示了某公司产品交易情况的试算表格，如图 3-280 所示。

	A	B	C
1	某产品交易情况试算表		
2			
3	销售单价	25	
4	每次交易数量	200	
5	每月交易次数	2	
6	欧元汇率	7.6	
7			公式
8	月交易数量	400	=B4*B5
9	季度交易数量	1200	=B8*3
10	年交易数量	4800	=B9*4
11	月交易额（人民币）	76,000	=B8*B3*B6
12	季度交易额（人民币）	228,000	=B11*3
13	年交易额（人民币）	912,000	=B12*4

图 3-280 手动模拟运算

表格的上半部分是交易中各相关指数的数值，下半部分则根据这些数值用公式统计出的交易数量与交易额。

在这个试算模型中，单价、每次交易数量、每月交易次数和欧元汇率都直接影响着月交易额。相关的模拟分析需求可能如下：

如果单价增加 1 元会增加多少交易额？

如果每次交易数量提高 100 会增加多少交易额？

如果欧元汇率上涨会怎么样？

面对这些分析需求，最简单的处理方法是直接将假设的值填入表格上半部分的单元格里，然后利用公式自动重算的特性，观察表格下半年部分的结果变化。

2 单变量求解

打开素材文件夹中的【第 3 章】|【模拟运算. xlsx】工作簿，在【单变量求解】工作表中展示了某公司产品交易情况的试算表格，其中销售单价、交易数量、交易次数和欧元汇

率都会直接影响年交易额,可以根据某个年交易额快速倒推,计算出销售单价、交易数量、交易次数和欧元汇率的具体状况,具体的操作步骤如下。

步骤1 选择年交易额所在的单元格 B13,在【数据】选项卡的【预测】组中单击【模拟分析】按钮,在弹出的下拉列表中选择【单变量求解】命令,如图 3-281所示。

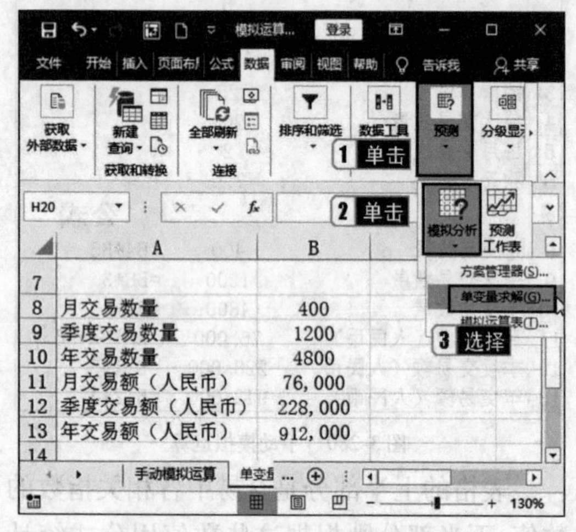

图 3-281 选择【单变量求解】命令

步骤2 弹出【单变量求解】对话框,在【目标单元格】文本框中显示了目标值的单元格地址,此处为 B13 单元格。在【目标值】文本框中输入希望达成的交易额,此处输入【1200000】。在【可变单元格】文本框中单击按钮,在工作表中选取 B4 单元格,【可变单元格】文本框中单击按钮,结果如图 3-282 所示。

图 3-282 【单变量求解】对话框

步骤3 单击【确定】按钮,弹出【单变量求解状态】对话框,对 B13 单元格进行单变量求解,求得一个解,同时工作表中的相关值发生了变化,如图 3-283所示。单击【确定】按钮,接受计算结果。

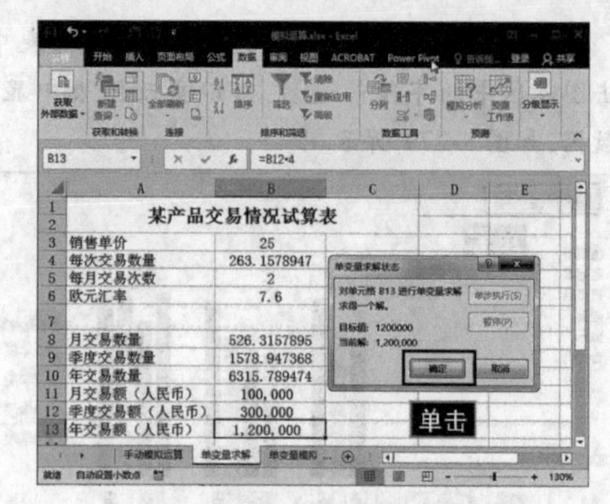

图 3-283 单变量求解结果

提示

计算结果表明,在其他条件不变的情况下,要使年交易额达到 120 万元人民币,可以提高每次交易数量为 263。

步骤4 重复步骤 1~3,可以重新测试销售单价、每月交易次数等。

3 模拟运算表

模拟运算表实际上是一个单元格区域,它可以用列表的形式显示计算模型中某些参数的变化对公式计算结果的影响。在这个区域中,生成的值所需要的若干个相同公式被简化成一个公式,从而简化了公式的输入。根据模拟运算行、列数量的不同,可分为单变量模拟运算表和双变量模拟运算表两种类型。

(1)单变量模拟运算表

在素材文件夹中【第 3 章】|【模拟运算.xlsx】工作簿的【单变量模拟运算表】工作表中,借助模拟运算表分析欧元汇率变化对月交易额的影响,具体的操作步骤如下。

步骤1 在 D4:D13 单元格区域中,输入可能的欧元汇率(7.1~8.1),在 E3 单元格中输入公式【=B11】,结果如图 3-284 所示。

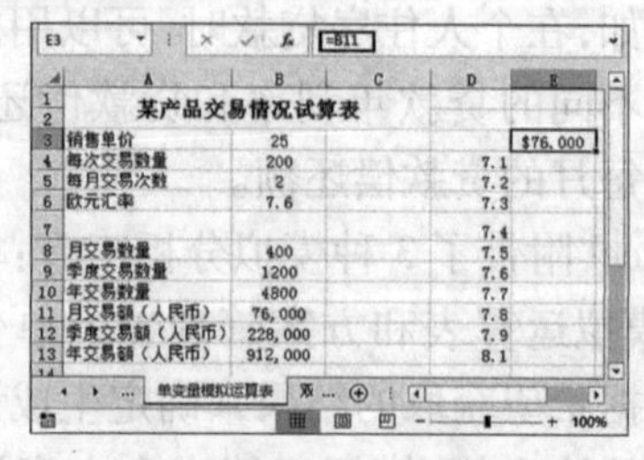

图 3-284 建立分析数据

步骤2 选择要创建模拟运算表的 D3: E13 单元格区域,在【数据】选项卡的【预测】组中单击【模拟分析】按钮,在弹出的下拉列表中选择【模拟运算表】命令。

步骤3 弹出【模拟运算表】对话框,在【输入引用列的单元格】文本框中单击⬆按钮,在工作表中单击 B6 单元格,将自动输入【 \$B\$6】,如图 3-285 所示,单击【确定】按钮。

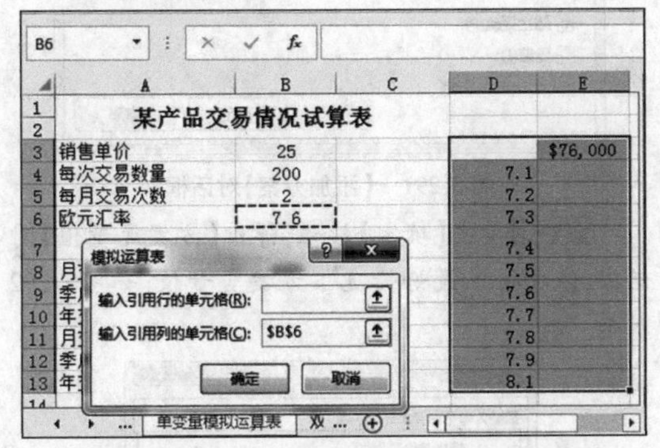

图 3-285 【模拟运算表】对话框

步骤4 选定区域中自动生成模拟运算表,结果如图 3-286 所示。

	A	B	C	D	E
1	某产品交易情况试算表				
2					
3	销售单价	25			\$76,000
4	每次交易数量	200		7.1	71000
5	每月交易次数	2		7.2	72000
6	欧元汇率	7.6		7.3	73000
7				7.4	74000
8	月交易数量	400		7.5	75000
9	季度交易数量	1200		7.6	76000
10	年交易数量	4800		7.7	77000
11	月交易额（人民币）	76,000		7.8	78000
12	季度交易额（人民币）	228,000		7.9	79000
13	年交易额（人民币）	912,000		8.1	81000

图 3-286 模拟运算表

提示

计算结果展示了在不同的欧元汇率下月交易额的变化。如果模拟运算表变量值输入在一行中,应在【输入引用行的单元格】文本框中选择变量值所在的位置。

(2) 双变量模拟运算表

双变量模拟运算可以帮助用户分析两个因素对最终结果的影响。在素材文件夹中【第 3 章】|【模拟运算. xlsx】工作簿的【双变量模拟运算表】工作表中,分析销售单价和欧元汇率同时变化对月交易额的影响,具体的操作步骤如下。

步骤1 在 D4: D13 单元格区域中,输入不同的销售单价,在 E3: J3 单元格区域中输入可能的欧元汇率,在 D3 单元格中输入公式【 = B11】,结果如图 3-287 所示。

	D	E	F	G	H	I	J
1							
2							
3	76,000	7.4	7.5	7.6	7.7	7.8	7.9
4	25						
5	26						
6	27						
7	28						
8	29						
9	30						
10	31						
11	32						
12	33						
13	34						

图 3-287 建立分析数据

步骤2 选择要创建模拟运算表的 D3: J13 单元格区域,在【数据】选项卡的【预测】组中单击【模拟分析】按钮,在弹出的下拉列表中选择【模拟运算表】命令,弹出【模拟运算表】对话框。

步骤3 在【输入引用行的单元格】文本框中单击⬆按钮,在工作表中单击 B6 单元格,将自动输入【 \$B\$6】;在【输入引用列的单元格】文本框中单击⬆按钮,在工作表中单击 B3 单元格,将自动输入【 \$B\$3】,如图 3-288 所示,单击【确定】按钮。

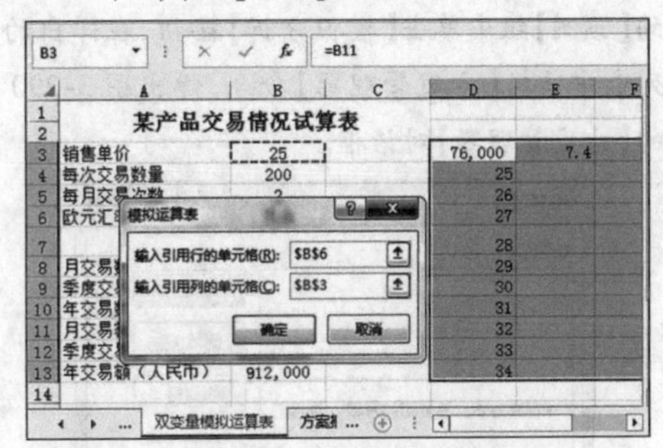

图 3-288 【模拟运算表】对话框

步骤4 选定区域中自动生成模拟运算表,结果如图 3-289 所示。

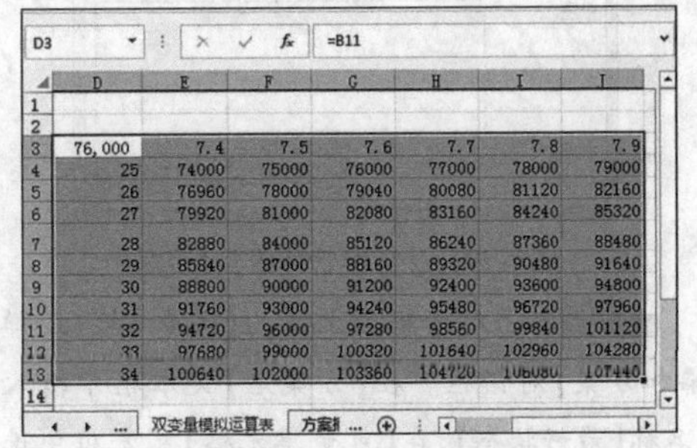

	D	E	F	G	H	I	J
1							
2							
3	76,000	7.4	7.5	7.6	7.7	7.8	7.9
4	25	74000	75000	76000	77000	78000	79000
5	26	76960	78000	79040	80080	81120	82160
6	27	79920	81000	82080	83160	84240	85320
7	28	82880	84000	85120	86240	87360	88480
8	29	85840	87000	88160	89320	90480	91640
9	30	88800	90000	91200	92400	93600	94800
10	31	91760	93000	94240	95480	96720	97960
11	32	94720	96000	97280	98560	99840	101120
12	33	97680	99000	100320	101640	102960	104280
13	34	100640	102000	103360	104720	106080	107440

图 3-289 模拟运算表

提示

计算结果展示了在不同的销售单价和欧元汇率下月交易额的变化。此处也可根据需要模拟运算其他结果，如将D3中的公式改为"=B13"，将会计算在不同的销售单价和欧元汇率下的年交易额。

4 方案管理器

模拟运算表无法容纳两个以上的变量，如果要同时考虑更多的因素来进行分析，可以使用方案管理器。

(1)建立分析方案

在素材文件夹中【第3章】|【模拟运算.xlsx】工作簿的【方案管理器】工作表中，可以为销售单价、每次交易数量、欧元汇率等因素设置不同值的组合。例如，要试算多种目标下的交易额情况，如最好状态、平均状态、最差状态3种，可以定义3个方案与之对应，每个方案中都为这些因素设定不同的值，具体的操作步骤如下。

步骤1 选择B3:B6单元格区域，在【数据】选项卡的【预测】组中单击【模拟分析】按钮，在弹出的下拉列表中选择【方案管理器】命令，弹出图3-290所示的【方案管理器】对话框。

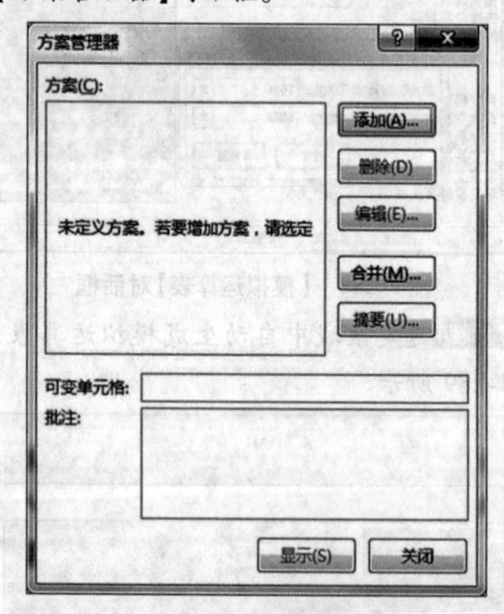

图3-290 【方案管理器】对话框

步骤2 单击对话框右上方的【添加】按钮，弹出【添加方案】对话框。在【方案名】文本框中输入方案名称【最好状态】，在【可变单元格】文本框中选择B3:B6单元格区域，如图3-291所示。

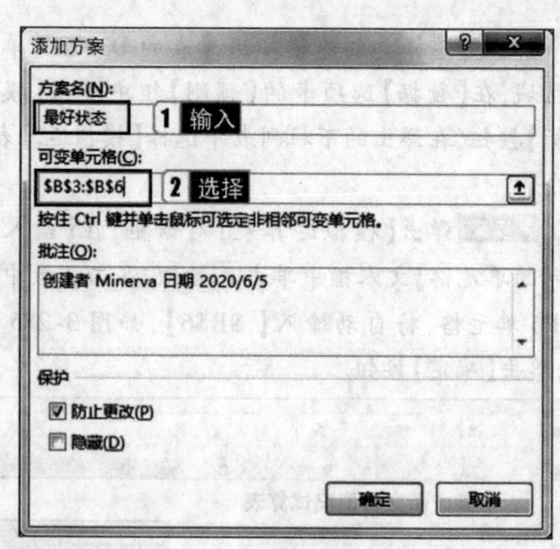

图3-291 【添加方案】对话框

步骤3 单击【确定】按钮，弹出【方案变量值】对话框，依次输入最好情况下方案变量值，如图3-292所示。

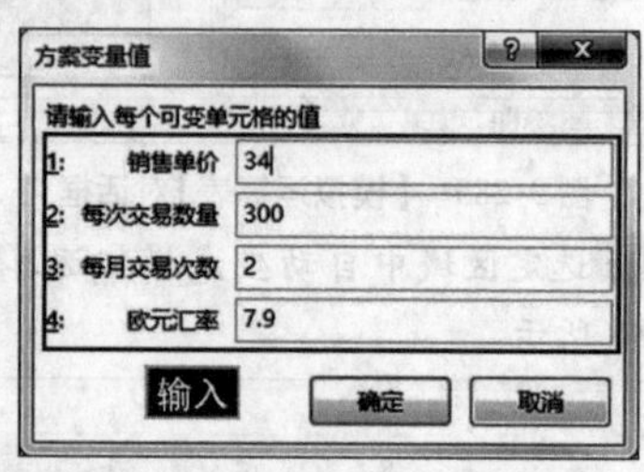

图3-292 最好情况下方案变量值

步骤4 单击【确定】按钮，返回到【方案管理器】对话框。

步骤5 重复步骤2~4，继续添加平均状态下、最差状态下方案变量值，如图3-293和图3-294所示。

图3-293 平均状态下方案变量值

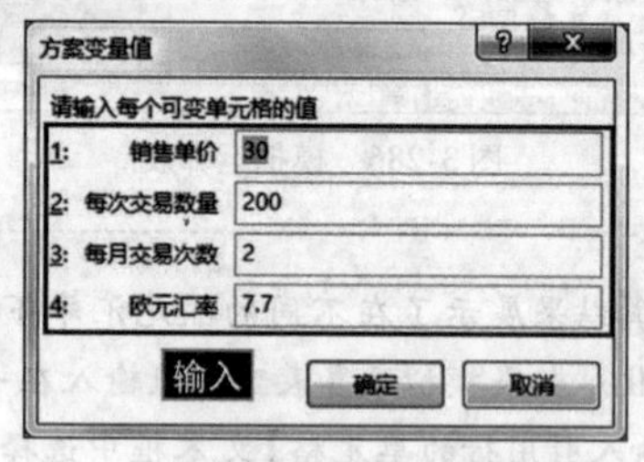

图3-294 最差状态下方案变量值

步骤6 添加完成后如图3-295所示，操作过程中引用的可变单元格区域始终保持不变,所有方案添加完毕后,单击【方案管理器】对话框中的【关闭】按钮。

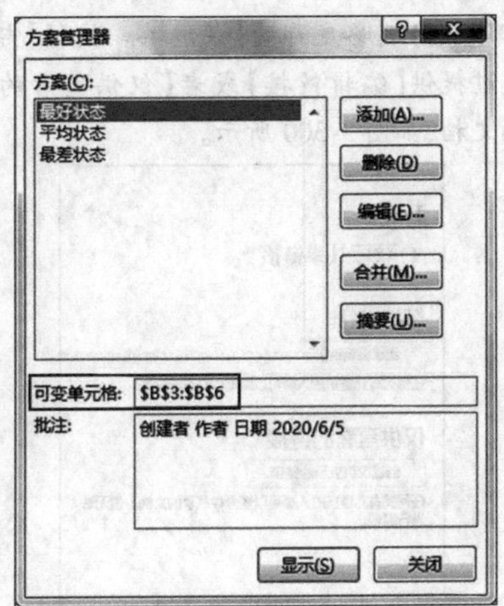

图 3-295 【方案管理器】对话框

(2)显示方案

分析方案制定好后,任何时候都可以执行方案,以查看不同的执行结果,具体的操作步骤如下。

步骤1 在【数据】选项卡的【预测】组中单击【模拟分析】按钮,在弹出的下拉列表中选择【方案管理器】命令,弹出【方案管理器】对话框。

步骤2 在【方案】列表框中选中一个方案后,单击下方的【显示】按钮,或者直接双击某个方案,Excel 将用该方案中设定的变量值替换掉工作表中相应单元格原来的值,同时公式中显示方案执行结果。

(3)修改或删除方案

打开【方案管理器】对话框,在【方案】列表框中选择要修改的方案,单击【编辑】按钮,在随后弹出的对话框中可修改名称、变量值等。单击【删除】按钮,可以删除方案。

(4)生成方案报告

如果每次查看一个方案所生成的结果,显然不便于对比分析,Excel 的方案功能允许用户生成报告,将所有方案的执行结果都显示出来并进行比较,具体的操作步骤如下。

步骤1 在【方案管理器】工作表中,在【数据】选项卡的【预测】组中单击【模拟分析】按钮,从弹出的下拉列表中选择【方案管理器】命令,弹出【方案管理器】对话框。

步骤2 单击对话框右侧的【摘要】按钮,弹出图 3-296 所示的【方案摘要】对话框。

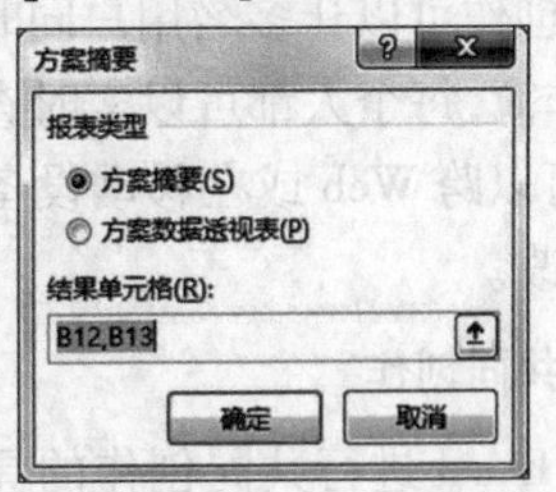

图 3-296 【方案摘要】对话框

步骤3 在该对话框中选择报表类型,其中【方案摘要】是以大纲形式展示报告,【方案数据透视表】是以数据透视表形式展示报告。

步骤4 在结果单元格中指定方案中的计算结果,即用户希望进行分析对比的数据单元格。此处 Excel 根据计算模型自动推荐结果单元格为 B12 和 B13,用户也可以自己修改。

步骤5 单击【确定】按钮,将会在当前工作表之前自动插入【方案摘要】工作表,其中显示各种方案的计算结果,用户可以立即比较各方案的优劣,如图 3-297 所示。

方案摘要		当前值:	最好状态	平均状态	最差状态
可变单元格:					
	销售单价	$34	$34	$30	$25
	每次交易数量	300	300	200	200
	每月交易次数	2	2	2	2
	欧元汇率	7.9	7.9	7.7	7.6
结果单元格:					
	季度交易额_人民币	$483,480	$483,480	$277,200	$228,000
	年交易额_人民币	$644,640	$644,640	$369,600	$304,000

注释:"当前值"这一列表示的是在
建立方案汇总时,可变单元格的值。
每组方案的可变单元格均以灰色底纹突出显示。

图 3-297 各种方案的计算结果

3.6 Excel 共同创作及与其他程序的协同共享

在 Excel 中,可以方便地获取其他数据源的数据,也可以将 Excel 生成的数据提供给其他人或程序使用,以达到资源共享的目的。多位用户可打开并处理同一个 Excel 工作簿,这称为共同创作。如果共同进行创作,可以在数秒钟内快速查看彼此的更改。此外,使用宏功能也可以快速执行重复性工作,以节约时间和提高准确度。

3.6.1 Excel共同创作

共同创作可以让多名用户同时处理同一Excel工作簿，每个人都可以实时查看所有更改，并且可以跨Web或在移动设备上实时查看所有更改。

1 共同创作

使用Excel进行共同创作的具体操作步骤如下。

步骤1 上载工作簿。选择【文件】|【另存为】命令，将文件保存到OneDrive或SharePoint Online库中，如图3-298所示。

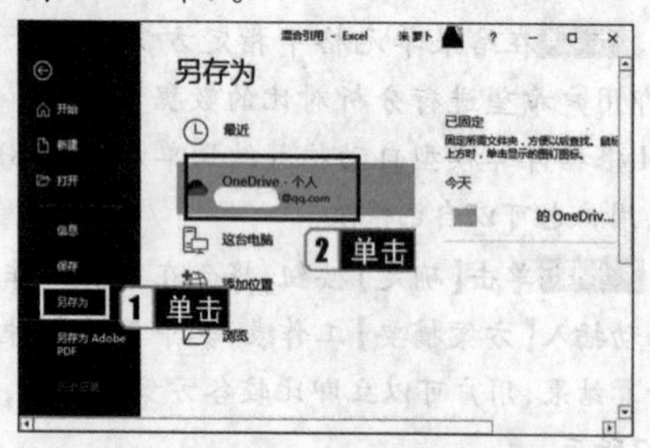

图3-298 将文件保存到OneDrive

步骤2 共享工作簿。单击Excel右上角的【共享】按钮，打开【共享】任务窗格，在【邀请人员】文本中输入要与之共享工作簿的人员的电子邮件地址，默认选择【可编辑】，可以根据需要输入消息，然后单击【共享】按钮，即可向所邀请人员发送电子邮件，如图3-299所示。

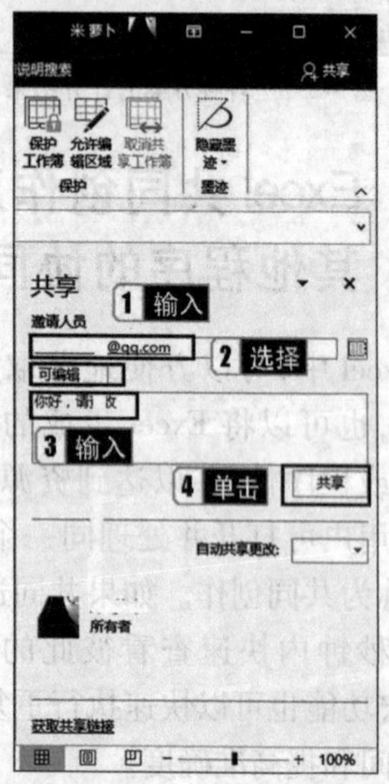

图3-299 【共享】任务窗格

步骤3 被邀请的人可以在电子邮件邀请中单击【打开】以打开共享工作簿。

步骤4 如果不想通过电子邮件共享工作簿，单击【共享】任务窗格底部的【获取共享链接】超链接，可以通过提供【编辑链接】或者【仅供查看的链接】来共享文档，如图3-300所示。

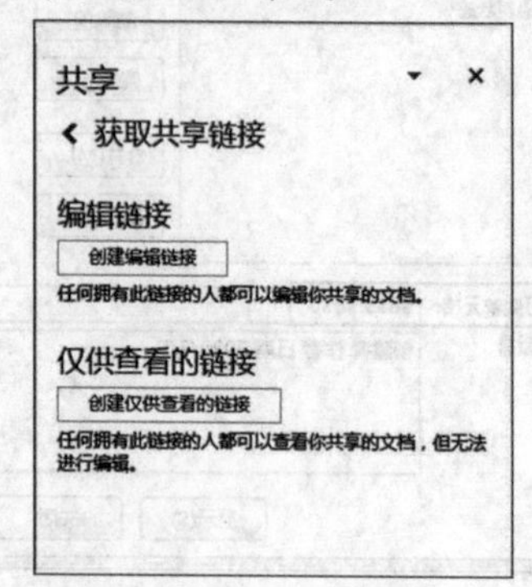

图3-300 获取共享链接

步骤5 第一次打开共享工作簿时，会在网页中的Excel中打开，可以在线编辑工作簿，查看还有谁在共享该工作簿，以及他们进行了哪些更改。

步骤6 若要在Excel的桌面版本中工作，则可以单击【在桌面应用程序中打开】。

2 添加批注

利用添加批注功能，可以在不影响单元格数据的情况下对单元格内容添加解释、说明性文字，以方便他人对表格内容的理解。

- 添加批注：单击需要添加批注的单元格，在【审阅】选项卡的【批注】组中单击【新建批注】按钮，或者从右键快捷菜单中选择【插入批注】命令，在批注框中输入批注内容。
- 查看批注：默认情况下批注是隐藏的，单元格右上角的红色三角形图标表示单元格中存在批注，将鼠标指针指向包含批注的单元格，批注就会显示出来，供用户查阅。
- 显示/隐藏批注：若想将批注显示在工作表中，可在【审阅】选项卡的【批注】组中单击【显示/隐藏批注】按钮，将当前单元格中的批注设置为显示；单击【显示所有批注】按钮，将当前工作表中的所有批注设置为显示。再次单击【显示/隐藏批注】按钮或【显示所有批注】按钮，就可以隐藏批注。

• 编辑批注：单击含有批注的单元格，在【审阅】选项卡的【批注】组中单击【编辑批注】按钮，可在批注框中对批注内容进行编辑修改。

• 删除批注：单击含有批注的单元格，在【审阅】选项卡的【批注】组中单击【删除】按钮。

• 打印批注：在默认情况下，批注只用来显示而不能被打印，若想随工作表一起打印批注，则需要选择有批注的单元格，单击鼠标右键，在弹出的快捷菜单中选择【显示/隐藏批注】命令，即可显示批注并打印。

3.6.2 与其他应用程序共享数据

除了在网络中共享工作簿之外，还可以采用多种方法在 Excel 中共享、分析以及传送业务信息和数据。

1 与其他程序共享数据

(1)通过电子邮件发送数据

确保计算机中已安装电子邮件程序，打开要发送的工作簿，在【文件】选项卡中选择【共享】命令，在右侧单击【电子邮件】按钮，如图 3-301 所示，选择不同形式发送即可。

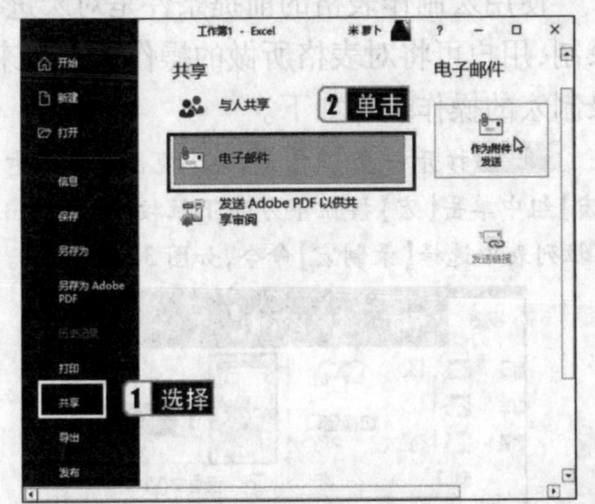

图 3-301 单击【电子邮件】按钮

(2)与使用早期版本的 Excel 用户交换工作簿

• 将 Excel 2016 版本保存为早期版本。

首先在 Excel 2016 中打开需要转换版本的工作簿文件，然后在【文件】选项卡中选择【另存为】命令，单击【浏览】按钮，选择存放位置，打开【另存为】对话框，在该对话框下方的【保存类型】下拉列表框中选择【Excel 97 - 2003 工作簿(＊.xls)】格式，保存工作簿即可。在 Excel 2016 中打开 Excel 97 - 2003 工作簿时，会自动启用兼容模式，程序标题栏中的文件名右侧将显示兼容模式的直观提示。

• 将早期版本保存为 Excel 2016 版本。

首先在 Excel 2016 中打开 Excel 97 - 2003 工作簿文件，然后在【文件】选项卡中选择【另存为】命令，单击【浏览】按钮，选择存放位置，打开【另存为】对话框，在该对话框下方的【保存类型】下拉列表框中选择【Excel 工作簿(＊.xlsx)】格式，保存工作簿即可。

(3)将工作簿发布为 PDF 格式

PDF 格式可以保留文档格式并允许文件共享。若要查看 PDF 文件，必须在计算机上安装 PDF 阅读器。

将工作簿发布为 PDF 格式的操作步骤如下。

步骤1 在【文件】选项卡中选择【另存为 Adobe PDF】命令，弹出【Acrobat PDFMaker】对话框，如图 3-302所示。

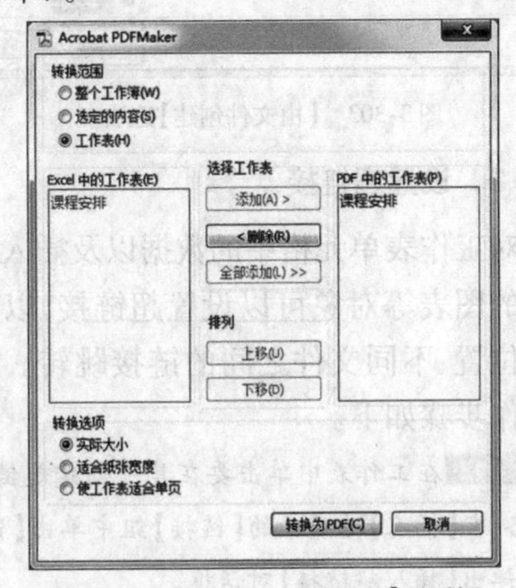

图 3-302 【Acrobat PDFMaker】对话框

步骤2 选择【转换范围】，可以是【整个工作簿】【选定的内容】或者【工作表】，单击【转换为 PDF】按钮，弹出【另存 Adobe PDF 文件为】对话框，选择存储位置，单击【保存】按钮即可。

(4)与 Word 共享数据

Word 与 Excel 是 Office 组件中的重要应用程序,作为文字处理和表格处理软件,它们是用户使用较广泛的应用程序。Word 具有强大的排版功能,同时也能处理 Word 表格,并且对表格也有计算功能。Excel 与 Word 共享数据的具体操作步骤如下。

步骤1 打开 Word 文档,在【插入】选项卡的【文本】组中单击【对象】按钮,启动【对象】对话框。

步骤2 在【对象】对话框中选择【由文件创建】选项卡。

步骤3 在【文件名】文本框中输入待嵌入文件的完整路径及名称,或者先单击【浏览】按钮并利用类似于资源管理器的方法定位待插入的文件,取消选中【链接到文件】复选框,然后单击【确定】按钮即可,如图 3-303 所示。

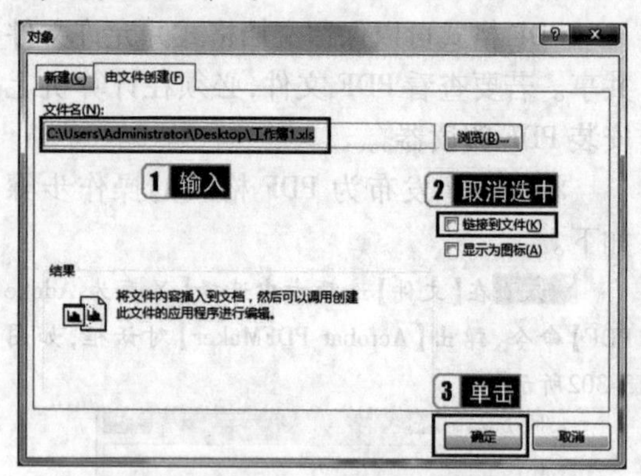

图 3-303 【由文件创建】选项卡

2 设置超链接

对工作表单元格中的数据以及插入工作表中的图表等对象可以设置超链接,以实现不同位置、不同文件之间的链接跳转。具体的操作步骤如下。

步骤1 在工作表中单击要在其中创建超链接的单元格,在【插入】选项卡的【链接】组中单击【链接】按钮,弹出【插入超链接】对话框。

步骤2 在【插入超链接】对话框中指定要链接到的位置,可以是本机中的某一文件、某一文件中的具体位置、某个最近浏览过的网页,也可以是一个电子邮件地址等,如图 3-304 所示。

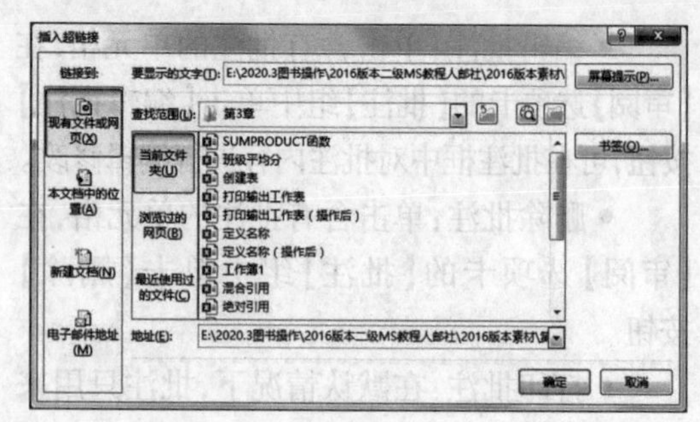

图 3-304 【插入超链接】对话框

步骤3 单击【确定】按钮,当前选定的单元格就被设置了超链接。单击该超链接,即可跳转到相应位置。

3.6.3 宏的简单应用

除了通过公式和函数对数据进行处理外,Excel 还为用户提供了更为简便的方法——宏(Macro)来进行计算。宏是用来自动执行任务的一个操作或者一组操作,它是用 VB 编程语言(Visual Basic for Applications,VBA)录制的,可以是事先设置好的表格样式和快捷键,以及通过键盘和鼠标进行快速操作的命令和函数等。

1 录制宏

使用宏制作表格的前提条件是对宏进行录制,用户可将对表格所做的操作保存起来。录制宏的操作步骤如下。

步骤1 打开一个工作簿,在【视图】选项卡的【宏】组中单击【宏】按钮下方的下拉按钮,在弹出的下拉列表中选择【录制宏】命令,如图 3-305 所示。

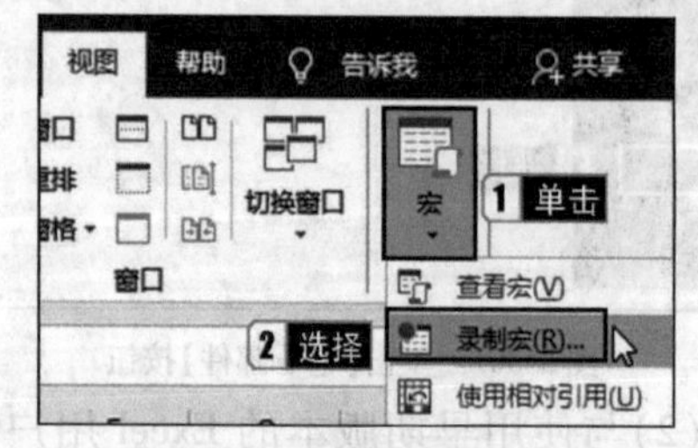

图 3-305 选择【录制宏】命令

步骤2 打开【录制宏】对话框。在【宏名】文本框中输入宏的名称,设置快捷键,如【Ctrl + Shift + U】;在【保存在】下拉列表框中选择要用来保存宏的位置,此处选择【当前工作簿】;在【说明】文本框中,输入对宏功能的简单描述，单击【确定】按钮进入宏录制过程，如图3-306所示。

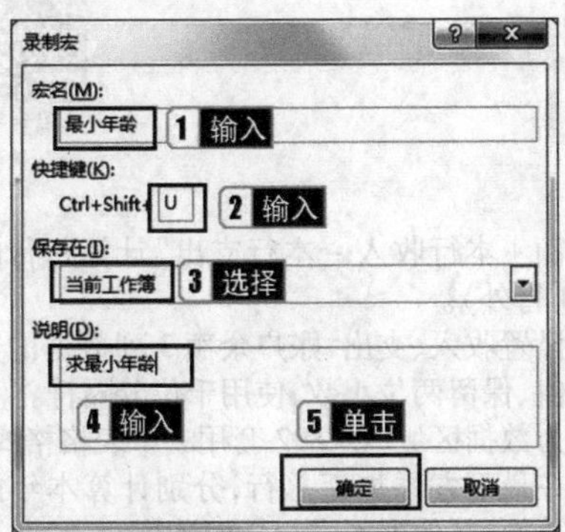

图3-306　【录制宏】对话框

步骤3 操作完成之后，在【视图】选项卡的【宏】组中单击【宏】按钮下方的下拉按钮，在弹出的下拉列表中选择【停止录制】选项。

步骤4 将工作簿文件保存为【Excel启用宏的工作簿】类型，扩展名为.xlsm，然后单击【保存】按钮，即可完成宏的录制。

提示

也可以在【开发工具】选项卡进行录制宏操作，但是默认情况下，【开发工具】选项卡不会显示，在【文件】选项卡中选择【选项】命令，打开【Excel选项】对话框。在对话框左侧单击【自定义功能区】选项卡，在对话框右上方的【自定义功能区】下拉列表框中选择【主选项卡】。在右侧的【主选项卡】列表框中，选中【开发工具】复选框，单击【确定】按钮，如图3-307所示。【开发工具】选项卡就会显示在功能区中。

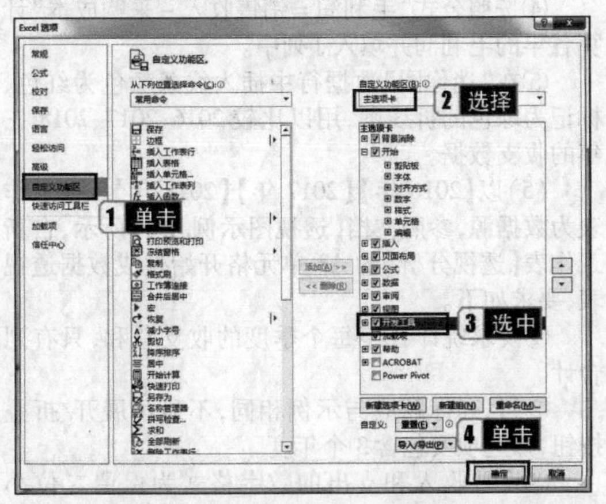

图3-307　【Excel选项】对话框

2 调用宏

录制完成的宏需要在工作簿中进行调用才能执行所需的操作，调用方法主要有以下两种。

- 使用快捷键调用宏：打开录制宏的工作簿，系统的功能区中将出现【安全警告】组，单击其中的【启用内容】按钮 安全警告 宏已被禁用。 启用内容 启动宏，然后按下录制宏时设置的快捷键，即可使用宏进行相应的操作。
- 使用对话框调用宏：在工作簿中单击【启用内容】按钮，在【视图】选项卡的【宏】组中单击【宏】按钮下方的下拉按钮，在弹出的下拉列表中选择【查看宏】命令，打开【宏】对话框，在【宏名】列表框中选择要运行的宏，单击【执行】按钮，如图3-308所示。

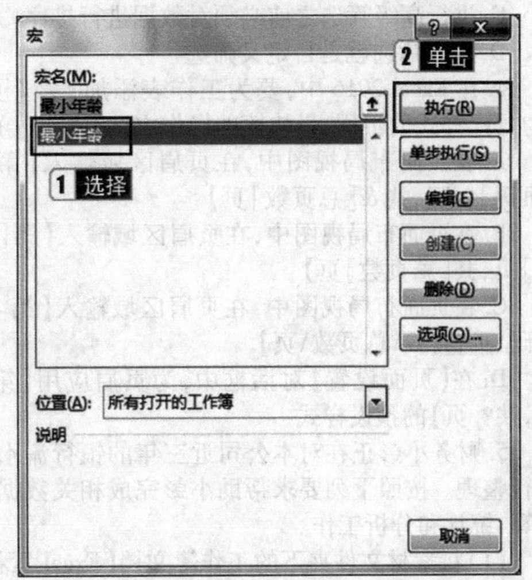

图3-308　【宏】对话框

提示

如果录制宏时出现错误或者不再需要录制的宏，可在【宏】对话框的【宏名】列表框中选择需要删除的宏，单击【删除】按钮，在打开的提示对话框中单击【是】按钮。如果单击【编辑】按钮，可在打开的对话框中对宏的代码进行修改。

课后总复习

1. 在Excel工作表A1单元格里存放了18位二代身份证号码，其中第7~10位表示出生年份。在A2单元格中利用公式计算该人的年龄，最优的操作方法是(　　)。

A. =YEAR(TODAY())-MID(A1,6,8)

B. =YEAR(TODAY())-MID(A1,6,4)

C. =YEAR(TODAY())-MID(A1,7,8)

D. =YEAR(TODAY())-MID(A1,7,4)

2. 在Excel 2016中，要想使用图表绘制一元二次函数图像，应当选择的图表类型是(　　)。

A. 散点图　　B. 折线图

C. 雷达图　　D. 曲面图

3. 以下对Excel高级筛选功能，说法正确的是(　　)。

A. 高级筛选通常需要在工作表中设置条件区域

B. 利用【数据】选项卡中的【排序和筛选】组内的【筛选】命令可进行高级筛选

C. 进行高级筛选之前必须对数据进行排序

D. 高级筛选就是自定义筛选

4. 在Excel 2016中，要为工作表添加"第1页，共?页"样式的页眉，最快捷的操作方法是(　　)。

A. 在页面布局视图中，在页眉区域输入【第&[页码]?页，共&[总页数]页】

B. 在页面布局视图中，在页眉区域输入【第[页码]页，共[总页数]页】

C. 在页面布局视图中，在页眉区域输入【第&\页码\页，共&\总页数\页】

D. 在【页面设置】对话框中，为页眉应用【第1页，共?页】的预设样式

5. 财务小彭正在对本公司近三年的银行流水账进行整理。按照下列要求帮助小彭完成相关数据的计算、统计和分析工作。

(1)将素材文件夹下的工作簿文档【Excel素材.xlsx】另存为【Excel.xlsx】(".xlsx"为文件扩展名)，之后所有的操作均基于此文件，否则不得分。操作过程中，不可以随意改变原工作表素材数据的顺序。

(2)在工作表【2016年】中进行下列操作。

①将第A列"交易日期"中的数据转换为"yyyy-mm-dd"形式的日期格式。

②工作簿中已定义了名称为"收支分类"的序列。限制F5:F92单元格区域中只能输入【收支分类】序列中的内容。在该单元格区域的空白单元格中输入【费用】。

③在D列"账户余额"中通过公式"本行余额=上行余额+本行收入-本行支出"计算每行的余额(除第4行外)。

④设置收入、支出、账户余额3列数据的数字格式为数值、保留两位小数、使用千位分隔符。

⑤为数据区域A3:F92套用一个表格格式。

⑥在最下方添加汇总行，分别计算本年的收入和支出总额，其他列不进行任何计算。

(3)在工作表【2017年】和【2018年】中，按照下列要求对数据表进行完善。

①分别将A列的交易日期设置为"yyyy-mm-dd"形式的日期格式，并居中显示。

②将上年度的余额填入D4单元格中，然后分别计算每行的账户余额并填入D列。适当设置收入、支出、账户余额3列数据的数字格式。

③分别为数据区域套用不同的表格格式。

④分别在数据区域最下方添加汇总行，计算出收入及支出列的合计值。

⑤分别将数据区域以外的行、列隐藏。

⑥分别将B4单元格上方及左侧行、列锁定，令其总是可见。

(4)以【2016年】【2017年】【2018年】3张工作表为数据源，在工作表【分类统计】中完成以下各项统计工作。

①不显示工作表【分类统计】的网格线。

②按照"收支分类"列中的分类，统计各年的员工费用、产品销售收入及采购成本。

③计算各年员工费用总和并填入"小计"列。

④按照公式"毛利润=销售收入-采购成本"计算各年的毛利润并填入J列中。

⑤在"迷你图"数据行中插入线条颜色为红色、标记为绿色的折线图，用以比较2016、2017、2018三年的收支数据。

(5)以【2016年】【2017年】【2018年】3张工作表为数据源，参照文档【透视图示例.jpg】所示，自新工作表【透视分析】的A3单元格开始生成数据透视表，要求如下。

①要求统计各年每个季度的收支总和，只有列合计。

②行、列标题应与示例相同，不显示展开/折叠按钮，筛选项要包含3个年度。

③设置收入和支出的数字格式为保留二位小数、使用千位分隔符的数值，适当改变透视表样式。

④生成数据透视图，图例位于右上角，要求图表类型、图表样式与示例相同，图表中不显示字段按钮。

第4章

使用PowerPoint 2016 制作演示文稿

章前导读

通过本章，你可以学到：

◎PowerPoint的基础知识
◎演示文稿的基本操作
◎演示文稿的视图设置
◎演示文稿的外观设计
◎编辑幻灯片中的对象
◎幻灯片交互效果设置
◎幻灯片的放映和输出

本章评估		学习点拨
重要度	★★★★★	在二级MS Office考试中，本章内容被考查的概率及分值比例较稳定，考题大致是2道选择题，1道演示文稿操作题，占试卷总分值的22%。通过本章的学习，考生应能熟练制作演示文稿。
知识类型	实际应用	
考核类型	选择题、操作题	
所占分值	22分	
学习时间	27课时	

本章学习流程图

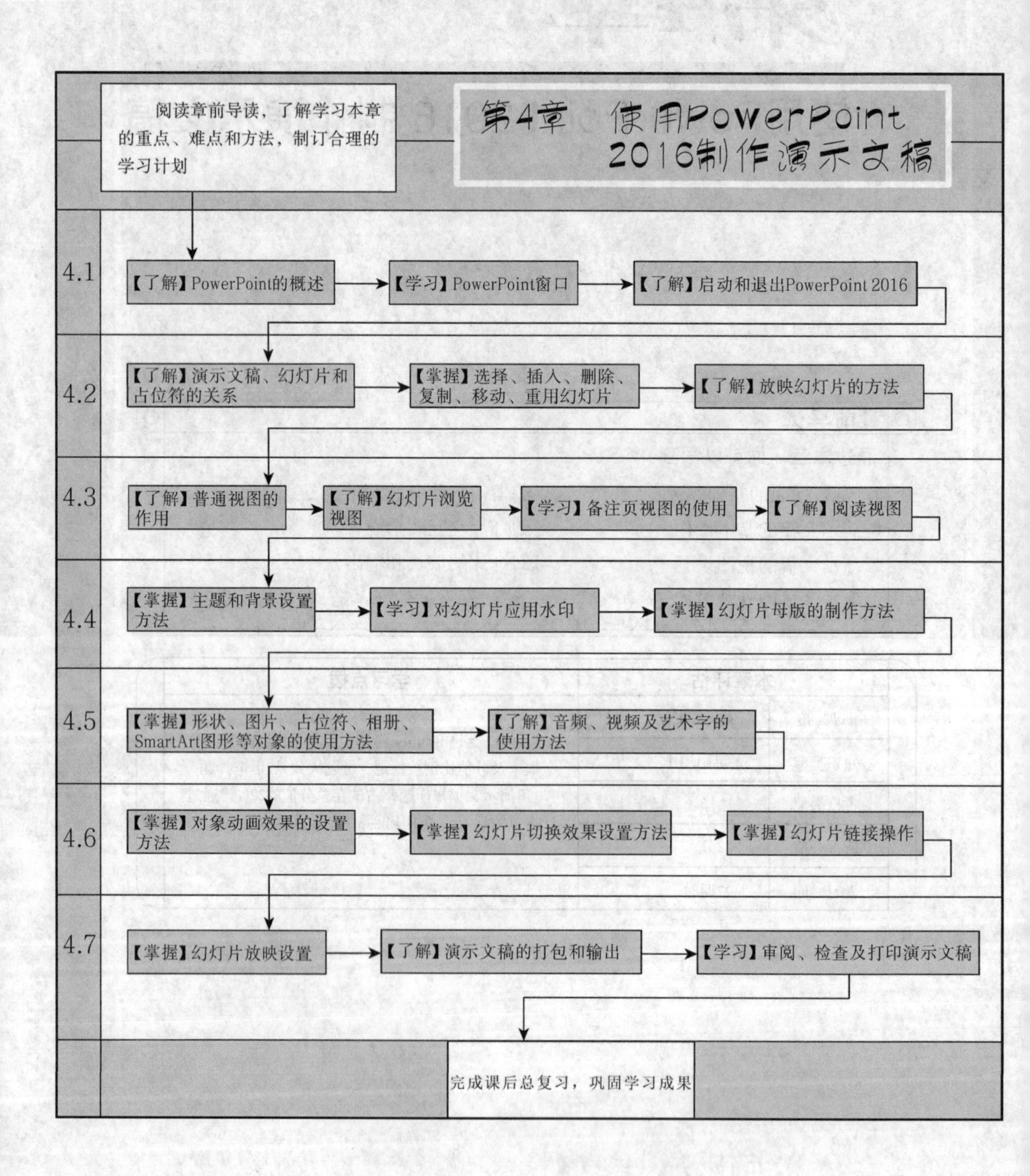

阅读章前导读，了解学习本章的重点、难点和方法，制订合理的学习计划
第4章 使用PowerPoint 2016制作演示文稿
4.1
【了解】PowerPoint的概述
【学习】PowerPoint窗口
【了解】启动和退出PowerPoint 2016
4.2
【了解】演示文稿、幻灯片和占位符的关系
【掌握】选择、插入、删除、复制、移动、重用幻灯片
【了解】放映幻灯片的方法
4.3
【了解】普通视图的作用
【了解】幻灯片浏览视图
【学习】备注页视图的使用
【了解】阅读视图
4.4
【掌握】主题和背景设置方法
【学习】对幻灯片应用水印
【掌握】幻灯片母版的制作方法
4.5
【掌握】形状、图片、占位符、相册、SmartArt图形等对象的使用方法
【了解】音频、视频及艺术字的使用方法
4.6
【掌握】对象动画效果的设置方法
【掌握】幻灯片切换效果设置方法
【掌握】幻灯片链接操作
4.7
【掌握】幻灯片放映设置
【了解】演示文稿的打包和输出
【学习】审阅、检查及打印演示文稿
完成课后总复习，巩固学习成果

通过对本章内容的学习,考生可以了解PowerPoint的基础知识、演示文稿的基本操作、演示文稿的视图设置、演示文稿的外观设计和编辑幻灯片中的对象等内容,学习这些知识对制作幻灯片会有很大的帮助。

4.1 PowerPoint的基础知识

名师讲解

4.1.1 PowerPoint的概述

PowerPoint作为演示文稿制作软件,提供了诸多迅速建立演示文稿的功能,如幻灯片版式的应用,幻灯片的创建、插入、删除、复制、移动等。PowerPoint还提供了动态和交互的演示文稿放映方式,可以充分展现演示文稿的内容。

4.1.2 PowerPoint窗口

PowerPoint 2016的窗口主要由快速访问工具栏、标题栏、选项卡、演示文稿编辑区、视图按钮、缩放级别按钮和状态栏等部分组成,如图4-1所示。

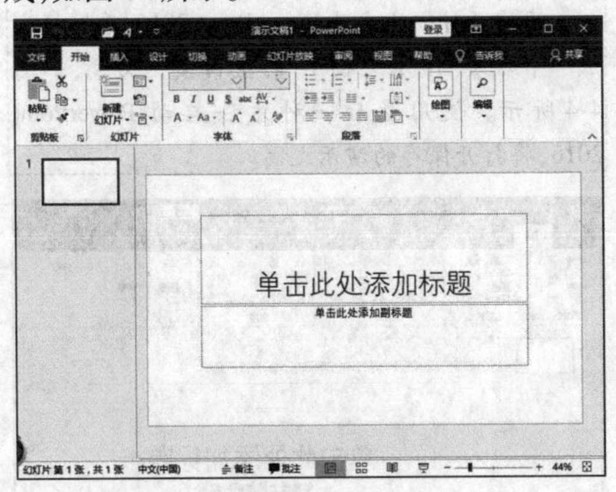

图4-1　PowerPoint 2016的窗口

1 快速访问工具栏

用户在处理演示文稿的过程中,可能会执行某些常见的或重复性的操作。对于这类情况,可以使用快速访问工具栏。快速访问工具栏位于功能区的左上方,其中包含【保存】按钮、【撤销】按钮和【恢复】按钮。用户还可以根据需要添加自己经常会用到的功能按钮。

例如,用户经常使用【艺术字】功能,则可以按照下面的操作步骤将其添加到快速访问工具栏中。

步骤1 选择【插入】选项卡,在【文本】组中右击【艺术字】按钮。

步骤2 在弹出的快捷菜单中选择【添加到快速访问工具栏】命令,如图4-2所示,即可将【艺术字】按钮添加到快速访问工具栏中,结果如图4-3所示。

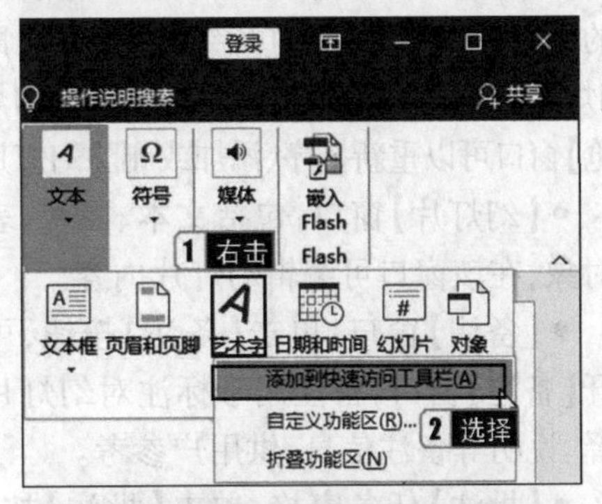

图4-2　选择【添加到快速访问工具栏】命令

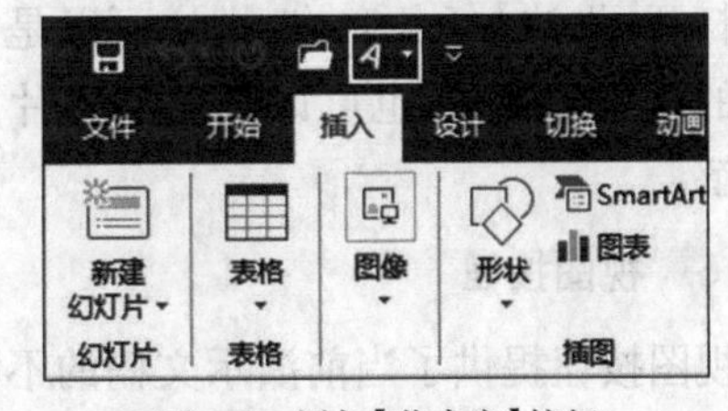

图4-3　添加【艺术字】按钮

2 标题栏

标题栏位于窗口的顶部,用来显示当前演示文稿的文件名,其右侧有【最小化】按钮、【最大化/向下还原】按钮和【关闭】按钮。

【最小化】按钮的左侧是【功能区显示选项】按钮,单击该按钮,可以选择【自动隐藏功能区】或【显示选项卡】命令,默认情况下会选择【显示选项卡和命令】。拖动标题栏可以拖动窗口,双击标题栏可以最大化或向下还原窗口。

3 选项卡

选项卡一般位于标题栏下面，常用的选项卡主要有【文件】【开始】【插入】【设计】【切换】【动画】【幻灯片放映】【审阅】【视图】等。选项卡中还包括若干个组，有时根据操作对象的不同，还会增加相应的选项卡，即上下文选项卡。

4 演示文稿编辑区

演示文稿编辑区主要包括【幻灯片缩览】窗口、【幻灯片】窗口、【备注】窗口和【批注】任务窗格。

- 【幻灯片缩览】窗口：可以显示各幻灯片的缩略图；单击某幻灯片缩略图，将立即在【幻灯片】窗口中显示该幻灯片。利用【幻灯片缩览】窗口可以重新排序、添加或删除幻灯片。
- 【幻灯片】窗口：包括文本、图片、表格等对象，在该窗口可编辑幻灯片内容。
- 【备注】窗口：单击【备注】按钮，可以打开【备注】窗口，备注用于标注对幻灯片的解释、说明等备注信息，供用户参考。
- 【批注】任务窗格：单击【批注】按钮，可以打开【批注】任务窗格，批注可以是注释对象的内容和含义，也可以是对幻灯片内容的注解。

5 视图按钮

视图按钮提供了当前演示文稿的不同显示方式，包括普通视图、幻灯片浏览、阅读视图及幻灯片放映 4 个按钮，单击某个按钮可以切换到相应视图。

- 普通视图：默认的视图，主要的编辑视图，用于撰写和设计演示文稿。
- 幻灯片浏览：查看缩略图形式的幻灯片，可对演示文稿的顺序进行排列和组织。
- 阅读视图：一种特殊的查看方式，方便用户自己查看幻灯片内容和放映效果等。
- 幻灯片放映：用于向观众放映演示文稿。

6 缩放级别按钮

缩放级别按钮位于视图按钮右侧，单击该按钮，可以在弹出的【缩放】对话框中选择幻灯片的显示比例；拖动左侧的滑块，可以调节显示比例。

7 状态栏

状态栏位于窗口左侧底部，在不同的视图下显示的内容会有所不同，主要显示当前幻灯片的序号、当前演示文稿幻灯片的总张数等信息。

4.1.3 启动和退出 PowerPoint 2016

1 启动 PowerPoint 2016

启动 PowerPoint 2016 的方法有以下几种。

- 选择【开始】|【所有程序】|【Microsoft PowerPoint 2016】命令。
- 将鼠标指针移动至桌面上的 Microsoft PowerPoint 2016 快捷方式上，双击鼠标左键，即可启动 Microsoft PowerPoint 2016。
- 双击文件夹中的 PowerPoint 演示文稿，启动软件并打开该演示文稿。

提示

用前两种方法启动 PowerPoint 2016，系统将生成一个名为“演示文稿 1”的空白演示文稿，如图 4-4 所示。使用最后一种方法启动 PowerPoint 2016，将打开保存的演示文稿。

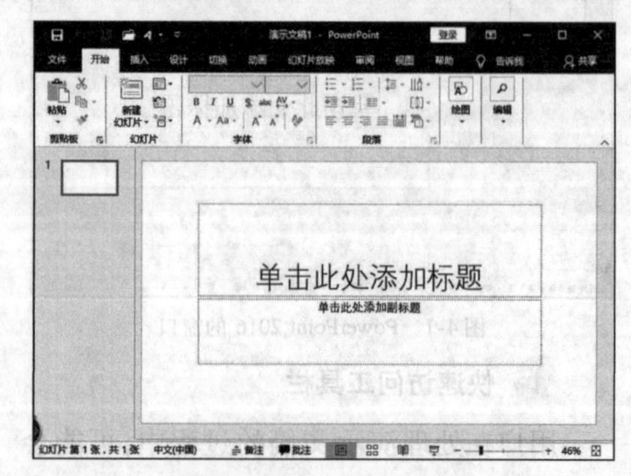

图 4-4 生成的空白演示文稿

2 退出 PowerPoint 2016

退出 PowerPoint 的方法有以下几种。

- 单击 Microsoft PowerPoint 2016 窗口右上角的【关闭】按钮☒。
- 单击窗口左上角空白位置，在弹出的快捷菜单中选择【关闭】命令。
- 单击【文件】选项卡，在弹出的后台视图中选择【关闭】命令。
- 按【Alt + F4】组合键。

退出 PowerPoint 时，系统会弹出对话框，要求用户确认是否保存对演示文稿的编辑工作，单击【保存】按钮则保存退出，单击【不保存】按钮则不保存退出。

4.2 演示文稿的基本操作

4.2.1 幻灯片的基本操作

名师讲解

创建演示文稿之后，用户可以根据需要对幻灯片进行基本操作。在幻灯片操作的过程中，最方便的视图是幻灯片浏览视图，对于少量幻灯片操作，也可以在普通视图下进行。

1 演示文稿和幻灯片

在 PowerPoint 2016 中，演示文稿和幻灯片是两个不同概念。演示文稿是一个以.pptx为扩展名的文件，是由一张张幻灯片组成的。每张幻灯片都是演示文稿中既相互独立又相互联系的内容，幻灯片可以由文本、图形、表格、图片、动画等诸多元素构成。

2 幻灯片中的占位符

幻灯片中的虚线边框称为占位符，用户可以在占位符中输入标题、副标题或者正文文本。要在幻灯片的占位符中添加标题或者副标题，可以在占位符中单击，然后输入或者粘贴文本，如图 4-5 所示。可以使用同样的方法，在下面的占位符中输入副标题。如果文本大小超过占位符大小，PowerPoint 2016 会在输入文本时以递减方式缩小字体的字号和行间距，使文本适应占位符的大小。

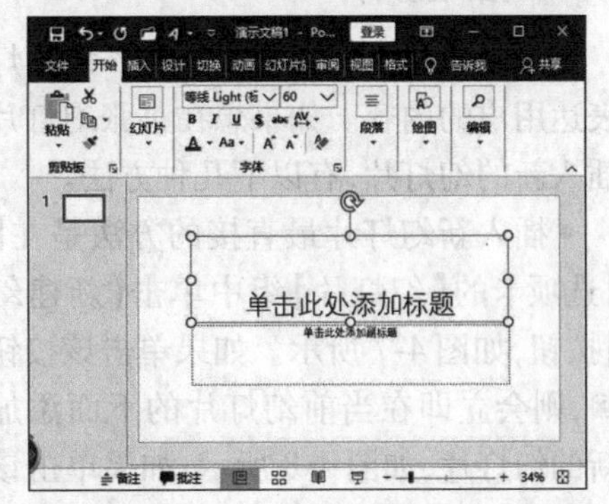

图 4-5 在占位符中添加标题

> **请注意**
>
> 输入每张幻灯片的大标题时，如果一行不够用，不要按【Enter】键，PowerPoint 2016 会自动换行。如果按【Enter】键，则 PowerPoint 2016 会将其看成另一个大标题。同样，在输入副标题时，也不要按【Enter】键，否则 PowerPoint 2016 也会将其看成另外一个副标题。

3 选择幻灯片

在开始编辑之前，需要先选择幻灯片。在【幻灯片】窗口左侧的【幻灯片缩览】窗口中进行选择。

- 如果要选择一张幻灯片，只要单击即可选中。
- 如果要选择连续的多张幻灯片，则可以用鼠标选定第一张，然后按住【Shift】键，再单击最后一张幻灯片即可，如图 4-6 所示。

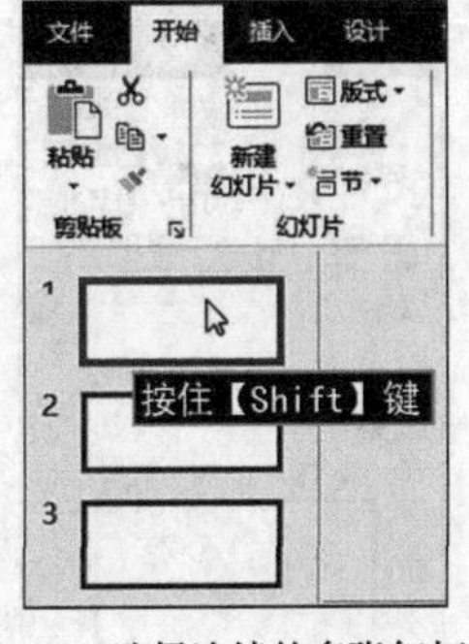

图 4-6 选择连续的多张幻灯片

- 如果要选择不连续的多张幻灯片，可

以按住【Ctrl】键，然后单击每一张要选择的幻灯片。

4 插入幻灯片

演示文稿建立后，通常需要多张幻灯片来表达用户的内容。如果想在某张幻灯片后面插入新的幻灯片，有以下几种方法。

● 插入新幻灯片最直接的方法是在【开始】选项卡的【幻灯片】组中单击【新建幻灯片】按钮，如图4-7所示。如果单击该按钮本身，则会立即在当前幻灯片的下面添加一张新的幻灯片，如图4-8所示；如果单击该按钮下方的下拉按钮，则会弹出图4-9所示的下拉列表，从中选择一个合适的版式后，将插入该版式的幻灯片。

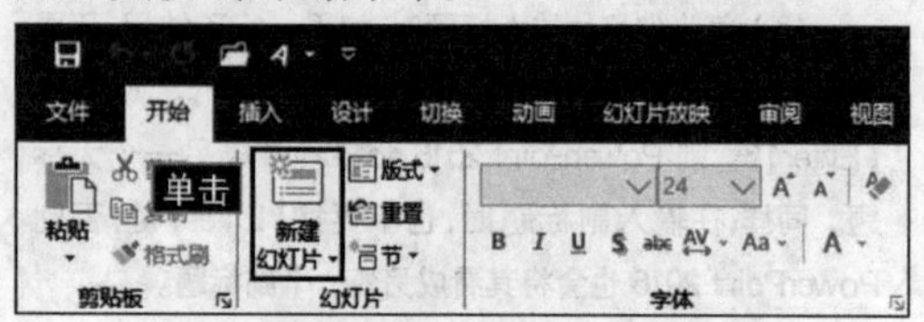

图4-7 单击【新建幻灯片】按钮

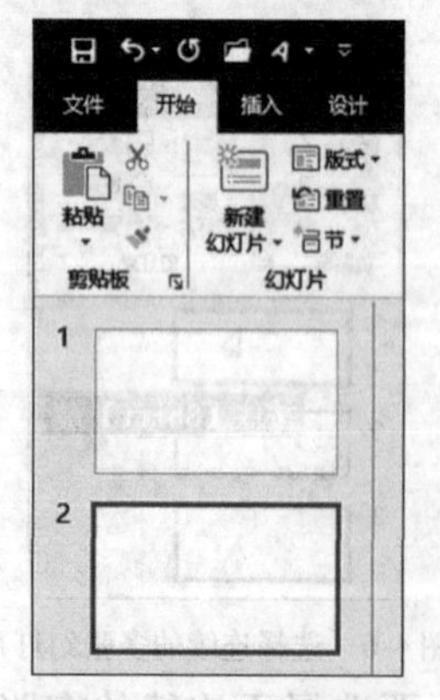

图4-8 添加新的幻灯片

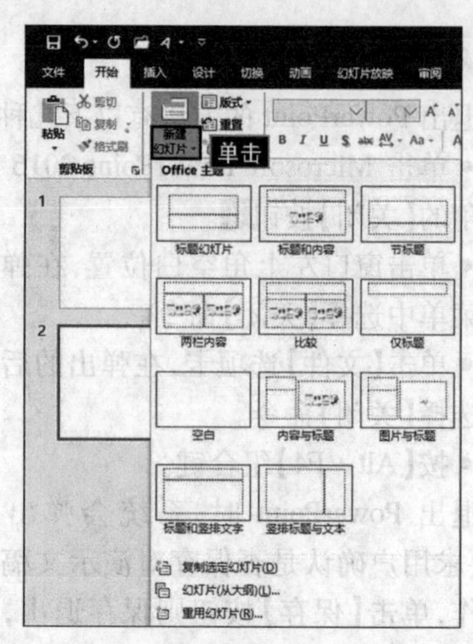

图4-9 【新建幻灯片】下拉列表

● 在【幻灯片缩览】窗口中单击鼠标右键，在弹出的快捷菜单中选择【新建幻灯片】命令，如图4-10所示，即可插入一张新幻灯片。

图4-10 选择【新建幻灯片】命令

● 在【幻灯片缩览】窗口中选择一张幻灯片，按【Enter】键，可直接在该幻灯片下方创建一张新的幻灯片。

● 选择一张幻灯片，按【Ctrl＋D】组合键也可创建幻灯片。

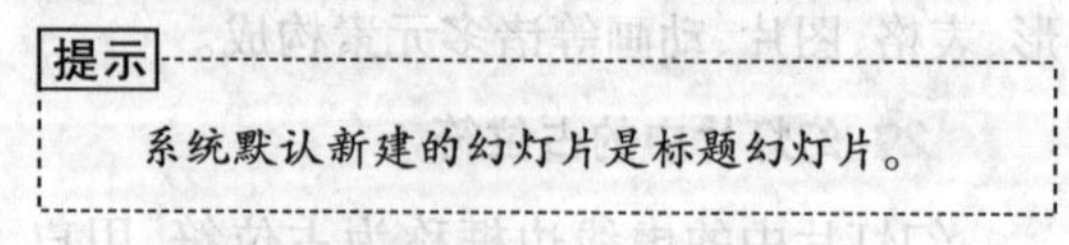

5 删除幻灯片

在操作过程中有时需要删除幻灯片，删除幻灯片的方法有以下两种。

● 在【幻灯片缩览】窗口中选择一张幻灯片，单击鼠标右键，在弹出的快捷菜单中选择【删除幻灯片】命令，即可将选择的幻灯片删除，如图 4-11 所示。

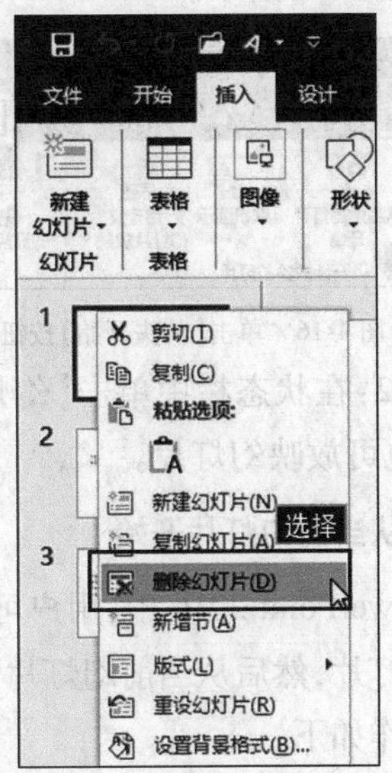

图 4-11 选择【删除幻灯片】命令

• 在【幻灯片缩览】窗口中选择一张幻灯片，按【Delete】键即可将其删除。

6 复制幻灯片

当需要几张内容相同的幻灯片时，可以使用复制、粘贴功能进行操作，具体的操作步骤如下。

步骤1 在【幻灯片缩览】窗口中选择需要复制的幻灯片后单击鼠标右键，在弹出的快捷菜单中选择【复制】命令，如图 4-12 所示。

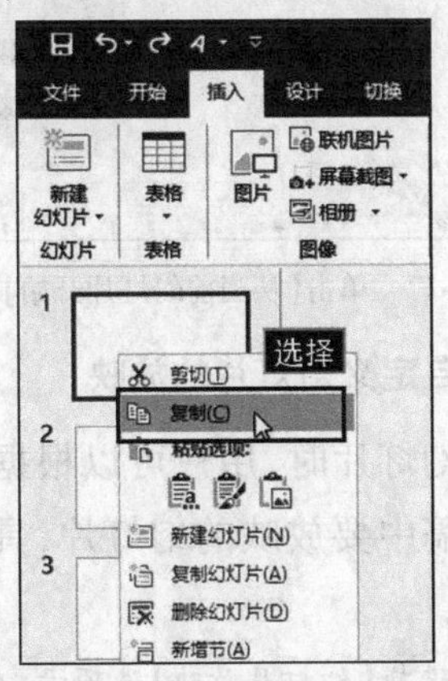

图 4-12 选择【复制】命令

步骤2 在【幻灯片缩览】窗口中选择目标幻灯片后单击鼠标右键，在弹出的快捷菜单中选择【粘贴选项】下的【保留源格式】命令，如图 4-13 所示，即可将复制的幻灯片粘贴在所选择的幻灯片下方。

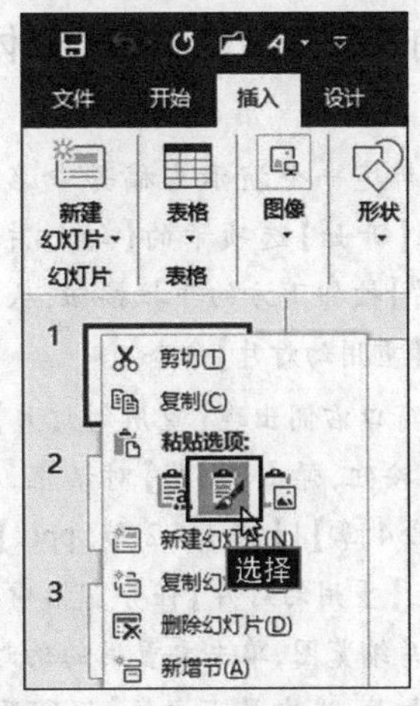

图 4-13 选择【保留源格式】命令

> **提示**
>
> 使用组合键【Ctrl + C】可以复制对象，使用组合键【Ctrl + V】可以粘贴对象，使用组合键【Ctrl + X】可以剪切对象。

7 移动幻灯片

在【幻灯片缩览】窗口中选择需要移动的幻灯片，按住鼠标左键拖动幻灯片，当选择的幻灯片靠近其他幻灯片时，可以看见一条显示线，表示其即将插入的位置，如图 4-14 所示。释放鼠标左键即可改变幻灯片的位置。

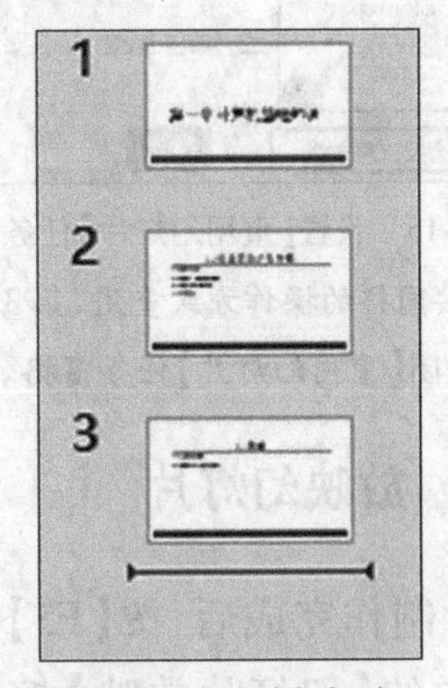

图 4-14 移动幻灯片

8 重用幻灯片

如果需要从其他演示文稿中借用现成的幻灯片，可以使用重用幻灯片功能，例如将演示文稿【第 1 – 2 节. pptx】和【第 3 – 5 节. pptx】中的所有幻灯片合并到【合并文件.pptx】中,并且要求所有幻灯片保留原来的格式,具体的操作步骤如下。

步骤1 新建一个演示文稿并命名为【合并文件.pptx】,在【开始】选项卡的【幻灯片】组中单击【新建幻灯片】按钮下方的下拉按钮,从弹出的下拉列表中选择【重用幻灯片】命令。

步骤2 窗口右侧出现【重用幻灯片】任务窗格,单击【浏览】按钮,弹出【浏览】对话框,从素材文件夹中选择【第4章】|【第1-2节.pptx】文件,单击【打开】按钮,【重用幻灯片】任务窗格中将显示所有可用的幻灯片缩览图,单击要重用的幻灯片缩览图,即可重用幻灯片,选中最下方的【保留源格式】复选框,如图4-15所示。

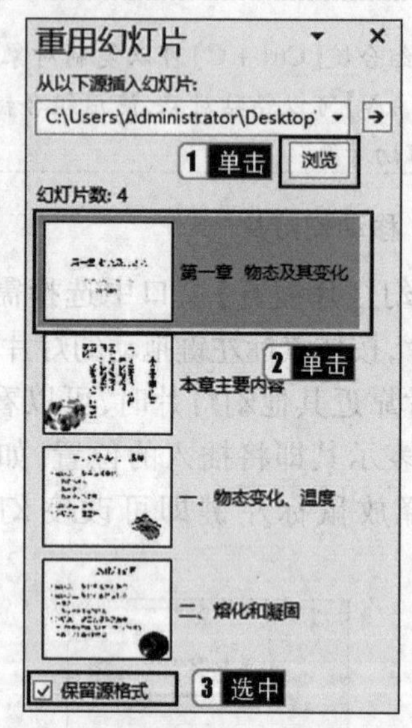

图4-15 设置【重用幻灯片】任务窗格

步骤3 按同样的操作方式重用"第3-5节.pptx",操作完成后关闭【重用幻灯片】任务窗格。

4.2.2 放映幻灯片

幻灯片制作完成后,按【F5】键,或单击视图按钮中的【幻灯片放映】按钮,或利用【幻灯片放映】选项卡的【开始放映幻灯片】组中的命令均可放映幻灯片。

1 从头开始放映幻灯片

方法1:选择【幻灯片放映】选项卡,在【开始放映幻灯片】组中单击【从头开始】按钮,如图4-16所示。

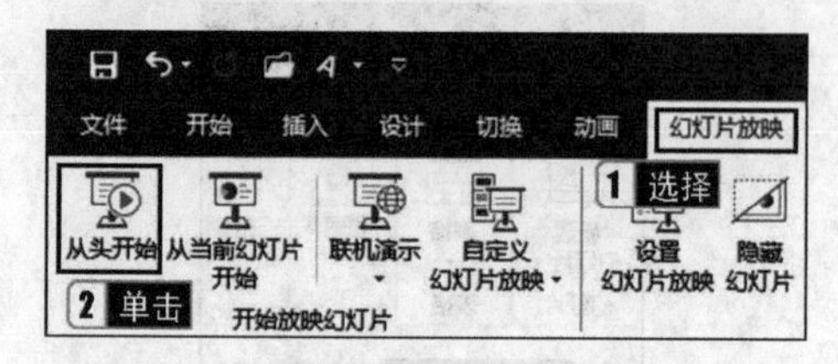

图4-16 单击【从头开始】按钮

方法2:在状态栏中单击【幻灯片放映】按钮,也可放映幻灯片。

2 从当前幻灯片开始

在 PowerPoint 2016 中,用户可以随意选择一张幻灯片,然后从当前幻灯片开始播放,具体的操作如下。

选择某一张幻灯片,然后选择【幻灯片放映】选项卡,在【开始放映幻灯片】组中单击【从当前幻灯片开始】按钮,如图4-17所示,即可放映幻灯片。

图4-17 单击【从当前幻灯片开始】按钮

3 自定义幻灯片的放映

放映幻灯片时,用户可以根据需要自定义演示文稿中要放映的幻灯片,具体的操作步骤如下。

步骤1 选择【幻灯片放映】选项卡,在【开始放映幻灯片】组中单击【自定义幻灯片放映】按钮,在弹出的下拉列表中选择【自定义放映】命令,如图4-18所示。

图4-18 选择【自定义放映】命令

步骤2 在弹出的【自定义放映】对话框中单击【新建】按钮，如图4-19所示。

图4-19 单击【新建】按钮

步骤3 在弹出的对话框中设置幻灯片放映名称，然后在左侧的列表框中选中【幻灯片1】【幻灯片3】【幻灯片5】复选框，单击【添加】按钮，即可在【自定义放映】对话框中添加一个自定义的放映列表，单击【确定】按钮，如图4-20所示。

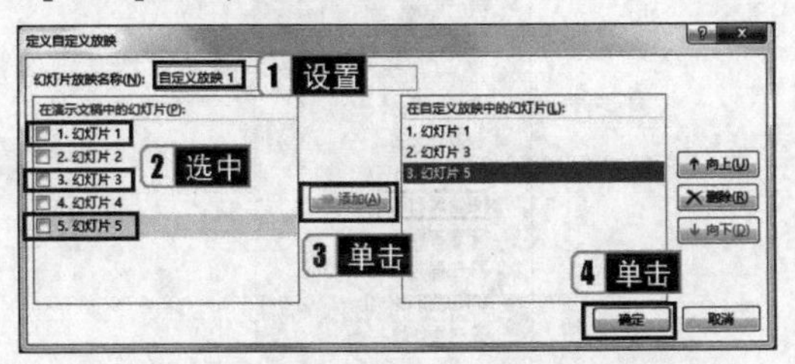

图4-20 【定义自定义放映】对话框

步骤4 返回【自定义放映】对话框，单击【放映】按钮即可放映，如图4-21所示。

图4-21 单击【放映】按钮

4 隐藏幻灯片

步骤1 在【幻灯片缩览】窗口中选择第三张幻灯片到第五张幻灯片，选择【幻灯片放映】选项卡，在【设置】组中单击【隐藏幻灯片】按钮，如图4-22所示。

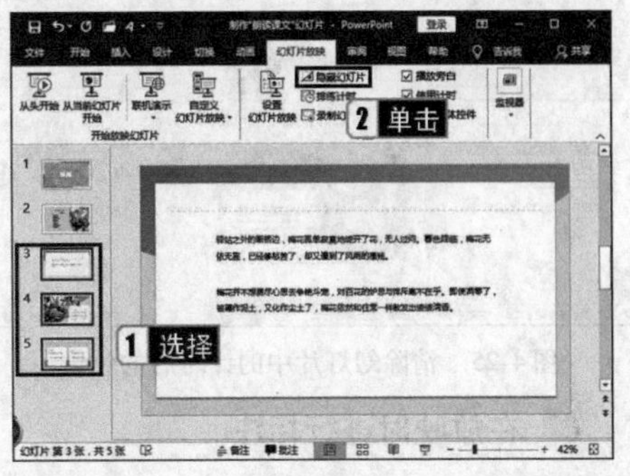

图4-22 单击【隐藏幻灯片】按钮

步骤2 单击该按钮后，所选幻灯片即被隐藏，在【幻灯片缩览】窗口中可以看到隐藏的幻灯片的编号上会显示斜线，如图4-23所示。

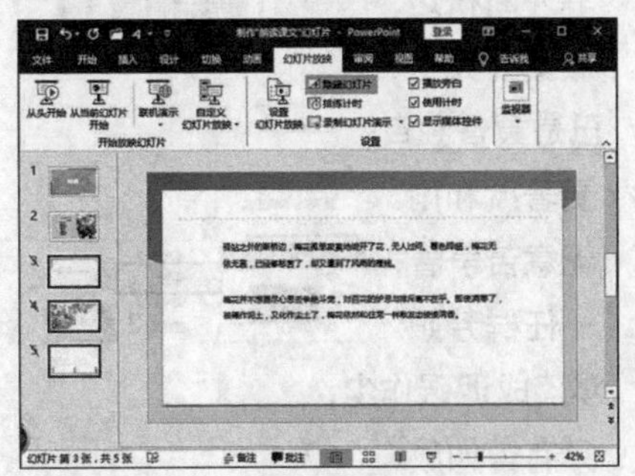

图4-23 隐藏幻灯片后的效果

5 清除幻灯片中的计时

步骤1 选择【幻灯片放映】选项卡，在【设置】组中单击【录制幻灯片演示】按钮下方的下拉按钮，在弹出的下拉列表中选择【清除】|【清除所有幻灯片中的计时】命令，如图4-24所示。

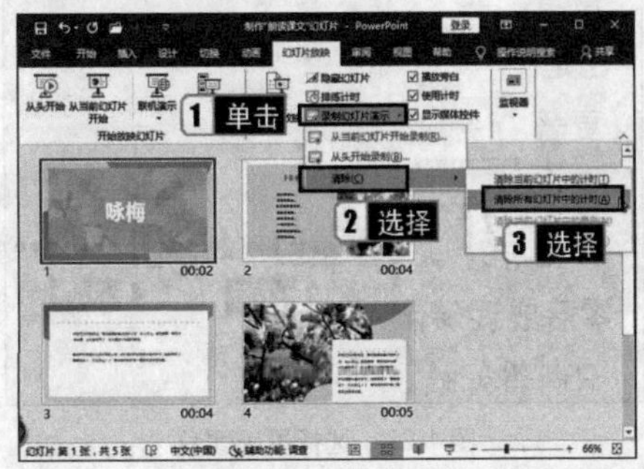

图4-24 选择【清除所有幻灯片中的计时】命令

步骤2 执行该操作后，即可将幻灯片中所有的计时清除，效果如图 4-25 所示。

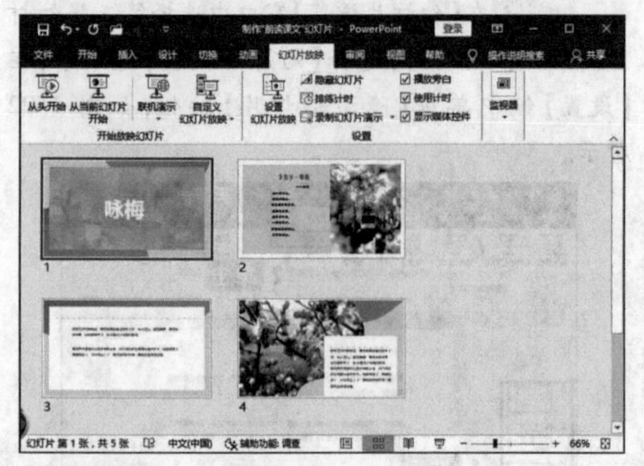

图 4-25 清除幻灯片中的计时后的效果

6 在放映时进行标注

步骤1 放映幻灯片时，单击鼠标右键，在弹出的快捷菜单中选择【指针选项】命令，在其级联列表中选择【笔】命令，如图 4-26 所示。

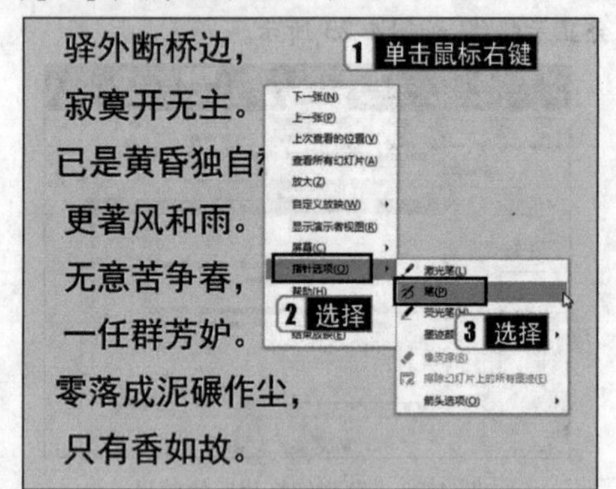

图 4-26 选择【笔】命令

步骤2 再次单击鼠标右键，在弹出的快捷菜单中选择【指针选项】命令，在其级联列表中选择【墨迹颜色】|【红色】命令，如图 4-27 所示。

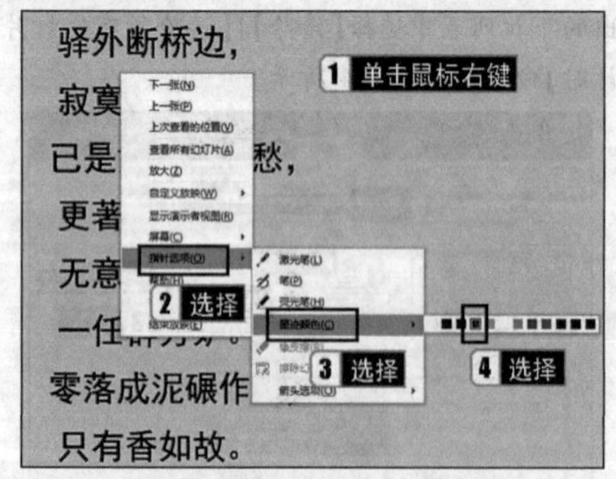

图 4-27 选择墨迹颜色

步骤3 设置完成后，对幻灯片中的文字、图片等进行标注，标注效果如图 4-28 所示。

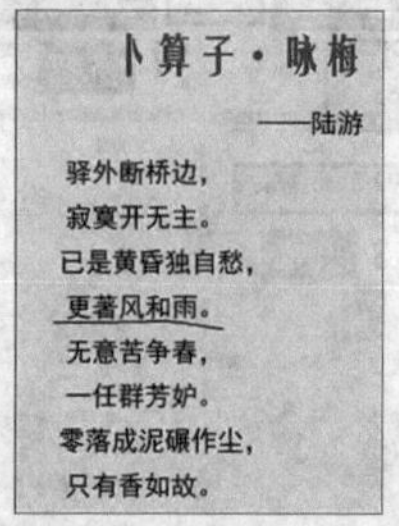

图 4-28 标注幻灯片

步骤4 在幻灯片中单击鼠标右键，在弹出的快捷菜单中选择【指针选项】命令，然后在其级联列表中选择【荧光笔】命令，如图 4-29 所示。

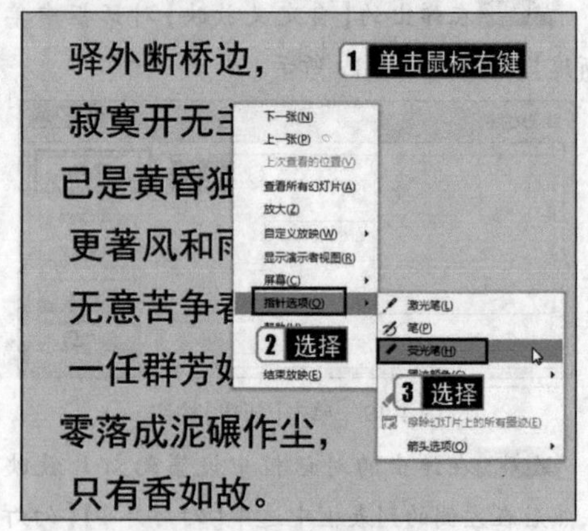

图 4-29 选择【荧光笔】命令

步骤5 在幻灯片中进行涂抹，涂抹后的效果如图 4-30 所示。

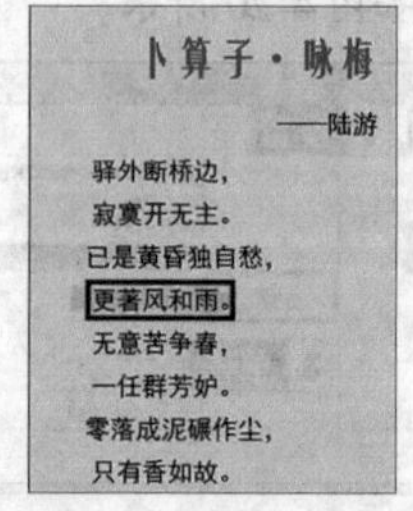

图 4-30 涂抹后的效果

步骤6 按【Esc】键退出，弹出提示对话框，单击【保留】按钮，保留墨迹注释，如图 4-31 所示。

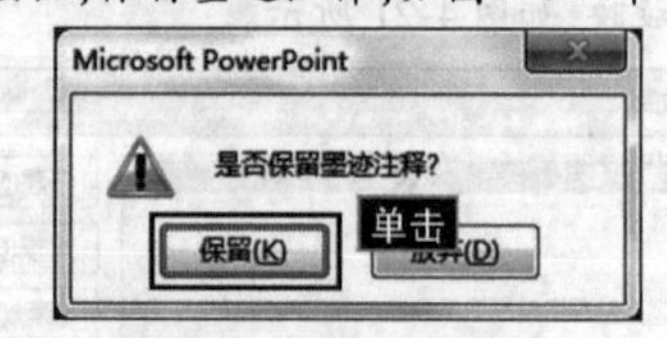

图 4-31 单击【保留】按钮

7 屏幕的操作

PowerPoint 2016 提供了多种灵活的幻

灯片切换控制等操作，同时允许幻灯片在放映时以黑屏或白屏的方式显示。

步骤1 在放映幻灯片时，单击鼠标右键，在弹出的快捷菜单中选择【屏幕】命令，然后在级联列表中选择【黑屏】命令，如图4-32所示。

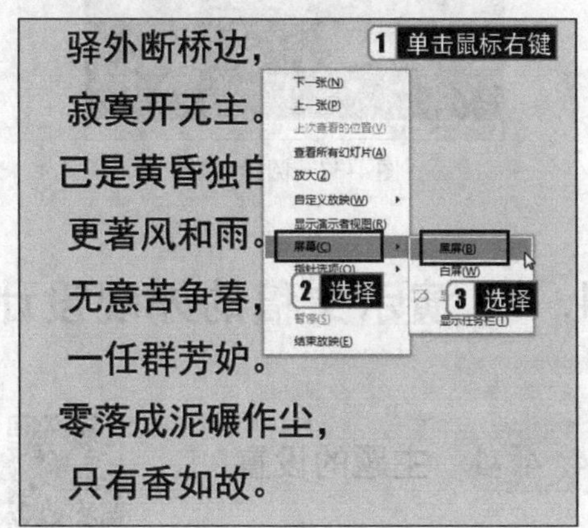

图4-32 选择【黑屏】命令

步骤2 执行该操作后，幻灯片将以黑屏的方式显示，如图4-33所示，按【Esc】键即可退出黑屏模式。

图4-33 黑屏显示

4.3 演示文稿的视图模式

名师讲解

PowerPoint 2016 主要包括普通视图、幻灯片浏览视图、备注页视图、阅读视图及大纲视图5种视图模式，用户可以根据需要，使用不同的视图模式。本节主要介绍前4种视图的使用方法，大纲视图将在4.5节中详细介绍。

4.3.1 普通视图

PowerPoint 2016 默认的视图模式是普通视图，如图4-34所示。在该视图中，用户可以设置段落、字符格式，也可以查看每张幻灯片的标题、副标题以及备注，还可以移动幻灯片图像和备注页方框并改变它们的大小以及编辑、查看幻灯片等。

图4-34 普通视图

4.3.2 幻灯片浏览视图

幻灯片浏览视图可以缩略图的形式对演示文稿中多张幻灯片同时进行显示，如图4-35所示。该视图方便用户查看各个幻灯片之间的搭配是否协调，还可以进行删除，移动以及复制幻灯片等操作，使用户可以更加方便、快捷地对演示文稿的顺序进行排列和组织。

图4-35 幻灯片浏览视图

4.3.3 备注页视图

备注页视图与其他视图的不同之处在于,它的上方显示幻灯片,下方显示备注文本框。在此视图模式下,用户无法对上方显示的当前幻灯片进行编辑,但可以输入或更改备注页中的内容。具体的操作步骤如下。

步骤1 在【视图】选项卡的【演示文稿视图】组中单击【备注页】按钮,切换到备注页视图。

步骤2 若显示的不是要添加备注的幻灯片,可利用窗口右边滚动条找到所需的幻灯片。

步骤3 图4-36所示的上半部分是幻灯片缩略图,下半部分是备注文本框,单击该文本框就可以在光标处输入备注内容。

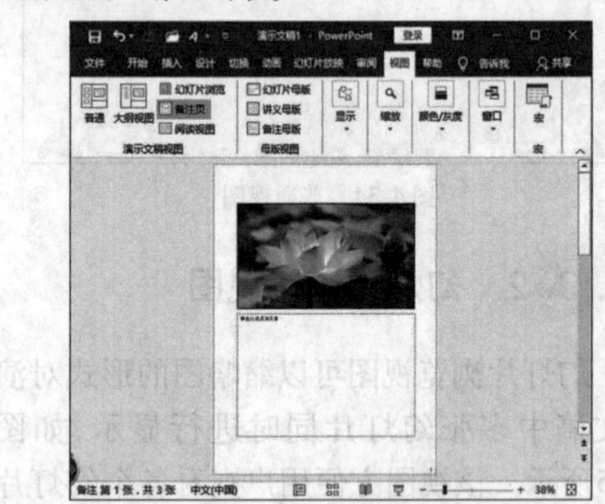

图4-36 备注页视图

在备注页视图中,如果要切换到上一张幻灯片,可按键盘中的【PageUp】键;如果要切换到下一张幻灯片,则可按【PageDown】键。拖动页面右侧的滚动条,可选择所需的幻灯片。

4.3.4 阅读视图

阅读视图可将演示文稿作为适应窗口大小的幻灯片放映查看,激活阅读视图后,窗口将显示当前演示文稿并隐藏大多数不重要的屏幕元素。阅读视图可以通过大屏幕放映演示文稿,用于幻灯片制作完成后的简单放映、浏览,如图4-37所示。

图4-37 阅读视图

4.4 演示文稿的外观设计

4.4.1 主题的设置

PowerPoint 2016 中提供了大量的主题,这些主题中设置了不同的字体样式和对象的颜色样式。用户可以根据不同的需求选择不同的主题,选择完成后该主题即可直接应用于演示文稿;还可以对所创建的主题进行修改,以达到满意的效果。

1 应用内置 Office 主题

步骤1 打开素材文件夹中的【第4章】|【应用主题.pptx】文件。

步骤2 选中第一张幻灯片,选择【设计】选项卡,在【主题】组中单击【其他】按钮,在打开的主题下拉列表中选择一种主题,如图4-38所示。

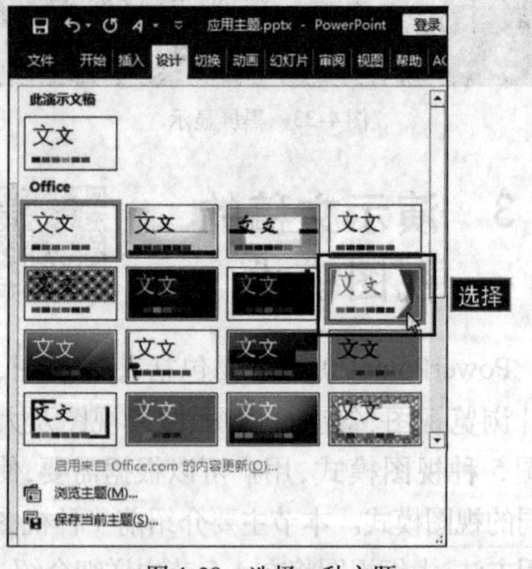

图4-38 选择一种主题

步骤3 应用选择的主题的效果如图 4-39 所示。

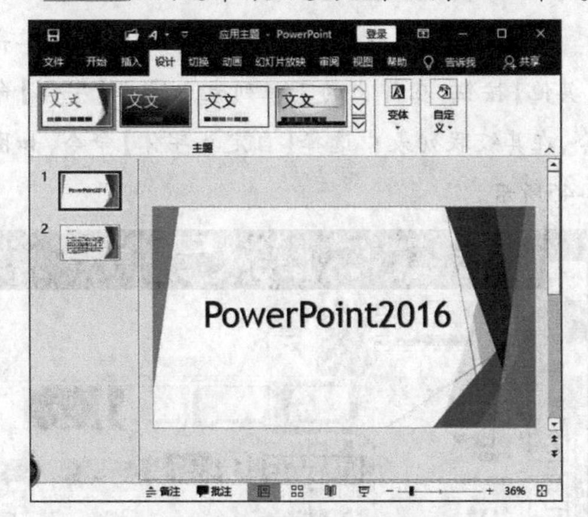

图 4-39　应用选择的主题的效果

2　使用外部主题

如果内置 Office 主题不能满足用户的需求,则可以选择外部主题。选择【设计】选项卡,在【主题】组中单击【其他】按钮,在弹出的下拉列表中选择【浏览主题】命令,如图 4-40 所示,在弹出的对话框中选择要使用的外部主题,然后单击【应用】按钮。

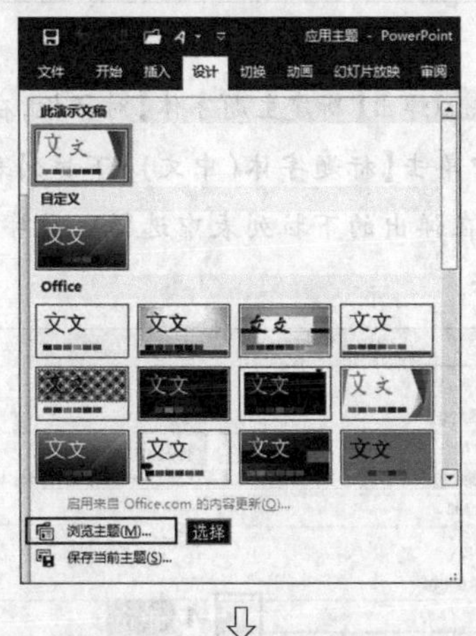

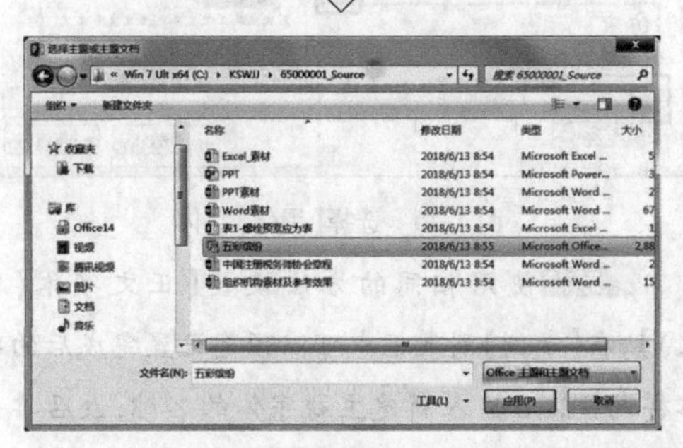

图 4-40　选择要使用的外部主题

请注意

若只是设置部分幻灯片的主题,可选择要设置主题的幻灯片,使用鼠标右键单击一种主题,在弹出的快捷菜单中选择【应用于选定幻灯片】命令,则所选幻灯片的主题效果更新,其他幻灯片的主题则不变。若选择【应用于所有幻灯片】命令,则演示文稿中的所有幻灯片均设置为所选主题。

3　自定义主题设置

虽然内置 Office 主题类型丰富,但不是所有的主题都能符合用户的要求,当内置 Office 主题不能满足用户要求时,用户可以对内置主题进行自定义设置。

(1) 自定义主题颜色

步骤1 选择【设计】选项卡,在【变体】组中单击【其他】按钮,在弹出的下拉列表中选择【颜色】命令,在其级联列表中选择【自定义颜色】命令,如图 4-41 所示。

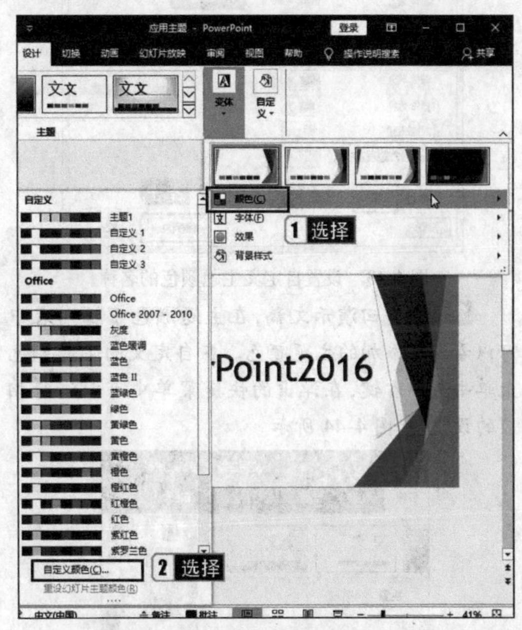

图 4-41　选择【自定义颜色】命令

步骤2 弹出【新建主题颜色】对话框,单击要定义的项目右侧的下拉按钮,然后在弹出的下拉列表中选择需要的颜色,如图 4-42 所示。

步骤3 设置完成后,在【名称】文本框中输入自定义颜色的名称,然后单击【保存】按钮,如图 4-43 所示。

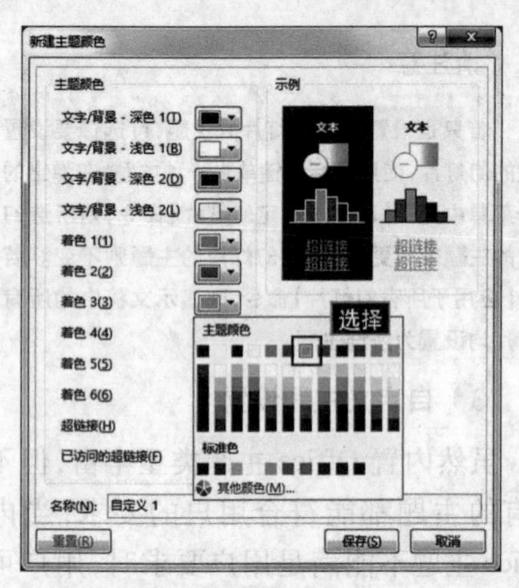

图 4-42　设置主题颜色

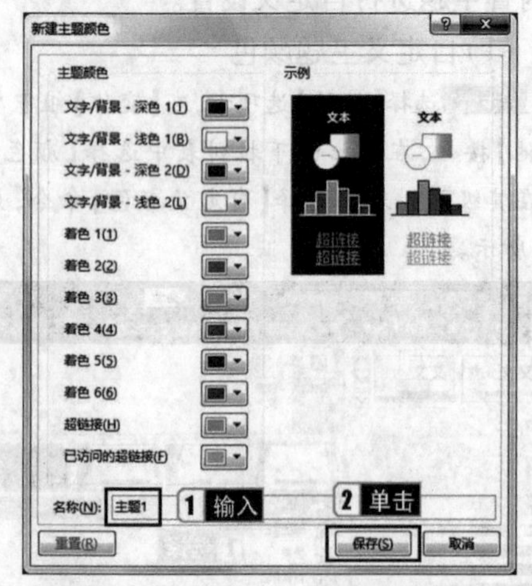

图 4-43　设置自定义主题颜色的名称

步骤4 返回演示文稿，在主题颜色下拉列表中可以看到刚添加的主题颜色。在自定义的主题颜色上单击鼠标右键，在弹出的快捷菜单中可以进行相应的设置，如图 4-44 所示。

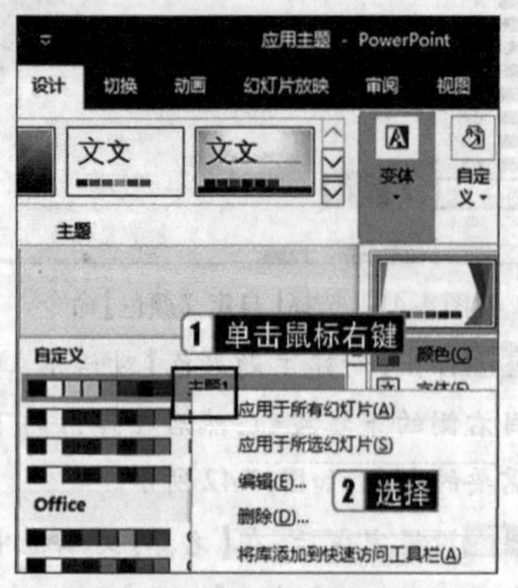

图 4-44　在自定义的主题颜色上单击鼠标右键进行相应设置

(2) 自定义主题字体

步骤1 选择【设计】选项卡，在【变体】组中单击【其他】按钮，在弹出的下拉列表中选择【字体】命令，在其级联列表中选择【自定义字体】命令，如图 4-45 所示。

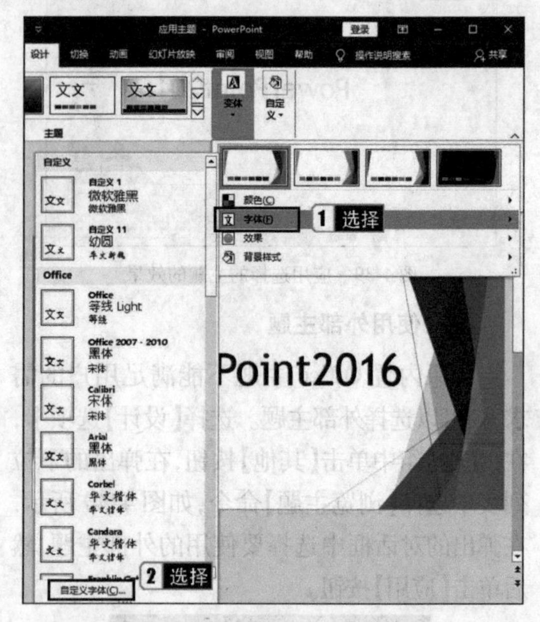

图 4-45　选择【自定义字体】命令

步骤2 弹出【新建主题字体】对话框，在【中文】选项组中单击【标题字体(中文)】下拉列表框的下拉按钮，在弹出的下拉列表中选择一种字体，如图 4-46 所示。

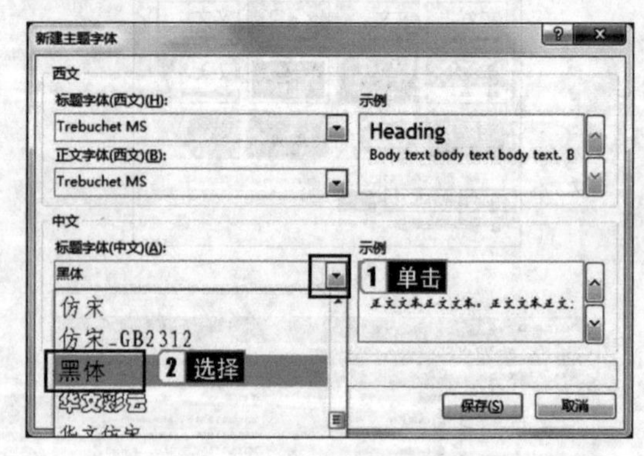

图 4-46　选择【黑体】字体

步骤3 使用相同的方法设置【正文字体(中文)】，在【示例】列表框中可以预览设置完成后的字体样式。然后输入新建主题字体的名称，最后单击【保存】按钮，如图 4-47 所示。

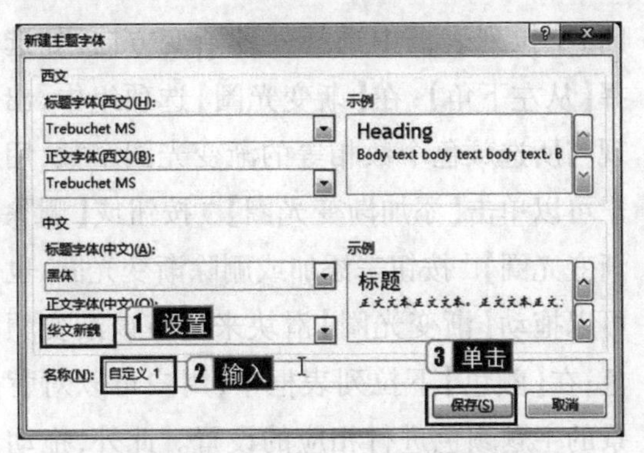

图4-47　保存自定义主题字体

步骤4 返回演示文稿，在主题字体下拉列表中可以看到刚添加的主题字体，如图4-48所示。

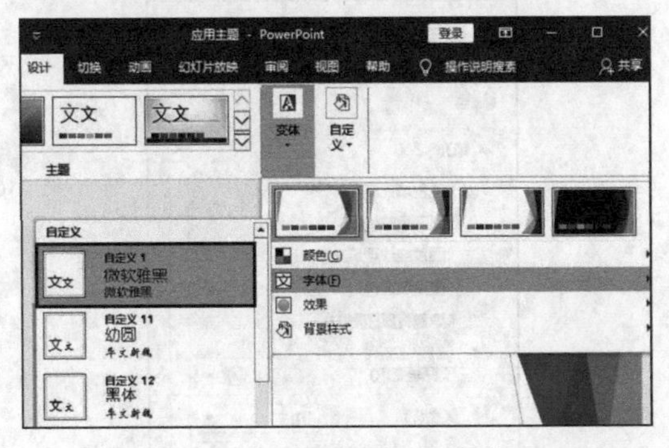

图4-48　添加后的自定义字体

4.4.2　背景的设置

名师讲解

PowerPoint 2016为每个主题提供了12种背景样式，如图4-49所示。用户既可以选择其中一种样式快速改变演示文稿中所有幻灯片的背景，也可以只改变某一张幻灯片的背景。通常情况下，从列表中选择一种背景样式，则演示文稿中与选中幻灯片相同主题的全部幻灯片均采用该背景样式。若只希望改变部分幻灯片的背景，则应选中要改变背景的幻灯片，然后右击要选择的背景样式，在弹出的快捷菜单中选择【应用于选定幻灯片】命令，选定的幻灯片即可采用该背景样式，而其他幻灯片的背景不变。通过背景样式设置，可以改变设有主题的幻灯片主题背景，也可以为未设置主题的幻灯片添加背景。

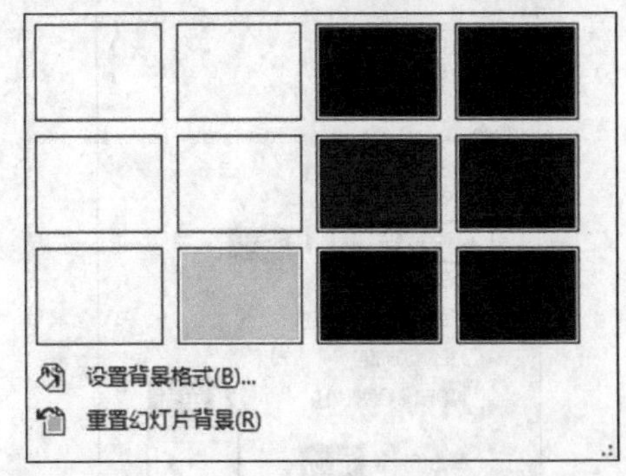

图4-49　背景样式

除了使用内置的背景样式，用户还可以自定义背景格式。背景设置主要在【设置背景格式】任务窗格中完成，应用其中的【填充】选项组，可以进行【纯色填充】【渐变填充】【图片或纹理填充】【图案填充】的设置和隐藏背景图形等。

1　纯色填充

步骤1 选择【设计】选项卡，在【变体】组中单击【其他】按钮，在弹出的下拉列表中选择【背景样式】命令，在其级联列表中选择【设置背景格式】命令，如图4-50所示。

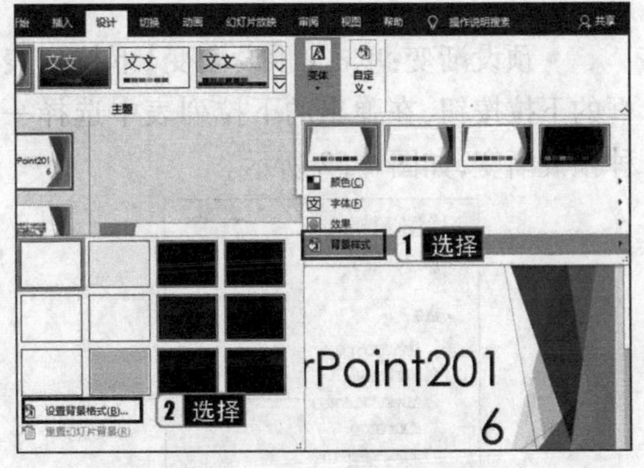

图4-50　选择【设置背景格式】命令

步骤2 弹出【设置背景格式】任务窗格，选择【纯色填充】单选按钮。单击【颜色】下拉列表框的下拉按钮，在弹出的下拉列表中选择需要的背景颜色；也可以选择【其他颜色】命令，弹出【颜色】对话框，在该对话框中进行设置。拖动【透明度】滑块，可以改变颜色的透明度，如图4-51所示。

步骤3 设置完成后，当前幻灯片即可应用该背景。如果单击【应用到全部】按钮，则全部幻灯片应用该背景。

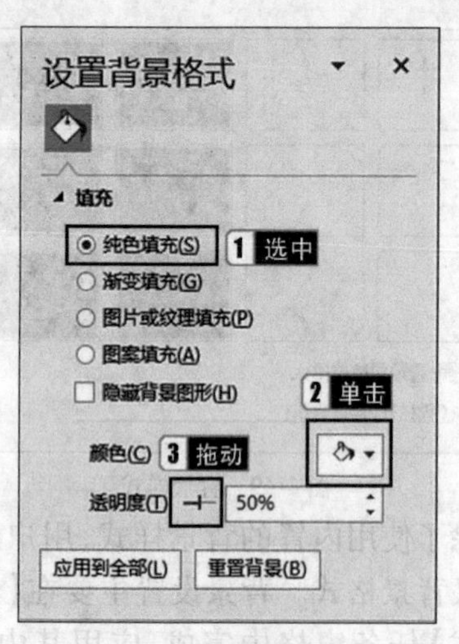

图 4-51 设置纯色填充

提示

如果对设置的背景格式不满意，可在【设置背景格式】任务窗格中单击【重置背景】按钮，然后关闭任务窗格，则所有设置返回初始状态。

2 渐变填充

选择【渐变填充】单选按钮，可以选择预设的颜色进行填充，也可以自定义渐变颜色进行填充。

- 预设渐变：单击【预设渐变】下拉列表框的下拉按钮，在弹出的下拉列表中选择一种预设渐变，如图 4-52 所示。

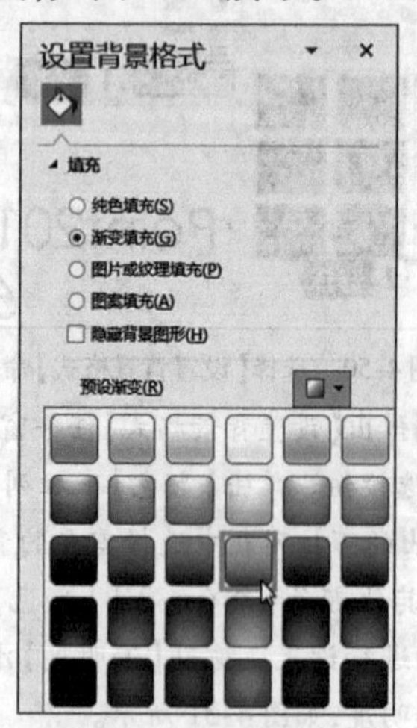

图 4-52 预设渐变

- 自定义渐变：在【类型】下拉列表框中选择一种渐变类型，如选择【射线】；在【方向】下拉列表框中选择一种渐变方向，如选择【从左下角】；在【渐变光圈】选项组中，出现与所选颜色个数相等的渐变光圈个数，用户可以单击【添加渐变光圈】按钮或【删除渐变光圈】按钮来添加或删除渐变光圈，也可以拖动【渐变光圈】滑块来调节该渐变颜色；在【颜色】下拉列表框中，用户可以对背景的主题颜色进行相应的设置。此外，拖动【亮度】和【透明度】滑块，还可以设置背景的亮度和透明度，如图 4-53 所示。

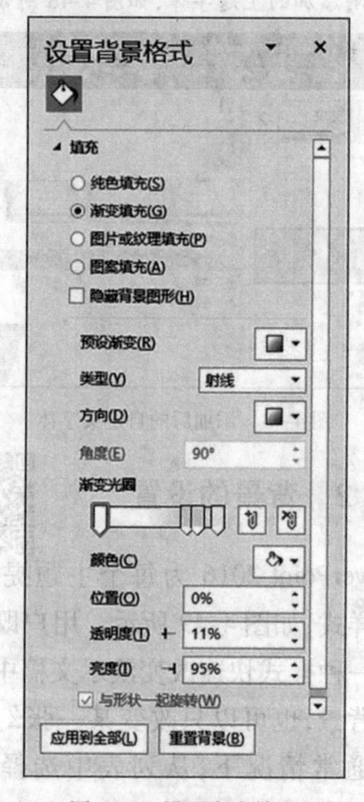

图 4-53 设置渐变填充

3 图案填充

打开【设置背景格式】任务窗格，在【填充】选项卡中选择【图案填充】单选按钮，在出现的图案列表中选择需要的图案。在【前景】和【背景】下拉列表框中可以自定义图案的前景颜色和背景颜色。单击【应用到全部】按钮或关闭任务窗格，则所选择的图案即可成为幻灯片的背景，如图 4-54 所示。

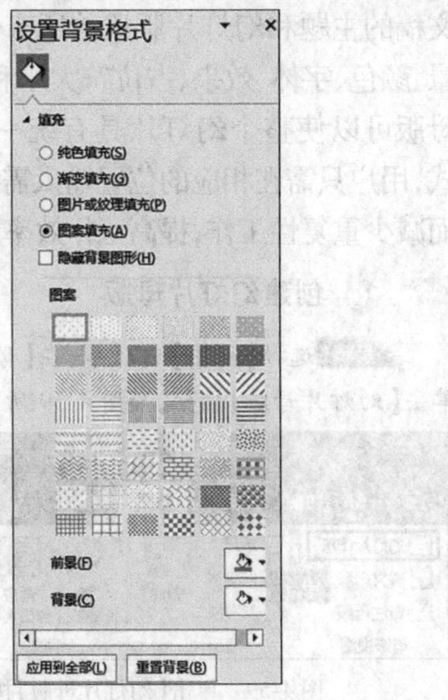

图 4-54 设置图案填充

4 图片填充

打开【设置背景格式】任务窗格，在【填充】选项卡中选择【图片或纹理填充】单选按钮，在【图片源】选项组中单击【插入】按钮，如图 4-55 所示。在弹出的对话框中选择【从文件】，弹出【插入图片】对话框，找到并选中所需的图片，单击【插入】按钮，返回【设置背景格式】任务窗格，单击【应用到全部】按钮或关闭任务窗格，则所选图片即可成为幻灯片的背景。也可以选择剪贴板中的图片填充背景，若已经设置主题，则所设置的背景可能被主题背景图形所覆盖，此时可以在【设置背景格式】任务窗格中选中【隐藏背景图形】复选框。

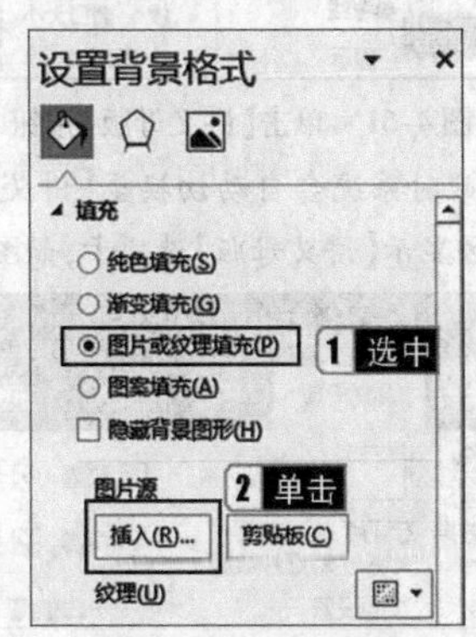

图 4-55 设置图片填充

5 纹理填充

打开【设置背景格式】任务窗格，在【填充】选项卡中选择【图片或纹理填充】单选按钮，单击【纹理】下拉列表框的下拉按钮，在弹出的列表中选择需要的纹理，如图 4-56 所示。

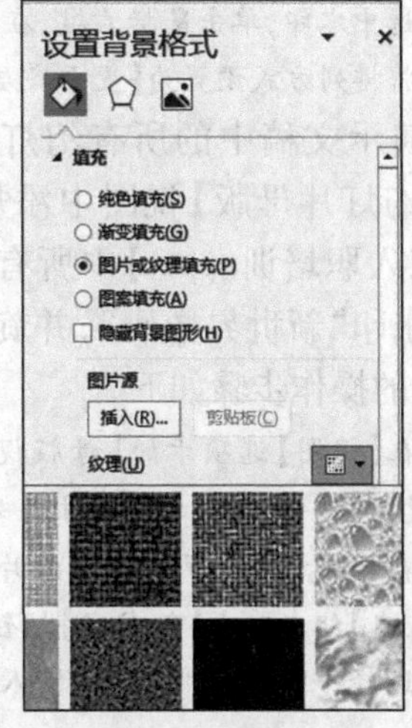

图 4-56 选择纹理

还可以设置平铺图片的偏移量、刻度、对齐方式和镜像类型，如图 4-57 所示。

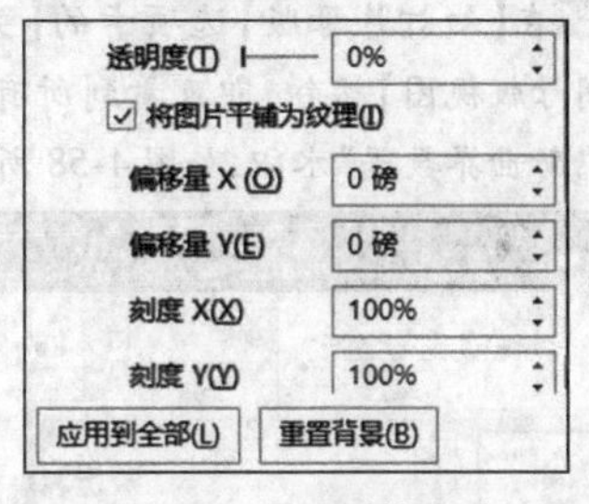

图 4-57 设置平铺选项

4.4.3 对幻灯片应用水印

名师讲解

幻灯片背景会铺满整个幻灯片，而水印只占用幻灯片的一部分空间，通过淡化水印素材，或者更改大小和位置，可以使其不影响幻灯片的内容。

为单张或部分幻灯片应用水印的具体操作步骤如下。

步骤1 打开素材文件夹中的【第 4 章】|【新员工入职培训. pptx】，选择第 1 张幻灯片。

步骤2 如果以图片作为水印，在【插入】选项卡的【图像】组中单击【图片】或【联机图片】按钮，选择合适的图片插入。如果以文本或艺术字作为水印，在【插入】选项卡的【文本】组中单击【文本框】或【艺术字】按钮，选择合适的内容插入。

步骤3 调整图片或文字的大小和位置，并且调成浅色，以免遮挡正常幻灯片内容。

步骤4 选中水印，单击鼠标右键，在弹出的快捷菜单中选择将排列方式设置为【置于底层】。

要为演示文稿中的所有幻灯片添加水印，可在【幻灯片母版】视图中添加。例如，为【新员工入职培训. pptx】中所有幻灯片插入艺术字水印"新世界数码"，并旋转一定的角度，具体的操作步骤如下。

步骤1 在【视图】选项卡的【母版视图】组中单击【幻灯片母版】按钮，即可切换到母版视图。

步骤2 在母版中选择第一张幻灯片，在【插入】选项卡的【文本】组中单击【艺术字】按钮，在弹出的下拉列表中选择一种艺术字样式，输入【新世界数码】。

步骤3 选中新建的艺术字，使用拖动的方式旋转其角度。

步骤4 在【幻灯片母版】选项卡的【关闭】组中单击【关闭母版视图】按钮，即可看到所有的幻灯片都添加了"新世界数码"水印，如图4-58所示。

图4-58 添加水印后效果图

4.4.4 幻灯片母版制作

在 PowerPoint 2016 中，母版分为3类，分别为幻灯片母版、讲义母版以及备注母版。其中，最常用的是幻灯片母版，幻灯片母版处于幻灯片层次结构中的顶级，其中存储了有关演示文稿的主题和幻灯片版式的所有信息，包括背景、颜色、字体、效果、占位符大小和位置。使用母版可以使整个幻灯片具有统一的风格和样式，用户只需在相应的位置输入需要的内容，从而减少重复性工作，提高工作效率。

1 创建幻灯片母版

步骤1 选择【视图】选项卡，在【母版视图】组中单击【幻灯片母版】按钮，如图4-59所示。

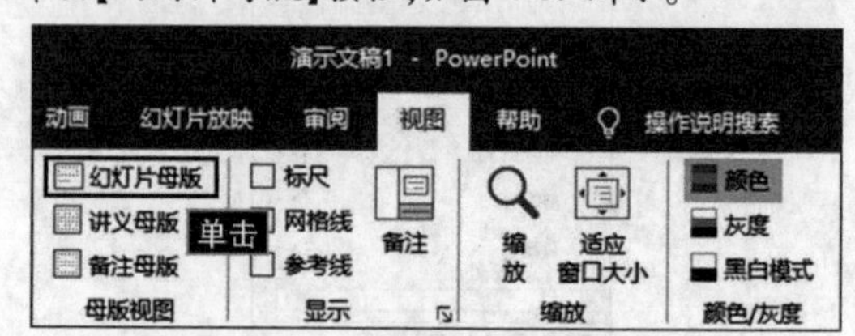

图4-59 单击【幻灯片母版】按钮

步骤2 此时系统会自动切换至【幻灯片母版】视图，并且在功能区显示【幻灯片母版】选项卡，如图4-60所示。

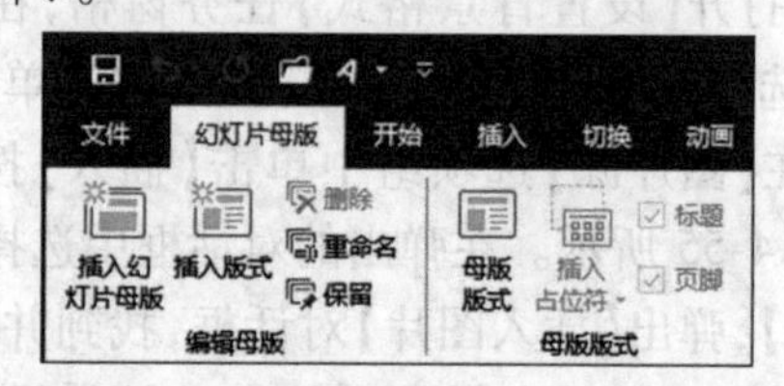

图4-60 在功能区显示【幻灯片母版】选项卡

2 创建讲义母版

步骤1 选择【视图】选项卡，在【母版视图】组中单击【讲义母版】按钮，如图4-61所示。

图4-61 单击【讲义母版】按钮

步骤2 此时系统会自动切换至【讲义母版】视图，并且在功能区显示【讲义母版】选项卡，如图4-62所示。

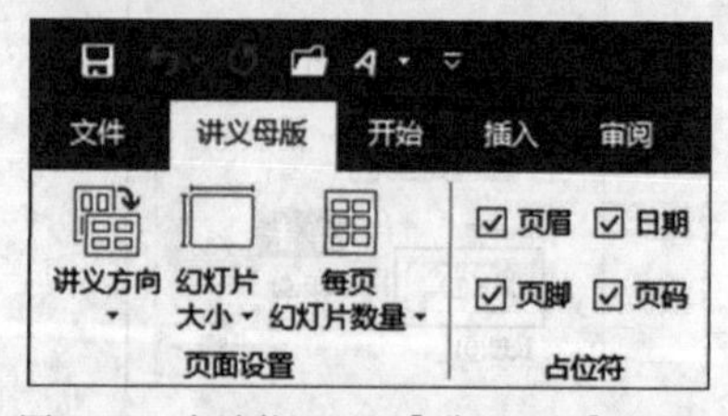

图4-62 在功能区显示【讲义母版】选项卡

3 创建备注母版

步骤1 选择【视图】选项卡，在【母版视图】组中单击【备注母版】按钮，如图4-63所示。

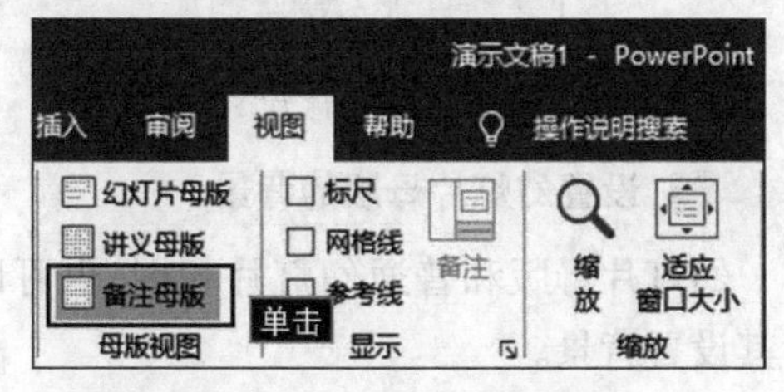

图4-63 单击【备注母版】按钮

步骤2 此时系统会自动切换至【备注母版】视图，并且在功能区显示【备注母版】选项卡，如图4-64所示。

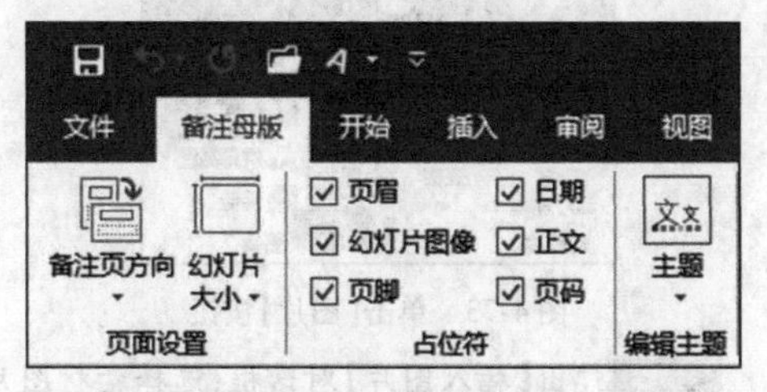

图4-64 在功能区显示【备注母版】选项卡

4 添加和删除幻灯片母版

幻灯片母版和普通幻灯片一样，也可以进行添加和删除的操作，具体的操作步骤如下。

步骤1 在【幻灯片母版】选项卡的【编辑母版】组中单击【插入幻灯片母版】按钮，如图4-65所示。

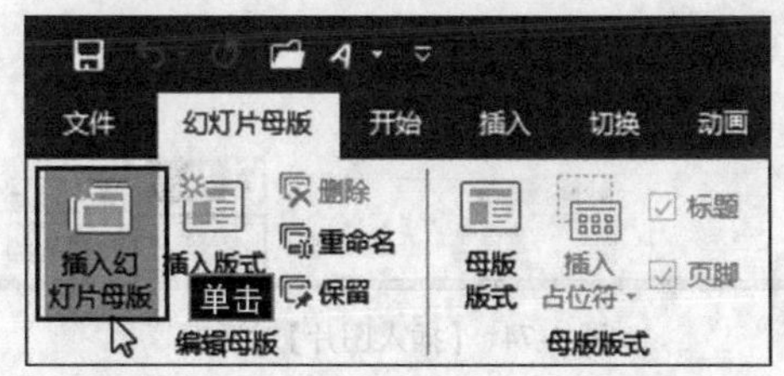

图4-65 单击【插入幻灯片母版】按钮

步骤2 此时即可插入一张新的幻灯片母版，如图4-66所示。

步骤3 单击【关闭】组中的【关闭母版视图】按钮，将母版视图关闭。选择【开始】选项卡，在【幻灯片】组中单击【版式】按钮 版式，在弹出的下拉列表中可以看到增加了【自定义设计方案】选项组，如图4-67所示。

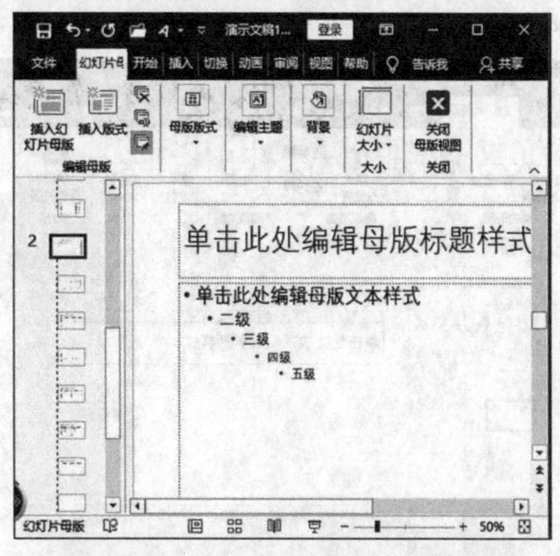

图4-66 插入新的幻灯片母版

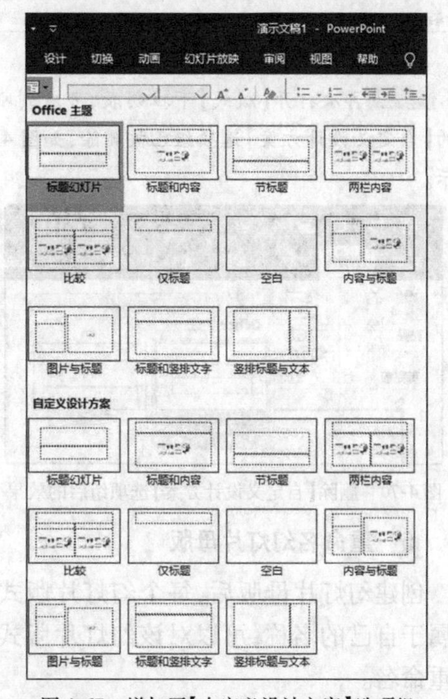

图4-67 增加了【自定义设计方案】选项组

步骤4 如果需要删除幻灯片母版，首先选中需要删除的母版，然后在【编辑母版】组中单击【删除】按钮，如图4-68所示。

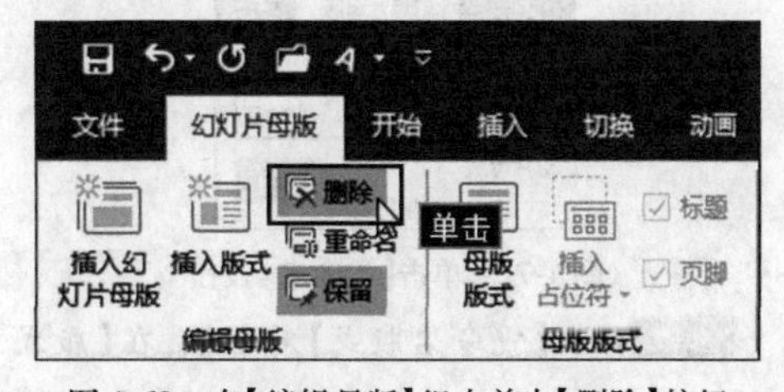

图4-68 在【编辑母版】组中单击【删除】按钮

步骤5 此时即可将选择的幻灯片母版删除，如

图 4-69 所示。

图 4-69 删除幻灯片母版

步骤6 再次打开【版式】下拉列表，可看到刚创建的【自定义设计方案】选项组已被删除，如图 4-70 所示。

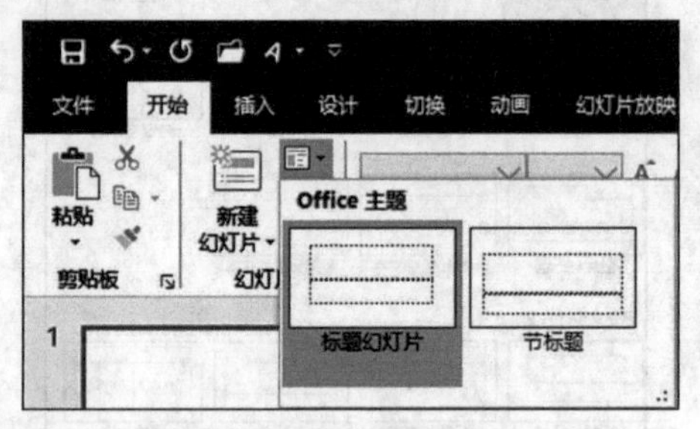

图 4-70 删除【自定义设计方案】选项组后的效果

5 重命名幻灯片母版

创建幻灯片母版后，每个幻灯片版式都有属于自己的名称，可以对该幻灯片版式进行重命名。

步骤1 在【幻灯片母版】选项卡的【编辑母版】组中单击【重命名】按钮，如图 4-71 所示。

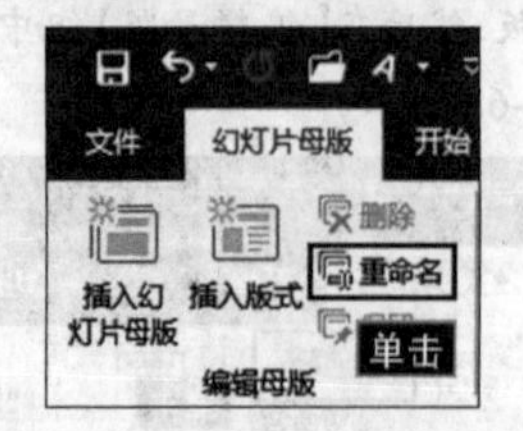

图 4-71 单击【重命名】按钮

步骤2 弹出【重命名版式】对话框，在【版式名称】文本框中输入新版式名称，然后单击【重命名】按钮，如图 4-72 所示。

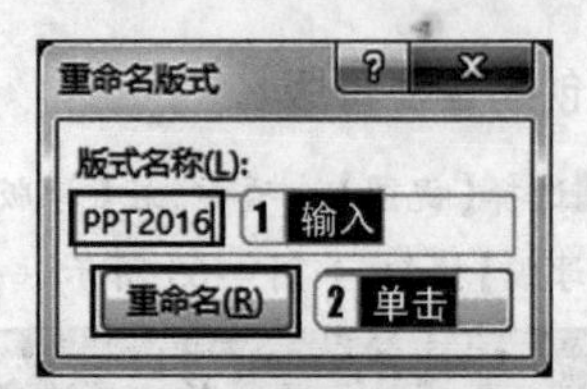

图 4-72 重命名版式名称为"PPT2016"

6 设置幻灯片母版的背景

幻灯片母版和普通幻灯片相同，也可以为其设置背景。

(1)插入图片

步骤1 新建一张幻灯片母版，在【插入】选项卡的【图像】组中单击【图片】按钮，如图 4-73 所示。

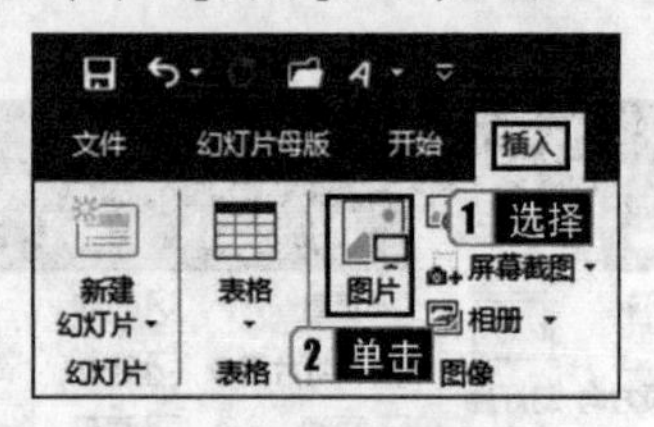

图 4-73 单击【图片】按钮

步骤2 弹出【插入图片】对话框，选择素材图片，单击【插入】按钮，如图 4-74 所示。

图 4-74 【插入图片】对话框

步骤3 图片插入幻灯片后，会激活【图片工具】|【格式】选项卡，在其中可以对图片进行设置，设置后的效果如图 4-75 所示。

步骤4 此时图片在最顶层，为保证作为背景的图片不会遮盖占位符中的内容，可以将该图片置于底层。选择背景图片，在【开始】选项卡的【绘图】组中单击【排列】按钮，在弹出的下拉列表中选择【置于底层】命令，如图 4-76 所示。

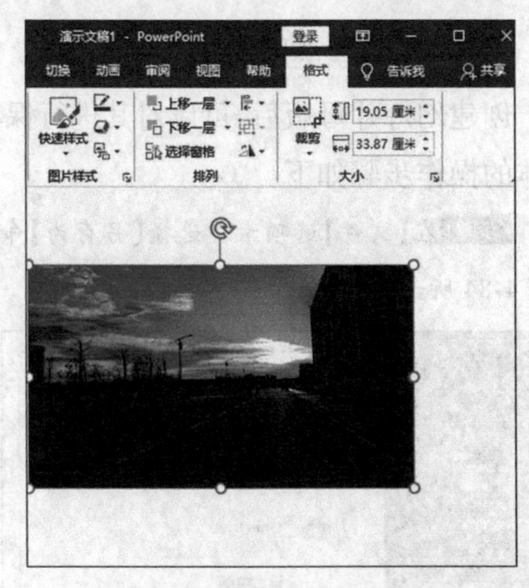

图 4-75　设置图片后的效果

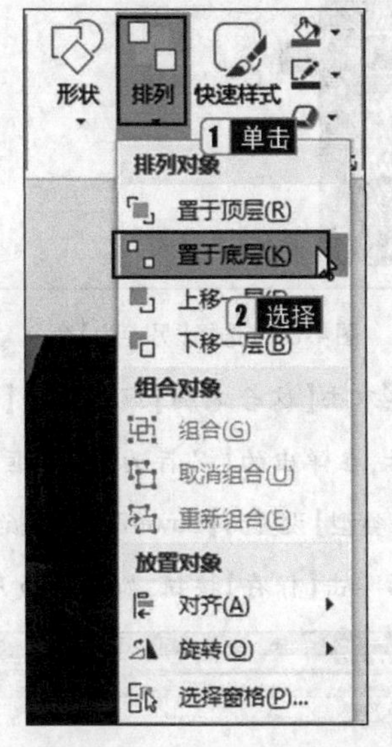

图 4-76　选择【置于底层】命令

步骤5 设置完成后，图片将位于底层，占位符出现在背景图片上，效果如图 4-77 所示。

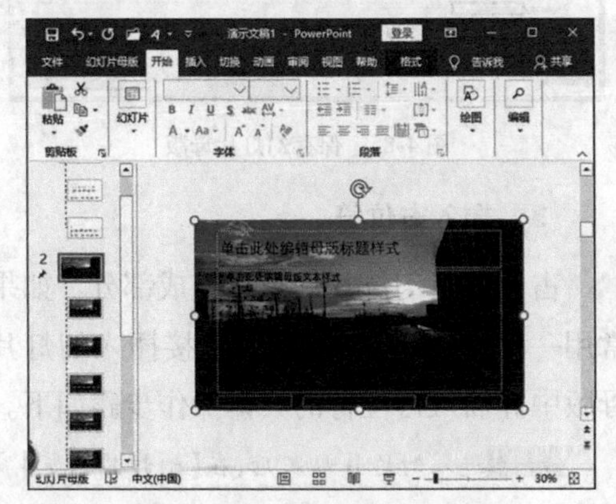

图 4-77　图片置于底层后的效果

步骤6 在【幻灯片母版】选项卡的【关闭】组中单击【关闭母版视图】按钮，将母版视图关闭。选择【开始】选项卡，在【幻灯片】组中单击【版式】按钮，在弹出的下拉列表中可以看到所有幻灯片版式都添加了背景图片，如图 4-78 所示。

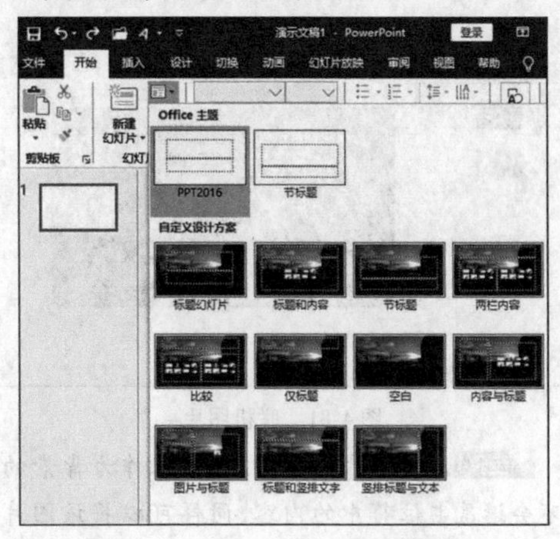

图 4-78　为所有幻灯片添加背景图片

(2)插入联机图片

步骤1 在【插入】选项卡的【图像】组中单击【联机图片】按钮，弹出图 4-79 所示的【插入图片】对话框。

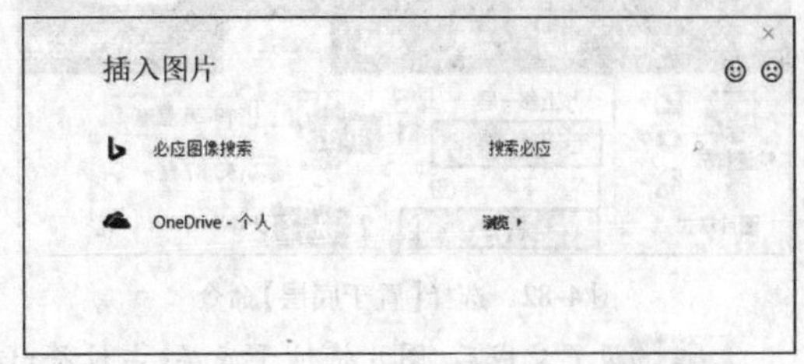

图 4-79　弹出【插入图片】任务窗格

步骤2 在【插入图片】对话框的【必应图像搜索】文本框中输入文字，然后单击【搜索】按钮，符合条件的图片即可被搜索出来，选择图片后，单击【插入】按钮，如图 4-80 所示。

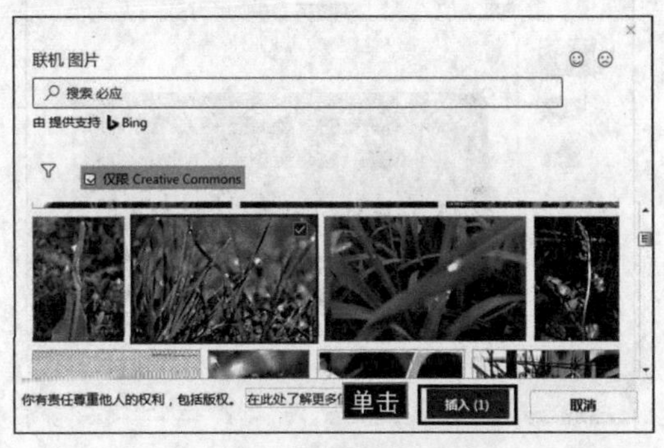

图 4-80　选择联机图片

步骤3 此时图片即可插入幻灯片，调整其位置并将其放置在背景图片上层，如图4-81所示。

图4-81 联机图片

步骤4 此时图片在顶层，为保证作为背景的图片不会遮盖占位符中的内容，同样可以将该图片置于底层。选择背景图片，在【图片工具】|【格式】选项卡的【排列】组中单击【下移一层】按钮下方的下拉按钮，在弹出的下拉列表中选择【置于底层】命令，如图4-82所示。

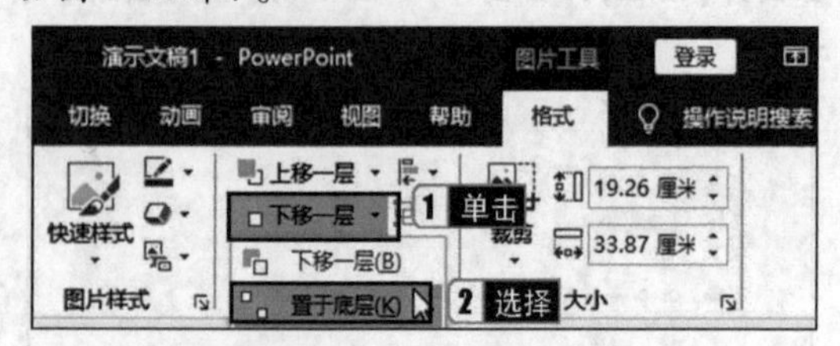

图4-82 选择【置于底层】命令

步骤5 设置完成后，图片将位于底层，占位符出现在背景图片上方，效果如图4-83所示。

图4-83 将联机图片置于底层后的效果

7 幻灯片母版的保存

创建幻灯片母版后，可以对其进行保存，具体的操作步骤如下。

步骤1 在【文件】选项卡中选择【另存为】命令，如图4-84所示。

图4-84 选择【另存为】命令

步骤2 双击【这台电脑】或者单击【浏览】选择保存路径后，在弹出的【另存为】对话框中输入文件名，将【保存类型】设置为【PowerPoint 模板(*.potx)】，设置完成后单击【保存】按钮，如图4-85所示。

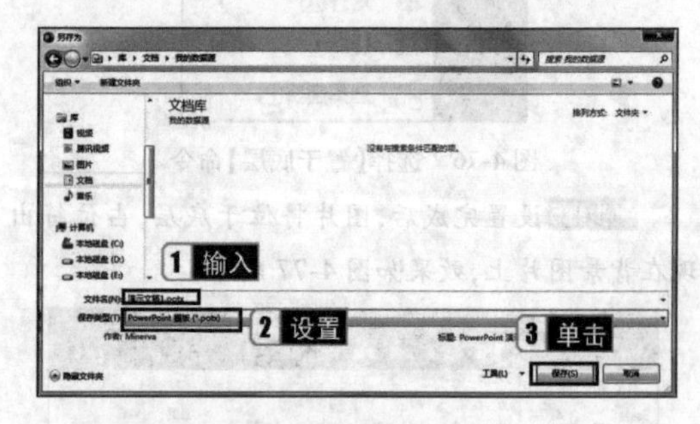

图4-85 保存幻灯片母版

8 插入占位符

占位符是幻灯片的重要组成部分。如果常用一种占位符，可以将其直接插入幻灯片母版中。插入占位符的具体操作步骤如下。

步骤1 进入幻灯片母版后，在【幻灯片缩览】窗口中选择【仅标题】版式，如图4-86所示。

图4-86 选择幻灯片版式

步骤2 在【母版版式】组中单击【插入占位符】按钮，在弹出的下拉列表中选择【图表】命令，如图4-87所示。

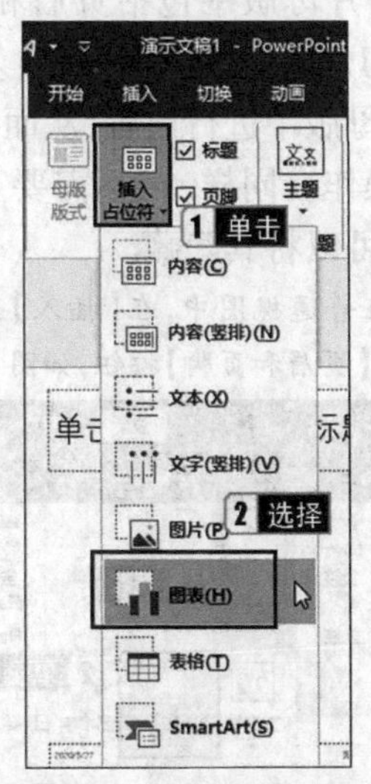

图4-87 选择【图表】命令

步骤3 选择完成后，鼠标指针变为"十"字形状，拖曳鼠标指针绘制占位符，绘制完成后的效果如图4-88所示。

图4-88 插入占位符后的效果

步骤4 设置完成后，在【幻灯片母版】选项卡的【编辑母版】组中单击【重命名】按钮，弹出【重命名版式】对话框，在【版式名称】文本框中输入新版式名称，然后单击【重命名】按钮，如图4-89所示。

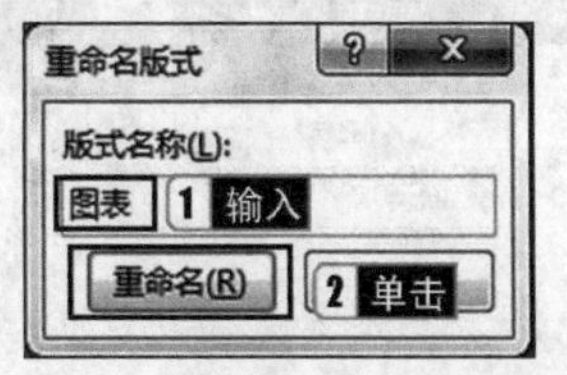

图4-89 重命名版式名称为"图表"

步骤5 设置完成后在【幻灯片母版】选项卡的【关闭】组中单击【关闭母版视图】按钮，如图4-90所示。

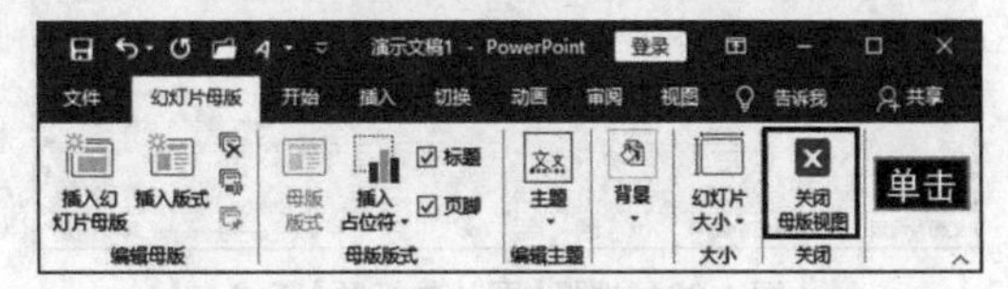

图4-90 关闭母版视图

步骤6 选择【开始】选项卡，在【幻灯片】组中单击【版式】按钮，在弹出的下拉列表中可以看到刚设置的幻灯片母版发生了改变，如图4-91所示。

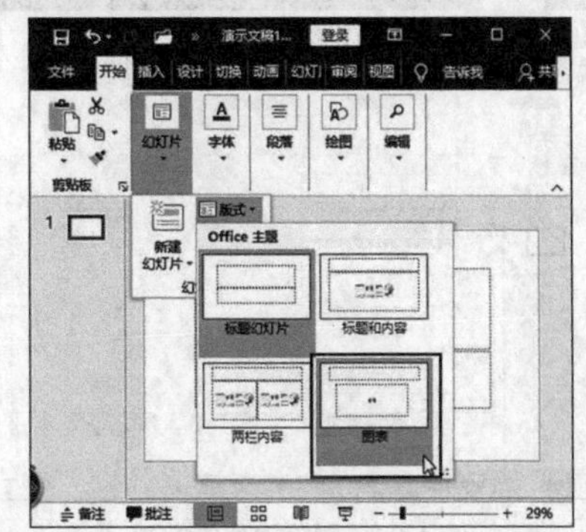

图4-91 幻灯片母版发生改变后的效果

步骤7 单击修改完成后的图表幻灯片，即可创建该版式的幻灯片。单击图标即可插入图表文件，如图4-92所示。

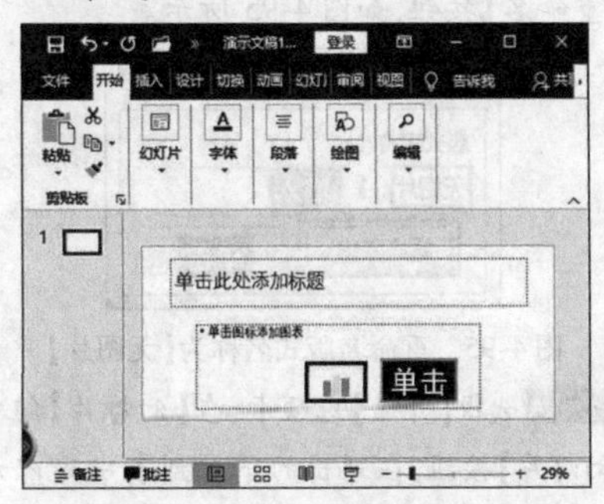

图4-92 单击图标插入图表文件

9 删除占位符

步骤1 进入幻灯片母版后，在【幻灯片缩览】窗口中选择【图片与标题】版式，如图4-93所示。

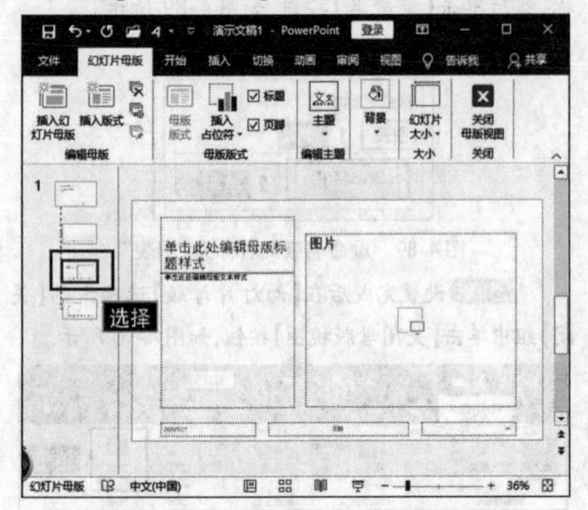

图4-93 选择【图片与标题】版式

步骤2 选择【图片】占位符，按【Delete】键将其删除，删除后的效果如图4-94所示。

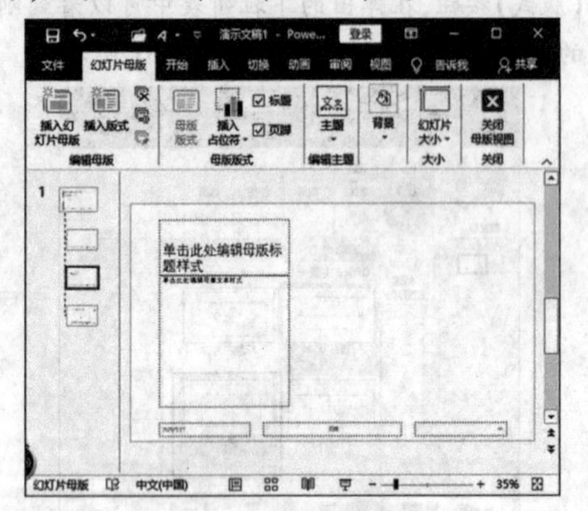

图4-94 删除占位符效果

步骤3 在【幻灯片母版】选项卡的【编辑母版】组中单击【重命名】按钮，在弹出的【重命名版式】对话框的【版式名称】文本框中输入新版式名称，然后单击【重命名】按钮，如图4-95所示。

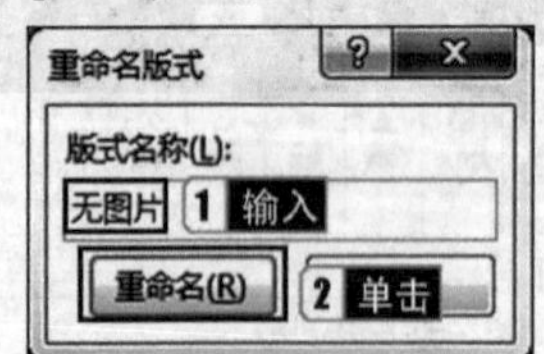

图4-95 重命名版式名称为【无图片】

步骤4 选择【开始】选项卡，在【幻灯片】组中单击【新建幻灯片】按钮，在弹出的下拉列表中可以看到刚设置的幻灯片母版发生了改变，效果如图4-96所示。

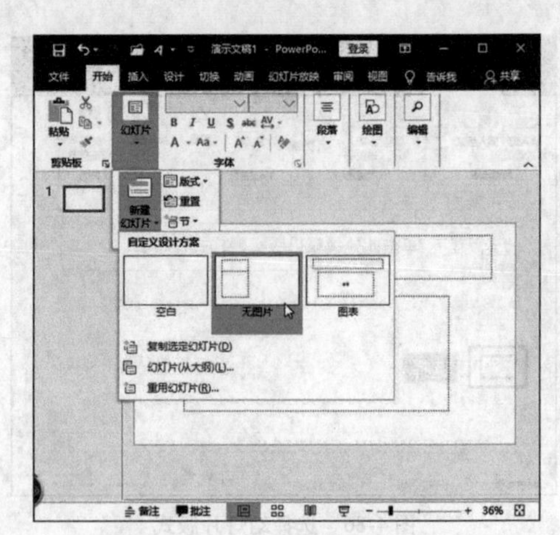

图4-96 幻灯片母版改变后的效果

10 页眉和页脚的设置

在幻灯片母版中包括页眉和页脚，当需要在每张幻灯片的页脚中都插入固定内容时，可以在母版中进行设置，从而省去单独添加内容的操作。同样，在不需要显示页眉或页脚时，也可以将其隐藏。

步骤1 在普通视图中，在【插入】选项卡的【文本】组中单击【页眉和页脚】按钮，如图4-97所示。

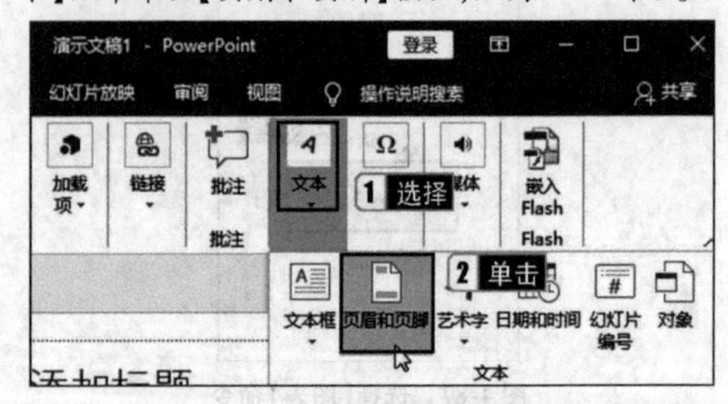

图4-97 单击【页眉和页脚】按钮

步骤2 在弹出的【页眉和页脚】对话框中选中【日期和时间】【幻灯片编号】和【页脚】复选框，并在【页脚】文本框中输入文本，单击【全部应用】按钮，如图4-98所示。

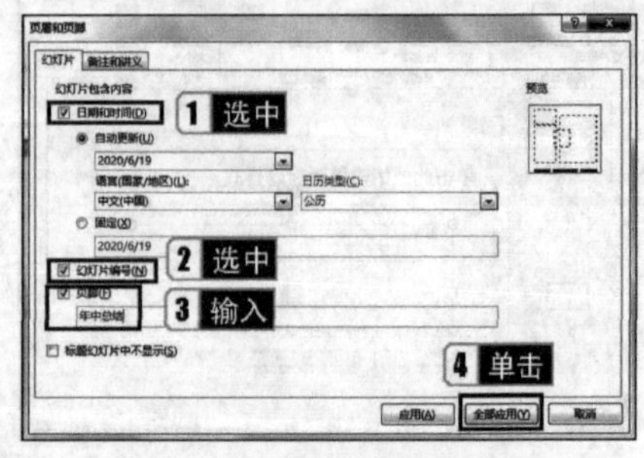

图4-98 【页眉和页脚】对话框

步骤3 此时对页眉和页脚的设置将应用到幻灯片母版中，如图4-99所示。创建幻灯片时，页脚处就会显示之前设置的内容。

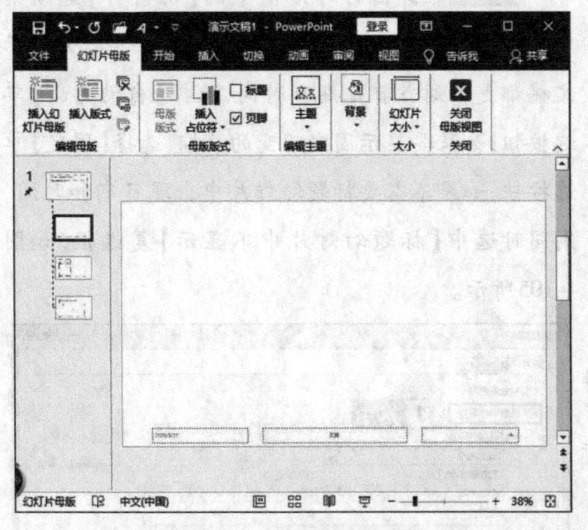

图4-99　添加页眉和页脚

步骤4 如果在某个版式中不需要显示页脚，可选中页脚，在【幻灯片母版】选项卡的【母版版式】组中取消选中【页脚】复选框，即可将页脚隐藏，如图4-100所示。

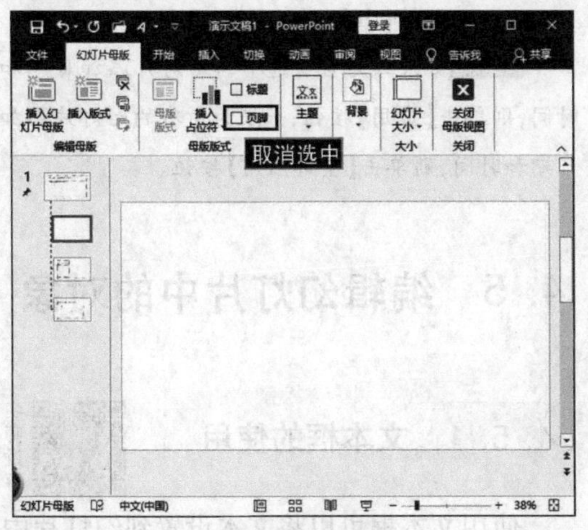

图4-100　隐藏页脚

提示

在【幻灯片母版】选项卡的【编辑主题】组中，可以从【主题】下拉列表中为幻灯片母版选择一个新的主题，在【背景】组中，可以设置不同的背景样式，并且可以自定义母版主题颜色和字体。

4.4.5 组织和管理幻灯片

名师讲解

演示文稿中的幻灯片不止一张，内容也会比较繁杂，为了更加有效地组织和管理幻灯片，可以为幻灯片添加编号、日期和时间，特别是可以通过将幻灯片分节来更加有效地细分和导航一份复杂的演示文稿。

1 将幻灯片组织成节的形式

在演示文稿信息过多，无法呈现清晰的展示脉络时，可以使用PowerPoint 2016中的【节】功能，将整个演示文稿划分成若干个小节来管理，这不仅有助于规划文稿结构，同时在编辑和维护时可以大大节省时间。

步骤1 在【普通视图】或【幻灯片浏览】视图中，鼠标定位在要新增节的两张幻灯片之间，光标会变成一条横线。

步骤2 单击鼠标右键，在弹出的快捷菜单中选择【新增节】命令，如图4-101所示。

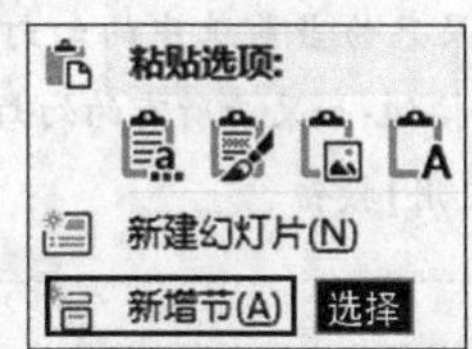

图4-101　选择【新增节】命令

步骤3 弹出【重命名节】对话框，在【节名称】文本框中输入新的名称，单击【重命名】按钮。

提示

在节名上单击鼠标右键，在弹出的快捷菜单中选择【重命名节】命令，也可以重命名，如图4-102所示。

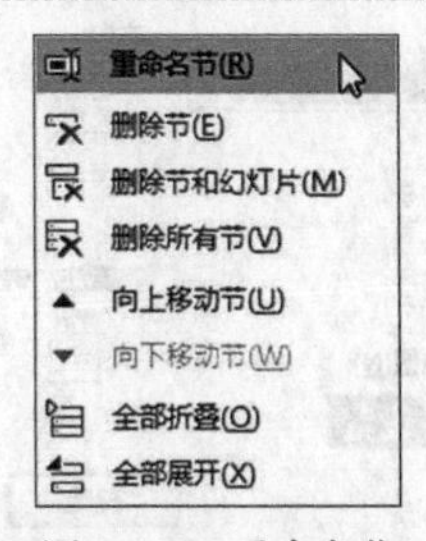

图4-102　重命名节

2 添加幻灯片编号

为了区分幻灯片的顺序，或者方便打印、装订，一般需要为幻灯片添加顺序编号，具体的操作步骤如下。

步骤1 在【普通】视图下，在【插入】选项卡的

【文本】组中单击【幻灯片编号】按钮，弹出【页眉和页脚】对话框。

步骤2 在弹出的对话框中的【幻灯片】选项卡中，选中【幻灯片编号】复选框，如果不需要标题幻灯片中出现编号，则同时选中【标题幻灯片中不显示】复选框，如图4-103所示。

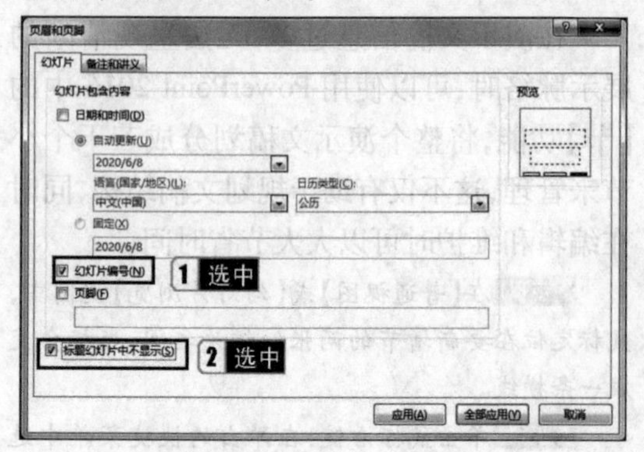

图4-103 添加幻灯片编号

步骤3 如果只为当前选中的幻灯片添加编号，则单击【应用】按钮；如果为所有的幻灯片添加编号，则单击【全部应用】按钮。

提示

默认情况下，幻灯片编号自1开始。若要更改起始幻灯片编号，可在【设计】选项卡的【自定义】组中单击【幻灯片大小】按钮，在弹出的下拉列表中选择【自定义幻灯片大小】命令，弹出【幻灯片大小】对话框。在【幻灯片编号起始值】微调框中，设置新的起始编号，如图4-104所示。

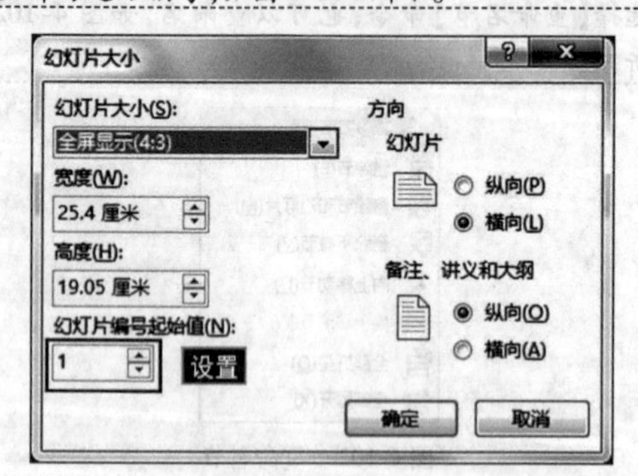

图4-104 设置幻灯片起始编号

3 添加日期和时间

在制作幻灯片的时候，有时需要把时间和日期也插入幻灯片，具体的操作步骤如下。

步骤1 在普通视图下，在【插入】选项卡的【文本】组中单击【日期和时间】按钮，弹出【页眉和页脚】对话框。

步骤2 在弹出的对话框中的【幻灯片】选项卡中，选择【日期和时间】复选框，如果要每次打开演示文稿都更新到当前日期和时间，选择【自动更新】单选按钮；如果要显示固定不变的日期，选择【固定】单选按钮，如果不需要标题幻灯片中出现日期和时间，则同时选中【标题幻灯片中不显示】复选框，如图4-105所示。

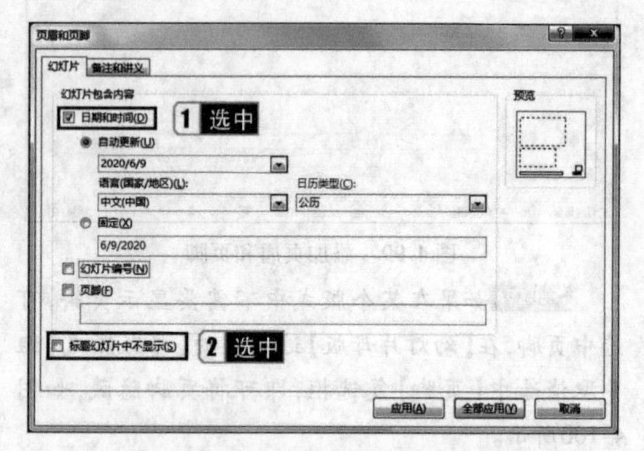

图4-105 添加日期与时间

步骤3 如果只为当前选中的幻灯片添加日期和时间，则单击【应用】按钮；如果为所有的幻灯片添加日期和时间，则单击【全部应用】按钮。

4.5 编辑幻灯片中的对象

4.5.1 文本框的使用

使用文本框可以将文本设置到幻灯片中任意位置。例如，可以通过创建文本框并将其放置在图片旁边来为图片添加标题。用户还可以在文本框中为文本添加边框、填充阴影或者添加三维效果。向文本框中添加文本的具体操作步骤如下。

步骤1 选择【插入】选项卡，在【文本】组中单击【文本框】下方的下拉按钮，在弹出的下拉列表中选择【竖排文本框】命令，如图4-106所示。

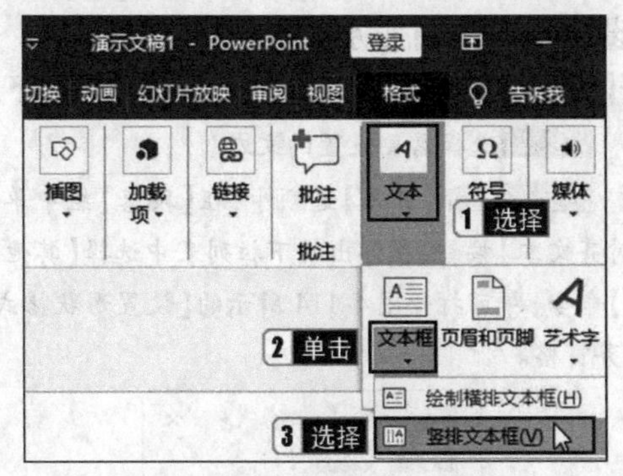

图 4-106 选择【竖排文本框】命令

步骤2 按住鼠标左键不放，在要插入文本框的位置拖曳绘制文本框，在绘制好的文本框中输入文本，然后调整文本框的位置，如图 4-107 所示。

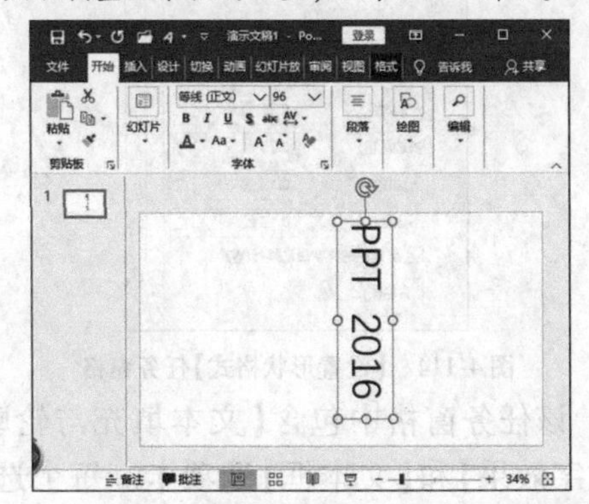

图 4-107 输入文本框内容并调整位置

4.5.2 文本的编辑

1 更改文本的外观

输入文本后，为了使其更加美观，还可以对其进行修改，如更改文本的字体、字号等，具体的操作步骤如下。

步骤1 选中需要修改的文本，如图 4-108 所示。

图 4-108 选中文本

步骤2 选择【开始】选项卡，在【字体】组中单击【字体】下拉列表框的下拉按钮，在弹出的下拉列表中选择一种字体，这里选择【方正粗黑宋简体】，如图 4-109 所示。

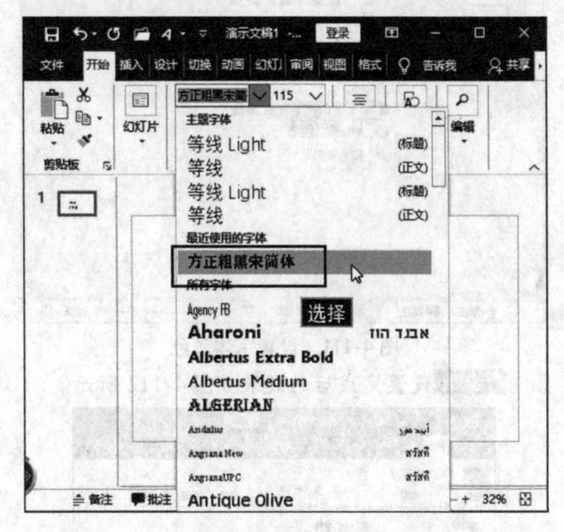

图 4-109 选择字体

步骤3 在【字体】组中单击【字号】下拉列表框的下拉按钮，在弹出的下拉列表中选择一个字号，这里选择【36】，如图 4-110 所示。

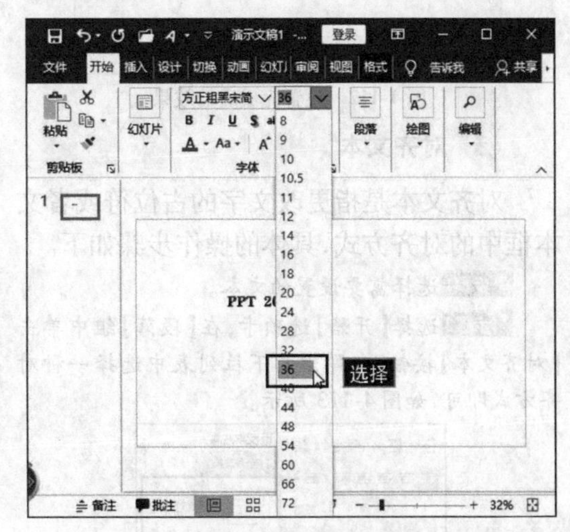

图 4-110 选择字号

步骤4 在【字体】组中分别单击【加粗】按钮 **B** 和【文字阴影】按钮 **S**。

步骤5 在【字体】组中单击【字体颜色】按钮 A 右侧的下拉按钮，在弹出的下拉列表中选择一种颜色，这里选择【红色】，如图 4-111 所示。

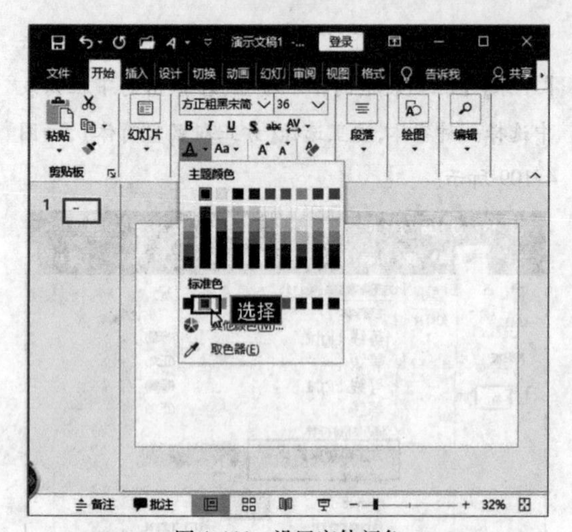

图 4-111　设置字体颜色

步骤6 设置完成后的效果如图 4-112 所示。

图 4-112　设置完成后的效果

2 对齐文本

对齐文本是指更改文字的占位符或者文本框中的对齐方式，具体的操作步骤如下。

步骤1 选择需要设置的文本。

步骤2 选择【开始】选项卡，在【段落】组中单击【对齐文本】按钮，在弹出的下拉列表中选择一种对齐方式即可，如图 4-113 所示。

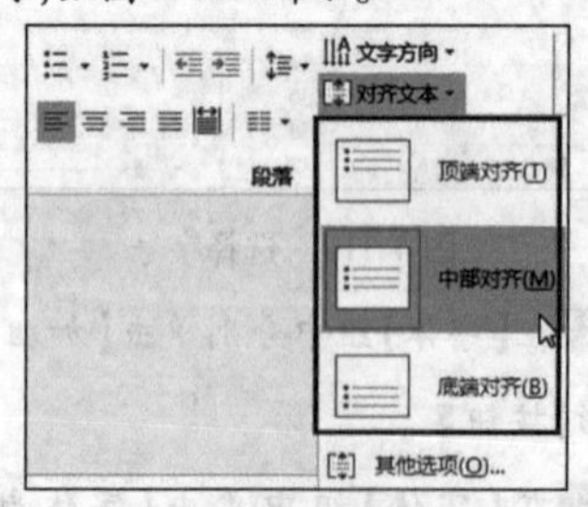

图 4-113　选择对齐方式

3 设置文本效果

除了用上述方法编辑文本外，还可以使用【设置形状格式】任务窗格对文本进行编辑。打开【设置形状格式】任务窗格的操作步骤如下。

步骤1 选择需要设置的文本。

步骤2 选择【开始】选项卡，在【段落】组中单击【对齐文本】按钮，在弹出的下拉列表中选择【其他选项】命令，即可打开图 4-114 所示的【设置形状格式】任务窗格。

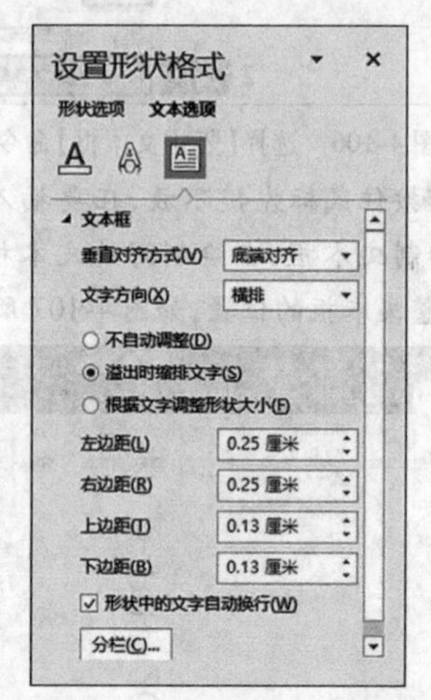

图 4-114　【设置形状格式】任务窗格

该任务窗格中包含【文本填充与轮廓】【文字效果】和【文本框】选项卡。每个选项卡中又包含若干个可设置的参数，通过设置这些参数，可以使文本更具感染力。

4 添加项目符号和编号

(1) 为文本添加项目符号

步骤1 选择需要添加项目符号的文本，如图 4-115 所示。

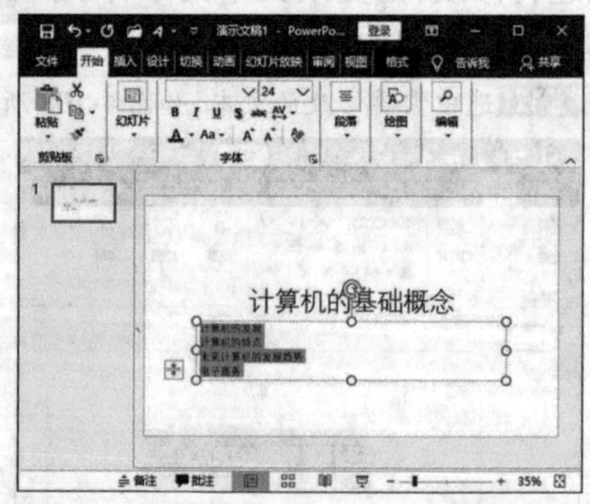

图 4-115　选择需要添加项目符号的文本

步骤2 选择【开始】选项卡，在【段落】组中单击【项目符号】按钮右侧的下拉按钮，在弹出的下拉列表中选择一种项目符号样式，这里选择【带填充效果的钻石形项目符号】，如图4-116所示。

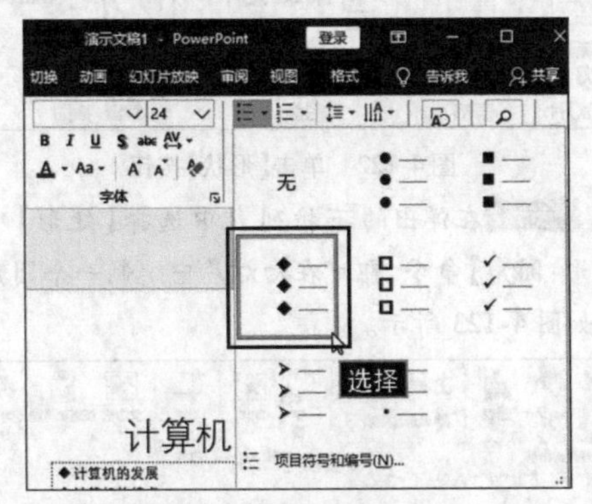

图4-116　选择项目符号

添加项目符号后的效果如图4-117所示。

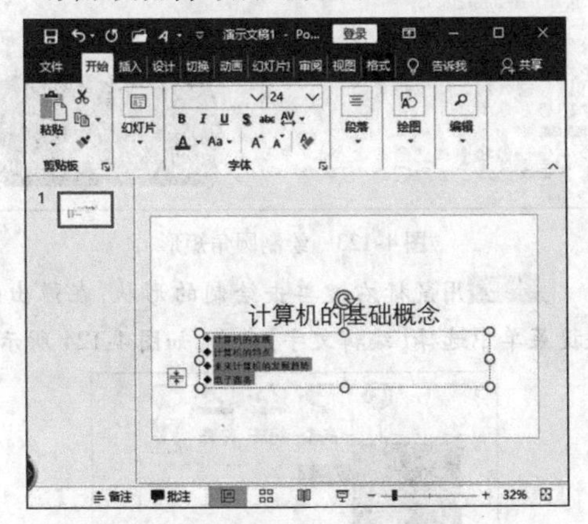

图4-117　添加项目符号后的效果

(2)为文本添加编号

步骤1 选择需要添加编号文本，如图4-118所示。

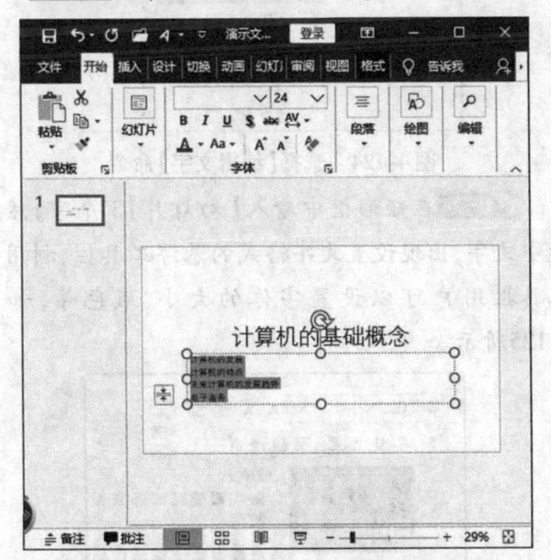

图4-118　选择需要添加编号的文本

步骤2 选择【开始】选项卡，在【段落】组中单击【编号】按钮右侧的下拉按钮，在弹出的下拉列表中选择一种编号样式，这里选择数字编号，如图4-119所示。

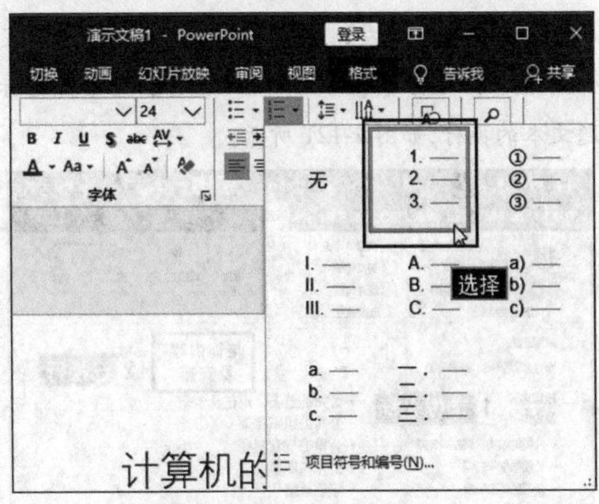

图4-119　选择编号样式

添加编号后的效果如图4-120所示。

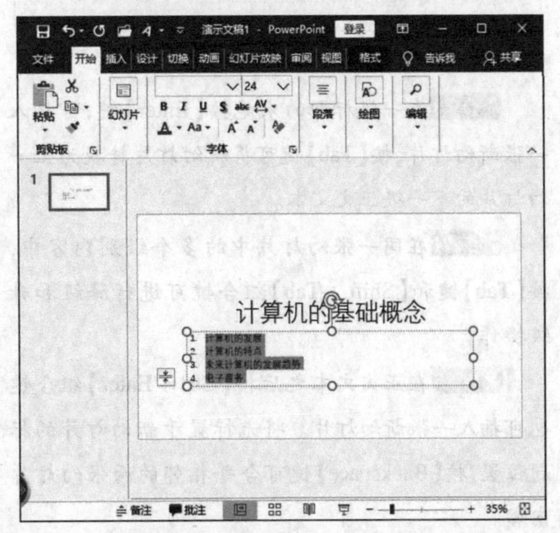

图4-120　添加编号后的效果

请注意

选中文本框中的段落，通过【开始】|【段落】组中的【降低列表级别】和【提高列表级别】两个按钮可以改变段落的文本级别。

4.5.3 在【大纲视图】中编辑文本

名师讲解

除了通过项目符号和编号来体现层次结构外，用户还可以在【大纲视图】中来查看并编辑文档的大纲结构，同时可以快速输入、编辑幻灯片中的文本，具体的操作步骤如下。

步骤1 在【视图】选项卡的【演示文稿视图】组中单击【大纲视图】按钮。

步骤2 在窗口左侧选中某张幻灯片，将光标定位到标题中，然后按【Shift + Enter】组合键可实现标题文本的换行，如图4-121所示。

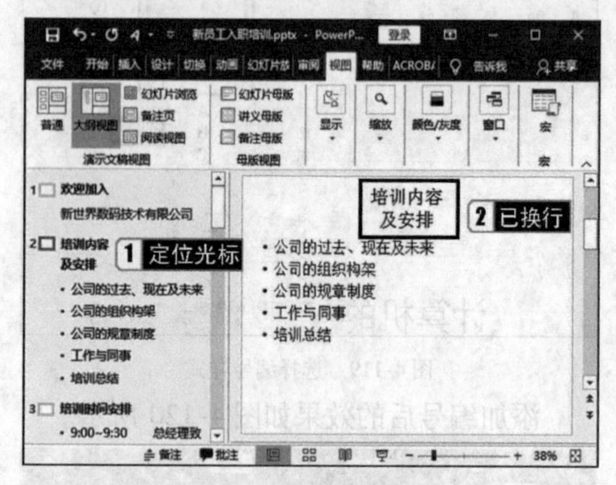

图4-121　文本换行

步骤3 在一级标题的末尾按【Enter】键，可插入一张新幻灯片，按【Tab】键可将新幻灯片转换为上一幻灯片的下一级正文文本。

步骤4 在同一张幻灯片中的多个级别内容中，按【Tab】键和【Shift + Tab】组合键可进行降级和升级操作。

步骤5 在正文文本之后按【Ctrl + Enter】组合键也可插入一张新幻灯片。将光标置于新幻灯片的标题位置，按【Backspace】键可合并相邻的两张幻灯片内容。

4.5.4 形状的使用

名师讲解

在Office系列软件中，形状和图片是不同的概念。形状是指由线条构成的图形，可以编辑形状的边框、填充、效果等格式；而图片是以文件形式存在的，其内部格式无法修改。

制作幻灯片时，需要将一些文字或图片插入到圆形、方形或其他形状中，具体的操作如下。

步骤1 在【插入】选项卡的【插图】组中单击【形状】按钮，如图4-122所示。

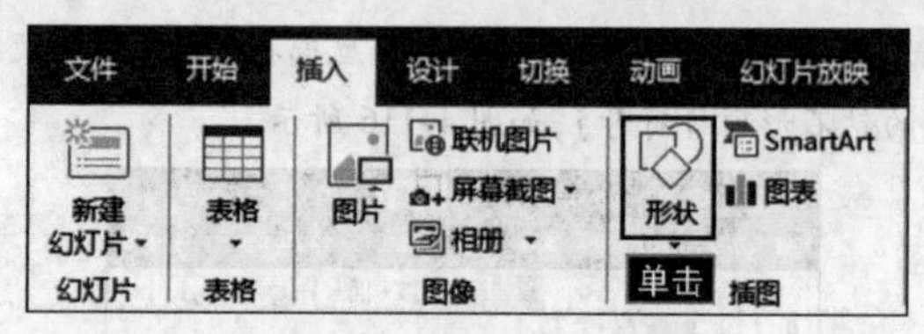

图4-122　单击【形状】按钮

步骤2 在弹出的下拉列表中选择【矩形】中的【矩形:圆角】命令，即可在幻灯片中绘制一个圆角矩形，如图4-123所示。

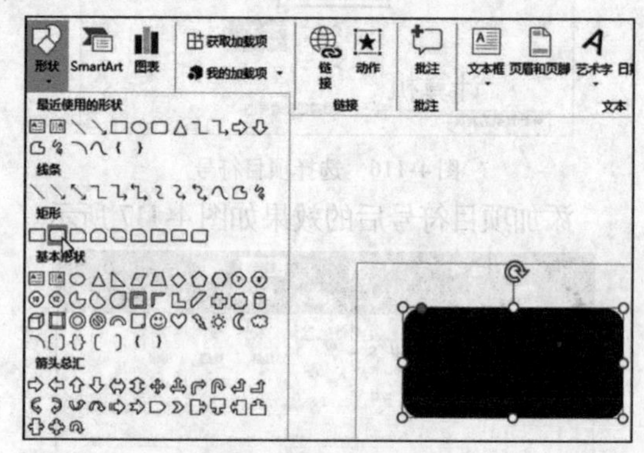

图4-123　绘制圆角矩形

步骤3 用鼠标右键单击绘制的形状，在弹出的快捷菜单中选择【编辑文字】命令，如图4-124所示。

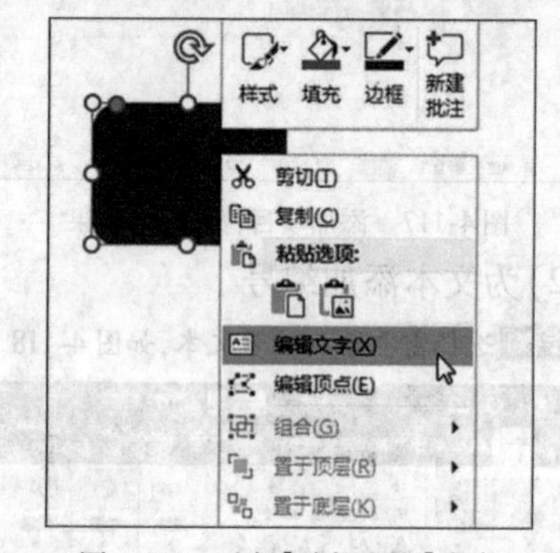

图4-124　选择【编辑文字】命令

步骤4 在矩形框中输入【幻灯片】3个字，然后选中文字，出现设置文字格式的悬浮工具栏，利用该工具栏用户可以设置字体的大小、颜色等，如图4-125所示。

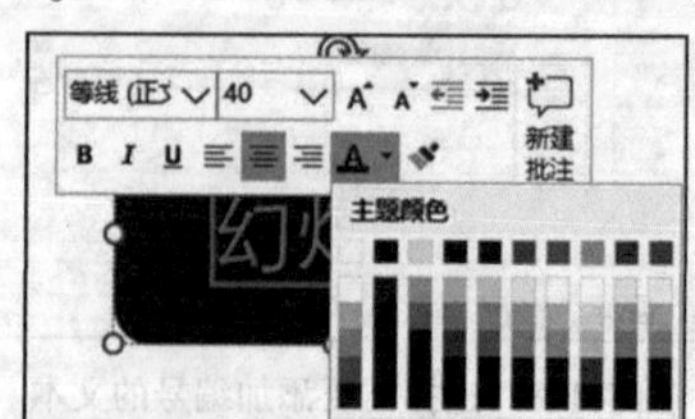

图4-125　对输入的文字进行设置

4.5.5 图片的使用

步骤1 运行 PowerPoint 2016，选择【插入】选项卡，单击【图像】组中的【图片】按钮，如图 4-126 所示。

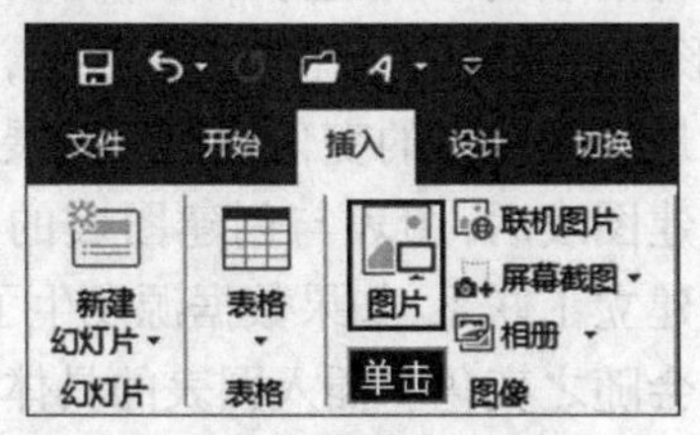

图 4-126 单击【图片】按钮

步骤2 在弹出的【插入图片】对话框中选中素材文件夹中的【第 4 章】|【素材图片.jpg】图片，单击【插入】按钮，效果如图 4-127 所示。

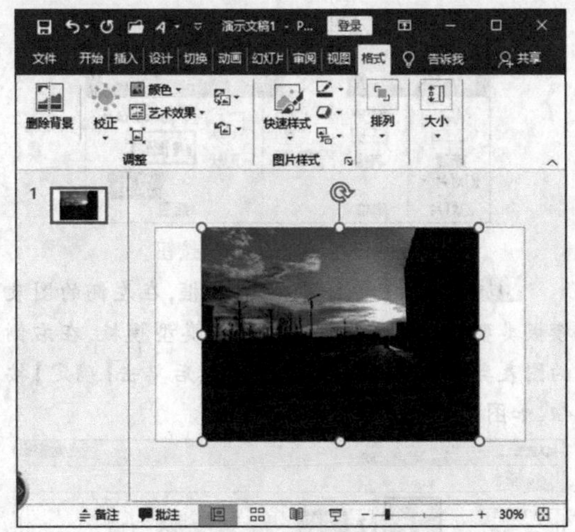

图 4-127 插入图片后的效果

步骤3 如果图片的亮度、对比度等没有达到要求，可以在【图片工具】的【格式】选项卡中单击【调整】组的【校正】按钮。

步骤4 在弹出的下拉列表中选择需要的图片效果，即可更改图片的亮度、对比度和清晰度，如图 4-128所示。

步骤5 如果图片的色彩饱和度、色调等不符合要求，可以单击【调整】组中的【颜色】按钮。

步骤6 在打开的下拉列表中进行调整即可，如图 4-129 所示。

图 4-128 调整图片亮度、对比度等

图 4-129 调整图片色彩饱和度、色调等

步骤7 如果要为图片添加特殊效果，可以单击【调整】组中的【艺术效果】按钮。

步骤8 在打开的下拉列表中选择需要的效果，此处选择【画图笔划】，如图 4-130 所示。

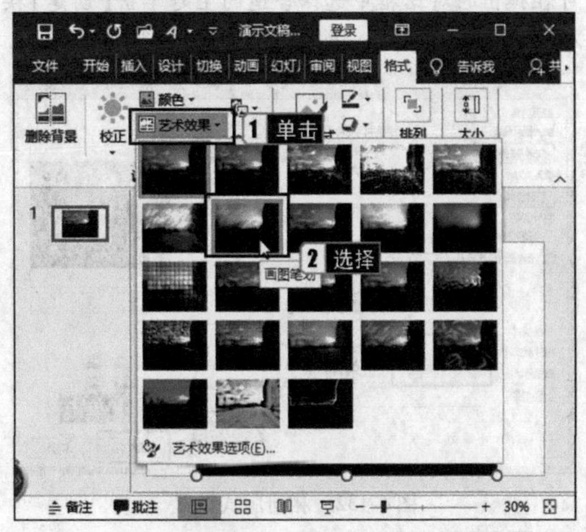

图 4-130 选择【画图笔划】艺术效果

4.5.6 相册的使用

利用 PowerPoint 2016 可以创建电子相册,具体的操作步骤如下。

步骤1 在【插入】选项卡的【图像】组中单击【相册】按钮下方的下拉按钮,在弹出的下拉列表中选择【新建相册】命令。

步骤2 在弹出的【相册】对话框中单击【文件/磁盘】按钮,如图 4-131 所示,在弹出的【插入新图片】对话框中选中需要插入的图片,单击【插入】按钮,返回【相册】的对话框。

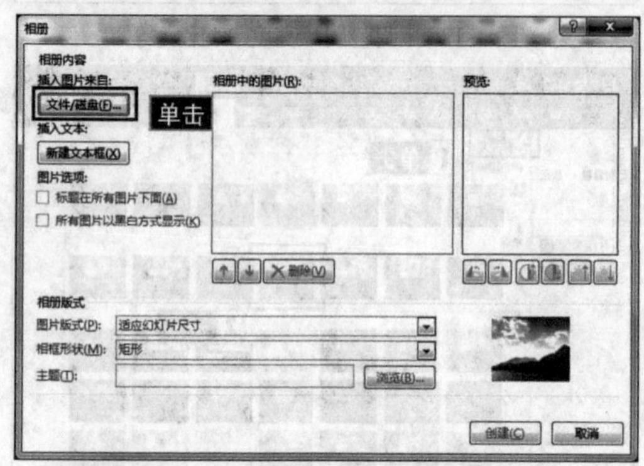

图 4-131 【相册】对话框

步骤3 在【相册版式】选项组的【图片版式】下拉列表框中可选择每张幻灯片包含的图片张数,如选择【4 张图片】。

步骤4 在【相册版式】选项组的【相框形状】下拉列表框中可设置每张图片的格式,如选择【简单框架,白色】。单击【主题】文本框右侧的【浏览】按钮,可在弹出的对话框中选择合适的主题单击【创建】按钮,如图 4-132 所示。

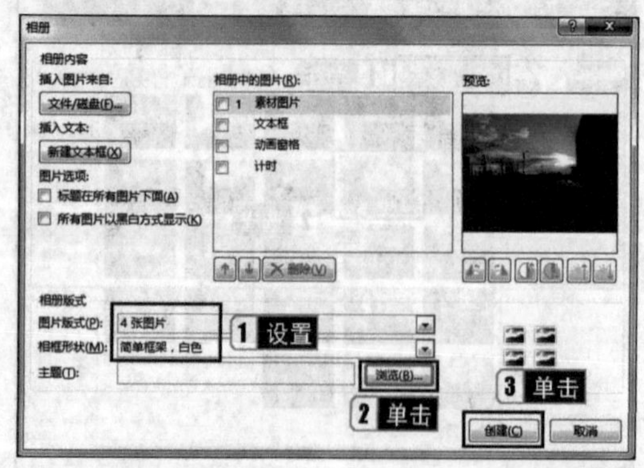

图 4-132 相册版式设置

步骤5 新建一个相册演示文稿,创建后可对相册进行对象编辑和切换、动画等设置。

4.5.7 图表的使用

PowerPoint 2016 可以将数据和统计结果以各种图表的形式显示出来,使数据更加直观、形象。这样便于用户理解数据,也能够更清晰地反映数据的变化规律和发展趋势。

创建图表后,图表与创建图表的数据源之间就建立了联系,如果数据源发生了变化,图表也会随之变化。插入图表的具体操作步骤如下。

步骤1 打开 PowerPoint 2016,切换到【插入】选项卡,在【插图】组中单击【图表】按钮,如图 4-133 所示。

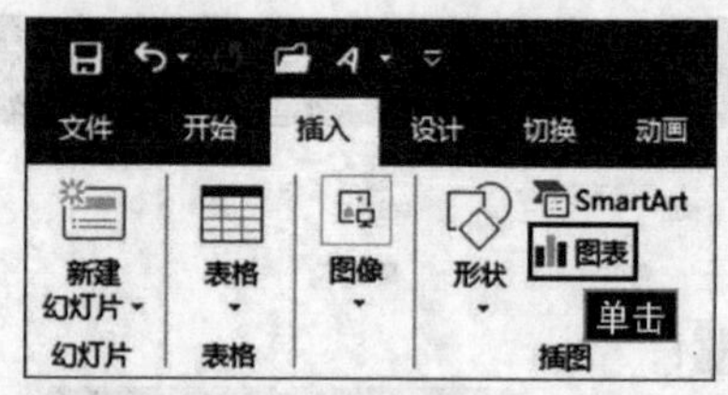

图 4-133 单击【图表】按钮

步骤2 打开【插入图表】对话框,在左侧的图表模板类型中选择需要创建的图表类型模板,在右侧的图表类型中选择合适的图表,然后单击【确定】按钮,如图 4-134 所示。

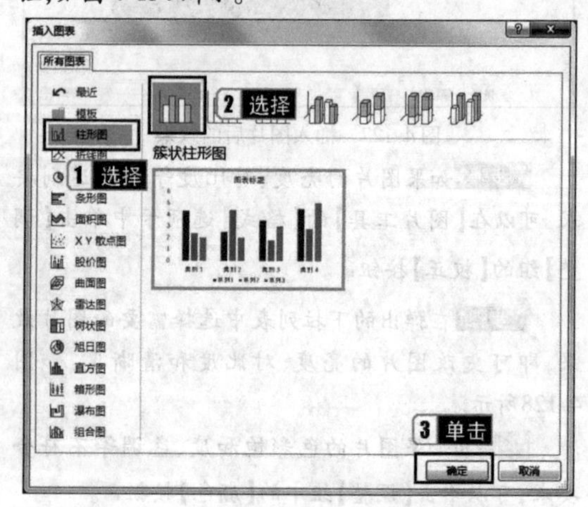

图 4-134 在【插入图表】对话框中选择图表

插入图表后,用户便可对图表进行编辑、修改、美化等操作,其方法与在 Excel 电子表格中的操作方法相似,此处不赘述。

4.5.8 表格的使用

1 插入表格

插入表格的方法有以下两种。

● 选择要插入表格的幻灯片，在【插入】选项卡的【表格】组中单击【表格】按钮，在弹出的下拉列表中选择【插入表格】命令，出现【插入表格】对话框，输入相应的行数和列数，单击【确定】按钮后即出现一个指定行数和列数的表格，如图4-135所示。拖曳表格的控制点，可以改变表格的大小；拖曳表格边框，可以定位表格。

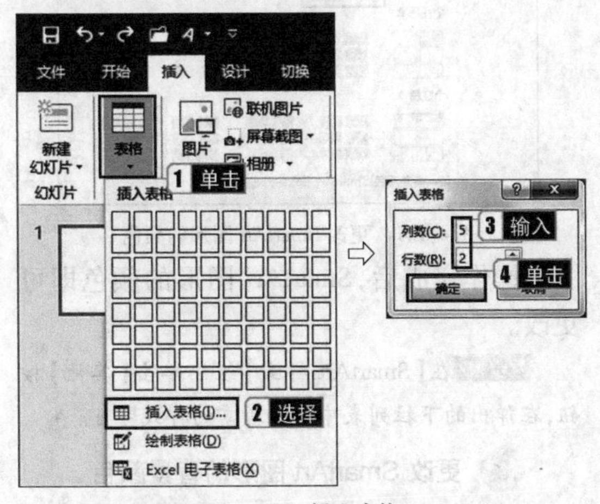

图4-135 插入表格

● 在PowerPoint中插入新幻灯片并选择【标题和内容】版式，单击内容区中的【插入表格】图标，弹出【插入表格】对话框，输入相应的行数和列数即可创建表格。

2 编辑表格

插入表格后，可以编辑和修改表格，如设置文本对齐方式，设置表格的大小、行高、列宽以及删除行(列)等。选择要编辑的表格区域，利用【表格工具】|【设计】和【表格工具】|【布局】选项卡中的各命令可以完成相应的操作。

步骤1 打开PowerPoint 2016，新建一张幻灯片。

步骤2 在【插入】选项卡的【表格】组中单击【表格】按钮，在幻灯片中绘制表格，结果如图4-136所示。

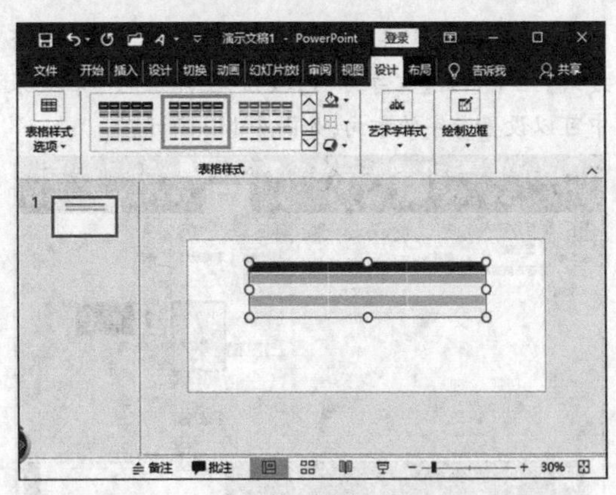

图4-136 绘制表格

步骤3 在【表格工具】|【设计】选项卡中选择【表格样式】组，将鼠标指针分别停留在【表格样式】组中的每一个样式上，可以实时预览表格的实际效果，确定使用哪种样式后单击该样式即可。

步骤4 还可以单击【其他】按钮为表格设置其他样式，如图4-137所示。

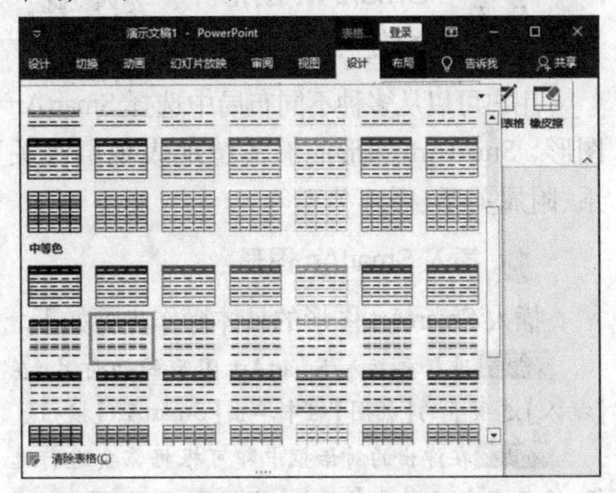

图4-137 设置其他样式

步骤5 在弹出的【表格样式】下拉列表中，有【文档的最佳匹配对象】【浅色】【中等色】【深色】选项组以及【清除表格】选项，用户可以根据需要，从中选择相应的选项对表格进行操作。

3 设置表格的文字方向

步骤1 选中要设置文字方向的表格或表格中的任意单元格，这里选中单元格，如图4-138所示。

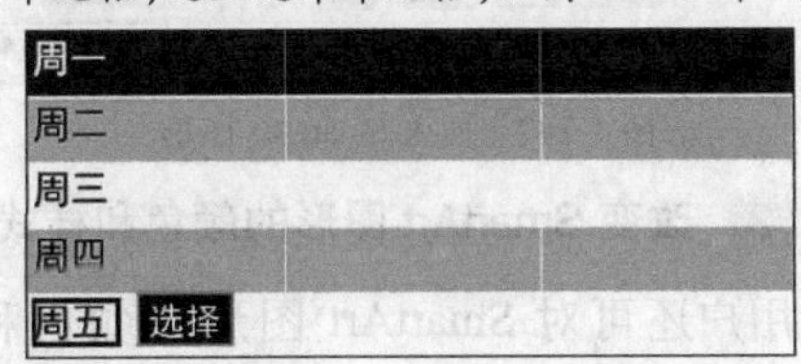

图4-138 选择要设置文字方向的单元格

步骤2 在【表格工具】|【布局】选项卡的【对齐方式】组中单击【文字方向】按钮，在弹出的下拉列表中可以设置文字的方向，如图 4-139 所示。

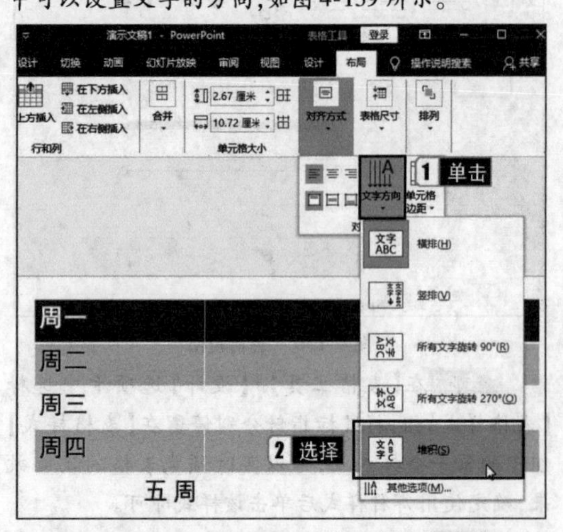

图 4-139 设置文字方向

4.5.9 SmartArt 图形的使用

名师讲解

用户可以从多种不同布局中选择 SmartArt 图形。SmartArt 图形能够清楚地表现层级关系、附属关系、循环关系等。

1 插入 SmartArt 图形

插入 SmartArt 图形的具体操作步骤如下。

步骤1 选择要插入 SmartArt 图形的幻灯片，在【插入】选项卡的【插图】组中单击【SmartArt】按钮。

步骤2 在弹出的对话框中即可根据需要进行选择，选择完成后单击【确定】按钮即可，如图 4-140 所示。

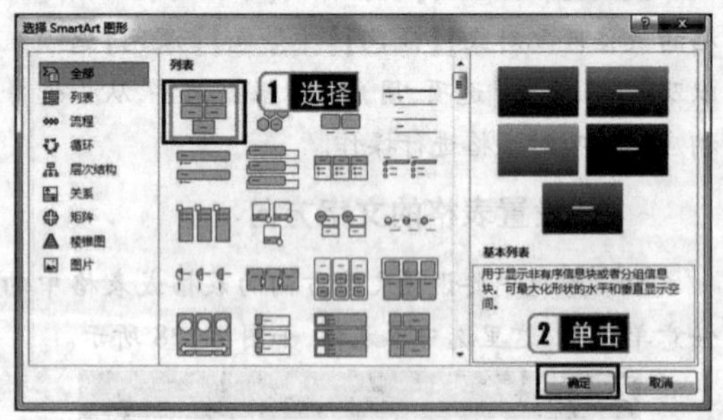

图 4-140 插入 SmartArt 图形

2 改变 SmartArt 图形的颜色和样式

用户还可对 SmartArt 图形的颜色和样式进行更改，具体的操作步骤如下。

步骤1 选中插入的 SmartArt 图形，单击【SmartArt 工具】中的【设计】选项卡，在【SmartArt 样式】组中单击【更改颜色】按钮，在弹出的下拉列表中选择所需的颜色，如图 4-141 所示。

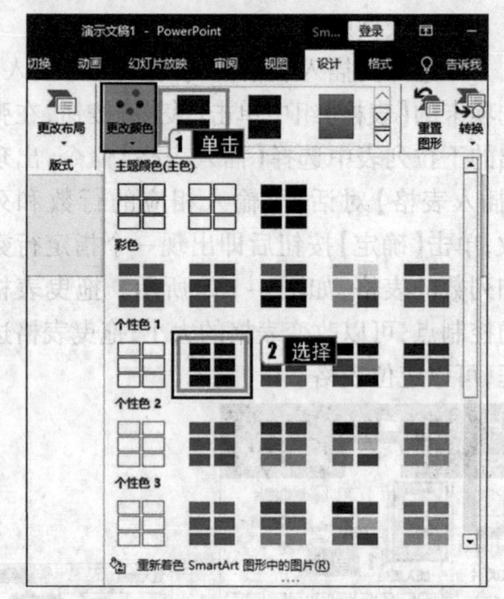

图 4-141 更改 SmartArt 图形的颜色

操作完成后，SmartArt 图形的颜色即可更改。

步骤2 在【SmartArt 样式】组中单击【其他】按钮，在弹出的下拉列表中选择所需的样式即可。

3 更改 SmartArt 图形的背景颜色

选择需要改变背景颜色的 SmartArt 图形，单击【SmartArt 工具】中的【格式】选项卡，在【形状样式】组中单击【形状填充】按钮，在弹出的下拉列表中选择所需的颜色，如图 4-142 所示。

图 4-142 选择背景颜色

操作完成后，所选中图形的背景颜色即可改变。

4 添加形状

步骤1 选择某一 SmartArt 形状，单击【SmartArt 工具】中的【设计】选项卡，在【创建图形】组中单击【添加形状】按钮右侧的下拉按钮，如图 4-143 所示。

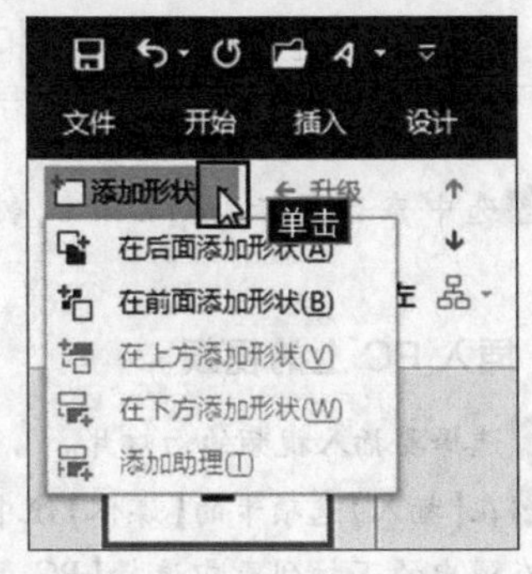

图 4-143 单击【添加形状】按钮右侧的下拉按钮

步骤2 在弹出的下拉列表中选择一个选项，即可在选中形状的后面、前面、上方、下方等添加一个相同的形状。

5 文本和图片的编辑

在幻灯片中添加 SmartArt 图形后，单击图形左侧显示的展开按钮，即可弹出文本窗口，在其中可为图形添加文字，如图 4-144 所示。

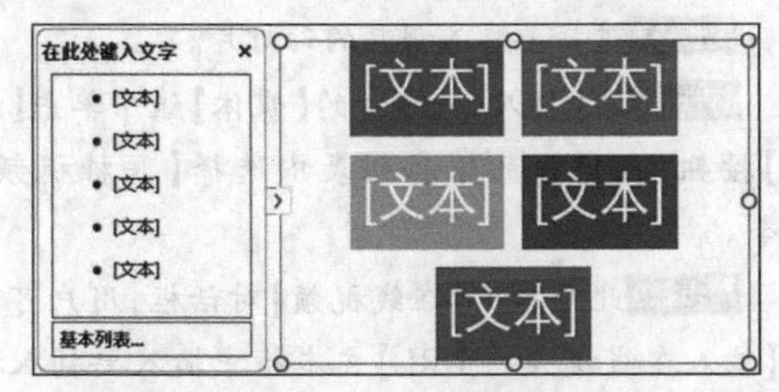

图 4-144 为图形添加文字

请注意

对于已经调整好级别的文本，可以选中文本并单击鼠标右键，在弹出的快捷菜单中选择【转换为 SmartArt】命令，从打开的图形列表中选择合适的 SmartArt 图形即可。

4.5.10 音频及视频的使用

用户在 PowerPoint 2016 中不仅可以插入图形、图片，还可以添加音频和视频以及设置音频和视频的播放方式等，从而使幻灯片更加生动、有趣。

1 插入 PC 上的音频

步骤1 选择要插入音频的幻灯片后，在【插入】选项卡的【媒体】组中单击【音频】按钮，在弹出的下拉列表中选择【PC 上的音频】命令，如图 4-145 所示。

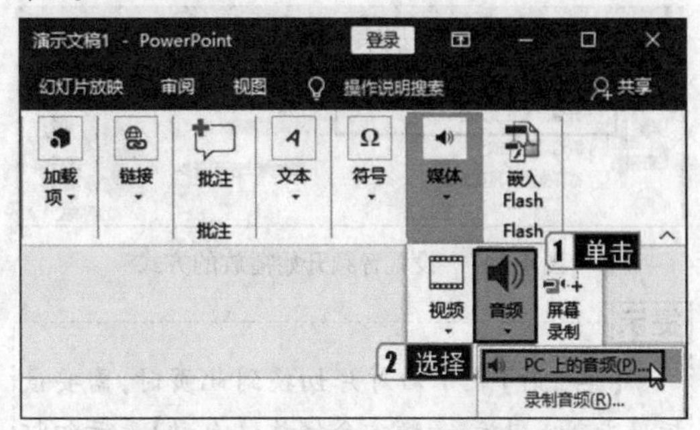

图 4-145 选择【PC 上的音频】命令

步骤2 在弹出的【插入音频】对话框中选择需要插入的音频文件，然后单击【插入】按钮即可。

提示

当某种特殊的媒体类型在 PowerPoint 2016 中不被支持，或者不能播放某个声音文件时，可尝试用 Windows Media Player 播放。当把声音作为对象插入时，Windows Media Player 能播放 PowerPoint 2016 中的多媒体文件。

2 录制音频

步骤1 选择要插入音频的幻灯片，在【插入】选项卡的【媒体】组中单击【音频】按钮，在弹出的下拉列表中选择【录制音频】命令。

步骤2 在弹出的【录制声音】对话框中，单击 ● 按钮可进行录音，单击按钮 ■ 可停止录音，单击按钮 ▶ 可播放声音，如图 4-146 所示。

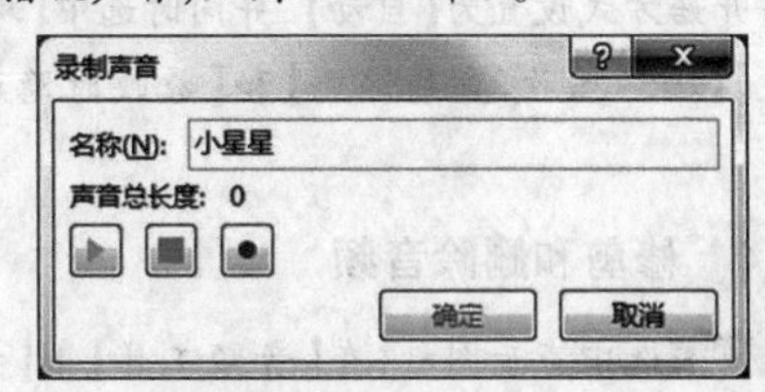

图 4-146 【录制声音】对话框

步骤3 单击【确定】按钮，即可将录制的音频插入幻灯片中。

3 设置音频的播放方式

在 PowerPoint 中，对插入幻灯片的音频文件，可以进行播放模式、播放时间等属性设置，具体的操作步骤如下。

步骤1 选中音频图标，在【音频工具】|【播放】选项卡的【音频选项】组中，单击【开始】下拉按钮，从弹出的下拉列表中可以选择音频开始播放的方式为【单击时】或【自动】，如图4-147所示。

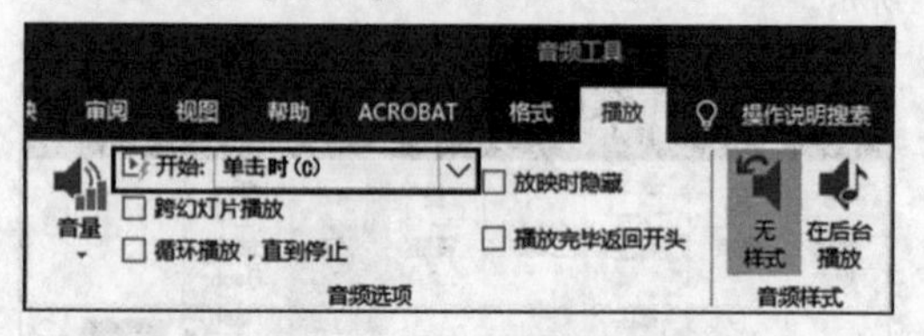

图4-147 设置音频开始播放的方式

提示

【单击时】表示幻灯片切换到此页时，需要鼠标单击喇叭图标，音频才会播放；【自动】表示幻灯片播放到此页时，音频会自动播放，切换出此页，音频播放结束；【跨幻灯片播放】表示切换到下一页音频继续播放，直到放映结束。

步骤2 选中【循环播放，直到停止】复选框，将会在放映当前幻灯片的过程中自动循环播放，直到放映下一张幻灯片或停止放映。

步骤3 如果将【开始】方式设为【跨幻灯片播放】，同时选中【循环播放，直到停止】复选框，则音频播放将会伴随整个放映过程直至结束。

步骤4 选中【放映时隐藏】复选框，在放映幻灯片时可以将声音图标隐藏起来。

步骤5 单击【音频样式】组中的【无样式】按钮，将会重置音频剪辑的播放选项，即恢复到默认状态。

步骤6 单击【音频样式】组中的【在后台播放】按钮，将会设置音频剪辑跨幻灯片连续播放，此时会默认将开始方式设置为【自动】，并同时选中【跨幻灯片播放】【循环播放，直到停止】和【放映时隐藏】复选框。

4 修剪和删除音频

步骤1 选中声音图标，在【音频工具】|【播放】选项卡的【编辑】组中单击【剪裁音频】按钮。

步骤2 在弹出的【剪裁音频】对话框中拖动最左侧的绿色起点标记和最右侧的红色终点标记，可重新确定声音起止位置，单击【确定】按钮即可，如图4-148所示。

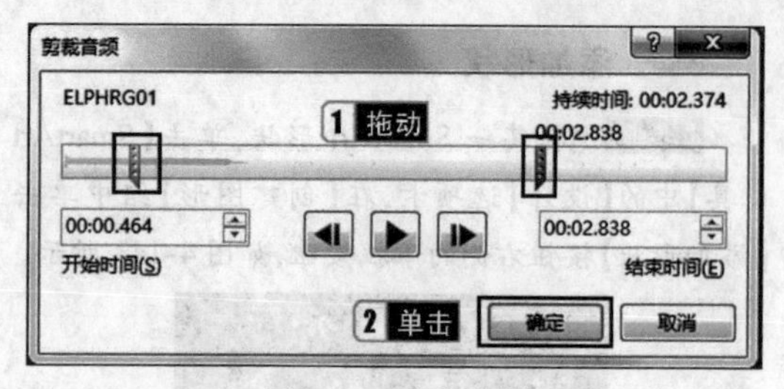

图4-148 剪辑音频

步骤3 选中声音图标，按【Delete】键，可将其删除。

5 插入PC上的视频

步骤1 选择要插入视频的幻灯片。

步骤2 在【插入】选项卡的【媒体】组中单击【视频】按钮，在弹出的下拉列表中选择【PC上的视频】命令，如图4-149所示。

图4-149 选择【PC上的视频】命令

步骤3 在弹出的对话框中选择视频，单击【插入】按钮即可。

6 插入联机视频

步骤1 选择要插入视频的幻灯片。

步骤2 在【插入】选项卡的【媒体】组中单击【视频】按钮，在弹出的下拉列表中选择【联机视频】命令。

步骤3 此时弹出【在线视频】对话框，用户可以在【输入在线视频的URL】文本框中输入要插入视频的网页地址，然后单击【插入】按钮，如图4-150所示，即可插入对应的视频。

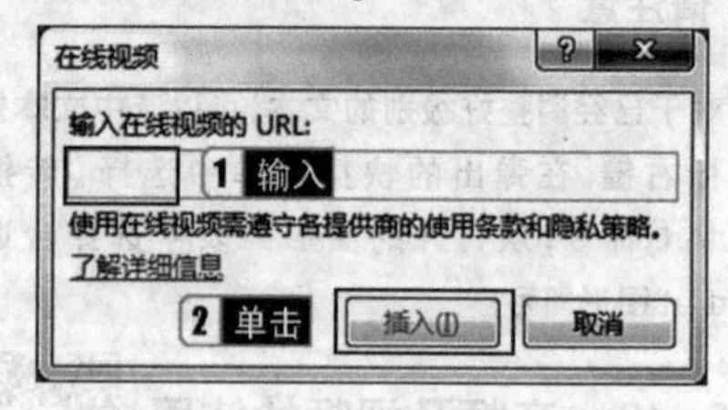

图4-150 【在线视频】对话框

7 调整视频的显示方式

视频文件的播放模式、播放时间、修剪和删除等属性的设置方法和音频文件类似，此处不赘述。此外还可以对视频的显示方式进行调整,如改变视频的预览图像,具体的操作步骤如下。

步骤1 选中视频文件,在【视频工具】|【格式】选项卡的【调整】组中单击【海报框架】按钮,在弹出的下拉列表中选择【文件中的图像】命令,如图4-151所示。

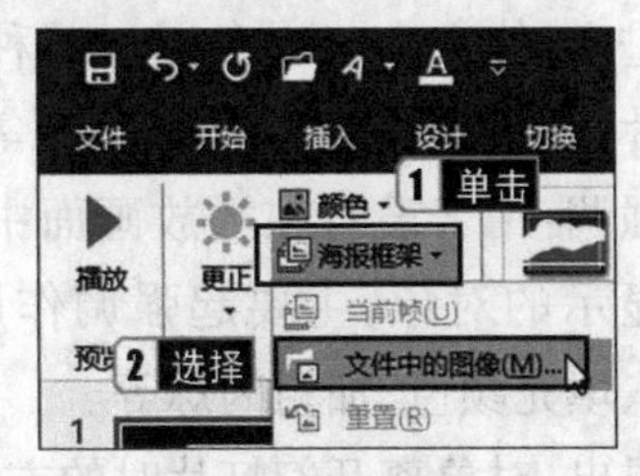

图4-151 调整视频的显示方式

步骤2 弹出【插入图片】对话框,选择需要作为预览图像的图片,单击【插入】按钮即可。

8 压缩音频和视频

当音频和视频文件比较大时候,插入幻灯片之后可能导致演示文稿文件过大。通过压缩音频和视频,可以提高播放性能并节省磁盘空间,具体的操作步骤如下。

步骤1 选择【文件】选项卡中的【信息】命令,单击右侧的【压缩媒体】按钮,弹出下拉列表,如图4-152所示。

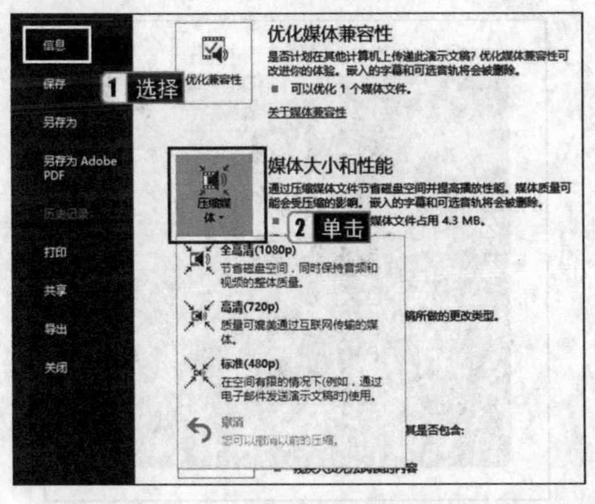

图4-152 单击【压缩媒体】按钮

步骤2 在该下拉列表中选择一种媒体的质量,系统将开始对幻灯片中的音频和视频按设定的质量级别进行压缩处理。

4.5.11 创建艺术字

1 插入艺术字

用户可用 PowerPoint 2016 自带的默认艺术字样式来插入艺术字。在 PowerPoint 2016 中插入艺术字的具体操作步骤如下。

步骤1 选择要插入艺术字的幻灯片。

步骤2 在【插入】选项卡的【文本】组中单击【艺术字】按钮,在弹出的下拉列表中选择需要的艺术字样式,如图4-153所示。

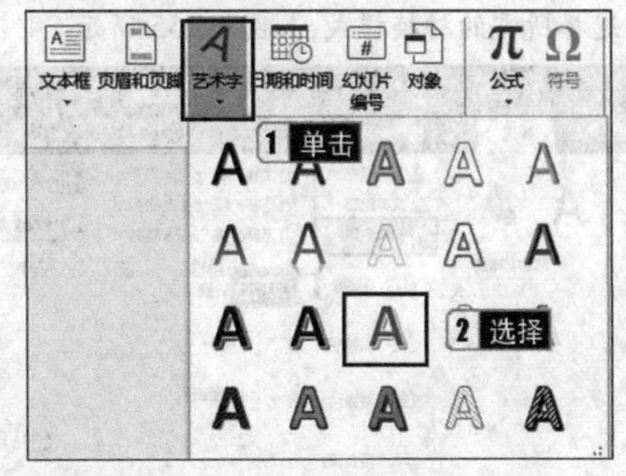

图4-153 选择需要的艺术字样式

步骤3 在【开始】选项卡的【字体】组中,可为艺术字设置所需的字体和字号等。

2 添加艺术字效果

用户还可为普通的文字添加艺术字效果。

步骤1 选择幻灯片中需要添加艺术字效果的普通文字。

步骤2 选择【绘图工具】中的【格式】选项卡,单击【艺术字样式】组中的【快速样式】按钮,如图4-154所示。在弹出的下拉列表中选择所需的艺术字样式后,即可为普通文字添加艺术字效果。

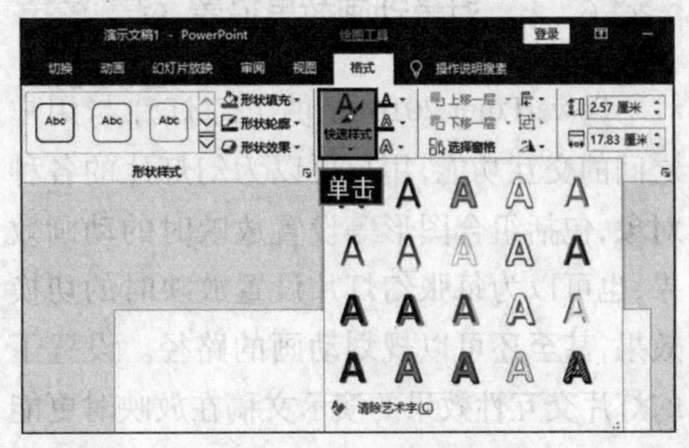

图4-154 单击【快速样式】按钮

请注意

添加艺术字效果后,艺术字将无法使用拼写检查功能进行检查。

3 文字变形效果

用户还可对文字的形状进行变形,具体的操作步骤如下。

步骤1 选择幻灯片中需要改变形状的文字。

步骤2 选择【绘图工具】中的【格式】选项卡,在【艺术字样式】组中单击【文本效果】按钮,在弹出的下拉列表中选择【转换】命令,然后在弹出的级联列表中选择所需的转换样式,如图4-155所示。

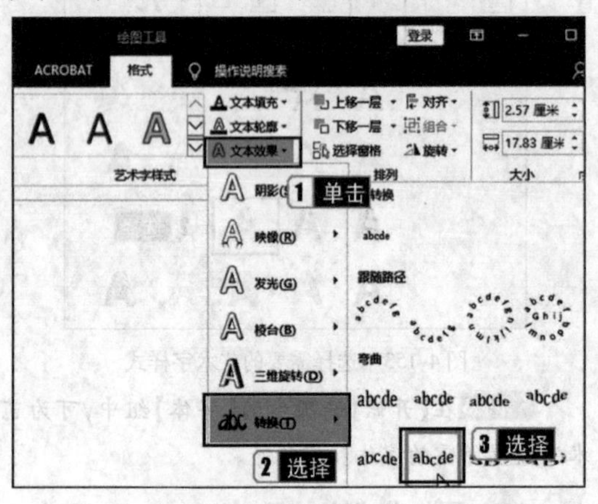

图4-155 设置转换样式

操作完成后,选中的文字即可变为所选的形状。

4.6 幻灯片交互效果设置

4.6.1 对象动画效果设置

名师讲解

PowerPoint 2016 提供了幻灯片与用户之间的交互功能,用户可以为幻灯片的各种对象,包括组合图形等设置放映时的动画效果,也可以为每张幻灯片设置放映时的切换效果,甚至还可以规划动画的路径。设置了幻灯片交互性效果的演示文稿在放映时更能突出重点,更加富有感染力。

合理地使用动画可以使放映过程生动有趣,更好地吸引观众注意力,但是动画的使用也要适当,过多地使用动画会分散观众的注意力,反而不利于传达信息,所以设置动画时应当遵从适当、简化和创新的原则。

PowerPoint 2016 提供了以下4种动画效果。

- 进入:使文本或对象通过某种效果进入幻灯片,如飞入、旋转、浮入、出现等。
- 强调:用于设置在播放画面中需要进行突出显示的对象,主要起强调作用,如放大/缩小、填充颜色、加粗闪烁等。
- 退出:对象离开幻灯片时的方式,如飞出、消失、淡化等。
- 动作路径:设置对象移动的路径,如弧形、直线、循环等。

1 对象进入动画效果

PowerPoint 2016 中提供了多种预设的进入动画效果,用户可以在【动画】选项卡的【动画】组中选择需要的进入动画效果。具体的操作步骤如下。

步骤1 新建演示文稿并插入图片,在图片中的任意位置处单击鼠标左键,使其处于选中状态,如图4-156所示。

图4-156 选中图片

步骤2 在【动画】选项卡中单击【动画】组中的【其他】按钮,在弹出的下拉列表中选择【进入】中的【形状】效果,如图4-157所示。

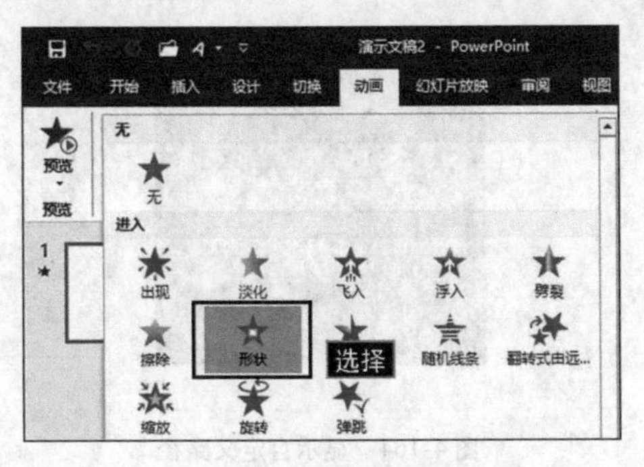

图4-157　选择【形状】效果

步骤3 单击【动画】组中的【效果选项】按钮，在弹出的下拉列表中选择【缩小】选项，如图4-158所示。

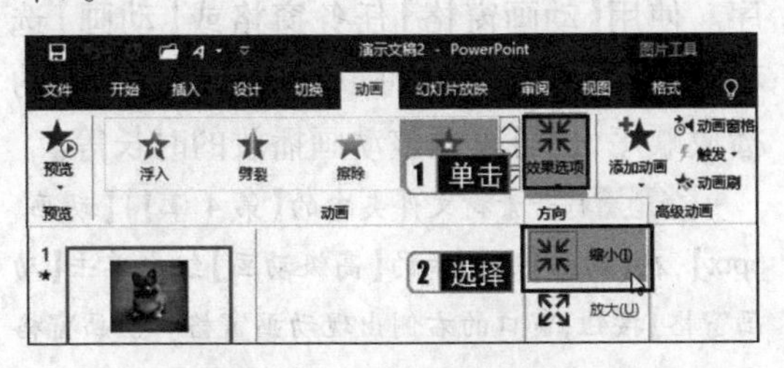

图4-158　设置效果选项

步骤4 为对象设置进入动画效果后，可以单击【预览】组中的【预览】按钮观看其效果，如图4-159所示。

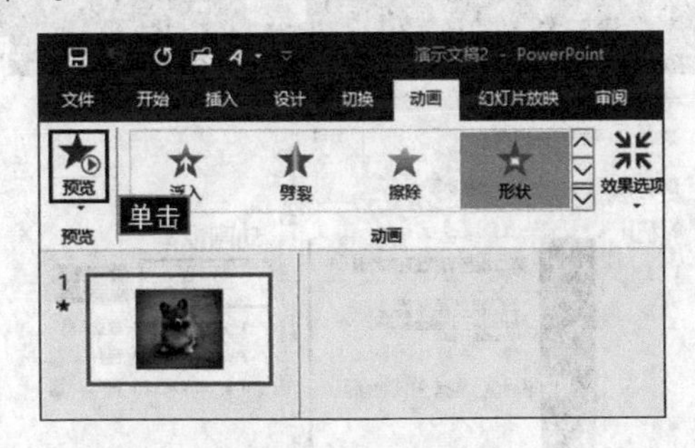

图4-159　预览效果

2 对象退出动画效果

本例将通过【更改退出效果】对话框来设置对象的退出动画效果，具体的操作步骤如下。

步骤1 在幻灯片中选择标题文本，在【动画】组中单击【其他】按钮，在弹出的下拉列表中选择【更多退出效果】命令，如图4-160所示。

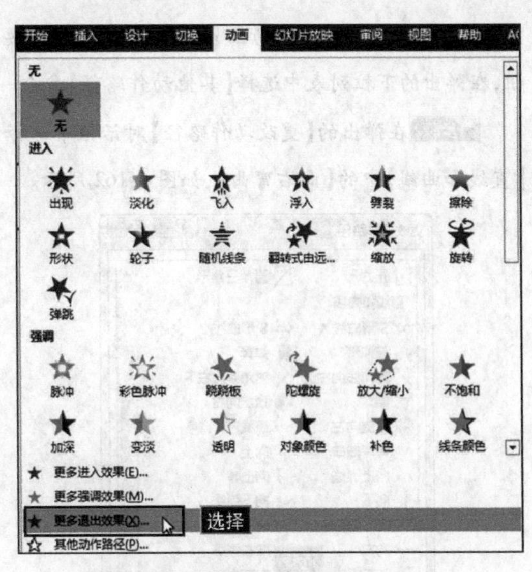

图4-160　选择【更多退出效果】命令

步骤2 在弹出的【更改退出效果】对话框中选择【基本】中的【劈裂】，单击【确定】按钮，如图4-161所示，最后单击【预览】按钮观看效果。

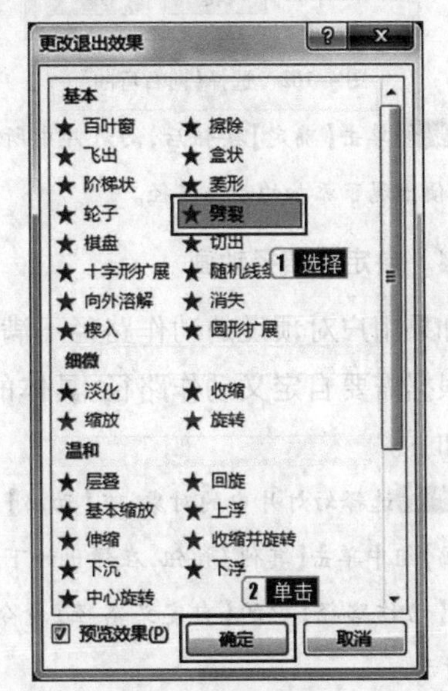

图4-161　选择【劈裂】

3 预设路径动画

PowerPoint 2016中提供了大量的预设路径动画。路径动画是指为对象设置一个路径，使其沿着该指定路径运动。使用预设路径动画的具体操作步骤如下。

步骤1 在幻灯片中选择需添加动作路径的对

象,在【动画】选项卡的【动画】组中单击【其他】按钮,在弹出的下拉列表中选择【其他动作路径】命令。

步骤2 在弹出的【更改动作路径】对话框中选择【直线和曲线】中的【向右弯曲】,如图4-162所示。

图4-162 选择【向右弯曲】

步骤3 单击【确定】按钮后,幻灯片中所选择的对象上便出现了添加的动作路径。

4 自定义路径动画

如果用户对预设的动作路径不满意,还可以根据需要自定义动作路径,具体的操作步骤如下。

步骤1 选择幻灯片中的对象,在【动画】选项卡的【动画】组中单击【其他】按钮,在弹出的下拉列表中选择【动作路径】中的【自定义路径】命令,如图4-163所示。

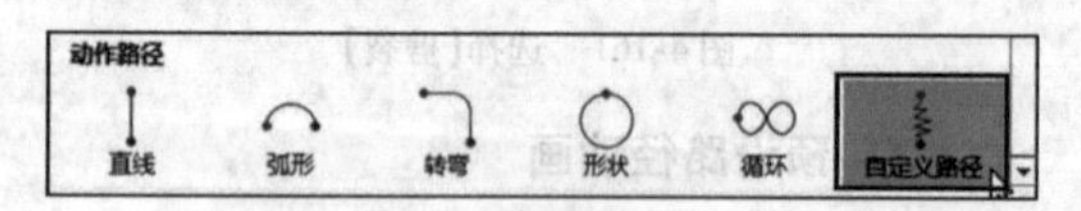

图4-163 选择【自定义路径】命令

步骤2 在幻灯片中按住鼠标左键并拖曳鼠标指针进行路径绘制,绘制完成后双击鼠标即可,对象在沿自定义的路径预演一遍后将显示绘制的路径,效果如图4-164所示。

图4-164 显示自定义路径

5 使用【动画窗格】

当设置多个动画后,可以设置动画按照时间的顺序播放,也可以调整动画的播放顺序。使用【动画窗格】任务窗格或【动画】选项卡中的【计时】组,可以查看和改变动画的播放顺序,也可以调整动画播放的时长等。

步骤1 打开素材文件夹中的【第4章】|【动画.pptx】,在【动画】选项卡的【高级动画】组中单击【动画窗格】按钮,窗口的右侧出现动画窗格。动画窗格中出现了当前幻灯片中设置动画的对象名称及对应的动画顺序,当鼠标指针指向某对象名称时会显示对应的动画效果详情,单击上方的【全部播放】按钮可预览幻灯片播放时的动画效果,如图4-165所示。

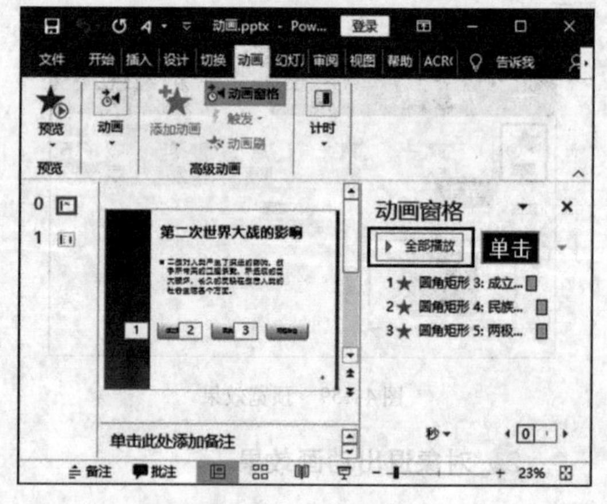

图4-165 动画窗格

步骤2 选中动画窗格中的某对象名称,利用该窗格上方的上移按钮或下移按钮,或拖动窗口中的对象名称上移或下移,可以改变幻灯片中对象的动画播放顺序。使用【动画】选项卡下【计时】组的【对动画重新排序】功能也能实现动画顺序的改变,如图4-166所示。

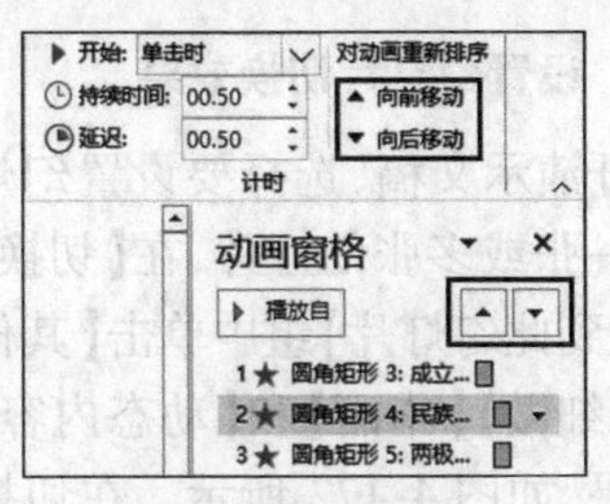

图 4-166　动画排序

步骤3 在动画窗格中，将鼠标指针移至动画效果右侧的淡绿色时间条上，当指针变为 形状时，按住鼠标左键进行拖动，可以调整该动画的持续时间，如图 4-167 所示。拖动淡绿色时间条移动其位置，可以改变动画开始时的延迟时间。

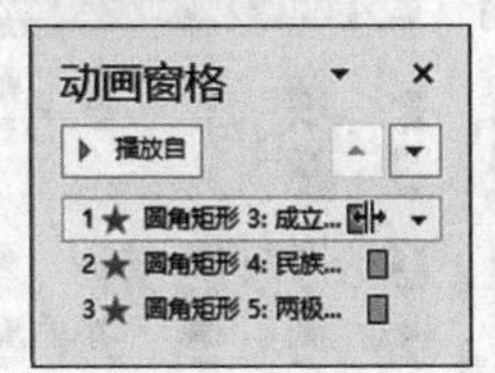

图 4-167　使用鼠标调整动画的持续时间

步骤4 选中动画窗格中的某对象名称，单击其右侧的下拉按钮，在弹出的下拉列表中选择【效果选项】命令，如图 4-168 所示；出现当前对象动画效果设置对话框，如图 4-169 所示，在其中可以对动画效果重新进行设置。

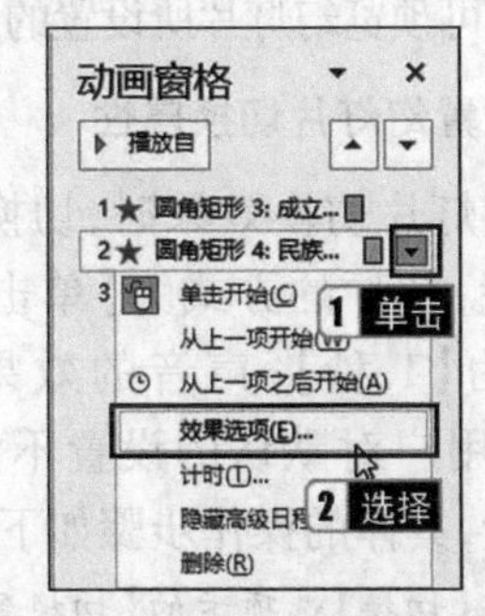

图 4-168　选择【效果选项】命令

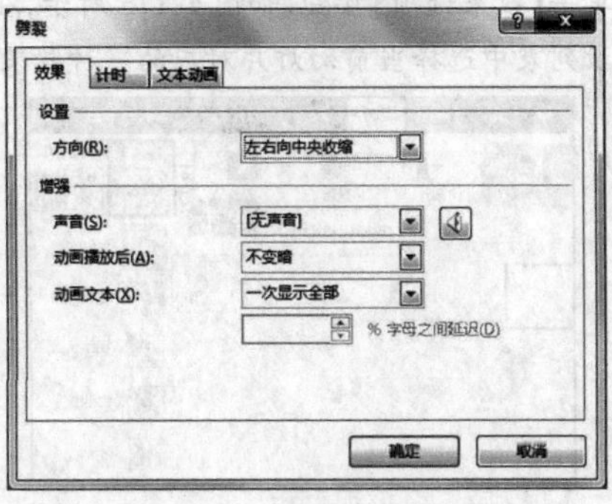

图 4-169　对象效果设置对话框

6 设置动画效果

(1)动画播放设置

在【动画】选项卡的【计时】组中单击【开始】下拉列表框，出现动画播放时间选项，【单击时】表示当前对象的动画在鼠标单击的时候播放，【与上一动画同时】表示当前对象的动画和上一对象的动画同时播放，【上一动画之后】表示当前对象的动画在上一对象的动画播放之后才播放。

【计时】组中的【持续时间】表示当前对象动画放映的持续时间，持续时间越长，放映速度越慢。

【计时】组中的【延迟】表示 2 个动画播放时间的延迟时间，比如第 1 个动画结束后延迟 0.5 秒进入第 2 个动画。

选中已添加动画效果的对象，在【动画】选项卡的【动画】组中单击对话框启动器按钮，弹出以动画命名的对话框。切换到【计时】选项卡，也可以设置动画开始播放的方式、动画播放的延迟时间、重复播放的次数或方式等，如图 4-170 所示。

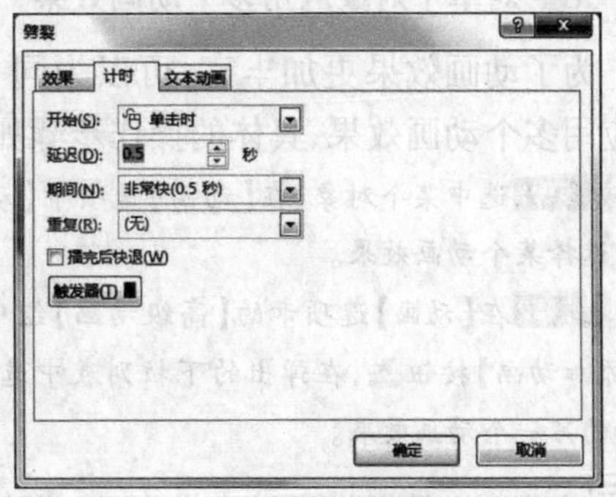

图 4-170　计时设置

(2)动画音效设置

添加动画后，默认无音效，为了使幻灯片在播放的时候更加生动、更有感染力，用户可以为其添加音效。

选中已添加动画效果的对象，在【动画】选项卡的【动画】组中单击对话框启动器按钮，弹出以动画命名的对话框。切换到【效果】选项卡，在【增强】选项组中选择声音，单击右侧的喇叭按钮，可试听效果。在【动画播放后】下拉列表框中可以设置动画播放后的显示效果，如图 4-171 所示。

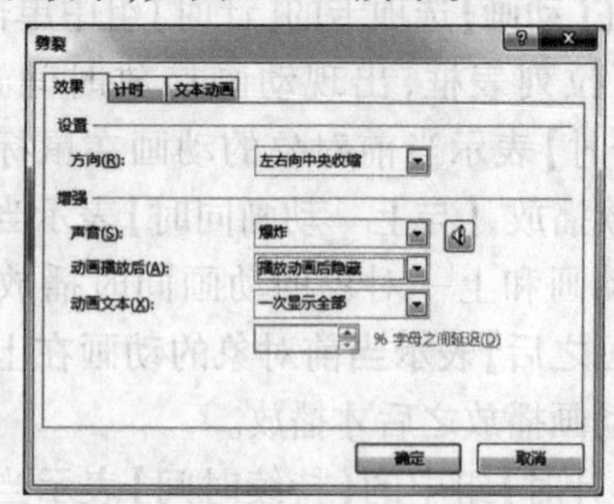

图 4-171　音效效果设置

7　复制动画设置

要将某对象设置为与已设置动画效果的某对象相同的动画，可以使用【动画】选项卡【高级动画】组中的【动画刷】按钮。方法是选择某动画对象，单击【动画刷】按钮，复制该对象的动画设置；单击另一个对象，所复制的动画设置即应用到了该对象上。双击【动画刷】按钮，可以将所复制的同一动画设置应用到多个对象上。

8　对单个对象应用多个动画效果

为了动画效果更加丰富，可以为同一对象应用多个动画效果，具体的操作步骤如下。

步骤1 选中某个对象，在【动画】选项卡【动画】组中选择某个动画效果。

步骤2 在【动画】选项卡的【高级动画】组中，单击【添加动画】按钮，在弹出的下拉列表中选择要添加的另一个动画效果。

提示

如果要为某个对象删除所应用的动画效果，单击【动画】选项卡【动画】组中的【无】即可。

4.6.2　幻灯片切换效果

名师讲解

在 PowerPoint 2016 中，幻灯片的切换效果是指在两张连续幻灯片之间衔接的特殊效果。也就是一张幻灯片在放映完后，下一张幻灯片是以哪种方式出现在屏幕中的视觉效果。

1　设置幻灯片切换效果

打开演示文稿，选择要设置幻灯片切换效果的一张或多张幻灯片，在【切换】选项卡的【切换到此幻灯片】组中单击【其他】按钮，将显示【细微】【华丽】和【动态内容】类型的切换效果，如图 4-172 所示。在切换效果列表中可选择一种，设置的切换效果将应用于所选的幻灯片。此外，单击【计时】组中的【应用到全部】按钮，可使全部幻灯片均采用该切换效果。

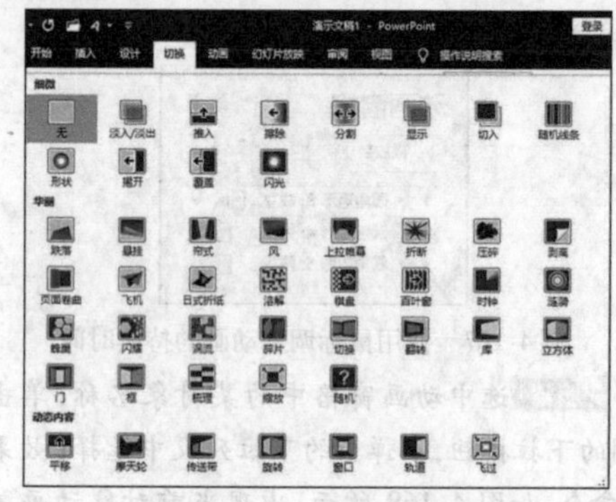

图 4-172　设置切换方案

在【切换】选项卡的【预览】组中单击【预览】按钮，可预览幻灯片所设置的切换效果。

2　设置幻灯片切换属性

设置幻灯片切换效果时，切换效果会采用默认设置：换片的方式为【单击鼠标时】，持续时间为【1 秒】，声音的效果为【无声音】。假如用户对默认的设置不满意，还可以自行设置，具体的操作步骤如下。

步骤1 在【切换】选项卡的【切换到此幻灯片】组中单击【效果选项】按钮，如图 4-173 所示，在弹出的下拉列表中选择当前幻灯片对应的一种效果。

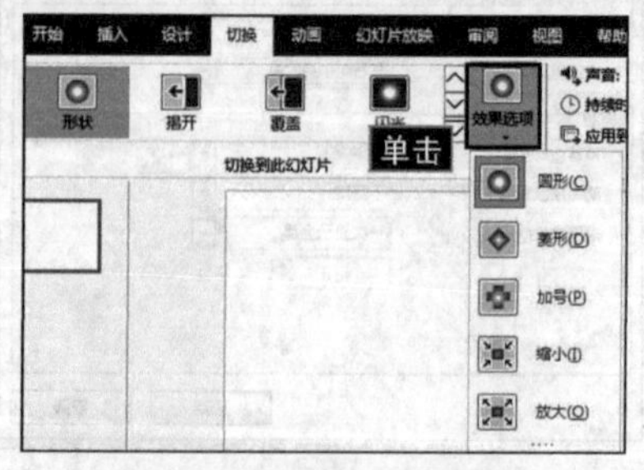

图 4-173　单击【效果选项】按钮

步骤2 在【计时】组中设置切换声音。单击【声音】下拉列表框的下拉按钮，在弹出的下拉列表中选择一种切换声音，如图4-174所示。

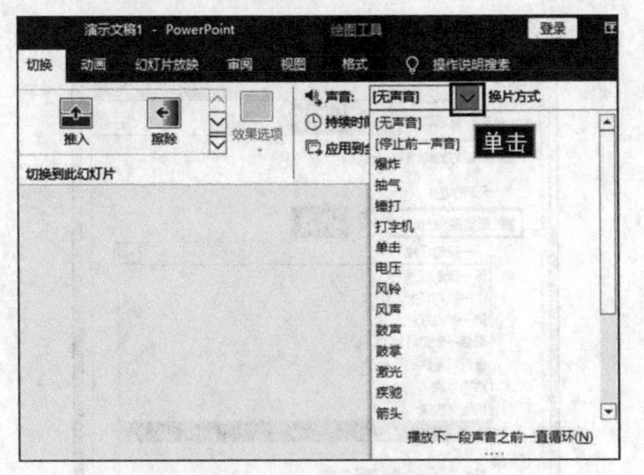

图4-174 选择切换声音

步骤3 在【持续时间】微调框中输入切换的持续时间，如图4-175所示。

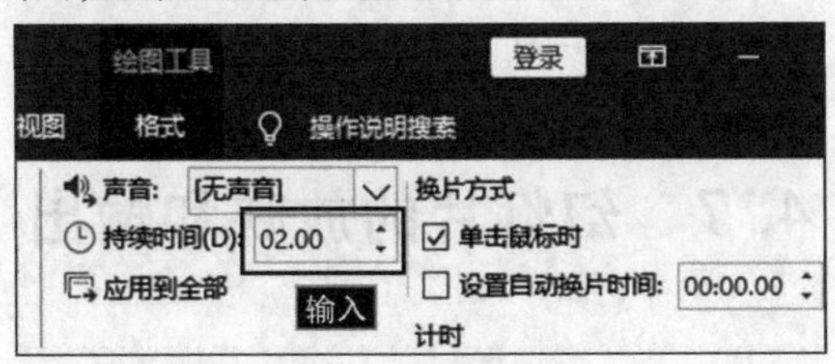

图4-175 设置持续时间

请注意

在【切换】选项卡的【计时】组中，【单击鼠标时】表示在进行鼠标单击操作时自动切换到下一张幻灯片，【设置自动换片时间】表示经过该时间段后自动切换到下一张幻灯片，【持续时间】表示切换持续的时间长度。

4.6.3 幻灯片链接操作

名师讲解

在PowerPoint 2016中，超链接可以是从一张幻灯片到同一演示文稿中另一张幻灯片的链接，也可以是从一张幻灯片到不同演示文稿中的幻灯片、电子邮件地址、网页或文件的链接。在放映幻灯片时，用户可以通过使用超链接和动作来增加演示效果、补充演示资料。

1 设置超链接

幻灯片上的所有对象都可以添加超链接，具体的操作步骤如下。

步骤1 打开素材文件夹中的【第4章】|【超链接.pptx】，选择要建立超链接的幻灯片，此处选择第1张幻灯片；然后选中要建立超链接的对象，可以是文本、图片等，此处选择【日月潭一览】文本。

步骤2 在【插入】选项卡的【链接】组中单击【链接】按钮，如图4-176所示。

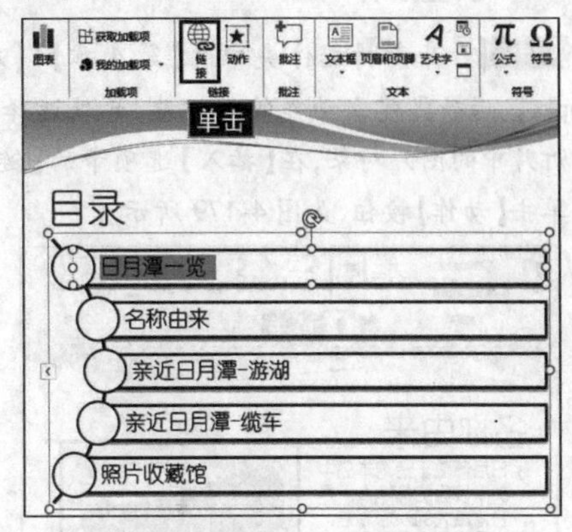

图4-176 单击【链接】按钮

步骤3 弹出【插入超链接】对话框，在对话框左侧可以选择链接到【现有文件或网页】【本文档中的位置】【新建文档】或【电子邮件地址】。此处选择【本文档中的位置】，继续在【请选择文档中的位置】列表框中选择需要的幻灯片，如【1. 日月潭一览】，单击【确定】按钮完成超链接的插入，如图4-177所示。

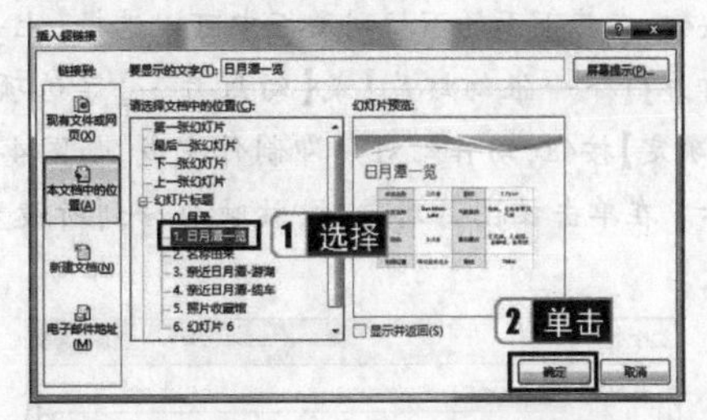

图4-177 【插入超链接】对话框

步骤4 设置超链接的文本，将会被修改颜色、添加下划线，以区别于其他文本，如图4-178所示。按【F5】键放映幻灯片，此时移动鼠标指针到该文本上，指针会变为小手形状，单击鼠标会自动链接到相应幻灯片。

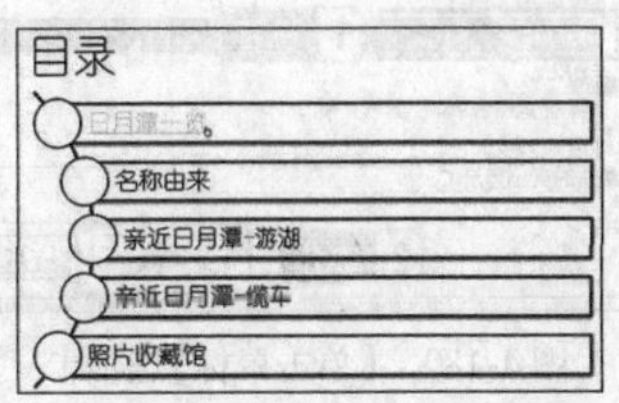

图4-178 设置链接后的效果

提示

如果要修改超链接的设置，选择设置了超链接的对象，单击鼠标右键，在弹出的快捷菜单中选择【编辑链接】命令，在打开的【编辑超链接】对话框中对超链接进行重新设置。

2 设置动作

步骤1 打开素材文件夹中的【第4章】|【超链接.pptx】，选择要建立动作的幻灯片，此处选择第3张幻灯片中的图片对象，在【插入】选项卡的【链接】组中单击【动作】按钮，如图4-179所示。

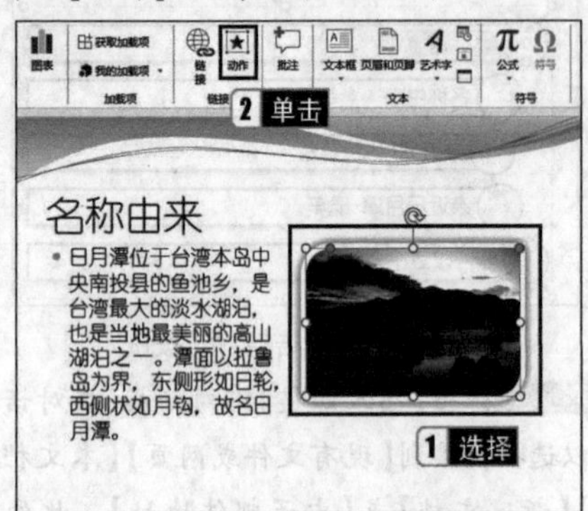

图4-179 单击【动作】按钮

步骤2 打开【操作设置】对话框，在【操作设置】对话框的【单击鼠标】选项卡中，选择【超链接到】单选按钮，在其下面的下拉列表框中可以选择【上一张幻灯片】【下一张幻灯片】或【幻灯片…】等选项，单击【确定】按钮，动作幻灯片即制作完成，如图4-180所示。在单击该图片对象时，放映会转到所设置的位置。

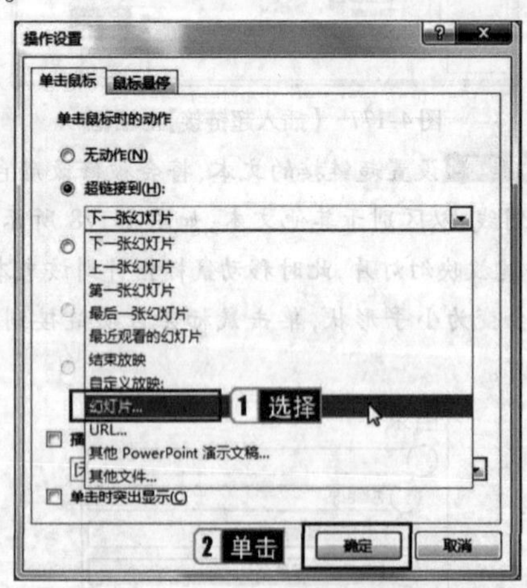

图4-180 【单击鼠标】选项卡

步骤3 在【操作设置】对话框中也可以选择【鼠标悬停】选项卡，再选择【超链接到】单选按钮，如图4-181所示，在其下方的下拉列表框中选择相应的幻灯片，单击【确定】按钮。在鼠标移过该对象时，放映会转到所设置的位置。

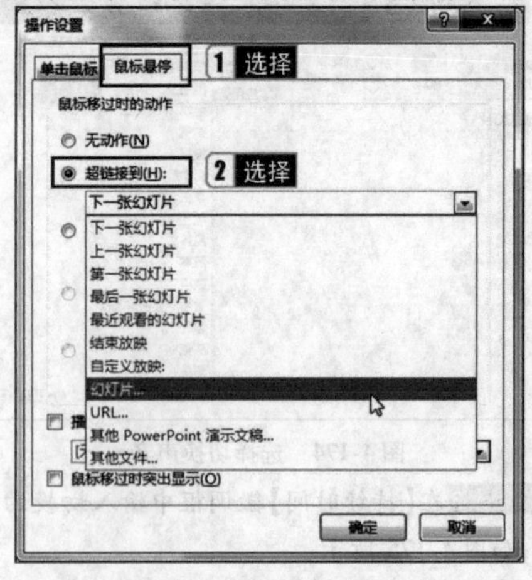

图4-181 【鼠标悬停】选项卡

4.7 幻灯片的放映和输出

4.7.1 幻灯片放映设置

1 设置放映方式

打开要放映的演示文稿，在【幻灯片放映】选择卡的【设置】组中单击【设置幻灯片放映】按钮，弹出图4-182所示的【设置放映方式】对话框。

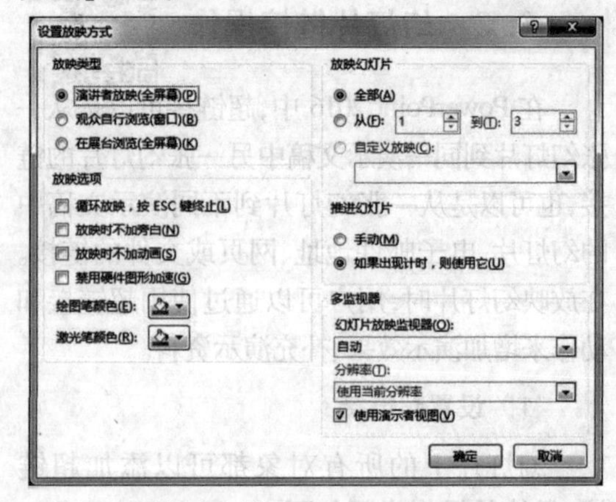

图4-182 【设置放映方式】对话框

演示文稿有以下 3 种放映类型。

- 演讲者放映(全屏幕):全屏幕的放映类型,该类型适合会议或教学的场合,放映的过程全部由放映者控制。
- 观众自行浏览(窗口):展会上若允许观众控制放映过程,则比较适合采用这种类型。它允许观众利用窗口命令控制放映过程,即观众可以利用窗口右下方的左、右箭头按钮,分别切换到前一张幻灯片和后一张幻灯片(或按快捷键【PageUp】和【PageDown】);利用两个箭头按钮之间的【菜单】命令,可以弹出放映控制菜单,利用该菜单中的【定位至幻灯片】命令,可以方便、快捷地切换到指定的幻灯片;按【Esc】键可以终止放映。
- 在展台浏览(全屏幕):这种放映类型采用的是全屏幕放映,适用于在展示产品的橱柜或展览会上自动播放产品的信息,可手动播放,也可以采用事先安排好的播放方式放映,只不过观众只可以观看,不可以控制。

在【设置放映方式】对话框的【放映幻灯片】选项组中,可以选择幻灯片的放映范围,即全部或部分幻灯片。在放映部分幻灯片的时候,可以指定放映幻灯片的开始序号和终止序号。

在【设置放映方式】对话框的【推进幻灯片】选项组中,用户可以选择控制放映速度的换片方式。【演讲者放映(全屏幕)】和【观众自行浏览(窗口)】放映类型一般采用【手动】方式,而【在展台浏览(全屏幕)】放映类型如进行了事先排练,可选择【如果出现计时,则使用它】换片方式自行播放。

2 采用排练计时

步骤1 在演示文稿中,切换到【幻灯片放映】选项卡,在【设置】组中单击【排练计时】按钮,如图4-183所示。

图 4-183 单击【排练计时】按钮

步骤2 此时,PowerPoint 立刻进入全屏放映模式,屏幕左上角显示一个【录制】对话框,借助它可以准确记录演示当前幻灯片所用的时间(对话框左侧显示的时间),以及从开始放映到目前为止总共使用的时间(对话框右侧显示的时间),如图 4-184 所示。

图 4-184 使用【录制】对话框记录时间

步骤3 切换幻灯片后,新的幻灯片开始放映时,幻灯片的放映时间会重新开始计时,总的放映时间开始累加。在放映期间可以随时暂停。退出放映时会弹出是否保留幻灯片放映时间的提示对话框,如果单击【是】按钮,则新的排练时间将自动变为幻灯片切换时间,如图 4-185 所示。

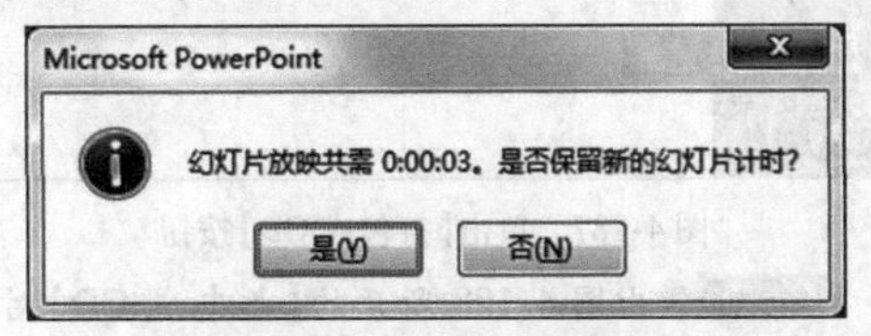

图 4-185 提示是否保留排练时间

在【幻灯片放映】选项卡的【设置】组中单击【录制幻灯片演示】下拉按钮,可以在放映排练时为幻灯片录制声音并保存,如图 4-186所示。

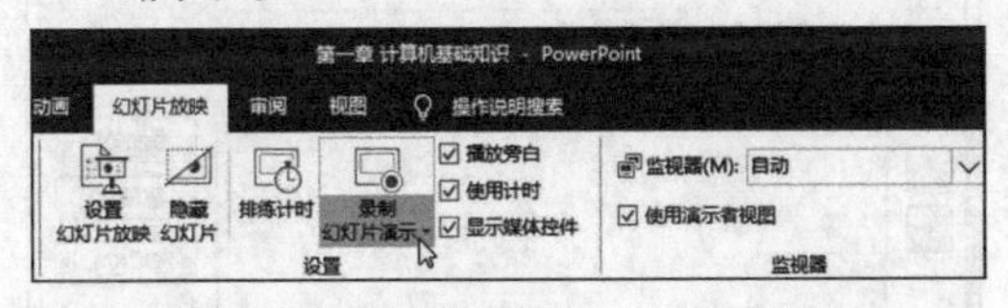

图 4-186 单击【录制幻灯片演示】按钮

4.7.2 演示文稿的打包和输出

制作完成的演示文稿文件的扩展名为.pptx,可以直接在安装了 PowerPoint 应用程序的环境下演示。如果要在其他计算机上播放,该计算机上没有安装 PowerPoint 软件,演示文稿就无法正常播放。用户可以通过将演示文稿打包或者将演示文稿直接转化为放映格式来解决这个问题。

1 演示文稿打包

演示文稿可以打包到磁盘的文件夹或

CD(需要刻录机和空白 CD)中。打包的具体操作步骤如下。

步骤1 打开要打包的演示文稿,单击【文件】选项卡,在弹出的后台视图中选择【导出】命令。

步骤2 选择【将演示文稿打包成 CD】选项,然后单击右侧的【打包成 CD】按钮,如图 4-187 所示。

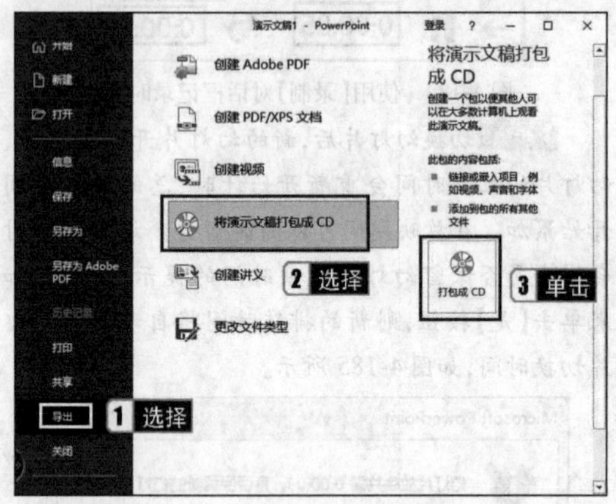

图 4-187　单击【打包成 CD】按钮

步骤3 弹出图 4-188 所示的【打包成 CD】对话框。在该对话框中单击【添加】按钮,弹出【添加文件】对话框,使用该对话框可以添加多个要打包的演示文稿。

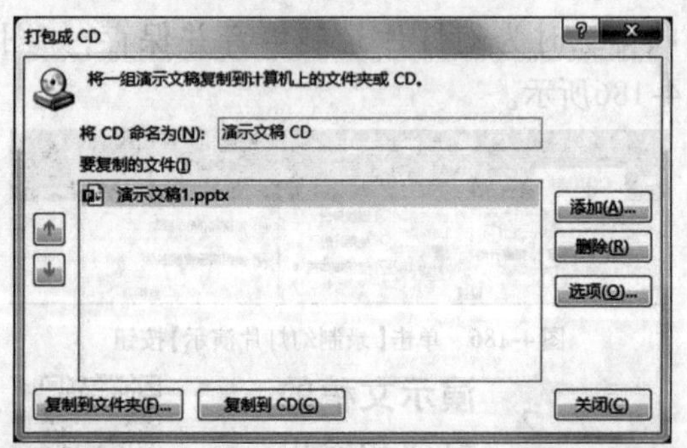

图 4-188　【打包成 CD】对话框

步骤4 在【打包成 CD】对话框中单击【选项】按钮,弹出【选项】对话框,在该对话框中可以对需要打包的演示文稿文件进行设置,在这里使用默认设置,然后单击【确定】按钮,如图 4-189 所示。

步骤5 在【打包成 CD】对话框中单击【复制到文件夹】按钮,弹出【复制到文件夹】对话框,将【文件夹名称】设置为【演示文稿 CD】,单击【浏览】按钮,在弹出的【选择位置】对话框中选择文件夹的存储位置,返回【复制到文件夹】对话框后单击【确定】按钮,如图 4-190 所示。

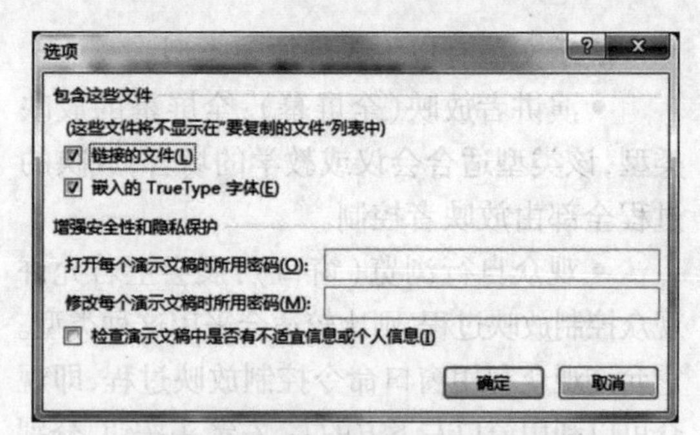

图 4-189　使用默认设置的【选项】对话框

图 4-190　【复制到文件夹】对话框

步骤6 弹出图 4-191 所示的信息提示对话框,单击【是】按钮。

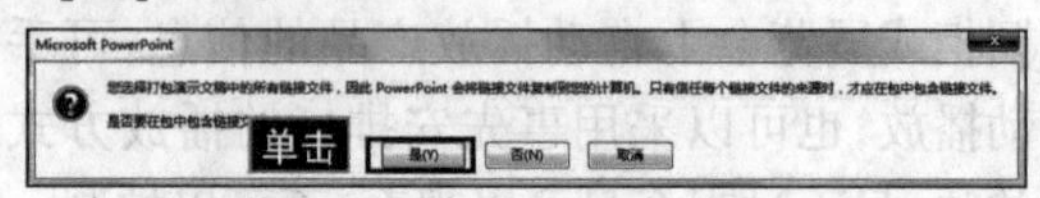

图 4-191　信息提示对话框

步骤7 此时系统开始复制文件,并弹出【正在将文件复制到文件夹】提示对话框。

步骤8 复制完成后自动打开【演示文稿 CD】文件夹,在该文件夹中可以看到系统保存了所有与演示文稿相关的内容,如图 4-192 所示。

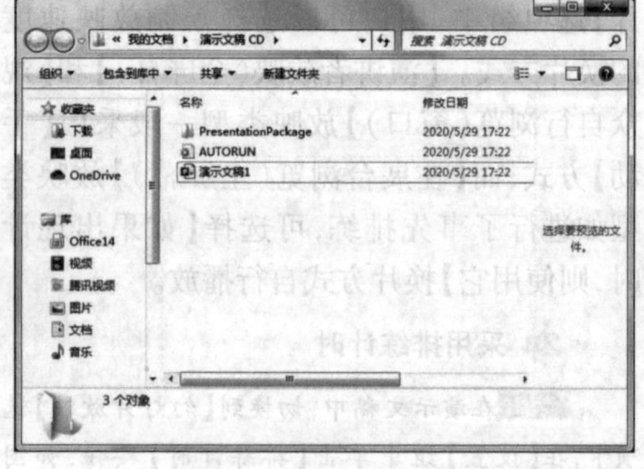

图 4-192　【演示文稿 CD】文件夹

2 运行打包的演示文稿

演示文稿打包之后,可以在没有 PowerPoint 程序的情况下观看演示文稿。具体的操作步骤如下。

步骤1 打开打包文件的文件夹，在联网的情况下，双击文件中的网页文件，在打开的网页上单击【下载查看器】按钮，下载并安装 PowerPoint 播放器 PowerPointViewer. exe。

步骤2 启动 PowerPoint 播放器，出现【Microsoft PowerPoint Viewer】对话框，定位到打包文件夹，选择一个演示文稿文件，单击【打开】按钮就可以放映该演示文稿。

步骤3 打包到 CD 的演示文稿文件可在读 CD 后自动播放。

3 将演示文稿转换为直接放映格式

将演示文稿转换为直接放映格式后，可以在没有安装 PowerPoint 的情况下直接放映，具体的操作步骤如下。

步骤1 打开演示文稿，单击【文件】选项卡，在弹出的后台视图中选择【导出】命令，双击【更改文件类型】中的【PowerPoint 放映】选项，如图 4-193 所示。

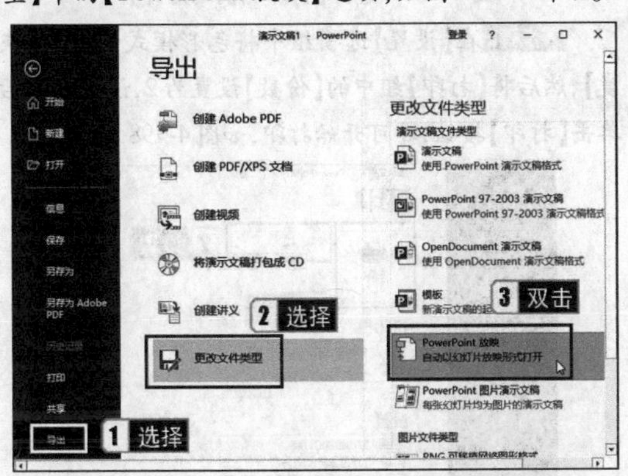

图 4-193　双击【PowerPoint 放映】选项

步骤2 弹出【另存为】对话框，自动选择保存类型为【PowerPoint 放映（*.ppsx）】，选择保存路径和设置文件名后单击【保存】按钮。之后双击放映格式（*.ppsx）文件即可放映该演示文稿。

4 将演示文稿发布为视频文件

将 PPT 文档转换成视频文件，可以在许多场合以视频形式展示 PPT 文档，更有利于文档的分享和传播，具体的操作步骤如下。

步骤1 在【文件】选项卡上选择【导出】命令，单击【创建视频】命令，如图 4-194 所示。在【全高清(1080P)】下拉列表框中选择合适的视频质量和大小。

图 4-194　创建视频

步骤2 在【不要使用录制的计时和旁白】下拉列表框中确定是否使用已录制的计时和旁白。如果不使用，则可设置每张幻灯片的放映时间，默认设置为 5 秒。

步骤3 单击【创建视频】按钮，弹出【另存为】对话框。输入文件名、确定保存位置后，单击【保存】按钮，即可开始创建视频。

4.7.3 审阅并检查演示文稿

名师讲解

如果计划共享演示文稿的电子副本或将演示文稿发布到网站，最好对演示文稿进行审阅和检查，以确保演示文稿的正确性并删除隐藏数据和个人隐私信息。

1 审阅演示文稿

在【审阅】选项卡中，可以对演示文稿进行拼写与语法检查、中文简繁转换等操作，操作方法与 Word 中的类似，此处不赘述。

如果需要其他用户在看完演示文稿后反馈意见，可以使用批注。在【审阅】选项卡的【批注】组中单击【新建批注】按钮，在【批注】任务窗格的文本框中输入文本即可。

2 检查演示文稿

检查演示文稿的具体操作步骤如下。

步骤1 单击【文件】选项卡，在弹出的后台视图中选择【信息】命令，在右侧单击【检查问题】按钮。

步骤2 从打开的下拉列表中选择【检查文档】命令，如图 4-195 所示。

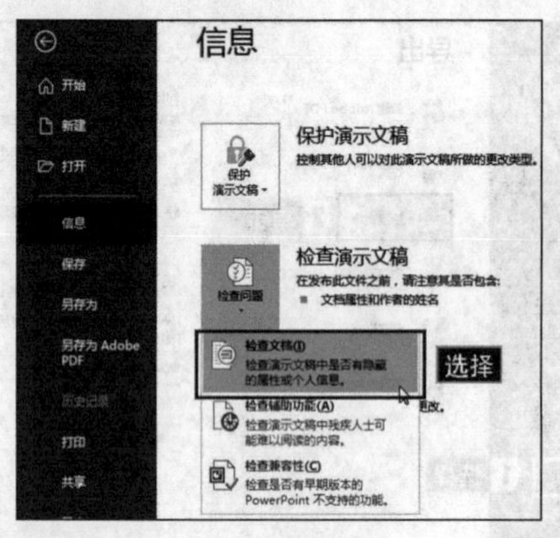

图 4-195 检查文档

步骤3 弹出【文档检查器】对话框，从中选中需要检查的项目的复选框，单击【检查】按钮，对话框中将会显示检查结果，单击检查结果右侧的【全部删除】按钮，可删除相关信息，如图4-196所示。

图 4-196 检查演示文稿

4.7.4 演示文稿的打印

名师讲解

幻灯片均设计为彩色模式显示，而一般用户的打印机并不是彩色打印机，或不需要彩色打印，只以黑白或灰度模式打印。以灰度模式打印时，彩色图像将以介于黑色和白色之间的灰色调打印出来。打印幻灯片时，PowerPoint 将自动设置演示文稿的颜色，使其与所选打印机的功能相符。在 PowerPoint 中，还可以打印演示文稿的其他部分，如讲义、备注页和大纲视图中的演示文稿等。

1 打印设置

在打印幻灯片前一般需要进行打印设置，如设置打印范围、色彩模式和打印份数等，具体的操作步骤如下。

步骤1 单击【文件】选项卡，在弹出的后台视图中选择【打印】命令，即可打开打印预览面板。在【设置】选项组中将打印范围设置为【打印当前幻灯片】，如图 4-197 所示。

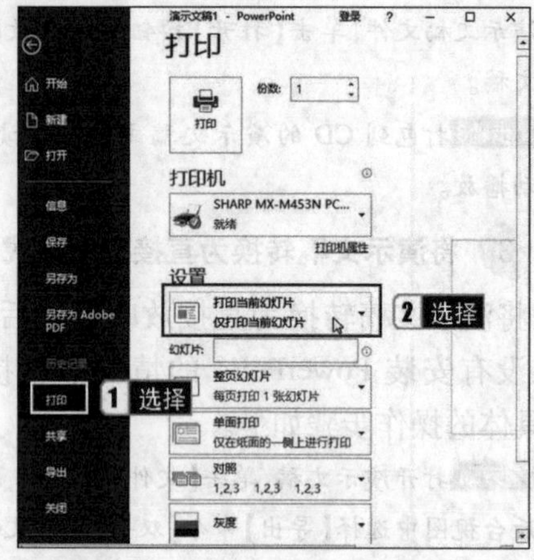

图 4-197 选择【打印当前幻灯片】

步骤2 在【设置】选项组中将色彩模式设置为【灰度】，然后将【打印】组中的【份数】设置为 2，设置完成后单击【打印】按钮，即可开始打印，如图 4-198 所示。

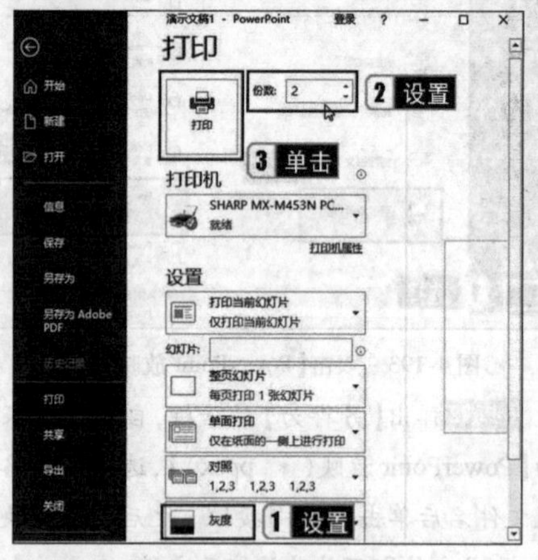

图 4-198 打印设置

2 设置幻灯片大小及打印方向

在使用 PowerPoint 打印演示文稿前，可以根据需要对幻灯片的大小和方向等进行设置，具体的操作步骤如下。

步骤1 选择【设计】选项卡，在【自定义】组中单击【幻灯片大小】按钮，在弹出的下拉列表选择【自定义幻灯片大小】命令，如图 4-199 所示。

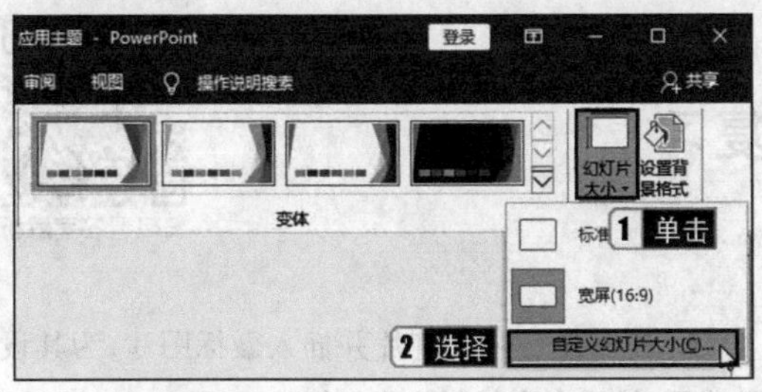

图4-199 单击【自定义幻灯片大小】命令

步骤2 弹出【幻灯片大小】对话框，在其中的【幻灯片大小】下拉列表框中将幻灯片的大小设置为【信纸(8.5×11 英寸)】，在【方向】选项组中选择【幻灯片】选项组中的【纵向】单选按钮，如图4-200所示。

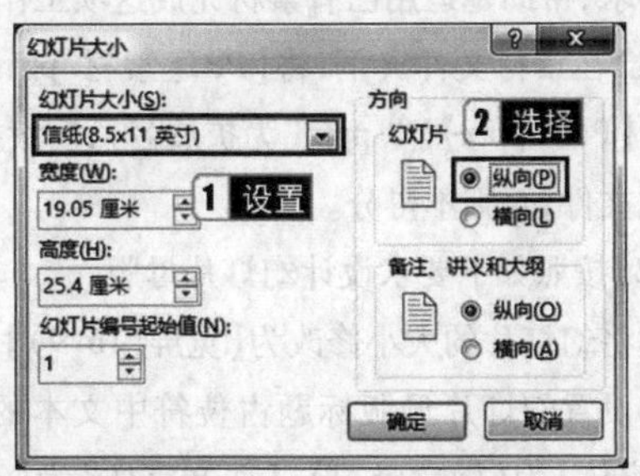

图4-200 【幻灯片大小】对话框

步骤3 设置完成后单击【确定】按钮，设置效果如图4-201所示。

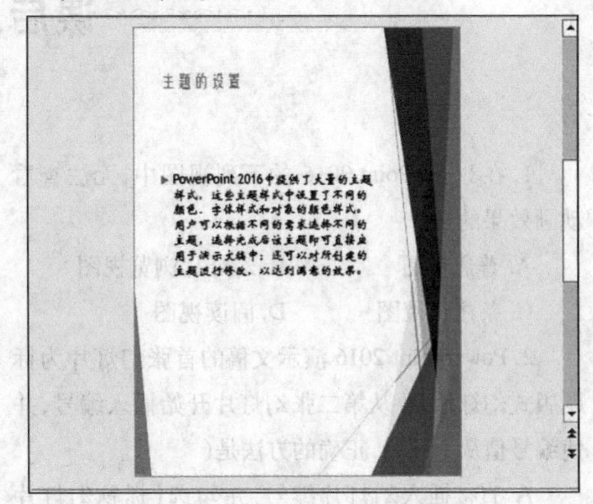

图4-201 页面设置完成后的效果

提示

在调整幻灯片大小的同时，幻灯片中所包含的图片和图形等对象也会随比例发生相应的变化，因此建议在制作幻灯片之前就要设置好页面大小。

课后总复习

1. 在 PowerPoint 2016 的下列视图中,无法查看动画效果的是(　　)。

A. 普通视图　　B. 幻灯片浏览视图

C. 备注页视图　　D. 阅读视图

2. PowerPoint 2016 演示文稿的首张幻灯片为标题版式幻灯片,要从第二张幻灯片开始插入编号,并使编号值从 1 开始,正确的方法是(　　)。

A. 直接插入幻灯片编号,并勾选【标题幻灯片中不显示】复选框

B. 从第二张幻灯片开始,依次插入文本框,并在其中输入正确的幻灯片编号值

C. 首先在【页眉和页脚】对话框中,将幻灯片编号的起始值设置为 0,然后插入幻灯片编号,并勾选【标题幻灯片中不显示】复选框

D. 首先在【页眉和页脚】对话框中,将幻灯片编号的起始值设置为 0,然后插入幻灯片编号

3. 在一个利用 SmartArt 图形制作的流程图中共包含四个步骤,现在需要在最前面增加一个步骤,最快捷的操作方法是(　　)。

A. 在文本窗格的第一行文本前按【Enter】键

B. 选择图形中的第一个形状,然后按【Enter】键

C. 选择图形中的第一个形状,从【SmartArt 工具】|【设计】选项卡的【创建图形】组中选择【添加形状】命令。

D. 在图形中的第一个形状前插入一个文本框,然后和原图形组合在一起。

4. 李老师在用 PowerPoint 制作课件,她希望将学校的徽标图片放在除标题页之外的所有幻灯片右下角,并为其指定一个动画效果。最优的操作方法是(　　)。

A. 先在一张幻灯片上插入徽标图片,并设置动画,然后将该徽标图片复制到其他幻灯片上

B. 分别在每一张幻灯片上插入徽标图片,并分别设置动画

C. 先制作一张幻灯片并插入徽标图片,为其设置动画,然后多次复制该张幻灯片

D. 在幻灯片母版中插入徽标图片,并为其设置动画

5. 陈冲是某咨询机构的工作人员,正在为某次报告会准备关于云计算行业发展的演示文稿。根据下列要求,帮助她运用已有素材完成这项工作。

(1)在素材文件夹下,将【PPT_素材. pptx】文件另存为【PPT. pptx】(". pptx"为扩展名),后续操作均基于此文件,否则不得分。

(2)按照如下要求设计幻灯片母版。

①将幻灯片的大小修改为【宽屏(16:9)】。

②设置幻灯片母版标题占位符中文本的格式,【中文字体】为【微软雅黑】,【西文字体】为【Arial】,并添加一种恰当的艺术字样式;设置幻灯片母版内容占位符中文本的格式,【中文字体】为【幼圆】,【西文字体】为【Arial】。

③使用素材文件夹下的【背景 1. png】图片作为【标题幻灯片】版式的背景;使用【背景 2. png】图片作为【标题和内容】版式、【内容与标题】版式以及【两栏内容】版式的背景。

(3)将第 2 张、第 6 张和第 9 张幻灯片中的项目符号列表转换为 SmartArt 图形,布局为【梯形列表】,主题颜色为【彩色,个性色】,并对第 2 张幻灯片左侧形状,第 6 张幻灯片中间形状,第 9 张幻灯片右侧形状应用【细微效果 - 水绿色,强调颜色 5】的形状样式。

(4)将第 3 张幻灯片中的项目符号列表转换为布局为【水平项目符号列表】的 SmartArt 图形,适当调整其大小,并应用恰当的 SmartArt 样式。

(5)将第 4 张幻灯片的版式修改为【内容与标题】,将原内容占位符中首段文字移动到左侧文本占位符内,适当加大行距;将右侧剩余文本转换为布局为【圆箭头流程】的 SmartArt 图形,并应用恰当的

SmartArt 样式。

(6)将第 7 张幻灯片的版式修改为【两栏内容】，参考素材文件夹中【市场规模. png】图片效果，将上方和下方表格中的数据分别转换为图表（不得随意修改原素材表格中的数据），并按如下要求设置格式。

柱形图与折线图	
横坐标轴	“市场规模（亿元）”系列
纵坐标轴	“同比增长率（%）”系列
图表标题	2016 年中国企业云服务整体市场规模
数据标签	保留 1 位小数
网格线、纵坐标轴标签与线条	无
折线图数据标记	内置圆形，大小为 7
图例	图表下方

饼图	
数据标签	包括类别名称和百分比
图表标题	2016 年中国公有云市场占比
图例	无

(7)在第 12 张幻灯片中，参考素材文件夹下的【行业趋势三. png】图片效果，适当调整表格大小、行高和列宽，为表格应用恰当的样式，取消标题行的特殊格式，并合并相应的单元格。

(8)在第 13 张幻灯片中，参考素材文件夹下的【结束页. png】图片，完成下列任务。

①将版式修改为【空白】，并添加【蓝色，个性色，淡色 80%】的背景颜色。

②制作与示例图【结束页. png】完全一致的徽标图形，要求徽标为由一个正圆形和一个【太阳形】构成的完整图形，徽标的高度和宽度都为 6 厘米，为其添加恰当的形状样式；将徽标在幻灯片中水平居中对齐，垂直距幻灯片上侧边缘 2.5 厘米。

③在徽标下方添加艺术字，内容为“CLOUD?SHARE”，恰当设置其样式，并将其在幻灯片中水平居中对齐，垂直距幻灯片上侧边缘 9.5 厘米。

(9)按照如下要求，为幻灯片分节。

节名称	幻灯片
封面	第 1 张幻灯片
云服务概述	第 2 ~ 5 张幻灯片
云服务行业及市场分析	第 6 ~ 8 张幻灯片
云服务发展趋势分析	第 9 ~ 12 张幻灯片
结束页	第 13 张幻灯片

(10)设置幻灯片切换效果，要求为第 2 节、第 3 节和第 4 节每一节应用一种单独的切换效果。

(11)按照下列要求为幻灯片中的对象添加动画。

动画效果	对象
幻灯片 4 中的 SmartArt 图形	【淡化】进入动画效果 逐个出现
幻灯片 7 中左侧图表	【擦除】进入动画效果 按系列出现 水平轴无动画 单击时自底部出现“市场规模（亿元）”系列，动画结束 2 秒后，自左侧自动出现“同比增长率（%）”系列
幻灯片 7 中右侧图表	【轮子】进入动画效果

(12)删除文档中的批注。

附 录

附录1 无纸化考试指导

一、考试环境简介

1 硬件环境

考试系统所需要的硬件环境如表F1－1所示。

表F1－1 硬件环境

硬件	配置
CPU	主频3GHz或以上
内存	2GB或以上
显卡	SVGA彩显
硬盘空间	10GB以上可供考试使用的空间

2 软件环境

考试系统所需要的软件环境如表F1－2所示。

表F1－2 软件环境

软件	配置
操作系统	中文版Windows 7
字处理软件	中文版Microsoft Word 2016
电子表格软件	中文版Microsoft Excel 2016
演示文稿软件	中文版Microsoft PowerPoint 2016
输入法	微软输入法、智能ABC、五笔字型等

考生在平时练习时，也应当把自己所用的计算机按表F1－2中的标准配置软件环境，尤其是Office软件，不同的版本之间使用界面、操作习惯均有不同，建议安装和使用Microsoft Office 2016，以避免出现不必要的麻烦。

3 软件适用环境

本书配套的软件在教育部考试中心规定的硬件环境及软件环境下进行了严格的测试，适用于中文版Windows 7、Windows 8、Windows 10操作系统和Microsoft Office 2016软件环境。

4 题型及分值

全国计算机等级考试二级MS Office高级应用满分为100分，共有4种考查题型，即单项选择题（20小题，每小题1分，共20分）、字处理题（共30分）、电子表格题（共30分）和演示文稿题（共20分）。

5 考试时间

全国计算机等级考试二级MS Office高级应用考试时间为120分钟，考试时间由考试系统自动计时，考试结束前5分钟系统自动报警，以提醒考生及时存盘。考试结束后，考试系统自动将计算机锁定，考生不能继续进行考试。

二、考试流程演示

考试过程分为登录、答题、交卷等阶段。

1 登录

在实际答题之前，需要进行考试系统的登录。一方面，这是考生姓名的记录凭据，系统要验证考生的“合法”身份；另一方面，考试系统也需要为每一位考生随机抽题，生成一份二级 MS Office 高级应用考试的试题。

(1)启动考试系统。双击桌面上的【NCRE 考试系统】快捷方式，或从【开始】菜单的【所有程序】中选择【第××(××为考次号)次 NCRE】命令，启动 NCRE 考试系统。

(2)考号验证。在【考生登录】界面中输入准考证号，单击图 F1-1 中的【下一步】按钮，可能会出现两种情况的提示信息。

- 如果输入的准考证号存在，将弹出【考生信息确认】界面，要求考生对准考证号、姓名及证件号进行验证，如图 F1-2 所示。如果输入的准考证号错误，则单击【重输准考证号】按钮重新输入；如果准考证号正确，则单击【下一步】按钮继续。

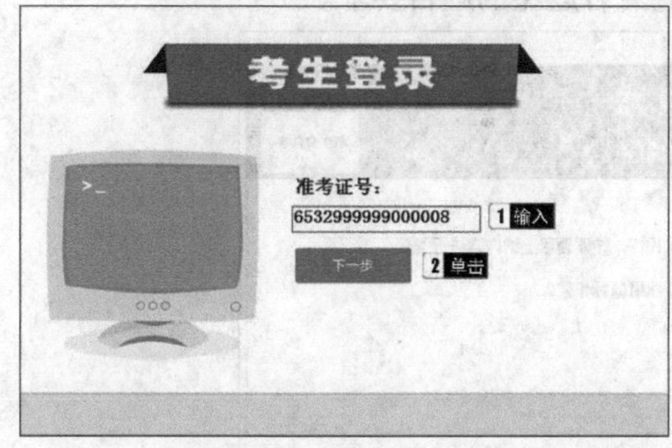

图 F1-1　输入准考证号

图 F1-2　考生信息确认

- 如果输入的准考证号不存在，考试系统会显示图 F1-3 所示的提示信息并要求考生重新输入准考证号。

图 F1-3　准考证号无效

(3)登录成功。当考试系统抽取试题成功后，屏幕上会显示二级 MS Office 高级应用的考试须知，考生须勾选【已阅读】复选框并单击【开始考试并计时】按钮，开始考试并计时，如图 F1-4 所示。

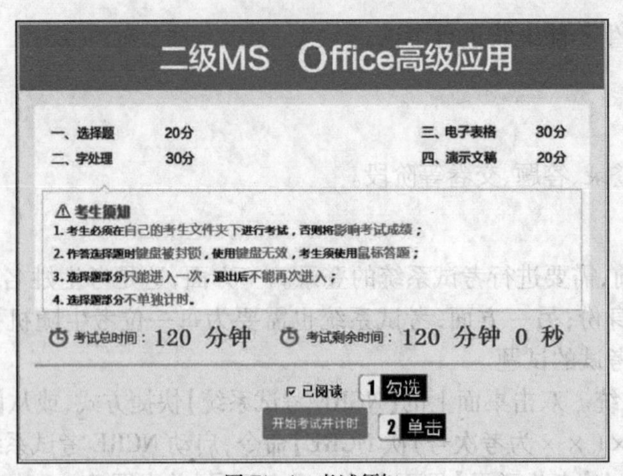

图 F1-4　考试须知

2 答题

(1)试题内容查阅窗口。登录成功后，考试系统将自动在屏幕中间生成试题内容查阅窗口，至此，系统已为考生抽取了一套完整的试题，如图 F1-5 所示。单击其中的【选择题】【字处理】【电子表格】或【演示文稿】按钮，可以分别查看各题型的题目要求。

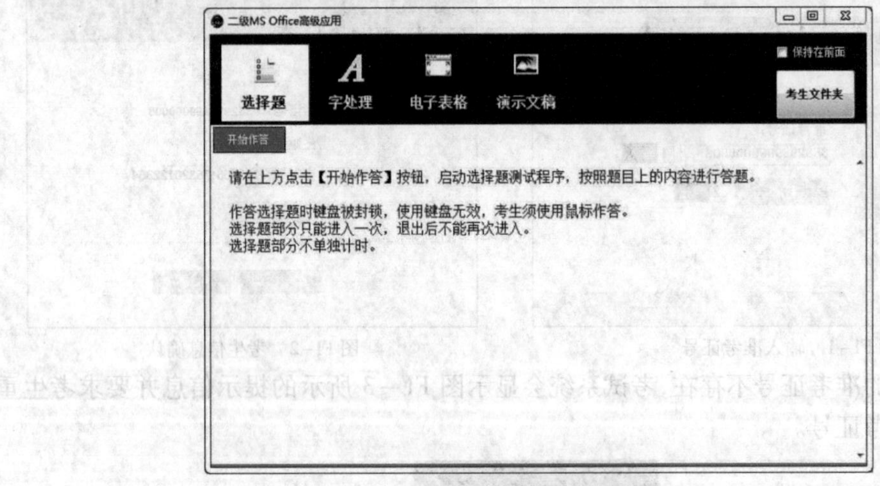

图 F1-5　试题内容查阅窗口

当试题内容查阅窗口中显示上下或左右滚动条时，表示该窗口中的试题尚未完全显示，因此，考生可用鼠标指针拖动滚动条显示余下的试题内容，防止因漏做试题而影响考试成绩。

(2)考试状态信息条。屏幕中出现试题内容查阅窗口的同时，屏幕顶部将显示考试状态信息条，其中包括：①考生的准考证号、姓名、考试剩余时间；②可以随时显示或隐藏试题内容查阅窗口的按钮；③退出考试系统进行交卷的按钮，如图 F1-6 所示。“隐藏试题”字符表示屏幕中间的考试窗口正在显示，当用鼠标单击“隐藏试题”字符时，屏幕中间的考试窗口就被隐藏，且“隐藏试题”字符变成“显示试题”。

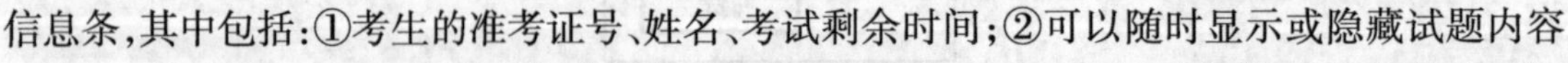

二级MS Office高级应用　未来教育 6532999999000008　117:15　考生文件夹　隐藏试题　作答进度　帮助　交卷

图 F1-6　考试状态信息条

(3)启动考试环境。在试题内容查阅窗口中，单击【选择题】按钮，再单击【开始作答】按钮,系统将自动进入作答选择题的界面,考生可根据要求进行答题。注意:选择题作答界面只能进入一次,退出后不能再次进入。对于字处理题、电子表格题和演示文稿题,可单击【考生文件夹】按钮,在打开的文件夹中按题目要求执行新建或修改操作。

(4)考生文件夹。考生文件夹是考生存放答题结果的唯一位置。考生在考试过程中所操作的文件和文件夹绝对不能脱离考生文件夹,同时绝对不能随意删除此文件夹中的任何与考试要求无关的文件及文件夹,否则会影响考试成绩。考生文件夹的命名是系统默认的,一般为准考证号的前 2 位和后 6 位。假设某考生登录的准考证号为“6538999999000001”,则考生文件夹为“K:\考试机机号\65000001”。

3 交卷

考试过程中,系统会为考生计算剩余考试时间。在剩余 5 分钟时,系统会显示一个提示信息,提示考生注意存盘并准备交卷。时间用完,系统自动结束考试,强制考生交卷。

如果考生要提前结束考试并交卷,则在屏幕顶部考试状态信息条中单击【交卷】按钮,考试系统将弹出图 F1-7 所示的【作答进度】对话框,其中会显示已作答题量和未作答题量。此时考生如果单击【确定】按钮,系统会再次显示确认对话框,如果仍选择【确定】,则退出考试系统进行交卷处理;单击【取消】按钮,则返回考试界面,继续进行考试。

如果确定进行交卷处理,系统首先锁住屏幕,并显示“正在结束考试”;当系统完成交卷处理时,在屏幕上显示“考试结束,请监考老师输入结束密码:”,这时只要输入正确的结束密码就可结束考试。(注意:只有监考人员才能输入结束密码。)

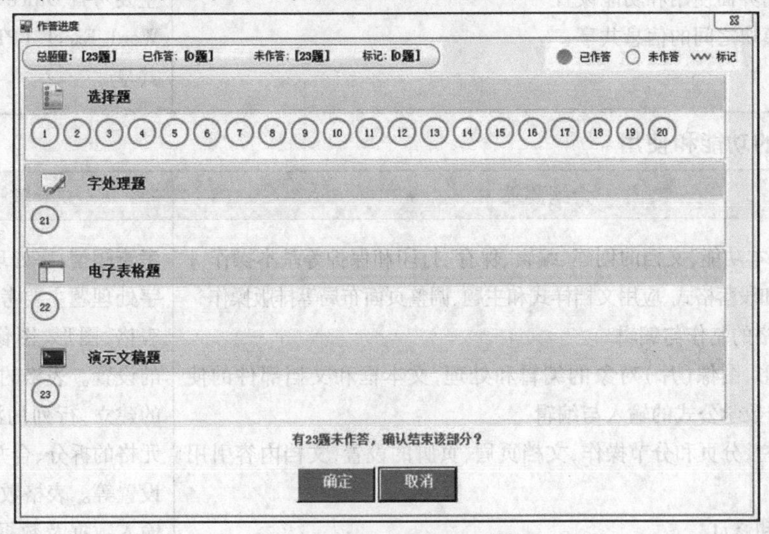

图 F1-7 交卷确认

考生交卷时,如果 Microsoft Office 软件正在运行,那么考试系统会提示考生关闭。只有关闭 Microsoft Office软件后,考生才能进行交卷操作。

附录2 考试大纲专家解读

基本要求

1. 正确采集信息并能在文字处理软件 Word、电子表格软件 Excel、演示文稿制作软件 PowerPoint 中熟练应用。

2. 掌握 Word 的操作技能,并熟练应用编制文档。

3. 掌握 Excel 的操作技能,并熟练应用进行数据计算及分析。

4. 掌握 PowerPoint 的操作技能,并熟练应用制作演示文稿。

考试内容

1. Microsoft Office 应用基础

大纲要求	专家解读
(1)Office 应用界面使用和功能设置 (2)Office 各模块之间的信息共享	考查题型:选择题、操作题 主要考查 Office 应用界面以及 Word、Excel、PPT 之间的数据共享

2. Word 的功能和使用

大纲要求	专家解读
(1)Word 的基本功能,文档的创建、编辑、保存、打印和保护等基本操作 (2)设置字体和段落格式、应用文档样式和主题、调整页面布局等排版操作 (3)文档中表格的制作与编辑 (4)文档中图形、图像(片)对象的编辑和处理,文本框和文档部件的使用,符号与数学公式的输入与编辑 (5)文档的分栏、分页和分节操作,文档页眉、页脚的设置,文档内容引用操作 (6)文档审阅和修订 (7)利用邮件合并功能批量制作和处理文档 (8)多窗口和多文档的编辑,文档视图的使用 (9)控件和宏功能的简单应用 (10)分析图文素材,并根据需求提取相关信息引用到 Word 文档中	考查题型:字处理题、选择题 字处理题主要考查文档格式及表格、图形、图像(片)等格式的设置。表格的设置包括表格的建立,行列的添加、删除,单元格的拆分、合并,表格属性的设置等。表格数据的处理包括输入数据及数据格式的设置、排序及计算,控件和宏功能的简单应用等。除此之外,考生还需重点掌握邮件合并技术批量处理文档

3. Excel 的功能和使用

大纲要求	专家解读
(1)Excel 的基本功能,工作簿和工作表的基本操作,工作视图的控制 (2)工作表数据的输入、编辑和修改 (3)单元格格式化操作、数据格式的设置 (4)工作簿和工作表的保护、版本比较与分析 (5)单元格的引用、公式、函数和数组的使用 (6)多个工作表的联动操作 (7)迷你图和图表的创建、编辑与修饰 (8)数据的排序、筛选、分类汇总、分组显示和合并计算 (9)数据透视表和数据透视图的使用 (10)数据的模拟分析、运算与预测 (11)控件和宏功能的简单应用 (12)导入外部数据并进行分析,获取和转换数据并进行处理 (13)使用 Power Pivot 管理数据模型的基本操作 (14)分析数据素材,并根据需求提取相关信息引用到 Excel 文档中	**考查题型:**电子表格题、选择题 电子表格题主要考查工作表和单元格的插入、复制、移动、更名和保存,单元格格式的设置,在工作表中插入公式及常用函数、数组的使用,数据的排序、筛选及分类汇总,图表的创建和格式的设置,数据透视表、数据透视图的建立。除此之外,新大纲还要求考生掌握控件和宏功能的简单应用,导入或获取数据进行分析以及使用 Power Pivot 管理数据模型的基本操作等

4. PowerPoint 的功能和使用

大纲要求	专家解读
(1)PowerPoint 的基本功能和基本操作,幻灯片的组织与管理,演示文稿的视图模式和使用 (2)演示文稿中幻灯片的主题应用、背景设置、母版制作和使用 (3)幻灯片中文本、图形、SmartArt、图像(片)、图表、音频、视频、艺术字等对象的编辑和应用 (4)幻灯片中对象动画、幻灯片切换效果、链接操作等交互设置 (5)幻灯片放映设置,演示文稿的打包和输出 (6)演示文稿的审阅和比较 (7)分析图文素材,并根据需求提取相关信息引用到 PowerPoint 文档中	**考查题型:**演示文稿题、选择题 演示文稿题主要考查幻灯片的创建、插入、移动和删除,幻灯片的组织与管理,幻灯片字符格式的设置,文字、图片、艺术字、音频、视频、表格及图表的插入,超链接的设置,幻灯片主题应用及背景设置,幻灯片版式、应用设计模板的设置,幻灯片切换、动画效果及放映方式的设置等。除此之外,新大纲还要求考生掌握演示文稿的审阅和比较功能等

考试方式

1. 采用无纸化考试,上机操作。
2. 考试时间:120 分钟。
3. 软件环境:操作系统 Windows 7。
4. 办公软件: Microsoft Office 2016。
5. 考试题型及分值。
(1)单项选择题(公共基础知识 10 分, Office 相关选择题 10 分)。
(2)字处理题(30 分)。
(3)电子表格题(30 分)。
(4)演示文稿题(20 分)。